深入浅出计算机网络

高 军 陈 君 唐秀明 张 剑/编著

微课视频版

清華大学出版社
北京

内 容 简 介

本书深入浅出地讲解计算机网络知识。全书共分为7章：第1章为概述，从整体上介绍计算机网络及其发展历史；第2～6章以计算机网络的五层体系结构为基础，分别介绍物理层、数据链路层、网络层、运输层和应用层的概念、工作原理、相关协议等；第7章讲述网络安全基础知识。本书的特点是注重分析各种技术背后的原理和方法，注重内容的正确性、准确性和新颖性。

为方便读者学习和理解，全书配套录制了微课视频。该视频具有动画演示生动形象、语言通俗精练、配套文案精美三大特色。本书还为读者提供PPT课件、学习大纲、习题、知识点思维导图等资源。

本书适合作为高等院校电子信息工程、通信工程、物联网工程、信息工程、电气工程自动化、自动化、计算机科学与技术等相关专业的教材，也可供其他专业的学生、教师和从事计算机网络工作的工程技术人员参考，还可作为考研者的复习用书。

图书在版编目（CIP）数据

深入浅出计算机网络：微课视频版 / 高军等编著 . —北京：清华大学出版社，2022.6

ISBN 978-7-302-60626-0

Ⅰ . ①深…　Ⅱ . ①高…　Ⅲ . ①计算机网络　Ⅳ . ① TP393

中国版本图书馆 CIP 数据核字 (2022) 第 064530 号

责任编辑：王中英
封面设计：郭　鹏
责任校对：徐俊伟
责任印制：朱雨萌

出版发行：清华大学出版社
网　　址：http：//www.tup.com.cn，http：//www.wqbook.com
地　　址：北京清华大学学研大厦 A 座　　邮　　编：100084
社 总 机：010-83470000　　邮　　购：010-62786544
投稿与读者服务：010-62776969，c-service@tup.tsinghua.edu.cn
质 量 反 馈：010-62772015，zhiliang@tup.tsinghua.edu.cn
印 装 者：大厂回族自治县彩虹印刷有限公司
经　　销：全国新华书店
开　　本：185mm×260mm　　印　　张：27　　字　　数：627 千字
版　　次：2022 年 8 月第 1 版　　印　　次：2022 年 8 月第 1 次印刷
定　　价：79.00 元

产品编号：093421-01

前言

计算机网络是计算机技术和通信技术相结合而成长起来的新型技术，在当今社会的各个领域得到了广泛的应用。“计算机网络”目前已不仅是高等院校计算机、通信与信息类专业本科生的核心基础课程，而且正逐渐成为理工科各专业学生的公共课程，重要性日益突出，其教学目标是为后续涉及网络的专业课程的学习和研究打下坚实基础。

计算机网络理论性强、概念多、知识点琐碎、抽象、难理解，这是广大学习者的普遍感受，作者最初是在B站上传了自制的《计算机网络》微课堂的学习视频，这种动画视频的方式深受广大学习者的好评，同时收到清华大学出版社王中英编辑的出版邀请。于是就诞生了你手上的这本书。

在本书的编写过程中，结合了B站、学银在线和中国大学MOOC平台上学习者反映的学习难点和痛点，精心组织语言，配以540多幅生动的图片对知识点进行生动呈现，力求概念准确，论述严谨，同时做到简洁明了，让晦涩的网络知识变得轻松易懂。

本书共7章，内容包括概述、物理层、数据链路层、网络层、运输层、应用层、网络安全，覆盖了最新的全国计算机专业研究生入学考试的知识点。各章末尾提供思维导图形式的知识点总结，帮助读者总结和加深记忆。由于很多专业术语对应的英文很常用，笔者按照知识点顺序进行了整理，方便读者查阅。此外，各章均附有本章的习题，便于读者巩固提升。读者可以扫描封底“本书资源”二维码获取相关内容。

本书有如下特点：

（1）以基础知识和核心概念为主线。根据近年来计算机网络技术的发展，对计算机网络的基本原理、方法和技术进行深入浅出的讲解，注重内容的正确性、准确性和新颖性，以及知识体系的逻辑性、连贯性。在内容编排上既能方便老师组织课堂教学，又能方便读者自学。

（2）全书配套录制了微课视频。微课视频具有动画演示生动形象、语言通俗精练、课件文案精美三大特色，让学习者“看得懂，听得懂，学得爽”，能够激发学习者的学习兴趣，提高学习的主动性。

（3）配套资源丰富。本书提供教学大纲、教学课件、学习思维导图等多种教学资源，扫描封底的本书资源二维码即可下载。

（4）对应课程在学银在线、中国大学MOOC等慕课平台定时开课，方便学习者观看学习视频、下载资料、学习提问交流，也方便教师引用为SPOC开展线上教学或线上线下混合式教学。

本书配套资源展示如下，另有精美思维导图，请扫描各章末二维码获取。

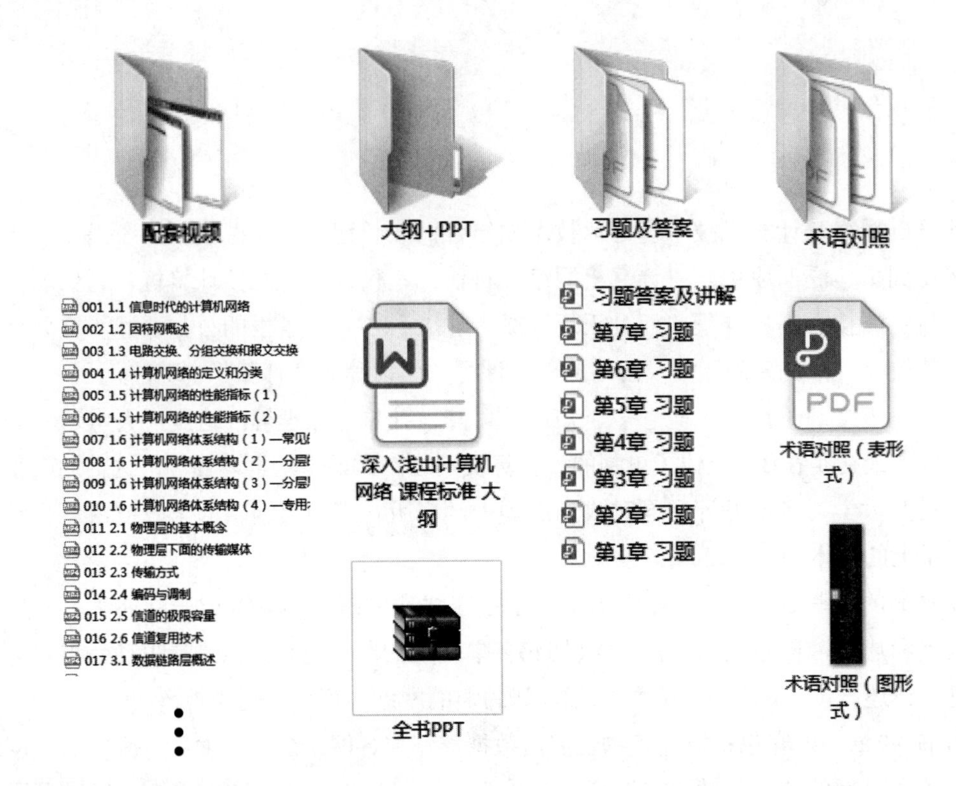

本书可作为高等院校电子信息工程、通信工程、物联网工程、信息工程、电气工程自动化、自动化、计算机科学与技术等相关专业的教材，也可供其他专业的学生、教师和从事计算机网络工作的工程技术人员参考。

本书由高军、陈君、唐秀明、张剑编著。其中，高军编写了第3～6章，陈君编写了第1章，唐秀明编写了第2章，张剑编写了第7章。全书由高军负责统稿和审阅工作。

在本书的编写过程中，吴亮红、席在芳、卢明、唐志军教授对于本书的内容给予了热心指点，责任编辑王中英对本书的编辑负责、细心，编者在此一并致以诚挚的谢意！书中内容参阅了谢希仁老先生的《计算机网络》（第8版），在此对谢老先生表示致敬和感谢！

由于编者水平有限，书中难免存在一些缺点和错误，殷切希望广大读者批评指正。读者可加QQ群524949637交流学习。

编者
于湖南科技大学

目录

第3章 数据链路层 ……77

第4章 网络层 ……154

第1章　概述

本章是整本书的概览。首先介绍计算机网络在信息时代的各类应用，以及带来的一些负面问题；接着对因特网进行概述，包括网络、互联网和因特网的相关基本概念，因特网发展的三个历史阶段，因特网的标准化和管理机构，因特网的组成（边缘部分和核心部分）；之后介绍因特网核心部分采用的基于存储转发技术的分组交换方式；在介绍过计算机网络的定义和分类以及八个主要性能指标后，详细讨论贯穿全书的重要概念——计算机网络的体系结构；最后，简要介绍计算机网络在我国的发展历程以及我国互联网发展情况相关资料的获取方法。

本章重点

（1）基于存储转发技术的分组交换方式。

（2）计算机网络的一些重要性能指标（带宽、时延、往返时间、利用率等）。

（3）计算机网络的体系结构及其相关术语。这部分内容比较抽象。对于计算机网络初学者，在短时间内很难完全掌握这些抽象的概念。但这些抽象概念又能指导后续的学习，因此必须从这些概念学起。建议读者在学习这部分内容时不要钻牛角尖，对于实在搞不懂的抽象概念暂时放过去，在学习到后续章节时，时常复习一下本章中的这些概念。当读者学习完整本书后就能体会到，计算机网络的体系结构不再抽象难懂，它的分层思想是多么优美的设计哲学，其中的这些术语又是多么贴切。

1.1　信息时代的计算机网络

随着信息技术、计算机技术和通信技术的迅猛发展和密切结合，计算机网络已成为21世纪这个信息时代的核心。以因特网（Internet）为代表的计算机网络已悄然改变了人们的生活、学习、工作甚至思维方式，并对国民经济、国家安全、社会稳定等方面产生着巨大影响。在本节中，我们来一起聊聊身边丰富多彩的各类网络应用，同时也反思一下计算机网络在给人类带来极大便利的同时，还带来了哪些不和谐的因素。

1.1.1　计算机网络的各类应用

毫不夸张地说，计算机网络已经融入了我们生活的方方面面，它已成为我们生活中不可或缺的一部分。我们生活中丰富多彩的网络应用大致可以分为信息浏览和发布、通信和交流、休闲和娱乐、资源共享、电子商务、远程协作、网上办公等几个类别，如图1-1所示。

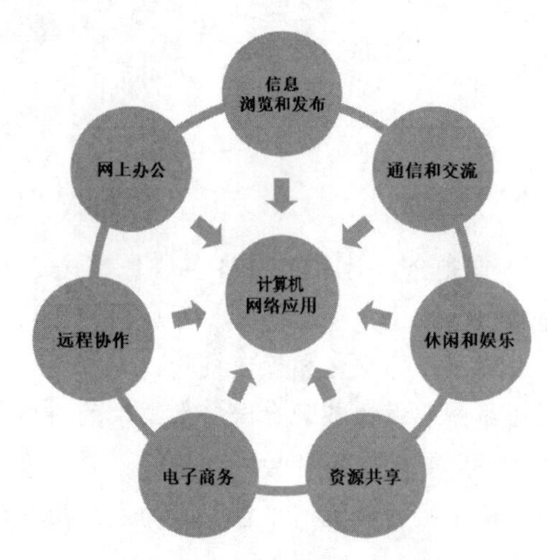

图1-1　常见的计算机网络应用

相信大家每天都会使用上述网络应用类别中的某些具体应用。例如浏览各类万维网网站；使用谷歌、百度等搜索引擎搜索感兴趣的信息；通过个人网站、博客和微博等平台记录和发布信息；通过电子邮箱发送和接收电子邮件；通过QQ、Skype和微信等通信工具进行即时通信；在哔哩哔哩、YouTube等视频网站上发布自己的vlog、观看感兴趣的视频；通过网络云盘进行资源共享；通过各类电子商务平台进行网上购物、网上转账和网上打车；通过各类慕课平台进行在线学习；通过校园网进行网上选课、评教评学和科研项目申报；通过政府部门的电子政务系统进行在线咨询、网上申报、证件申领、投诉和举报等。

计算机网络的应用不胜枚举，很难想象如果某一天计算机网络突然从我们的生活中消失，我们的生活将会变得怎样。

1.1.2　计算机网络带来的负面问题

毫无疑问，计算机网络已经彻底改变了我们的生活。然而，计算机网络在给我们带来极大便利的同时，也带来了一些负面的问题，如图1-2所示。

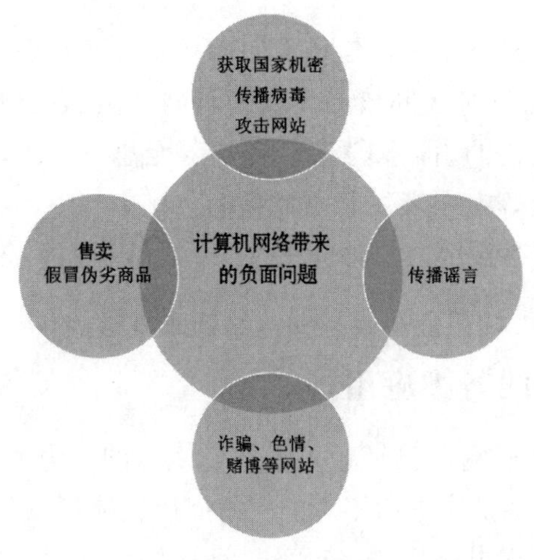

图1-2　计算机网络带来的负面问题

黑客利用网络窃取国家机密、传播计算机病毒、肆意攻击正规网站，不法分子在网络上实施诈骗、建立各种色情网站和赌博网站来牟利，某些电子商务平台上的不良商家通过网络售卖假冒伪劣商品，网络使用者有意或无意地传播形形色色的谣言……但是，计算机网络给我们生活带来的正面影响远远超过其负面问题。

因特网之父温顿·瑟夫曾说过：“既然你无法逃避接触因特网，那么为何不去了解它并且使用它呢？”没错，既然我们无法避免使用计算机网络，那么为何不去了解它并使用它呢？

1.2　因特网概述

对于普通的计算机网络用户而言，接触最多的计算机网络就是因特网，它是当今世界上最大的计算机网络。在本节中，首先介绍网络、互联网与因特网的区别与关系，然后简单介绍因特网的发展历程、标准化工作和管理机构以及因特网的组成，以便读者对计算机网络有一个初步的了解。

1.2.1　网络、互联网与因特网的区别与关系

1. 网络

网络（Network）是由若干节点（Node）和连接这些节点的链路（Link）组成的，如图1-3所示。网络中的节点可以是计算机（笔记本电脑、台式电脑、服务器等）、网络互连设备（集线器、交换机、路由器等）、其他具有网络功能的设备（网络打印机、网络摄像头、物联网设备等）。网络中的链路既可以是有线链路，也可以是无线链路。

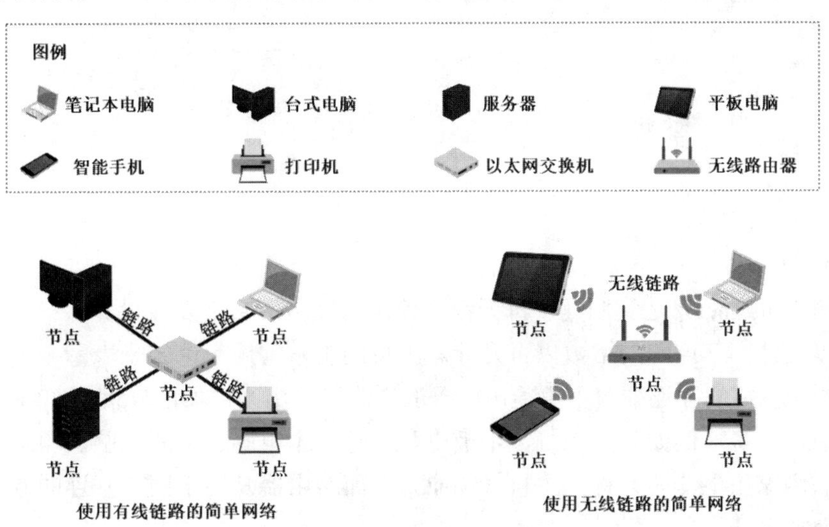

图1-3　简单的网络示意图

为了简单起见，我们可以仅用一朵云来表示一个网络，而网络内部的细节则不用给出，如图1-4所示。在今后研究网络互连的相关问题时，这样的做法可以带来极大的便利。

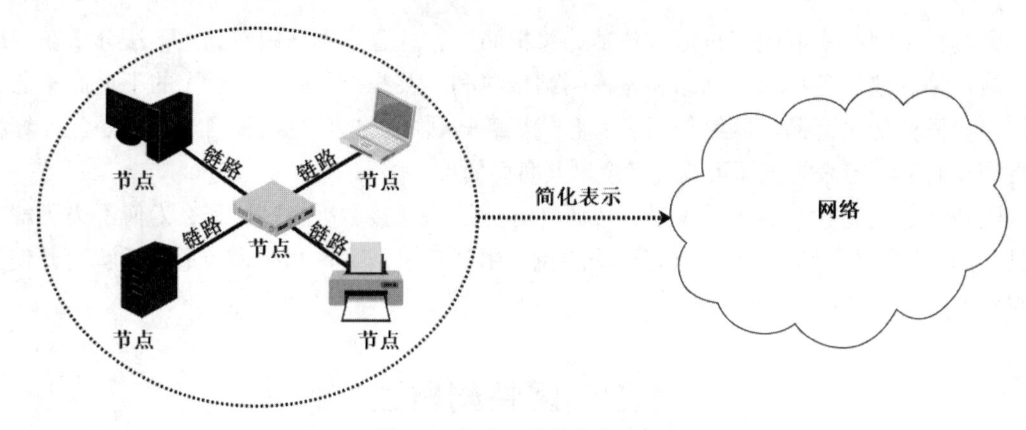

图1-4 单个网络的简化表示

2. 互联网

互联网（internet）是由若干网络和连接这些网络的路由器组成的，如图1-5所示。如果我们忽略互连细节，则可将互联网看作一个覆盖范围更大的网络，因此也可称其为“网络的网络（Network of Networks）”。为了简单起见，互联网也可用一朵云表示。

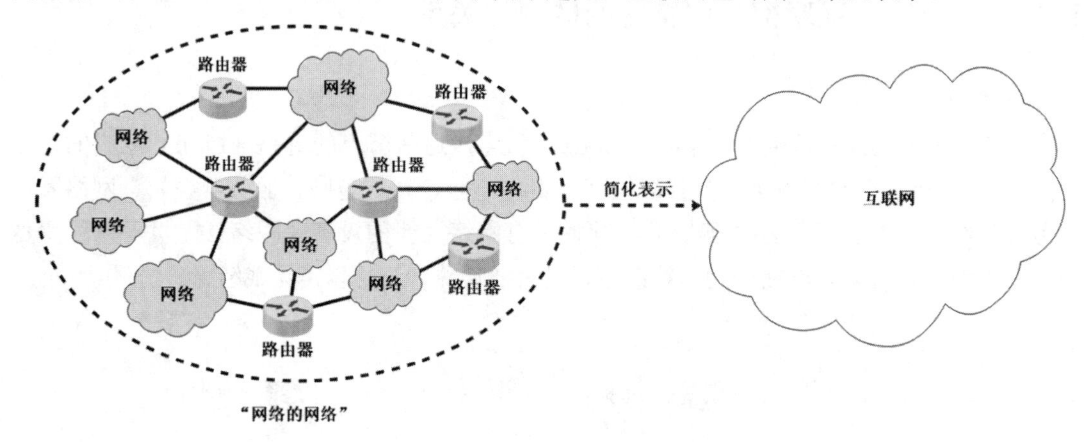

图1-5 互联网示意图

3. 因特网

因特网（Internet）是我们几乎每天都会使用的网络，它是当今世界上最大的互联网，其用户数以亿计，互连的网络数以百万计。因特网也常常用一朵云来表示，其内部各种路由器和异构型网络的互连细节不用给出（一般也难以给出），如图1-6所示。连接在因特网上的各种通信设备（例如智能手机、平板电脑、笔记本电脑、台式电脑、服务器、网络打印机和可联网家用电器等）称为主机（Host），而路由器是用于网络互连的专用设备，一般不称其为主机。

综上所述，我们可以将网络、互联网与因特网的区别与关系总结如下：若干节点和链路互连形成网络，而若干网络通过路由器互连形成互联网，因特网是当今世界上最大的互联网。

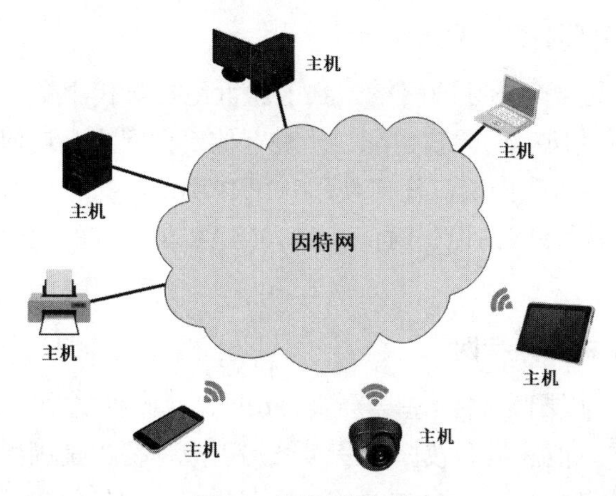

图1-6 因特网示意图

请读者注意以下几点：

- 我们有时并没有严格区分互联网和因特网这两个名词，许多人口中的互联网实际上是指因特网。但internet和Internet这两个英文名词却有很大的区别：
  - internet的意思是互联网，它是一个通用名词，泛指由多个计算机网络互连而成的网络。在这些网络之间可以使用任意的通信协议作为通信规则。
  - Internet的意思是因特网，它是一个专用名词，专指当前全球最大的、开放的、由众多网络和路由器互连而成的特定计算机网络。在这些网络之间必须使用TCP/IP协议族作为通信规则。
- 网络互连并不仅仅是简单的物理连接，还需要各通信设备中安装有相应的软件。因此当我们谈到网络互连时，就隐含地表示在这些通信设备中已经安装好了相应的软件，因而各通信设备可以通过网络交换信息。

1.2.2 因特网的发展历程

因特网是冷战的产物之一。1962年，美国国防部为了确保美国军事力量在遭受苏联第一波核打击后，仍具有一定的生存和反击能力，决定设计一种基于分组交换技术的通信指挥系统。1969年，美国国防部创建了第一个分组交换网ARPANET，该网络就是因特网的雏形。

因特网的基础结构大体上经历了三个阶段的演进，如图1-7所示。

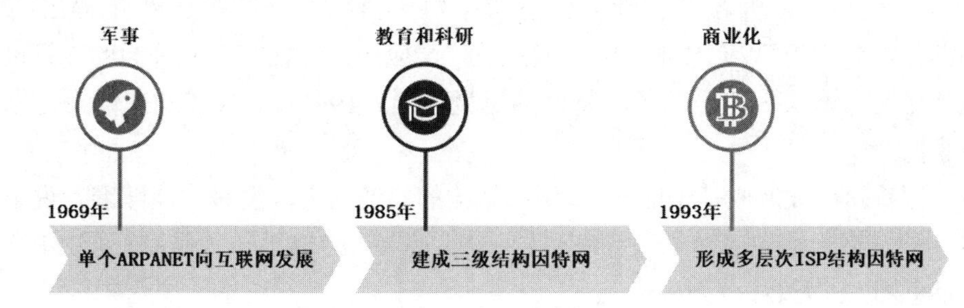

图1-7 因特网基础结构的演进过程

1. 从单个分组交换网向互联网发展

ARPANET最初只是一个单独的网络。到了20世纪70年代中期，人们意识到不可能只用一个单独的网络来解决所有的通信问题，于是开始研究网络互连问题。1983年TCP/IP协议族成为ARPANET上的标准协议，任何使用TCP/IP协议族的计算机都能通过网络互连而通信，因此1983年成为因特网的诞生时间。1990年ARPANET的实验任务完成，正式宣布关闭。

2. 逐步建成三级结构的因特网

从1985年开始，美国国家科学基金会围绕6个大型计算机中心建设国家科学基金网NSFNET。它由主干网、地区网和校园网三级结构组成，覆盖美国主要的大学和研究所，成为因特网的主要组成部分。从1991年开始，全球许多公司纷纷接入因特网，美国政府决定将因特网的主干网转交给私人公司经营，对接入因特网的单位进行收费。

3. 逐步形成多层次ISP结构的因特网

从1993年开始，NSFNET逐步被多个商用的因特网主干网替代，政府机构也不再负责因特网的任何运营，转而由各种因特网服务提供者（Internet Service Provider，ISP）来运营。任何单位或个人都可以通过ISP接入因特网，只需要按ISP的规定交纳费用即可。

我国的ISP主要有中国电信、中国移动以及中国联通这三大电信运营商，它们向广大用户提供因特网接入服务、信息服务和增值服务，如图1-8所示。

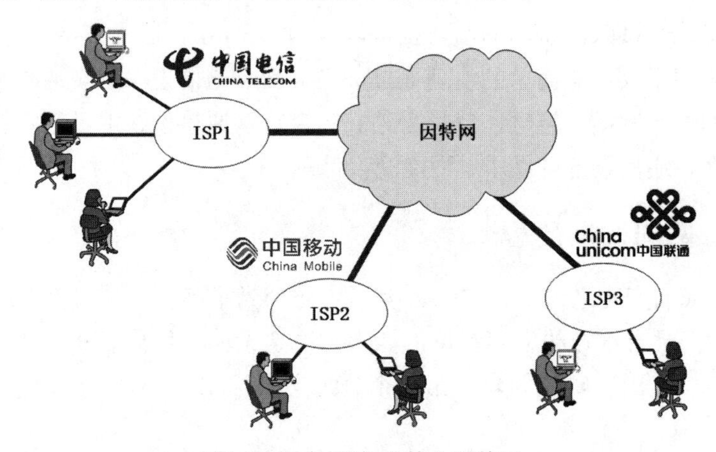

图1-8 用户通过ISP接入因特网

1994年，最早由欧洲粒子物理实验室的蒂姆·伯纳斯—李在1989年提出的万维网（World Wide Web，WWW）技术在因特网上被广泛应用，这使得众多普通的计算机用户可以便捷地使用网络，极大地推动了因特网的迅猛发展。1995年，NSFNET停止运作，因特网彻底商业化。

目前，因特网已发展成基于ISP的多层次结构的互连网络，没有人能够准确说出因特网究竟有多大，其整个结构也很难进行细致的描述。图1-9给出了一种具有三层ISP结构的因特网概念示意图，三层ISP分别为：

- 第一层ISP是国际级的，其覆盖面积最大并且拥有高速链路和交换设备。第一层ISP之间相互连接构成因特网主干网（Internet Backbone）。
- 第二层ISP是区域级或国家级的，与少数第一层ISP相连接，作为第一层ISP的用户。一些大公司也是第一层ISP的用户。
- 第三层ISP是本地级的，与第二层ISP相连接，作为第二层ISP的用户。普通的校园网、企业网、住宅用户以及移动用户等，都是第三层ISP的用户。相同层次的ISP也可选择直接相连。

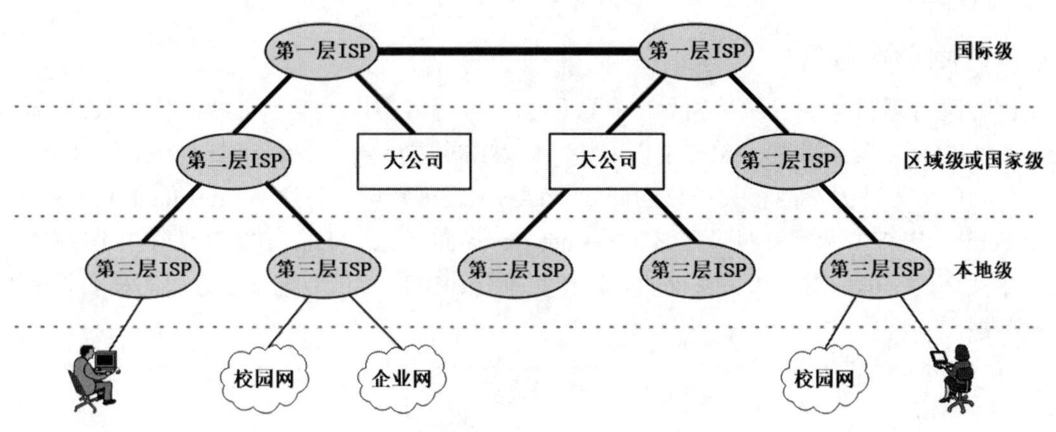

图1-9 三层ISP结构的因特网概念示意图

请读者注意，已接入因特网的用户也可以成为一个ISP。他只需要购买一些相关的设备（例如调制解调器、路由器等），让其他用户能够通过他来接入因特网。因此，因特网的结构实际上是基于ISP的多层次结构，各ISP可以在因特网拓扑上添加新的层次和分支。

1.2.3 因特网的标准化工作和管理机构

1. 因特网的标准化工作

在因特网的发展过程中，标准化工作起到了非常重要的作用。如果没有国际标准，将会导致多种技术体制并存且互不兼容，这会给用户带来极大的不便。试想一下，如果手机的充电接口五花八门，这将是多么糟糕的事情。同理，网络互连设备（交换机或路由器等）的接口如果没有统一的标准，也就很难进行网络互连。

因特网的标准化工作是面向公众的，其任何一个建议标准在成为因特网标准之前，都以RFC技术文档的形式在因特网上发表。RFC（Request For Comments）的意思是“请求评论”。任何人都可以从因特网上免费下载RFC文档（http://www.ietf.org/rfc.html），并随时对某个RFC文档发表意见和建议。

制定因特网标准需要经过因特网草案（Internet Draft）、建议标准（Proposed Standard）、草案标准（Draft Standard）、因特网标准（Internet Standard）这4个阶段，如图1-10所示。

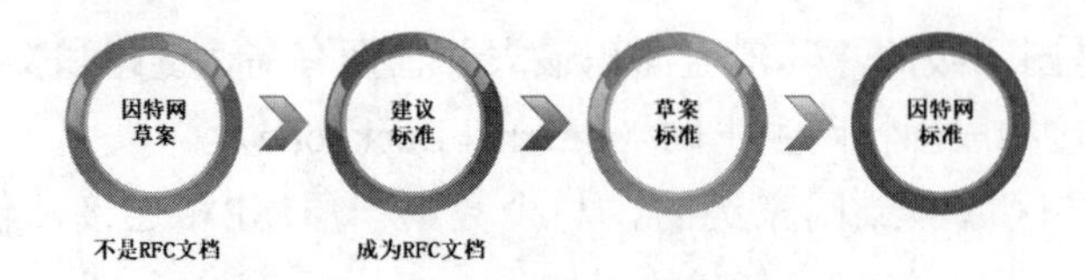

图1-10　制定因特网标准需要经过4个阶段

需要说明的是，由于“草案标准”容易与“因特网草案”混淆，所以从2011年10月起取消了“草案标准”这个阶段[RFC 6410]。这样，现在制定因特网标准的过程简化为：“因特网草案”→“建议标准”→“因特网标准”。

2. 因特网的管理机构

因特网管理机构的组织架构如图1-11所示。因特网由国际组织因特网协会（Internet Society，ISOC）全面管理。ISOC下设因特网体系结构委员会（Internet Architecture Board，IAB），负责管理因特网相关协议的开发。IAB下设因特网工程部（Internet Engineering Task Force，IETF）和因特网研究部（Internet Research Task Force，IRTF），其中IETF负责研究中短期的工程问题、相关协议的开发和标准化；IRTF负责研究理论方面的需要长期考虑的问题。

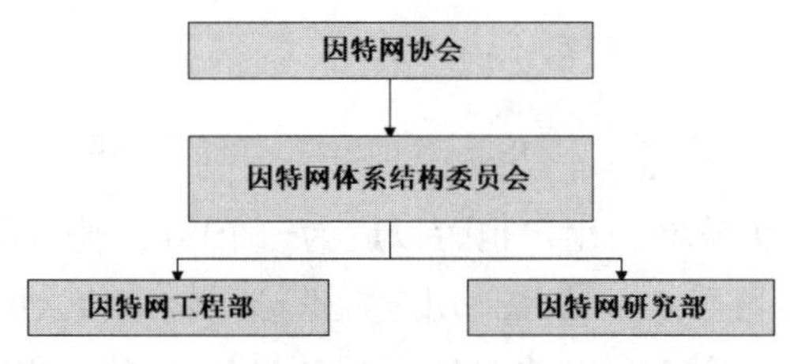

图1-11　因特网管理机构的组织架构

1.2.4　因特网的组成

因特网是当今全球覆盖范围最广的互联网，其网络拓扑非常复杂，但我们可以从功能上简单地将其划分为如图1-12所示的两部分：

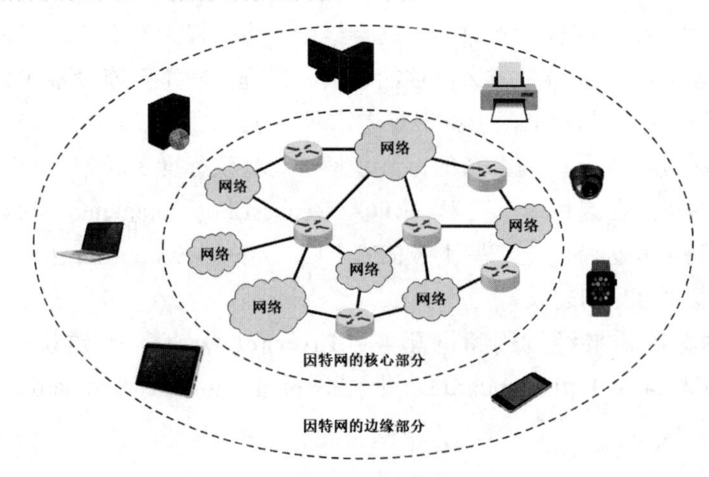

图1-12　因特网的边缘部分与核心部分

- 因特网的边缘部分。由连接在因特网上的台式电脑、笔记本电脑、平板电脑、服务器、智能手机、智能手表、网络摄像头和网络打印机等用户设备构成。这些用户设备常称为主机，由用户直接使用，为用户直接提供各式各样的网络应用。
- 因特网的核心部分。由大量异构型网络和连接这些网络的路由器构成。因特网的核心部分为其边缘部分提供连通性和数据交换等服务。

1.3　电路交换、分组交换和报文交换

路由器（Router）在因特网核心部分中发挥着至关重要的作用，它对收到的分组进行存储转发来实现分组交换。要弄清分组交换的原理，首先要学习电路交换的相关概念。

1.3.1　电路交换

在早期专为电话通信服务的电信网络中，需要使用很多相互连接起来的电话交换机来完成全网的交换任务。电话交换机接通电话线的方式就是电路交换（Circuit Switching）。从通信资源分配的角度看，交换（Switching）实际上就是以某种方式动态地分配传输线路的资源。使用电路交换进行通信的三个步骤如下：

（1）建立连接：主叫方必须首先进行拨号以请求建立连接。当被叫方听到电话交换机送来的振铃音并摘机后，从主叫方到被叫方就建立了一条专用的物理通路，简称为连接。这条连接为通话双方提供通信资源。

（2）通话：主叫方和被叫方现在可以基于已建立的连接进行通话了。在整个通话期间，通话双方始终占用着连接，通信资源不会被其他用户占用。

（3）释放连接：通话完毕挂机后，从主叫方到被叫方的这条专用的物理通路被交换机释放，将双方所占用的通信资源归还给电信网。

如果主叫方在拨号请求建立连接时听到忙音，这可能是被叫方此时正忙或电信网的资源已不足以支持这次请求，则主叫方必须挂机等待一段时间后再重新拨号。

图1-13给出了电路交换的简化示意图。用户线是电话用户专用的，电话交换机之间的中继线是许多用户共享的。电话A与E之间的物理通路共经过了3个电话交换机，而电话B和C是同一个电话交换机覆盖范围内的用户，因此B和C之间建立的连接就不需要再经过其他的电话交换机。在A和E的通话过程中，它们始终占用这条已建立的物理通路，就好像A和E之间直接用一对电话线连接起来一样。A和E的通话结束并挂机后，它们之间的连接就断开了，之前所占用的电话交换机之间的电路又可以由其他用户使用。

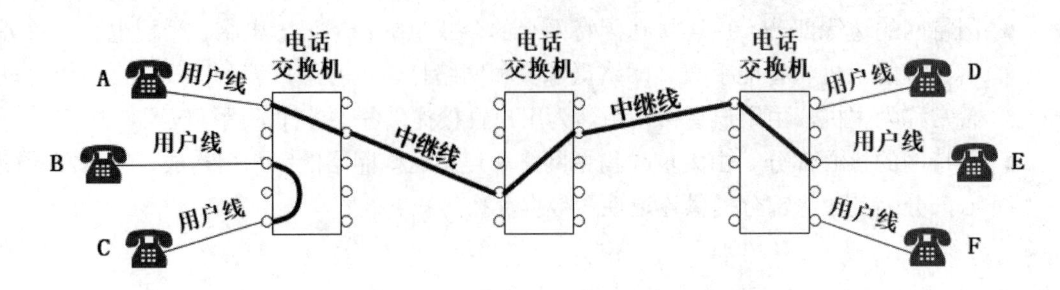

图1-13 电路交换的简化示意图

请读者思考一下：计算机之间的数据传送适合采用电路交换方式吗？

这需要从计算机之间数据传送的特点来考虑。想想看，通常我们的计算机都运行着即时通信工具（例如QQ），尽管我们并不是一直连续通过该工具发送消息，但为了随时发送和接收消息，我们也一直会让其处于上线状态。对于这种情况，如果采用电路交换方式，则大部分宝贵的通信线路资源并未被利用而是被白白浪费了。也就是说，计算机之间的数据传送是突发式的，当使用电路交换来传送计算机数据时，其线路的传输效率一般都会很低，线路上真正用来传送数据的时间往往不到10%甚至不到1%。

1.3.2 分组交换

早在因特网的鼻祖ARPANET的研制初期，就采用了基于存储转发技术的分组交换。源主机将待发送的整块数据构造成若干个分组并发送出去，分组传送途中的各交换节点（也就是路由器）对分组进行存储转发，目的主机收到这些分组后将它们组合还原成原始数据块。

待发送的整块数据通常被称为报文（Message）。较长的报文一般不适宜直接传输。如果报文太长，则对交换节点的缓存容量有很大的需求，在错误处理方面也会比较低效。因此需要将较长的报文划分成若干个较小的等长数据段，在每个数据段前面添加一些由必要的控制信息（例如源地址和目的地址等）组成的首部（Header），这样就构造出了一个个分组（Packet）。分组是在分组交换网上传送的数据单元。构造分组的示意图如图1-14所示。

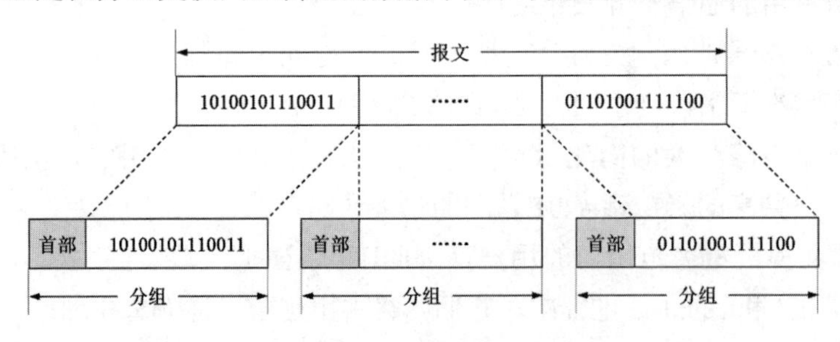

图1-14 构造分组

源主机将分组发送到分组交换网中，分组交换网中的分组交换机收到一个分组后，先将其缓存下来，然后从其首部中提取出目的地址，按照目的地址查找自己的转发表，找到相应的转发接口后将分组转发出去，把分组交给下一个分组交换机。经过多个分组交换机的存储转发后，分组最终被转发到目的主机。我们来举例说明上述过程。

在图1-15所示的简化的分组交换网中，为了简单起见，图中并没有画出互联网中通过路由器互连的各个物理网络，而是把它们分别等效为路由器之间的一段链路，整个互联网可以看作一个分组交换网，而路由器R1～R5就是分组交换网中的交换节点，主机H1～H5通过分组交换网进行通信。

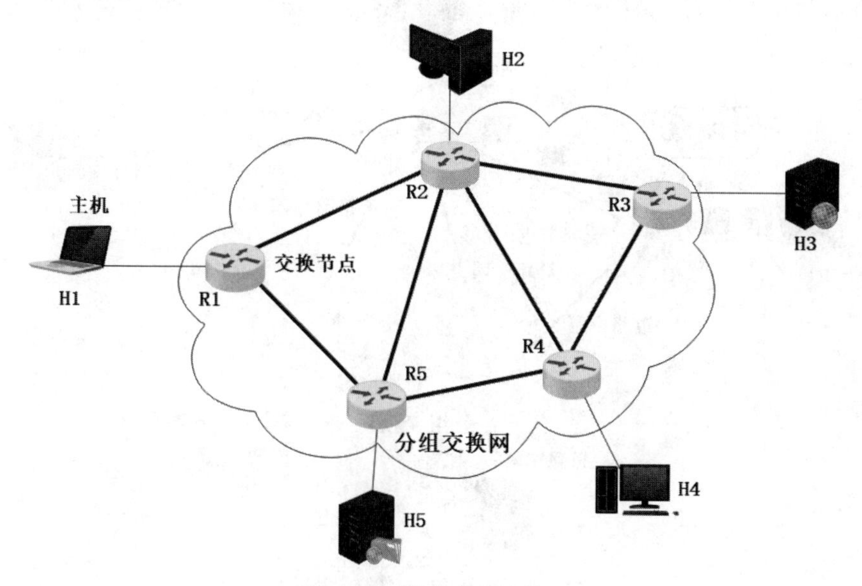

图1-15　简化的分组交换网

现在假设图1-15中的主机H1给主机H3发送数据。如图1-16所示，H1将分组逐个发送给与其直接相连的路由器R1。此时H1到R1的链路被占用，而分组交换网中的其他链路并未被当前通信的双方占用。

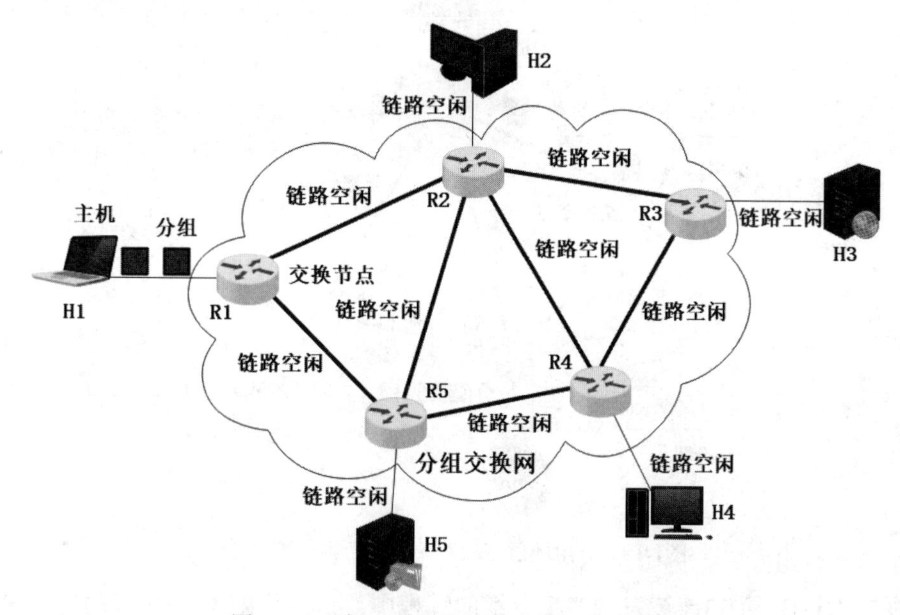

图1-16　主机H1给其直连路由器R1发送分组

路由器R1对收到的分组进行存储转发，如图1-17所示。假设R1根据分组首部的目的地址查找自己的转发表，查找结果是“下一跳为路由器R2”，则R1转发分组给R2。当分组正在R1与R2之间的链路上传送时，仅占用R1与R2这段链路，而不会占用分组交换网中的其他资源。

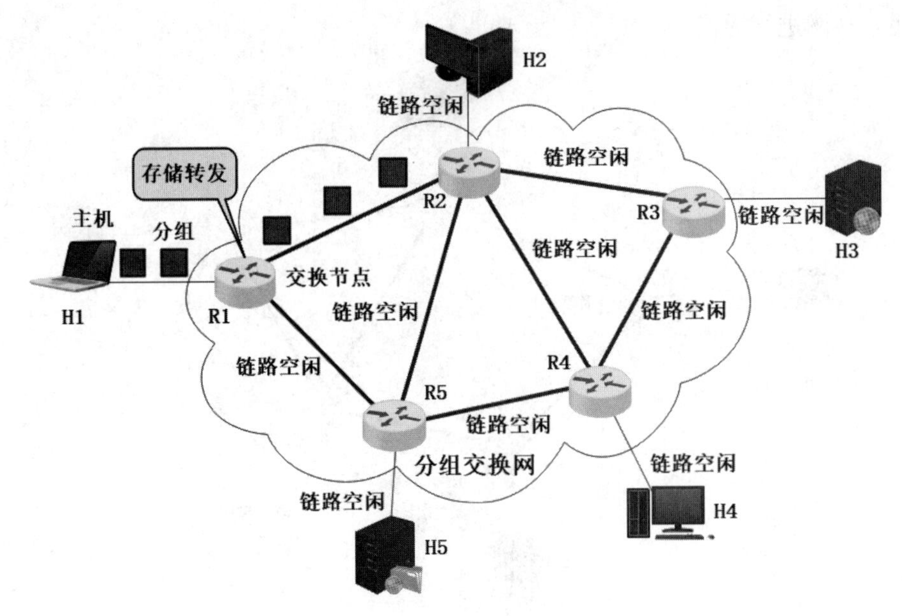

图1-17　路由器R1存储转发分组

假设路由器R2收到分组后按上述方式将分组转发给路由器R3，如图1-18所示。R3收到分组后将分组转发给主机H3。

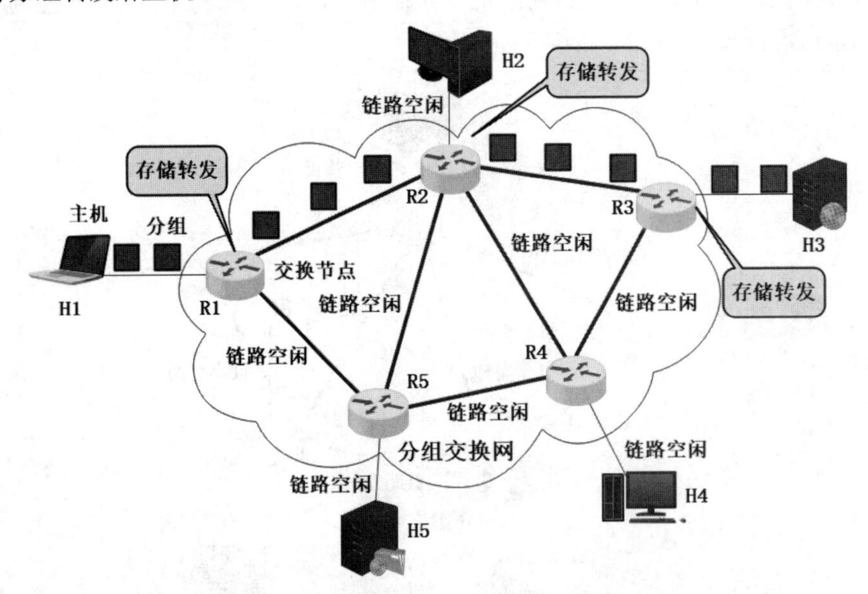

图1-18　分组经过多次存储转发后到达主机H3

假设在主机H1给H3连续发送多个分组的过程中，路由器R1与R2之间的通信量太大，那么R1可以把分组沿另一条路径转发给路由器R5，如图1-19所示。R5转发分组给R4，R4转发分组给R3，R3把分组转发给主机H3。

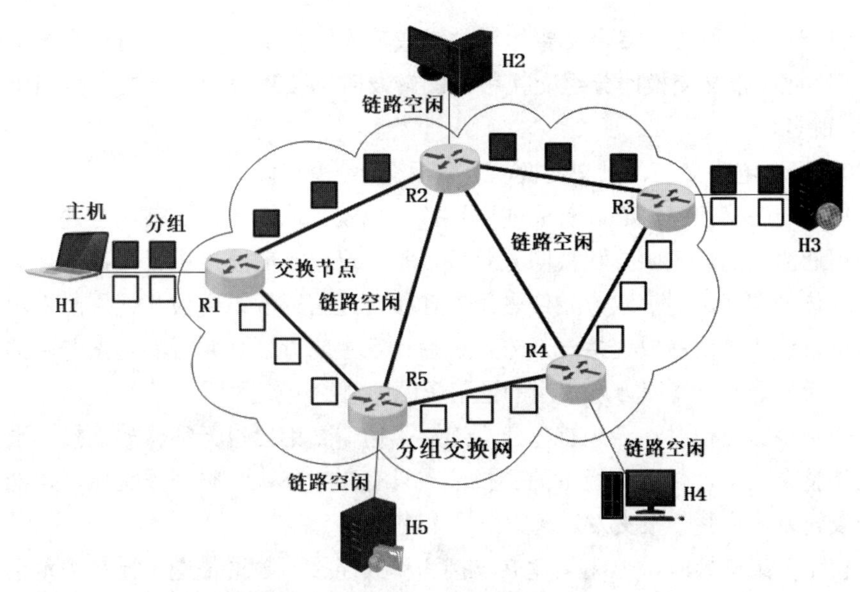

图1-19　分组可按不同路径到达主机H3

需要说明的是，在图1-16～图1-19中只展示了主机H1和H3这一对主机如何基于分组交换网进行通信。但是，在实际的因特网中，往往有大量的主机在同时通信。另外，在一台主机中，也可能有多个和网络通信相关的应用进程，它们同时与其他主机中的不同应用进程进行通信。

从上述例子可以看出，分组交换与电路交换有着很大的不同。分组交换没有建立连接和释放连接带来的开销，分组在哪段链路上传送才占用这段链路的通信资源，因而数据的传输效率更高，这对于突发式的计算机数据的传送是非常适宜的。相比于采用电路交换传送突发式的计算机数据，分组交换的通信线路利用率大大提高。

为了提高分组交换网的可靠性，常采用网状拓扑结构。当少数交换节点或链路出现故障时，又或是网络发生拥塞时，交换节点都可以相应地改变转发路由，而不会引起通信中断或全网瘫痪。另外，网络中的主干线路也常由一些高速链路组成。

分组交换的优点如下：

- 没有建立连接和释放连接的过程，分组传输过程中逐段占用通信链路，有较高的通信线路利用率。
- 交换节点可以为每一个分组独立选择转发路由，使得网络有很好的生存性。

分组交换也带来了一些问题：

- 分组首部带来了额外的传输开销。
- 路由器存储转发分组会造成一定的时延。
- 无法确保通信时端到端的通信资源全部可用，在通信量较大时可能造成网络拥塞。
- 分组可能会出现失序（未按序到达）和丢失等问题。

1.3.3　报文交换

报文交换是分组交换的前身。在报文交换中，报文被整个地发送，而不是拆分成若干个分组进行发送。交换节点将报文整体接收完成后才能查找转发表，将整个报文转发到下一个节点。因此，报文交换比分组交换带来的转发时延要长很多，需要交换节点具有的缓存空间也大很多。

图1-20展示了电路交换、报文交换以及分组交换的区别。

- 在使用电路交换时，必须首先建立连接，也就是从主叫方到被叫方建立一条专用的物理通路。然后主叫方和被叫方就可以基于已建立的连接进行数据传送了。在整个数据传送期间，通信双方始终占用着连接，通信资源不会被其他用户占用。数据传送结束后还需要释放连接，双方挂机后，从主叫方到被叫方的这条专用的物理通路被交换机释放，将双方所占用的通信资源归还给电信网。
- 在使用报文交换时，无须首先建立连接，通信结束后也无须释放连接。数据传送单元为整个报文，传送路径中的交换节点只有在完整接收整个报文后，才能对其进行查表转发，将整个报文发送到下一个节点。
- 在使用分组交换时，也无须建立连接和释放连接。数据传送单元是由整个报文划分并构造出的若干个分组，传送路径中的交换节点每完整接收一个分组后，就对其查表转发，将其发送到下一个节点。

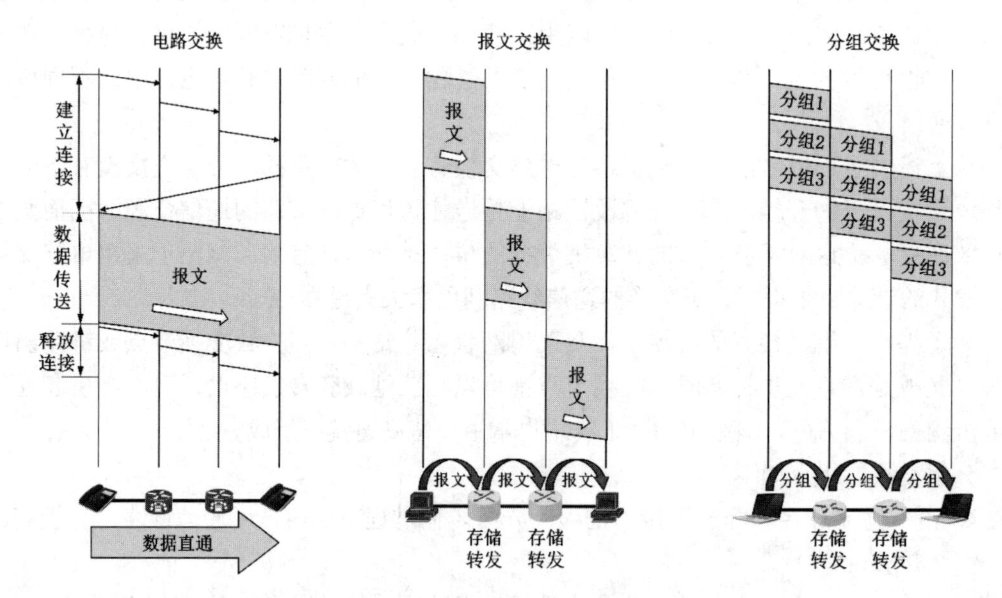

图1-20　电路交换、报文交换以及分组交换的对比

从图1-20可以看出，若要连续传送大量的数据，并且数据传送时间远长于建立连接的时间，则使用电路交换可以有较高的传输效率。然而计算机的数据传送往往是突发式的，采用电路交换时通信线路的利用率会很低。报文交换和分组交换都不需要建立连接（即预先分配通信资源），在传送计算机的突发数据时可以提高通信线路的利用率。将报文构造成若干个更小的分组进行分组交换，比将整个报文进行报文交换的时延要小，并且还可以避免太长的报文长时间占用链路，有利于差错控制，同时具有更好的灵活性。

1.4 计算机网络的定义和分类

本节将给出计算机网络在信息时代较为合理的一个定义，并从不同角度对计算机网络进行分类。

1.4.1 计算机网络的定义

计算机网络并没有一个精确和统一的定义。在计算机网络发展的不同阶段，人们对计算机网络给出了不同的定义，这些定义反映了当时计算机网络技术发展的水平。

计算机网络早期的一个最简单定义是，一些互连的、自治的计算机的集合。“互连”是指计算机之间可以进行数据通信，而“自治”是指独立的计算机，它有自己的软硬件，可以独立运行。然而，在当今这个计算机网络技术飞速发展的信息时代，上述有关计算机网络的最简单定义已经不能很好地反映出计算机网络技术的发展水平。

有关计算机网络的一个较好的定义是，计算机网络主要是由一些通用的、可编程的硬件互连而成的，而这些硬件并非专门用来实现某一特定目的（例如，传送数据或视频信号）。这些可编程的硬件能够用来传送多种不同类型的数据，并能支持广泛的和日益增长的应用。这个较好的定义包含了以下含义：

- 计算机网络所连接的硬件，并不限于一般的计算机，还包括智能手机、具有网络功能的传感器以及智能家电等智能硬件。定义中的“可编程的硬件”表明这种硬件一定包含有中央处理单元CPU。
- 计算机网络并非只用来传送数据，而是能够基于数据传送进而实现各种各样的应用，包括今后可能出现的各种应用。

1.4.2 计算机网络的分类

计算机网络有多种类别，下面从不同的角度对计算机网络进行分类。

1. 按网络的覆盖范围分类

（1）广域网（Wide Area Network，WAN）：覆盖范围通常为几十千米到几千千米，可以覆盖一个国家、地区甚至横跨几个洲。广域网是因特网的核心部分，它为因特网核心路由器提供远距离高速连接，互连分布在不同国家和地区的城域网和局域网。

（2）城域网（Metropolitan Area Network，MAN）：覆盖范围一般为5～50km，可以跨越几个街区甚至整个城市。城域网通常作为城市骨干网，互连大量机构、企业以及校园局域网。

（3）局域网（Local Area Network，LAN）：覆盖范围一般为1km，例如一个学生宿舍、一栋楼或一个校园。局域网通常由微型计算机或工作站通过速率为10Mb/s以上的高速链路相连。在过去，一个企业或学校往往只拥有一个局域网，而现在局域网已被广泛地应用，一个企业或学校可能就会有多个互连的局域网，这样的网络常称为校园网或企业网。

（4）个域网（Personal Area Network，PAN）：个域网是个人区域网的简称，其覆盖范围一般为10m。个域网主要用于个人工作的地方，它把属于个人使用的笔记本电脑、键盘、鼠标、耳机以及打印机等电子设备用Wi-Fi或蓝牙等无线技术连接起来，因此也常称为无线个域网（Wireless PAN，WPAN）。

2. 按网络的使用者分类

（1）公用网（Public Network）：通常是由电信公司出资建造的大型网络。公众只要按照电信公司的规定交纳费用就可以使用这种网络。

（2）专用网（Private Network）：通常是由某个部门为满足本单位特殊业务的需要而建造的网络，例如银行、电力、铁路、军队等部门的专用网。这种网络不向本单位以外的人提供服务。

3. 按其他角度分类

除上述两种分类角度外，计算机网络还有很多分类角度。例如按传输介质分类（有线或无线）、按网络拓扑分类（总线型、星型、环型、网状型）、按交换方式分类（电路交换、报文交换、分组交换）以及按传输技术分类（点对点或广播）等。

1.5 计算机网络的性能指标

计算机网络的性能指标被用来从不同方面度量计算机网络的性能。常用的有速率、带宽、吞吐量、时延、时延带宽积、往返时间、利用率以及丢包率这8个性能指标。

1.5.1 速率

在介绍速率之前，首先来看看数据量的单位。

比特（bit，记为小写b）是计算机中数据量的基本单位，一个比特就是二进制数字中的一个1或0。数据量的常用单位有字节（byte，记为大写B）、千字节（KB）、兆字节（MB）、吉字节（GB）以及太字节（TB），如表1-1所示。

表1-1 计算机中数据量的单位

数据量的单位	换算关系
比特（b）	基本单位
字节（B）	1B = 8bit
千字节（KB）	1KB = 2^{10} B
兆字节（MB）	1MB = 1K · KB = 2^{20} B
吉字节（GB）	1GB =1K · MB = 2^{30} B
太字节（TB）	1TB =1K · GB = 2^{40} B

计算机网络中的速率是指数据的传送速率（即每秒传送多少个比特），也称为数据率（Data Rate）或比特率（Bit Rate）。速率的基本单位是比特/秒（bit/s，可简记为b/s，有时也记为bps，即bit per second）。速率的常用单位有千比特/秒（kb/s或kbps）、兆比特/秒（Mb/s

或Mbps）、吉比特/秒（Gb/s或Gbps）以及太比特/秒（Tb/s或Tbps），如表1-2所示。

表1-2　计算机网络中速率的单位

速率的单位	换算关系
比特/秒（b/s）	基本单位
千比特/秒（kb/s）	$1kb/s = 10^3 b/s$
兆比特/秒（Mb/s）	$1Mb/s = 1k \cdot kb/s = 10^6 b/s$
吉比特/秒（Gb/s）	$1Gb/s = 1k \cdot Mb/s = 10^9 b/s$
太比特/秒（Tb/s）	$1Tb/s = 1k \cdot Gb/s = 10^{12} b/s$

请读者注意以下两点：

- 在表1-1中，数据量单位中的K、M、G、T的数值分别为2^{10}、2^{20}、2^{30}、2^{40}；在表1-2中，速率单位中的k、M、G、T的数值分别为10^3、10^6、10^9、10^{12}。然而在实际应用中，很多人并没有严格区分上述两种类型的单位。例如，某块固态硬盘的厂家标称容量为250GB，而操作系统给出的容量却为232GB，如图1-21所示。产生容量差别的原因在于，厂家在标称容量时，GB中的G并没有严格采用数据量单位中的数值2^{30}，而是采用了数值10^9；但操作系统在计算容量时，GB中的G严格采用了数据量单位中的数值2^{30}。
- 在日常生活中，人们习惯于用更简洁但不严格的说法来描述计算机网络的速率，例如网速为100M，而省略了单位中的b/s。

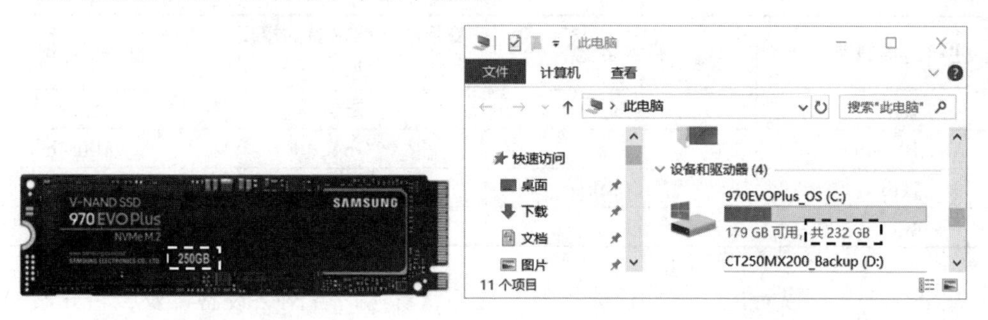

厂家标称容量为250GB　　　　操作系统给出的容量为232GB

图1-21　存储器标称容量与操作系统给出的不一致

1.5.2　带宽

带宽（Bandwidth）有以下两种不同的含义：

- 带宽在模拟信号系统中的意义：是指某个信号所包含的各种不同频率成分所占据的频率范围。单位是赫兹（Hz），简称“赫”。常用单位有千赫（kHz）、兆赫（MHz）以及吉赫（GHz）等。例如，在传统的模拟通信线路上传送的电话信号的标准带宽是3.1kHz，话音的主要成分的频率范围为300Hz～3.4kHz。表示通信线路允许通过的信号频带范围就称为线路的带宽。
- 带宽在计算机网络中的意义：用来表示网络的通信线路所能传送数据的能力，即在单位时间内从网络中的某一点到另一点所能通过的最高数据率。因此，在计算机网络中，带宽的单位与之前介绍过的速率的单位是相同的。基本单位是比特/秒（b/s或bps），常用单位有千比特/秒（kb/s或kbps）、兆比特/秒（Mb/s或Mbps）、吉比特/秒（Gb/s或Gbps）以及太比特/秒（Tb/s或Tbps）。

根据香农公式可知，带宽的上述两种表述有着密切的关系：线路的"频率带宽"越宽，其所传输数据的"最高数据率"也越高。

请读者注意，在实际应用中，主机的接口速率、线路带宽、交换机或路由器的接口速率遵循"木桶效应"，也就是数据传送速率从主机接口速率、线路带宽以及交换机或路由器的接口速率这三者中取小者，如图1-22和表1-3所示。

图1-22 速率匹配遵循"木桶效应"

表1-3 速率匹配遵循"木桶效应"举例

主机的接口速率	线路带宽	交换机或路由器的接口速率	数据传送速率
1Gb/s	1Gb/s	1Gb/s	1Gb/s
100Mb/s	1Gb/s	1Gb/s	100Mb/s
1Gb/s	100Mb/s	1Gb/s	100Mb/s
1Gb/s	1Gb/s	100Mb/s	100Mb/s

从上述例子可以看出，在构建网络时，应该认真考虑各网络设备以及传输介质的速率匹配问题，以便达到网络本应具有的最佳传输性能。

1.5.3 吞吐量

吞吐量（throughput）是指在单位时间内通过某个网络或接口的实际数据量。吞吐量常被用于对实际网络的测量，以便获知到底有多少数据量通过了网络。

我们来举例说明吞吐量的概念，如图1-23所示。假设某用户接入因特网的带宽为100Mb/s，该用户同时使用观看网络视频、浏览网页以及给文件服务器上传文件这三个网络应用。播放网络视频的下载速率为20Mb/s，访问网页的下载速率为600kb/s，向文件服务器上传文件的上传速率为1Mb/s，则网络吞吐量就是下载速率和上传速率的总和，即20Mb/s + 600kb/s + 1Mb/s = 21.6Mb/s。

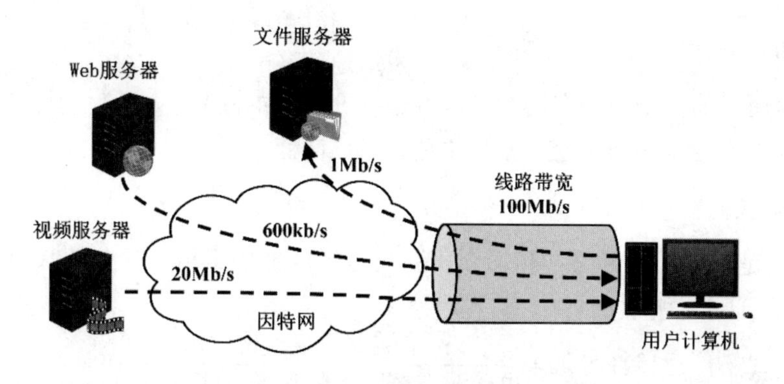

图1-23　吞吐量举例

当用户计算机中与网络通信相关的应用进程增多时，吞吐量也会随之增大，但吞吐量会受网络带宽的限制。

1.5.4　时延

时延（delay或latency）是指数据（由一个或多个分组、甚至是一个比特构成）从网络的一端传送到另一端所耗费的时间，也称为延迟或迟延。

网络中的时延由发送时延、传播时延、排队时延以及处理时延这四部分组成。我们来举例说明，如图1-24所示。主机A和主机B通过一台路由器进行互连，共有两段链路。主机A给主机B发送一个分组，则从主机A发送该分组开始，到主机B接收到完整的该分组为止，需要经过两个发送时延、两个传播时延、一个排队时延以及一个处理时延。

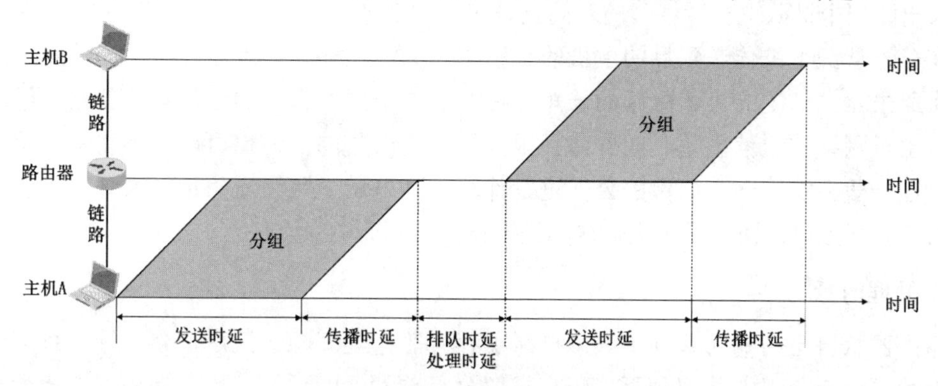

图1-24　网络时延的组成（举例1）

请读者注意，各种时延之间并没有相互关系，它们的大小有其各自的影响因素。下面分别介绍这几种时延。

1. 发送时延

发送时延是主机或路由器发送分组所耗费的时间，也就是从发送分组的第一个比特开始，到该分组的最后一个比特发送完毕为止所耗费的时间。发送时延的计算公式如式（1-1）所示。

$$\text{发送时延}=\frac{\text{分组长度（b）}}{\text{发送速率（b/s）}} \tag{1-1}$$

在图1-24所示的例子中，有两个发送时延：一个是主机A将分组发送给路由器所耗费的时间，另一个是路由器将该分组转发出去所耗费的时间。

2. 传播时延

传播时延是电磁波在链路（传输介质）上传播一定的距离所耗费的时间。传播时延的计算公式如式（1-2）所示。

$$\text{传播时延}=\frac{\text{链路长度（m）}}{\text{电磁波在链路上的传播速率（m/s）}} \tag{1-2}$$

在图1-24所示的例子中，有两个传播时延。一个是分组的最后一个比特的信号从主机A传播到路由器所耗费的时间，另一个是该分组的最后一个比特的信号从路由器传播到主机B所耗费的时间。

电磁波在链路上的传播速率主要有以下三种：

- 电磁波在自由空间中的传播速率约为3×10^8 m/s。
- 电磁波在铜线电缆中的传播速率约为2.3×10^8 m/s。
- 电磁波在光纤中的传播速率约为2×10^8 m/s。

建议读者最好能记住电磁波在链路上传播的上述三种传播速率。

3. 排队时延

当分组进入路由器后，会在路由器的输入队列中排队缓存并等待处理。在路由器确定了分组的转发接口后，分组会在输出队列中排队缓存并等待转发。分组在路由器的输入队列和输出队列中排队缓存所耗费的时间就是排队时延。

在分组从源主机传送到目的主机的过程中，分组往往要经过多个路由器的转发。分组在每个路由器上产生的排队时延的长短，往往取决于网络当时的通信量和各路由器的自身性能。由于网络的通信量随时间变化会很大，各路由器的性能也可能并不完全相同，因此排队时延一般无法用一个简单的公式进行计算。另外，当网络通信量很大时，可能会造成路由器的队列溢出，使分组丢失，这相当于排队时延无穷大。

4. 处理时延

路由器从自己的输入队列中取出排队缓存并等待处理的分组后，会进行一系列处理工作。例如，检查分组的首部是否误码、提取分组首部中的目的地址、为分组查找相应的转发接口以及修改分组首部中的部分内容（例如生存时间）等。路由器对分组进行这一系列处理工作所耗费的时间就是处理时延。

与排队时延类似，处理时延一般也无法用一个简单的公式进行计算。

前面的图1-24给出的是一个分组由源主机发送，经过一个路由器转发后到达目的主机所经历的各种网络时延，这是一种比较简单的情况。

在实际应用中，源主机往往会连续发送多个分组，并且这些分组要经过多个路由器的转发后才能到达目的主机。例如图1-25所示，主机A和主机B通过两个路由器互连，共三段链路。主机A给主机B连续发送四个分组，则从主机A发送第一个分组开始，到主机B接收完第四个分组为止，在不考虑排队时延和处理时延的情况下，总时延由四个分组的发送时延、三段链路的传播时延以及两个路由器的转发时延构成。

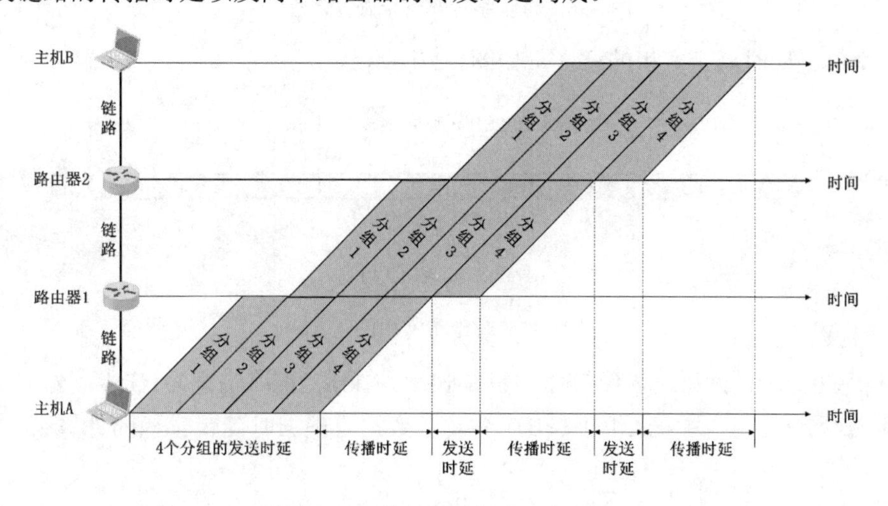

图1-25　网络时延的组成（举例2）

在图1-25中，主机A将四个分组连续发送给路由器1。路由器1每收到主机A发来的一个分组就将其转发给路由器2，与此同时还在接收主机A发来的下一个分组。路由器2每收到路由器1转发来的一个分组就将其转发给主机B，与此同时还在接收路由器1转发来的下一个分组。因此，该例子中的总时延包括以下几部分：

- 主机A发送四个分组的发送时延。
- 分组4的最后一个比特的信号从主机A传播到路由器1的传播时延。
- 路由器1转发一个分组的发送时延（注意：不是四个，否则就把时间重复计算了）。
- 分组4的最后一个比特的信号从路由器1传播到路由器2的传播时延。
- 路由器2转发一个分组的发送时延。
- 分组4的最后一个比特的信号从路由器2传播到主机B的传播时延。

希望读者可以通过本例自行推导出，在不考虑排队时延和处理时延的情况下，源主机通过n个路由器的转发，给目的主机发送m个分组的总时延计算公式。

1.5.5　时延带宽积

时延带宽积是传播时延和带宽的乘积。时延带宽积的计算公式如式（1-3）所示。

$$时延带宽积=传播时延（s）\times 带宽（b/s） \qquad (1-3)$$

我们可以将链路看作一个圆柱形管道，管道的长度是链路的传播时延（即以时间作为单位来表示链路长度），管道的横截面积是链路的带宽，如图1-26所示。因此，时延带宽积就相当于这个管道的容积，表示这样的链路可以容纳的比特数量。

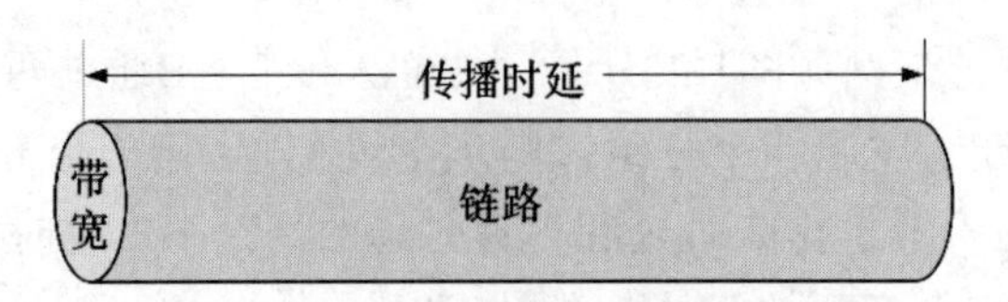

图1-26 将链路看作一个圆柱形管道

下面举例说明时延带宽积的意义，如图1-27所示。

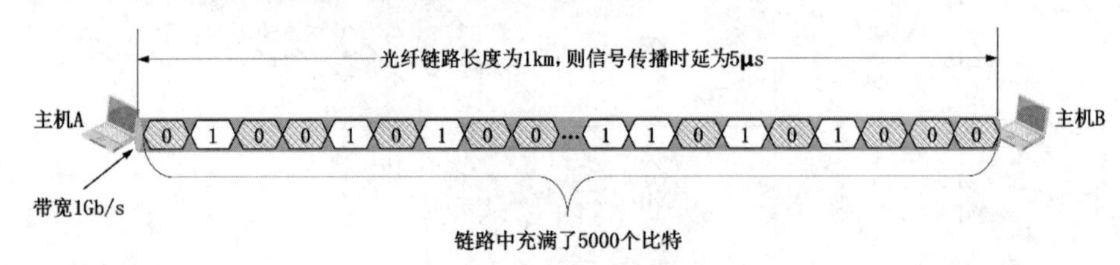

图1-27 时延带宽积的意义

主机A和主机B之间采用光纤链路，链路长度为1km，链路带宽为1Gb/s，光在光纤中的传播速率为2×10^8m/s，主机A给主机B连续发送数据。根据时延带宽积的计算公式（1-3）可算出

$$时延带宽积=\frac{1\text{km}}{2\times10^8\text{m/s}}\times1\text{Gb/s}=5000\text{b}$$

本例表明，若发送端连续发送数据，则在发送的第一个比特即将到达终点时，发送端已经发送了时延带宽积个比特（对于本例是5000b），而这些比特都正在链路上向前传播。因此链路的时延带宽积也称为以比特为单位的链路长度，这对我们以后理解以太网的最短帧长是非常有帮助的。

1.5.6 往返时间

往返时间（Round-Trip Time，RTT）是指从发送端发送数据分组开始，到发送端收到接收端发来的相应确认分组为止，总共耗费的时间。

在图1-28中，主机A与主机B通过多个异构型的网络和多个路由器进行互连。以太网中的主机A给无线局域网中的主机B发送数据分组（图1-28的❶），主机B收到数据分组后给主机A发送相应的确认分组（图1-28的❷）。从主机A发送数据分组开始，到主机A收到主机B发来的相应确认分组为止，就是这一次交互的往返时间。请读者注意，卫星链路带来的传播时延比较大，这是因为卫星链路的通信距离一般都比较远，例如地球同步卫星与地球的距离大约为36000km，信号的往返传播时延为

$$往返传播时延=\frac{36000\text{km}}{3\times10^8\text{m/s}}\times2=240\text{ms}$$

往返时间是一个比较重要的性能指标。因为在我们日常的大多数网络应用中，信息都是双向交互的（而非单向传输的）。我们经常需要知道通信双方交互一次所耗费的时间。

图1-29展示了在Windows系统的命令行使用ping命令，分别测量用户主机与家庭网关、用户主机与国内哔哩哔哩网站，以及用户主机与国外coursera网站之间的连通性和往返时间的情况。

以太网
A
数据
分组
确认
分组
B
无线局域网
任意网络
任意网络
任意网络
卫星链路
传播时延较大

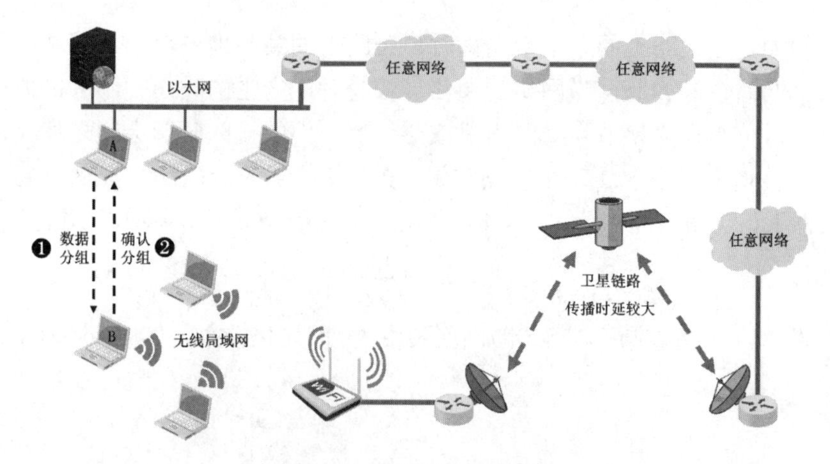

图1-28　往返时间示意图

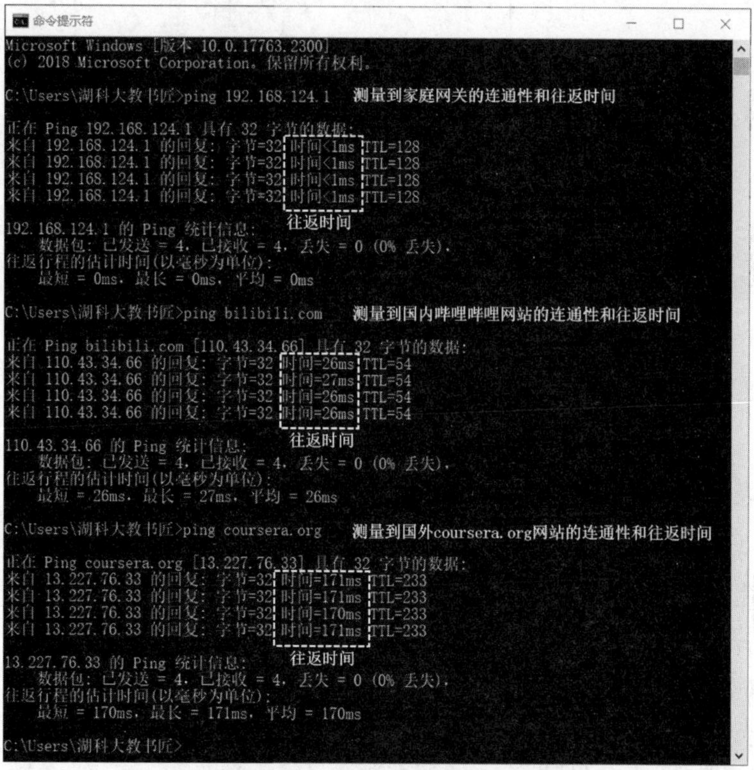

命令提示符
Microsoft Windows [版本 10.0.17763.2300]
(c) 2018 Microsoft Corporation。保留所有权利。
C:\Users\湖科大教书匠>ping 192.168.124.1
测量到家庭网关的连通性和往返时间
正在 Ping 192.168.124.1 具有 32 字节的数据:
来自 192.168.124.1 的回复: 字节=32 时间<1ms TTL=128
来自 192.168.124.1 的回复: 字节=32 时间<1ms TTL=128
来自 192.168.124.1 的回复: 字节=32 时间<1ms TTL=128
来自 192.168.124.1 的回复: 字节=32 时间<1ms TTL=128
往返时间
192.168.124.1 的 Ping 统计信息:
数据包: 已发送 = 4，已接收 = 4，丢失 = 0 (0% 丢失)，
往返行程的估计时间(以毫秒为单位):
最短 = 0ms，最长 = 0ms，平均 = 0ms
C:\Users\湖科大教书匠>ping bilibili.com
测量到国内哔哩哔哩网站的连通性和往返时间
正在 Ping bilibili.com [110.43.34.66] 具有 32 字节的数据:
来自 110.43.34.66 的回复: 字节=32 时间=26ms TTL=54
来自 110.43.34.66 的回复: 字节=32 时间=27ms TTL=54
来自 110.43.34.66 的回复: 字节=32 时间=26ms TTL=54
来自 110.43.34.66 的回复: 字节=32 时间=26ms TTL=54
往返时间
110.43.34.66 的 Ping 统计信息:
数据包: 已发送 = 4，已接收 = 4，丢失 = 0 (0% 丢失)，
往返行程的估计时间(以毫秒为单位):
最短 = 26ms，最长 = 27ms，平均 = 26ms
C:\Users\湖科大教书匠>ping coursera.org
测量到国外coursera.org网站的连通性和往返时间
正在 Ping coursera.org [13.227.76.33] 具有 32 字节的数据:
来自 13.227.76.33 的回复: 字节=32 时间=171ms TTL=233
来自 13.227.76.33 的回复: 字节=32 时间=171ms TTL=233
来自 13.227.76.33 的回复: 字节=32 时间=170ms TTL=233
来自 13.227.76.33 的回复: 字节=32 时间=171ms TTL=233
往返时间
13.227.76.33 的 Ping 统计信息:
数据包: 已发送 = 4，已接收 = 4，丢失 = 0 (0% 丢失)，
往返行程的估计时间(以毫秒为单位):
最短 = 170ms，最长 = 171ms，平均 = 170ms
C:\Users\湖科大教书匠>

图1-29　使用ping测量连通性和往返时间

1.5.7　利用率

利用率有链路利用率和网络利用率两种。

链路利用率是指某条链路有百分之几的时间是被利用的（即有数据通过）。完全空闲的链路的利用率为零。

网络利用率是指网络中所有链路的链路利用率的加权平均。

根据排队论可知，当某链路的利用率增大时，该链路引起的时延就会迅速增加。这并

不难理解。例如，当公路上的车流量增大时，公路上的某些地方会出现拥堵，所需行车时间就会变长。网络也是如此，当网络的通信量较少时，产生的时延并不大，但在网络通信量不断增大时，分组在交换节点（路由器或交换机）中的排队时延会随之增大，因此网络引起的时延就会增大。若令D_0表示网络空闲时的时延，D表示网络当前的时延，那么在理想的假定条件下，可用下面的公式（1-4）来表示D、D_0和网络利用率U之间的关系。

$$D=\frac{D_0}{1-U} \tag{1-4}$$

按照公式（1-4）可以画出时延D随网络利用率U的变化关系，如图1-30所示。

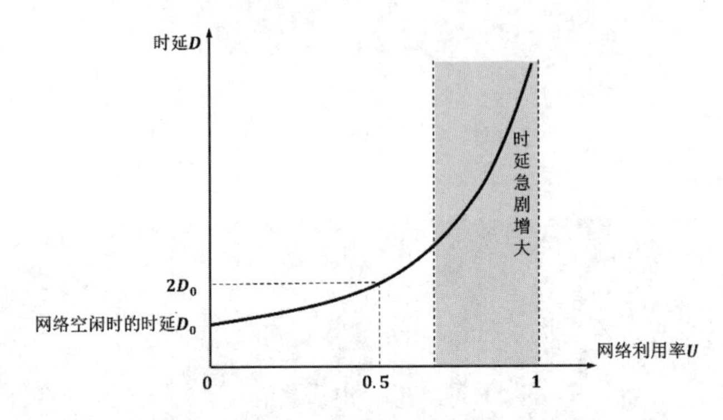

图1-30　时延D随网络利用率的变化关系

从图1-30可以看出，时延D随网络利用率U的增大而增大。当网络利用率达到0.5时，时延就会加倍。当网络利用率接近最大值1时，时延就趋于无穷大。因此，网络利用率并不是越大越好，过高的网络利用率会产生非常大的时延。一些大型ISP往往会控制信道利用率不超过50%。如果超过了就要进行扩容，增大线路的带宽。

1.5.8　丢包率

丢包率是指在一定的时间范围内，传输过程中丢失的分组数量与总分组数量的比例。丢包率可分为接口丢包率、节点丢包率、链路丢包率、路径丢包率以及网络丢包率等。

在过去，丢包率只是网络运维人员比较关心的一个网络性能指标，而普通用户往往并不关心这个指标，因为他们通常意识不到网络丢包。随着网络游戏的迅速发展，现在很多游戏玩家也非常关心丢包率这个网络性能指标。

分组丢失主要有以下两种情况：

- 分组在传输过程中出现误码，被传输路径中的节点交换机（例如路由器）或目的主机检测出误码而丢弃。
- 分组交换机根据丢弃策略主动丢弃分组。

下面举例说明分组丢失的两种情况，如图1-31所示。

情况1：主机A给主机B连续发送若干个分组，其中某些分组在传输过程中出现了误码。例如在路由器R1到路由器R2的链路上有分组出现了误码，R2收到后检测出分组有误码而丢弃该分组；在路由器R3到主机B的链路上有分组出现误码，主机B收到后检测出分组有误码而丢弃该分组。

情况2：假设路由器R5的输入队列已满，没有空间存储新收到的分组，则R5主动丢弃新收到的分组。请读者注意，在实际应用中，路由器会根据自身的拥塞控制算法，在输入队列还未满的时候就开始主动丢弃分组。

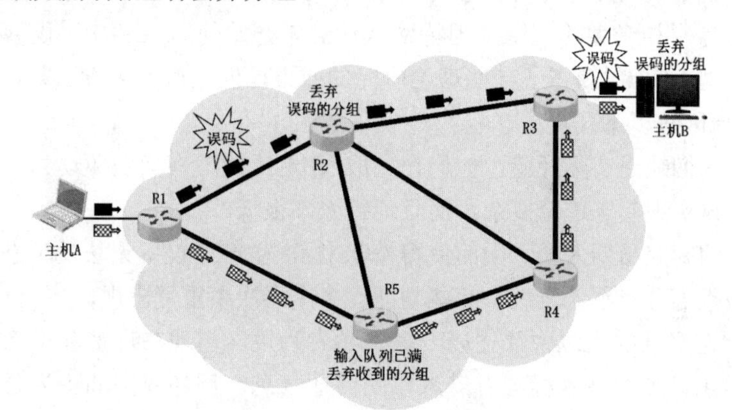

图1-31　分组丢失的两种情况

丢包率可以反映网络的拥塞情况：

- 无拥塞时路径丢包率为0。
- 轻度拥塞时路径丢包率为1%～4%。
- 严重拥塞时路径丢包率为5%～15%。

当网络的丢包率较高时，通常无法使网络应用正常工作。

1.6　计算机网络体系结构

计算机网络体系结构是学习和研究计算机网络的理论框架。计算机网络体系结构的抽象概念较多，建议读者在学习时要多思考，这些概念对后续章节的学习很有帮助。

1.6.1　常见的三种计算机网络体系结构

1. 开放系统互连参考模型

为了使不同体系结构的计算机网络都能互连起来，国际标准化组织（International Organization for Standardization，ISO）于1977年成立了专门机构研究该问题。不久，他们就提出了一个使全世界各种计算机可以互连成网的标准框架，这就是著名的开放系统互连参考模型（Open Systems Interconnection Reference Model，OSI/RM），简称OSI。在1983年形成了开放系统互连参考模型的正式文件（ISO 7498国际标准）。

OSI体系结构

应用层
表示层
会话层
运输层
网络层
数据链路层
物理层

法律上的国际标准

图1-32　OSI七层协议体系结构

OSI参考模型是一个七层协议的体系结构，自下而上依次是物理层、数据链路层、网络层、运输层、会话层、表示层以及应用层，如图1-32所示。

OSI体系结构是法律上的国际标准，它试图达到一种理想境界，即全世界的计算机网络都遵循这个统一的国际标准，进而使全世界的计算机能够很方便地进行互连和交换数据。然而到了20世纪90年代初期，尽管整套的OSI国际标准都已经制订出来了，但这时因特网已抢先在全世界覆盖了相当大的范围。因特网从1983年开始使用TCP/IP协议族，并逐步演变成TCP/IP参考模型。OSI只获得了一些理论研究的成果，但在市场化方面却输给了TCP/IP标准。OSI失败的原因有以下几点：

- OSI的专家们缺乏实际经验，他们在完成OSI标准时没有商业驱动力。
- OSI的协议实现起来过分复杂，而且运行效率很低。
- OSI标准的制定周期太长，因而使得按OSI标准生产的设备无法及时进入市场。
- OSI的层次划分也不太合理，有些功能在多个层次中重复出现。

在过去，制定标准的组织中往往以专家、学者为主。但现在许多公司都纷纷挤进各种各样的标准化组织，使得技术标准有着浓厚的商业气息。例如我国的华为公司，近些年一直参与国际行业的标准制定，加入了包括ISO、ITU及IEEE在内的400多个标准组织、产业联盟以及开源社区。仅仅在2018年就提交了5000多篇标准提案，曾累积提交60 000多篇标准提案，是我国参与国际标准制定的重要力量。

一个新标准的出现，有时不一定反映出其技术水平是最先进的，而是往往有着一定的市场背景。从这种意义上说，能够占领市场的就是标准。因特网使用TCP/IP参考模型，就是最好的例证。

2. TCP/IP参考模型

因特网是全球覆盖范围最广、用户数量最多的互联网，它采用TCP/IP参考模型。

TCP/IP参考模型是一个四层协议的体系结构，自下而上依次是网络接口层、网际层、运输层以及应用层，如图1-33所示。

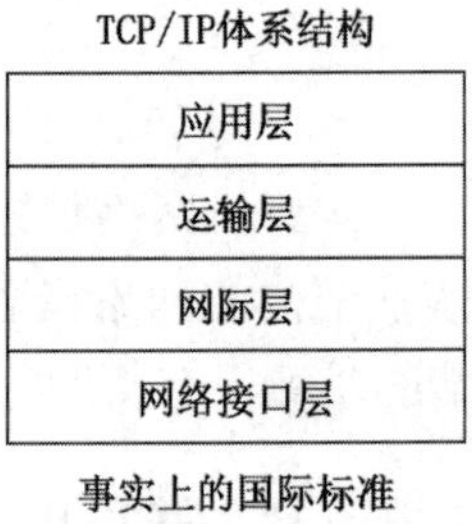

TCP/IP体系结构
应用层
运输层
网际层
网络接口层

事实上的国际标准

图1-33　TCP/IP四层协议体系结构

TCP/IP体系结构相当于将OSI体系结构的物理层和数据链路层合并为了网络接口层，将会话层和表示层合并到了应用层，如图1-34所示。请读者注意，由于TCP/IP在网络层使用的核心协议是IP协议，IP协议的中文意思是网际协议（Internet Protocol，IP），因此TCP/IP体系结构的网络层也常称为网际层。

大多数网络用户每天都有使用因特网的需求，这就要求用户的主机必须使用TCP/IP体系结构。在用户主机的操作系统中，通常都带有完整的TCP/IP协议族。而因特网中用于网络互连的路由器，就其所需完成的网络互连这一基本任务而言，只包含TCP/IP的网络接口层和网际层即可，因此我们一般认为路由器的网络体系结构的最高层为网际层（网络层），如图1-35所示。

TCP/IP体系结构各层包含的主要协议如图1-36所示。

（1）TCP/IP体系结构的网络接口层并没有规定什么具体的内容，这样做的目的是可以互连全世界各种不同的网络接口，例如有线的以太网接口、无线局域网的Wi-Fi接口，而不限定仅使用一种或几种网络接口。因此，TCP/IP体系结构在本质上只有上面的三层。

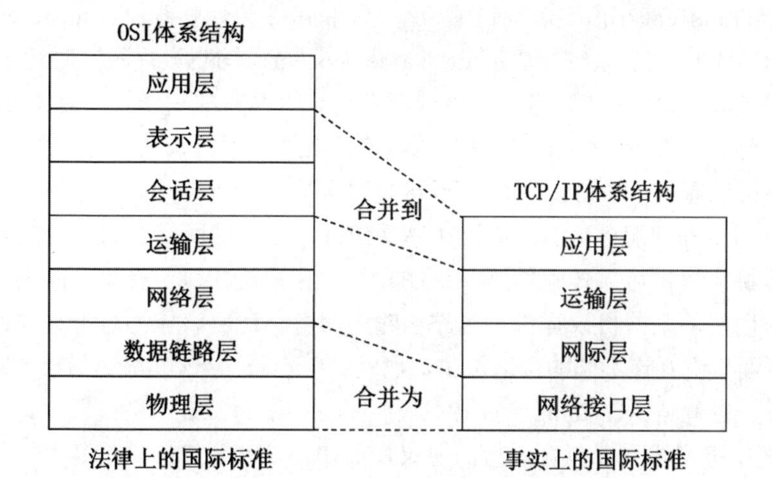

图1-34 OSI体系结构与TCP/IP体系结构的对比

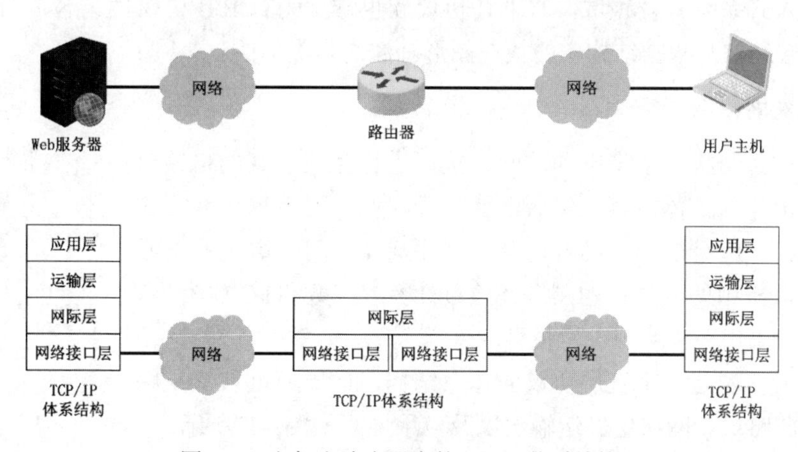

图1-35 主机和路由器中的TCP/IP体系结构

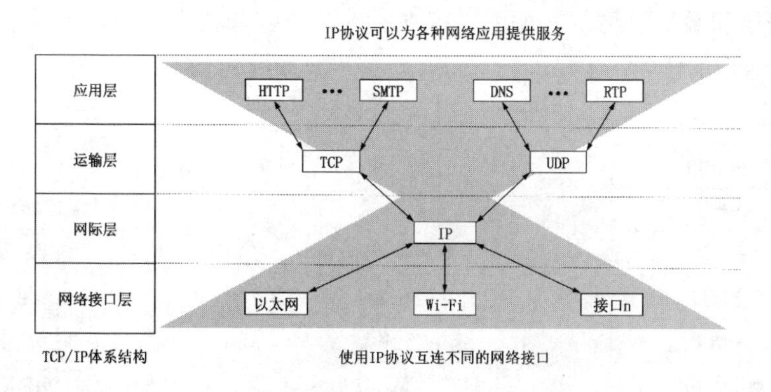

图1-36 TCP/IP体系结构各层包含的主要协议

（2）网际协议IP是TCP/IP体系结构网际层的核心协议。

（3）传输控制协议（Transmission Control Protocol，TCP）和用户数据报协议（User Datagram Protocol，UDP）是TCP/IP体系结构运输层的两个重要协议。

（4）TCP/IP体系结构的应用层包含了大量的应用层协议，例如超文本传送协议（HyperText Transfer Protocol，HTTP）、简单邮件传送协议（Simple Mail Transfer Protocol，SMTP）、域名系统（Domain Name System，DNS）以及实时运输协议（Real-time Transport Protocol，RTP）等。即便读者是计算机网络的初学者，对HTTP这个英文缩写词可能也不会陌生，因为每当我们打开浏览器，在地址栏输入网址时就会看到它。

从图1-36可以看出，IP协议可以将不同的网络接口进行互连，并向其上的TCP协议和UDP协议提供网络互连服务。TCP协议在享受IP协议提供的网络互连服务的基础上，可向应用层的某些协议提供可靠传输的服务。UDP协议在享受IP协议提供的网络互连服务的基础上，可向应用层的某些协议提供不可靠传输的服务。IP协议作为TCP/IP体系结构中的核心协议，一方面负责互连不同的网络接口，也就是IP over everything；另一方面为各种网络应用提供服务，也就是Everything over IP。

由于TCP/IP协议体系中包含大量的协议，而IP协议和TCP协议是其中非常重要的两个协议，因此用TCP和IP这两个协议来表示整个协议大家族，常称为TCP/IP协议族。顺便提一下，在嵌入式系统开发领域，TCP/IP协议族也常称为TCP/IP协议栈。这是因为TCP/IP协议体系的分层结构与数据结构中的栈在图形画法上是类似的。

3. 原理参考模型

TCP/IP体系结构为了将不同的网络接口进行互连，其网络接口层并没有规定什么具体内容。然而，这对于我们学习计算机网络的完整体系而言，就会缺少一部分内容。因此，在学习计算机网络原理时往往采取折中的办法，也就是综合OSI参考模型和TCP/IP参考模型的优点，采用一种原理参考模型。

原理参考模型是一个五层协议的体系结构，自下而上依次是物理层、数据链路层、网络层、运输层以及应用层，如图1-37所示。

图1-37　五层协议的原理体系结构

五层协议的原理体系结构将TCP/IP体系结构的网络接口层又重新划分为物理层和数据链路层，如图1-38所示。这样更有利于我们对计算机网络原理的学习。

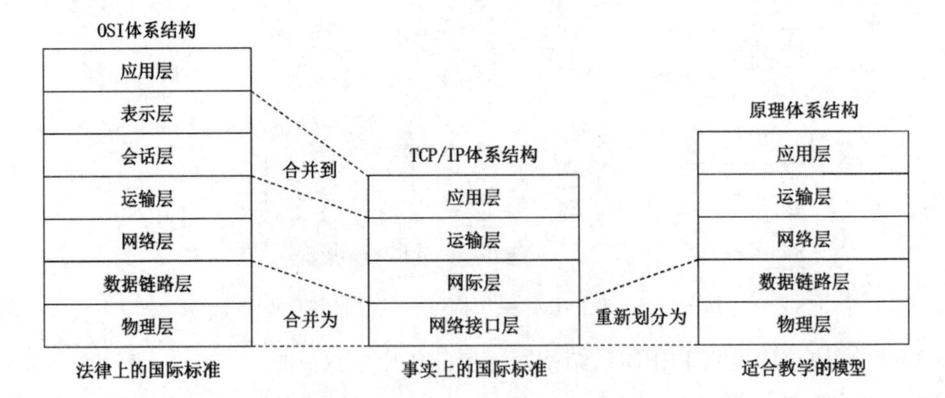

图1-38　三种常见的计算机网络体系结构

1.6.2　计算机网络体系结构分层的必要性

分层是计算机网络体系结构最重要的思想。本节将以五层原理体系结构为例，介绍计算机网络体系结构分层的必要性。

计算机网络是一个非常复杂的系统。早在ARPANET的设计初期就提出了分层的设计理念。“分层”可将庞大而复杂的问题转化为若干较小的局部问题，而这些较小的局部问题就比较容易研究和处理。

下面按照由简单到复杂的顺序，来看看实现计算机网络要面临哪些主要问题，以及如何将这些问题划分到五层原理体系结构的相应层次，以便层层处理。

1. 物理层（physical layer）

首先来看最简单的情况。两台计算机通过一条链路连接起来，如图1-39所示。

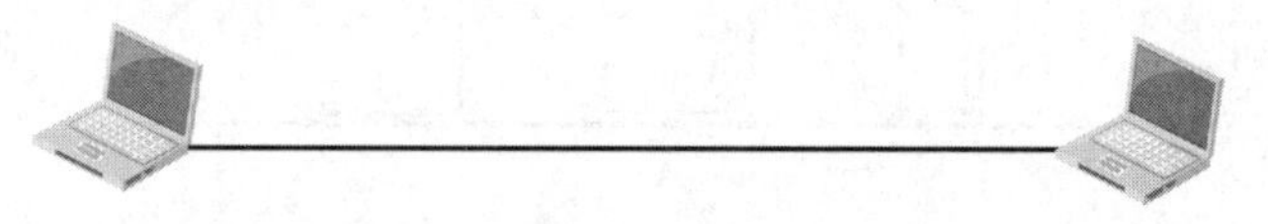

图1-39　最简单的计算机网络

我们来看看在图1-39所示的最简单的计算机网络中，需要考虑的主要问题有哪些。

1）采用什么传输媒体

可以采用多种传输媒体作为传输链路。例如同轴电缆、双绞线电缆、光纤和光缆、自由空间等，如图1-40所示。

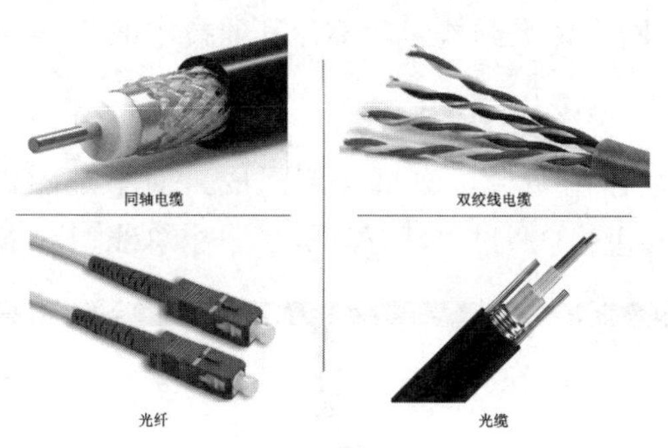

图1-40　传输媒体

2）采用什么物理接口

用户主机、交换机以及路由器等网络设备需要采用恰当的物理接口来连接传输媒体。例如图1-41所示的是计算机主板上常见的RJ45以太网接口。

图1-41　计算机主板上常见的RJ45以太网接口

3）采用什么信号

在确定了传输媒体和物理接口后，还要考虑使用怎样的信号来表示比特0和1，进而在传输媒体上进行传送。例如使用图1-42所示的数字基带信号，低电平表示比特0，高电平表示比特1。

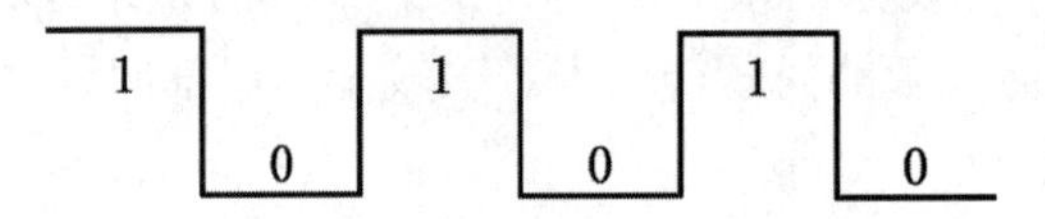

图1-42 使用数字基带信号表示比特0和1

解决了上述这些问题，两台计算机之间就可以通过信号来传输比特0和1了，如图1-43所示。

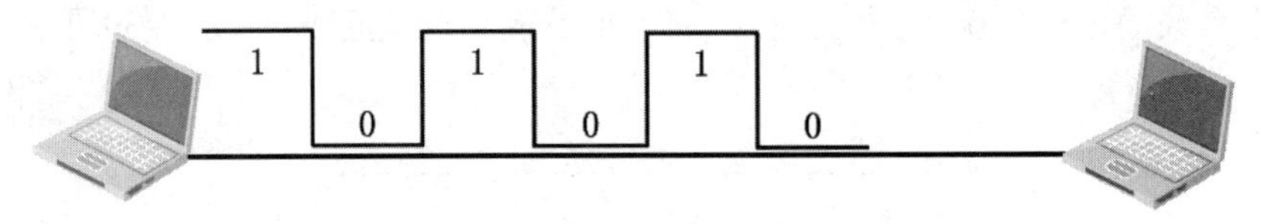

图1-43 两台计算机之间通过信号来传输比特0和1

我们可以将上述这些问题划归到物理层。

请读者注意，严格来说传输媒体并不属于物理层范畴，它并不包含在计算机网络体系结构之中。另外，计算机网络中传输的信号，并不是我们举例的简单的数字基带信号。我们之所以举例成数字基带信号，是为了让读者更容易理解。当读者在学习本身就不容易理解的、概念抽象的计算机网络体系结构时，不让其他技术细节再给读者造成学习障碍。

2. 数据链路层（data link layer）

实用的计算机网络往往由多台计算机互连而成，而不是图1-43所示的两台计算机互连。例如主机A、主机B和主机C通过总线互连成了一个总线型网络，如图1-44所示。

图1-44 由3台主机互连成的总线型网络

假设我们已经解决了物理层的问题，即主机间可以通过信号来传送比特0和1了。来看看在图1-44所示的总线型网络中，需要考虑的主要问题有哪些。

1）如何标识网络中的各主机

假设主机A要给主机B发送数据，如图1-45所示。表示数据的信号会通过总线传播到总线上的每一个主机。那么主机B如何知道该数据是主机A发送给自己的，进而接受该数据，而主机C又如何知道该数据并不是发送给自己的，应该丢弃该数据呢？这就需要解决如何标识网络中各主机的问题，即主机编址问题。读者可能听说过网卡上固化的MAC地址，其实MAC地址就是主机在网络中的地址。

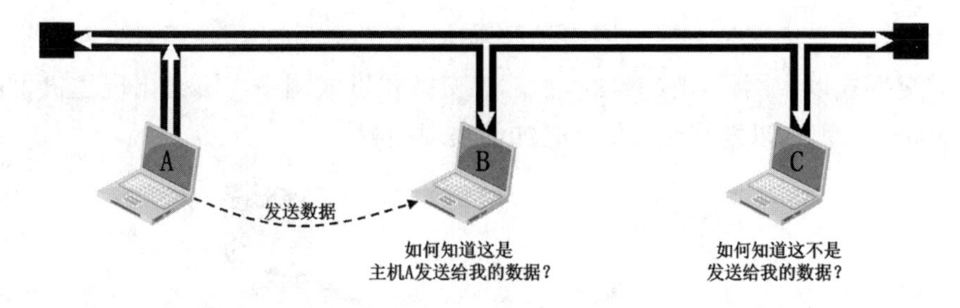

图1-45　信号沿总线传播

2）如何区分出地址和数据

主机在发送数据时应该给数据附加上源地址和目的地址。当其他主机收到后，根据目的地址和自身地址是否匹配，来决定是否接受该数据，还可以通过源地址知道是哪个主机发来的数据，如图1-46所示。

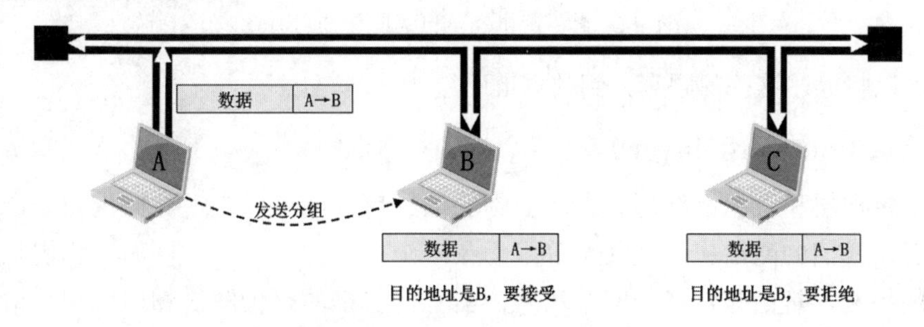

图1-46　给主机编址的作用

要将源地址和目的地址附加到数据上，这就需要收发双方约定好数据的封装格式。发送方将待发送的数据按照事先约定好的格式进行封装（即在数据前面添加包含源地址、目的地址和其他一些控制信息的首部），然后将封装好的数据包发送出去。接收方收到数据包后，按照事先约定好的格式对其进行解封。

为了简单起见，在图1-46所示的数据包首部中仅包含了源地址和目的地址，并且仅用一个字母表示地址。

3）如何协调各主机争用总线

对于总线型的网络，还会出现多个主机争用总线时产生碰撞的问题。例如，某个时刻总线是空闲的，也就是没有主机使用总线来发送数据。片刻之后，主机A和主机C同时使用总线来发送数据，这必然会造成信号碰撞，如图1-47所示。因此，如何协调各主机争用总线，也是必须要解决的问题。

图1-47　两个主机争用总线时产生碰撞

请读者注意，上述这种总线型网络早已淘汰。现在常用的是使用以太网交换机将多台主机互连成交换式以太网，如图1-48所示。在交换式以太网中，不会出现主机争用总线而产生碰撞的问题。那么以太网交换机又是如何实现的呢？

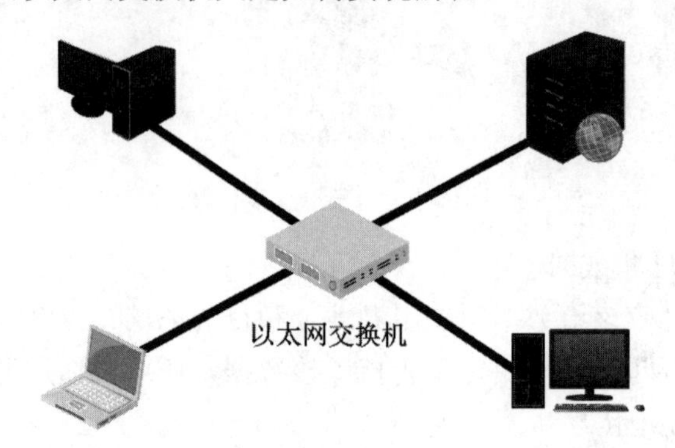

图1-48　多个主机通过以太网交换机互连

我们可以将上述这些问题划归到数据链路层。

3. 网络层（network layer）

解决了物理层和数据链路层各自所面临的问题后，就可以实现数据包在一个网络上传输了。然而，我们的网络应用往往不仅限于在一个单独的网络上。例如，我们几乎每天都会使用的因特网，是由非常多的网络和路由器互连起来的，仅解决物理层和数据链路层的问题，还是不能正常工作。

我们可以把图1-49所示的小型互联网看作因特网中很小的一部分，我们来看看在该小型互联网中，需要考虑的主要问题有哪些。

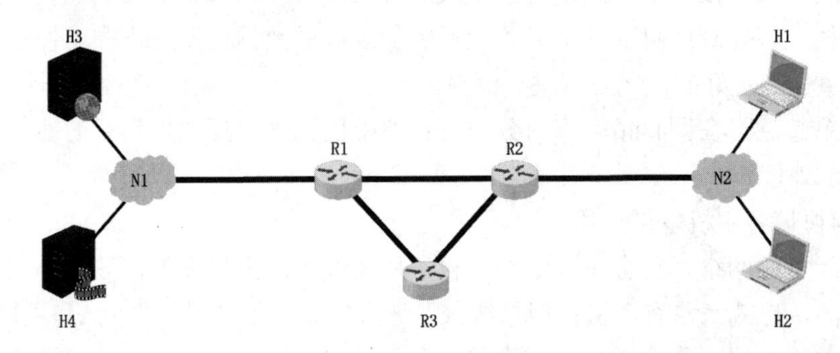

图1-49　小型互联网

1）如何标识互联网中的各网络以及网络中的各主机

由于互联网是由多个网络通过多个路由器互连起来的，因此我们还需要对互联网中的各网络进行标识。这就引出了网络和主机共同编址的问题，相信读者一定听说过IP地址。

我们给图1-49中的各主机和部分路由器接口分配如图1-50所示的IP地址。

网络N1中的主机H3、主机H4以及路由器R1连接网络N1的接口，它们都处于同一个网络，因此它们的IP地址的网络号相同，在本例中为192.168.0，而它们的主机号分别为1、2以及254，各不相同，用于在网络N1中唯一标识它们自己。

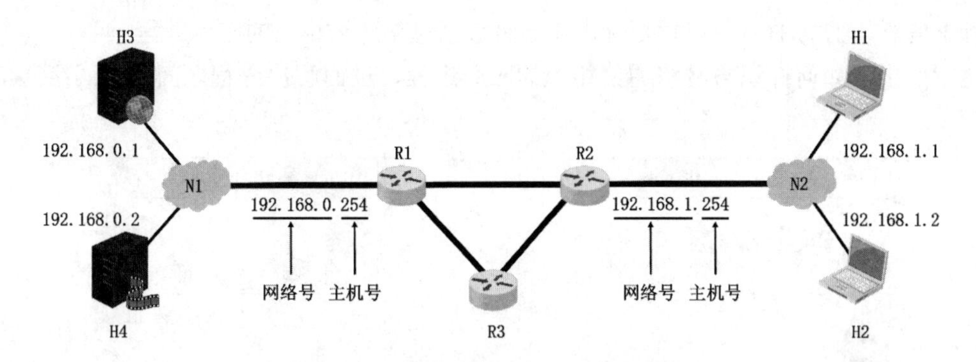

图1-50 小型互联网中各设备的IP地址

同理，我们给网络N2中的主机H1、主机H2以及路由器R2连接网络N2的接口也分配了相应的IP地址。请读者注意，给网络N2分配的网络号为192.168.1，这与给网络N1分配的网络号192.168.0是不同的，因为它们是不同的网络。我们将在第4章中详细介绍IP地址的相关内容，这里就不再深入介绍了。

2）路由器如何转发分组和进行路由选择

在互联网中，源主机与目的主机之间的传输路径往往不止一条。分组从源主机到目的主机可走不同的路径，如图1-51所示。这就引出了路由器如何转发分组以及进行路由选择的问题。

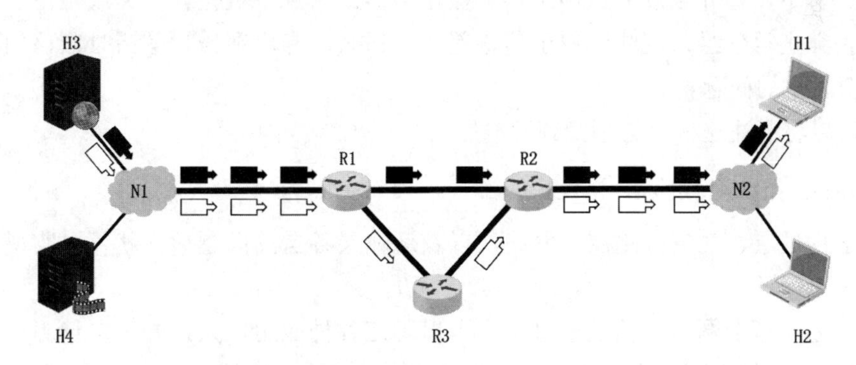

图1-51 源主机和目的主机之间有多条路径

我们可以将上述这些问题划归到网络层。

4. 运输层（transport layer）

解决了物理层、数据链路层以及网络层各自的问题后，就可以实现分组在多个网络之间的传送了。然而，对于计算机网络应用而言，仍有一些重要问题需要考虑。

1）如何标识主机中与网络通信相关的应用进程

在用户主机中同时运行着的、与网络通信相关的应用进程往往不止一个。当主机通过网络接收到数据包后，应将数据包交付给哪一个应用进程就成为了一个亟待解决的问题。

在图1-52中，主机H3中运行着与网络通信相关的Web服务器进程Nginx，主机H1中运行着与网络通信相关的浏览器进程和QQ进程。当主机H1收到主机H3中Nginx进程发来的数据包时，应将数据包交付给浏览器进程还是QQ进程呢？很显然，如果数据包中含有与进程相关的标志信息，主机H1就可以根据标志信息将数据包交付给相应的应用进程。

这就引出了如何标识与网络通信相关的应用进程、进而解决进程之间基于网络通信的问题。

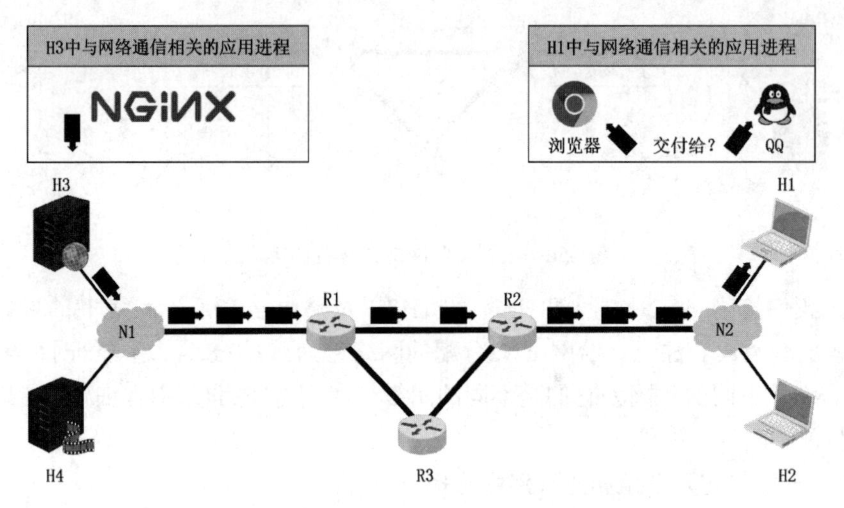

图1-52　进程之间基于网络的通信

2）如何处理传输差错

在1.5.8节中，曾介绍过分组由于误码被路由器或用户主机丢弃，又或是由于路由器繁忙而主动丢弃正常分组，这些都属于传输差错。那么，当出现传输差错时应该如何处理，这也是需要解决的问题。

我们可以将上述这些问题划归到运输层。

5. 应用层（application layer）

解决了物理层、数据链路层、网络层以及运输层各自的问题后，就可以实现进程之间基于网络的通信了。

在进程之间基于网络通信的基础上，可以制定各种应用协议，并按协议标准编写相应的应用程序，通过应用进程之间的交互来实现特定的网络应用。例如支持万维网的HTTP协议、支持电子邮件的SMTP协议以及支持文件传送的FTP协议等。另外，在制定应用协议时，还需要考虑应用进程基于网络通信时的会话管理问题和数据表示问题（采用何种编码、是否加密和压缩数据）。

我们可以将上述这些问题划归到应用层。

至此，我们将实现计算机网络所需要解决的各种主要问题，分别划归到了物理层、数据链路层、网络层、运输层以及应用层。这就构成了五层原理体系结构，如图1-53所示。

五层原理体系结构各层的主要功能分别是：

- 物理层解决使用何种信号来表示比特0和1的问题。
- 数据链路层解决数据包在一个网络或一段链路上传输的问题。
- 网络层解决数据包在多个网络之间传输和路由的问题。

原理体系结构

层次	主要功能
应用层	解决通过应用进程的交互来实现特定网络应用的问题
运输层	解决进程之间基于网络的通信问题
网络层	解决数据包在多个网络之间传输和路由的问题
数据链路层	解决数据包在一个网络或一段链路上传输的问题
物理层	解决使用何种信号来表示比特0和1的问题

适合教学的模型

图1-53　五层原理体系结构各层的主要功能

- 运输层解决进程之间基于网络的通信问题。
- 应用层解决通过应用进程的交互来实现特定网络应用的问题。

请读者思考一下，如果你是一名程序员，要编程解决实现计算机网络所面临的各种软件问题。那么，你是愿意将这些问题全部放在一个模块中编程实现呢，还是愿意将它们划分到不同的模块中，逐个模块编程实现呢？相信读者一定会选择后者。

1.6.3　计算机网络体系结构分层思想举例

为了帮助读者更好地领会计算机网络体系结构的分层思想，我们将通过一个常见的网络应用实例来介绍计算机网络体系结构的分层处理方法。

如图1-54所示，主机属于网络N1，Web服务器属于网络N2，N1和N2通过路由器互连。用户在主机中使用浏览器访问Web服务器的过程如下：

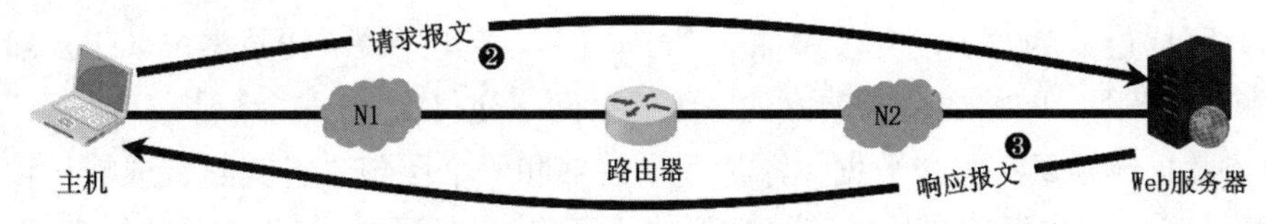

图1-54　网络应用实例（访问网站）

（1）用户在浏览器地址栏中输入Web服务器的域名（图1-54的❶）。

（2）主机向Web服务器发送一个请求报文（图1-54的❷）。

（3）Web服务器收到请求报文后，执行相应的操作，然后给主机发送响应报文（图1-54的❸）。

（4）主机收到响应报文后，由浏览器负责解析和渲染显示（图1-54的❹）。

请读者注意，上述网络应用实例仅给出了一个简化的示意过程，因为本节的重点是计算机网络体系结构的分层处理方法，而不是浏览器和Web服务器的详细交互过程。

主机和Web服务器之间基于网络的通信，实际上是主机中的浏览器应用进程与Web服务器中的Web服务器应用进程之间基于网络的通信。我们从图1-55所示的五层原理体系结构的角度来看看其具体过程。

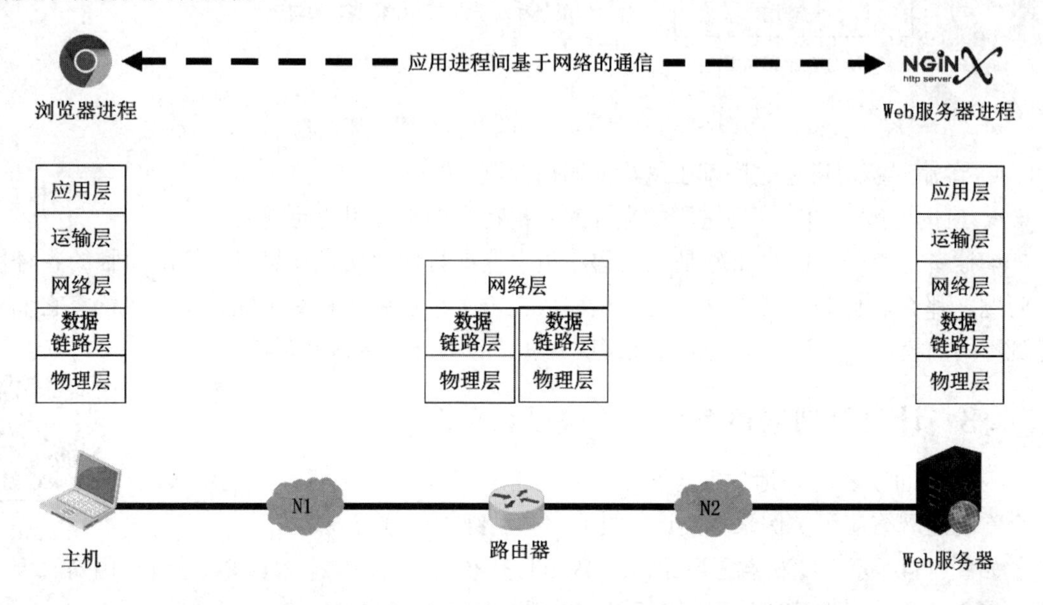

图1-55　从五层原理体系结构的角度看应用进程间基于网络的通信

1. 主机对数据包的处理过程

主机对数据包的处理过程如图1-56所示。

（1）应用层：根据HTTP协议的规定，构建一个HTTP请求报文，用来请求Web服务器执行相应的操作。应用层将构建好的HTTP请求报文向下交付给运输层。

（2）运输层：给HTTP请求报文添加一个TCP首部，将其封装成TCP报文段。TCP首部的主要作用是区分应用进程和实现可靠传输。运输层将封装好的TCP报文段向下交付给网络层。

（3）网络层：为TCP报文段添加一个IP首部，将其封装成IP数据报。IP首部的主要作用是IP寻址和路由。网络层将封装好的IP数据报向下交付给数据链路层。

（4）数据链路层：为IP数据报添加一个首部和一个尾部，将其封装成帧。帧首部和尾部的主要作用是MAC寻址和帧校验。数据链路层将封装好的帧向下交付给物理层。

（5）物理层：并不认识帧的结构，仅仅将其看作比特流，以便将比特流转换成相应的电信号进行发送。对于以太网，物理层还会在比特流前添加前导码，目的是使接收方的时钟同步，并做好接收准备。

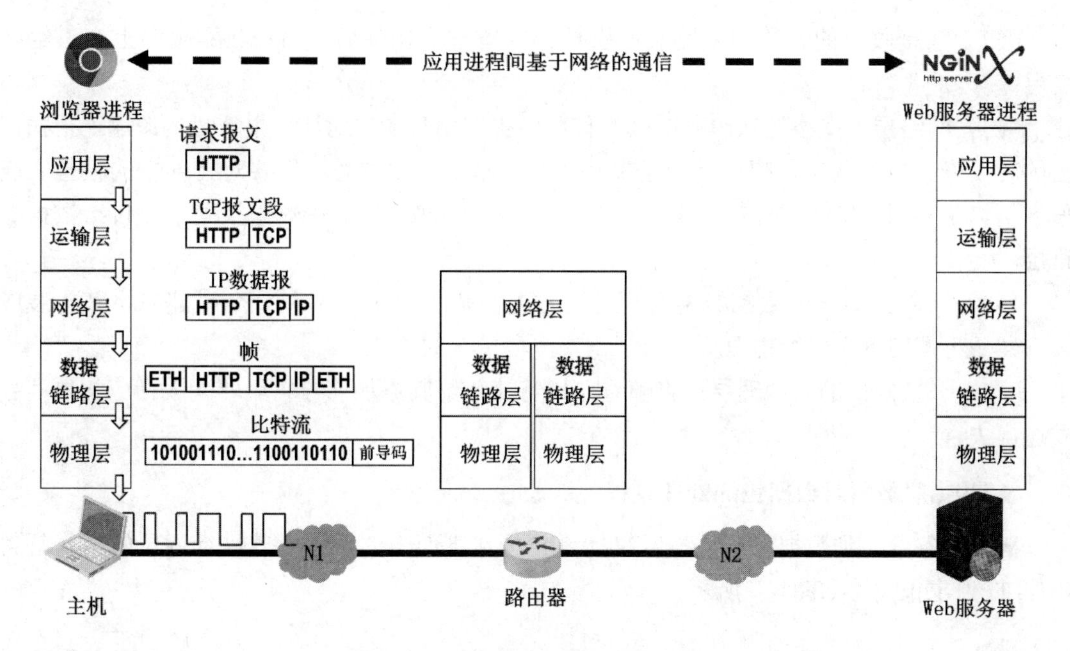

图1-56 发送方逐层封装数据包

2. 路由器对数据包的处理过程

路由器收到数据包后对其进行处理和转发的过程如图1-57所示。

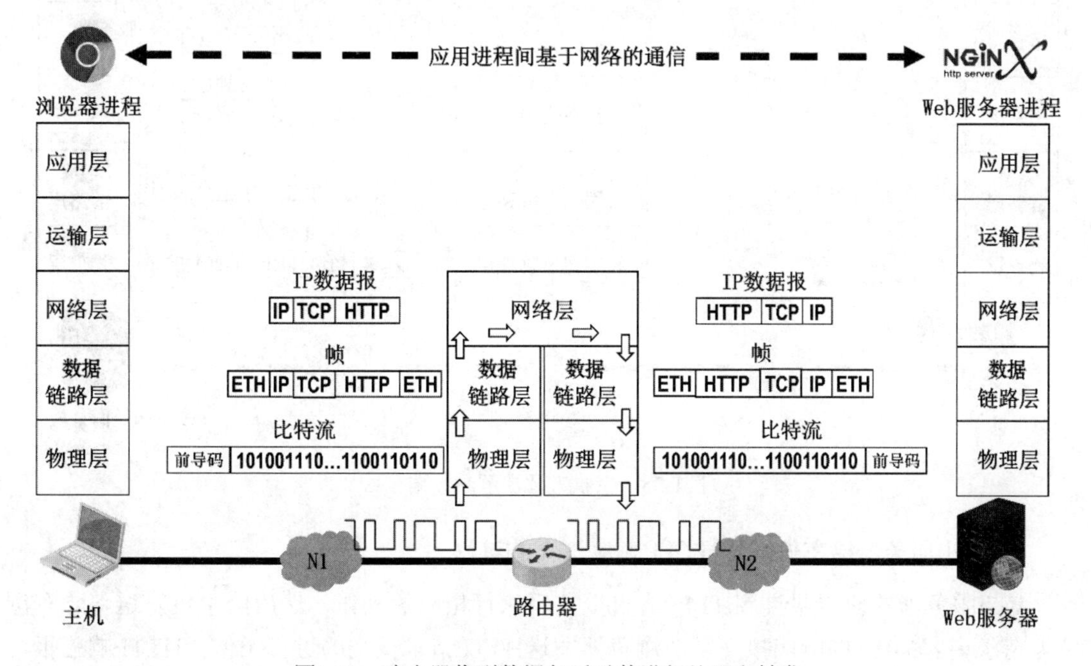

图1-57 路由器收到数据包后对其进行处理和转发

（1）（接收口的）物理层：将收到的电信号转换成比特流，并去掉前导码，然后将帧向上交付给数据链路层。

（2）（接收口的）数据链路层：去掉帧的首部和尾部后，将IP数据报向上交付给网络层。

（3）网络层：网络层从IP数据报的首部中提取出目的IP地址，根据目的IP地址查找自己的转发表，以便决定从哪个接口转发该IP数据报。与此同时，还要对首部中的某些字段值（例如生存时间TTL字段的值）进行相应的修改，然后将该IP数据报向下交付给数据链路层。

（4）（转发口的）数据链路层：为IP数据报添加一个首部和一个尾部，将其封装成帧，然后将帧向下交付给物理层。

（5）（转发口的）物理层：将帧看作比特流，给其添加前导码后转变成相应的电信号发送出去。

3. Web服务器对数据包的处理过程

Web服务器收到数据包后，按网络体系结构自下而上的顺序对其进行逐层解封，解封出HTTP请求报文，如图1-58所示。

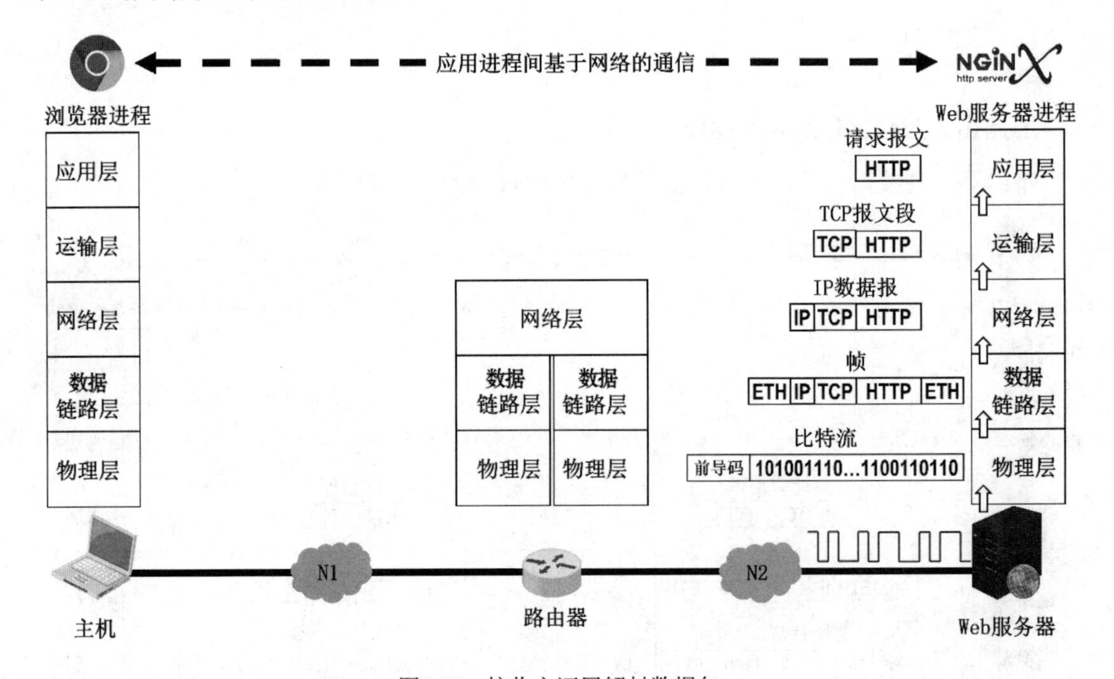

图1-58　接收方逐层解封数据包

4. Web服务器给主机发送HTTP响应报文的过程

Web服务器的应用层收到HTTP请求报文后执行相应的操作，然后给主机发送包含有浏览器请求内容的HTTP响应报文。与浏览器发送HTTP请求报文的过程类似，HTTP响应报文需要在Web服务器层层封装后才能发送。数据包经过路由器的转发到达主机。主机对收到的数据包按网络体系结构自下而上的顺序逐层解封，解封出HTTP响应报文。上述过程如图1-59所示。

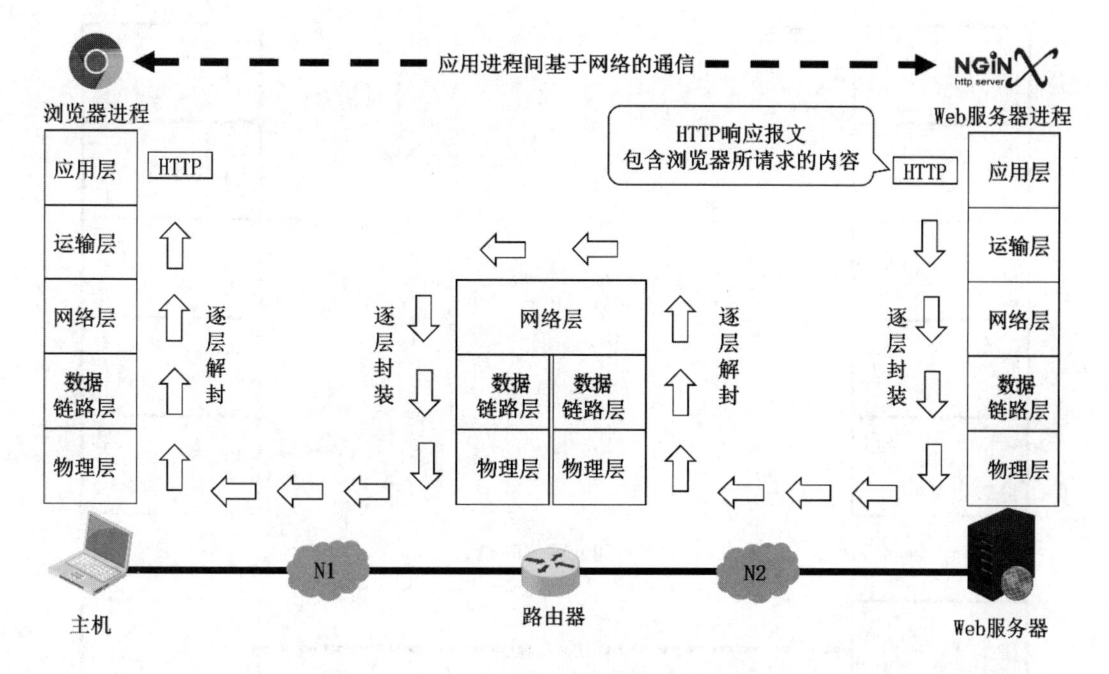

图1-59 Web服务器给主机发送HTTP响应报文

请读者理解并记住上述这个例子，因为本书的后续章节就是要围绕五层原理体系结构自下而上逐层展开的。

1.6.4 计算机网络体系结构中的专用术语

本节介绍计算机网络体系结构中的一些专用术语，以便读者对计算机网络体系结构有更深入的理解。请读者注意，这些专用术语来源于OSI的七层体系结构，但也适用于TCP/IP的四层体系结构和五层原理体系结构。

我们可以将这些专用术语中最具代表性的三个作为分类名称，它们分别是实体、协议以及服务。

1. 实体和对等实体

实体是指任何可发送或接收信息的硬件或软件进程。在图1-60所示的通信双方五层原理体系结构的各层中，我们用标有字母的小方格来表示实体。

有了实体的概念后就可以引出对等实体的概念了。

对等实体是指通信双方相同层次中的实体。如图1-61所示，实体A与实体F互为对等实体，实体B与实体G互为对等实体，实体C与实体H互为对等实体，实体D与实体I互为对等实体，实体E与实体J互为对等实体。

应用层
A
运输层
B
网络层
C
数据链路层
D
物理层
E
F
应用层
G
运输层
H
网络层
I
数据链路层
J
物理层

图1-60　实体的概念

应用层
A
对等实体
F
应用层
运输层
B
对等实体
G
运输层
网络层
C
对等实体
H
网络层
数据链路层
D
对等实体
I
数据链路层
物理层
E
对等实体
J
物理层

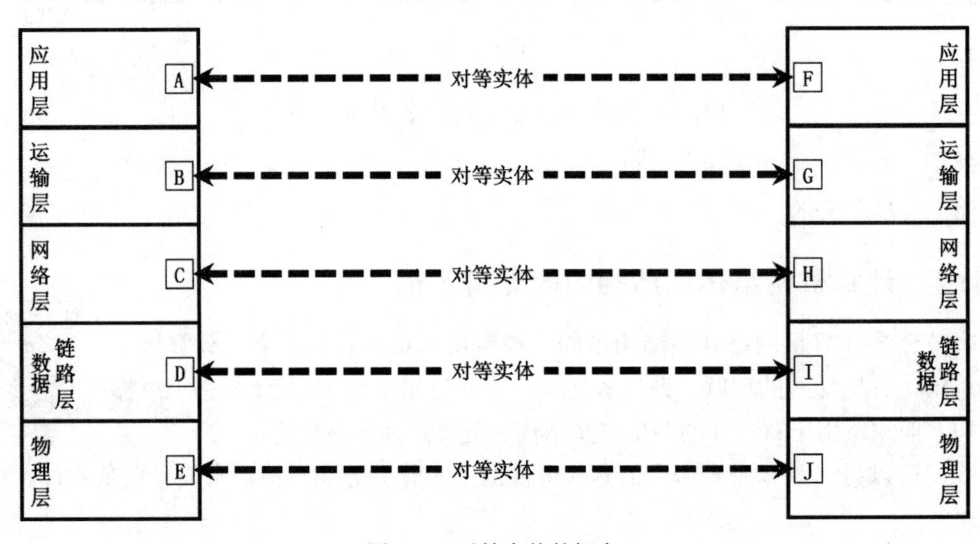

图1-61　对等实体的概念

请读者思考一下，根据实体和对等实体的概念，在图1-62中，属于收发双方物理层和数据链路层的网卡是否互为对等实体？属于收发双方应用层的浏览器进程和Web服务器进程是否互为对等实体？

回答是肯定的。网卡是可以发送或接收信息的硬件，它包括物理层和数据链路层。因此通信双方的网卡互为对等实体。位于收发双方应用层的浏览器进程和Web服务器进程，是可以发送或接收信息的软件进程，它们互为对等实体。

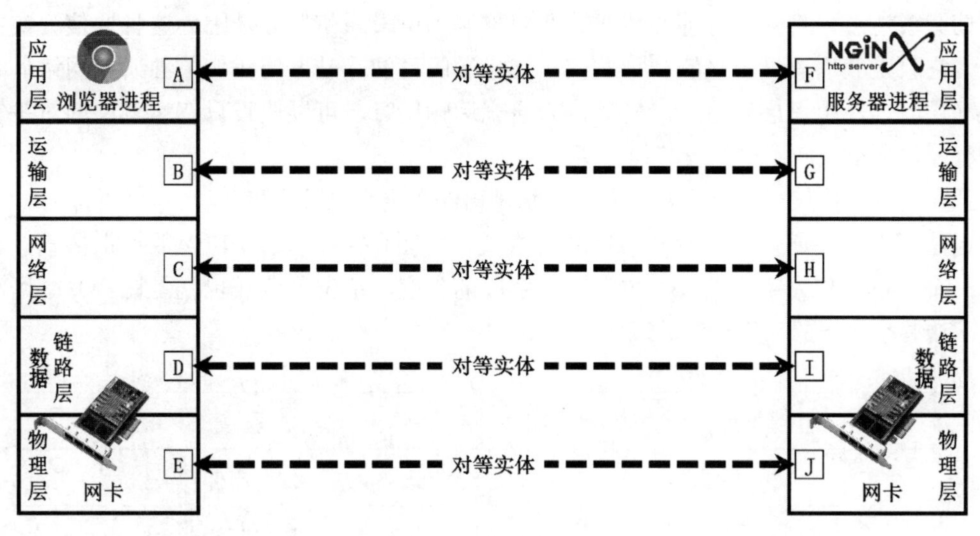

图1-62　对等实体举例

2. 协议

协议是控制两个对等实体在"水平方向"进行"逻辑通信"的规则的集合。借助图1-63来理解：

- 物理层对等实体使用物理层协议进行逻辑通信，例如传统以太网使用曼彻斯特编码。
- 数据链路层对等实体使用数据链路层协议进行逻辑通信，例如传统以太网使用CSMA/CD协议。
- 网络层对等实体使用网络层协议进行逻辑通信，例如IP协议。
- 运输层对等实体使用运输层协议进行逻辑通信，例如TCP协议或UDP协议。
- 应用层对等实体使用应用层协议进行逻辑通信，例如HTTP协议、FTP协议以及SMTP协议等。

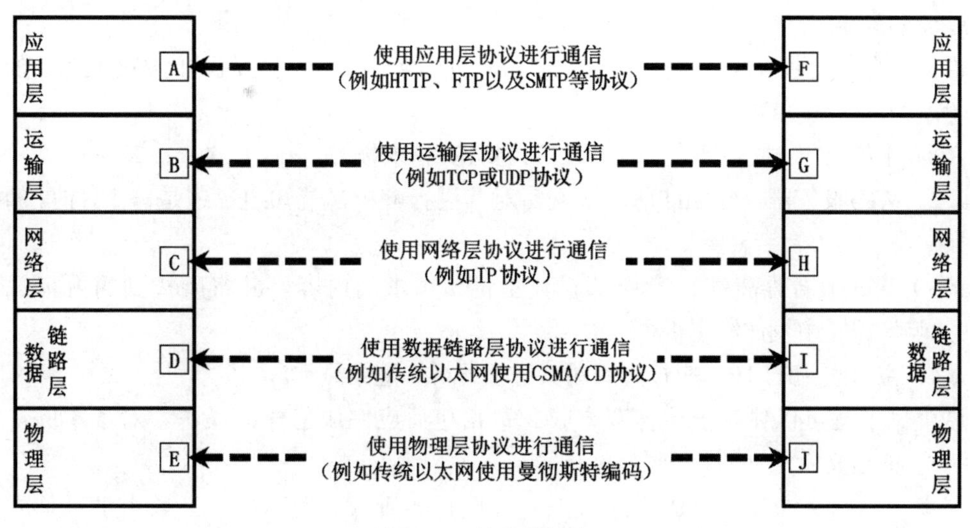

图1-63　协议的概念

请读者注意，将两个对等实体间的通信称为“逻辑通信”，是因为这种通信其实并不存在，它只是我们假设出来的一种通信。这样做的目的，是方便我们单独研究网络体系结构某一层时，不用考虑其他层。例如，当研究运输层时，可以假设只有运输层的对等实体在进行逻辑通信，而不用顾及其他各层。

计算机网络协议有三个要素。它们分别是语法、语义以及同步。

语法用来定义通信双方所交换信息的格式。如图1-64所示的是IPv4数据报格式，其中的每一个小格子称为字段或域，数字表示字段的长度，单位是位（也就是比特）。语法就定义了这些小格子的长度和先后顺序。

<table>
<tr><td>位 0</td><td>4</td><td>8</td><td>16</td><td>19　　24　　31</td></tr>
<tr><td>版本</td><td>首部长度</td><td>区分服务</td><td colspan="2">总长度</td></tr>
<tr><td colspan="3">标识</td><td>标志</td><td>片偏移</td></tr>
<tr><td colspan="2">生存时间</td><td>协议</td><td colspan="2">首部检验和</td></tr>
<tr><td colspan="5">源IP地址</td></tr>
<tr><td colspan="5">目的IP地址</td></tr>
<tr><td colspan="4">可选字段（长度可变）</td><td>填充</td></tr>
<tr><td colspan="5">数据载荷</td></tr>
</table>

图1-64　IPv4数据报格式

请读者注意，我们没有必要记住每种数据报的格式。只要我们能看懂数据报的格式说明就可以了。当然了，如果读者将来会从事计算机网络相关的开发、教学以及研究等工作，像IP数据报、TCP报文段以及HTTP报文等这些常见的数据报格式，相信读者在学习和研究过程中自然而然就会记住了。

语义用来定义通信双方所要完成的操作。如图1-65所示的是主机访问Web服务器的简单示意图：

（1）主机给Web服务器发送一个HTTP的GET请求报文。

（2）Web服务器收到GET请求报文后对其进行解析，就知道了这是一个HTTP的GET请求报文。

（3）Web服务器就在自身内部查找主机所请求的内容，并将所找到的内容封装在HTTP的响应报文中发送给主机。

（4）主机收到HTTP响应报文后对其进行解析和渲染显示。

这个例子就可以体现出通信双方收到数据包后应完成怎样的操作。对于本例，这是HTTP协议的语义所定义的。

同步用来定义通信双方的时序关系。在图1-65所示的例子中，必须由主机首先发送

HTTP的GET请求报文给Web服务器；Web服务器收到主机发来的GET请求报文后，才可能给主机发送相应的HTTP响应报文。这是HTTP协议的同步所定义的。

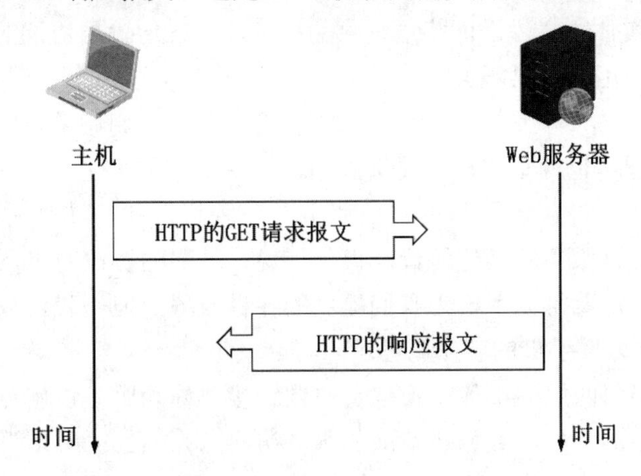

图1-65 主机访问Web服务器的简单示意

3. 服务

在协议的控制下，两个对等实体在水平方向的逻辑通信使得本层能够向上一层提供服务。要实现本层协议，还需要使用下面一层所提供的服务。借助图1-66来理解：

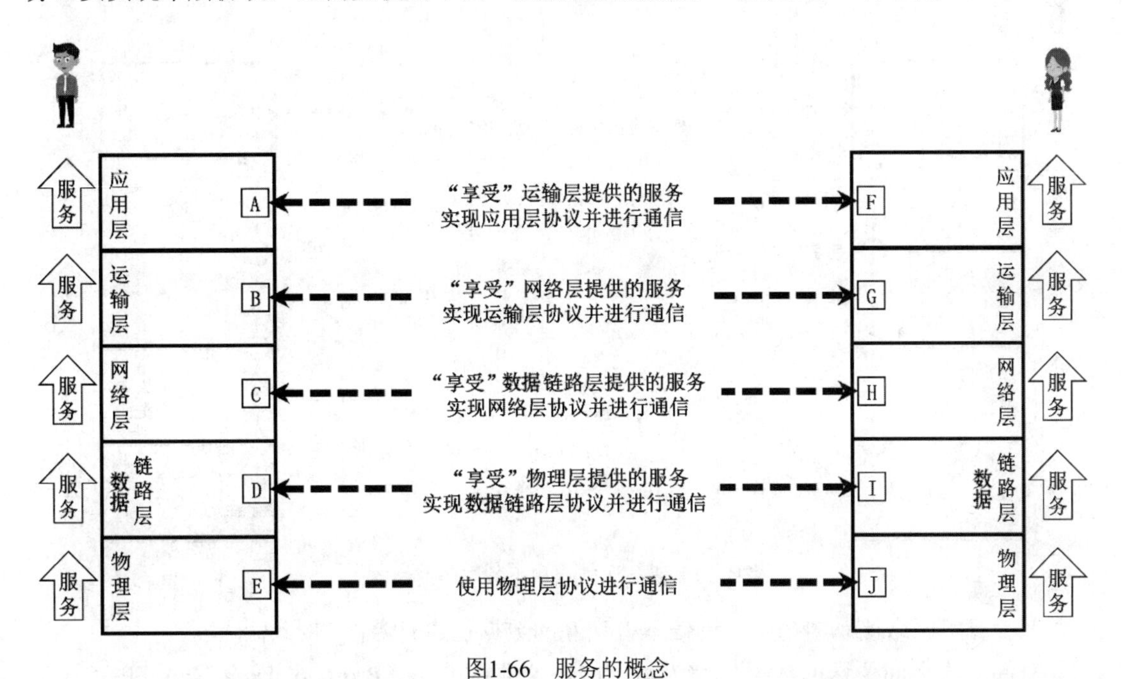

图1-66 服务的概念

- 物理层对等实体在物理层协议的控制下进行逻辑通信，进而向数据链路层提供服务。
- 数据链路层对等实体"享受"物理层提供的服务，并在数据链路层协议的控制下进行逻辑通信，进而向网络层提供服务。

- 网络层对等实体“享受”数据链路层提供的服务，并在网络层协议的控制下进行逻辑通信，进而向运输层提供服务。
- 运输层对等实体“享受”网络层提供的服务，并在运输层协议的控制下进行逻辑通信，进而向应用层提供服务。
- 应用层对等实体“享受”运输层提供的服务，并在应用层协议的控制下进行逻辑通信，给其上层（也就是用户）提供服务。

请读者注意，协议是“水平”的，而服务是“垂直”的。实体看得见下层提供的服务，但并不知道实现该服务的具体协议。换句话说，下层的协议对上层的实体是“透明”的。这就好比我们肯定看得见手机为我们提供的各种服务，但是我们只是享受这些服务，而没有必要每个人都弄懂手机的工作原理。

在同一系统中相邻两层的实体交换信息的逻辑接口称为服务访问点。服务访问点用于区分不同的服务类型。例如，数据链路层的服务访问点为帧的“类型”字段，网络层的服务访问点为IP数据报的“协议”字段，运输层的服务访问点为“端口号”字段。上层要使用下层所提供的服务，必须通过与下层交换一些命令，这些命令称为服务原语，如图1-67所示。

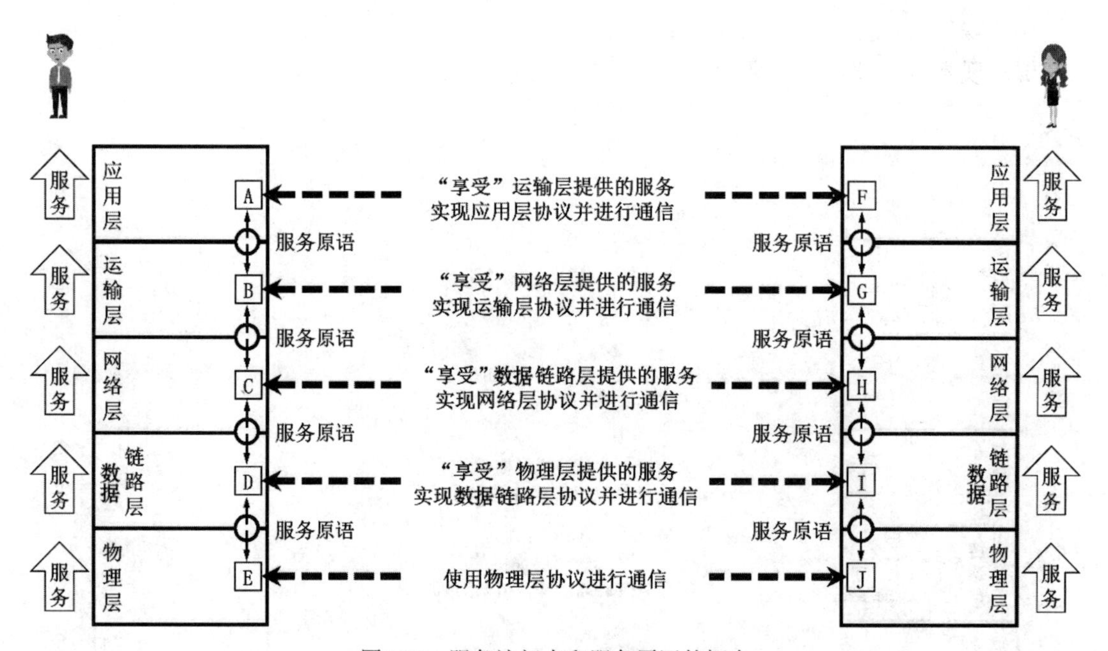

图1-67　服务访问点和服务原语的概念

在计算机网络体系结构中，通信双方交互的数据包也有专门的术语。

对等层次之间传送的数据包称为该层的协议数据单元（Protocol Data Unit，PDU）。例如，物理层对等实体间逻辑通信的数据包称为比特流（bit stream）；数据链路层对等实体间逻辑通信的数据包称为帧（frame）；网络层对等实体间逻辑通信的数据包称为分组（packet），如果使用IP协议，也称为IP数据报；运输层对等实体间逻辑通信的数据包一般根据协议而定，若使用TCP协议，则称为TCP报文段（segment），若使用UDP协议，则称为UDP用户数据报（datagram）；应用层对等实体间逻辑通信的数据包一般称为应用报文（message）。上述各层数据包可以统称为协议数据单元，如图1-68所示。

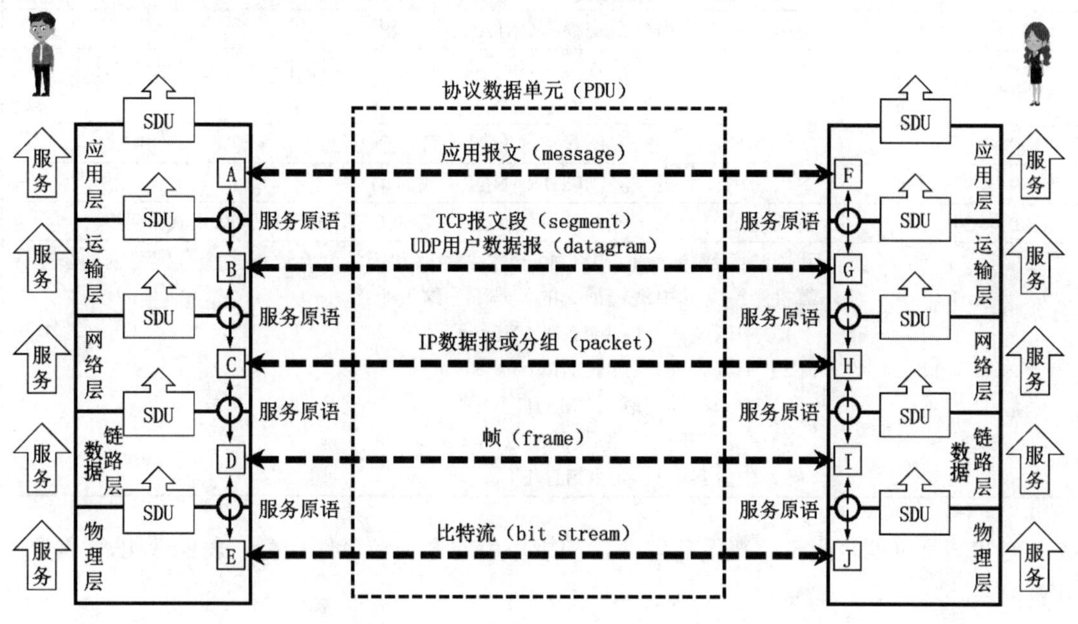

图1-68　协议数据单元和服务数据单元

在图1-68中，同一系统内层与层之间交换的数据包称为服务数据单元（Service Data Unit，SDU）。

多个SDU可以合成为一个PDU，而一个SDU也可划分为几个PDU。

请读者注意，本节的内容比较抽象。如果读者一时无法完全理解，请不要钻牛角尖，暂时放过去。随着读者对后续章节的学习，就会感觉到计算机网络体系结构不再抽象难懂，它的分层思想是多么优美的设计哲学，其中的这些术语又是多么贴切。

1.7　我国的计算机网络发展情况

本节向读者简要介绍我国的计算机网络发展历程，以及我国互联网最新发展情况相关资料的获取方法。

1.7.1　我国的计算机网络发展历程

为了让读者对我国计算机网络的发展历程有一个比较清晰地了解，表1-4列出了我国计算机网络的简要发展历程。

表1-4　我国计算机网络的简要发展历程

时　间	发展情况
1980年	铁道部开始进行计算机联网实验
20世纪80年代初期	国内许多单位相继部署了大量的局域网

续表

时　　间	发展情况
20世纪80年代后期	军队、公安、银行以及其他一些部门相继建立各自的专用计算机广域网
1989年11月	我国第一个公用分组交换网CNPAC建成运行
1994年4月20日	我国用64kb/s专线正式接入因特网。从此，我国被国际上正式承认为接入因特网的国家
1994年5月	中科院高能物理研究所设立了我国的第一个万维网服务器
1994年9月	中国公用计算机互联网CHINANET正式启动
2004年2月	我国的第一个下一代互联网CNGI的主干网CERNET2试验网正式开通
到本书写作时为止	我国陆续建造了基于互联网技术并能够和因特网互连的多个全国范围的公用计算机网络，其中规模最大的就是下面这五个： （1）中国电信互联网CHINANET （2）中国联通互联网UNINET （3）中国移动互联网CMNET （4）中国和科研计算机网CERNET （5）中国科学技术网CSTNET

对我国互联网应用推广普及起着非常积极作用的人物和事件众多，表1-5列出了典型的几例。

表1-5　推动我国互联网应用普及的典型人物和事件

时　间	人物和事件
1996年	张朝阳创立了中国第一家以风险投资资金建立的互联网公司——爱特信公司，后来发展成为中国首家大型分类查询搜索引擎公司——搜狐公司（Sohu）。搜狐网站（Sohu.com）目前是国内知名的综合门户网站
1997年	丁磊创立了网易公司（NetEase），推出了中国第一家中文全文搜索引擎。网易公司还开发了163和126等超大容量免费电子邮箱。网易网站（163.com）目前也是国内知名的综合门户网站
1998年	王志东创立了新浪网站（Sina.com），该网站目前已成为全球最大的中文综合门户网站。新浪微博是全球使用最多的微博之一
1998年	马化腾和张志东创立了腾讯公司（Tencent）。腾讯公司的即时通信软件QQ目前已经发展成为一款集语音、视频、音乐、图片、短信于一体的网络社交工具，成为几乎所有网民都在电脑和智能手机中安装的软件，腾讯公司也因此成为中国最大的互联网综合服务提供商之一
1999年	马云创立了阿里巴巴网站（Alibaba.com），它是一个企业对企业的网上贸易市场平台
2000年	李彦宏和徐勇创立了百度网站（Baidu.com），现在已成为全球最大的中文搜索引擎
2003年	马云创立了淘宝网（Taobao.com），它是一个个人网上贸易市场平台
2004年	阿里巴巴集团创立了第三方支付平台——支付宝（Alipay.com），为中国电子商务提供了简单、安全、快捷的在线支付手段
2011年	腾讯推出了专门供智能手机使用的即时通信软件“微信”（WeChat）。该软件是在著名的电子邮件客户端软件Foxmail的作者张小龙的领导下成功研发的。目前几乎所有的智能手机用户都在使用微信。装有微信软件的智能手机，已从简单的社交工具演变成一个具有支付能力的全能钱包

1.7.2　我国互联网发展情况相关资料的获取

中国互联网络信息中心（China Network Information Center，CNNIC）每年会发布两次我国互联网络发展状况统计报告。读者可在其网站www.cnnic.cn上查询和下载最新的相关文档。

CNNIC于2022年2月发布了第49次《中国互联网络发展状况统计报告》，其中的核心数据如表1-6所示。

表1-6　第49次《中国互联网络发展状况统计报告》中的核心数据（截至2021年12月）

项　　目	基础数据
我国网民规模	10.32亿，较2020年12月增长4296万，互联网普及率达73.0%，较2020年12月提升2.6个百分点
我国手机网民规模	10.29亿，较2020年12月增长4298万，网民使用手机上网的比例为99.7%
我国农村网民规模	2.84亿，占网民整体的27.6%；城镇网民规模达7.48亿，占网民整体的72.4%
使用各类设备上网比例	我国网民使用手机上网的比例达99.7%；使用电视上网的比例为28.1%；使用台式电脑、笔记本电脑、平板电脑上网的比例分别为35.0%、33.0%和27.4%
我国IPv6地址数量	62052块/32，较2020年12月增长9.4%
我国域名总数	3593万个。其中，“.CN”域名数量为2041万个，占我国域名总数的56.8%
我国即时通信用户规模	10.07亿，较2020年12月增长2555万，占网民整体的97.5%
我国网络视频（含短视频）用户规模	9.75亿，较2020年12月增长4794万，占网民整体的94.5%；其中，短视频用户规模达9.34亿，较2020年12月增长6080万，占网民整体的90.5%
我国网络支付用户规模	9.04亿，较2020年12月增长4929万，占网民整体的87.6%
我国网络购物用户规模	8.42亿，较2020年12月增长5968万，占网民整体的81.6%
我国网络新闻用户规模	7.71亿，较2020年12月增长2835万，占网民整体的74.7%
我国网上外卖用户规模	5.44亿，较2020年12月增长1.25亿，占网民整体的52.7%
我国在线办公用户规模	4.69亿，较2020年12月增长1.23亿，占网民整体的45.4%
我国在线医疗用户规模	2.98亿，较2020年12月增长8308万，占网民整体的28.9%

本章知识点思维导图请扫码获取：

第2章　物理层

本章首先介绍物理层的相关基本概念；然后介绍物理层下面的各种传输媒体的主要特点；之后介绍几种数字传输方式；在详细介绍有关编码和调制的概念后，讨论与信道极限容量相关的奈氏准则和香农公式；最后介绍常用的信道复用技术。

本章重点

（1）物理层要实现的功能，以及与传输媒体的接口有关的一些特性。

（2）编码与调制的基本概念，以及几种常用的编码方法和调制方法。

（3）与信道极限容量相关的奈氏准则和香农公式。

（4）几种常用的信道复用技术。

对于已具备相关通信基础知识的读者，可跳过本章中的相应内容。

2.1　物理层概述

物理层是作为法律标准的OSI体系结构的底层，也是比较复杂的一层。尽管在作为事实标准的TCP/IP体系结构中并没有划分出物理层，但在实际的网络规划和设计中，还是需要使用物理层的相关基本概念。在本节中，首先介绍物理层要实现的功能，然后讨论物理层与传输媒体有关的一些接口特性。

2.1.1　物理层要实现的功能

当今的计算机网络，可使用的传输媒体和相应的硬件设备种类众多，可采取的通信手段也有多种不同方式。常见的传输媒体有双绞线、同轴电缆、光缆以及各种波段的无线信道等。物理层要实现的功能是在各种传输媒体上传输比特0和1，进而给其上面的数据链路层提供透明传输比特流的服务，如图2-1所示。“透明传输比特流”的意思是数据链路层“看不见”（也无须看见）物理层究竟使用的是什么方法来传输比特流，数据链路层只管“享受”物理层提供的比特流传输服务即可。

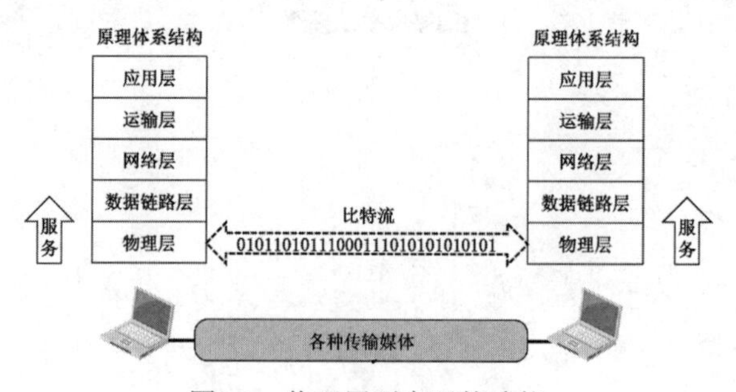

图2-1　物理层要实现的功能

物理层为数据链路层屏蔽掉了各种传输媒体和通信手段的差异，使数据链路层感觉不到这些差异，这样就可使数据链路层只考虑如何实现本层的协议和服务，而无须知道网络具体使用的传输媒体和通信手段是什么。

2.1.2　物理层接口特性

为了实现物理层的功能，物理层定义了与传输媒体的接口有关的一些特性。按相同接口标准生产的不同厂家的网络设备接口可以相互连接和通信。

1. 机械特性

机械特性规定了接口所用接线器的形状和尺寸、引脚数目和排列以及固定和锁定装置等。平时常见的各种规格的接插件都有标准化的规定，如图2-2所示的是以太网常用的RJ45接口插座的机械特性，其中的数值单位是mm。

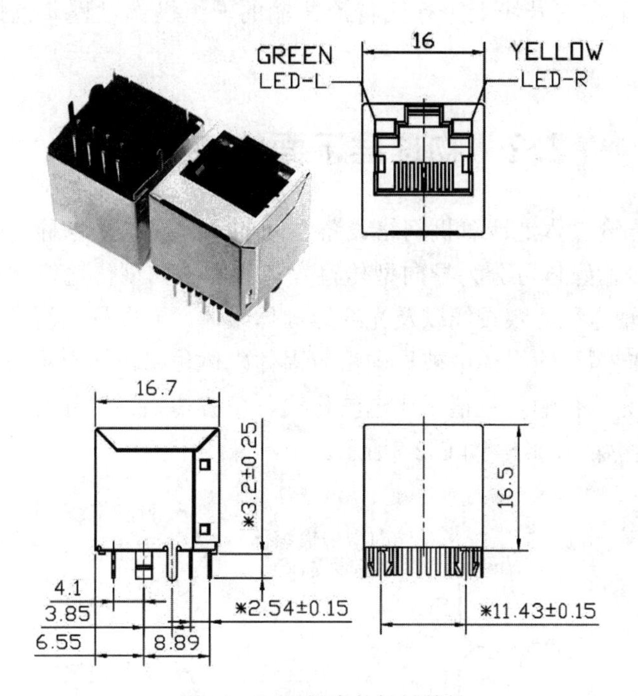

图2-2　RJ45插座的机械特性

2. 电气特性

电气特性规定了在接口电缆的各条线上传输比特流时，信号电压的范围、阻抗匹配情况以及传输速率和距离限制等。例如100BASE-T以太网，其电气特性规定：采用5类100Ω阻抗的无屏蔽双绞线，最大传输速率为100Mb/s，单段最大长度为100m。

3. 功能特性

功能特性规定接口电缆的各条信号线的作用。信号线一般分为数据线、控制线、时钟线以及地线。例如100BASE-T以太网，主机端使用RJ45插座，其接口引脚定义如表2-1所示。

表2-1　100BASE-T以太网使用的RJ45接口引脚定义

引脚序号	引脚名称	描述
1	TX+	数据发送+
2	TX-	数据发送-
3	RX+	数据接收+
4	n/c	不连接
5	n/c	不连接
6	RX-	数据接收-
7	n/c	不连接
8	n/c	不连接

4. 过程特性

过程特性规定了在信号线上进行比特流传输的一组操作过程，包括各信号间的时序关系。

2.2　物理层下面的传输媒体

传输媒体是计算机网络设备之间的物理通路，也称为传输介质或传输媒介。传输媒体可分为导向型传输媒体和非导向型传输媒体两大类。常见的导向型传输媒体有同轴电缆、双绞线以及光纤等固体媒体，而非导向型传输媒体就是指自由空间。电磁波在导向型传输媒体中被导向沿着固体媒体传播，而电磁波在非导向型传输媒体中的传输常称为无线传输，包括无线电波传输、微波传输、红外线传输、激光传输以及可见光传输等。传输媒体的分类如图2-3所示。

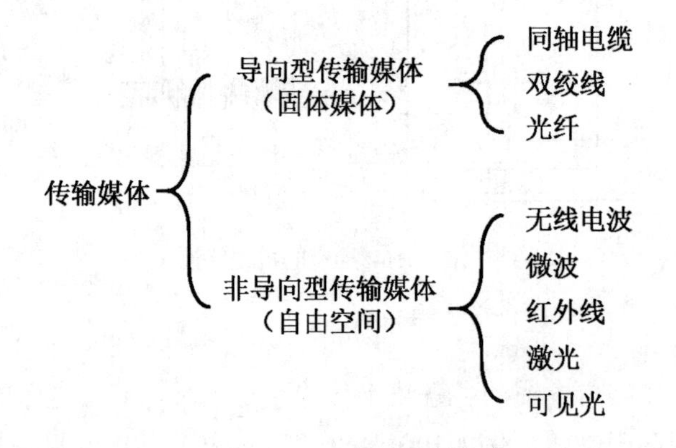

图2-3　传输媒体的分类

请读者注意，传输媒体并不包含在计算机网络体系结构中。在物理层这章介绍传输媒体的相关知识，只是因为物理层规定了与传输媒体有关的接口特性，但传输媒体自身并不属于物理层的范畴。

2.2.1　导向型传输媒体

1. 同轴电缆

在20世纪80年代，同轴电缆常用作局域网的传输介质。同轴电缆由内导体、绝缘层、外屏蔽层以及外部保护层组成，如图2-4所示。从同轴电缆的横切面可以看出，其各层都是共圆心的，也就是同轴心的，这就是同轴电缆名称的由来。由于外屏蔽层的作用，同轴电缆具有很好的抗干扰性，被广泛应用于高速率数据传输。

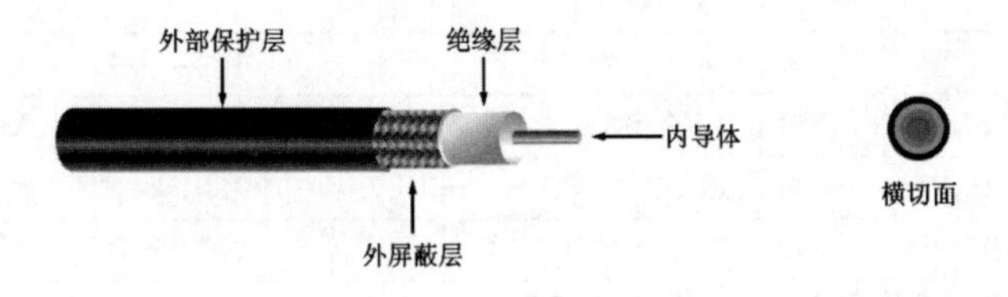

图2-4　同轴电缆的结构

同轴电缆一般分为两类：

- 50Ω阻抗的基带同轴电缆：用于数字传输，在早期局域网中广泛使用。
- 75Ω阻抗的宽带同轴电缆：用于模拟传输，目前主要用于有线电视的入户线。

同轴电缆价格较贵且布线不够灵活和方便。随着技术的发展和集线器的出现，在局域网领域基本上都采用双绞线作为传输媒体。

2. 双绞线

把两根相互绝缘的铜导线按一定密度互相绞合（twist）起来就构成了双绞线。绞合有两个作用：

- 减少相邻导线间的电磁干扰。
- 抵御部分来自外界的电磁干扰。

在实际使用中，往往将多对双绞线一起包在一个绝缘保护套内，称为双绞线电缆。为了进一步提高双绞线电缆抗电磁干扰的能力，在双绞线电缆的绝缘保护套内，在多对相互绝缘的双绞线的外面，再包裹一层用金属丝编织成的屏蔽层，就构成了屏蔽双绞线（Shielded Twisted Pair，STP）电缆。屏蔽双绞线电缆的价格显然比无屏蔽双绞线（Unshielded Twisted Pair，UTP）电缆要贵一些。图2-5是无屏蔽双绞线电缆和屏蔽双绞线电缆的结构示意图。

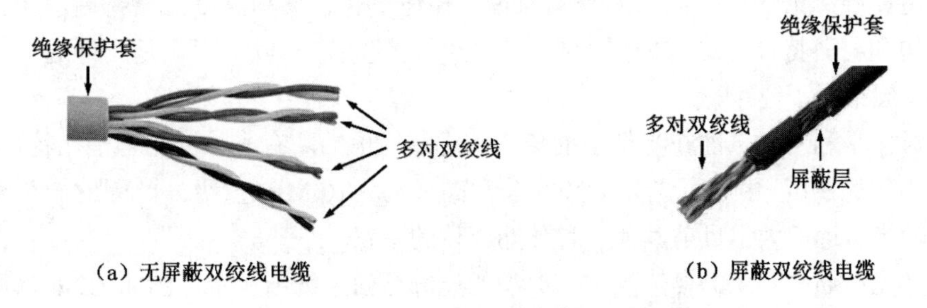

图2-5　无屏蔽双绞线电缆和屏蔽双绞线电缆

美国电子工业协会（Electronic Industries Association，EIA）和电信行业协会（Telecommunications Industries Association，TIA）于1991年联合发布了“商用建筑物电信布线标准”（Commercial Building Telecommunications Cabling Standard），即EIA/TIA-568。该标准规定了用于室内数据传送的无屏蔽双绞线和屏蔽双绞线的标准。随着局域网上数据传输速率的不断提高，EIA/TIA也不断对其布线标准进行更新。表2-2给出了常用的双绞线的类别、带宽、线缆特点以及典型应用。

表2-2 常用双绞线类别、带宽、线缆特点以及典型应用

双绞线类别	带宽	线缆特点	典型应用
3	16MHz	2对4芯双绞线	传统以太网10Mb/s；模拟电话
4	20MHz	4对8芯双绞线	曾用于令牌局域网
5	100MHz	与4类相比增加了绞合度	传输速率不超过100Mb/s的应用
5E（超5类）	125MHz	与5类相比衰减更小	传输速率不超过1Gb/s的应用
6	250MHz	与5类相比改善了串扰等性能	传输速率高于1Gb/s的应用
7	600MHz	使用屏蔽双绞线	传输速率高于10Gb/s的应用

信号在双绞线上的衰减，会随着信号频率的升高而增大。为了降低信号的衰减，可以使用更粗的导线，但这又增加了导线的重量和成本。为了尽量减少相邻导线间的电磁干扰，线对之间的绞合度（即单位长度内的绞合次数）和线对内两根导线之间的绞合度，都必须经过精心的设计，并在生产中加以严格的控制。除上述因素，双绞线能够达到的最高数据传输速率，还与信号的振幅和数字信号的编码方法有很大的关系。

双绞线既可以用于模拟传输，也可以用于数字传输。使用双绞线的通信距离一般为几到十几千米。

- 对于模拟传输，距离太长时需要添加放大器设备，以便将衰减了的信号放大到合适的强度。
- 对于数字传输，距离太长时需要添加中继器设备，以便对失真了的数字信号进行整形。

由于双绞线电缆的价格便宜且性能优良，因此目前被广泛使用。

3. 光纤

1966年，华裔科学家高锟发表了一篇题为《光频率介质纤维表面波导》的论文，开创性地提出将光导纤维应用于通信的基本原理，描述了长距离和高信息量光通信所需绝缘性纤维的结构和材料特性。这项成果最终促使光纤通信系统问世，而正是光纤通信，为当今互联网的发展铺平了道路。

光纤通信是利用光脉冲在光纤中的传递来进行通信的。有光脉冲相当于比特1，而没有光脉冲相当于比特0。由于可见光的频率非常高（约为10^8MHz量级），因此一个光纤通信系统的传输带宽远远大于目前其他各种传输媒体的带宽。

光纤是光纤通信系统的传输媒体。典型的光纤通信系统结构示意图如图2-6所示。

- 发送端：采用发光二极管或半导体激光器，在电脉冲的作用下产生光脉冲。

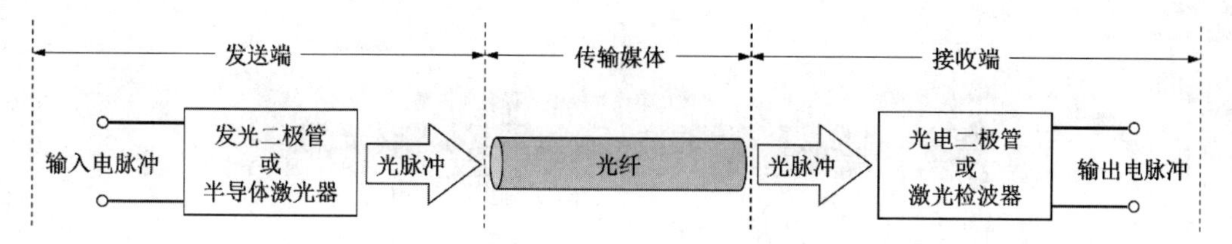

图2-6　典型的光纤通信系统结构示意图

- 接收端：利用光电二极管或激光检波器，将检测到的光脉冲还原成电脉冲。

光纤是光导纤维的简称，它是用高透明度的石英玻璃拉成的柔软细丝，由纤芯和包层两部分构成双层通信圆柱形传输媒体，如图2-7所示。

- 纤芯非常细，其直径只有8～100 μm（1μm = 10^{-6}m）。
- 纤芯外面的包层也比较细，其直径不超过125 μm。

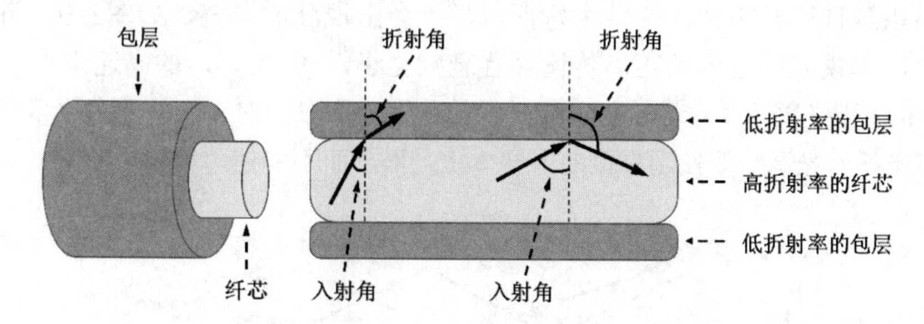

图2-7　光波在光纤中的折射和全反射

纤芯的折射率大于包层的折射率。光波在纤芯中进行传导，当光波从高折射率的纤芯射向低折射率的包层时，其折射角将大于入射角。如果入射角足够大，就会出现光的全反射现象，即光波碰到包层时就会全反射回纤芯。光波在光纤中不断发生全反射，光波就可以沿着光纤传输下去。

由于入射角大于产生光的全反射现象的临界角度不止一个，因此可以有入射角大于临界角的多条不同入射角的光波，在同一条光纤中传输，这种光纤称为多模光纤，如图2-8所示。

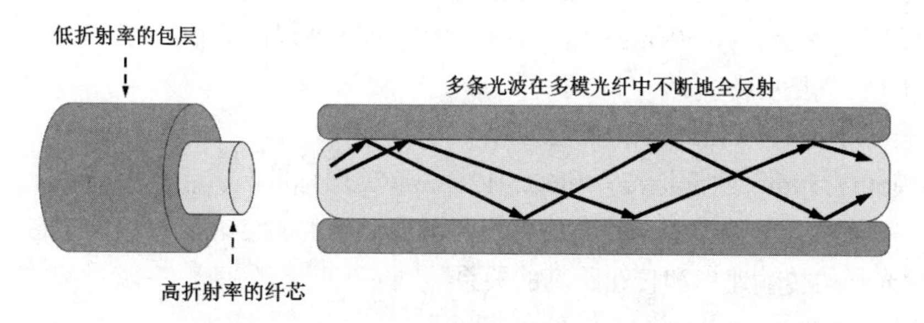

图2-8　多条光波在多模光纤中不断地全反射

如果将光纤的直径减小到只有一个光的波长，则光纤就像一根波导那样，它可以使光波一直向前传播，而不会产生多次反射，这种光纤称为单模光纤，如图2-9所示。

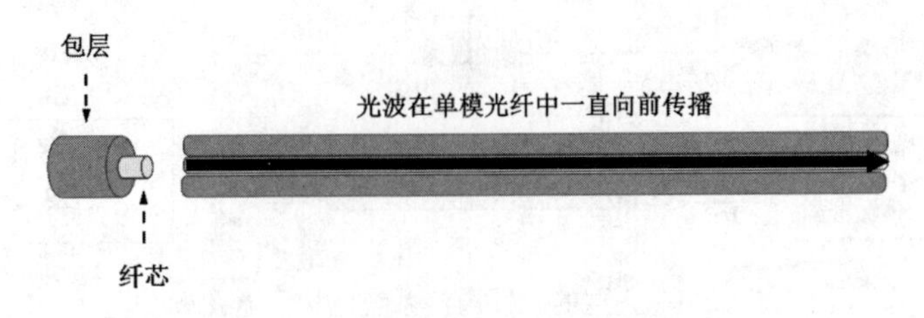

图2-9 光波在单模光纤中一直向前传播

色散（模式色散、材料色散以及波导色散）对光纤通信的影响如下：

- 光在多模光纤中传输时，会出现脉冲展宽，造成信号失真，如图2-10（a）所示。因此，多模光纤一般只适合于建筑物内的近距离传输。
- 光在单模光纤中传输时，没有模式色散，在1.3μm波长附近，材料色散和波导色散大小相等且符号相反，两者正好抵消，不会出现脉冲展宽，如图2-10（b）所示。因此，单模光纤适合长距离传输并且衰减更小，在100Gb/s的高速率下，可以传输100km而不必采用中继器。但单模光纤的制造成本以及对光源的要求比多模光纤高。单模光纤的光源需要使用昂贵的半导体激光器，而不能使用较便宜的发光二极管。

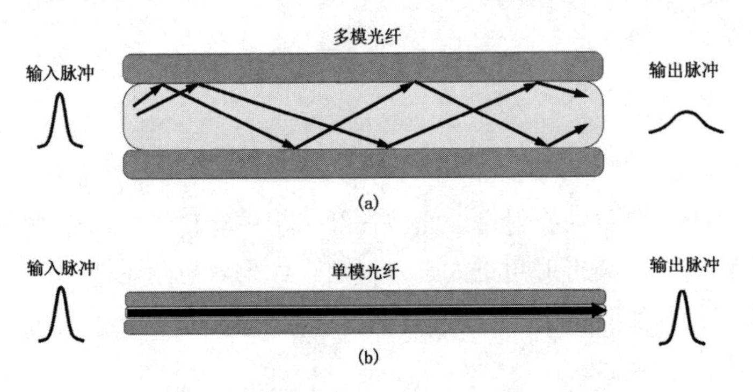

图2-10 多模光纤和单模光纤的对比

在光纤通信中，常用的三个光波波段的中心波长分别为850nm、1300nm和1550nm。这三个波段都具有25 000～30 000GHz的带宽，因此光纤的通信容量是很大的。1300nm和1550nm波段的衰减较小，850nm波段的衰减较大，但此波段的其他特性较好。

常用的光纤规格有：

- 单模8/125μm、9/125μm和10/125μm。
- 多模50/125μm（欧洲标准）和62.5/125μm（美国标准）。

其中，斜线前面的数字表示纤芯的直径，斜线后面的数字表示包层的直径。表2-3列出了几种典型光纤的传输速率和传输距离的关系。

表2-3 几种典型光纤的传输速率和传输距离的关系

光　纤	波　长	传输速率	传输距离
G.652单模光纤（纤芯直径9μm）	1550nm	2.5Gb/s	100km
		10Gb/s	60km
		40Gb/s	4km

续表

光　　纤	波　　长	传输速率	传输距离
G.655单模光纤（纤芯直径9μm）	1550nm	2.5Gb/s	390km
		10Gb/s	240km
		40Gb/s	16km
普通多模光纤（纤芯直径50μm）	850nm	1Gb/s	550m
		10Gb/s	250m
普通多模光纤（纤芯直径62.5μm）	850nm	1Gb/s	275m
		10Gb/s	100m
新型多模光纤（纤芯直径50μm）	850nm	1Gb/s	1100m
		10Gb/s	550m

由于光纤非常细（其包层直径不超过125μm），因此在实际应用中，必须将光纤做成非常结实的光缆。一根光缆可以只包含一根光纤，也可以包含数十乃至数百根光纤，再加上加强芯和填充物，就可以大大提高光缆的机械强度，有的光缆还包含远供电源线，最后加上包带层和外护套，就可使光缆的抗拉强度达到几千克，完全可以满足工程施工的强度要求。图2-11为四芯光缆结构示意图。

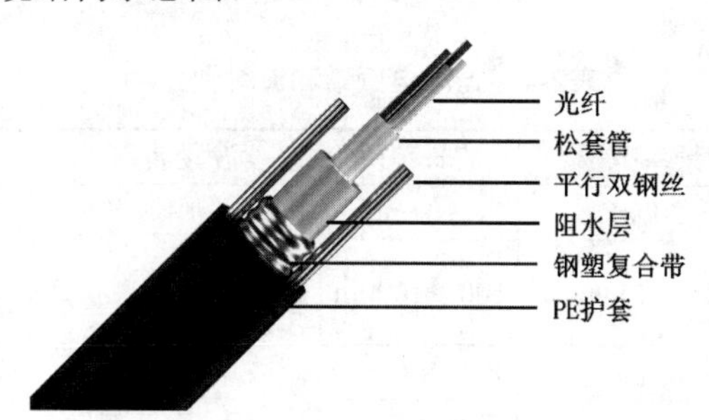

图2-11　四芯光缆结构示意图

随着光纤生产工艺的进步，光纤的价格不断降低，因此光纤现在已经广泛地应用于计算机网络中。光纤的主要优点如下：

- 通信容量非常大。目前，实验室条件下单根光纤的传输速率可达80Tb/s，该速率可供全球70多亿人同时通话。商用条件下单根光纤的传输速率也已经超过100Gb/s。
- 抗雷电和电磁干扰性能好。这在有大电流脉冲干扰的环境下尤为重要。
- 传输损耗小，中继距离长，对远距离传输特别经济。
- 无串音干扰，保密性好。
- 体积小，重量轻。例如，1km长的1000对双绞线电缆的质量为约8000kg，而同样长度但容量大得多的一对两芯光缆的质量仅为约100kg。

光纤的主要缺点是：对光纤进行割接需要专用设备，并且目前光电接口还比较昂贵。

2.2.2　非导向型传输媒体

使用导引型传输媒体进行通信前，必须进行通信线路的铺设。当通信线路要通过一些难以施工的高山或岛屿，并且通信距离很远时，铺设通信线路既费时又昂贵。利用无线电波在自由空间的传播，可以快速、方便和灵活地实现多种无线通信。自由空间就是无线通信所使用的非导向型传输媒体。

在当今这个信息时代，人们不仅可以在运动中使用智能手机进行电话通信，还可以在运动中通过智能手机或笔记本电脑进行计算机数据通信（俗称上网）。利用自由空间进行无线通信是在运动中进行通信的唯一手段。

无线通信可使用的频段很广。在图2-12给出的电磁波的频谱中，人们现在已经利用了好几个波段进行通信。紫外线、X射线以及γ射线波段目前还不能用于通信，因为这些波很难产生和调制、穿透障碍物能力很弱并且对生物有害。频率非常低的波段（30KHz以下）一般也不用于通信。表2-4给出了国际电信联盟（International Telecommunication Union，ITU）对于波段的正式命名。

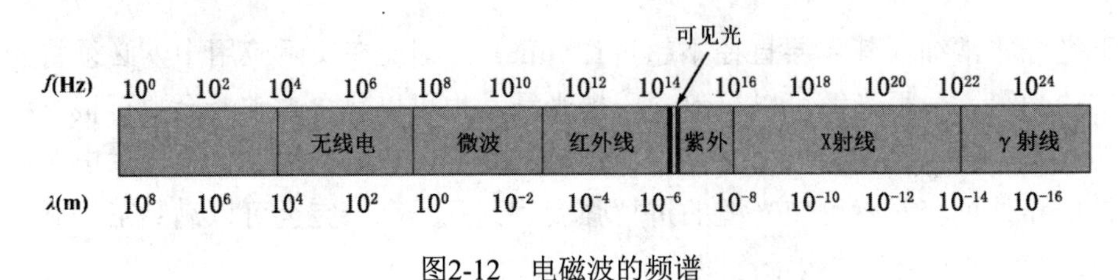

图2-12 电磁波的频谱

表2-4 无线电频谱和波段划分

波段号	名称	缩写	频率范围	波长范围	波段名称		用　途
5	低频	LF	30～300kHz	1～10km	长波	无线电波	国际广播、全向信标
6	中频	MF	300～3000kHz	100～1000m	中波		调幅广播、全向信标、海事及航空通信
7	高频	HF	3～30MHz	10～100m	短波		短波民用电台
8	甚高频	VHF	30～300MHz	1～10m	米波		调频广播、电视广播、航空通信
9	特高频	UHF	300～3000MHz	10～100cm	分米波	微波	电视广播、无线电话、无线网络、微波炉
10	超高频	SHF	3～30GHz	1～10cm	厘米波		无线网络、雷达、人造卫星接收
11	极高频	EHF	30～300GHz	1～10mm	毫米波		雷达、射电天文、遥感、人体扫描安检仪

要使用某一波段无线电频谱进行通信，通常必须得到本国政府无线电频谱管理机构的相关许可证。我国的无线电频谱管理机构是工信部无线电管理局（国家无线电办公室）；美国的无线电频谱管理机构是联邦通信委员会（Federal Communications Commission，FCC）。也有一些无线电频段是可以自由使用的，称为ISM频段。ISM是Industrial、Scientific、Medical（工业、科学与医药）的英文缩写词。各国的ISM频段标准可能略有不同。图2-13给出了美国的ISM频段，现在的802.11无线局域网就使用其中的2.4GHz和5.8GHz频段。

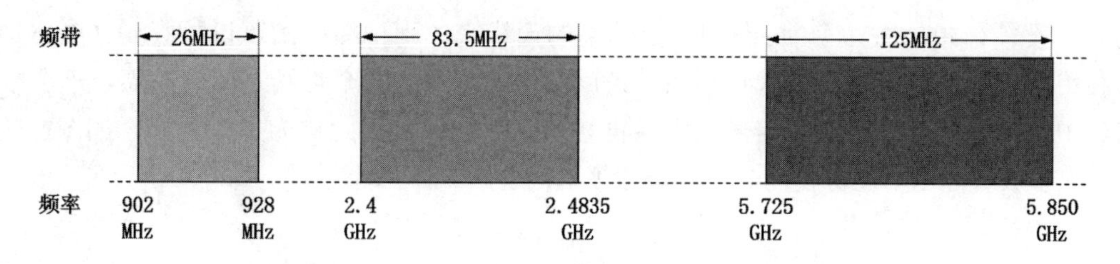

图2-13　美国的ISM频段

1. 无线电波

无线电波（LF、MF、HF和VHF频段）很容易产生，并且传播距离很远。因此，无线电波被广泛用于通信领域。

- 低频无线电波能够很容易地穿透障碍物，但其能量随着与信号源距离的增大而急剧减小。
- 高频无线电波趋于直线传播并会受到障碍物的阻挡，还会被雨水吸收。

在LF和MF波段，无线电波主要以地面波的形式沿着地面传播，如图2-14（a）所示。在HF和VHF波段，地面波会被地表吸收，无线电波主要依靠电离层的反射再回到地球表面，如图2-14（b）所示。电离层的不稳定所产生的衰落现象和电离层反射所产生的多径效应，会严重影响通信质量。因此，当必须使用短波无线电台传送数据时，一般都是低速传输，速率为一个标准模拟话路传输几十至几百比特/秒。只有在采用复杂的调制解调技术后，传输速率才能达到几千比特/秒。

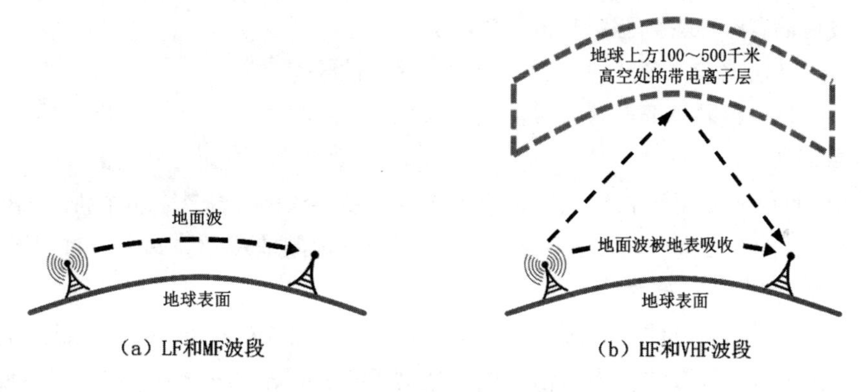

（a）LF和MF波段　　（b）HF和VHF波段

图2-14　无线电波的传播

2. 微波

微波的频率范围是300MHz～300GHz（波长1m～1mm），目前主要使用2～40GHz的频率范围。微波在空间主要是直线传播。由于微波会穿透电离层而进入宇宙空间，因此它不像HF和VHF波段的无线电波那样，可以经电离层反射传播到地面上很远的地方。传统的微波通信主要有两种方式：地面微波接力通信和卫星通信。

1）地面微波接力通信

由于微波在空间主要是直线传播，而地球表面是个曲面，因此其传播距离往往受到限制，一般只有50km左右。如果采用100m高的天线塔，则传播距离可以扩大到100km。为了利用微波实现远距离通信，必须在一条微波通信信道的两个终端之间，建立若干个中继站。中继站把前一站送来的信号放大后再转发到下一站，因此称为“接力”，如图2-15所示。大多数长途电话业务使用4～6GHz的频率范围。

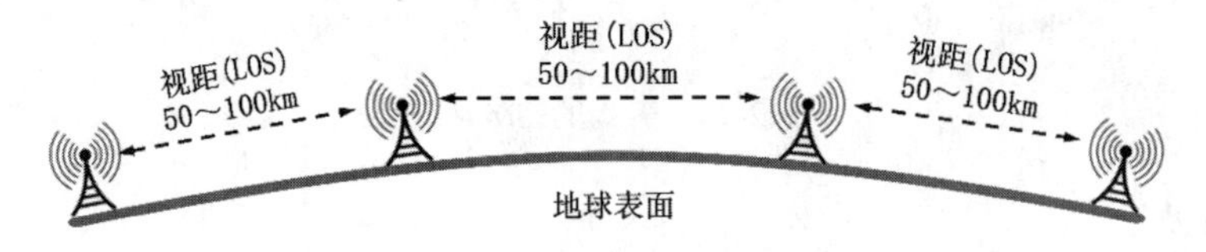

图2-15　地面微波接力通信示意图

地面微波接力通信的主要优点如下：

- 微波波段的频率很高，其频率范围也很宽，因此其信道容量很大。
- 因为工业干扰和天电干扰的主要频率成分比微波频率低很多，对微波通信的干扰较小，因此微波传输质量较高。
- 与相同通信距离和容量的有线通信比较，地面微波接力通信建设成本低、见效快，易于跨越山区和江河。

地面微波接力通信也存在如下一些缺点：

- 相邻站之间必须直视（视距，Line Of Sight，LOS），不能有障碍物。
- 一个天线发射出的信号，可能会分成几条略有差别的路径到达接收天线，因而造成失真。
- 微波传输有时会受到恶劣气候的影响。
- 与有线通信比较，微波通信的隐蔽性和保密性较差。
- 维护大量中继站需要耗费较多的人力和物力。

2）卫星通信

卫星通信目前主要用于长途电话、电视转播以及导航等，未来很可能成为空天互联网（卫星互联网）的主要通信方式。要在地球上相距很远的地球微波站之间进行通信，可以利用人造地球卫星作为中转站。

常用的卫星通信方法是在地球站之间，利用位于约36 000km高空的人造同步地球卫星，作为中继器的一种微波接力通信。同步地球卫星发射出的电磁波，能辐射到地球上的通信覆盖区的跨度可达18 000km，面积约占全球的三分之一。因此，只要在地球赤道上空的同步轨道上，等距离地放置3颗互成120°的人造通信卫星，就能基本实现全球的通信，如图2-16所示。

利用同步地球卫星进行通信的主要特点是通信距离远，并且通信费用与通信距离无关，但这种通信方式的传播时延比较大。不管两个地球站之间的地面距离是多少（几百米或上万千米），从一个地球站经同步地球卫星到达另一个地球站的传播时延约为250～300ms，一般取270ms。

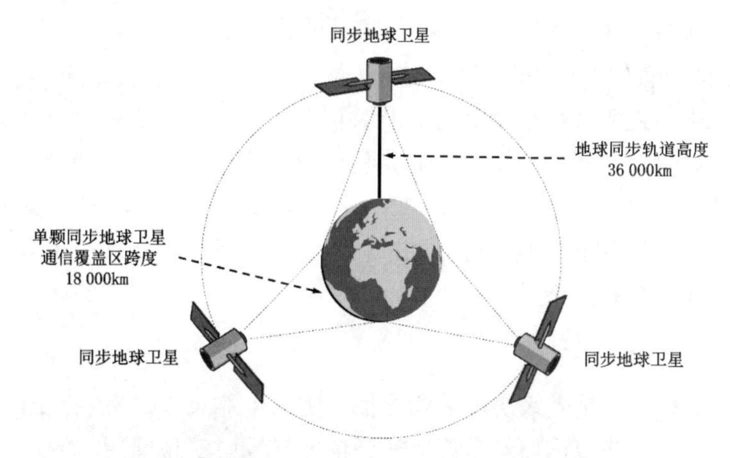

图2-16　利用3颗人造同步地球卫星实现全球通信

除了上述的人造同步地球卫星，还可利用中、低轨道人造卫星建立通信系统。中、低轨道人造卫星相对于地球不是静止的，而是不停地围绕地球旋转。目前，大容量、高功率、低轨道宽带人造卫星已开始在空间部署，并构成了空间高速链路。由于低轨道卫星离地球很近，因此可将地面用户通信设备做得比较小，可以轻便手持进行通信。

在十分偏远的地方或在离大陆很远的海洋中，要进行通信就几乎完全要依赖于卫星通信。卫星通信还非常适合于广播通信，因为它的覆盖面很广。但从安全方面考虑，卫星通信系统的保密性相对较差。另外，通信卫星自身以及发射卫星的火箭造价都较高。受电源和元器件寿命的限制，同步地球卫星的使用寿命一般为10～15年。卫星地球站的技术较复杂，价格还比较贵，这就使得卫星通信的费用较高。

3. 红外线

利用红外线进行通信的应用，在我们的生活中随处可见。很多家用电器（电视、空调等）都配有红外遥控器。以前的笔记本电脑基本都带有红外接口，可以进行短距离的红外通信。红外通信属于点对点无线传输，传输距离短，传输速率也很低，并且中间不能有障碍物。现在的笔记本电脑已经取消了红外接口，但很多智能手机还带有红外接口，以方便用户对电视、空调等家用电器进行红外遥控。

4. 激光

激光是一种新型光源，具有亮度高、方向性强、单色性好以及相干性强等特征。按传输媒体的不同，可分为大气激光通信和光纤通信。大气激光通信是利用大气作为传输媒体的激光通信，而光纤通信就是之前已经介绍过的利用光纤传输光信号的通信方式。

大气激光通信的优点有：

- 通信容量大。激光通信可同时传送1000万路电视节目和100亿路电话。
- 保密性强。激光不仅方向性强，而且可采用不可见光，因而不易被敌方所截获，保密性能好。
- 结构轻便，设备经济。由于激光束发散角小，方向性好，激光通信所需的发射天线和接收天线都可以做得很小，一般天线直径为几十厘米，重量不超过几千克，而功能类似的微波天线，重量则以几吨、十几吨计。

大气激光通信也有如下一些缺点：

- 通信距离限于视距（数千米至数十千米）。
- 易受气候影响。在恶劣气候条件下甚至会造成通信中断。
- 瞄准困难。激光束有极高的方向性，这给发射和接收点之间的瞄准带来了不少困难。为了保证发射和接收点之间瞄准，不仅对设备的稳定性和精度提出了很高的要求，而且操作也很复杂。

5. 可见光

可见光通信是利用可见光来实现无线通信，主要依靠发光二极管发出的、肉眼看不到的、高速明暗闪烁信号来传输信息。可见光通信能够同时实现照明与通信的功能，具有传输速率高、保密性强、无电磁干扰以及无须频谱认证等优点，是理想的室内高速无线接入方案之一。

目前，可见光通信在全球已成为了研究的热点。2015年12月，经中国工信部测试认证，中国“可见光通信系统关键技术研究”又获得重大突破，实时通信速率提高至50Gbps，再次展现了中国在可见光通信领域的先发实力。

2.3 传输方式

数字传输有多种不同的传输方式。在本节中，介绍串行传输和并行传输、同步传输和异步传输，以及单向通信、双向交替通信和双向同时通信。

2.3.1 串行传输和并行传输

1. 串行传输

对于串行传输，在发送端和接收端之间只有一条数据传输线路，构成数据的多个比特，在这条数据传输线路上逐比特依次传输，如图2-17所示。

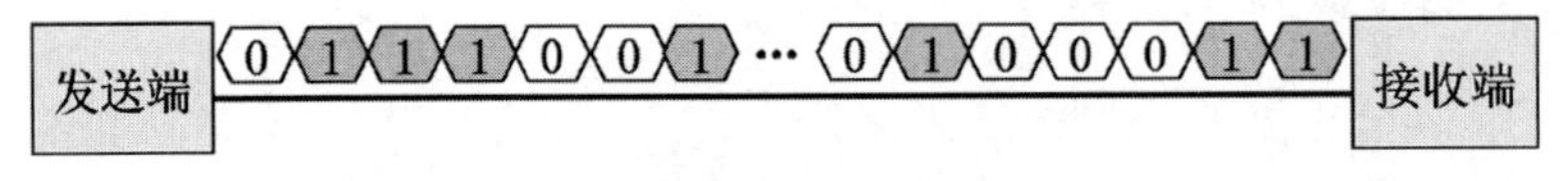

图2-17 串行传输示意图

2. 并行传输

对于并行传输，在发送端和接收端之间有多条数据传输线路，构成数据的多个比特，被分别安排在不同的数据传输线路上同时传输，如图2-18所示。

对于串行传输和并行传输，若比特在单条数据传输线路上的数据传输速率相同，则并行传输的数据传输速率，是串行传输的数据传输速率的n倍。倍数n取决于并行传输所采用的数据传输线路的数量，也称为数据总线宽度，常用的有8位、16位、32位以及64位。

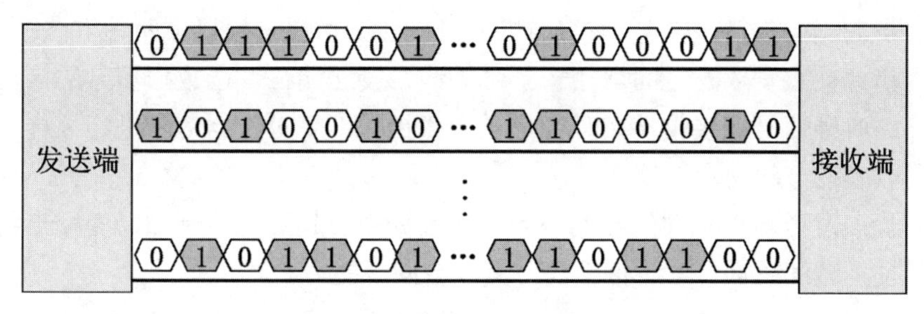

图2-18　并行传输示意图

并行传输的成本高，通常仅用于短距离传输，例如计算机内部的数据传输，而远距离传输一般采用串行传输方式。

计算机中的网卡，同时具有串行传输和并行传输方式，如图2-19所示。

- 当计算机通过其内部的网卡，将数据发送到传输线路上时，网卡起到的其中一个非常重要的作用就是并/串转换。
- 当计算机通过其内部的网卡从传输线路上接收数据时，网卡需要进行串/并转换。

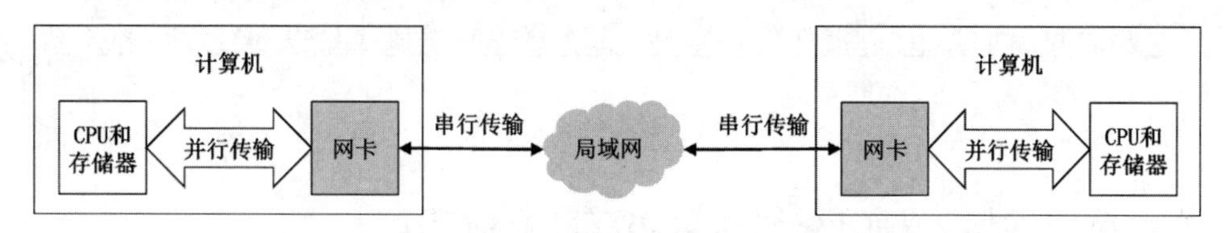

图2-19　网卡进行并/串转换和串/并转换

2.3.2　同步传输和异步传输

1. 同步传输方式

同步传输方式以比特为传输单位，数据块以比特流的形式传输，字节之间没有间隔，也没有起始位和终止位。这就要求收发双方，对表示比特的信号的时间长度达成一致，即所谓的同步。然而，在不采取任何其他措施的情况下，收发双方的时钟频率无法达到严格同步。在数据传输的过程中，必然会产生接收方对信号采样时刻的误差积累。当传输大量数据时，误差积累就会越来越严重，最终会导致接收方对比特信号的误判，如图2-20所示。

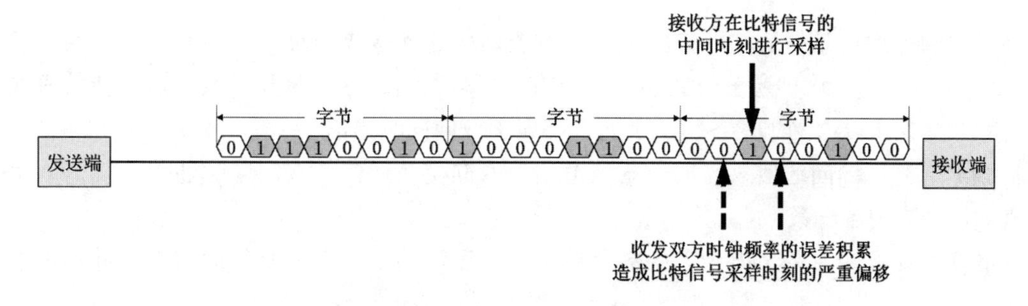

图2-20　收发双方时钟频率的误差积累导致接收方对比特信号的误判

为了在同步传输方式中实现收发双方的时钟同步，可以采用以下两种方法：

- 外同步：在收发双方之间增加一条时钟线，发送端在发送数据信号的同时，还要发送一路时钟信号。接收端在时钟信号的“指挥下”对数据信号进行采样。这样就实现了收发双方的同步。
- 内同步：发送端将时钟信号编码到发送数据中一起发送。例如，曼彻斯特编码和差分曼彻斯特编码都自含时钟编码，具有自同步能力。

2. 异步传输方式

异步传输方式以字节为传输单位，但字节之间的时间间隔并不固定，接收端只在每个字节的起始处对字节内的比特实现同步。为此，一般要给每个字节添加起始位和结束位。请读者注意，异步是指字节之间的异步（也就是字节之间的时间间隔并不固定），但字节内的每个比特仍然要同步，它们的信号持续时间是相同的。图2-21给出了异步传输的示意图。

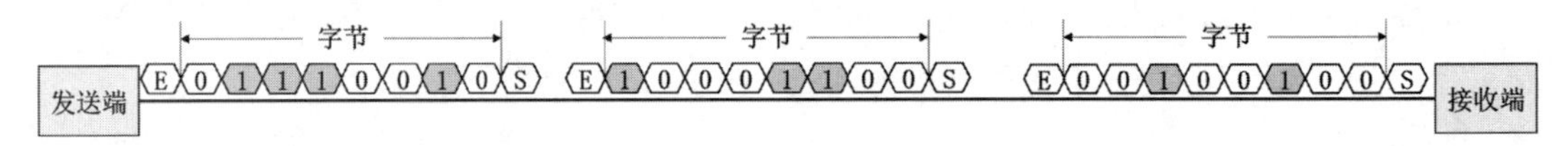

图2-21 异步传输示意图

2.3.3 单向通信、双向交替通信和双向同时通信

1. 单向通信

单向通信是指只能有一个方向的通信，也就是没有双向的交互，又称为单工通信，如图2-22（a）所示。无线电广播和电视广播等都属于单向通信。

2. 双向交替通信

双向交替通信是指通信双方都可以发送信息和接收信息，但对于任何一方，发送信息和接收信息不能同时进行，又称为半双工通信，如图2-22（b）所示。这种通信方式是一方发送另一方接收，过一段时间再反过来。对讲机之间、总线型以太网上的各主机之间，都属于双向交替通信。

3. 双向同时通信

双向同时通信是指通信双方都可以同时发送信息和接收信息，又称为全双工通信，如图2-22（c）所示。这种通信方式的任何一方，可以同时发送信息和接收信息。传统有线电话之间、交换式以太网上的各主机之间，都属于双向同时通信。

综上所述，单向通信只需要一条信道，而双向交替通信或双向同时通信，都需要两条信道，每个方向各一条。

请读者注意，“单工电台”中的“单工”，表示的是“双向交替通信”，并不表示单向通信。

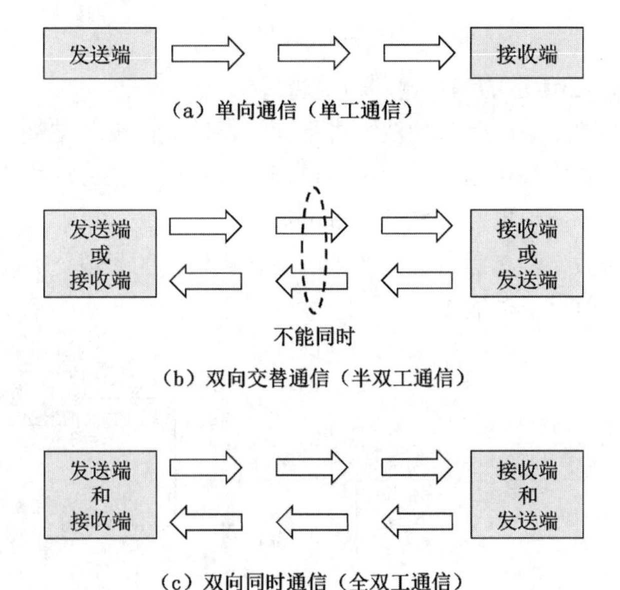

图2-22　单向通信、双向交替通信和双向同时通信的对比

2.4　编码与调制

计算机直接输出的数字信号往往并不适合在信道上传输，需要将其编码或调制成适合在信道上传输的信号。在本节中，首先介绍编码与调制的基本概念，然后分别介绍常用编码方法和调制方法。

2.4.1　编码与调制的基本概念

1. 消息、数据和信号

在计算机网络中，需要由计算机处理和传输的文字、图片、音频和视频等内容，可以统称为消息（message）。

消息输入计算机后，就成为了有意义的符号序列，即数据（data）。可以将数据看作运送消息的实体。我们人类比较熟悉的是十进制数据，而计算机只能处理二进制数据，也就是比特0和比特1。

计算机中的网卡将比特0和比特1变换成相应的信号（signal）发送到传输媒体。因此，可将信号看作数据的电磁表现。

2. 基带信号

由信源发出的原始信号称为基带信号，也就是基本频带信号。例如，由计算机输出的表示各种文字、图像、音频或视频文件的数字信号都属于基带信号。基带信号往往包含较多的低频成分，甚至包含（由连续个“0”或连续个“1”造成的）直流成分，而许多信道并不能传输这种低频分量或直流分量。因此，需要对基带信号进行调制（modulation）后才能在信道上传输。

3. 调制和编码

调制可分为如图2-23所示的基带调制和带通调制。

- 基带调制：对数字基带信号的波形进行变换，使其能够与信道特性相适应，调制后的信号仍然是数字基带信号。由于基带调制是把数字信号转换成另一种形式的数字信号，因此基带调制也称为编码（coding）。
- 带通调制：将数字基带信号的频率范围搬移到较高的频段，并转换为模拟信号，使其能够在模拟信道中传输。

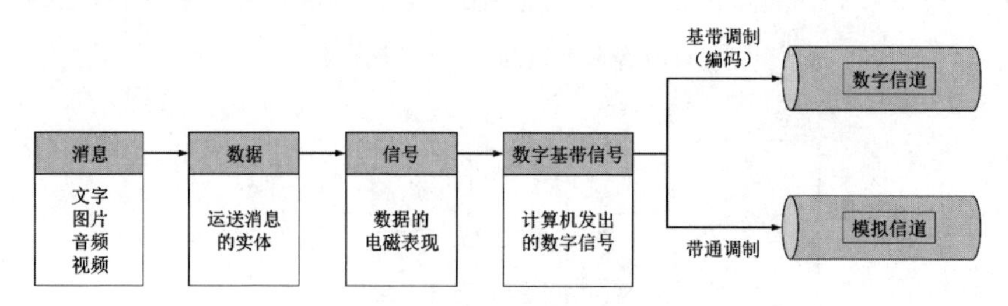

图2-23 编码与调制的基本概念

4. 码元

信号的编码单元称为码元。

- 对于模拟信号，载波参数（振幅、频率、初相位）的变化就是一个码元。
- 对于数字信号，一个数字脉冲就是一个码元。

也就是说，在使用时间域的波形表示信号时，代表不同离散数值的基本波形称为码元，如图2-24所示。一个码元所能携带的信息量（即构成离散数值的比特数量）不是固定的，而是取决于编码方式和调制方式。

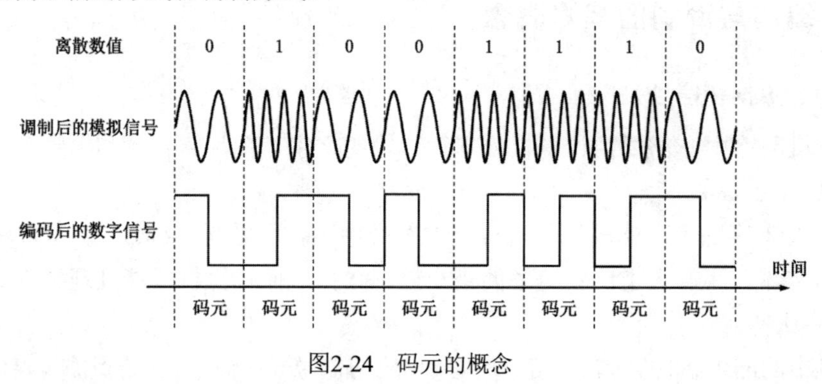

图2-24 码元的概念

2.4.2 常用编码方式

常用编码方式有：不归零制、归零制、曼彻斯特编码以及差分曼彻斯特编码等，例如图2-25所示。

1. 不归零制

不归零制是指信号在每个码元期间不会回归到零电平。例如，图2-25（a）所示的是一种双极性不归零编码，整个码元期间信号为正电平表示1，整个码元期间信号为负电平表示0。

不归零制的编码效率最高，但是存在收发双方的同步问题。为了解决同步问题，需要给收发双方再添加一条时钟信号线。发送方通过数据信号线给接收方发送数据的同时，还通过时钟信号线给接收方发送时钟信号。接收方按照接收到的时钟信号的节拍，对数据信号线上的信号进行采样。

2. 归零制

归零制是指信号在每个码元期间会回归到零电平。例如，图2-25（b）所示的是一种双极性归零编码，正电平表示1，负电平表示0，在每个码元的中间时刻信号都会回归到零电平。由于每个码元传输后信号都会归零，所以接收方只要在信号归零后采样即可。

归零编码相当于将时钟信号编码在了数据之内，通过数据信号线进行发送，而不用单独的时钟信号线来发送时钟信号。因此，采用归零编码的信号也称作自同步信号。然而，归零编码也有缺点：大部分的数据带宽都用来传输“归零”而浪费掉了。

3. 曼彻斯特编码

曼彻斯特编码在每个码元的中间时刻电平都会发生跳变。电平的跳变既表示时钟信号，也表示数据，如图2-25（c）所示。向下跳变表示1还是0，以及向上跳变表示0还是1，可以自行定义。

曼彻斯特编码信号属于自同步信号，10Mb/s的传统以太网采用的就是曼彻斯特编码。

4. 差分曼彻斯特编码

差分曼彻斯特编码在每个码元的中间时刻电平都会发生跳变。与曼彻斯特编码不同的是，电平的跳变仅表示时钟信号，而不表示数据，如图2-25（d）所示。数据的表示在于每一个码元开始处是否有电平跳变：无跳变表示1，有跳变表示0。

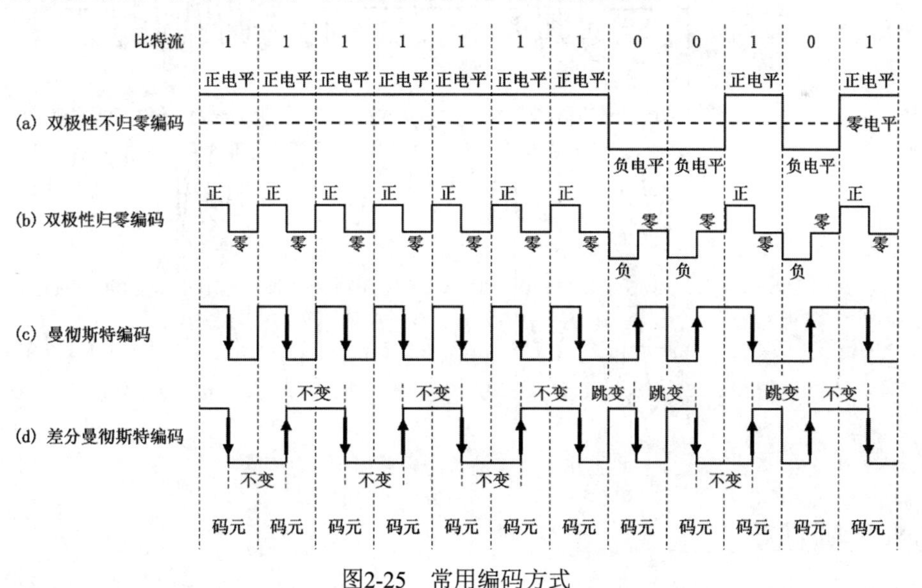

图2-25 常用编码方式

在传输大量连续1或连续0的情况下，差分曼彻斯特编码信号比曼彻斯特编码信号的变化少。在噪声干扰环境下，检测有无跳变比检测跳变方向更不容易出错，因此差分曼彻斯特编码信号比曼彻斯特编码信号更易于检测。另外，在传输介质接线错误导致高低电平翻转的情况下，差分曼彻斯特编码仍然有效。

2.4.3 基本的带通调制方法和混合调制方法

1. 基本的带通调制方法

基本的带通调制方法有：调幅、调频和调相，如图2-26所示。

1）调幅

调幅（Amplitude Modulation，AM）是让载波的振幅随基带数字信号的变化而变化。例如，有载波输出表示1，无载波输出表示0，如图2-26（a）所示。

2）调频

调频（Frequency Modulation，FM）就是让载波的频率随基带数字信号的变化而变化。例如，用频率*f*1表示1，用另一个频率*f*2表示0，如图2-26（b）所示。

3）调相

调相（Phase Modulation，PM）就是让载波的初相位随基带数字信号的变化而变化。例如，0相位表示0，180相位表示1，如图2-26（c）所示。

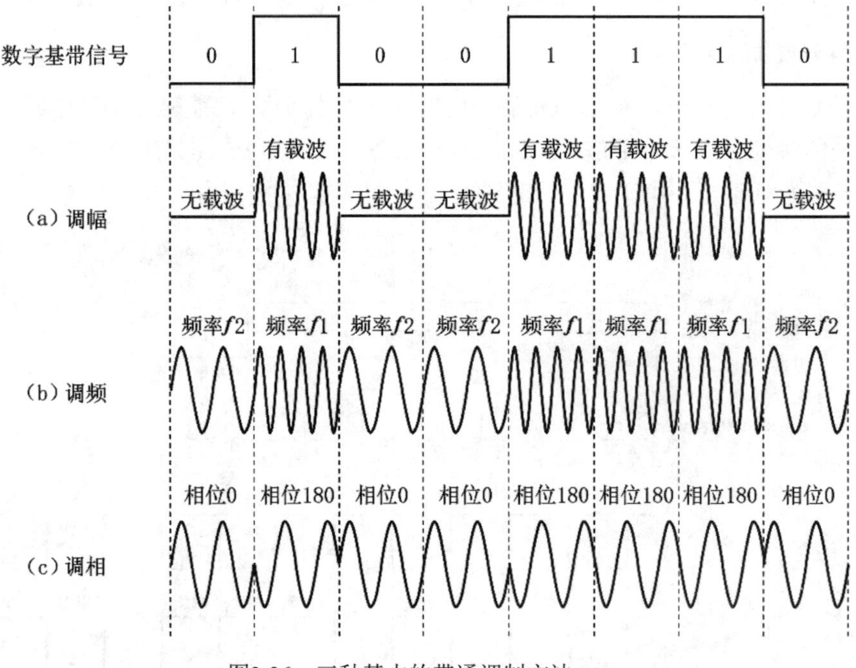

图2-26 三种基本的带通调制方法

2. 混合调制方法

为了提高数据传输速率，可以使用技术上更为复杂的混合调制方法，使1个码元可以表示多个比特的信息量。因为载波的频率和相位是相关的，即频率是相位随时间的变化率，所以载波的频率和相位不能进行混合调制。通常情况下，载波的相位和振幅可以结合起来一起调制，例如正交振幅调制（Quadrature Amplitude Modulation，QAM）。

图2-27给出了QAM-16的星座图。这种混合调制方法所调制出的信号有12种相位，每种相位有1或2种振幅可选，因此可调制出16种码元（基本波形）。每个星座点就是一个码元，它与圆心的连线可看作振幅，它与横轴的夹角可看作相位。

码元
码元
码元
码元
码元
码元
码元
码元
看作振幅
看作相位
码元
码元
码元
码元
码元
码元
码元
码元

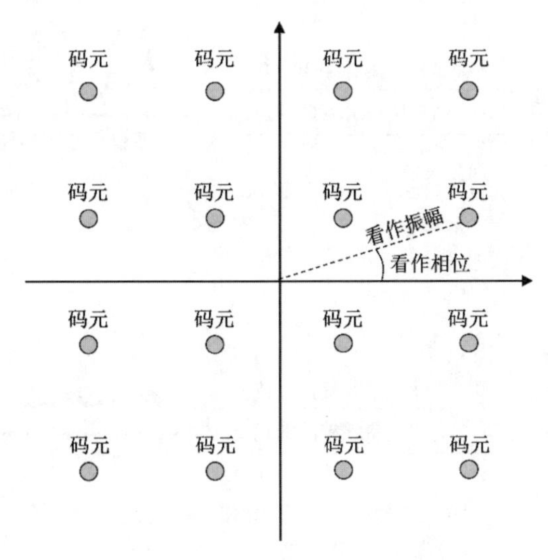

图2-27　QAM-16的星座图

由于QAM-16可以调制出16种不同的码元（基本波形），则每个码元可以表示4个比特的信息量（$\log_2 16 = 4$）。每个码元与4个比特的对应关系采用格雷码进行编码，即任意两个相邻码元只有1个比特不同，如图2-28所示。

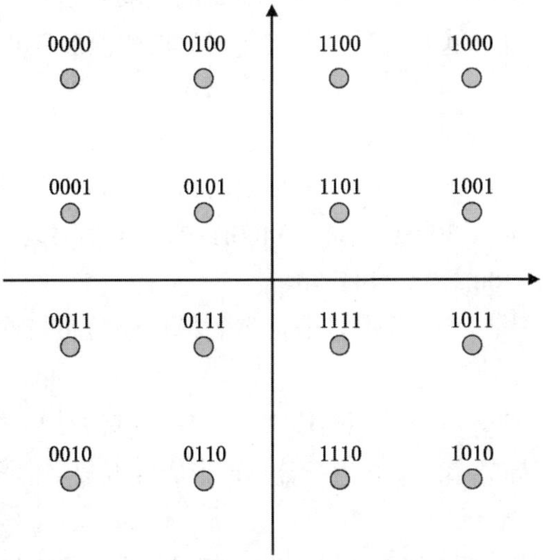

0000
0100
1100
1000
0001
0101
1101
1001
0011
0111
1111
1011
0010
0110
1110
1010

图2-28　码元与比特的对应关系采用格雷码进行编码

2.5 信道的极限容量

任何实际的信道都不是理想的，信号在信道上传输时不可避免地会产生失真。如果信号失真不严重，则接收端可以从失真的信号波形中识别出原来的信号，如图2-29（a）所示。如果信号失真比较严重，则接收端无法从严重失真的信号波形中识别出每个码元，如图2-29（b）所示。

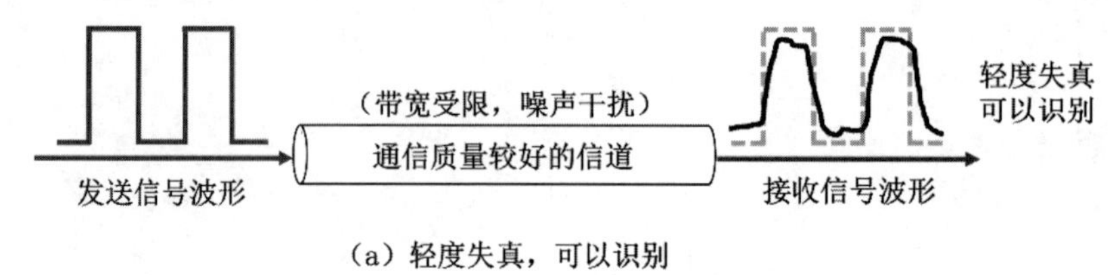

（a）轻度失真，可以识别

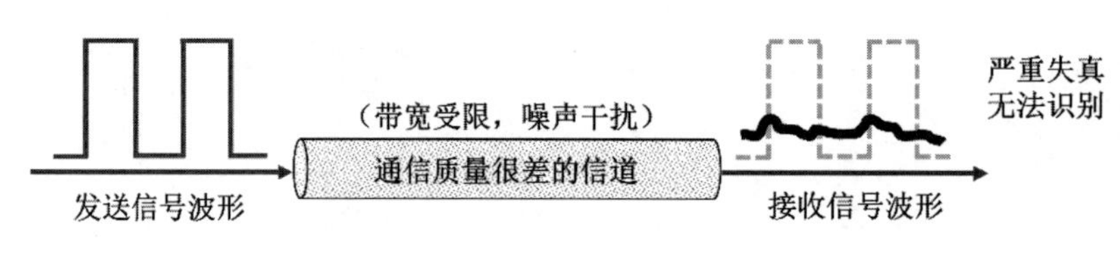

（b）严重失真，无法识别

图2-29　数字信号通过实际信道后产生失真

造成信号失真的主要因素如下：

- 码元的传输速率：传输速率越高，信号经过传输后的失真就越严重。
- 信号的传输距离：传输距离越远，信号经过传输后的失真就越严重。
- 噪声干扰：噪声干扰越大，信号经过传输后的失真就越严重。
- 传输媒体的质量：质量越差，信号经过传输后的失真就越严重。

2.5.1　奈氏准则

每种信道所能通过信号的频率范围总是有限的。例如，电话线允许通过的模拟信号的频率范围是300～3400Hz，低于300Hz或高于3400Hz的模拟信号均不能通过，即电话线的频率带宽为3.1KHz（3400Hz−300Hz=3100Hz）。

信道上传输的数字信号，可以看作多个频率的模拟信号进行多次叠加后形成的方波，借助图2-30来理解：

（1）选择一个与数字信号频率相同的模拟信号作为基波，如图2-30（a）所示。

（2）将基波信号与更高频率的谐波进行叠加，形成接近数字信号的波形，如图2-30（b）所示。

（3）基波经过多次更高频率谐波的叠加，就可以形成高度接近数字信号的波形，如图2-30（c）所示。

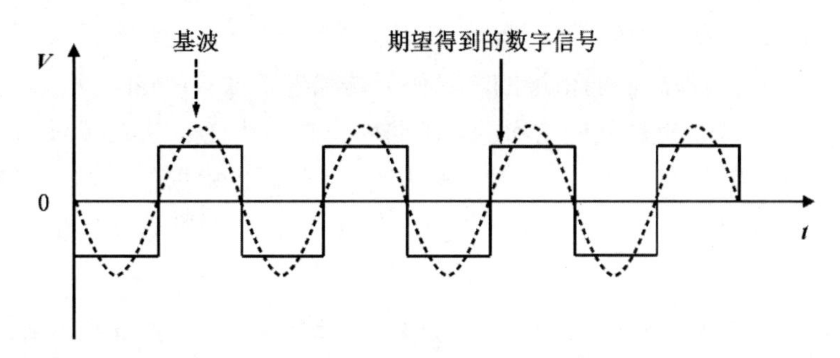

（a）选择一个与数字信号频率相同的模拟信号作为基波

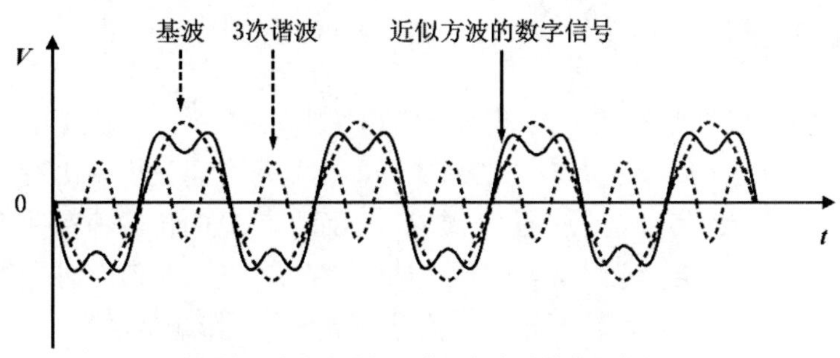

（b）基波与3次谐波叠加形成近似方波的数字信号

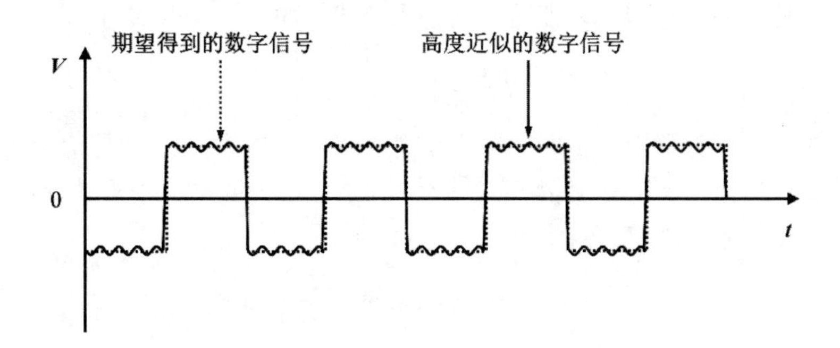

（c）基波经过多次更高频率谐波的叠加形成高度接近数字信号的波形

图2-30　数字信号可看作基波与高次谐波的叠加

综上所述，模拟信号在模拟信道传输时，受信道频率带宽的限制，而数字信号在数字信道传输时，信号中的许多高频分量往往不能通过信道。

如果数字信号中的高频分量在传输时受到衰减甚至不能通过信道，则接收端接收到的波形前沿和后沿就变得不那么陡峭，每一个码元所占的时间界限也不再明确，而是前后都拖了“尾巴”。这样，在接收端接收到的信号波形就失去了码元之间的清晰界限，这种现象称为码间串扰。严重的码间串扰使得原本可以清楚区分其中每一个码元的一串码元，变得模糊而无法识别。如果信道的频带越宽，则能够通过的信号的高频分量就越多，那么码元的传输速率就可以更高，而不会导致码间串扰。然而，信道的频率带宽是有上限的，不可能无限大。因此，码元的传输速率也有上限。早在1924年，奈奎斯特（Nyquist）就推导出了著名的奈氏准则，如式（2-1）所示。

$$\text{理想低通信道的最高码元传输速率}=2W\text{Baud} \tag{2-1}$$

在式（2-1）中，W是理想低通信道的频率带宽，单位为Hz；Baud是波特，是码元传输速率的单位，即码元/秒。使用奈氏准则给出的公式，就可以根据信道的频率带宽，计算出信道的最高码元传输速率。只要码元传输速率不超过根据奈氏准则计算出的上限，就可以避免码间串扰。

请读者注意，奈氏准则给出的是理想低通信道的最高码元传输速率，它和实际信道有较大的差别。因此，一个实际的信道所能传输的最高码元速率，要明显低于奈氏准则给出的上限值。

2.5.2 香农公式

奈氏准则给出了理想低通信道的码元传输速率上限，为了让信道可以更快地传输信息，就需要使每个码元可以表示更多的信息量，即提高每个码元携带比特的数量。这可以通过采用技术更为复杂的信号调制方法来实现。然而，信息的传输速率并不能无限制地提高。因为在实际的信道中会有噪声，噪声是随机产生的，其瞬时值有时会很大，这会影响接收端对码元的识别，并且噪声功率相对于信号功率越大，影响就越大。

1948年，香农（Shannon）根据信息论的理论，推导出了频率带宽受限且有高斯白噪声干扰的信道的极限信息传输速率，即著名的香农公式，如式（2-2）所示。

$$C = W\log_2\left(1+\frac{S}{N}\right)(\text{b/s}) \tag{2-2}$$

在式（2-2）中，C是信道的极限信息传输速率，单位为b/s；W是信道的频率带宽，单位为Hz；S是信道内所传输信号的平均功率；N是信道内的高斯噪声功率；S/N即为信噪比，使用分贝（dB）作为度量单位，如式（2-3）所示。

$$\text{信噪比（dB）} = 10\log_{10}\left(\frac{S}{N}\right)(\text{dB}) \tag{2-3}$$

例如，当S/N=10时，信噪比为10dB；而当S/N=1000时，信噪比为30dB。

从式（2-2）可知，信道的频率带宽或信道中的信噪比越大，信道的极限信息传输速率就越高。如果信道的频率带宽W或信道中的信噪比S/N可以无限提高，则可以无限制地提高信道的极限信息传输速率C。很显然，实际信道不可能无限制地提高频率带宽W或信道中的信噪比S/N。

在信道的频率带宽一定的情况下，为了提高信道的信息传输速率，就必须使每个码元携带更多个比特（奈氏准则），并且努力提高信道中的信噪比（香农公式）。自从香农公式发表后，各种新的信号处理和调制方法不断出现，目的都是使信道的极限信息传输速率，尽可能地接近香农公式给出的上限值。

请读者注意，实际信道中能够达到的信息传输速率，要比香农公式给出的极限传输速率低不少。这是因为在实际信道中，信号还要受到其他一些损伤，例如各种脉冲干扰和信号衰减等，这些因素在香农公式中并未考虑。

2.6　信道复用技术

复用（Multiplexing）就是在一条传输媒体上同时传输多路用户的信号。在计算机网络中，广泛地使用了各种复用技术。当一条传输媒体的传输容量大于多条信道传输的总容量时，就可以通过复用技术，在这条传输媒体上建立多条通信信道，以便充分利用传输媒体的带宽。

图2-31展示了复用技术的基本原理。

- 在发送端需要使用一个复用器，让多个用户通过复用器使用一个大容量共享信道进行通信。
- 在接收端需要使用一个分用器，将共享信道中传输的信息分别发送给相应的用户。

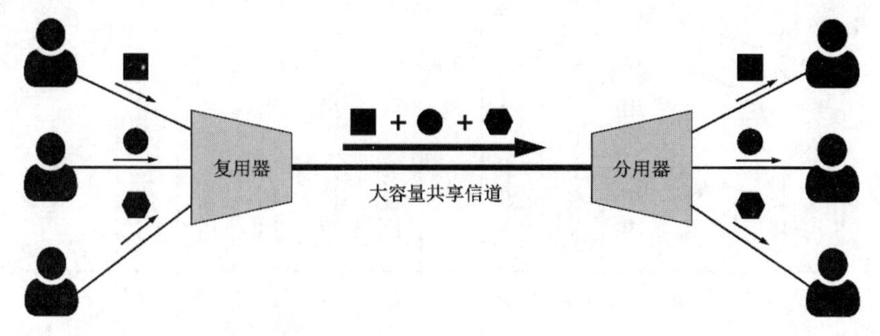

图2-31　信道复用的示意图

尽管实现信道复用会增加通信成本（需要复用器、分用器以及费用较高的大容量共享信道），但如果复用的信道数量较大，还是比较划算的。

常见的信道复用技术有：频分复用、时分复用、波分复用和码分复用。

2.6.1　频分复用

频分复用（Frequency Division Multiplexing，FDM）是将传输媒体的总频带划分成多个子频带，每个子频带作为一个通信子信道。每对用户使用其中的一个子信道进行通信，如图2-32所示。很显然，频分复用的所有用户同时占用不同的频带资源发送数据。

图2-32　频分复用的示意图

2.6.2 时分复用

时分复用（Time Division Multiplexing，TDM）是将时间划分为一段段等长的时隙，每一个时分复用的用户，在其相应时隙内独占传输媒体的资源进行通信。

时分复用的各用户所对应的时隙，就构成了时分复用帧（TDM帧）。每个时分复用的用户，在每个TDM帧中占用固定顺序的时隙。因此，在使用时分复用技术进行通信的过程中，每个时分复用的用户所占用的时隙，是周期性出现的，其周期就是TDM帧的长度。图2-33给出了TDM帧的示意图，为了简单起见，仅画出了A、B和C这三个用户。

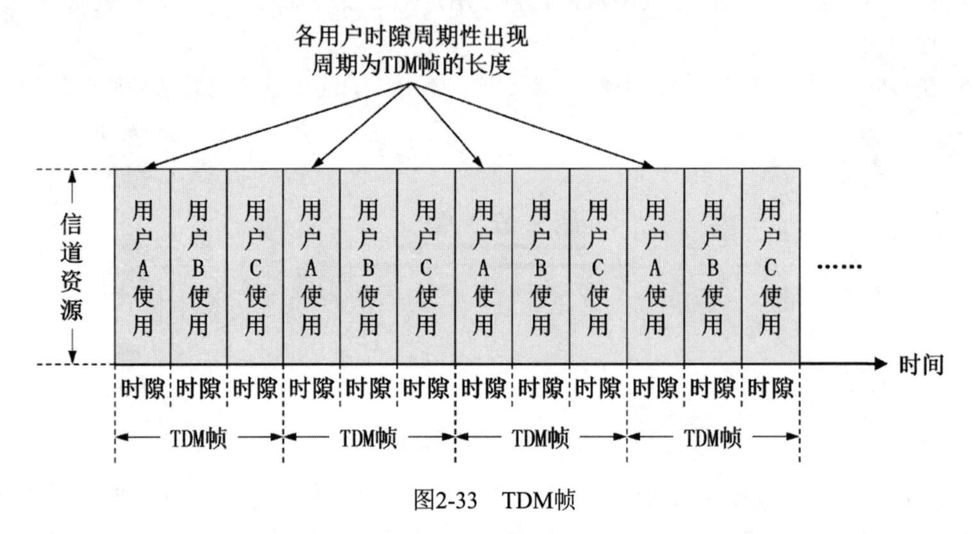

图2-33　TDM帧

请读者注意，TDM帧实际上是一段固定长度的时间，它与数据链路层对等实体间逻辑通信的“帧”，是完全不同的概念。

时分复用的所有用户，在不同的时间占用同样的信道资源发送数据。在使用时分复用技术传送计算机数据时，由于计算机数据的突发性，一般每个用户对所分配到的TDM帧中的时隙的利用率并不高。例如，某个用户正在录入一段文本或浏览一段信息，在这段时间内，该用户并无数据要发送，这就会导致该用户所分配到的若干个时隙的信道资源使用权被白白浪费掉了，即使这段时间其他用户有数据要发送，也无法在这些时隙使用信道资源。这就会导致时分复用后的信道利用率不高。

统计时分复用（Statistic TDM，STDM）是对时分复用的改进，它能明显地提高信道利用率。统计时分复用的各用户，只要有数据就随时发送给集中器，集中器对输入数据按顺序进行缓存，然后依次扫描这些缓存，把缓存中的数据放入STDM帧中。遇到没有数据的缓存就跳过去。如果一个STDM帧的数据放满了，就发送出去。因此，STDM帧与TDM帧不同，它并不固定分配时隙，而是按需动态分配时隙。也就是说，STDM帧中的时隙并不是固定地分配给某个用户。因此，在每个时隙中还必须包含用户的地址信息，这是实现统计时分复用的必要开销。统计时分复用所使用的集中器也称为智能复用器，它可以对数据包进行存储转发，通过排队方式使各用户更合理地共享信道。例如交换机的干道链路就使用了统计时分复用技术。

2.6.3 波分复用

波分复用（Wavelength Division Multiplexing，WDM）就是光的频分复用。根据频分复用的设计思想，可在一根光纤上同时传输多个频率相近的光载波信号，实现基于光纤的频分复用技术。最初，人们只能在一根光纤上复用两路光载波信号。随着技术的进步，目前可以在一根光纤上复用80路或更多路的光载波信号。因此，这种复用技术也称为密集波分复用（Dense Wavelength Division Multiplexing，DWDM）。

波分复用的具体实现技术非常复杂，但其中的基本物理原理还是比较简单的。三棱镜可根据入射角和波长将几束光合成一道光，也可将合成光分离成多束光。根据三棱镜的原理，可以实现光复用器（又称为合波器）和光分用器（又称为分波器）。波分复用的基本原理如图2-34所示。

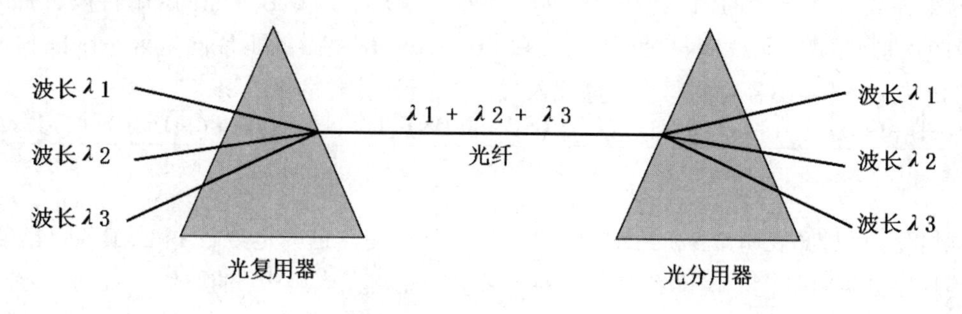

图2-34 波分复用的基本原理

铺设光缆的工程耗资巨大，应尽量在一根光缆中放入尽可能多的光纤，然后对每一根光纤使用密集波分复用技术。例如，在一根光缆中放入100根速率为2.5Gb/s的光纤，对每根光纤采用40倍的密集波分复用技术，则这根光缆的总数据速率为(2.5Gb/s×40)×100 = 10 000Gb/s=10Tb/s。

2.6.4 码分复用

码分复用（Code Division Multiplexing，CDM）常称为码分多址（Code Division Multiple Access，CDMA），它是在扩频通信技术的基础上发展起来的一种无线通信技术。与FDM和TDM不同，CDMA的每个用户可以在相同的时间使用相同的频带进行通信。

CDMA最初用于军事通信，这种系统发送的信号有很强的抗干扰能力，其频谱类似于白噪声，不易被敌人发现。随着技术的进步，CDMA现在已广泛应用于民用的移动通信中。

CDMA将每个比特时间划分为m个更短的时间片，称为码片（Chip）。m的取值通常为64或128。CDMA中的每个站点都被指派一个唯一的m比特码片序列（Chip Sequence），在实际系统中，采用的是伪随机码序列。当站点要发送比特1时，就发送被指派的m比特码片序列；要发送比特0时，就发送被指派的m比特码片序列的反码。

下面举例说明码片序列。

假设给某个站指派的8比特码片序列为01011001，当该站要发送比特1时，它就发送码片序列01011001；当该站要发送比特0时，它就发送所指派码片序列的反码10100110。将码片序列中的0记为-1，而1记为+1，可写出码片序列相应的码片向量，本例中的码片向量为(-1+1 -1+1+1-1-1+1)。

如果有两个或多个站同时发送数据，则信道中的信号就是这些站各自所发送一系列码片序列或码片序列反码的叠加。为了从信道中分离出每个站的信号，每个站的码片序列不仅必须各不相同，而且还必须相互正交。令向量*A*表示站A的码片向量，再令向量*B*表示其他任何站的码片向量。站A与站B的码片序列相互正交，就是向量*A*与向量*B*的规格化内积（inner product）为0，如式（2-4）所示。

$$\boldsymbol{A}\bullet\boldsymbol{B}=\frac{1}{m}\sum_{i=1}^{m}\boldsymbol{A}_{\mathrm{i}}\boldsymbol{B}_{\mathrm{i}}=0 \tag{2-4}$$

例如，给站A分配的8比特码片序列为01011001，给站B分配的8比特码片序列为00110101，则站A的码片向量为(-1+1-1+1+1-1-1+1)，站B的码片向量为(-1-1+1+1-1+1 -1+1)。将站A和站B各自的码片向量代入式（2-4）计算规格化内积：

$$\frac{(-1)\times(-1)+(+1)\times(-1)+(-1)\times(+1)+(+1)\times(+1)+(+1)\times(-1)+(-1)\times(+1)+(-1)\times(-1)+(+1)\times(+1)}{8}$$
$$=0$$

规格化内积为0表明站A和站B的码片序列相互正交，也就是给站A和站B各自指派的8比特码片序列符合规定。请读者注意，为了简单起见，在本例中*m*的取值为8，而不是标准的64或128。

根据式（2-4）还可推出：

- 任何站的码片向量与其他各站码片反码的向量的规格化内积也为0。例如，站A的码片向量与站B码片反码的向量的规格化内积为0，如式（2-5）所示。

$$\boldsymbol{A}\bullet\overline{\boldsymbol{B}}=\frac{1}{m}\sum_{i=1}^{m}\boldsymbol{A}_i\overline{\boldsymbol{B}}_i=-\frac{1}{m}\sum_{i=1}^{m}\boldsymbol{A}_i\boldsymbol{B}_i=-0=0 \tag{2-5}$$

- 任何站的码片向量与该站自身码片向量的规格化内积为1，如式（2-6）所示。

$$\boldsymbol{A}\bullet\boldsymbol{A}=\frac{1}{m}\sum_{i=1}^{m}\boldsymbol{A}_i\boldsymbol{A}_i=\frac{1}{m}\sum_{i=1}^{m}\boldsymbol{A}_i^2=\frac{1}{m}\sum_{i=1}^{m}(\pm1)^2=1 \tag{2-6}$$

- 任何站的码片向量与该站自身码片反码的向量的规格化内积为-1，如式（2-7）所示。

$$\boldsymbol{A}\bullet\overline{\boldsymbol{A}}=\frac{1}{m}\sum_{i=1}^{m}\boldsymbol{A}_i\overline{\boldsymbol{A}_i}=-\frac{1}{m}\sum_{i=1}^{m}\boldsymbol{A}_i\boldsymbol{A}_i=-1 \tag{2-7}$$

下面举例说明CDMA的基本工作原理。

如图2-35所示，基站知道各手机的码片序列，手机A、B和C的码片向量分别记为*A*、*B*和*C*。假设基站给手机A发送比特1的同时，还给手机B发送比特0，则所发送的信号就是手机A的码片序列与手机B的码片序列反码的叠加。收到基站信号的各手机，用自己的码片向量与收到的叠加后的码片向量做规格化内积运算：

- 手机A的运算结果为数值1，表明收到了比特1。
- 手机B的运算结果为数值-1，表明收到了比特0。
- 手机C的运算结果为数值0，表明没有收到信息。

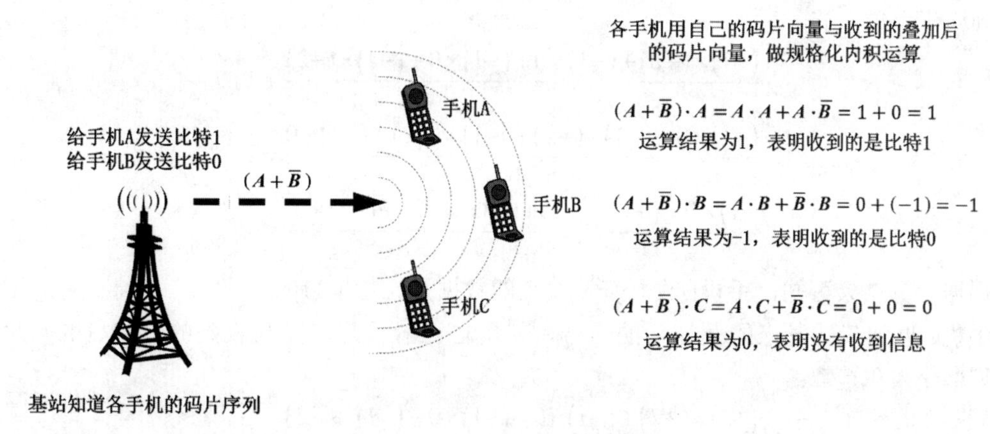

图2-35　CDMA的基本工作原理

假设手机A的码片向量为(+1−1+1−1)，手机B的码片向量为(+1+1−1−1)，手机C的码片向量为(+1+1+1+1)，基站向手机A发送比特101的同时向手机B发送比特110，则所发送的叠加后的信号如图2-36所示。

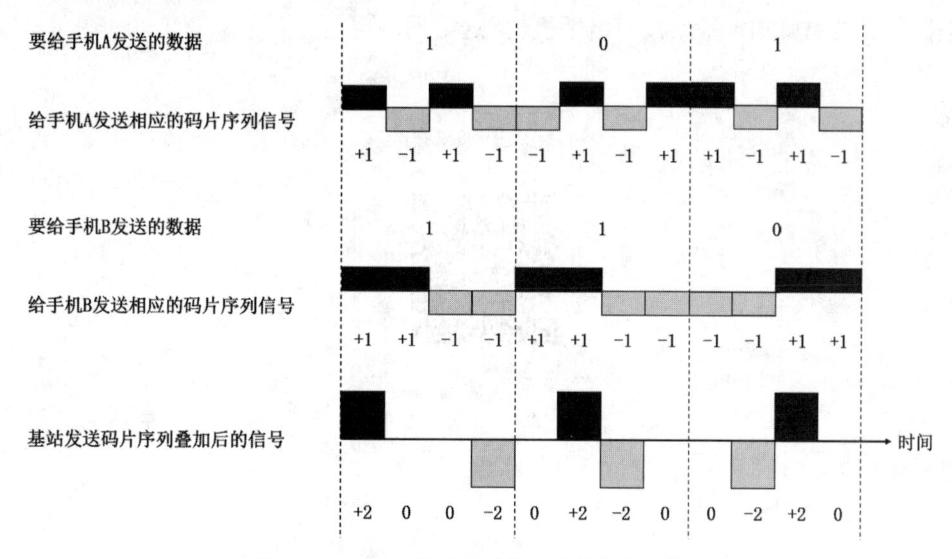

图2-36　CDMA基站同时向多个手机发送数据

手机A收到基站发来的叠加后的信号，就用自己的码片向量与收到的叠加后的码片向量做规格化内积运算：

$$\frac{(+1)\times(+2)+(-1)\times 0+(+1)\times 0+(-1)\times(-2)}{4}=1$$

$$\frac{(+1)\times 0+(-1)\times(+2)+(+1)\times(-2)+(-1)\times 0}{4}=-1$$

$$\frac{(+1)\times 0+(-1)\times(-2)+(+1)\times(+2)+(-1)\times 0}{4}=1$$

根据运算结果可知，手机A收到基站发来的数据是比特串101。

手机B收到基站发来的叠加后的信号，就用自己的码片向量与收到的叠加后的码片向量做规格化内积运算：

$$\frac{(+1)\times(+2)+(+1)\times 0+(-1)\times 0+(-1)\times(-2)}{4}=1$$

$$\frac{(+1)\times 0+(+1)\times(+2)+(-1)\times(-2)+(-1)\times 0}{4}=1$$

$$\frac{(+1)\times 0+(+1)\times(-2)+(-1)\times(+2)+(-1)\times 0}{4}=-1$$

根据运算结果可知，手机B收到基站发来的数据是比特串110。

手机C收到基站发来的叠加后的信号，就用自己的码片向量与收到的叠加后的码片向量做规格化内积运算：

$$\frac{(+1)\times(+2)+(+1)\times 0+(+1)\times 0+(+1)\times(-2)}{4}=0$$

$$\frac{(+1)\times 0+(+1)\times(+2)+(+1)\times(-2)+(+1)\times 0}{4}=0$$

$$\frac{(+1)\times 0+(+1)\times(-2)+(+1)\times(+2)+(+1)\times 0}{4}=0$$

根据运算结果可知，基站没有给手机C发送数据。

本章知识点思维导图请扫码获取：

第3章　数据链路层

本章首先介绍数据链路层的相关基本概念和三个重要问题；然后介绍点对点信道上最常用的点对点协议；之后讨论共享式以太网及其相关设备集线器，交换式以太网及其相关设备网桥和以太网交换机；最后介绍802.11无线局域网。

本章重点

（1）数据链路层的三个重要问题：封装成帧和透明传输、差错检测、可靠传输。

（2）三种实现可靠传输的机制：停止–等待协议，回退N帧协议，选择重传协议。

（3）点对点信道上最常用的点对点协议。

（4）共享以太网使用的CSMA/CD协议。

（5）网络适配器、集线器、网桥以及以太网交换机的作用，特别是网桥和以太网交换机的工作原理。

（6）802.11无线局域网的组成和CSMA/CA协议。

3.1　数据链路层概述

数据链路层是作为法律标准的OSI体系结构自下而上的第二层，其主要任务是实现帧在一段链路上或一个网络中进行传输的问题。本节对数据链路层进行概述，首先介绍数据链路层在网络体系结构中所处的地位，然后介绍链路、数据链路和帧的基本概念。

3.1.1　数据链路层在网络体系结构中所处的地位

下面通过两台主机通过互联网进行通信的例子，来看看数据链路层在网络体系结构中所处的地位。

图3-1（a）所示的是局域网1中的主机H1经过路由器R1、广域网以及路由器R2连接到局域网2中的主机H2。当主机H1向H2发送数据时，从网络体系结构的角度看，数据的流动如图3-1（b）所示。

主机H1和H2中都有完整的网络协议栈（这里以五层协议栈为例），而路由器在转发数据包时仅使用协议栈的物理层、数据链路层和网络层。H1向H2发送数据的流程如下：

（1）待发送的数据在主机H1中按网络体系结构自上而下逐层封装，物理层将数据链路层封装好的协议数据单元看作比特流，并将其转化成相应的电信号发送出去。

（2）数据包进入路由器后，会从物理层开始被逐层解封，直到解封出网络层协议数据单元PDU。路由器从该PDU的首部中取出目的地址，根据目的地址在转发表中找到相应的下一跳地址后，将该PDU向下逐层封装后通过物理层发送出去。

（3）主机H2收到数据包后，按网络体系结构自下而上对其逐层解封，最终解封出主机H1发送的数据。

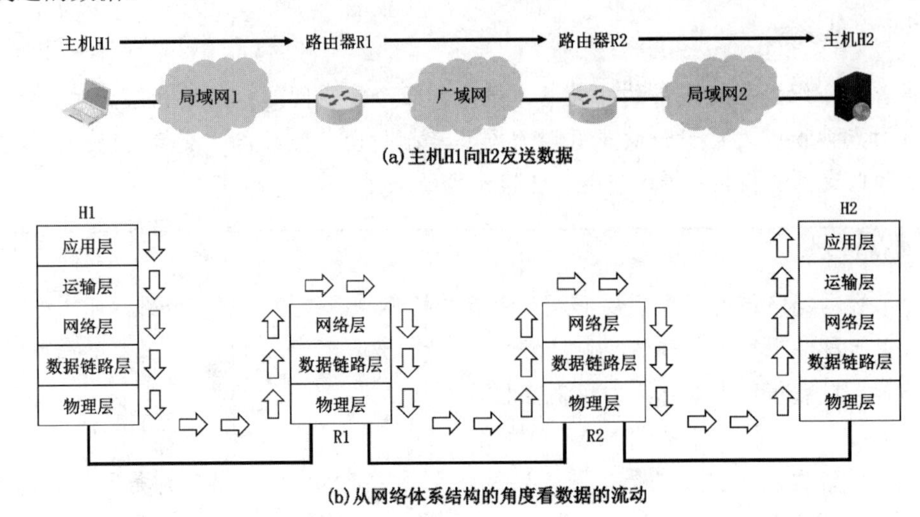

图3-1　数据链路层在网络体系结构中的地位

为了简单起见，当学习数据链路层的相关问题时，在大多数情况下，我们可以只关注数据链路层本身，而忽略网络体系结构中的其他各层。对于本例，当主机H1给H2发送数据时，可以想象数据是在各相关设备的数据链路层之间沿水平方向传送，如图3-2所示。仅从数据链路层的角度看，主机H1到H2的通信由三段不同的数据链路层通信组成，即：H1→R1、R1→R2以及R2→H2。请读者注意，这三段不同的数据链路层可能采用不同的数据链路层协议。

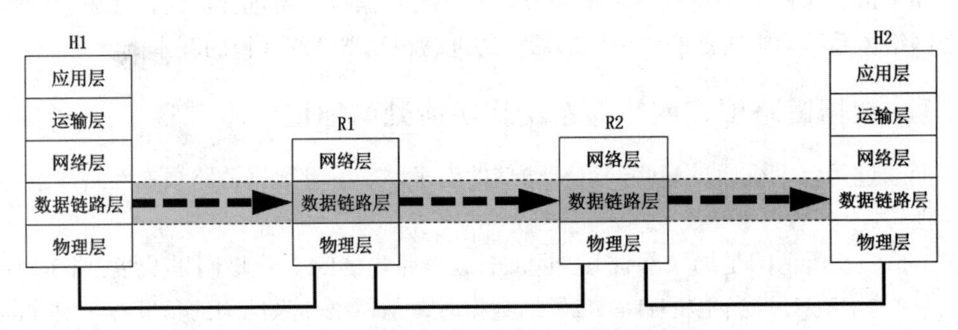

图3-2　仅考虑数据在数据链路层的逻辑传输

3.1.2　链路、数据链路和帧

请读者注意，链路与数据链路是有区别的。

1. 链路

链路（Link）是指从一个节点到相邻节点的一段物理线路（有线或无线），而中间没有任何其他的交换节点。

网络中各主机之间的通信路径一般由多段链路构成。例如在图3-1中，主机H1与H2的通信路径就包含了H1→R1、R1→R2以及R2→H2共三段链路。

2. 数据链路

数据链路（Data Link）是基于链路的。当在一条链路上传送数据时，除需要链路本身，还需要一些必要的通信协议来控制这些数据的传输，把实现这些协议的硬件和软件加到链路上，就构成了数据链路。

计算机中的网络适配器（俗称网卡）和其相应的软件驱动程序就实现了这些协议。一般的网络适配器都包含了物理层和数据链路层这两层的功能。

3. 帧

帧（Frame）是数据链路层对等实体之间在水平方向进行逻辑通信的协议数据单元PDU。如图3-3所示，发送方的数据链路层给网络层交付下来的分组添加首部和尾部，使之封装成为帧，然后将帧交付给物理层进行发送。接收方的数据链路层从物理层交付上来的帧中解封出分组，并将其上交给网络层。

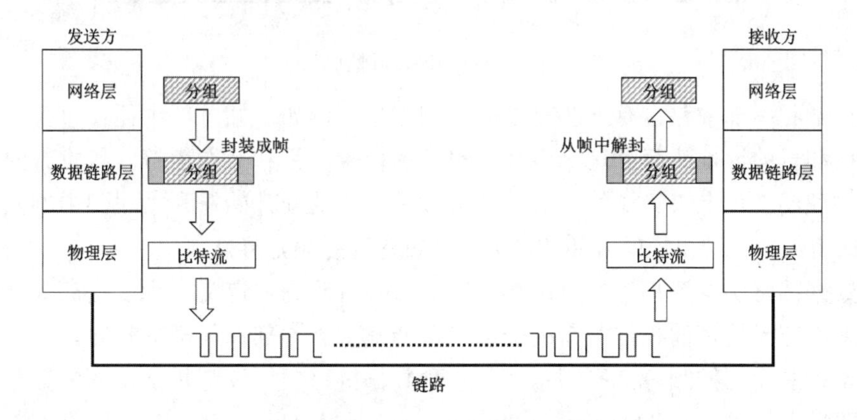

图3-3　帧是数据链路层对等实体间的通信单元

数据链路层不必考虑物理层如何实现比特流的传输。为了简单起见，可以认为帧是在通信双方数据链路层的对等实体之间沿水平方向直接传送，如图3-4所示。

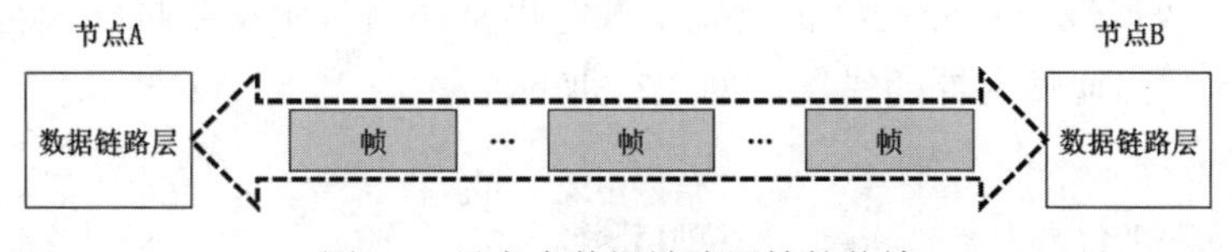

图3-4　只考虑数据链路层帧的传输

3.2　数据链路层的三个重要问题

尽管数据链路层有多种协议，但在这些数据链路层协议中，有三个重要的问题是共同的。这三个重要问题是：封装成帧和透明传输、差错检测、可靠传输。下面对这三个重要问题进行详细介绍。

3.2.1 封装成帧和透明传输

1. 封装成帧

所谓封装成帧（framing），就是给网络层交付下来的分组添加一个首部和一个尾部，这样就构成了一个帧，如图3-5所示。

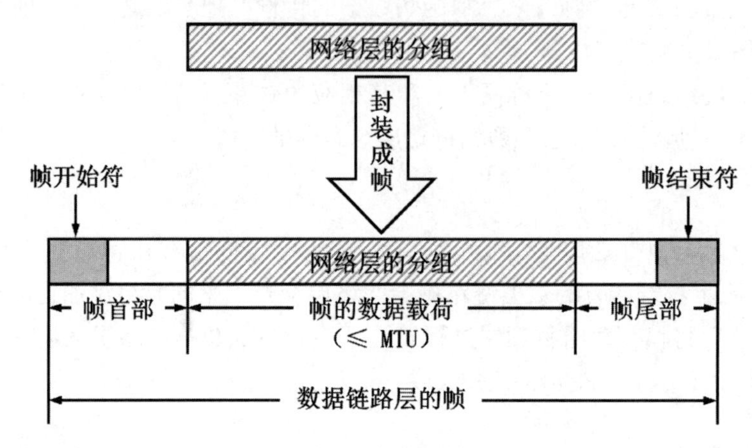

图3-5 封装成帧

帧的首部和尾部中包含有一些重要的控制信息。例如，帧首部中往往包含帧开始符、帧的源地址和目的地址，而帧尾部中往往包含帧校验序列和帧结束符。接收方的数据链路层在收到物理层交付上来的比特流后，根据帧首部中的帧开始符和帧尾部中的帧结束符，从收到的比特流中识别出帧的开始和结束，也就是进行帧定界。

各种数据链路层协议都对帧首部和尾部的格式有明确的定义。为了提高数据链路层传输帧的效率，应当使帧的数据载荷的长度尽可能地大于首部和尾部的长度。考虑到对缓存空间的需求以及差错控制等诸多因素，每一种数据链路层协议都规定了帧的数据载荷的长度上限，即最大传送单元（Maximum Transfer Unit，MTU），例如以太网的MTU为1500个字节。

2. 透明传输

如果在帧的数据载荷部分恰好也出现了帧定界符（帧开始符或帧结束符），就会造成接收方数据链路层出现帧定界的错误，如图3-6所示。

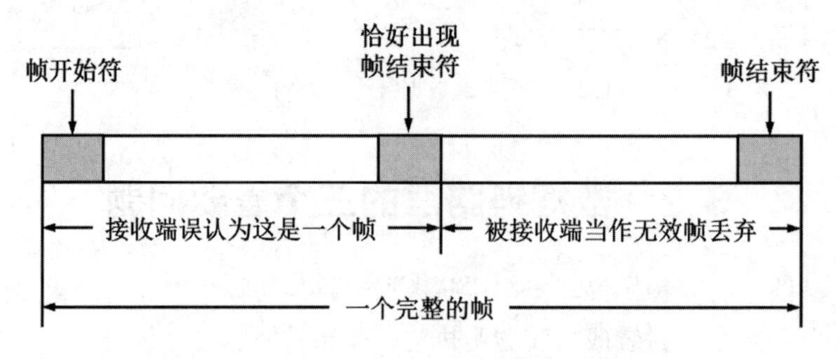

图3-6 帧中数据载荷部分恰好出现了帧定界符

如果不解决上述问题，则数据链路层就会对上层交付的协议数据单元（PDU）的内容有所限制，即PDU中不能包含帧定界符。显然，这样的数据链路层没有什么应用价值。如果能够采取措施，使得数据链路层对上层交付的PDU的内容没有任何限制，就好像数据链路层不存在一样，就称其为透明传输。

实现透明传输的方法一般有两种：字节填充和比特填充。

1）字节填充

当使用面向字节的物理链路时，使用字节填充的方法实现透明传输。

借助图3-7理解字节填充法：

- 发送方的数据链路层在数据载荷中出现帧定界符的前面，插入一个转义字符“ESC”（其十六进制编码是1B）。如果转义字符自身也出现在数据载荷中，则在转义字符的前面也插入一个转义字符。
- 接收方的数据链路层在把数据载荷向上交付网络层之前，删除先前发送方数据链路层插入的转义字符。

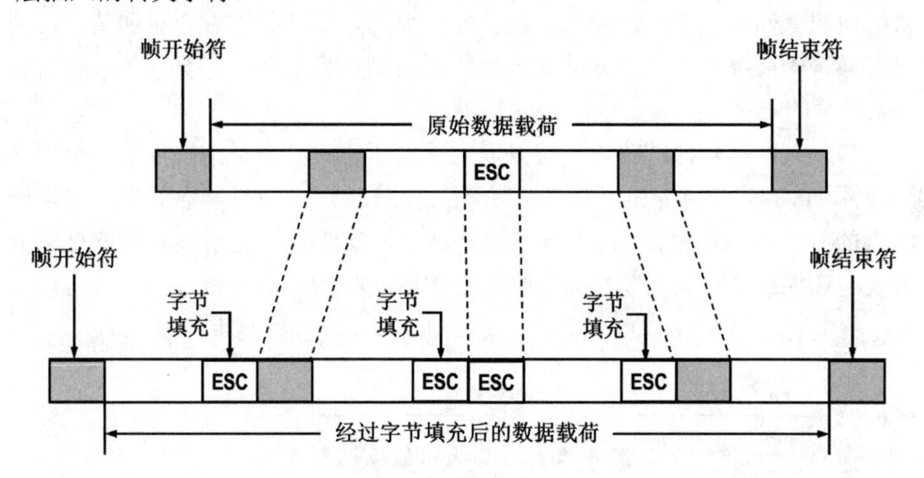

图3-7　采用字节填充法实现透明传输

2）比特填充

当使用面向比特的物理链路时，使用比特填充的方法实现透明传输。

假设某数据链路层协议采用8个比特构成的特定位串0111 1110作为帧定界符，借助图3-8理解比特填充法：

- 发送方的数据链路层扫描数据载荷，只要出现5个连续的比特1，就在其后填入一个比特0。经过这种比特0填充后的数据载荷，就可以确保其不会包含帧定界符。
- 接收方的数据链路层在把数据载荷向上交付网络层之前，对数据载荷进行扫描，每当发现5个连续的比特1时，就把其后的一个比特0删除，这样就可以还原出原始的数据载荷。

请读者注意，本节介绍的字符填充法和比特填充法只是实现透明传输的一般原理性方法。各种数据链路层协议都有其实现透明传输的具体方法，其中有的是基于字符填充法或比特填充法的，而有的并未采用这两种方法。

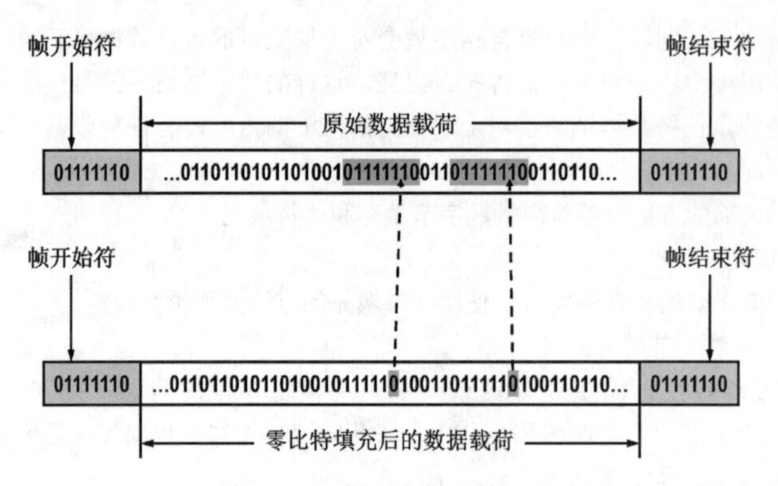

图3-8 采用比特填充法实现透明传输

以太网的数据链路层协议没有采用字符填充法或比特填充法来实现透明传输。这是因为在以太网帧的首部和尾部中，并没有包含帧定界符，因此并不存在透明传输的问题。然而没有帧定界符的情况下，接收方的数据链路层又是如何从物理层交付的比特流中提取出一个个以太网帧的呢？

实际上，以太网的数据链路层封装好以太网帧后，将其交付给物理层。物理层还会在以太网帧前添加8字节的前导码，如图3-9所示。前导码中的前7个字节为前同步码，作用是使接收方的时钟同步，之后的1字节为帧开始符，表明其后面紧跟着的就是以太网帧。另外，以太网还规定了帧间间隔时间为96比特的发送时间（对于带宽为10Mb/s的传统以太网，96比特的发送时间为9.6μs）。因此，以太网帧并不需要帧结束符。

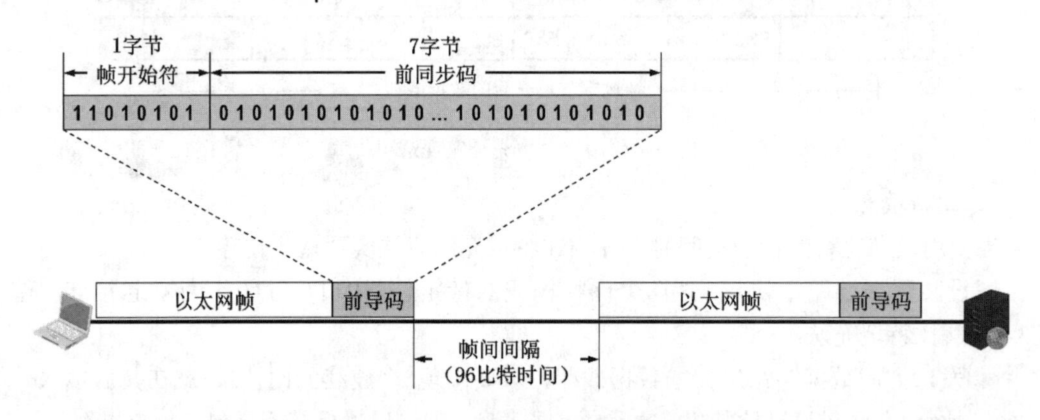

图3-9 以太网帧的前导码和帧间间隔

3.2.2 差错检测

实际的通信链路都不是理想的。表示比特的信号在信道上传输时，不可避免地会产生失真，甚至出现更严重的错误。这就会导致比特在传输过程中产生差错：比特1可能会变成比特0，而比特0也可能变成比特1。这种传输差错称为比特差错。

在某段时间内，出现传输错误的比特数量占这段时间内传输比特总数量的比例，称为误码率（Bit Error Rate，BER）。提高链路的信噪比，可以降低误码率。但在实际的通信链路上，不可能使误码率下降到零。

接收方的数据链路层从物理层交付的比特流中提取出一个帧后，如何知道这个帧在传输过程中是否出现了误码呢？这就需要采用差错检测措施。例如，发送方的数据链路层采用某种检错技术，根据帧的内容计算出一个检错码，将检错码填入帧尾部。接收方的数据链路层从帧尾部取出检错码，采用与发送方相同的检错技术，就可以通过检错码检测出帧在传输过程中是否出现了误码。帧尾部中用来存放检错码的字段称为帧检验序列（Frame Check Sequence，FCS）。

下面介绍两种常用的检错技术：奇偶校验和循环冗余校验。

1. 奇偶校验

奇校验是在待发送的数据后面添加1个校验位，使整个数据（包括所添加的校验位在内）中“1”的个数为奇数。

偶校验是在待发送的数据后面添加1个校验位，使整个数据（包括所添加的校验位在内）中“1”的个数为偶数。

下面举例说明奇偶校验。如图3-10所示，发送方要给接收方发送的比特流为101101，各个例子的情况说明如下。

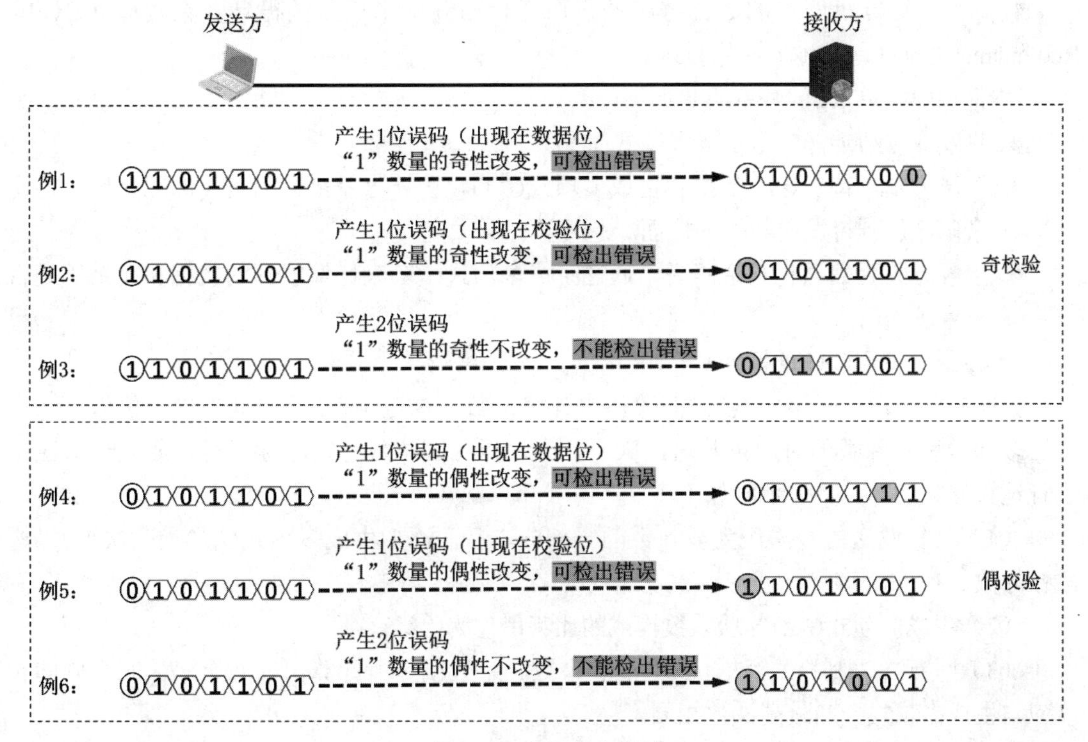

图3-10　奇偶校验举例

例1、例2和例3是收发双方约定进行奇校验的情况。为了使待发送比特流添加1个校验位后所包含“1”的个数为奇数，所添加的校验位应为1。

例4、例5和例6是收发双方约定进行偶校验的情况。为了使待发送比特流添加1个校验位后所包含“1”的个数为偶数，所添加的校验位应为0。

例1展示了在数据位产生1位误码的情况，这使得整个数据中“1”的数量的奇性发生改变，因此接收方可以检测出误码。

例2展示了校验位误码的情况，这使得整个数据中“1”的数量的奇性发生改变，因此接收方可以检测出误码。

例3展示了出现2位误码的情况，这使得整个数据中“1”的数量的奇性不发生改变，因此接收方无法检测出误码。

例4、例5和例6展示了偶校验的情况，与例1、例2和例3所展示的奇校验的情况类似，就不再赘述了，请读者自行分析。

通过上述例子可以看出：在所传输的数据中，如果有奇数个位发生误码，则所包含“1”的数量的奇偶性会发生变化，可以检测出误码；如果有偶数个位发生误码，则所包含“1”的数量的奇偶性不会发生变化，不能检测出误码，也就是漏检。

在实际使用时，奇偶校验又可分为垂直奇偶校验、水平奇偶校验以及水平垂直奇偶校验，有兴趣的读者可自行查阅相关资料。

2. 循环冗余校验

目前，在计算机网络的数据链路层，广泛使用漏检率极低的循环冗余校验（Cyclic Redundancy Check，CRC）检错技术。

循环冗余校验CRC的基本思想如下：

- 收发双方约定好一个生成多项式$G(X)$。
- 发送方基于待发送的数据和生成多项式$G(X)$，计算出差错检测码，即冗余码，将冗余码添加到待发送数据的后面一起传输。
- 接收方收到数据和冗余码后，通过生成多项式$G(X)$来计算收到的数据和冗余码是否产生了误码。

1）发送方使用CRC的操作

如图3-11所示，采用二进制模2除法来计算余数。二进制模2除法既不向上位借位，也不比较除数和被除数的对应位数值的大小，只要以相同位数进行相除即可，相当于对应位进行逻辑异或运算。具体步骤如下：

（1）将待发送的数据作为被除数的一部分，后面添加生成多项式$G(X)$最高次个0以构成被除数。

（2）生成多项式$G(X)$各项系数构成的比特串作为除数。

（3）进行二进制模2除法，得到商和余数。余数就是所计算出的冗余码。冗余码的长度应与生成多项式$G(X)$最高次数相同。

（4）将冗余码添加到待发送数据的后面一起发送。

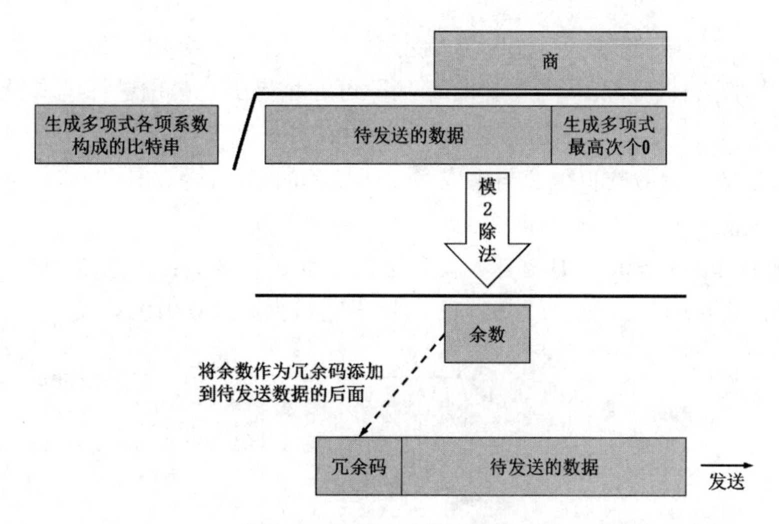

图3-11　发送方使用CRC的操作

2）接收方使用CRC的操作

如图3-12所示，采用二进制模2除法来计算余数。具体步骤如下：

（1）将收到的数据和冗余码作为被除数。

（2）生成多项式$G(X)$各项系数构成的比特串作为除数。

（3）进行二进制模2除法，得到商和余数。

（4）如果余数为0，就可判定数据和冗余码中未出现误码。如果余数不为0，则可判定数据或冗余码中出现了误码。

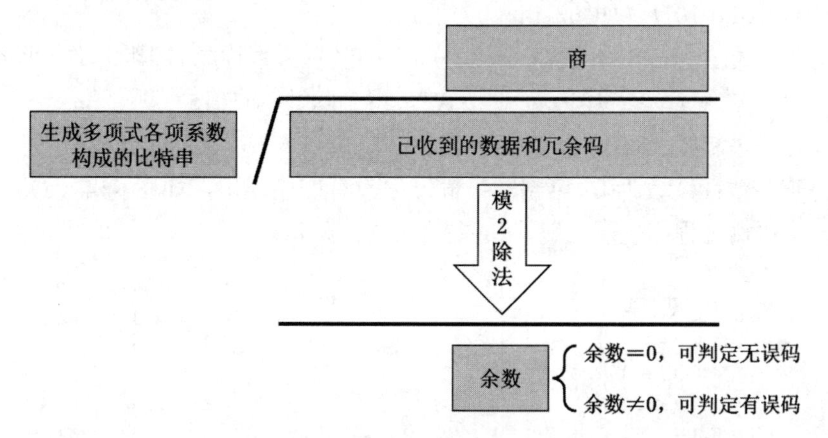

图3-12　接收方使用CRC的操作

下面通过一个简单的例子进一步说明循环冗余校验的原理。

假设待发送的数据为101001，收发双方约定好的生成多项式为$G(X)=X^3+X^2+1$。

图3-13展示了发送方的操作步骤：

（1）构造被除数：在待发送数据101001后面添加生成多项式最高次数个0（最高次数为3），得到被除数101001000。

（2）构造除数：生成多项式$G(X) = X^3 + X^2 + 1$各项系数构成的比特串作为除数。$G(X) = X^3 + X^2+1 = 1 \cdot X^3 + 1 \cdot X^2 + 0 \cdot X^1 + 1 \cdot X^0$，得到除数为1101。

（3）进行二进制模2除法：二进制模2除法既不向上位借位，也不比较除数和被除数的对应位数值的大小，只要以相同位数进行相除即可，相当于对应位进行逻辑异或运算。计算出余数为1。

（4）检查余数：余数的位数应与生成多项式$G(X)$的最高次数相同。如果位数不够，则在余数前补0来凑足位数。在余数1前面补两个0，得到余数001。

（5）将余数作为冗余码添加到待发送数据的后面进行发送：将余数001作为冗余码添加到待发送数据101001的后面进行发送，即实际发送数据为101001001。

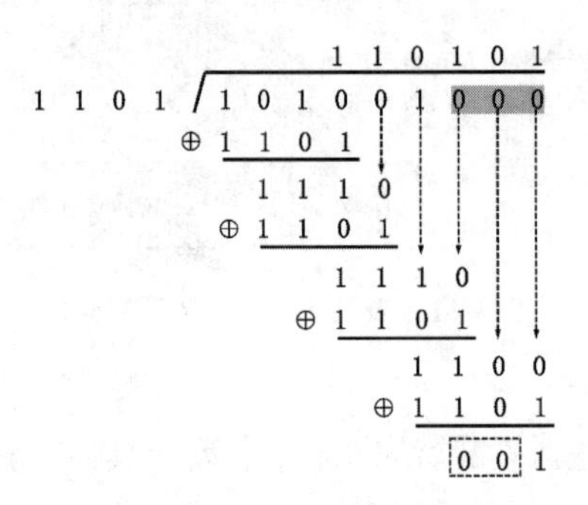

图3-13　发送方CRC举例

图3-14展示了接收方的操作步骤：

（1）构造被除数：接收到的数据和冗余码作为被除数。假设传输过程没有产生误码，则被除数为101001001，如图3-14（a）所示。假设传输过程产生了两位误码，例如收到的数据和冗余码为101101011，如图3-14（b）所示。

（2）构造除数：生成多项式$G(X) = X^3 + X^2 + 1$各项系数构成的比特串作为除数。$G(X) = X^3 + X^2 + 1 = 1 \cdot X^3 + 1 \cdot X^2 + 0 \cdot X^1 + 1 \cdot X^0$，得到除数为1101。

（3）进行二进制模2除法，计算出余数。

（4）检查余数：余数为0，可判定传输过程没有产生误码，如图3-14（a）所示。余数不为0，可判定传输过程产生了误码，如图3-14（b）所示。

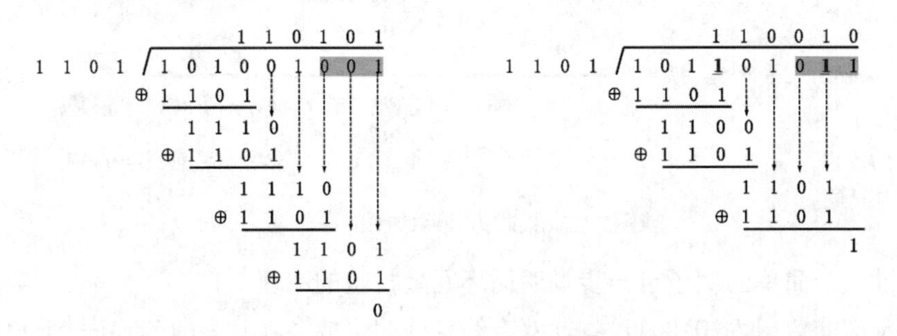

(a) 余数为0，可判定传输过程无误码　　(b) 余数不为0，可判定传输过程产生误码

图3-14　接收方CRC举例

生成多项式$G(X)$直接关系到循环冗余校验的漏检率。在实际应用中，常采用以下几种已成为国际标准的生成多项式$G(X)$：

$CRC\text{-}16 = X^{16} + X^{15} + X^{2} + 1$

$CRC\text{-}CCITT = X^{16} + X^{12} + X^{5} + 1$

$CRC\text{-}32 = X^{32} + X^{26} + X^{23} + X^{22} + X^{16} + X^{12} + X^{11} + X^{10} + X^{8} + X^{7} + X^{5} + X^{4} + X^{2} + X + 1$

采用上述生成多项式$G(X)$进行循环冗余校验，出现漏检的概率是非常非常低的。请读者注意：循环冗余校验要求生成多项式中必须包含最低次项X^0（也就是1）。

接收方的数据链路层使用循环冗余校验差错检测技术，可以检测出接收到的帧在传输过程中是否误码，但无法检测出究竟是帧中的哪个或哪些比特出现了误码。因此，接收端的数据链路层也就无法纠正误码。换句话说，循环冗余校验码是检错码，而不是纠错码。要想纠正帧在传输过程中产生的误码，可以使用冗余信息更多的纠错码（例如海明码）进行前向纠错。但纠错码的开销比较大，在计算机网络中较少使用。

循环冗余校验有很好的检错能力，虽然软件计算比较复杂，但非常易于用硬件实现，因此被广泛应用于计算机网络的数据链路层。

3.2.3　可靠传输

1. 可靠传输的相关基本概念

使用差错检测技术（例如循环冗余校验），接收方的数据链路层就可检测出帧在传输过程中是否产生了误码（比特错误）。如果检测出了误码，那么接下来该如何处理呢？这取决于数据链路层向其上层提供的服务类型。

- 若数据链路层向其上层提供的是不可靠传输服务，则接收方的数据链路层丢弃有误码的帧即可，其他什么也不用做。
- 若数据链路层向其上层提供的是可靠传输服务，这就需要数据链路层通过某种机制实现发送方发送什么，接收方就能收到什么。

一般情况下，有线链路的误码率比较低，为了减小开销，并不要求数据链路层向其上层提供可靠传输服务，即使出现了误码，可靠传输的问题也由其上层处理。而无线链路易受干扰，误码率比较高，因此要求数据链路层必须向其上层提供可靠传输服务。

误码（比特差错）只是传输差错中的一种。从整个计算机网络体系结构来看，传输差错还包括分组丢失、分组失序和分组重复。分组丢失、分组失序和分组重复一般不会出现在数据链路层，而是在其上层出现。因此，可靠传输服务并不局限于数据链路层，其上各层均可选择实现可靠传输服务。这也是此处将数据传送单元从帧改为分组的原因。

在如图3-15所示的TCP/IP四层体系结构中，各层提供的可靠或不可靠传输服务的情况如下：

- 如果网络接口层使用的是信道易受干扰的802.11无线局域网，那么其数据链路层必须实现可靠传输。
- 如果网络接口层使用的是信道质量比无线局域网好很多的以太网，那么其数据链路层不要求实现可靠传输。
- 网际层的IP向其上层提供的是无连接、不可靠传输服务。

● 运输层中的TCP向其上层提供的是面向连接的可靠传输服务，而UDP向其上层提供的是无连接、不可靠传输服务。

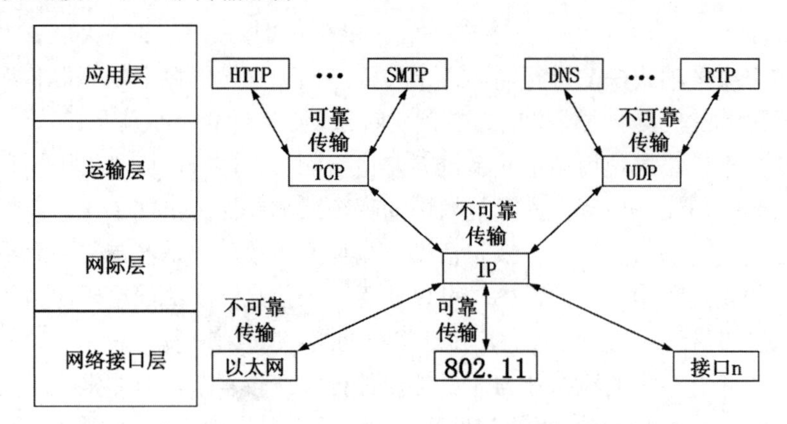

图3-15 TCP/IP体系结构中的不可靠传输服务和可靠传输服务

可靠传输的实现比较复杂，开销也比较大，是否需要可靠传输服务取决于应用需求。

下面介绍三种实现可靠传输的机制：停止-等待协议、回退N帧协议、选择重传协议。请读者注意，这三种可靠传输实现机制的基本原理并不仅限于数据链路层，可以应用到其上各层。希望读者在学习时不要把思维局限在数据链路层，而应放眼于整个网络体系结构。

2. 停止-等待协议

1）停止-等待协议的实现原理

所谓停止-等待（Stop-and-Wait，SW），就是指发送方每发送完一个数据分组就必须停下来，等待接收方发来的确认（Acknowledgement，ACK）或否认（Negative Acknowledgement，NAK）分组。下面按从简单到复杂的传输情况，逐步引出停止-等待协议中的各种机制，如图3-16所示，具体解释如下。

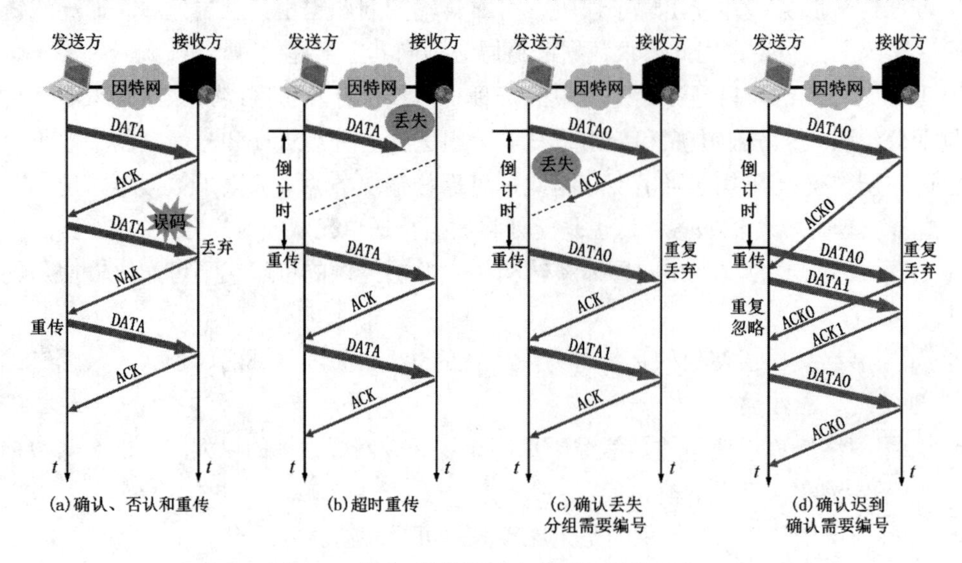

图3-16 停止-等待协议中各种机制的引出

接收方收到发送方的数据分组后，通过差错检测技术可检测出数据分组是否存在误码。

- 如果没有误码，就接受该数据分组，并给发送方发送ACK分组。发送方收到ACK分组后就可以发送下一个数据分组。
- 如果存在误码，就丢弃该数据分组，并给发送方发送NAK分组，发送方收到NAK分组后就会重传之前出现误码的这个数据分组。

上述过程如图3-16（a）所示，其中DATA表示数据分组，ACK表示确认分组，NAK表示否认分组。

有了确认、否认和重传机制的停止–等待协议，似乎已经可以实现可靠传输了。然而，如果出现数据分组、确认分组或否认分组丢失的情况，仅有确认、否认和重传机制的停止–等待协议就无法实现可靠传输。

图3-16（b）给出了数据分组丢失的情况：

（1）发送方发送的数据分组在传输过程中丢失了。

（2）接收方不可能收到该数据分组，因此也就不会给发送方发送确认分组或否认分组。

（3）发送方将永久等待接收方的确认分组或否认分组。为了解决该问题，发送方可在每发送完一个数据分组时就启动一个超时计时器（Timeout Timer）。

（4）若到了超时计时器所设置的超时重传时间（Retransmission Time-Out，RTO），但发送方仍未收到接收方的确认分组或否认分组，就重传之前已发送过的这个数据分组，这称为超时重传。

超时重传时间（RTO）应当仔细选择：

- 若RTO太短，则会造成正常情况下确认分组还未到达发送方时，发送方就出现了不必要的超时重传。
- 若RTO太长，则发送方会白白等待过长的时间，降低信道利用率。

一般可将RTO设置为略大于收发双方的平均往返时间RTT。在数据链路层，点对点的往返时间RTT比较固定，RTO就比较好设定。但在TCP/IP的网际层，收发双方之间的通信可能需要经过多个网络，并且在每次通信中，分组的传输路径可能不同，因此收发双方之间的往返时间RTT非常不确定，这就造成了其上面的运输层的端到端往返时间RTT也非常不确定，基于RTT来设置合适的RTO就不那么容易了。有关RTO的选择问题，将在第5章进一步讨论。

在给停止–等待协议补充了超时重传机制后，就可以不使用否认机制了，这样可使协议实现起来更加简单。接收方收到误码的分组后，仅仅将其丢弃即可，不用再给发送方发送NAK，这样发送方必然会产生超时重传。然而，使用否认机制也有其好处：对于误码率比较高的点对点链路，使用否认机制可以使发送方在超时计时器超时前就尽快重传。

有了确认、否认、重传和超时重传机制的停止–等待协议仍然不能完全实现可靠传输。

图3-16（c）给出了确认分组丢失的情况：

（1）当确认分组丢失时，发送方会产生超时重传。

（2）接收方会收到两个相同的数据分组。如果接收方不能识别出所接收的数据分组与前一次接收的数据分组是重复的，则会导致分组重复这种传输差错。为了解决该问题，发送方必须给每个数据分组带上不同的序号，每发送一个新的数据分组就把它的序号加1。

（3）接收方连续收到序号相同的数据分组时，就可识别出分组重复这种传输差错。这时接收方应当丢弃重复的数据分组，并且还必须向发送方再发送一个确认分组。

请读者思考一下：应当使用多少个比特给停止-等待协议中的数据分组编序号呢？

我们知道，任何一个编号系统所使用的比特数量都是有限的，因此所产生的序号数量也是有限的。例如，当使用2个比特来编序号时，可有二进制00、01、10、11这四种，即十进制序号0～3。数据分组从0开始编序号，每个新的数据分组的序号加1，当数据分组的序号增大到3时，下一个数据分组的序号就重新从0开始。为了减少数据传输的额外开销，编号系统所使用的比特数量应该尽量少。数据链路层一般不会出现分组失序这种传输差错，对于停止-等待协议，由于每发送一个数据分组就进行停止-等待，只要能做到每发送一个新的数据分组，其序号与上一次发送的数据分组的序号不相同就可以了，因此用1个比特编号就足够了，即停止-等待协议的编号系统所使用的比特数量为1，可用序号有0和1这两个。

请读者再思考一下：既然数据分组需要编序号，那么确认分组是否需要编序号呢？

图3-16（d）给出了确认分组迟到的情况：对于数据链路层以上的各层，其往返时间RTT具有不确定性，有可能出现确认分组迟到而导致发送方在收到确认分组前就产生了超时重传，这就有可能导致发送方收到重复的确认分组。为了使发送方能够判断收到的确认分组是否重复，应当给确认分组编序号。发送方收到重复的确认分组后，将其丢弃即可。对于数据链路层，由于其点对点的往返时间RTT比较固定，一般不会出现确认分组迟到的情况，因此在数据链路层实现停止-等待协议时可以不对确认分组编序号。

使用上述具有确认、否认、重传、超时重传和分组编号机制的停止-等待协议，就可以在不可靠的信道上实现可靠传输。停止-等待协议属于自动请求重传（Automatic Repeat reQuest，ARQ）协议。所谓“自动请求重传”，就是指重传的请求是发送方自动进行的，而不是接收方请求发送方重传某个误码的数据分组。

请读者注意，发送方发送完一个数据分组后，必须暂时保留已发送的数据分组的副本，以便在超时重传时使用，只有在收到相应的确认分组后才能从缓存中删除该数据分组。

2）停止-等待协议的信道利用率

使用图3-17来说明停止-等待协议的信道利用率的相关问题。为了简单起见，假设收发双方之间通过一条直连链路传送分组，发送方发送数据分组产生的发送时延为T_D，数据分组正确到达接收方，接收方对数据分组的处理时间可忽略不计，立即给发送方发送确认分组，接收方发送确认分组产生的发送时延为T_A，发送方对确认分组的处理时间可忽略不计，收发双方之间的往返时间为RTT。

从图3-17可以看出，发送方在经过时间(T_D+RTT+T_A)后，就可以发送下一个新的数据分组。由于仅仅是在T_D内才用来发送数据分组，因此停止-等待协议的信道利用率U的计算公式如式（3-1）所示：

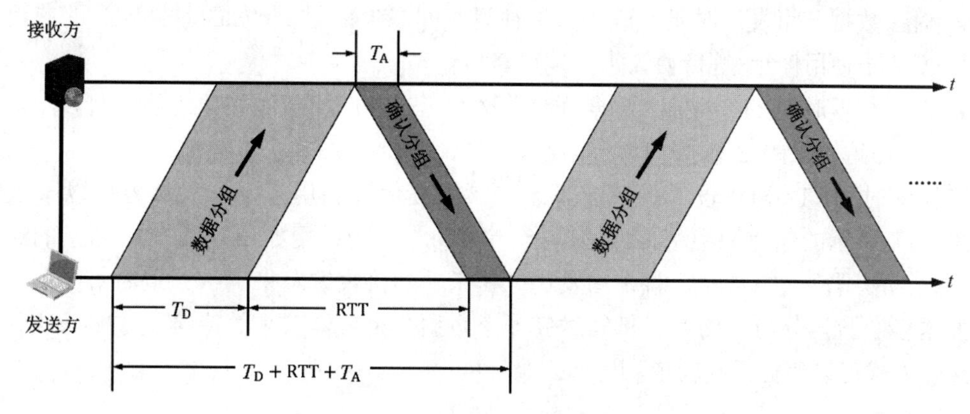

图3-17 停止-等待协议的信道利用率

$$U = \frac{T_D}{T_D + \text{RTT} + T_A} \tag{3-1}$$

请读者注意，如果要细致计算停止-等待协议的信道利用率U，式（3-1）的分母中还应包括：接收方对发送方发来的数据分组的处理时延，发送方对接收方发来的确认分组的处理时延。另外，式（3-1）的分子中的时间T_D，还应从T_D中扣除发送首部所耗费的时间。然而在进行粗略估算时，可用式（3-1）进行计算。

下面举例说明停止-等待协议信道利用率的计算。

假设光纤信道长度为2000km，数据分组长度为1500B，发送速率为10Mb/s。若忽略收发双方的处理时延和接收方发送确认分组的发送时延T_A（T_A一般都远小于T_D），则信道利用率的计算如图3-18所示。若提高发送速率到100Mb/s，则信道利用率的计算如图3-19所示。可见，信道在绝大多数时间内是空闲的。

$$U \approx \frac{T_D}{T_D + \text{RTT}} = \frac{\overbrace{\frac{1500 \times 8\ \text{b}}{10 \times 10^6\ \text{b/s}}}^{T_D = 1.2\text{ms}}}{\underbrace{\frac{1500 \times 8\ \text{b}}{10 \times 10^6\ \text{b/s}}}_{T_D = 1.2\text{ms}} + \underbrace{\frac{2000 \times 10^3\ \text{m}}{2 \times 10^8\ \text{m/s}} \times 2}_{\text{RTT} = 20\text{ms}}} \approx 5.66\%$$

图3-18 停止-等待协议的信道利用率计算举例1

$$U \approx \frac{T_D}{T_D + \text{RTT}} = \frac{\overbrace{\frac{1500 \times 8\ \text{b}}{100 \times 10^6\ \text{b/s}}}^{T_D = 0.12\text{ms}}}{\underbrace{\frac{1500 \times 8\ \text{b}}{100 \times 10^6\ \text{b/s}}}_{T_D = 0.12\text{ms}} + \underbrace{\frac{2000 \times 10^3\ \text{m}}{2 \times 10^8\ \text{m/s}} \times 2}_{\text{RTT} = 20\text{ms}}} \approx 0.6\%$$

图3-19 停止-等待协议的信道利用率计算举例2

通过图3-17、式（3-1）以及上述举例可以看出：当往返时间RTT远大于数据分组的发送时延T_D时，信道利用率U会非常低。另外，如果出现超时重传，则信道利用率还要降低。因此，停止-等待协议的适用情况如下：

- 对于数据分组发送时延T_D较小、但往返时间RTT很大（例如卫星链路）的应用，就不适于使用停止-等待协议来实现可靠传输。
- 对于往返时间RTT远小于数据分组发送时延T_D的应用（例如无线局域网），使用停止-等待协议的信道利用率还是比较高的。

在往返时间RTT相对较大的情况下，为了提高信道利用率，收发双方可以不采用如图3-20（a）所示的信道利用率很低的停止-等待协议，而采用如图3-20（b）所示的流水线传输方式。所谓流水线传输，就是指发送方在未收到接收方发来确认分组的情况下，可以连续发送多个数据分组，而不必每发送完一个数据分组就停下来等待接收方的确认分组。这种传输方式可以明显提高信道利用率。

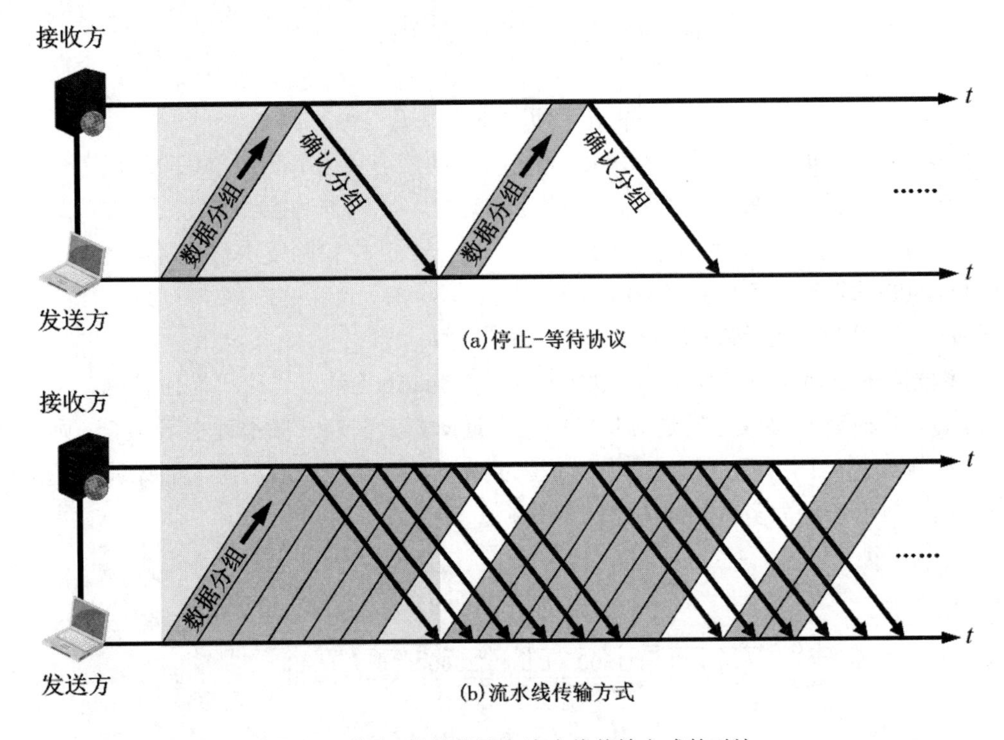

图3-20　停止-等待协议和流水线传输方式的对比

请读者注意，当使用流水线传输方式时，发送方不能无限制地连续发送数据分组，否则可能会导致网络中的路由器或接收方来不及处理这些数据分组，进而导致数据分组的丢失，这实际上是对网络通信资源的浪费。因此，必须采取措施来限制发送方连续发送数据分组的数量。

3. 回退N帧协议

回退N帧（Go-back-N，GBN）协议采用流水线传输方式，并且利用发送窗口来限制发送方连续发送数据分组的数量，这属于连续ARQ协议。

借助图3-21理解GBN的发送窗口和接收窗口：

- 发送方需要维护一个发送窗口，在未收到接收方确认分组的情况下，发送方可将序号落入发送窗口内的所有数据分组连续发送出去。
- 接收方需要维护一个接收窗口，只有正确到达接收方且序号落入接收窗口内的数据分组才被接收方接收。

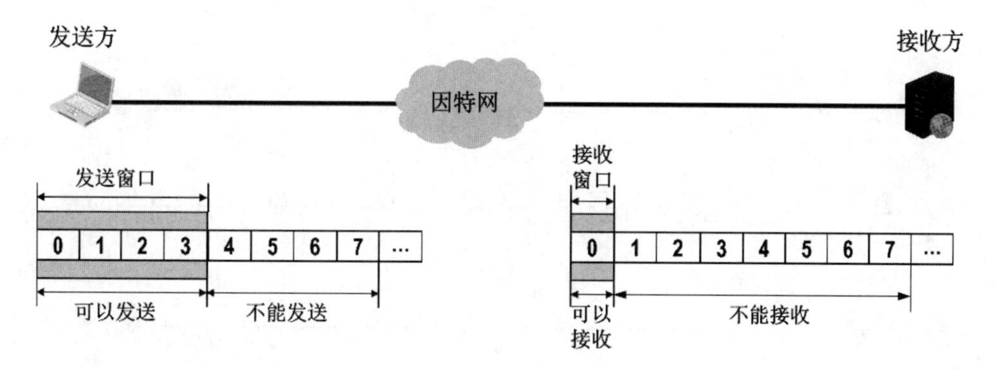

图3-21　回退N帧协议的发送窗口和接收窗口举例

发送窗口和接收窗口的滑动情况如下：

- 接收方每正确收到一个序号落入接收窗口的数据分组，就将接收窗口向前滑动一个位置，这样就有一个新的序号落入接收窗口。与此同时，接收方还要给发送方发送针对该数据分组的确认分组。
- 发送方每收到一个按序确认的确认分组，就将发送窗口向前滑动一个位置，这样就有一个新的序号落入发送窗口，序号落入发送窗口内的数据分组可继续被发送。

在回退N帧协议的工作过程中，发送方的发送窗口和接收方的接收窗口按上述规则不断向前滑动。因此，这类协议又称为滑动窗口协议。

下面通过几个例子来说明回退N帧协议的工作过程。

回退N帧协议的工作过程举例1（正常情况），如图3-22所示。

（1）发送方将序号落入发送窗口内的0～2号数据分组连续发送出去（图3-22的❶）。

（2）0～2号数据分组按序正确到达接收方（图3-22的❷）。

（3）接收方按序接收0～2号数据分组。每接收一个数据分组，接收窗口就向前滑动一个位置，并且给发送方发送相应的确认分组。接收窗口当前滑动到序号3，接收方给发送方发送了0～2号确认分组（图3-22的❸）。

（4）0～2号确认分组按序正确到达发送方（图3-22的❹）。

（5）发送方按序接收0～2号确认分组。每接收一个确认分组，发送窗口就向前滑动一个位置，这样就有新的序号3～5落入发送窗口中，发送方可将发送窗口内的3～5号数据分组连续发送出去（图3-22的❺）。

请读者注意，发送方应将发送缓存中已收到确认的数据分组的副本删除，而接收方应当从接收缓存中尽快取走已正确接收的数据分组。

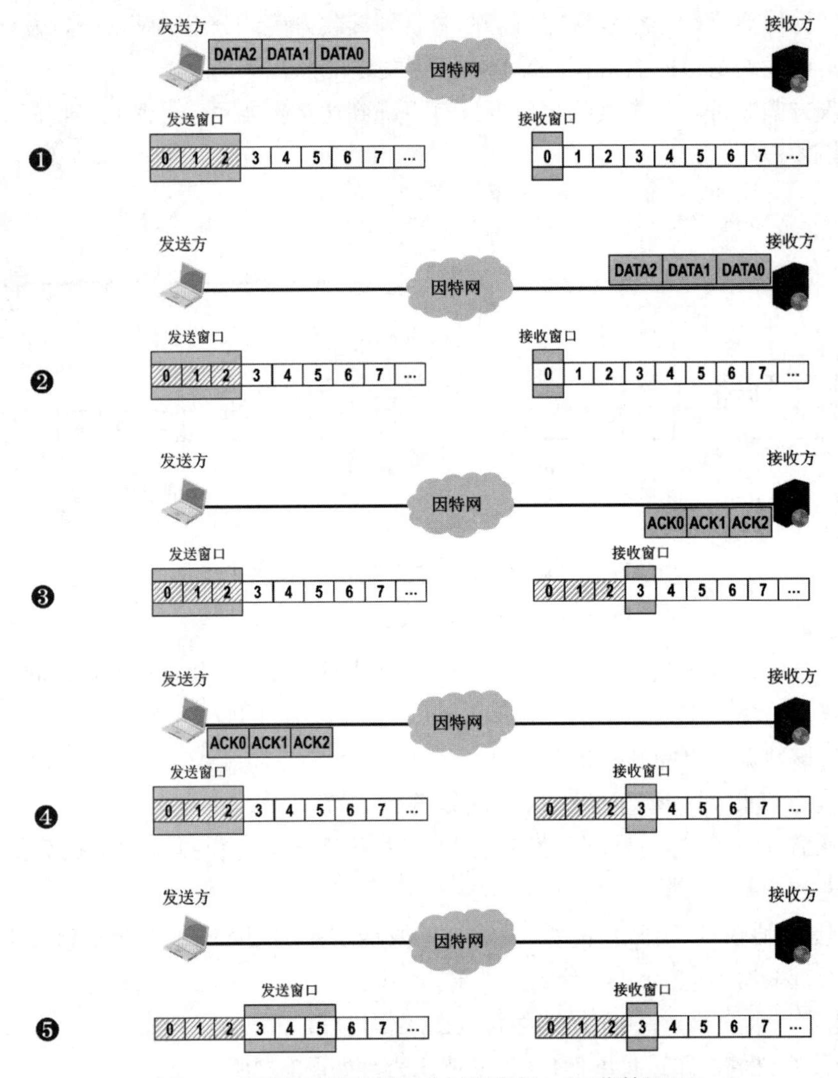

图3-22 回退N帧协议的工作过程举例1（正常情况）

回退N帧协议的工作过程举例2（超时重传，回退N帧），如图3-23所示。

（1）发送方将序号落入发送窗口内的0～2号数据分组连续发送出去，其中1号数据分组在传输过程中出现误码。接收方按序接收0号数据分组并给发送方发送0号确认分组，接收窗口向前滑动一个位置，序号1落入接收窗口内（图3-23的❶）。

（2）接收方通过1号数据分组中的检错码，检测出了1号数据分组中有误码，因此将其丢弃。发送方收到接收方发来的0号数据分组后，将发送窗口向前滑动一个位置，这样就有新的序号3落入发送窗口中（图3-23的❷）。

（3）发送方将序号落入发送窗口内的3号数据分组发送出去。接收方丢弃序号未落入接收窗口内的2号数据分组，并给发送方发送针对最近已按序接收的0号数据分组的确认分组，即0号确认分组（图3-23的❸）。

（4）发送方收到针对0号数据分组的第1个重复确认，忽略即可。接收方收到序号未落入接收窗口内的3号数据分组，将其丢弃，并给发送方发送针对最近已按序接收的0号数据分组的确认分组，即0号确认分组（图3-23的❹）。

（5）发送方收到针对0号数据分组的第2个重复确认，忽略即可。已发送的1号数据分组出现了超时，于是发送方将序号落入发送窗口内的、超时的1号数据分组和其后已发送的2号和3号数据分组全部重传。尽管2号和3号数据分组并未出现误码，但是接收方只能接收按序到达的数据分组，因此一旦1号数据分组出现差错，其后连续发送的2号和3号数据分组都要被重传。这就是回退N帧协议名称的由来，即一旦出错就需要退回去重传已发送过的N个数据分组（图3-23的❺）。

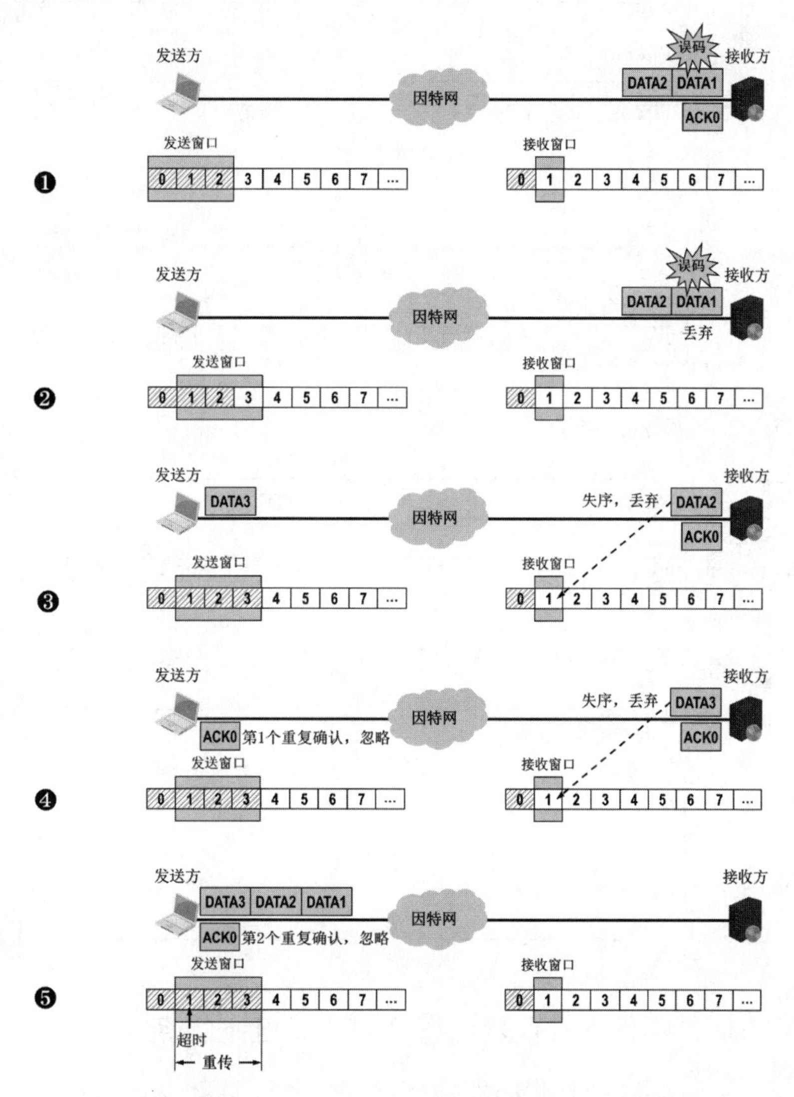

图3-23　回退N帧协议的工作过程举例2（超时重传，回退N帧）

在本例中，发送方收到针对0号数据分组的重复确认，就表明接收方未按序正确接收1号数据分组。于是，可以不等1号数据分组的重传计时器超时就立刻重传1号数据分组。至于收到几个重复确认就立刻重传，由具体实现决定。

回退N帧协议的接收方采用累积确认的方式。接收方对序号为*n*的数据分组的确认，就表明接收方已正确接收序号到*n*为止的所有数据分组。也就是说，接收方不必对收到的每一个数据分组都发送一个相应的确认分组，而是可以在收到几个序号连续的数据分组后，对按序到达的最后一个数据分组发送确认分组。接收方何时发送累积确认分组，由具体实现决定。

回退N帧协议的工作过程举例3（累积确认），如图3-24所示。

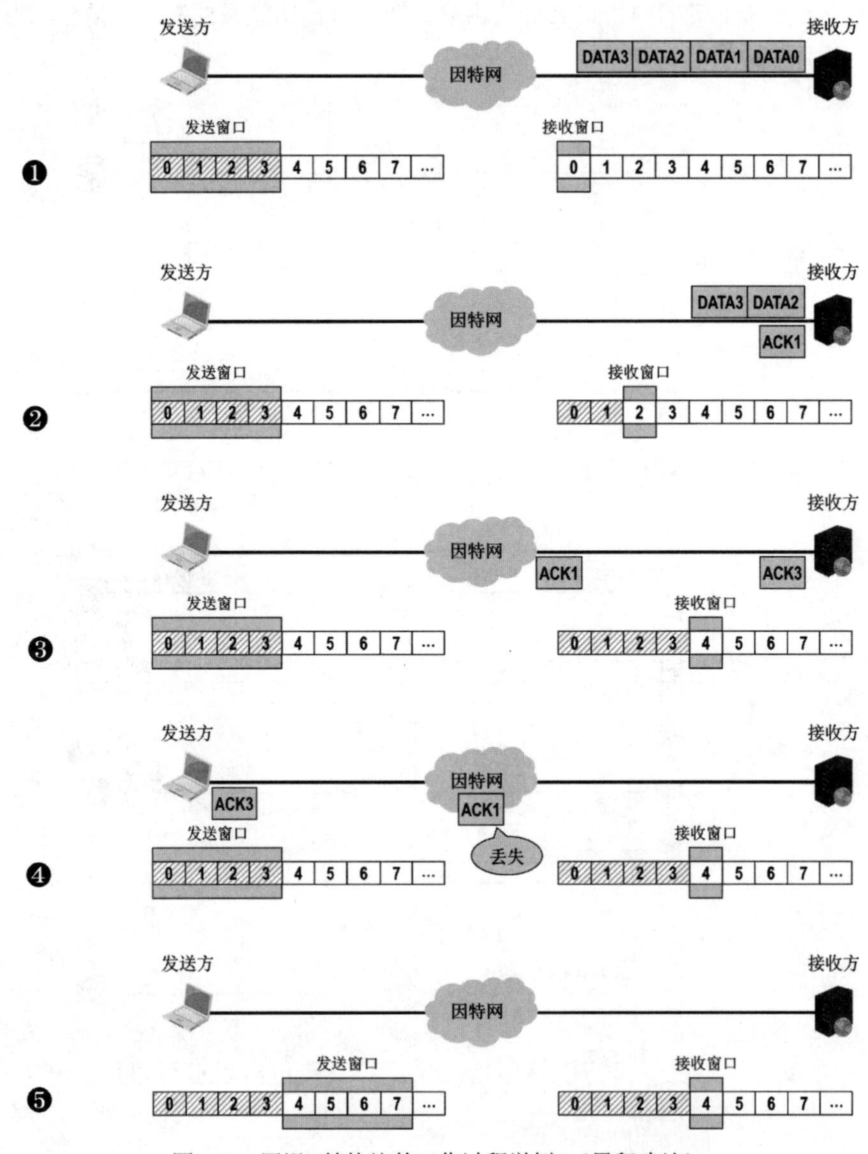

图3-24　回退N帧协议的工作过程举例3（累积确认）

（1）发送方将序号落入发送窗口内的0～3号数据分组连续发送给接收方（图3-24的❶）。

（2）接收方按序正确接收0号和1号数据分组，并给发送方发送累积确认，确认号为

1，表明已正确接收序号到1为止的所有数据分组。接收方将接收窗口向前滑动两个位置，序号2落入接收窗口内（图3-24的❷）。

（3）接收方按序正确接收2号和3号数据分组，并给发送方发送累积确认，确认号为3，表明已正确接收序号到3为止的所有数据分组。接收方将接收窗口向前滑动两个位置，序号4落入接收窗口内（图3-24的❸）。

（4）1号累积确认分组在传输过程中丢失了，而3号累积确认分组正确到达发送方（图3-24的❹）。

（5）发送方收到3号累积确认分组后，将发送窗口向前滑动4个位置，这样就使得已获得累积确认的0～3号数据分组的序号移出了发送窗口，而新序号4～7落入了发送窗口（图3-24的❺）。

从本例可以看出，累积确认具有以下优点：

- 容易实现。
- 减少向网络中注入确认分组的数量。
- 即使确认分组丢失也可能不必重传数据分组。

然而，累积确认也有缺点：不能向发送方及时准确地反映出接收方已正确接收的所有数据分组的数量。

下面简单介绍一下回退N帧协议的发送窗口尺寸W_T和接收窗口尺寸W_R。

回退N帧协议规定：$W_R=1$，$1<W_T\leqslant 2^n-1$。其中，n是用来给数据分组编序号的比特数量。如果从滑动窗口协议的角度来看停止-等待协议，其W_T和W_R的取值都固定为1。对于回退N帧协议，其W_R与停止-等待协议的相同（都为1），但其W_T应该大于1且不能超过其范围上限，否则可能会造成接收方无法分辨新、旧数据分组的情况，下面举例说明这种情况。

回退N帧协议的工作过程举例4（发送窗口尺寸超越其上限），如图3-25所示。假设采用2个比特给数据分组编序号，则有0～3共4个序号可供循环重复使用。W_T的最大值为3（即2^2-1），故意令$W_T=4$来超越其范围上限3，看看可能出现怎样的情况。

（1）发送方将序号落入发送窗口内的0～3号数据分组连续发送给接收方（图3-25的❶）。

（2）接收方按序正确接收0～3号数据分组，并给发送方发送累积确认，确认号为3，表明已正确接收序号到3为止的所有数据分组。接收方将接收窗口向前滑动4个位置，序号0落入接收窗口内（图3-25的❷）。

（3）累积确认分组在传输过程中丢失了（图3-25的❸）。

（4）已发送的0号数据分组出现了超时，发送方将序号落入发送窗口内的、超时的0号数据分组及其后已发送的1～3号数据分组全部重传（图3-25的❹）。

（5）发送方重传的0～3号数据分组按序正确到达接收方，但此时接收方并不知道这4个数据分组之前就已经正确接收过了，于是还会接收这些数据分组，这就造成了分组重复这种传输差错（图3-25的❺）。

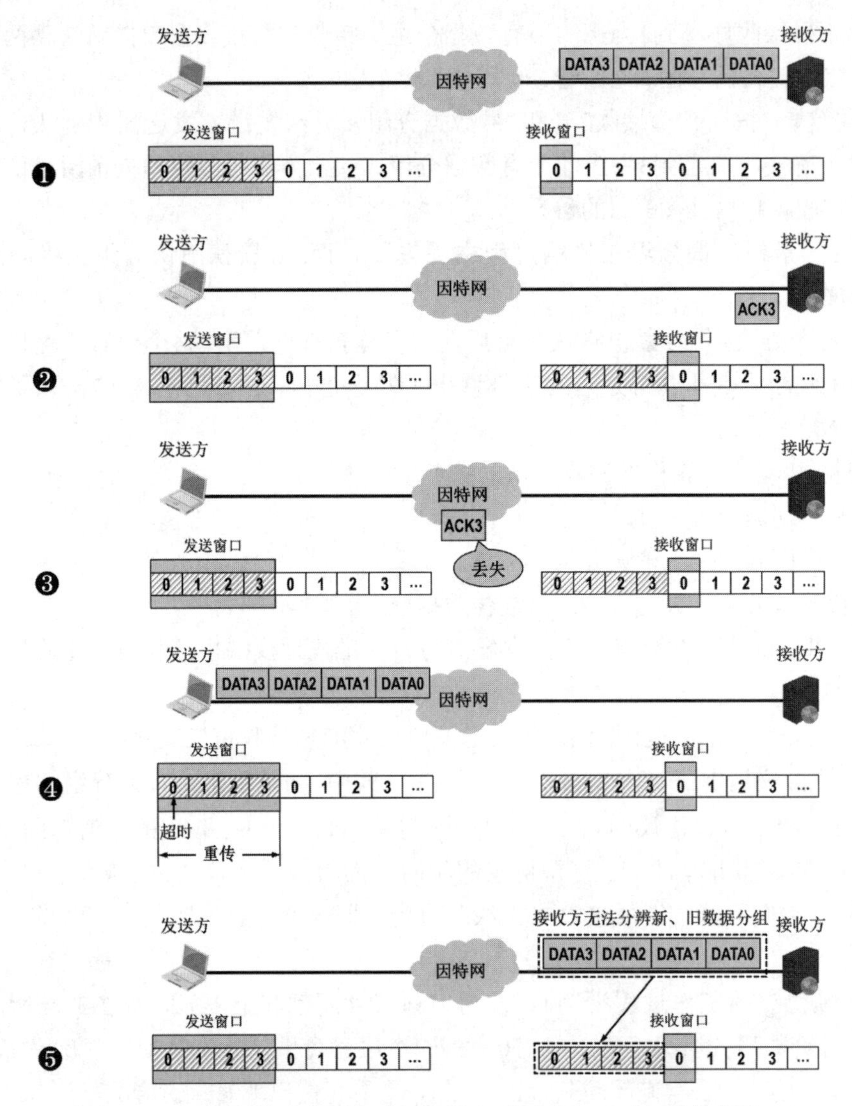

图3-25　回退N帧协议的工作过程举例4（发送窗口尺寸超越其上限）

通过上述例子可以看出：回退N帧协议在无数据分组差错的情况下，其信道利用率比停止-等待协议要高不少。但是，一个数据分组的差错就可能引起大量数据分组的重传，而这些重传的数据分组原本已经正确到达接收方，但由于序号未落入接收窗口内而被接收方丢弃。显然，这些数据分组的重传是对通信资源的严重浪费。

4. 选择重传协议

为了进一步提高信道利用率，可以设法只重传出现差错的数据分组，这就需要接收窗口的尺寸大于1，以便先收下失序但正确到达接收方且序号落入接收窗口内的数据分组，等到所缺数据分组收齐后再一并送交上层，这就是选择重传（Selective Repeat，SR）协议。

为了使发送方仅重传出现差错的数据分组，接收方不能再采用累积确认，而需要对每一个正确接收的数据分组进行逐一确认。显然，选择重传协议比回退N帧协议复杂，并且接收方需要有足够的缓存空间，来暂存失序但正确到达接收方且序号落入接收窗口内的数据分组。

选择重传协议的W_T和W_R都大于1。若采用n个比特给数据分组编序号，为了保证接收方的接收窗口向前移动后，接收窗口内的新序号与之前的旧序号没有重叠（也就是不会造成接收方无法分辨新、旧数据分组的情况），需要满足条件：$W_T + W_R \leqslant 2^n$。另外，W_R不应超过W_T（否则没有意义），因此W_R不应超过序号范围的一半，即$W_R \leqslant 2^{n-1}$。当W_R取其最大值2^{n-1}时，W_T能取到的最大值也只能为2^{n-1}。请读者注意，一般情况下，在选择重传协议中，W_T和W_R是相同的。

下面通过图3-26所示的例子来说明选择重传协议的工作过程。假设采用3个比特给数据分组编序号，则有0～7共8个序号可供循环重复使用。W_R取其最大值4（2^{3-1}），则W_T的最大值也只能取为4。

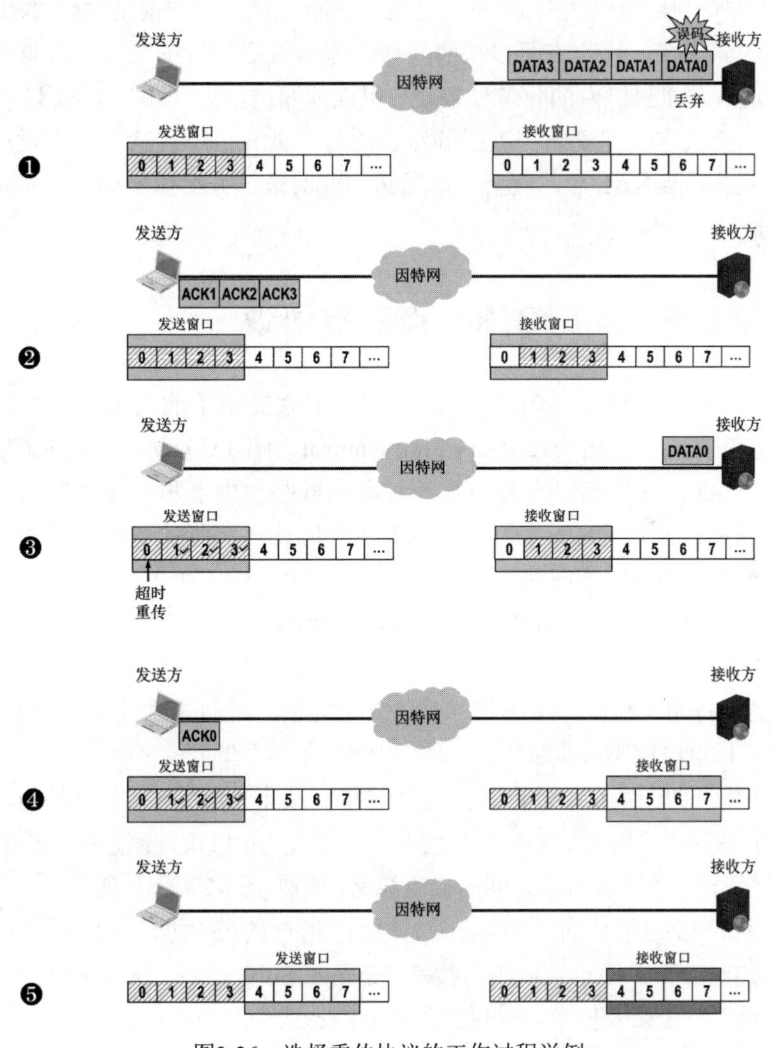

图3-26 选择重传协议的工作过程举例

（1）发送方将序号落入发送窗口内的0～3号数据分组连续发送给接收方。其中0号数据分组在传输过程中出现误码，接收方将其丢弃（图3-26的❶）。

（2）接收方将失序但正确到达接收方且序号落入接收窗口内的1～3号数据分组进行缓存，并给发送方发送相应的1～3号确认分组。缓存的1～3号数据分组暂时不能交付给上层。由于还未收到序号落入接收窗口内的0号数据分组，因此接收窗口不能向前滑动（图3-26的❷）。

（3）发送方收到失序的1～3号确认分组后并不能向前滑动发送窗口，但要记录1～3号数据分组已被确认，因此只有0号数据分组被超时重传。0号数据分组正确到达接收方（图3-26的❸）。

（4）接收方正确接收序号落入接收窗口内的0号数据分组，并给发送方发送0号确认分组，0号确认分组正确到达发送方。接收方将接收窗口向前滑动4个位置，序号4～7落入接收窗口内（图3-26的❹）。

（5）发送方收到期盼已久的0号确认分组后，将发送窗口向前滑动4个位置，序号4～7落入发送窗口内。现在，接收方可以接收序号落入接收窗口内的4～7号数据分组，而发送方可以将序号落入发送窗口内的4～7号数据分组连续发送出去（图3-26的❺）。

在本例中，接收方收到误码的数据分组后除将其丢弃，还可给发送方发送相应的否认分组NAK。发送方收到NAK后，就会立即重传相应的数据分组而不必等到重传计时器超时再重传。

3.3 点对点协议

早在1976年，国际标准化组织ISO就提出了能实现可靠传输的高级数据链路控制（High-level Data Link Control，HDLC）协议。HDLC实现了滑动窗口协议，支持点对点链路和点对多点链路。由于那个年代的通信线路质量较差，因此能实现可靠传输的HDLC协议就成为了当时比较流行的数据链路层协议。对于现在误码率已经非常低的点对点有线链路，已经很少使用HDLC协议了，而实现方法比HDLC简单得多的点对点协议（Point-to-Point Protocol，PPP）是目前使用最广泛的点对点数据链路层协议。

PPP协议是因特网工程任务组IETF于1992年制定的。经过多次修订，目前PPP协议已成为因特网的正式标准[RFC1661，RFC1662]。PPP协议主要有两种应用：

- 因特网用户的计算机通过点对点链路连接到某个ISP进而接入因特网，用户计算机与ISP通信时所采用的数据链路层协议一般就是PPP协议，例如图3-27（a）所示。
- 广泛应用于广域网路由器之间的专用线路，例如图3-27（b）所示。

请读者注意，1999年公布了可以在以太网上运行的PPP协议（PPP over Ethernet，PPPoE），它使得ISP可以通过数字用户线路（Digital Subscriber Line，DSL）、电路调制解调器以及以太网等宽带接入技术，以以太网接口的形式为用户提供接入服务。

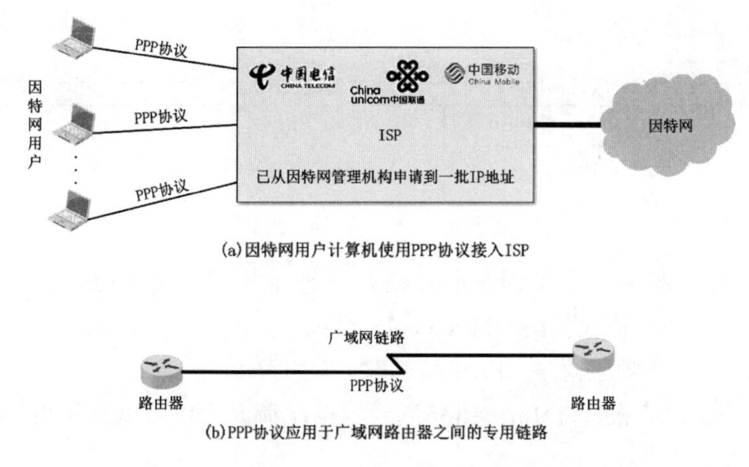

(a)因特网用户计算机使用PPP协议接入ISP

(b)PPP协议应用于广域网路由器之间的专用链路

图3-27　PPP协议应用举例

3.3.1　PPP 协议的组成

PPP协议由3部分组成：一个链路控制协议LCP，一个网络层PDU封装到串行链路的方法，一套网络控制协议NCP，如图3-28所示。

网络层		TCP/IP中的IP Novell NetWare网络操作系统中的IPX Apple公司的AppleTalk
数据链路层	PPP	一套网络控制协议NCP 一个网络层PDU封装到串行链路的方法 一个链路控制协议LCP
物理层		面向字节的异步链路 面向比特的同步链路

图3-28　PPP协议的组成

（1）链路控制协议（Link Control Protocol，LCP）：用来建立、配置、测试数据链路的连接以及协商一些选项。

（2）网络层PDU封装到串行链路的方法：网络层PDU作为PPP帧的数据载荷被封装在PPP帧中传输。网络层PDU的长度受PPP协议的最大传送单元MTU的限制。PPP协议既支持面向字节的异步链路，也支持面向比特的同步链路。

（3）网络控制协议（Network Control Protocol，NCP）：包含多个协议，其中的每一个协议分别用来支持不同的网络层协议。例如，TCP/IP中的IP、Novell NetWare网络操作系统中的IPX以及Apple公司的AppleTalk等。

3.3.2　PPP 协议的帧格式

PPP协议的帧格式如图3-29所示。

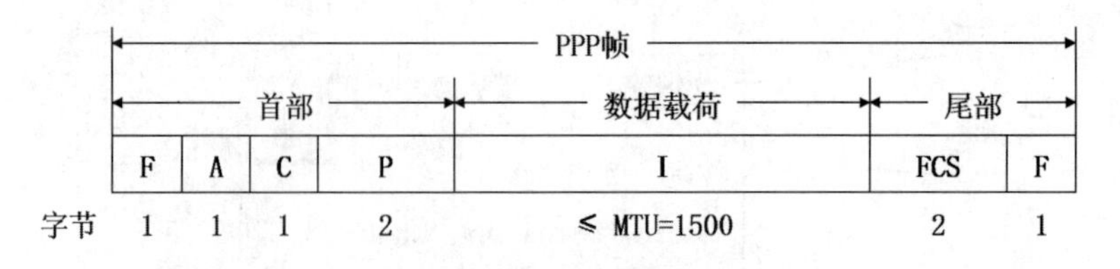

图3-29 PPP协议的帧格式

- PPP帧的首部由标志字段F（Flag）、地址字段A（Address）、控制字段C（Control）以及协议字段P（Protocol）组成。
- PPP帧的尾部由帧检验序列FCS字段和标志字段F组成。
- PPP帧的信息字段I（Information）（数据载荷）可以是网络层PDU、LCP分组或NCP分组。

1. PPP帧中各字段的含义

1）PPP帧首部中的各字段

标志字段F的长度为1字节，取值固定为0x7E（“0x”用来表示其后面的字符为十六进制）。在PPP帧的首部和尾部中各有一个标志字段F，它们就是PPP帧的定界符。连续两帧之间只需要用一个标志字段F。两个连续的标志字段表示一个空帧，应当丢弃。

地址字段A的长度为1字节，取值固定为0xFF。

控制字段C的长度为1字节，取值固定为0x03。

地址字段A和控制字段C位于PPP帧的首部，当初曾考虑以后再对这两个字段的值进行其他定义，但目前仍无其他定义。也就是说，这两个字段目前对于PPP帧没有什么意义。

协议字段P的长度为2字节：

- 当取值为0x0021时，PPP帧的信息字段I（数据载荷）是IP数据报，如图3-30（a）所示。
- 当取值为0xC021时，PPP帧的信息字段I（数据载荷）是PPP链路控制协议的分组，如图3-30（b）所示。
- 当取值为0x8021时，PPP帧的信息字段I（数据载荷）是PPP网络控制协议的分组，如图3-30（c）所示。

图3-30 PPP帧的信息字段中可以封装不同类型的数据载荷

2）PPP帧的数据载荷

信息字段I就是PPP帧的数据载荷，其长度是可变的，最大不能超过1500字节，即PPP帧的最大传送单元为1500字节。

3）PPP帧尾部中的各字段

帧检验序列的长度为2字节，采用CRC计算冗余码并填入该字段，用于PPP帧的差错检测。CRC使用的生成多项式为 $CRC-CCITT = X^{16} + X^{12} + X^{5} + 1$ 。

标志字段F与PPP帧首部中的标志字段F相同，它们共同作为PPP帧的定界符。

2. PPP帧的透明传输

如果PPP帧的信息字段的内容中出现了和标志字段相同的内容0x7E，就需要采用相应的措施来实现透明传输。

1）字节填充

当PPP协议采用的是面向字节的异步链路时，使用字节填充来实现透明传输。[RFC 1662]中规定了如图3-31所示的具体方法。

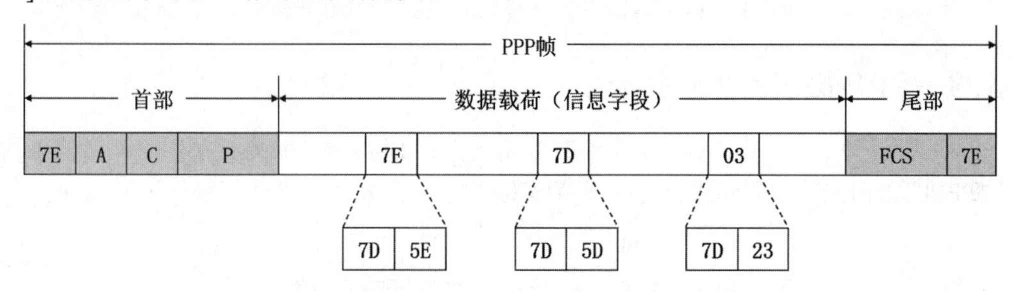

图3-31　PPP协议采用字节填充法实现透明传输的例子

（1）将原信息字段中出现的每一个0x7E减去0x20（相当于异或0x20），然后在其前面插入转义字符0x7D。这相当于将原信息字段中出现的每一个0x7E字节转换成了2字节（0x7D、0x5E）。

（2）如果原信息字段中本身就含有转义字符0x7D，则把每一个0x7D减去0x20，然后在其前面插入转义字符0x7D。这相当于将原信息字段中出现的每一个0x7D字节转换成了2字节（0x7D、0x5D）。

（3）如果原信息字段中出现ASCII码的控制字符（即数值小于0x20的字符），则将该字符的数值加上0x20（相当于异或0x20，将其转换成非控制字符），然后在其前面插入转义字符0x7D。例如，出现0x03（这是控制字符ETX，即传输结束），就要将其加上0x20，然后在其前面插入转义字符0x7D，也就是将0x03转换成了2字节（0x7D、0x23），如图3-31所示。

接收方收到PPP帧后，进行与发送方字节填充相反的变换，就可以正确地恢复出未经过字节填充的原始PPP帧。

2）零比特填充

当PPP协议采用的是面向比特的同步链路（例如SONET/SDH）时，使用零比特填充来实现透明传输。

借助图3-32理解零比特填充：

- 发送方的数据链路层扫描数据载荷，只要出现5个连续的比特1，就在其后填入一个比特0。经过这种零比特填充后的数据载荷，就可以确保其不会包含帧定界符（01111110）。
- 接收方的数据链路层在把数据载荷向上交付网络层之前，对数据载荷进行扫描，每发现5个连续的比特1时，就把其后的一个比特0删除，这样就可以还原出原始的数据载荷。

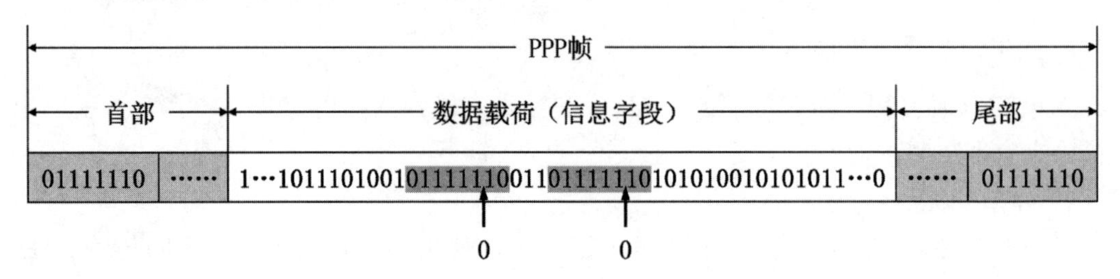

图3-32 PPP协议采用零比特填充法实现透明传输的例子

3.3.3 PPP 协议的工作状态

下面以用户PC拨号接入ISP的拨号服务器这个过程为例，简要介绍PPP协议的工作状态。PPP协议的工作状态可用图3-33所示的有限状态机来表示，具体解释如下。

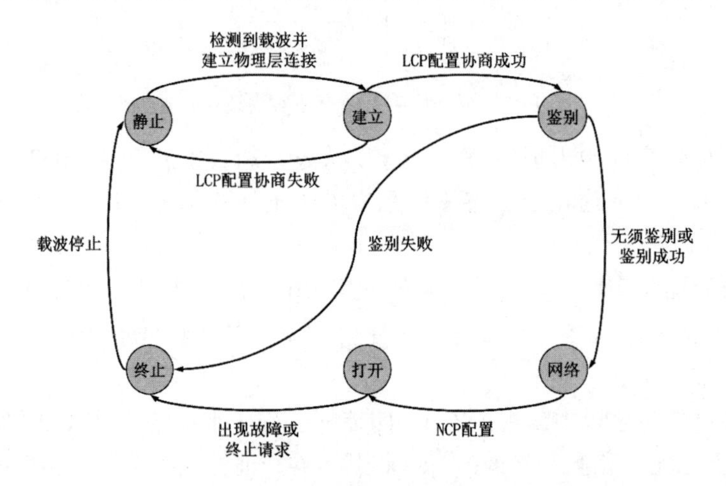

图3-33 PPP协议的有限状态机

（1）PPP链路的开始和结束状态都是“静止”状态，这时用户PC与ISP的拨号服务器之间并不存在物理层的连接。

（2）当检测到调制解调器的载波信号并建立物理层连接后，PPP就进入链路的“建立”状态。

（3）在“建立”状态下，链路控制协议LCP开始协商一些配置选项。若协商成功，则进入“鉴别”状态；若协商失败，则退回到“静止”状态。所协商的配置选项包括最大帧长、鉴别协议等。可以不使用鉴别，也可以使用口令鉴别协议（Password Authentication Protocol,

PAP）或挑战握手鉴别协议（Challenge-Handshake Authentication Protocol，CHAP）。

（4）若通信双方无须鉴别或鉴别身份成功，则进入“网络”状态。若鉴别失败，则进入“终止”状态。

（5）进入“网络”状态后，PPP链路的两端通过互相交换网络层特定的NCP分组来进行NCP配置。如果PPP链路的上层使用的是IP协议，则使用IP控制协议（IP Control Protocol，IPCP）来对PPP链路的每一端配置IP模块，例如分配IP地址。NCP配置完成后，就进入“打开”状态。

（6）只要链路处于“打开”状态，双方就可以进行数据通信。

（7）当出现故障或链路的一端发出终止请求时，就进入“终止”状态。当载波停止后就回到“静止”状态。

3.4 共享式以太网

以太网是以曾经被假想的电磁波传播介质——以太（Ether）来命名的，它是一种用无源电缆作为总线来传输帧的基带总线局域网，最初的传输速率为2.94Mb/s。

1975年，美国施乐（Xerox）公司成功研制出了以太网。1976年，罗伯特·梅特卡夫（Robert Metcalfe）和他的助手戴维·博格斯（David Boggs）发表了一篇名为《以太网：局域计算机网络的分布式包交换技术》的以太网里程碑论文。1979年，梅特卡夫为了开发个人计算机和局域网离开了Xerox公司，成立了3Com公司。3Com对DEC公司、Intel公司和Xerox公司进行游说，希望与他们一起将以太网标准化。这个通用的以太网标准于1980年9月30日出台，即以太网标准的第一个版本DIX Ethernet V1（DIX是DEC、Intel和Xerox这三家公司名称的缩写），传输速率为10Mb/s。1982年又修改为第二版标准，即DIX Ethernet V2，这是世界上第一个局域网产品的标准。

1983年，IEEE 802委员会的802.3工作组在DIX Ethernet V2的基础上制定出了IEEE的以太网标准，即IEEE 802.3。IEEE 802.3对DIX Ethernet V2中的帧格式做了很小的改动，但相关硬件（例如网卡）一般都会兼容这两个标准。由于在IEEE 802.3标准公布之前，DIX Ethernet V2标准已被大量使用，因此IEEE 802.3标准并没有被广泛应用。

请读者注意，以太网目前已经从传统的共享式以太网发展到交换式以太网，传输速率已经从10Mb/s提高到100Mb/s、1Gb/s甚至10Gb/s。本节先介绍最早流行的传输速率为10Mb/s的共享式以太网。

3.4.1 网络适配器和MAC地址

1. 网络适配器

要将计算机连接到局域网，需要使用相应的网络适配器（Adapter），这些网络适配器一般简称为“网卡”。

图3-34所示的是一款千兆以太网卡，主要由以下部分组成：

- 核心芯片采用REALTEK公司的8169SC，该芯片实现了以太网的数据链路层和物理层。

- EEPROM是用来存储MAC地址和网卡相关信息的电可擦可编程只读存储器，例如93C46。
- BootROM插槽可以安装用于网络无盘工作站启动的BootROM芯片。
- PCI接口是网卡与计算机主板的接口。
- 网络隔离变压器将核心芯片与连接外部局域网的RJ45网络接口进行隔离，以便提高抗干扰能力并对核心芯片进行防雷击保护。

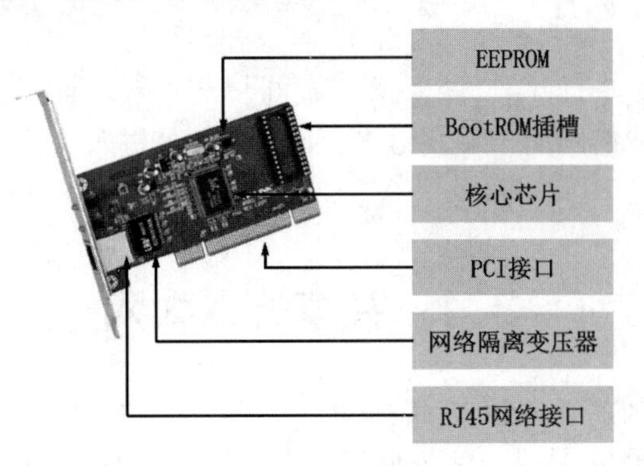

图3-34　以太网卡举例

如图3-35所示，在计算机内部，网卡与CPU之间的通信，是通过计算机主板上的I/O总线以并行传输方式进行的。网卡与外部以太网（局域网）之间的通信，一般是通过传输媒体（同轴电缆、双绞线、光纤）以串行方式进行的。显然，网卡除了要实现物理层和数据链路层功能，其另外一个重要功能就是要进行并行传输和串行传输的转换。由于网络的传输速率和计算机内部总线上的传输速率并不相同，因此在网卡的核心芯片中都会包含用于缓存数据的存储器。

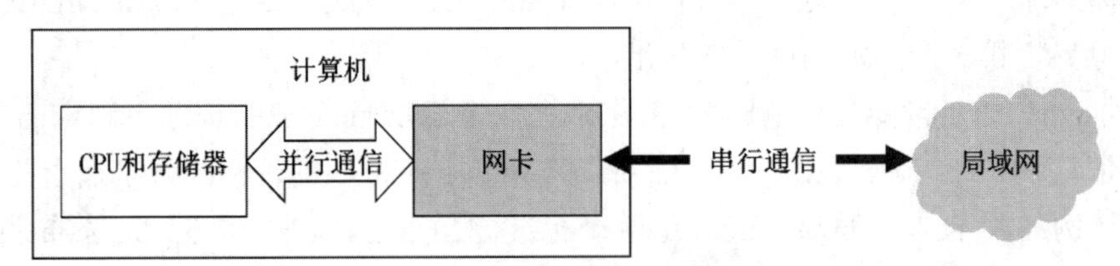

图3-35　计算机通过网卡与局域网进行通信

在确保网卡硬件正确的情况下，为了使网卡正常工作，还必须要在计算机的操作系统中为网卡安装相应的设备驱动程序。驱动程序负责驱动网卡发送和接收帧。当网卡收到正确的帧时，就以中断方式通知CPU取走数据并将其交付给协议栈中的网络层。当网卡收到误码的帧时，就把这个帧丢弃而不必通知CPU。

2. MAC地址

1）MAC地址的作用

对于点对点信道，由于只有两个站点分别连接在信道的两端，因此其数据链路层不需要使用地址。然而对于连接有多个站点的广播信道，要实现两个站点间的通信，则每个站点就必须有一个数据链路层地址作为唯一标识。

在图3-36所示的使用广播信道的共享式以太网中，总线上的某台主机要给另一台主机发送帧，由于广播信道天然的广播特性，表示帧的信号会通过总线传播到总线上的其他所有主机。那么这些主机中的网卡如何判断收到的帧是否是发送给自己的呢？很显然，使用广播信道的数据链路层必须使用地址来区分各主机。

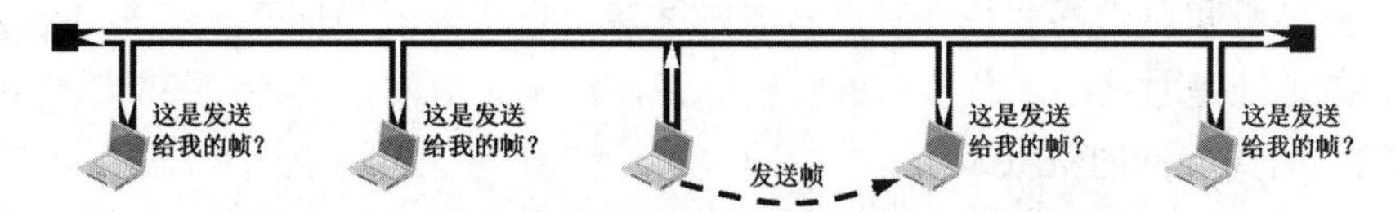

图3-36　广播信道天然的广播特性举例

如图3-37所示，假设总线上各主机的数据链路层地址分别用一个不同的大写字母来表示。在每个主机发送的帧的首部中都携带有发送主机和接收主机的地址。由于这类地址是用于媒体接入控制（Medium Access Control，MAC）的，因此被称为MAC地址。假设主机C给主机D发送帧，则在帧首部中的目的地址字段应填入主机D的MAC地址D，而在源地址字段应填入主机C的MAC地址C。这样，总线上的其他各主机中的网卡收到该帧后，就可以根据帧首部中的目的地址字段的值是否与自己的MAC地址匹配，决定丢弃或接受该帧。

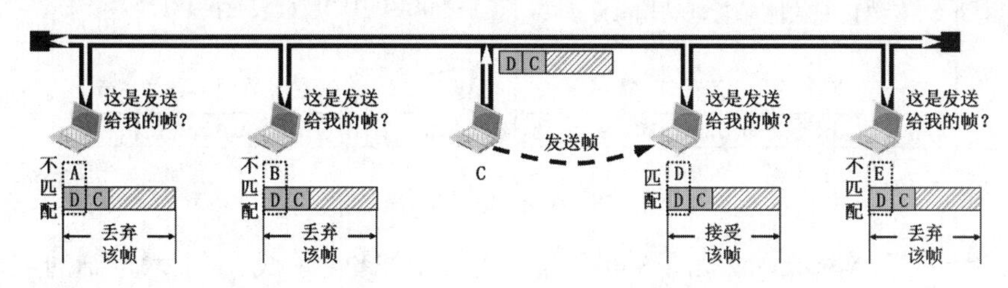

图3-37　MAC地址的作用举例

MAC地址一般被固化在网卡的EEPROM中，因此MAC地址也被称为硬件地址或物理地址。如图3-38所示，在Windows系统的命令行通过“ipconfig/all”命令可以查看TCP/IP配置信息，其中MAC地址被称作物理地址。

图3-38　Windows系统中MAC地址也被称作物理地址

请读者注意，不要被物理地址中的“物理”二字误导，误认为物理地址属于计算机网络体系结构中物理层的范畴。物理地址属于数据链路层范畴。

一般情况下，普通用户的计算机中往往会包含两块网卡：一块是用于接入有线局域网的以太网卡，另一块是用于接入无线局域网的Wi-Fi网卡。它们各自都有一个全球唯一的MAC地址。交换机和路由器往往拥有更多的网络接口，所以就会拥有更多的MAC地址。严格来说，MAC地址是对网络上各接口的唯一标识，而不是对网络上各设备的唯一标识。

2）IEEE 802局域网的MAC地址

IEEE 802标准为局域网规定了一种由48比特构成的MAC地址，由IEEE的注册管理机构（Registration Authority，RA）负责管理。

MAC地址的格式如图3-39所示。每8个比特为1个字节，从左至右依次为第一字节到第六字节。前三个字节是组织唯一标识符（Organizationally Unique Identifier，OUI），生产网络设备的厂商需要向IEEE的注册管理机构申请一个或多个OUI。后三个字节是获得OUI的厂商可自行随意分配的网络接口标识符，只要保证生产出的网络设备没有重复地址即可。

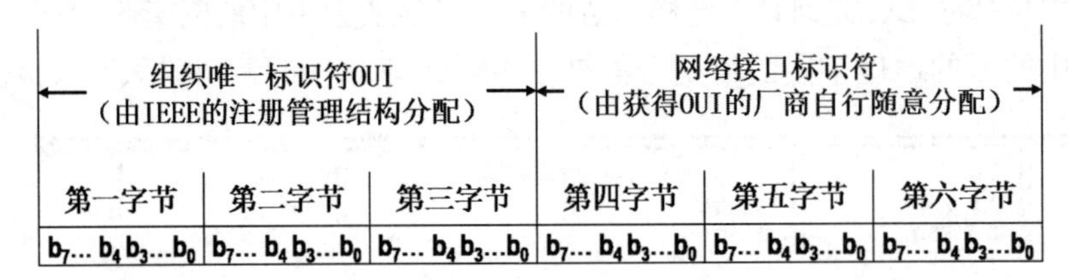

图3-39　MAC地址的格式

MAC地址的标准表示方法如图3-40所示。将每4个比特写成1个十六进制的字符（共12个字符），将每两个字符分为一组（共6组），各组之间用短线连接。除标准表示方法外，还可将短线改为冒号，或将每四个字符分为一组（共3组）且各组之间用点连接。例如，某个MAC地址在Windows系统中表示为00-0C-CF-93-8C-92；在Linux系统、苹果系统和安卓系统中表示为00:0C:CF:93:8C:92；在Packet Tracer仿真软件中表示为000C.CF93.8C92。

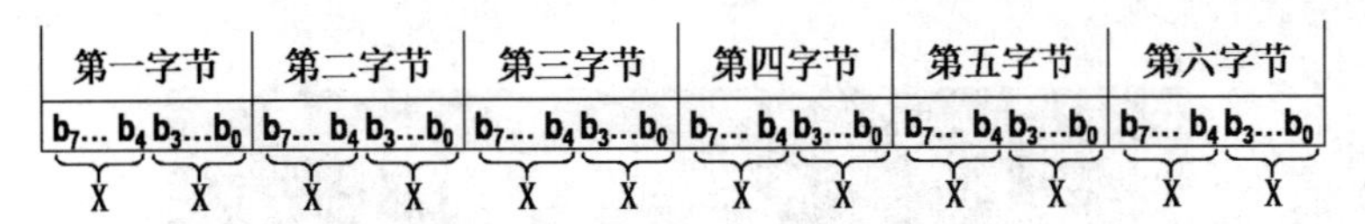

图3-40　MAC地址的标准表示方法

请读者注意，MAC地址中的组织唯一标识符也称为公司标识符。例如，华为公司生产的网络设备的MAC地址的前三个字节可以是44-D7-91、84-46-FE以及D82918等。有兴趣的读者可在 http://standards-oui.ieee.org/oui/oui.txt中查询公司标识符的分配情况。

组织唯一标识符OUI中包含有用于指示MAC地址是单播地址还是多播地址的标志位I/G，用于指示MAC地址是全球管理还是本地管理的标志位G/L，如图3-41所示。

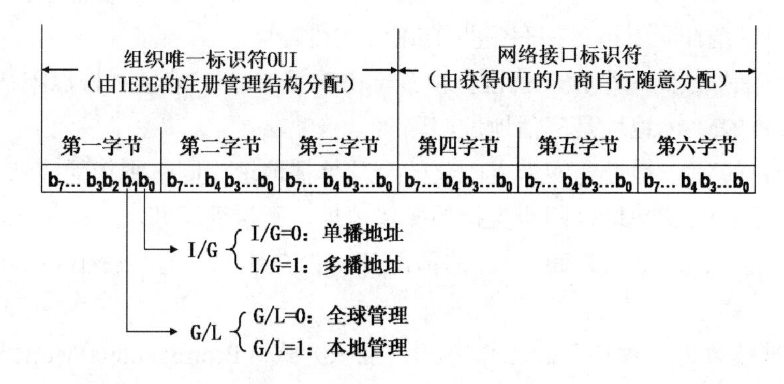

图3-41 MAC地址中的标志位

- IEEE规定MAC地址的第一字节的b_0位为I/G（Individual/Group）位。
    - 当I/G位为0时，表示MAC地址是单播地址。
    - 当I/G位为1时，表示MAC地址是组播地址，现在称为多播地址。
- IEEE还考虑到不愿向IEEE的注册管理机构RA购买OUI的情况。为此，IEEE规定MAC地址的第一字节的b_1位为G/L（Global/Local）位。
    - 当G/L位为0时，MAC地址是全球管理（可确保在全球没有相同的MAC地址），网络设备厂商向IEEE购买的OUI都属于全球管理。
    - 当G/L位为1时，MAC地址是本地管理，用户可任意分配MAC地址。

由于I/G位和G/L位的取值共有四种组合，因此可将48比特的MAC地址划分为全球单播、全球多播、本地单播以及本地多播四个类型，如表3-1所示。

表3-1 MAC地址的四种类型

G/L	I/G	MAC地址类型	地址占比	地址总数
0	0	全球单播 由厂商生产网络设备时固化在设备中	1/4	2^{48}
	1	全球多播 交换机、路由器等标准网络设备所支持的多播地址	1/4	
1	0	本地单播 由网络管理员分配，可以覆盖网络接口的全球单播地址	1/4	
	1	本地多播 可由用户对网卡编程实现，以表明其属于哪些多播组	1/4	

- 全球单播地址是由厂商生产网络设备时固化在设备中的。
- 全球多播地址是交换机和路由器等标准网络设备所支持的多播地址，用于特定功能。
- 本地单播地址由网络管理员分配，可以覆盖网络接口的全球单播地址。
- 本地多播地址可由用户对网卡编程实现，以表明其属于哪些多播组。48比特为“全1”的MAC地址是本地多播地址的一个特例，即广播地址FF-FF-FF-FF-FF-FF。

48比特的MAC地址共有2^{48}（281 474 976 710 656，即二百八十多万亿）个，全球单播地址、全球多播地址、本地单播地址以及本地多播地址各占其四分之一（约70万亿个）。

有兴趣的读者可以统计一下自己拥有多少个MAC地址。

网卡从网络上每收到一个帧，就检查帧首部中的目的MAC地址，按以下情况处理：

（1）如果目的MAC地址是广播地址，则接受该帧。

（2）如果目的MAC地址与网卡上固化的全球单播地址相同，则接受该帧。

（3）如果目的MAC地址是网卡支持的多播地址，则接受该帧。

（4）除上述（1）、（2）和（3）的情况外，丢弃该帧。这样就不会浪费主机的CPU和内存资源。

网卡还可被设置为一种特殊的工作方式：混杂方式（Promiscuous Mode）。工作在混杂方式的网卡，只要收到共享媒体上传来的帧就会收下，而不管帧的目的MAC地址是什么。这实际上是“窃听”了共享媒体上其他站点的通信。对于网络的维护和管理人员，这种方式可以监视和分析局域网上的流量，以便找出提高网络性能的具体措施。嗅探器（Sniffer）就是一种工作在混杂方式的网卡，再配合相应的工具软件，就可以作为一种非常有用的网络工具来学习和分析网络。然而，混杂方式就像一把“双刃剑”，黑客常利用这种方式非法获取网络用户的口令。

请读者注意，全球单播MAC地址就如同身份证上的身份证号码，具有唯一性，它往往与用户个人信息绑定在一起。因此，用户应尽量确保自己拥有的全球单播MAC地址不被泄露。为了避免用户设备连接Wi-Fi热点时MAC地址泄露的安全问题，目前大多数移动设备都已经采用了随机MAC地址技术。用户设备在连接Wi-Fi热点时，默认使用随机生成的MAC地址，从而避免MAC地址被收集。

3.4.2 CSMA/CD 协议

1. 基本原理

在以太网的发展初期，人们普遍认为“无源的电缆线比有源器件可靠”，因此将多个站点连接在一条总线上来构建共享总线以太网。共享总线以太网具有天然的广播特性，即使总线上的某个站点给另一个站点发送单播帧，表示帧的信号也会沿着总线传播到总线上的其他各站点。站点中的网卡根据所收到帧的目的MAC地址与自己的MAC地址是否匹配，来决定接受或丢弃帧。这样就在具有广播特性的总线上实现了一对一的通信。

当某个站点在总线上发送帧时，总线资源就会被该站点独占。此时如果总线上的其他站点也要在总线上发送帧，就会产生信号碰撞。如图3-42所示，主机B和主机C同时在总线上发送帧，则表示这两个帧的两路信号被同时发送到总线上，它们必然会产生碰撞。

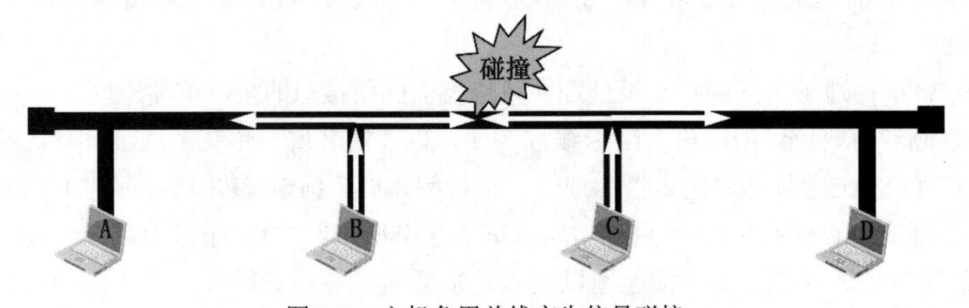

图3-42 主机争用总线产生信号碰撞

共享总线以太网的一个重要问题是：如何协调总线上的各站点争用总线。为了解决该问题，以太网使用了一种专用协议CSMA/CD，它是载波监听多址接入/碰撞检测（Carrier Sense Multiple Access/Collision Detection）的英文缩写词。

CSMA/CD协议的要点如下：

（1）多址接入：多个站点连接在一条总线上，它们竞争使用总线。

（2）载波监听：每一个站点在发送帧之前，先要检测一下总线上是否有其他站点在发送帧。若检测到总线空闲96比特时间（即发送96比特所耗费的时间），则发送帧；若检测到总线“忙”，则继续检测并等待总线转为空闲96比特时间后发送帧。因此，可将载波监听比喻为“先听后说”。

（3）碰撞检测：每一个正在发送帧的站点必须“边发送帧边检测碰撞”。一旦发现总线上出现碰撞，就立即停止发送，退避一段随机时间后再次从载波监听开始进行发送。因此，可将碰撞检测比喻为“边说边听，一旦冲突，立即停说，等待时机，重新再说”。

读者可能会有这样的疑问：既然站点在发送帧之前对总线进行了载波监听，检测到总线空闲后才进行发送，那么为什么在发送帧的过程中还要边发送帧边检测碰撞呢？

这是因为站点检测到总线空闲时，总线并不一定是空闲的。如图3-43所示，主机B检测到总线空闲96比特时间后在总线上发送帧，稍后主机C也有帧要发送，主机C进行载波监听，检测到总线空闲，但此时总线并不空闲，只是主机B发送的信号还未传播到主机C，主机C检测不到而已。

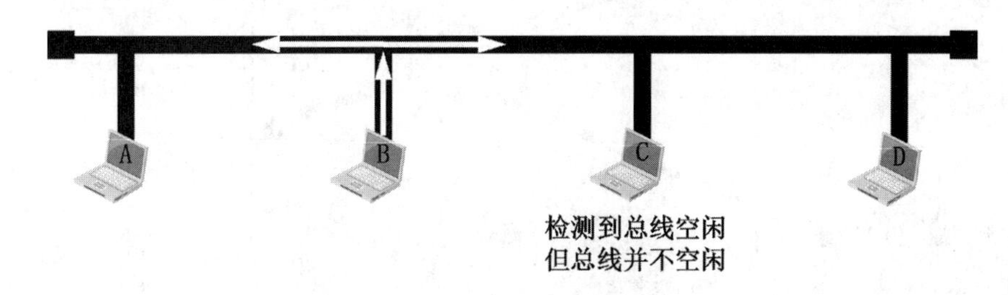

图3-43 检测到总线空闲但总线未必真正空闲

综上所述，使用CSMA/CD协议的共享总线以太网上的各站点，只是尽量避免碰撞并在出现碰撞时做出退避后重发的处理，但不能完全避免碰撞。

请读者注意，在使用CSMA/CD协议时，由于正在发送帧的站点必须“边发送帧边检测碰撞”，因此站点不可能同时进行发送和接收，也就是不可能进行全双工通信，而只能进行半双工通信（双向交替通信）。

2. 争用期

共享总线以太网上的任一站点在发送帧的过程中都可能会遭遇碰撞。当某个站点检测到总线空闲96比特时间后开始发送帧，如果该帧在传送过程中遭遇了碰撞，那么发送该帧的站点，最迟要经过多长时间，才能检测出自己发送的帧与其他站点发送的帧产生了碰撞呢？很显然，我们应当考虑位于共享总线以太网两端的两个站点发送的帧产生碰撞的情况。下面举例说明。

如图3-44所示，假设主机A和主机D分别位于共享总线以太网的两端，即在该以太网上任意两台主机之间的距离中，A与D之间的距离最长。A与D之间的信号传播时延就是该以太网单程端到端传播时延，记为τ。主机A和D都发送帧并产生碰撞的情况如下：

（1）在$t=0$时刻，主机A要发送帧，当检测到总线空闲96比特时间后，立即发送帧。

（2）在$t=\tau-\delta$时刻（$0<\delta<\tau$），主机A发送的帧还未到达主机D，而主机D也要发送帧。当主机D检测到总线空闲96比特时间后，立即发送帧。请注意，主机D检测到总线空闲，但实际上总线并不空闲，只是主机D检测不出来而已，这必然会产生碰撞。

（3）在$t=\tau-\delta/2$时刻，主机A发送的帧与主机D发送的帧产生碰撞。但此时双方都检测不到碰撞。

（4）在$t=\tau$时刻，主机D首先检测到碰撞，于是立即停止发送帧。

（5）在$t=2\tau-\delta$时刻，主机A也检测到碰撞，于是立即停止发送帧。

（6）主机A和D发送帧都失败了，它们各自要退避一段随机时间后再重新发送。

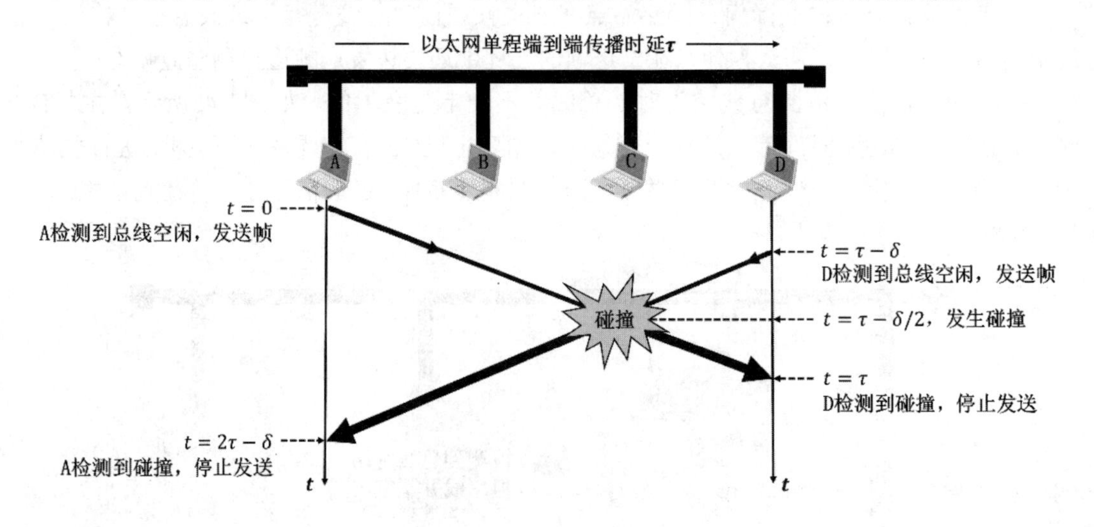

图3-44 争用期概念的引出

从图3-44可以看出，最先发送帧的主机A，在开始发送帧后最多经过2τ时长（即$\delta\to 0$）就可检测出所发送的帧是否遭遇了碰撞。因此，共享总线以太网的端到端往返时间2τ被称为争用期（Contention Period）或碰撞窗口（Collision Window），它是一个非常重要的参数。共享总线以太网上的某个站点在开始发送帧后经过争用期2τ这段时间还没有检测到碰撞，就可以肯定这次发送不会产生碰撞。

从争用期的概念可以看出，共享总线以太网上的每一个站点从开始发送帧算起到之后的一小段时间内，都有可能遭遇碰撞。而这一小段时间的长短是不确定的，它取决于另一个发送帧的站点与本站点的距离。显然，总线的长度越长（单程端到端传播时延越大），网络中站点数量越多，发生碰撞的概率就越大。因此，共享总线以太网的总线长度不能太长，接入的站点数量也不能太多。

10Mb/s共享总线以太网规定争用期2τ的值为512比特发送时间，即51.2μs。这不仅考虑了共享总线以太网端到端时延，还考虑到了其他一些因素，如网络中可能存在的转发器所带来的时延，以及发送帧的站点一旦检测到产生了碰撞时，除了立即停止发送帧，还要再继续发送32比特或48比特人为干扰信号（Jamming Signal）所持续的时间等。

发送人为干扰信号是一种强化碰撞的措施，目的在于有足够多的碰撞信号使总线上所有站点都能检测出碰撞。因此，共享总线以太网的端到端时延实际上是小于其争用期51.2μs的一半，即小于25.6μs。假设信号的传播速率为2×10^8 m/s，在不考虑其他因素的情况下，总线长度为5120m（2×10^8m/s×25.6μs）。但在实际应用中，需要考虑到转发器带来的时延、人为干扰信号的持续时间等因素，所以共享总线以太网规定总线长度不能超过2500m。

3. 最小帧长和最大帧长

1）最小帧长

如图3-45所示，主机A发送完了一个长度很短的帧并且不再检测碰撞。如果帧在传送过程中遭遇了碰撞，则主机A是无法检测出来的，也就不会退避一段随机时间后进行重传。

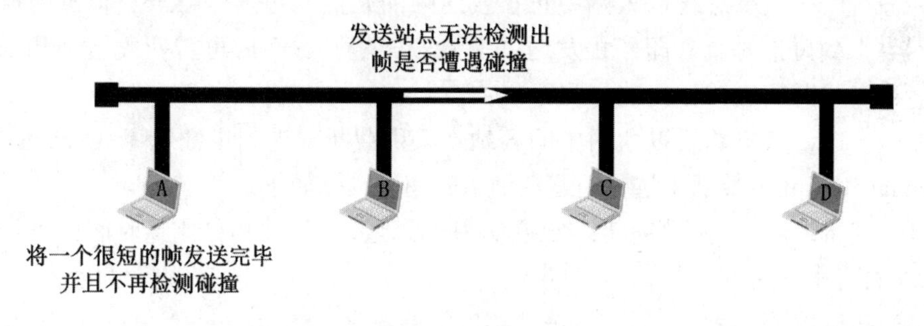

图3-45　最小帧长概念的引出

为了确保共享总线以太网上的每一个站点在发送完一个完整的帧之前，能够检测出是否产生了碰撞，帧的发送时延就不能少于共享总线以太网端到端的往返时间，即一个争用期2τ。对于10Mb/s的共享总线以太网，其争用期2τ的值规定为51.2μs，因此其最小帧长为512b（10Mb/s ×51.2μs），即64字节。

当某个站点在发送帧时，如果帧的前64个字节没有遭遇碰撞，那么帧的后续部分也就不会遭遇碰撞。也就是说，如果遭遇碰撞，就一定是在帧的前64字节之内。由于发送站点一旦检测到碰撞就立即中止帧的发送，此时已发送的数据量一定小于64字节。因此，接收站点收到长度小于64字节的帧，就可判定这是一个遭遇了碰撞而异常中止的无效帧，将其丢弃即可。

2）最大帧长

既然共享总线以太网规定了最小帧长，那么是否还规定了最大帧长呢？

一般来说，帧的数据载荷的长度应远大于帧首部和尾部的总长度，这样可以提高帧的传输效率。然而，如果不限制数据载荷的长度上限，就可能使得帧的长度太长，这会带来一些问题，下面举例说明。

如图3-46所示，主机A正在给主机D发送一个很长的帧，这会使得主机A长时间占用总线，而总线上的其他主机迟迟拿不到总线的“使用权”。另外，由于帧很长，还可能导致主机D的接收缓冲区无法装下该帧而产生溢出。

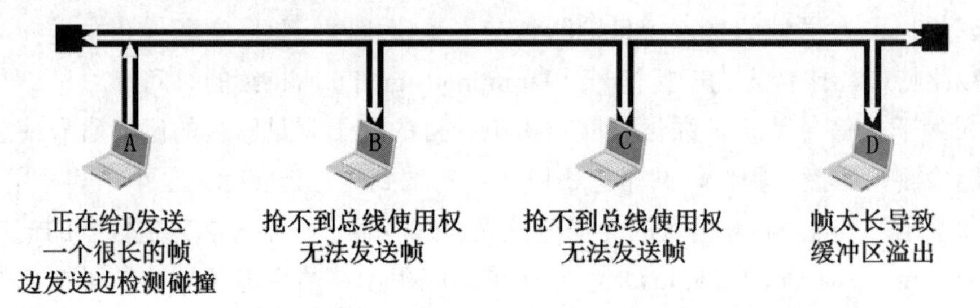

图3-46　最大帧长概念的引出

因此，以太网的帧长应该有其上限。以太网V2的MAC帧最大长度规定为1518字节，其中数据载荷的最大长度为1500字节，首部和尾部共18字节。

4. 退避算法

共享总线以太网中正在发送帧的站点一边发送帧一边检测碰撞，当检测到碰撞时就立即停止发送，退避一段随机时间后再重新发送。那么，这段随机时间应该如何选择呢？

共享总线以太网中的各站点采用截断二进制指数退避（Truncated Binary Exponential Backoff）算法来选择退避的随机时间，具体如下：

（1）基本退避时间：将争用期2τ作为基本退避时间，即512比特时间。对于10Mb/s共享总线以太网就是51.2μs。

（2）随机数r的选择：随机数r是从离散的整数集合$\{0, 1, \cdots, (2^k-1)\}$中随机取出的一个数。其中，$k$从重传次数和10中取小者，即$k$=Min(重传次数, 10)，这也是该算法名称中“截断”二字的含义。

（3）得到退避时间：将基本退避时间2τ乘以随机数r就可得到退避时间。

表3-2给出了第1次重传、第2次重传以及第12次重传时可能的退避时间。

表3-2　重传次数与可能的退避时间之间的关系

重传次数	k	离散的整数集合$\{0, 1, \cdots, (2^k-1)\}$	可能的退避时间
1	1	$\{0, 1\}$	$0\times2\tau$，$1\times2\tau$
2	2	$\{0, 1, 2, 3\}$	$0\times2\tau$，$1\times2\tau$，$3\times2\tau$，$4\times2\tau$
12	10	$\{0, 1, 2, 3, 4, \cdots, 1023\}$	$0\times2\tau$，$1\times2\tau$，$3\times2\tau$，$4\times2\tau$，$\cdots$，$1023\times2\tau$

如果连续多次产生碰撞，就表明可能有较多的站点参与竞争信道。但使用上述退避算法可使重传需要推迟的平均时间随重传次数增多而增大（即动态退避），因而减小产生碰撞的概率。

请读者注意，当重传达16次仍不能成功时，就表明同时打算发送帧的站点太多，以至于连续产生碰撞，此时应放弃重传并向高层报告。

5. 信道利用率

下面讨论使用CSMA/CD协议的共享总线以太网的信道利用率。

如图3-47所示，横坐标为时间，总线上的某个站点可能产生多次碰撞并进行多次退避后成功发送了一个帧，帧的发送时延记为T_0。在最极端的情况下，源站点在总线的一端，而目的站点在总线的另一端。因此，还要经过一个单程端到端的传播时延后，总线才能完全进入空闲状态。显然，发送一帧所需的平均时间由多个争用期、帧的发送时延以及单程端到端的传播时延这三部分构成。

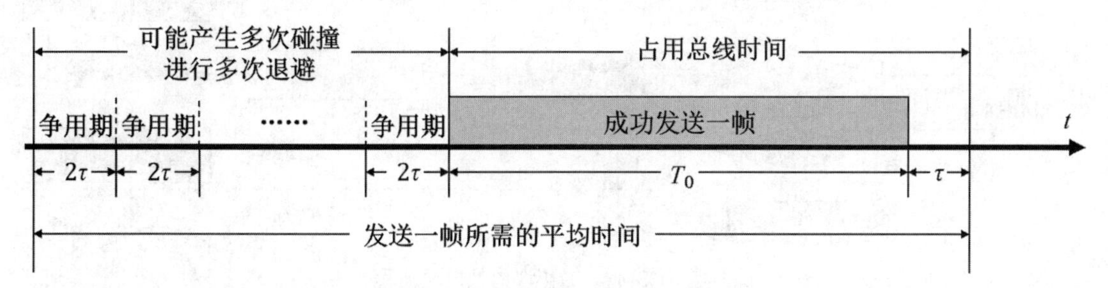

图3-47　共享式以太网的信道利用率

考虑以下这种理想情况：

- 总线一旦空闲就有某个站点立即发送帧。
- 各站点发送帧都不会产生碰撞。

因此，图3-47中多个争用期就不存在了。发送一帧所占用总线的时间为$T_0+\tau$，而帧本身的发送时间为T_0，这样就可以得到极限信道利用率S_{max}的表达式，如式（3-2）所示。

$$S_{max}=\frac{T_0}{T_0+\tau}=\frac{1}{1+\frac{\tau}{T_0}}=\frac{1}{1+a} \tag{3-2}$$

从式（3-2）可以看出，τ与T_0之比记为参数a。为了提高信道利用率，参数a的值应尽量小。要使参数a的值尽量小，则τ的值应当尽量小，这意味着共享总线以太网端到端的距离不应太长，而T_0的值应当尽量大，这意味着帧的长度应尽量大。

通过对共享总线以太网信道利用率的分析可知，总线长度越长（端到端时延越大），信道极限利用率越低，网络性能就越差。再考虑到可能产生碰撞这个因素，总线长度越长或连接的站点越多，产生碰撞的概率就越大，网络性能还会进一步降低。因此，共享总线以太网只能作为一种局域网技术而非广域网技术。

6. 帧的发送和接收流程

下面给出使用CSMA/CD协议发送帧的流程（图3-48）和接收帧的流程（图3-49）。

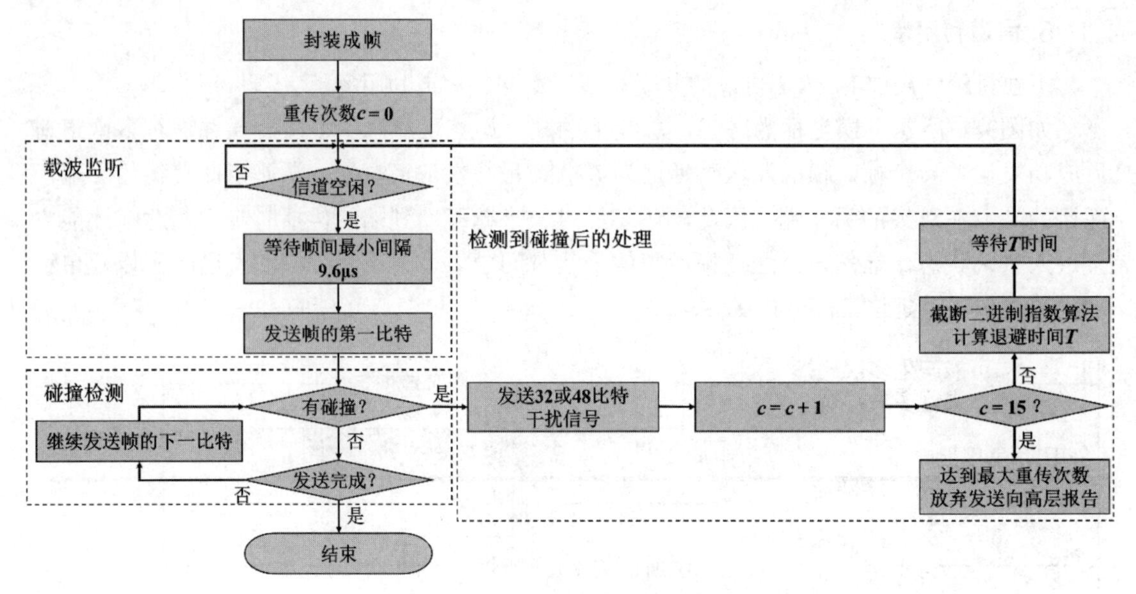

图3-48　CSMA/CD协议的帧发送流程

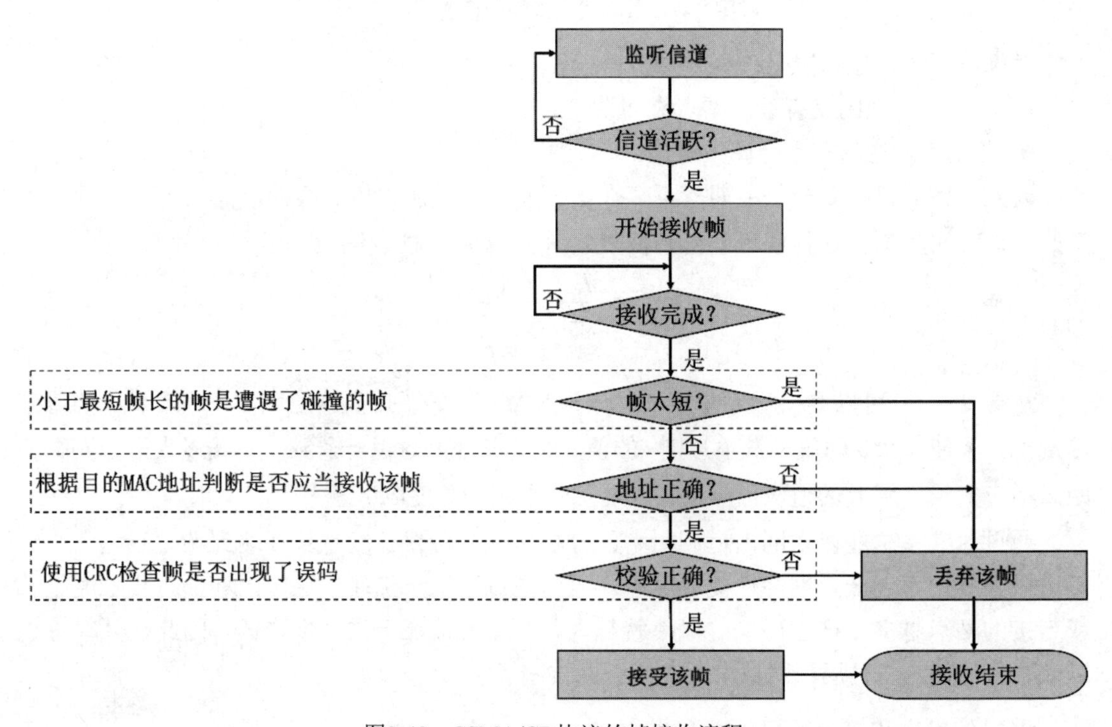

图3-49　CSMA/CD协议的帧接收流程

3.4.3　使用集线器的共享式以太网

早期的传统以太网是使用粗同轴电缆的共享总线以太网，后来发展到使用价格相对便宜的细同轴电缆。当初认为这种连接方法既简单又可靠，因为在那个时代普遍认为有源器件不可靠，而无源的电缆线才是最可靠的。然而，实践证明这种使用无源电缆线和大量机械接口的总线型以太网并不像人

们想象的那么可靠。

图3-50所示的是使用细同轴电缆的共享总线以太网。每一台要接入到总线的主机，都必须要配套使用一块带有BNC接口的网卡和一个BNC T型接口。为了避免信号的反射，在总线的两端还需要各连接一个终端匹配电阻。因此，这样的网络中就会有大量的机械连接点。若总线上的某个机械连接点接触不良或断开，则整个网络通信就不稳定或彻底断网。

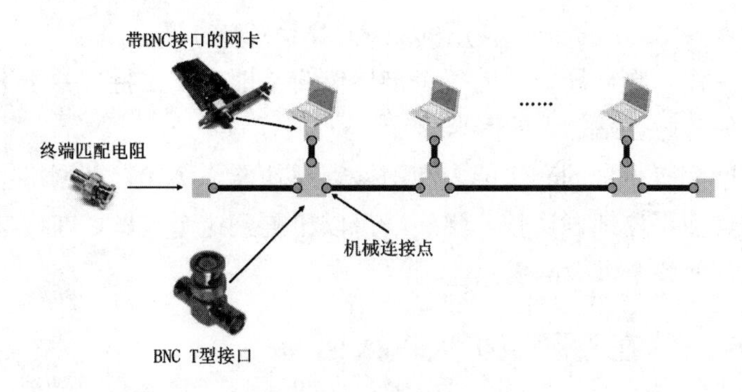

图3-50 共享总线以太网使用大量机械接口

后来，以太网发展出来了一种使用大规模集成电路来替代总线、并且可靠性非常高的设备，叫作集线器（Hub）。主机连接到集线器的传输媒体也转而使用更便宜、更灵活的双绞线电缆。每台主机需要使用两对无屏蔽双绞线（封装在一根电缆内），分别用于发送和接收。

图3-51所示的是一个使用集线器和双绞线电缆互连了四台主机的星型拓扑的以太网。主机中的以太网卡和集线器的各接口使用RJ45插座，它们之间通过双绞线电缆进行连接，在双绞线电缆的两端是RJ45插头（俗称水晶头）。

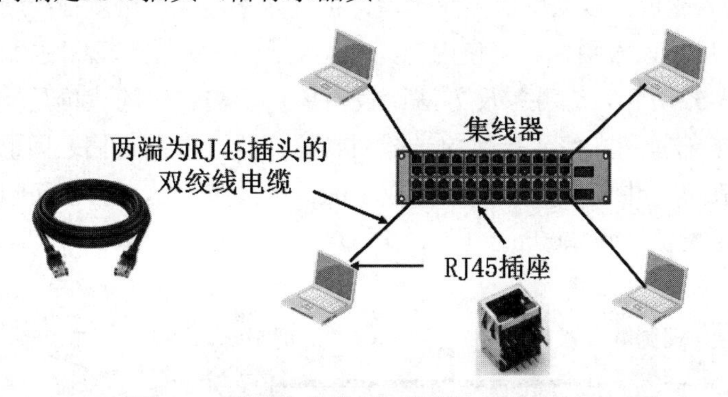

图3-51 使用集线器和双绞线的星型以太网

实践证明，使用集线器和双绞线比使用具有大量机械接头的无源电缆线要可靠得多，并且价格便宜、使用方便。因此，使用粗同轴电缆和细同轴电缆的共享总线以太网早已成为了历史，从市场上消失了。

10BASE-T星型以太网的标准802.3i由IEEE于1990年制定。“10”表示传输速率为10Mb/s，BASE表示采用基带信号进行传输，T表示采用双绞线作为传输媒体。10BASE-T以太网的通信距离较短，每台主机到集线器的距离不能超过100m。10BASE-T以太网是局域网发展史上的一座非常重要的里程碑，它为以太网在局域网中的统治地位奠定了牢固的基础。IEEE 802.3以太网还可使用光纤作为传输媒体，相应的标准为10BASE-F，“F”表示光纤。光纤主要用作集线器之间的远程连接。

集线器的一些主要特点如下：

- 使用集线器的以太网虽然物理拓扑是星型的，但在逻辑上仍然是一个总线网。总线上的各站点共享总线资源，使用的还是CSMA/CD协议。
- 集线器只工作在物理层，它的每个接口仅简单地转发比特，并不进行碰撞检测。碰撞检测的任务由各站点中的网卡负责。
- 集线器一般都有少量的容错能力和网络管理功能。例如，若网络中某个站点的网卡出现了故障而不停地发送帧，集线器可以检测到这个问题，在内部断开与出故障网卡的连线，使整个以太网仍然能正常工作。

3.4.4 在物理层扩展以太网

1. 扩展站点与集线器之间的距离

共享总线式以太网中两站点之间的距离不能太远，否则它们之间所传输的信号就会衰减到使CSMA/CD协议无法正常工作。例如，10BASE-T星型以太网中每个站点到集线器的距离不能超过100m，因此两站点间的通信距离最大不能超过200m。

在早期广泛使用粗同轴电缆或细同轴电缆共享总线以太网时，为了提高网络的地理覆盖范围，常用的是工作在物理层的转发器。IEEE 802.3标准规定，两个网段可用一个转发器连接起来，任意两个站点之间最多可以经过三个网段。然而，随着使用双绞线和集线器的10BASE-T星型以太网成为以太网的主流类型，扩展网络覆盖范围就很少使用转发器了。

在10BASE-T星型以太网中，可使用光纤和一对光纤调制解调器来扩展站点与集线器之间的距离，如图3-52所示。这种扩展方法比较简单，所需付出的代价是，为站点和集线器各增加一个用于电信号和光信号转换的光纤调制解调器，以及它们之间的一对通信光纤。我们知道，信号在光纤中的衰减和失真是很小的，因此使用这种方法可以很简便地将站点与集线器之间的距离扩展到1000m以上。

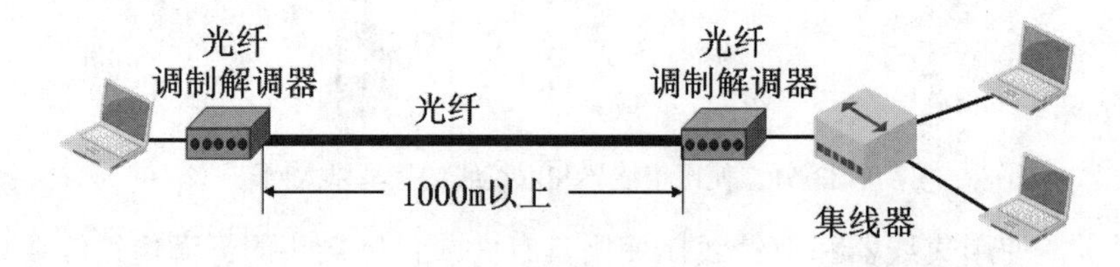

图3-52 使用光纤和一对光纤调制解调器来扩展站点与集线器之间的距离

2. 扩展共享式以太网的覆盖范围和站点的数量

以太网集线器一般具有8～32个接口，如果要连接的站点数量超过了单个集线器能够提供的接口数量，就需要使用多个集线器，这样就可以连接成覆盖更大范围、连接更多站点的多级星型以太网。

如图3-53（a）所示，某公司的两个部门各有一个10BASE-T以太网。为了让这两个以太网之间可以通信，可使用一个主干集线器将它们连接起来，形成一个更大的网络，如图3-53（b）所示。

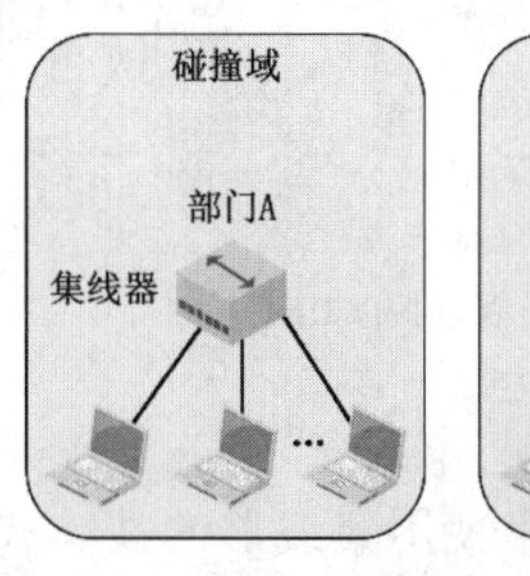

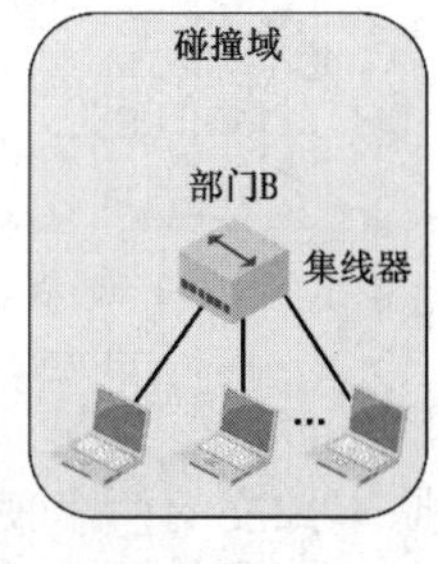

（a）两个独立的以太网

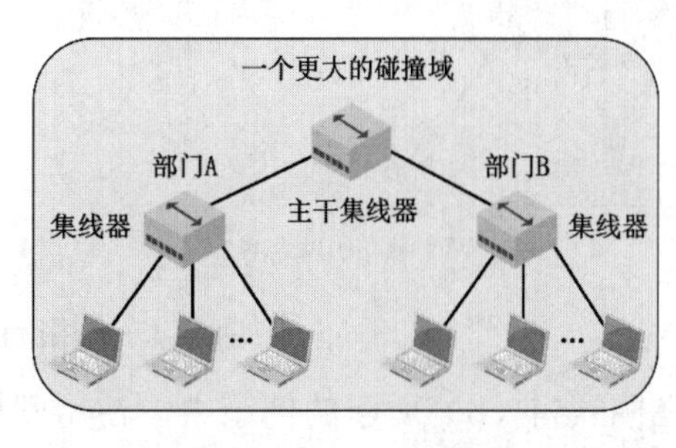

（b）一个扩展的以太网

图3-53　用多个集线器连成多级星型以太网

采用多个集线器连接而成的多级星型以太网，在扩展了网络覆盖范围和站点数量的同时，也带来了一些负面因素。

在图3-53（a）所示的例子中，在部门A和B各自的10BASE-T以太网互连起来之前，每个部门的10BASE-T以太网是一个独立的碰撞域（Collision Domain）。在任何时刻，每个碰撞域中只能有一个站点发送帧。每个部门的10BASE-T以太网的最大吞吐量为10Mb/s，因此两个部门总的最大吞吐量共有20Mb/s。当把两个部门各自的10BASE-T以太网通过一台主干集线器互连起来后，就把原来两个独立的碰撞域合并成了一个更大的碰撞域，即形成了一个覆盖范围更大、站点数量更多的共享式以太网，如图3-53（b）所示。这个更大碰撞域的最大吞吐量仍然是10Mb/s，其中的每个站点相较于它们原先所在的独立碰撞域所遭遇碰撞的可能性会明显增加。

综上所述，在物理层扩展的共享式以太网仍然是一个碰撞域，不能连接太多的站点，否则可能会出现大量的碰撞，导致平均吞吐量太低。

请读者注意，不管是采用转发器、光纤还是集线器在物理层扩展以太网，都仅仅相当于扩展了共享传输媒体的长度。由于共享式以太网有争用期对端到端时延的限制，因此不能无限扩大网络的覆盖范围。

3.4.5　在数据链路层扩展以太网

使用集线器在物理层扩展共享式以太网会形成更大的碰撞域。在扩展共享式以太网时，为了避免形成更大的碰撞域，可以使用网桥（Bridge）在数据链路层扩展共享式以太网。

如图3-54（a）所示，某公司的两个部门各有一个10BASE-T以太网。为了让这两个以太网之间可以通信，可使用一个网桥将它们连接起来，形成一个更大的网络，如图3-54（b）所示。

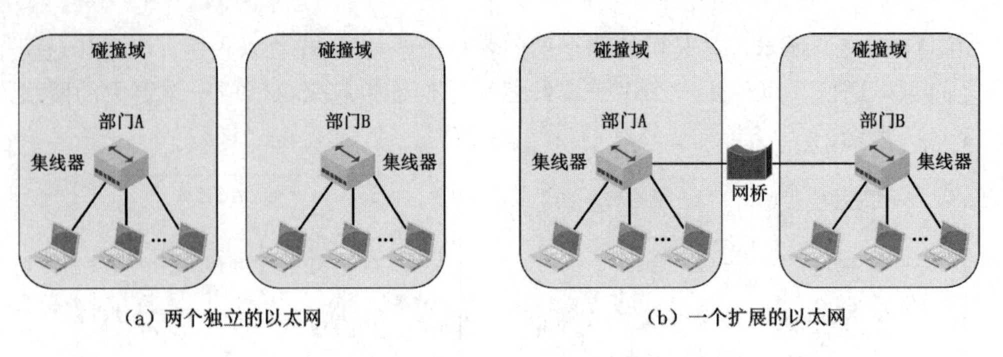

图3-54　使用网桥扩展共享式以太网

在图3-54（b）所示的例子中，使用网桥将原本独立的两个使用集线器的共享式以太网连接起来，就可形成一个覆盖范围更大、站点数量更多的以太网。与使用主干集线器进行扩展不同，使用网桥进行扩展，并不会将原本两个独立的碰撞域合并成一个更大的碰撞域。这是因为网桥工作在数据链路层（包含其下的物理层），而集线器仅工作在物理层。也就是说，网桥比集线器“懂得多”。

由于网桥工作在数据链路层，所以网桥具备属于数据链路层范畴的相关能力。例如，网桥可以识别帧的结构，根据帧首部中的目的MAC地址和网桥的帧转发表来转发或丢弃所收到的帧。

1. 网桥的基本工作原理

网桥内部的主要结构如图3-55所示。网桥一般具有两个接口，用于连接两个不同的以太网，这样就可形成一个覆盖范围更大、站点数量更多的以太网，而原来的每个以太网就称为网段（Segment）。图3-55所示的网桥的接口1和接口2分别连接了一个网段。

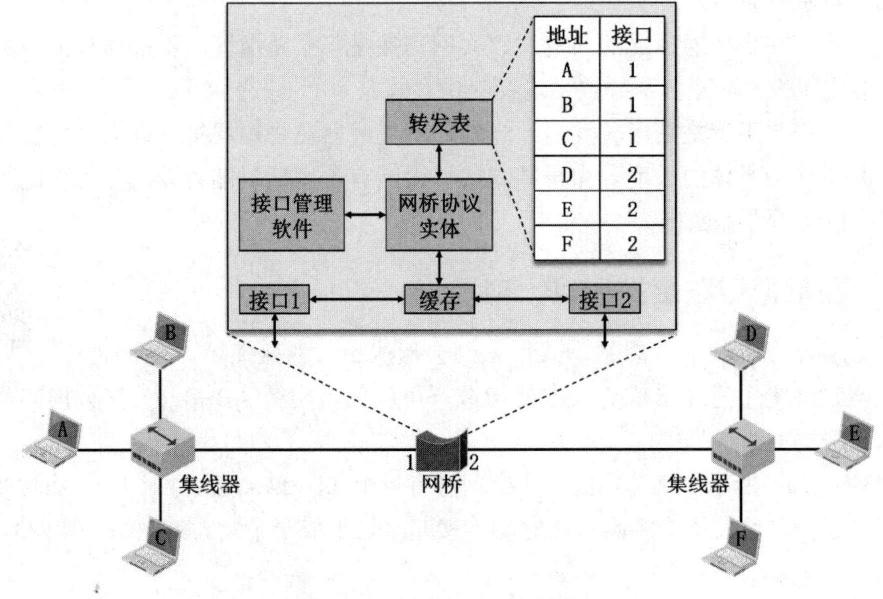

图3-55　网桥的基本工作原理

网桥收到帧后，会在自身的转发表中查找帧的目的MAC地址，根据查找结果来转发或丢弃帧。借助图3-55说明网桥转发或丢弃帧的情况：

（1）若网桥从接口1收到主机B给主机D发送的帧，则在转发表中查找主机D的目的MAC地址D，根据查找结果可知，应从接口2转发该帧，于是就把该帧从接口2转发给另一个网段，使主机D能够收到该帧。

（2）若网桥从接口1收到主机C发给主机A的帧，根据查表结果可知，应从接口1转发该帧给主机A，然而网桥正是从接口1收到该帧的，这表明主机C和主机A在同一网段中，主机A能够直接收到这个帧而不需要依靠网桥的转发，因此网桥会丢弃该帧。

（3）当网桥收到一个广播帧时（目的MAC地址为FF-FF-FF-FF-FF-FF），不用查找转发表，而是会通过除接收该帧的接口的其他接口转发该广播帧。

上述操作是网桥通过其内部的接口管理软件和网桥协议实体来完成的。

请读者注意，网桥的接口在向其连接的网段转发帧时，会执行相应的媒体接入控制协议，对于共享式以太网就是CSMA/CD协议。

2. 透明网桥的自学习和转发帧的流程

网桥中的转发表对于帧的转发起着决定性的作用。那么，转发表又是如何建立的呢？实际上，透明网桥通过自学习算法建立转发表。

透明网桥（Transparent Bridge）中的“透明”，是指以太网中的各站点并不知道自己所发送的帧将会经过哪些网桥的转发，最终到达目的站点。也就是说，以太网中的各网桥对于各站点而言是看不见的。使用透明网桥将原本独立的各以太网连接起来，即可形成覆盖范围更大、站点数量更多的以太网，而并不需要给各透明网桥配置转发表。显然，透明网桥是一种即插即用设备。透明网桥的标准是IEEE 802.1D，它通过一种自学习算法基于以太网中各站点间的相互通信逐步建立起自己的转发表。

下面举例说明透明网桥（以下简称网桥）的自学习和转发帧的流程。

在图3-56所示的图中，使用网桥将原本独立的两个使用集线器的共享式以太网连接起来，就可形成一个覆盖范围更大、站点数量更多的以太网。为了简单起见，将主机A～F各自网卡的MAC地址分别简记为A～F。网桥上电启动后，其转发表是空的。假设网络中依次进行了以下各主机间的通信：A→B、D→A、C→A，并且帧在传输过程中没有误码。来看看在上述通信过程中网桥是如何自学习和转发帧的。

1）主机A给主机B发送帧

图3-56（a）展示了主机A给主机B发送帧的情况：

（1）与主机A处于同一网段中的主机B、主机C以及网桥的接口1都会收到该单播帧。

（2）主机B中的网卡根据该单播帧的目的MAC地址B可知，这是发送给自己的帧而接受该帧。

（3）主机C中的网卡根据该单播帧的目的MAC地址B可知，这不是发送给自己的帧而将其丢弃。

（4）网桥首先将该帧的源MAC地址A与进入网桥的接口号1作为一条记录登记到自己的转发表中，也就是网桥自学习到了自己的接口1与主机A的MAC地址A的对应关系。之后，网桥在自己的转发表中查找该单播帧的目的MAC地址B，但没有找到，网桥只能通过除接收该帧的接口1以外的其他接口转发该单播帧（对于本例，其他接口只有接口2），因此该单播帧会从网桥的接口2转发到另一个网段，可比喻为“盲目地转发”。

（5）另一个网段中的主机D、E和F收到该单播帧后将其丢弃。

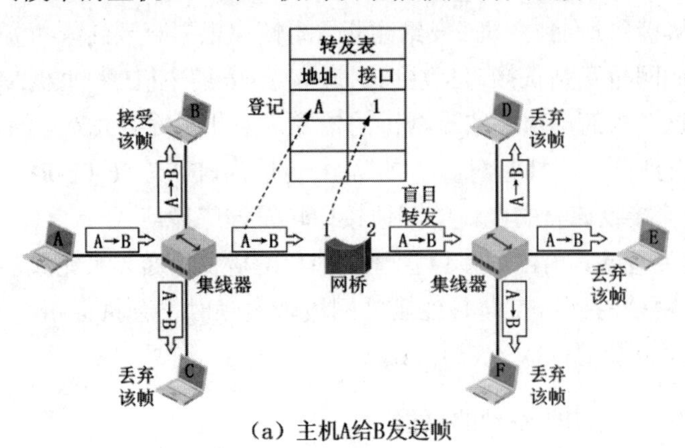

（a）主机A给B发送帧

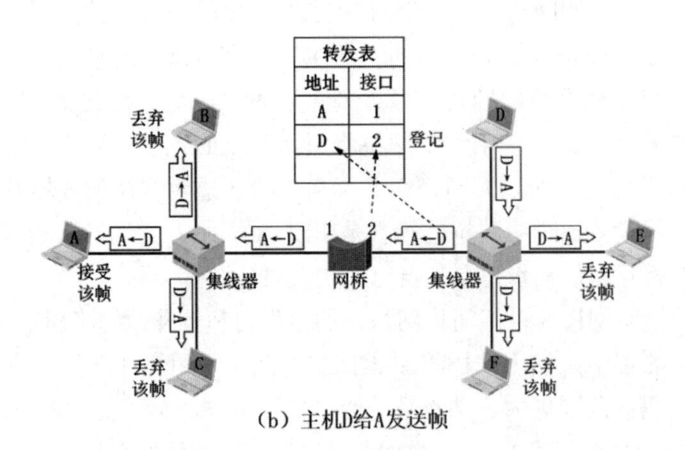

（b）主机D给A发送帧

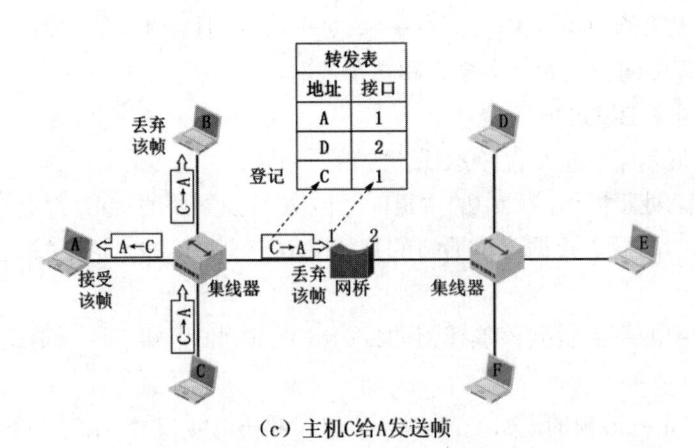

（c）主机C给A发送帧

图3-56　网桥自学习和转发帧的流程举例

2）主机D给主机A发送帧

图3-56（b）展示了主机D给主机A发送帧的情况：

（1）与主机D处于同一网段中的主机E、主机F以及网桥的接口2都会收到该单播帧。

（2）主机E和F中的网卡根据该单播帧的目的MAC地址A可知，这不是发送给自己的帧而将其丢弃。

（3）网桥首先将该帧的源MAC地址D与进入网桥的接口号2作为一条记录登记到自己的转发表中，也就是网桥自学习到了自己的接口2与主机D的MAC地址D的对应关系。之后，网桥在自己的转发表中查找该单播帧的目的MAC地址A，可以找到相应的记录，从记录的接口号部分可知，应从接口1转发该帧，因此该单播帧会从网桥的接口1转发到另一个网段，可比喻为“明确地转发”。

（4）另一个网段中的主机A收到并接受该单播帧，而主机B和C收到该单播帧后将其丢弃。

3）主机C给主机A发送帧

图3-56（c）展示了主机C给主机A发送帧的情况：

（1）与主机C处于同一网段中的主机A、主机B以及网桥的接口1都会收到该单播帧。

（2）主机A中的网卡根据该单播帧的目的MAC地址A可知，这是发送给自己的帧而接受该帧。

（3）主机B中的网卡根据该单播帧的目的MAC地址A可知，这不是发送给自己的帧而将其丢弃。

（4）网桥首先将该帧的源MAC地址C与进入网桥的接口号1作为一条记录登记到自己的转发表中，也就是网桥自学习到了自己的接口1与主机C的MAC地址C的对应关系。之后，网桥在自己的转发表中查找该单播帧的目的MAC地址A，可以找到相应的记录，从记录的接口号部分可知，应从接口1转发该帧，然而网桥正是从接口1接收的该帧，这表明主机C与A在同一个网段，A能够直接收到该帧而不需要借助于网桥的转发，因此网桥丢弃该帧。

在上述例子中，如果网络中的各主机陆续都发送了帧，则网桥会逐步建立起完整的转发表，即网桥的每个接口都与网络中哪些主机的MAC地址对应。

请读者注意，除上述例子给出的情况外，透明网桥的自学习和转发帧的流程还包括以下情况：

（1）如果网桥收到有误码的帧则直接丢弃。

（2）如果网桥收到一个无误码的广播帧，则不用进行查表转发，而是直接从除接收该广播帧的接口的其他接口转发该广播帧。

（3）网桥在进行自学习时，除了登记帧的源MAC地址和帧进入网桥接口的接口号，还要登记帧进入网桥的时间。这是因为以太网的拓扑经常会发生变化，例如某个主机从以太网中的一个网段移至另一个网段，或主机更换了网卡。为了使转发表能反映出整个网络的最新拓扑，转发表中自学习来的每条记录都有其生存时间（或称老化时间），当生存时间倒计时为0时，记录将被删除。

3. 透明网桥的生成树协议

为了提高以太网的可靠性，有时需要在两个以太网之间使用多个透明网桥来提供冗余链路。例如在图3-57中，使用透明网桥B1将共享总线型以太网E1和E2连接形成了一个更大的以太网。为了提高该以太网的可靠性，还使用了一个冗余的透明网桥B2将E1和E2进行了连接。显然，添加了冗余的透明网桥B2后，以太网中将出现环路。

在图3-58中，如果以太网E1或E2中的某个主机发送了一个广播帧，则该广播帧就会在网桥B1和B2构成的环路中按顺时针和逆时针两个方向永久兜圈。另外，如果以太网E1或E2中的某个主机发送了一个单播帧，而网桥B1和B2的转发表中都没有该单播帧目的MAC地址的相关记录，则该单播帧也会在网桥B1和B2构成的环路中按顺时针和逆时针两个方向永久兜圈。上述两种情况会造成广播帧或单播帧充斥整个网络，网络资源被白白浪费，而网络中的主机之间无法正常通信。

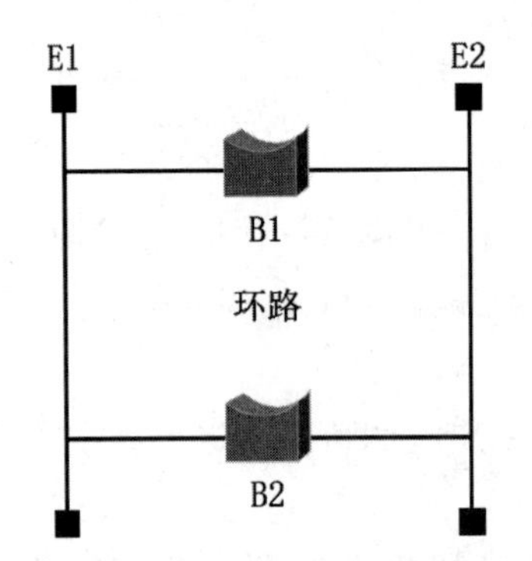

图3-57 使用冗余网桥会产生环路

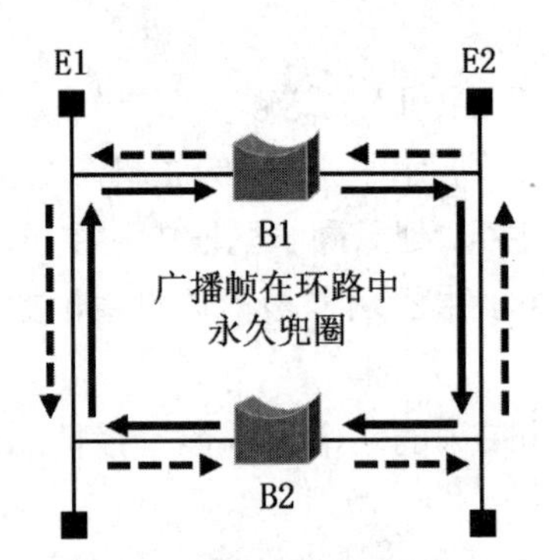

图3-58 广播帧在环路中永久兜圈

为了避免帧在网络中永久兜圈，透明网桥使用生成树协议（Spanning Tree Protocol，STP），可以在增加冗余链路来提高网络可靠性的同时，又避免环路带来的各种问题。不论网桥之间连接成了怎样复杂的带环拓扑，网桥之间通过交互STP相关数据包（即网桥协议数据单元，Bridge Protocol Data Uint，BPDU），都能找出原网络拓扑的一个连通子集（即生成树），在这个子集里整个连通的网络中不存在环路。一旦找出了生成树，相关网桥就会关闭自己的相关接口，这些接口不再接收和转发帧，以确保不存在环路。

在图3-59（a）中，网桥B1和B2通过交互STP相关数据包找出了一个连通以太网E1和E2并且不存在环路的生成树，而网桥B2与以太网E2连接的接口并不在该生成树链路上，网桥B2关闭该接口。这样，以太网E1和E2是通过网桥B1连通的。

当首次连接网桥或网络拓扑发生变化时（有可能是人为改变或出现故障），网桥都会重新构造生成树，以确保网络的连通。例如图3-59（b）所示，网桥B1与以太网E1之间的链路出现了故障，网桥B1和B2通过交互STP相关数据包重新构造了一个可以连通以太网E1和E2的生成树，只要网桥B2重新开启自己与以太网E2的连接接口即可。这样，以太网E1和E2是通过网桥B2连通的。

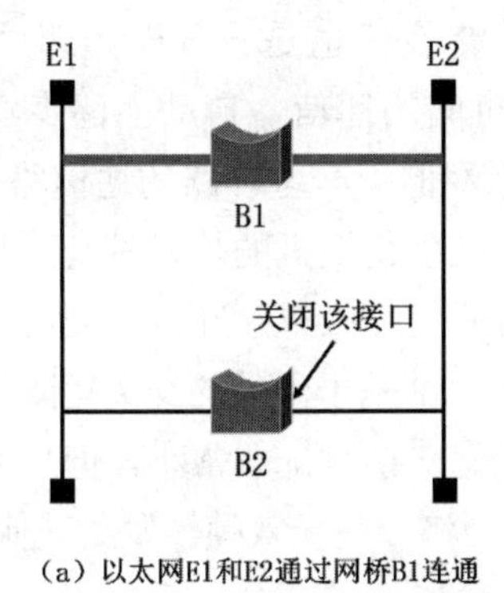

（a）以太网E1和E2通过网桥B1连通

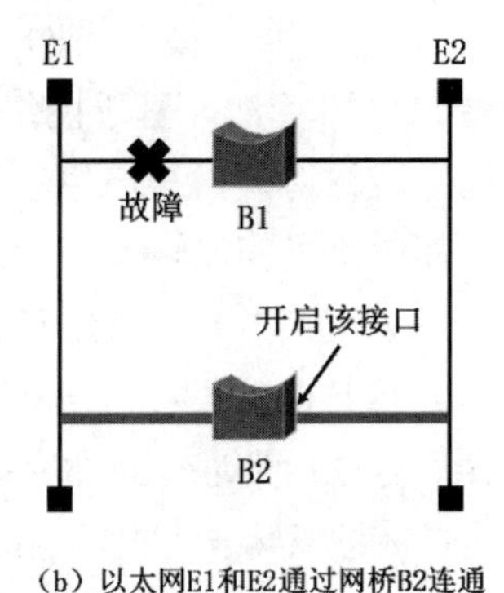

（b）以太网E1和E2通过网桥B2连通

图3-59　生成树协议举例

3.5　交换式以太网

网桥的接口数量很少，通常只有2～4个，一般只用来连接不同的网段。1990年面世的交换式集线器（Switching Hub），实质上是具有多个接口的网桥。交换式集线器常称为以太网交换机（Switch）或二层交换机。“二层”是指以太网交换机工作在数据链路层。仅使用交换机（而不使用集线器）的以太网就是交换式以太网。

3.5.1　以太网交换机

以太网交换机（以下简称交换机）的每个接口可以直接连接计算机，也可以连接集线器或另一个交换机，如图3-60所示。

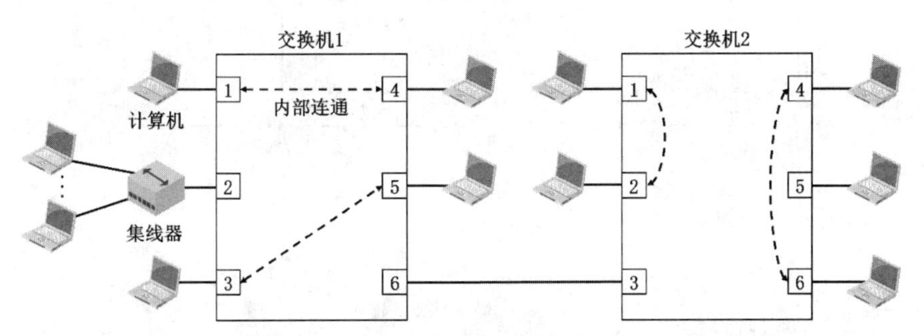

图3-60　交换机的接口可以连接计算机、交换机和集线器

- 当交换机的接口直接与计算机或交换机连接时，可以工作在全双工方式，并能在自身内部同时连通多对接口，使每一对相互通信的计算机都能像独占传输媒体那样，无碰撞地传输数据，这样就不需要使用CSMA/CD协议了。
- 当交换机的接口连接共享媒体的集线器时，就只能使用CSMA/CD协议并只能工作在半双工方式下。

当前的交换机和计算机中的网卡都能自动识别上述两种情况，并自动切换到相应的工作方式。以太网交换机一般都具有多种速率的接口，例如10Mb/s、100Mb/s、1Gb/s甚至10Gb/s的接口，以及多速率自适应接口。

交换机本质上就是一个多接口的网桥，因此交换机也是一种即插即用设备，其内部的转发表也是通过自学习算法，基于网络中各主机间的通信，自动地逐步建立起来的。另外，交换机也使用生成树协议，来产生能够连通全网但不产生环路的通信路径。

一般的交换机都采用“存储转发”方式，为了减小交换机的转发时延，某些交换机采用了直通（Cut-Through）交换方式。采用直通交换方式的交换机，在接收帧的同时就立即按帧的目的MAC地址决定该帧的转发接口，然后通过其内部基于硬件的交叉矩阵进行转发，而不必把整个帧先缓存后再进行处理。直通交换的优点是交换时延非常小，但直通交换也有其缺点：不检查差错就直接将帧转发出去，因此有可能会将一些无效帧转发给其他主机。

3.5.2 共享式以太网与交换式以太网的对比

下面举例说明使用集线器的共享式以太网与全部使用交换机的交换式以太网的区别。请读者注意，这里假设交换机已经通过自学习算法逐步建立了完整的转发表。

1. 主机发送单播帧的情况

主机发送单播帧的情况如图3-61所示。

- 对于使用集线器的共享式以太网，单播帧会通过集线器传播到网络中的其他各主机。其他各主机中的网卡会根据单播帧的目的MAC地址决定接受或丢弃该帧。
- 对于使用交换机的交换式以太网，交换机收到单播帧后，根据帧的目的MAC地址和自身的转发表将帧明确地转发给目的主机，而不是网络中的其他各主机。

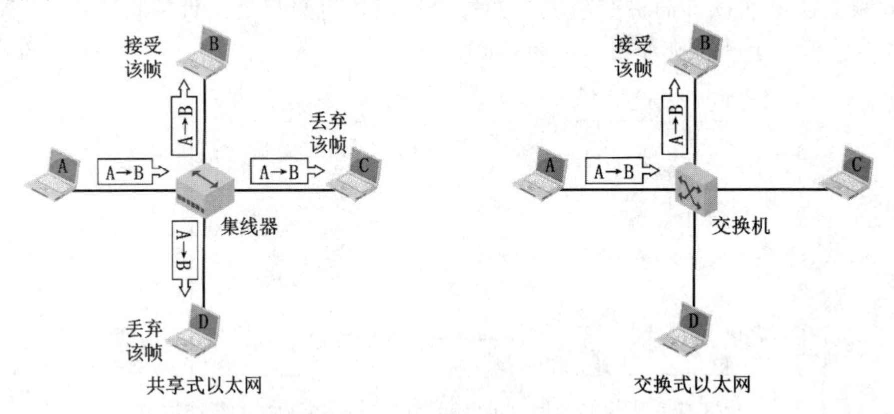

图3-61　共享式以太网与交换式以太网的区别举例1

2. 主机发送广播帧的情况

主机发送广播帧的情况如图3-62所示。

- 对于使用集线器的共享式以太网，广播帧会通过集线器传播到网络中的其他各主机，其他各主机中的网卡检测到帧的目的MAC地址是广播地址，就接受该帧。
- 对于使用交换机的交换式以太网，交换机收到广播帧后，检测到帧的目的MAC地址是广播地址，于是从除该帧进入交换机的接口的其他所有接口转发该帧，网络中除了源主机的其他各主机收到该广播帧后，接受该广播帧。

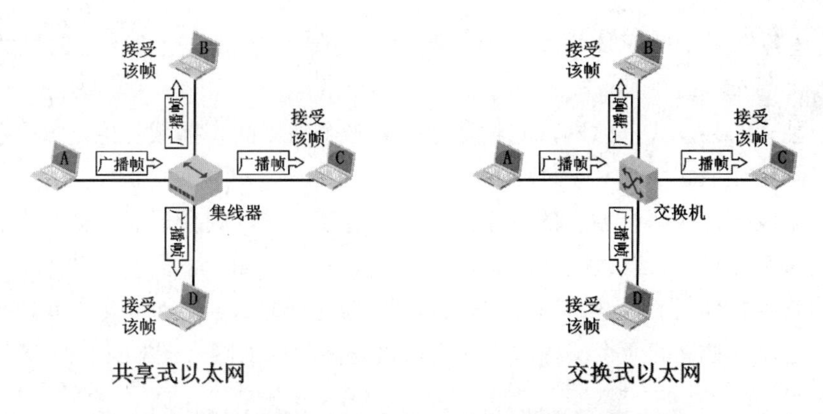

图3-62　共享式以太网与交换式以太网的区别举例2

从本例可以看出，使用集线器的共享式以太网中的各主机属于同一个广播域，而使用交换机的交换式以太网中的各主机也属于同一个广播域。集线器和交换机对广播帧的转发情况从效果上看是相同的，但它们的基本原理并不相同。

3. 多对主机间同时通信的情况

多台主机同时通信的情况如图3-63所示。

- 对于使用集线器的共享式以太网，当多对主机同时通信时，必然会产生碰撞，遭遇碰撞的帧会传播到网络中的各主机。
- 对于使用交换机的交换式以太网，由于交换机对收到的帧进行“存储转发”，并且能实现多对接口的高速并行交换，因此不会产生碰撞。

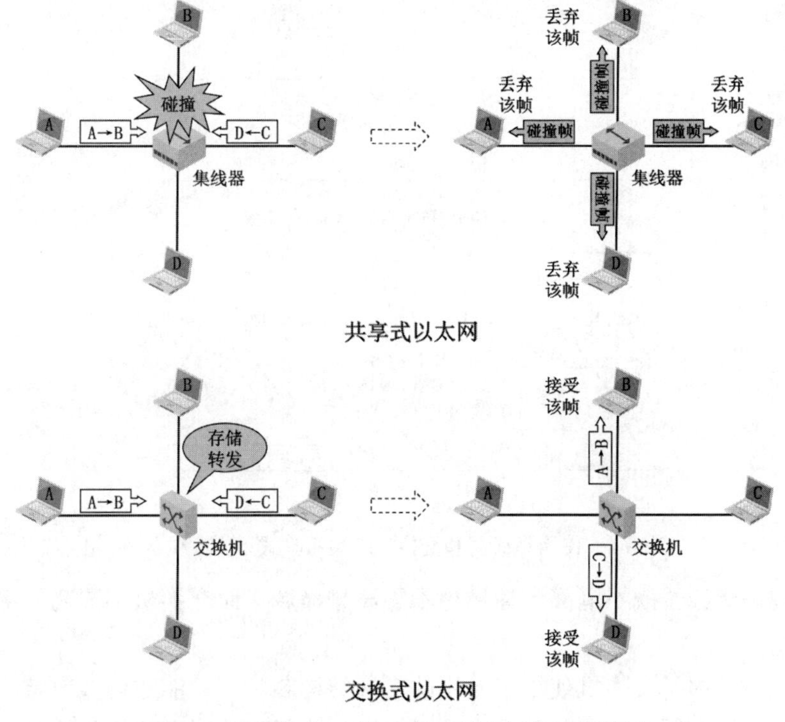

图3-63　共享式以太网与交换式以太网的区别举例3

通过上述各例子中的对比情况，可以得出使用集线器和交换机扩展共享式以太网的区别：

- 两个独立的共享式以太网，它们各自既是一个独立的广播域，也是一个独立的碰撞域（图3-64（a））。
- 若用集线器将这两个独立的共享式以太网连接起来，则会形成一个具有更大广播域和碰撞域的共享式以太网（图3-64（b））。
- 若用交换机将这两个独立的共享式以太网连接起来，则会形成一个具有更大广播域、但原本独立的两个碰撞域仍被交换机隔离的以太网（图3-64（c））。

(a) 两个独立的共享式以太网

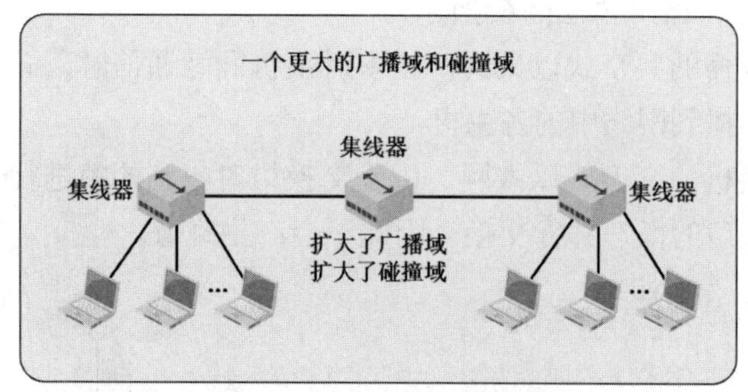

(b) 使用集线器扩展共享式以太网

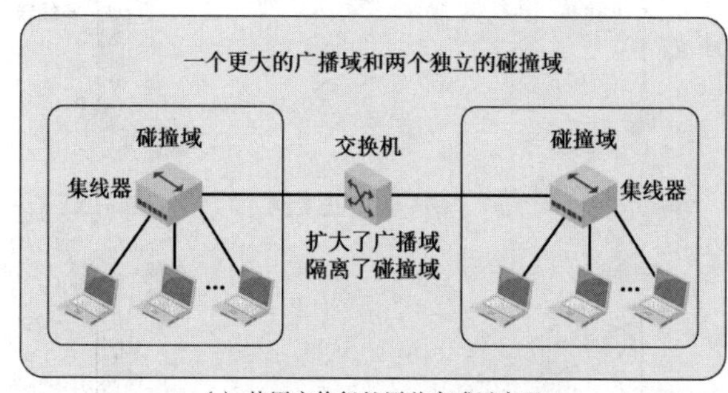

(c) 使用交换机扩展共享式以太网

图3-64　使用集线器和交换机扩展共享式以太网的区别

也就是说，集线器既不隔离广播域也不隔离碰撞域，而交换机不隔离广播域但隔离碰撞域。

请读者注意，由于交换机使用了专用的交换结构芯片，并能实现多对接口的高速并行交换，可以大大提高网络性能。随着交换机成本的降低，使用交换机的交换式以太网已经取代了传统的使用集线器的共享式以太网。只要全部使用交换机（而不使用集线器）来构建以太网，就可以构建出工作在无碰撞的全双工方式的交换式以太网。

3.6 以太网的 MAC 帧格式

以太网的MAC帧格式有DIX Ethernet V2（即以太网V2）和IEEE 802.3两种标准。这两种标准的MAC帧格式的差别很小（仅在类型字段有差别），因此很多人并没有严格区分这两种标准。现在市场上流行的都是以太网V2的MAC帧，因此本节只介绍以太网V2的MAC帧格式。

3.6.1 以太网 V2 的 MAC 帧格式

以太网V2的MAC帧由目的地址、源地址、类型、数据以及FCS这五个字段组成，如图3-65所示。

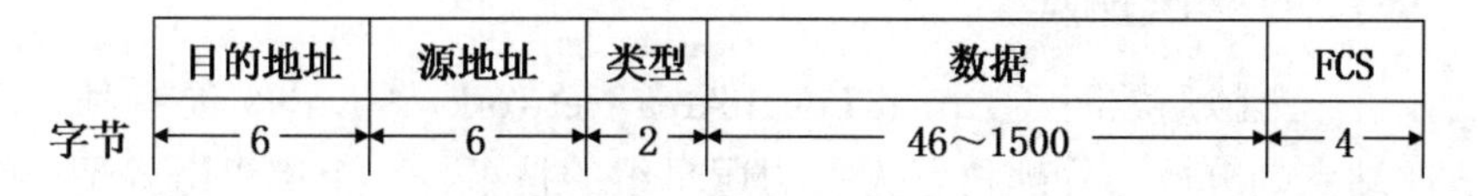

图3-65 以太网V2的MAC帧格式

目的地址和源地址字段分别为6字节长，用来填入帧的目的MAC地址和源MAC地址。

类型字段为2字节长，其值用来指明数据字段中的内容是由上一层的哪个协议封装的，以便将收到的MAC帧的数据字段中的内容上交给上一层的这个协议。例如，当类型字段的值为0x0800时，则表明数据字段中的内容是TCP/IP网际层IP协议封装的IP数据报。当类型字段的值为0x8137时，则表明数据字段中的内容是由Novell网络层IPX协议封装的。

数据字段的长度范围是46～1500字节，用来装载上层协议所封装的协议数据单元（PDU）。由于以太网规定最小帧长为64字节，因此除去首部和尾部共18字节，数据字段的最小长度应为46字节。当数据字段的长度小于46字节时，数据链路层就会在数据字段的后面插入相应个填充字节，以确保MAC帧的长度不小于64字节。显然，有效的MAC帧长度为64～1518字节之间。

FCS字段的长度为4字节，它的内容是使用CRC生成的帧检验序列。接收方的网卡通过FCS的内容就可检测出帧在传输过程中是否产生了误码。

3.6.2 物理层前导码

以太网V2的数据链路层将封装好的MAC帧交付给物理层进行发送。物理层在发送MAC帧之前还要在其前面添加8字节的前导码。有关这部分内容已经在3.2.1节中结合图3-9进行了介绍，此处就不再赘述了。

3.6.3 无效的 MAC 帧

接收方可能收到的无效MAC帧包括以下几种：

- MAC帧的长度不是整数个字节。

- 通过MAC帧的FCS字段的值检测出帧有误码。
- MAC帧的长度不在64～1518字节范围内。

请读者注意，接收方收到无效的MAC帧时，就简单将其丢弃，以太网的数据链路层没有重传机制。

3.7 虚拟局域网

将多个站点通过一个或多个以太网交换机连接起来就构建出了交换式以太网。交换式以太网中的所有站点都属于同一个广播域。随着交换式以太网规模的扩大，广播域也相应扩大。巨大的广播域会带来广播风暴和潜在的安全问题，并且难以管理和维护。使用虚拟局域网技术，网络管理员可将巨大的广播域分隔成若干个较小的广播域。

3.7.1 虚拟局域网概述

虚拟局域网（Virtual Local Area Network，VLAN）是一种将局域网内的站点划分成与物理位置无关的逻辑组的技术，一个逻辑组就是一个VLAN，VLAN中的各站点具有某些共同的应用需求。属于同一VLAN的站点之间可以直接进行通信，而不属于同一VLAN的站点之间不能直接通信。

网络管理员可对局域网中的各交换机进行配置来建立多个逻辑上独立的VLAN。连接在同一交换机上的多个站点可以属于不同的VLAN，而属于同一VLAN的多个站点可以连接在不同的交换机上。请读者注意，虚拟局域网并不是一种新型网络，它只是局域网能够提供给用户的一种服务。

在图3-66中，每层楼分别使用了一台以太网交换机将本层楼中的所有主机连接形成了一个局域网。为了使分布在这三个楼层的三个局域网之间可以相互通信，可将它们通过另外一个以太网交换机连接成一个更大的局域网。这样原来的每一个局域网就成为现在这个局域网的一个网段。该局域网中的各主机属于同一个广播域，若某个主机发送广播帧，则其他所有主机都能收到该广播帧。

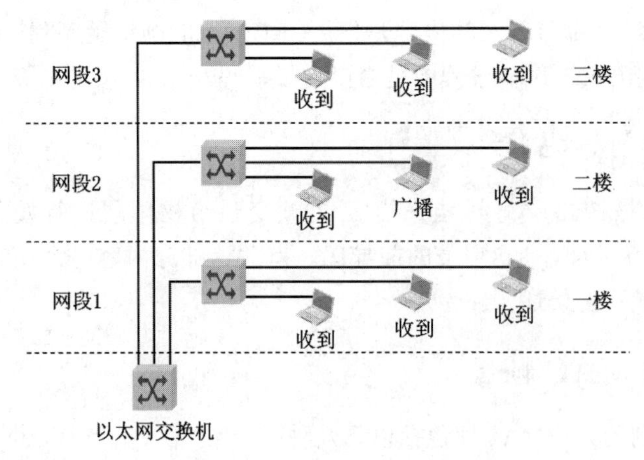

图3-66　由三个以太网网段构成的未划分VLAN的局域网

根据应用需求，现在需要将图3-66中的局域网划分成VLAN1和VLAN2两个虚拟局域网，这需要在各相关交换机上进行相应的配置来实现。划分成功后，VLAN1中的广播帧不会传送到VLAN2，而VLAN2中的广播帧也不会传送到VLAN1，如图3-67所示。

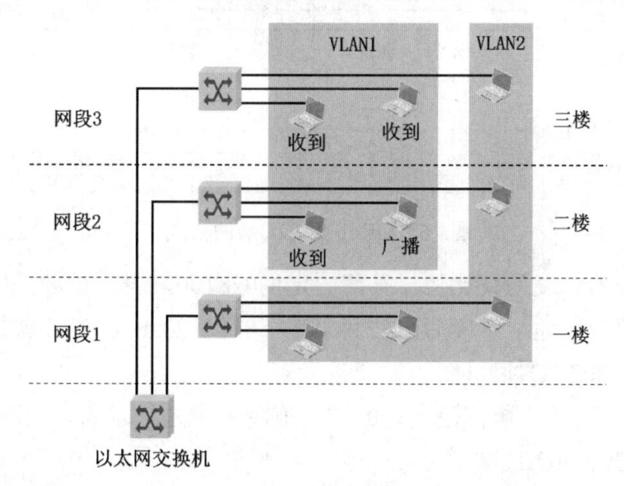

图3-67　将一个局域网划分为两个VLAN

从上述例子可以看出，划分VLAN有以下好处：

- 控制广播风暴：局域网的规模越大，引发"广播风暴"的可能性就越大。广播风暴是指网络中出现大量广播帧而引起性能恶化。划分VLAN可将庞大的局域网（广播域）分隔成若干个独立的广播域，这样可有效控制广播风暴，提高网络性能。
- 方便网络管理：当局域网中某个VLAN中的主机要逻辑迁移到另一个VLAN时，无须改变网络布线或将该主机物理移动到新的位置，而只需要网络管理员在相关交换机上调整VLAN配置即可。这是因为主机的物理位置与VLAN的划分是无关的。
- 增强网络安全：网络管理员可以根据用户的安全需求来隔离VLAN间的通信。

3.7.2　虚拟局域网的实现机制

虚拟局域网有多种实现技术，最常见的就是基于以太网交换机的接口来实现。这就需要以太网交换机能够实现以下两个功能：

- 能够处理带有VLAN标记的帧，也就是IEEE 802.1Q帧。
- 交换机的各接口可以支持不同的接口类型，不同接口类型的接口对帧的处理方式有所不同。

1. IEEE 802.1Q帧

IEEE 802.1Q帧也称为Dot One Q帧，它对以太网V2的MAC帧格式进行了扩展。如图3-68所示，IEEE 802.1Q帧在以太网V2的MAC帧的源地址字段和类型字段之间，插入了4字节的VLAN标签（tag）字段。VLAN标签字段由标签协议标识符（Tag Protocol Identifier，TPID）、优先级（Priority，PRI）、规范格式指示符（Canonical Format Indicator，CFI）以及虚拟局域网标识符（VLAN ID，VID）四部分构成。

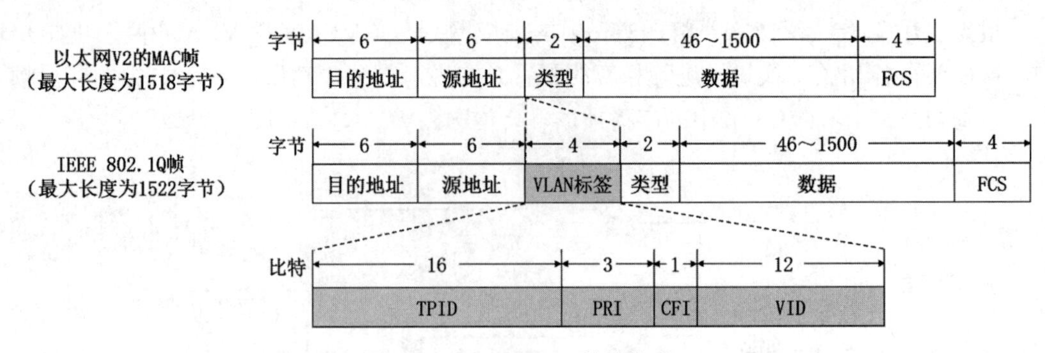

图3-68 IEEE 802.1Q帧的格式

标签协议标识符的长度为16比特，其值固定为0x8100，表示该帧是IEEE 802.1Q帧。当数据链路层检测到帧的源地址字段后面的两个字节的值为0x8100时，就知道这是插入了4字节VLAN标签的IEEE 802.1Q帧。

优先级的长度为3比特，取值范围是0～7，值越大优先级越高。当网络阻塞时，设备优先发送优先级高的IEEE 802.1Q帧。

规范格式指示符的长度为1比特，取值为0表示MAC地址以规范格式封装，取值为1表示MAC地址以非规范格式封装。对于以太网，CFI的取值为0。“规范格式”是指在地址的十六进制表示中，每一个字节的最低位代表规范格式地址中相应字节的最低位。“非规范格式”是指在地址的十六进制表示中，每一个字节的最高位代表规范格式地址中相应字节的最低位。

虚拟局域网标识符的长度为12比特，取值范围是0～4095。其中0和4095保留不使用，因此有效取值范围是1～4094。VID是帧所属VLAN的编号。设备利用VLAN标记中的VID来识别帧所属的VLAN，广播帧只在同一VLAN内转发，这就将广播域限制在了一个VLAN内。

请读者注意，IEEE 802.1Q帧一般不由用户主机处理，而是由以太网交换机来处理：

- 当交换机收到普通的以太网帧时，会给其插入4字节的VLAN标签使之成为IEEE 802.1Q帧，该处理简称为“打标签”。
- 当交换机转发IEEE 802.1Q帧时，可能会删除其4字节的VLAN标签使之成为普通以太网帧，该处理简称为“去标签”。交换机转发IEEE 802.1Q帧时也有可能不进行“去标签”处理，是否进行“去标签”处理取决于交换机的接口类型。

2. 以太网交换机的接口类型

根据接口在接收帧和发送帧时对帧的处理方式的不同，以及接口连接对象的不同，以太网交换机的接口类型一般分为Access和Trunk两种。

当以太网交换机上电启动后，若以前从未对其各接口进行过VLAN的相关设置，则各接口的接口类型默认为Access，并且各接口的缺省VLAN ID为1，即各接口默认属于VLAN1。对于思科交换机，接口的缺省VLAN ID称为本征VLAN（Native VLAN）。对于华为交换机，接口的缺省VLAN ID称为端口VLAN ID（Port VLAN ID），简记为PVID。为了简单起见，在下面的介绍中采用PVID而不采用本征VLAN。需要注意的是，交换机的每个接口有且仅有一个PVID。

1）Access接口

Access接口一般用于连接用户计算机，由于其只能属于一个VLAN，因此Access接口的PVID值与其所属VLAN的ID相同，其默认值为1。

Access接口对帧的处理方法如下：

- 接收帧：Access接口一般只接受“未打标签”的普通以太网MAC帧，根据接收帧的接口的PVID给帧“打标签”，即插入4字节的VLAN标签字段，VLAN标签中的VID取值就是接口的PVID值。
- 转发帧：若帧中的VID值与接口的PVID值相等，则给帧“去标签”后再进行转发，否则不转发帧。

综上所述，从Access接口转发出的帧，是不带VLAN标签的普通以太网MAC帧。

下面举例说明Access接口在接收帧和发送帧时对帧的处理方法。

例1：在一个交换机上不进行VLAN划分，交换机各接口默认属于VLAN1且类型为Access的情况。

如图3-69所示，主机A、B、C和D分别连接在以太网交换机的一个接口上。交换机首次上电启动后默认配置各接口属于VLAN1，即各接口的PVID值等于1，默认配置各接口的类型为Access。假设主机A发送了一个广播帧，则交换机对该广播帧的处理过程如下：

（1）该广播帧从交换机的接口1进入交换机（图3-69的❶）。

（2）由于接口1的类型是Access，因此它会对接收到的“未打标签”的普通以太网MAC帧“打标签”，也就是插入4字节的VLAN标签，VLAN标签中的VID值等于接口1的PVID值1（图3-69的❷）。

（3）交换机对打了标签的该广播帧进行转发。由于该广播帧中的VID值与交换机接口2、3和4的PVID值都等于1，因此交换机会从这三个接口对该广播帧进行“去标签”转发（图3-69的❸）。

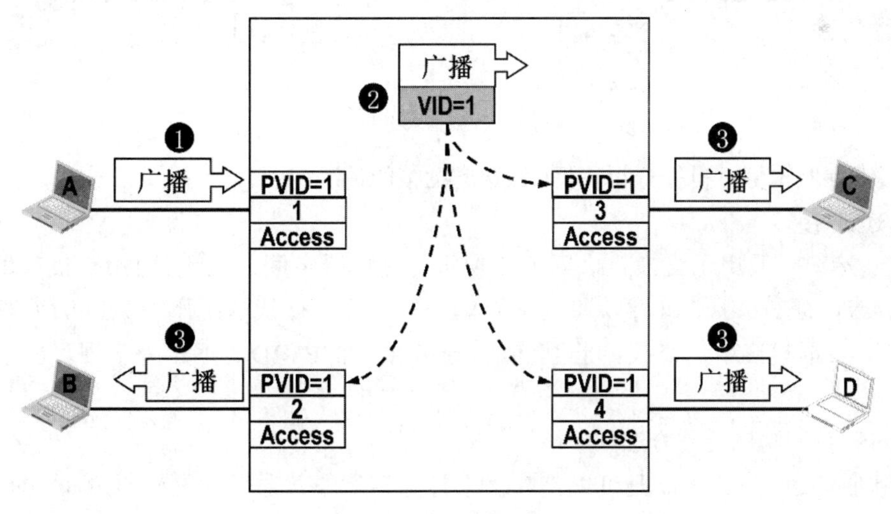

图3-69　Access接口举例1

例2：在一个交换机上划分两个不同VLAN的情况。

如图3-70所示，主机A、B、C和D分别连接在以太网交换机的一个接口上。应用需求是将主机A和B划归到VLAN2，而将主机C和D划归到VLAN3。这样，VLAN2中的广播帧不会传送到VLAN3，而VLAN3中的广播帧也不会传送到VLAN2。为了实现这样的应用，可以在交换机上创建VLAN2和VLAN3，然后将交换机的接口1和2划归到VLAN2，接口3和4划归到VLAN3。因此，接口1和2的PVID值等于2，而接口3和4的PVID值等于3。假设主机A发送了一个广播帧，则交换机对该广播帧的处理过程如下：

（1）该广播帧从交换机的接口1进入交换机（图3-70的❶）。

（2）由于接口1的类型是Access，因此它会对接收到的“未打标签”的普通以太网MAC帧“打标签”，也就是插入4字节的VLAN标签，VLAN标签中的VID值等于接口1的PVID值2（图3-70的❷）。

（3）交换机对打了标签的该广播帧进行转发。由于广播帧中的VID值与交换机接口2的PVID值都等于2，因此交换机会从接口2对该广播帧进行“去标签”转发（图3-70的❸）。

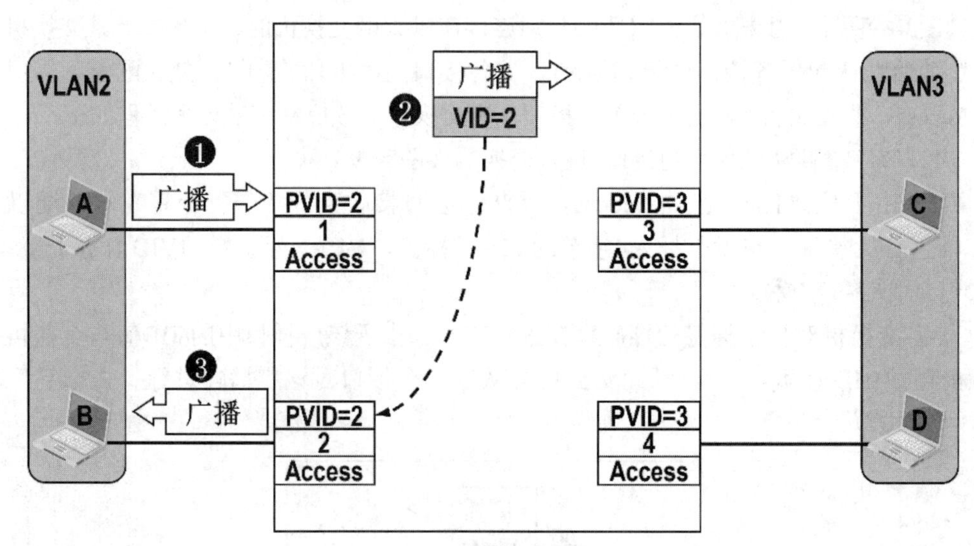

图3-70　Access接口举例2

请读者参照本例，自行分析主机C发送广播帧的情况。

2）Trunk接口

Trunk接口一般用于交换机之间或交换机与路由器之间的互连。Trunk接口可以属于多个VLAN，即Trunk接口可以通过不同VLAN的帧。默认情况下，Trunk接口的PVID值为1，一般不建议用户修改，若互连的Trunk接口的PVID值不相等，则可能出现转发错误。

Trunk接口对帧的处理方法如下：

- 接收帧：Trunk接口既可以接收“未打标签”的普通以太网MAC帧，也可以接收“已打标签”的IEEE802.1Q帧。当Trunk接口接收到“未打标签”的普通以太网

MAC帧时，根据接收帧的接口的PVID给帧“打标签”，即插入4字节的VLAN标签字段，VLAN标签中的VID取值就是接口的PVID值。

- 转发帧：对于帧的VID值等于交换机接口的PVID值的802.1Q帧，将其“去标签”转换成普通以太网MAC帧后再转发；对于帧的VID值不等于交换机接口的PVID值的IEEE802.1Q帧，将其直接转发。

综上所述，从Trunk接口转发出的帧可能是普通以太网MAC帧，也可能是IEEE802.1Q帧。

下面举例说明Trunk接口在接收帧和发送帧时对帧的处理方法。

例1：Trunk接口将IEEE802.1Q帧“去标签”后进行转发的情况。

如图3-71所示， 两台以太网交换机和多台主机互连而成了一个交换式以太网。应用需求是将主机A、B、E和F划归到VLAN1，而将主机C、D、G和H划归到VLAN2。由于交换机首次上电启动后默认配置各接口属于VLAN1，其相应的PVID值为1，接口类型为Access，因此需要对这两台交换机进行相应的VLAN配置才能满足应用需求。分别在这两台交换机上创建VLAN2，并将它们的接口3和4都划归到VLAN2，其相应的PVID值为2。而将这两台交换机的接口1和2保持默认配置即可。特别需要注意的是两台交换机各自的接口5，由于它们用于两台交换机之间的连接，因此需要将它们的接口类型更改为Trunk，而它们的PVID值保持默认值1即可。假设主机A发送了一个广播帧，则各交换机对该广播帧的处理过程如下：

（1）该广播帧从交换机1的接口1进入交换机1（图3-71的❶）。

（2）交换机1对收到的帧进行处理。由于接口1的类型是Access，因此它会对接收到的“未打标签”的普通以太网MAC帧“打标签”，也就是插入4字节的VLAN标签，VLAN标签中的VID值等于接口1的PVID值1（图3-71的❷）。

（3）交换机1对打了标签的该广播帧进行转发。由于该广播帧中的VID值与交换机1的接口2的PVID值都等于1，因此交换机1会从接口2对该广播帧进行“去标签”转发（图3-71的❸）。另外，因为交换机1的接口5是Trunk类型，所以该广播帧还会从交换机1的接口5转发出去。由于接口5的PIVD值与该广播帧中的VID值都等于1，因此交换机1会从接口5对该广播帧进行“去标签”转发（图3-71的❹）。显然，交换机1将该广播帧以普通以太网MAC帧的形式转发给了交换机2。

（4）该广播帧从交换机2的接口5进入交换机2。

（5）交换机2对收到的帧进行处理。由于接口5的类型是Trunk，因此它会对接收到的“未打标签”的普通以太网MAC帧“打标签”，也就是插入4字节的VLAN标签，VLAN标签中的VID值等于接口5的PVID值1（图3-71的❺）。

（6）交换机2对打了标签的该广播帧进行转发。由于该广播帧中的VID值与交换机2的接口1和2的PVID值都等于1，因此交换机2会从接口1和2对该广播帧进行“去标签”转发（图3-71的❻）。

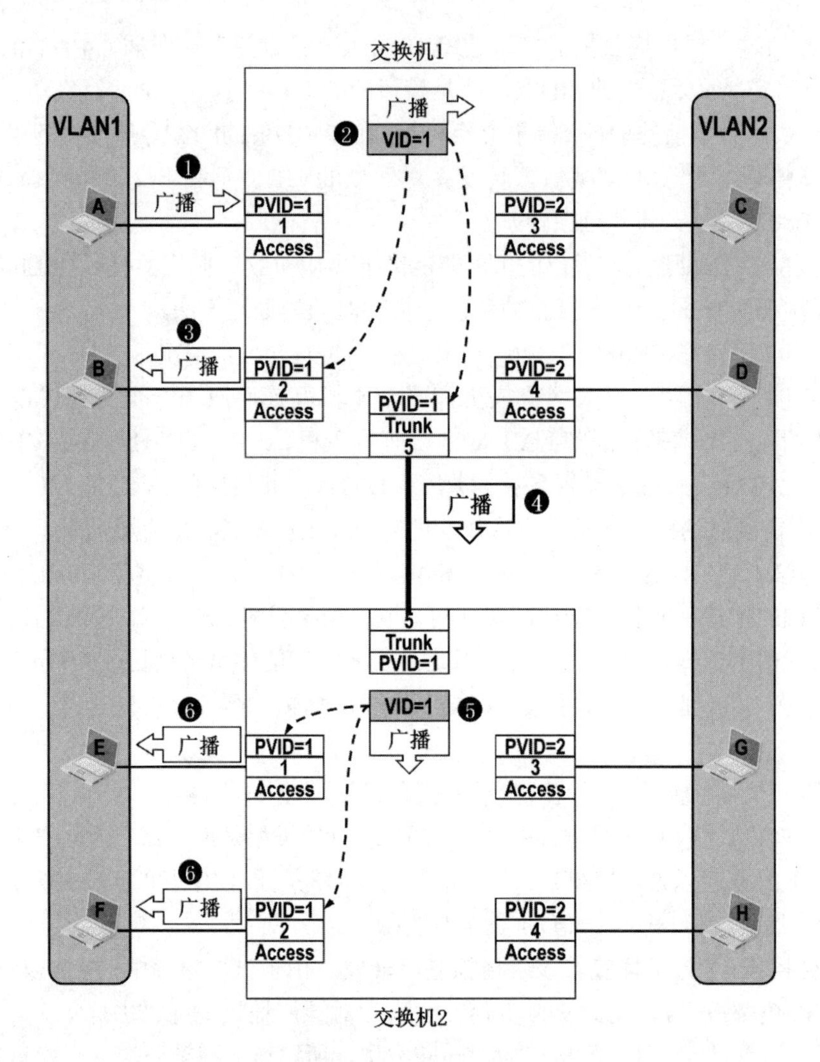

图3-71　Trunk接口举例1

例2：Trunk接口将IEEE802.1Q帧直接转发的情况。

如图3-72所示，假设主机C发送了一个广播帧，则各交换机对该广播帧的处理过程如下：

（1）主机C发送的广播帧从交换机1的接口3进入交换机1（图3-72的❶）。

（2）交换机1对收到的帧进行处理。由于接口3的类型是Access，因此它会对接收到的“未打标签”的普通以太网MAC帧“打标签”，也就是插入4字节的VLAN标签，VLAN标签中的VID值等于接口3的PVID值2（图3-72的❷）。

（3）交换机1对打了标签的该广播帧进行转发。由于该广播帧中的VID值与交换机1的接口4的PVID值都等于2，因此交换机1会从接口4对该广播帧进行“去标签”转发（图3-72的❸）。另外，因为交换机1的接口5是Trunk类型，所以该广播帧还会从交换机1的接口5转发出去。由于接口5的PIVD值为1，这与该广播帧中的VID值2不相同，因此交换机1会从接口5对该广播帧直接转发（图3-72的❹）。显然，交换机1将该广播帧以IEEE802.1Q帧的形式转发给了交换机2。

（4）该广播帧从交换机2的接口5进入交换机2。

（5）交换机2对该广播帧进行转发。由于该广播帧中的VID值与交换机2的接口3和4的PVID值都等于2，因此交换机2会从接口3和4对该广播帧进行“去标签”转发（图3-72的❺）。

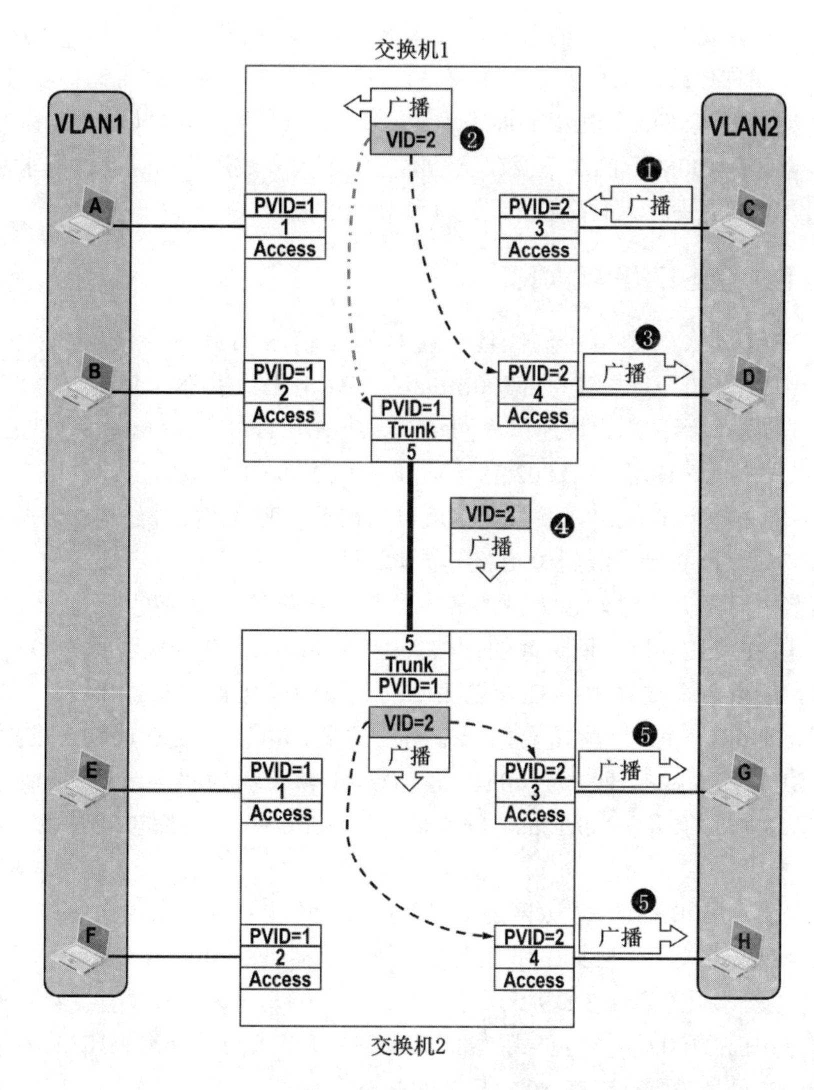

图3-72　Trunk接口举例2

由上述例子可以看出，在由多个交换机互连而成的交换式以太网中划分VLAN时，连接主机的交换机的接口应设置为Access类型，而交换机之间互连的接口应设置为Trunk类型。

需要说明的是，除了Access和Trunk接口类型，华为交换机还有其私有的Hybrid接口类型。Hybrid接口既可用于交换机之间或交换机与路由器之间的互连（与Trunk接口类型相同），也可用于交换机与用户计算机之间的互连（与Access接口类型相同）。除此之外，Hybrid接口的绝大部分功能与Trunk接口相同。不同点在于Hybrid接口的发送处理方法：

Hybrid接口会查看帧的VID值是否在接口的“去标签”列表中，若存在则“去标签”后再转发，若不存在则直接转发。

3.8 以太网的发展

随着电子技术的发展，以太网已从最初的速率为10Mb/s的标准以太网（或称传统以太网）发展到每秒百兆比特、吉比特、10吉比特，甚至是100吉比特的高速以太网。尽管速率达到或超过100Mb/s的以太网被称为高速以太网，但100Mb/s的速率现在已经不能满足大多数用户对速率的需求，目前常用的速率为1Gb/s甚至更快。下面简要介绍这几种高速以太网。

3.8.1 100BASE-T 以太网

100BASE-T以太网是指在双绞线上传输基带信号的速率为100Mb/s的以太网。100BASE-T中的“100”是指速率为100Mb/s，“BASE”是指基带信号，“T”是指双绞线。100BASE-T以太网又称为快速以太网（Fast Ethernet），与10Mb/s标准以太网一样，100BASE-T以太网仍然使用IEEE 802.3的帧格式和CSMA/CD协议。因此，用户只要更换主机中的网卡并配上一个100Mb/s的集线器，就可以在不改变网络拓扑结构的情况下，很方便地从10BASE-T以太网直接升级到100BASE-T以太网。

在3.4.2节中已经介绍过，以太网的最小帧长与链路长度和带宽有关。100BASE-T以太网的速率是10BASE-T以太网速率的10倍，因为100BASE-T以太网要与10BASE-T以太网保持兼容，所以就需要100BASE-T以太网的最小帧长仍保持与10BASE-T以太网的最小帧长相同，即64字节。这就需要把一个网段的最大电缆长度从1000m减短到100m。由于100BASE-T以太网的速率为100Mb/s，而最小帧长仍为64字节，即512比特，因此100BASE-T以太网的争用期为5.12μs，帧间最小间隔是0.96μs，都是10BASE-T以太网的十分之一。

请读者注意，100BASE-T以太网还可以使用以太网交换机来提供比集线器更好的服务质量，即在全双工方式下无碰撞工作。因此，使用交换机的100BASE-T以太网，工作在全双工方式下，并不使用CSMA/CD协议。

1995年，IEEE的802委员会正式批准100BASE-T以太网的标准为IEEE 802.3u。实际上，IEEE 802.3u只是对原有IEEE 802.3标准的补充。

百兆以太网有多种不同的物理层标准，如表3-3所示。

表3-3 100Mb/s以太网的物理层标准

名　称	传输介质	网段最大长度	说　明
100BASE-TX	铜缆	100 m	两对UTP5类线或屏蔽双绞线STP
100BASE-T4	铜缆	100 m	4对UTP3类线或5类线
100BASE-FX	光缆	2000 m	两根光纤，发送和接收各用一根

3.8.2 吉比特以太网

吉比特以太网也称为千兆以太网（Gigabit Ethernet）。早在1996年，市场上就出现了千兆以太网产品。IEEE的802委员会于1997年通过了千兆以太网的标准802.3z，该标准于1998年成为了正式标准。近几年来，千兆以太网已迅速占领了市场，成为了以太网的主流产品。

IEEE 802.3z千兆以太网的主要特点有：

- 速率为1000Mb/s（1Gb/s）。
- 使用IEEE 802.3的帧格式（与10Mb/s和100Mb/s以太网相同）。
- 支持半双工方式（使用CSMA/CD协议）和全双工方式（不使用CAMA/CD协议）。
- 兼容10BASE-T和100BASE-T技术。

当千兆以太网工作在半双工方式下时，需要使用CSMA/CD协议。由于速率已经提高到了1000Mb/s，因此只有减小网段最大长度或增大最小帧长，才能使3.4.2节中介绍的以太网的参数*a*保持为较小的数值。

- 若将千兆以太网的网段最大长度减小到10m，则网络基本失去了应用价值。
- 若将最小帧长增大到640字节，则当上层交付的待封装的协议数据单元PDU很短时，开销就会太大。

因此，千兆以太网的网段最大长度仍保持为100m，最小帧长仍为64字节（与10BASE-T和100BASE-T兼容）。这就需要使用载波延伸（Carrier Extension）的办法，将争用期增大为512字节的发送时间而保持最小帧长仍为64字节。也就是说，当发送的MAC帧长度不足512字节时，就在MAC帧尾部填充一些特殊字符，使MAC帧的长度增大到512字节，如图3-73所示。接收方的数据链路层在收到以太网MAC帧后，会把所填充的特殊字符删除后才向高层交付。

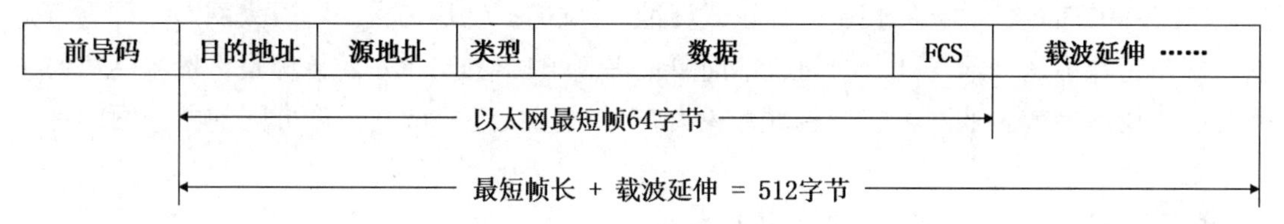

图3-73 千兆以太网的载波延伸机制示意图

在使用载波延伸的机制下，如果原本发送的是大量的64字节长的短帧，则每一个短帧都会被填充448字节的特殊字符，这样会造成很大的开销。因此，千兆以太网还使用了分组突发（Packet Bursting）功能。也就是当有很多短帧要连续发送时，只将第一个短帧用载波延伸的方法进行填充，而其后面的一系列短帧不用填充就可一个接一个地发送，它们之间只需空开必要的帧间最小间隔即可。这样就形成了一连串分组的突发，直到累积发送1500字节或稍多一些为止，如图3-74所示。

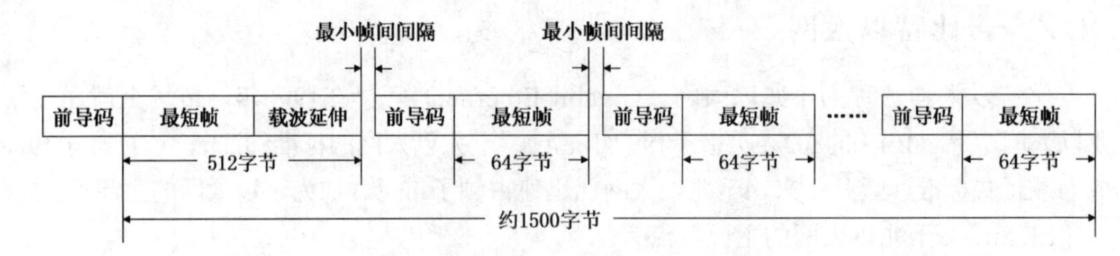

图3-74　千兆以太网的分组突发示意图

当千兆以太网工作在全双工方式下时，不使用CSMA/CD协议，也不会使用载波延伸和分组突发。

千兆以太网有多种不同的物理层标准，如表3-4所示。

表3-4　1000Mb/s以太网的物理层标准

名　　称	传输介质	网段最大长度	说　　明	IEEE标准
1000BASE-SE	光缆	550 m	多模光纤（50和62.5μm）	802.3z
1000BASE-LX	光缆	5000 m	单模光纤（10μm）多模光纤（50和62.5μm）	
1000BASE-CX	铜缆	25 m	使用2对屏蔽双绞线电缆STP	
1000BASE-T	铜缆	100 m	使用4对UTP5类线	802.3ab

3.8.3　10吉比特以太网

在IEEE 802.3z千兆以太网标准通过后不久，IEEE在1999年成立了高速研究组（High Speed Study Group，HSSG），其任务是研究速率为10Gb/s的以太网（10GE）。2002年6月，IEEE 802.3ae委员会通过10GE的正式标准。10GE也就是10吉比特以太网，又称为万兆以太网，它并不是将千兆以太网的速率简单地提高了10倍。10GE的目标是将以太网从局域网范围（校园网或企业网）扩展到城域网与广域网，成为城域网和广域网的主干网的主流技术之一。

IEEE 802.3ae万兆以太网的主要特点有：

- 速率为10Gb/s。
- 使用IEEE 802.3的帧格式（与10Mb/s、100Mb/s和1Gb/s以太网相同）。
- 保留IEEE 802.3标准对以太网最小帧长和最大帧长的规定。这是为了用户升级以太网时，仍能和较低速率的以太网方便地通信。
- 只工作在全双工方式下而不存在争用媒体的问题，因此不需要使用CSMA/CD协议，这样传输距离就不再受碰撞检测的限制。
- 增加了支持城域网和广域网的物理层标准。

万兆以太网交换机常作为千兆以太网的汇聚层交换机，与千兆以太网交换机相连，还可以连接对传输速率要求极高的视频服务器、文件服务器等设备，如图3-75所示。

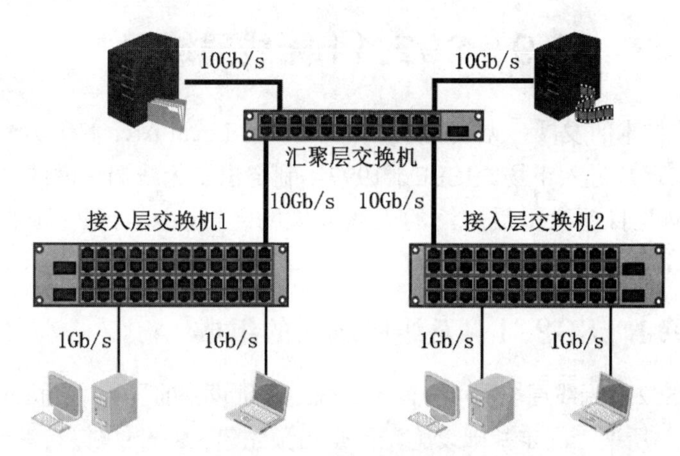

图3-75　万兆以太网的应用

万兆以太网有多种不同的物理层标准，如表3-5所示。

表3-5　10Gb/s以太网的物理层标准

名　称	传输介质	网段最大长度	说　明	IEEE标准
10GBASE-SR	光缆	300 m	多模光纤（850nm）	802.3ae
10GBASE-LR	光缆	10 km	单模光纤（1300nm）	
10GBASE-ER	光缆	40 km	单模光纤（1500nm）	
10GBASE-CX4	铜缆	15 m	使用4对双芯同轴电缆（Twinax）	802.3ak
10GBASE-T	铜缆	100 m	使用4对6A类UTP双绞线	802.3an

3.8.4　40吉比特/100吉比特以太网

2010年，IEEE发布了40吉比特/100吉比特以太网（40GE/100GE）的IEEE 802.3ba标准，40GE/100GE也称为四万兆/十万兆以太网。为了使以太网能够更高效、更经济地满足局域网、城域网和广域网的不同应用需求，IEEE 802.3ba标准定义了两种速率类型：40Gb/s主要用于计算应用，而100Gb/s主要用于汇聚应用。

IEEE 802.3ba标准只工作在全双工方式下（不使用CSMA/CD），但仍使用IEEE 802.3的帧格式并遵守其最小帧长和最大帧长的规定。

IEEE 802.3ba标准的两种速率各有4种不同的传输媒体，这里就不一一介绍了。需要指出的是，100GE在使用单模光纤作为传输媒体时，最大传输距离可达40km以上，但这需要通过波分复用技术将4个波长复用一根光纤，每个波长的有效传输速率为25Gb/s，4个波长的总传输速率就可达到100Gb/s。40GE/100GE除使用光纤作为传输媒体，也可以使用铜缆作为传输媒体，但传输距离很短，不超过1m或7m。

3.9 802.11无线局域网

随着移动通信技术的发展，无线局域网（Wireless Local Area Network，WLAN）自20世纪80年代末以来逐步进入市场。IEEE于1997年制定出了无线局域网的协议标准802.11，802.11无线局域网是目前应用最广泛的无线局域网之一，人们更多地将其简称为Wi-Fi（Wireless Fidelity，无线保真度）。

3.9.1 802.11无线局域网的组成

802.11无线局域网可分为“有固定基础设施的”和“无固定基础设施的”两大类。所谓“固定基础设施”，是指预先建立的、能够覆盖一定地理范围的、多个固定的通信基站。802.11无线局域网使用最多的是它的有固定基础设施的组网方式。

1.有固定基础设施的802.11无线局域网

图3-76所示的是802.11无线局域网的有固定基础设施的组网方式，采用星型网络拓扑，位于其中心的基站被称为接入点（Access Point，AP）。

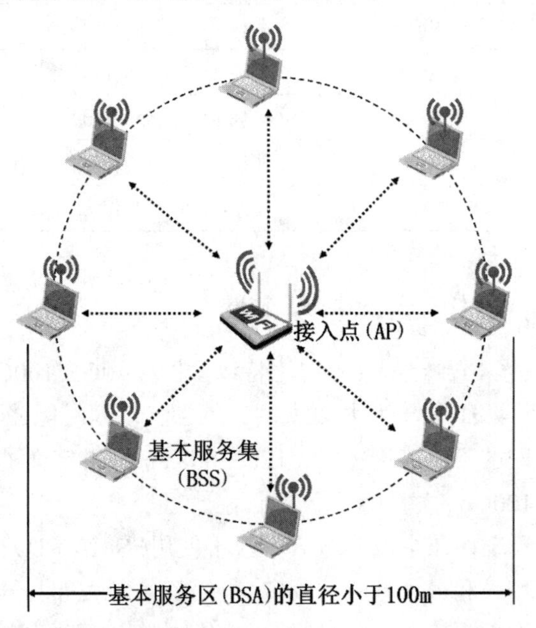

图3-76 802.11无线局域网的有固定基础设施的组网方式

802.11无线局域网的最小构件称为基本服务集（Base Service Set，BSS）。在一个基本服务集中包含一个接入点和若干个移动站。本BSS内各站点之间的通信以及与本BSS之外的站点之间的通信，都必须经过本BSS内的AP进行转发。

当网络管理员配置BSS内的AP时，需要为其分配一个最大32字节的服务集标识符（Service Set Identifier，SSID）和一个无线通信信道，SSID实际上就是使用该AP的802.11无线局域网的名字。

一个BSS所覆盖的地理范围称为基本服务区（Base Service Area，BSA），一个基本服务区的直径不超过100m。

一个BSS可以是孤立的，也可以通过一个分配系统（Distribution System，DS）与其他BSS连接，这样就构成了一个扩展的服务集（Extended Service Set，ESS），例如图3-77所示。

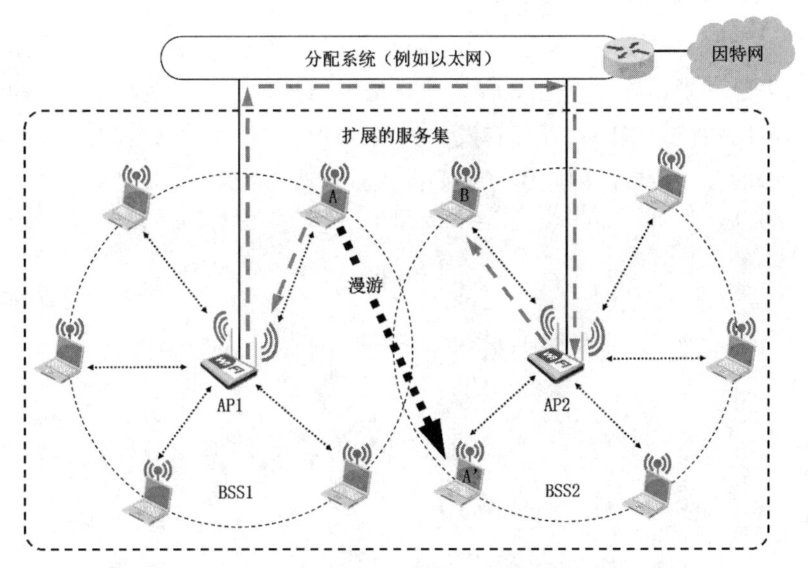

图3-77 802.11无线局域网的基本服务集和扩展服务集

DS最常用的是以太网，也可使用点对点链路或其他无线网络。DS的作用是使ESS对上层的表现就像一个BSS一样。也就是说，ESS对上层所呈现的仍然是一个局域网。另外，ESS还可为无线用户提供到其他非802.11无线局域网的接入，例如到有线连接的因特网。

在图3-77中，BSS1中的移动站A如果要给BSS2中的移动站B发送数据，其通信路径为A→AP1→AP2→B，也就是必须经过接入点AP1和AP2以及它们之间作为DS的以太网。请读者注意，在一个ESS内的几个不同的BSS的信号覆盖范围也可能会有重叠。

图3-77还展示了移动站A从BSS1漫游到BSS2的情况。在漫游过程中，移动站A的接入点从BSS1中的AP1改为了BSS2中的AP2，但移动站A仍然可保持与移动站B的通信。

802.11标准并没有定义实现漫游的具体方法，仅定义了以下一些基本服务。

1）关联（Association）服务

一个移动站如果要加入到某个BSS，它首先必须选择一个AP并与该AP建立关联。若建立关联成功，这个移动站就加入了该AP所属的无线局域网。之后，这个移动站就可通过该AP发送和接收数据。

移动站与AP建立关联的方法有以下两种：

- 被动扫描：AP会周期性地发出信标帧（Beacon Frame）。信标帧中包含服务集标识符（SSID）、AP的MAC地址和所支持的速率、加密算法和安全配置等若干参数，而移动站被动等待接收信标帧。
- 主动扫描：移动站主动发出探测请求帧（Probe Request Frame），然后等待来自AP的探测响应帧（Probe Response Frame）。

2）重建关联（Reassociation）服务和分离（Dissociation）服务

如果一个移动站要把与某个AP的关联转移到另一个AP，就可以使用重建关联服务。若要终止关联服务，就应使用分离服务。

2. 无固定基础设施的802.11无线局域网

无固定基础设施的无线局域网也称为自组织网络（ad hoc Network）。自组织网络并没有预先建立的固定基础设施（基站或AP），它是由一些对等的移动站点构成的临时网络。数据在自组织网络中被“多跳”存储转发。如图3-78所示，移动站A和E通信时，需要经过移动站B、C和D的存储转发，因此B、C和D需要具备路由功能。

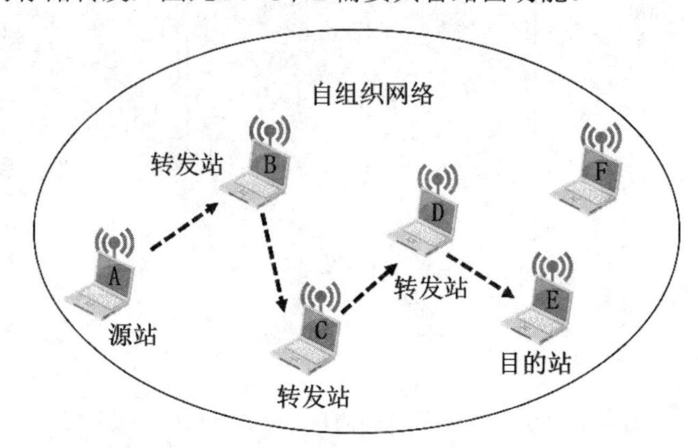

图3-78　自组织网络中的多跳路由

自组织网络组网方便（不需要基站）并且有非常好的生存性，这使得自组织网络在军用和民用领域都有很好的应用前景。

- 在民用领域，当出现自然灾害时，原有的固定基础设施（基站）很可能已经遭到破坏，而快速组建自组织网络进行及时的通信就显得尤为重要。
- 在军用领域，由于战场上往往没有预先建立好的基站，装备有便携移动站的士兵之间可以临时组建移动自组织网络，这种组网方式还可应用到地面战车群、海上舰艇群以及空中的战机群。

自组织网络有其特定的路由选择协议，一般不能和因特网直接相连，需要通过网关（或协议转换器）接入到因特网。接入到因特网的自组织网络工作在残桩网络（Stub Network）方式，属于残桩网络内部各移动站的通信量可以进入残桩网络，也可以从残桩网络发出，但不允许外部的、与残桩网络内部各移动站无关的通信量穿越残桩网络。

802.11无线局域网的ad hoc模式允许网络中的各站点在其通信范围内直接通信，也就是支持站点间的单跳通信，而标准中并没有包括多跳路由功能。因此，802.11无线局域网的ad hoc模式应用较少。

3.9.2　802.11无线局域网的物理层

802.11无线局域网的物理层非常复杂，依据工作频段、调制方式、传输速率等，可将其分为多种物理层标准，如表3-6所示。

表3-6　802.11无线局域网的几种不同的物理层标准

标　准	频　段	调制方式	最高速率	特　点	制定时间
802.11b	2.4GHz	DSSS	11Mb/s	信号传播距离远且不易受阻碍，最高速率较低	1999年
802.11a	5GHz	OFDM	54Mb/s	信号传播距离较短且易受阻碍，最高速率较高，支持更多用户同时上网	1999年
802.11g	2.4GHz	OFDM	54Mb/s	信号传播距离远且不易受阻碍，最高速率较高，支持更多用户同时上网	2003年
802.11n	2.4GHz 5GHz	MIMO OFDM	600Mb/s	使用多个发射和接收天线达到更高的最高速率，当使用双倍带宽（40MHz）时最高速率可达600Mb/s	2009年

802.11无线网卡一般会被做成多模的，以便能适应多种不同的物理层标准，例如支持802.11b、802.11g、802.11n。

需要说明的是，无线局域网最初还使用过红外技术（infrared，IR）和跳频扩频（Frequency Hopping Spread Spectrum，FHSS）技术，但目前已经很少使用了。“跳频技术”的发明人，其实是好莱坞黄金时代的著名女星海蒂·拉玛。海蒂·拉玛发明的跳频技术，为CDMA和Wi-Fi等无线通信技术奠定了基础，她被誉为“Wi-Fi之母”，有兴趣的读者可查阅其相关资料。

2010年之后，802.11无线局域网又有一些新的物理层标准陆续推出：

- 2012年推出的802.11ad，抛弃了2.4GHz/5GHz频段，而使用更高的60GHz频段，最高速率可达7Gb/s，传输距离限制在单个房间（不能穿墙），主要应用于实现家庭内部无线高清音视频信号的传输。
- 2013年推出了802.11n的升级版本802.11ac，工作在5GHz频段，最高速率为1Gb/s。
- 2016年推出了802.11ah，工作在900MHz频段，最高速率仅有18Mb/s，主要特点是功耗低、传输距离长（可达1km），很适合物联网设备之间的通信。
- 2019年推出了802.11ax（Wi-Fi 6），工作在2.4GHz/5GHz频段，最高理论速率可达9.6Gb/s。

3.9.3　802.11无线局域网的数据链路层

1. 使用CSMA/CA协议（而不使用CSMA/CD协议）

在3.4节中曾介绍过，共享式以太网使用CSMA/CD协议来协调总线上各站点争用总线。对于802.11无线局域网，其使用无线信道传输数据，这与共享式以太网使用有线传输介质不同。因此，802.11无线局域网不能简单照搬共享式以太网使用的CSMA/CD协议。802.11无线局域网采用了另一种称为CSMA/CA的协议，也就是载波监听多址接入/碰撞避免（Carrier Sense Multiple Access/Collision Avoidance，CSMA/CA）协议。

CSMA/CA协议仍然采用CSMA/CD协议中的CSMA，以“先听后说”的方式来减少碰撞的发生，但是将“碰撞检测CD”改为了“碰撞避免CA”。需要说明的是，尽管CSMA/

CA中的CA表示碰撞避免，但并不能避免所有的碰撞，而是尽量减少碰撞发生的概率。另外，由于无线信道误码率较高，因此802.11局域网在使用CSMA/CA的同时，还使用停止-等待协议来实现可靠传输，确保数据被正确接收。

下面简要分析一下802.11无线局域网不采用“碰撞检测”的原因。

（1）“碰撞检测”是指每一个正在发送帧的站点必须“边发送帧边检测碰撞”，一旦检测到碰撞就立即停止发送。在有线传输介质上实现碰撞检测功能是比较容易实现的。但对于无线信道，其传输环境复杂且信号强度的动态范围非常大，在802.11无线网卡上接收到的信号强度一般都远远小于发送信号的强度，信号强度甚至相差百万倍。因此，如果要在802.11无线网卡上实现碰撞检测，对硬件的要求非常高。

（2）即使能够在硬件上实现碰撞检测功能，但由于无线电波传播的特殊性（下面将要讨论的隐蔽站问题），还会出现无法检测到碰撞的情况，因此实现碰撞检测并没有意义。

无线电波能够向所有方向传播，其信号强度随传播距离的增大而急剧衰减，当无线电波在传播过程中遇到障碍物时，其传播还会受到阻碍。

图3-79给出了无线局域网的隐蔽站问题。在理想情况下，无线电波的传播范围是以发送站为圆心的一个圆形面积。假设无线移动站A和B同时向AP发送数据，A的无线信号无法到达B，B的无线信号也无法到达A。因此A和B都无法检测到对方的无线信号，也就误认为当前无线信道是空闲的，于是都向AP发送数据，这必然会造成AP收到的信号是A和B产生的碰撞信号。这种问题称为隐蔽站问题（Hidden Station Problem）。图中A和B互为隐蔽站，它们彼此都检测不到对方发送的信号。请读者注意，即使A和B相距很近，若它们之间有障碍物，也有可能出现隐蔽站问题。

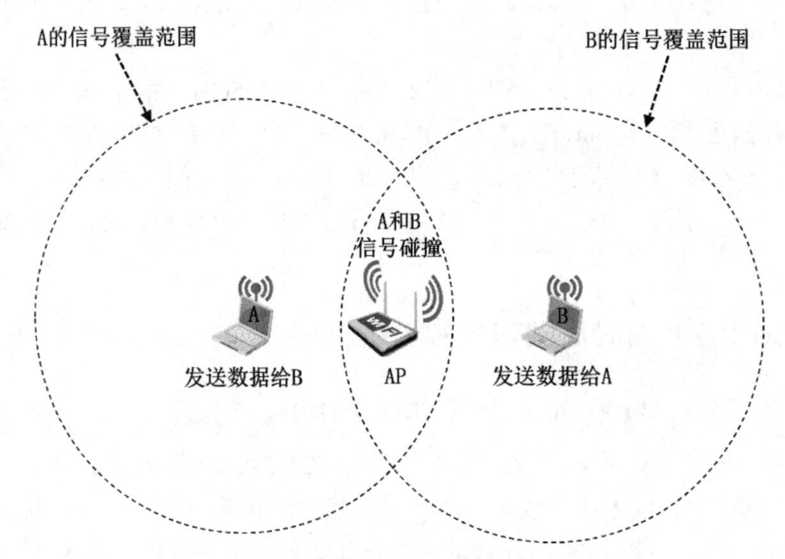

图3-79　无线局域网的隐蔽站问题

综上所述，无线局域网不能简单照搬共享式以太网（有线局域网）使用的CSMA/CD协议，而是在CSMA的基础上增加碰撞避免CA功能，不再实现碰撞检测功能，即CSMA/CA。

2. 两种不同的媒体接入控制方式

802.11无线局域网的MAC层定义了以下两种不同的媒体接入控制方式：

- 分布式协调功能（Distributed Coordination Function，DCF）。在DCF方式下，没有中心控制站点，每个站点使用CSMA/CA协议通过争用信道来获取发送权。因此DCF向上提供争用服务。DCF方式是802.11定义的默认方式（必须实现）。
- 点协调功能（Point Coordination Function，PCF）。PCF方式使用集中控制的接入算法（一般在AP实现集中控制），用类似于探询的方法把发送数据权轮流交给各个站，从而避免了碰撞的产生。因此PCF向上提供无争用服务。PCF方式是802.11定义的可选方式，在实际中很少使用，这里不再进行介绍。

3. 确认机制

尽管802.11无线局域网中的各站点使用CSMA/CA协议来争用信道（其中CA的意思是碰撞避免），但并不能完全避免碰撞，而是尽量减少碰撞发生的概率。另外，由于无线信道的误码率较高，CSMA/CA还需使用停止-等待的确认机制来实现可靠传输，这与使用CSMA/CD的共享式以太网不同。使用CSMA/CD的共享式以太网实现的是不可靠传输，发送方把数据发送出去就不管了（若检测到碰撞还是必须要重传的），而可靠传输由高层负责。

4. 帧间间隔

802.11无线局域网规定，每个站点必须在持续检测到信道空闲一段指定的时间后才能发送帧，这段时间称为帧间间隔（Interframe Space，IFS）。IFS的长短取决于站点要发送的帧的类型。低优先级的帧需要等待较长的时间，而高优先级的帧需要等待的时间较短，因此高优先级的帧可优先获得发送权。若低优先级的帧还没来得及发送，而其他站的高优先级的帧已发送到信道上，则信道变为忙态，因而低优先级的帧就只能再推迟发送了，这样就可减少发生碰撞的概率。

各种帧间间隔的具体长度，取决于所使用的物理层特性。最常用的两种帧间间隔如下：

- 短帧间间隔SIFS（Short IFS）。SIFS的长度为28μs，它是最短的帧间间隔，用来分隔开属于一次对话的各帧。一个站点应当能够在这段时间内从发送方式切换到接收方式。使用SIFS的帧类型有ACK帧、CTS帧、由过长的MAC帧分片后的数据帧，以及所有回答AP探询的帧和在PCF方式中AP发送出的任何帧。
- DCF帧间间隔DIFS（DCF IFS）。DIFS的长度为128μs，它比SIFS要长很多。在DCF方式中，DIFS用来发送数据帧和管理帧。

5. 虚拟载波监听

802.11无线局域网还采用了虚拟载波监听（Virtual Carrier Sense）机制，目的就是让源站把它要占用信道的时间（包括目的站发回确认帧所需的时间）及时通知给所有其他站，以便使其他所有站在这一段时间都停止发送帧，这样就大大减少了碰撞概率。

当某个站检测到正在信道中传送的帧首部中的“持续时间”字段时，就调整自己的网络分配向量（Network Allocation Vector，NAV）。NAV指出了必须经过多长时间才能完成帧的这次传输、才能使信道转入空闲状态。因此，某个站认为信道处于忙态就有以下两种可能：

- 由于其物理层的载波监听检测到信道忙。
- 由于MAC层的虚拟载波监听机制指出了信道忙。

6. 退避算法

1）与CSMA/CD不同的退避机制

为了尽量避免碰撞，CSMA/CA采用了一种不同于CSMA/CD的退避机制。

- 对于CSMA/CA，当某个要发送帧的站检测到信道从忙态变为空闲时，除了要等待一个DIFS的间隔，还要退避一段随机的时间以后再次重新试图接入到信道。
- 对于CSMA/CD，当某个要发送帧的站监听到信道变为空闲且持续96个比特时间后，就立即发送帧，同时进行碰撞检测。如果检测到碰撞，才执行退避算法。

当某个站点在发送帧时，很可能有多个站都在监听信道并等待发送帧，一旦信道空闲，这些站几乎同时发送帧而产生碰撞。

- CSMA/CD通过碰撞检测能及时停止发送遭遇碰撞的无效帧，这样就可立即使信道恢复到空闲状态，被浪费的网络资源很少。
- CSMA/CA并没有像CSMA/CD这样的碰撞检测机制，因此在信道从忙态转为空闲时，为了避免多个站同时发送帧，所有要发送帧的站就都要执行退避算法。这样做不仅可以大大减少发生碰撞的概率，而且还可避免某个站长时间占用无线信道。

2）退避算法的执行

在CSMA/CA协议中，当要发送帧的站检测到信道从忙态转为空闲时，就要执行退避算法。在执行退避算法时，各站都会给自己的退避计时器（Backoff Timer）设置一个随机的退避时间，当退避时间减小到零时，就开始发送帧。当退避时间还未减小到零而信道又转变为忙态时，就冻结退避计时器的退避时间，重新等待信道变为空闲，再经过DIFS的间隔后，继续启动退避计时器，退避计时器从剩余时间开始继续倒计时。

请读者注意，当某个站要发送数据帧时，仅有一种情况下不使用退避算法，即检测到信道空闲，并且该数据帧不是成功发送完上一个数据帧之后立即连续发送的数据帧。除此之外的以下情况，都必须使用退避算法：

- 在发送帧之前检测到信道处于忙态时。
- 在每一次重传一个帧时。
- 在每一次成功发送后要连续发送下一个帧时。

3）退避时间的选择

CSMA/CA使用的退避算法与CSMA/CD类似，都是二进制指数退避算法，但CSMA/CA将随机选择退避时间的范围扩大了。也就是：第i次退避就在2^{2+i}个时隙中随机地选择一个。例如，第1次退避是在8个时隙（而不是2个）中随机选择一个，而第2次退避是在16个时隙

（而不是4个）中随机选择一个。

7. CSMA/CA协议的基本工作原理

在介绍完确认机制、帧间间隔IFS、虚拟载波监听、退避算法等CSMA/CA协议相关的基本概念后，就可以借助图3-80来理解CSMA/CA协议的基本工作原理了。

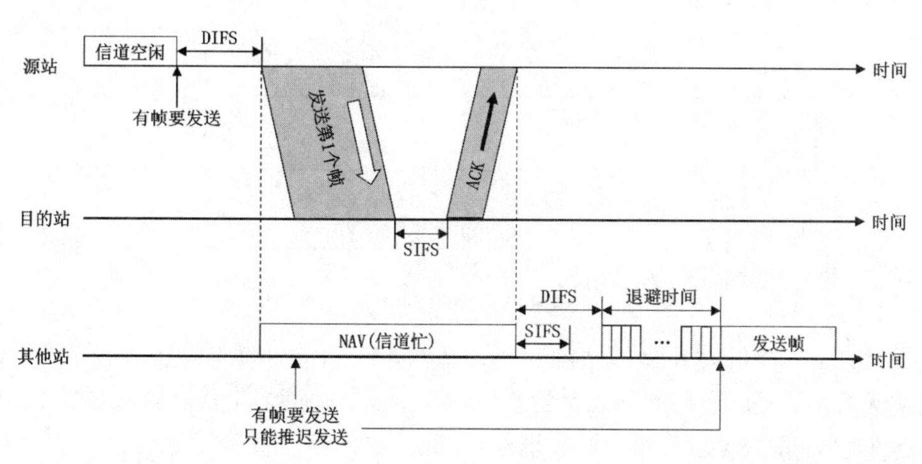

图3-80　CSMA/CA协议的基本工作原理

（1）当源站要发送它的第1个数据帧时，若检测到信道空闲，则在等待DIFS间隔后就可发送。等待DIFS间隔是考虑到可能有其他的站有高优先级的帧要发送。现在假设没有其他高优先级帧要发送，因而源站就发送了自己的数据帧。

（2）目的站若正确收到该帧，则经过SIFS间隔后，向源站发送确认帧（ACK）。若源站在重传计时器设置的超时时间内没有收到ACK，就必须重传之前已发送的数据帧，直到收到ACK为止，或者经过若干次的重传失败后放弃发送。

图3-80中还展示了其他站通过虚拟载波监听调整自己的网络分配向量（NAV，即信道被占用时长）的情况。在NAV这段时间内，若其他站也有帧要发送，就必须推迟发送。在NAV这段时间结束后，再经过一个DIFS间隔，然后还要退避一段随机时间后才能发送帧。

8. 信道预约

为了进一步降低发生碰撞的概率，802.11无线局域网允许源站对信道进行预约。

借助图3-81理解信道预约：

（1）源站在发送数据帧之前先发送一个短的控制帧，称为请求发送（Request To Send，RTS）。RTS帧包括源地址、目的地址和本次通信（包括目的站发回确认帧所需的时间）所需的持续时间。请读者注意，源站在发送RTS帧之前，必须先检测信道。若信道空闲，则等待DIFS间隔后，就能够发送RTS帧了。

（2）若目的站正确收到源站发来的RTS帧，且媒体空闲，等待SIFS间隔后就发送一个响应控制帧，称为允许发送（Clear To Send，CTS）。CTS帧也包括本次通信所需的持续时间（从RTS帧中将此持续时间复制到CTS帧中）。

（3）源站收到CTS帧后，再等待SIFS间隔后，就可发送数据帧。

（4）若目的站正确收到了源站发来的数据帧，则等待SIFS间隔后，就向源站发送确认帧。

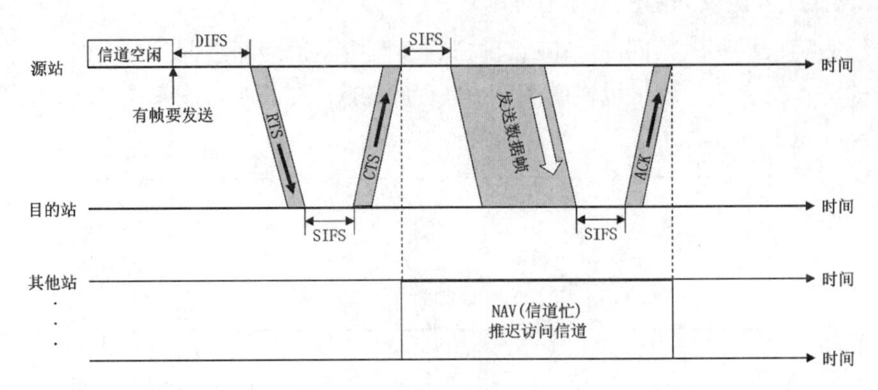

图3-81　使用RTS帧和CTS帧进行信道预约

在图3-81中，除源站和目的站的其他各站，在收到CTS帧或数据帧后就推迟访问信道。这样就确保了源站和目的站之间的通信不会受到其他站的干扰。若RTS帧发生碰撞，源站就不可能收到CTS帧，源站会执行退避算法重传RTS帧。

很显然，使用RTS帧和CTS帧进行信道预约会带来额外的开销。但由于RTS帧和CTS帧都很短，所以发生碰撞的概率、碰撞产生的开销以及本身的开销都很小。对于一般的数据帧，其发送时延往往远大于传播时延（因为是局域网），碰撞的概率很大，且一旦发生碰撞而导致数据帧重发，浪费的时间就很多，因此用很小的代价对信道进行预约往往是值得的。尽管如此，802.11无线局域网仍为用户提供了以下三种选择：

- 使用RTS帧和CTS帧。
- 只有当数据帧的长度超过某个数值时才使用RTS帧和CTS帧（很显然，若数据帧本身很短，再使用RTS帧和CTS帧的意义就不大了）。
- 不使用RTS帧和CTS帧。

由于RTS帧和CTS帧都会携带通信需要持续的时间，这与之前介绍过的数据帧可以携带通信所需持续时间的虚拟载波监听机制是一样的，因此使用RTS帧和CTS帧进行信道预约，也属于虚拟载波监听机制。

利用虚拟载波监听机制，站点只要监听到数据帧、RTS帧或CTS帧中的任何一个，就能知道信道将被占用的持续时间，而不需要真正监听到信道上的信号，因此虚拟载波监听机制能减少隐蔽站带来的碰撞问题。例如，在图3-79中互为隐蔽站的A和B，虽然B监听不到A发送给AP的RTS帧，但却能监听到AP应答给A的CTS帧，B根据CTS帧中的持续时间修改自己的网络分配向量（NAV），在NAV指示的时间内虽然B监听不到A发送给AP的帧，但B也不会发送帧干扰A和AP的通信。

3.9.4　802.11无线局域网的MAC帧

802.11无线局域网的MAC帧分为以下三种类型：

- 数据帧：用来在站点间传输数据。

- 控制帧：通常与数据帧搭配使用，负责区域的清空、虚拟载波监听的维护以及信道的接入，并于收到数据帧时予以确认。之前介绍过的ACK帧、RTS帧以及CTS帧等都属于控制帧。
- 管理帧：主要用于加入或退出无线网络，以及处理AP之间连接的转移事宜。信标帧、关联请求帧以及身份认证帧等都属于管理帧。

802.11无线局域网的MAC帧的格式比较复杂，本节仅介绍其数据帧中的一些重要字段。

图3-82给出了802.11无线局域网的数据帧格式，由以下三部分组成：

- 帧头：共30字节，包含相关控制信息和地址信息。
- 数据：0～2312字节，这是帧的数据部分，主要用来存放上层交付下来的待传送的协议数据单元。尽管数据载荷的最大长度为2312字节，但通常802.11无线局域网的数据帧的长度都不超过1500字节。
- 帧尾：共4字节，用于存放帧检验序列，采用CRC检验码。

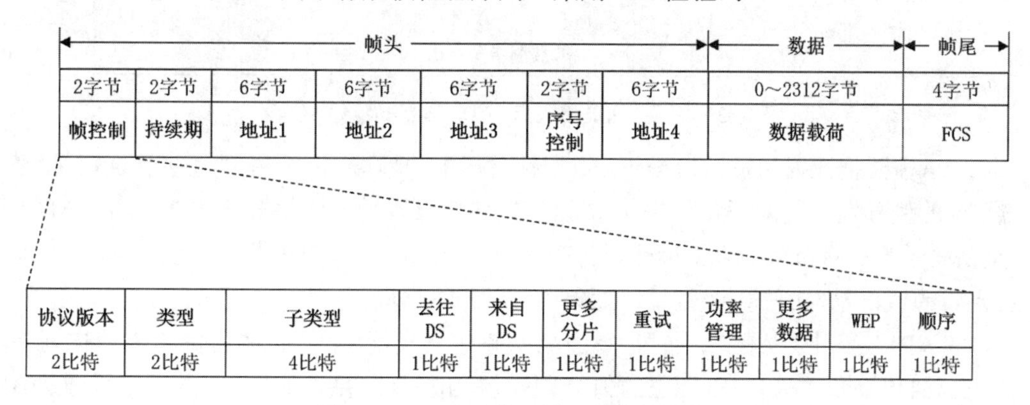

图3-82　802.11无线局域网的数据帧格式

1. 地址字段

在802.11无线局域网的数据帧首部中包含地址1～地址4共4个地址字段。这4个地址字段的内容和使用情况取决于帧控制字段中的“去往DS”（到分配系统）和“来自DS”（来自分配系统）这两个字段的值，如表3-7所示，最常用的是中间两行所示的情况。

表3-7　802.11无线局域网数据帧地址字段的4种使用情况

去往DS	来自DS	地址1	地址2	地址3	地址4
0	0	目的地址	源地址	BSSID	未被使用
0	1	目的地址	发送AP地址	源地址	未被使用
1	0	接收AP地址	源地址	目的地址	未被使用
1	1	接收AP地址	发送AP地址	目的地址	源地址

在3.9.1节中曾介绍过：在有固定基础设施（即AP）的基本服务集中，不管站点要与本BSS内的站点通信，还是要与本BSS外的站点通信，都必须通过本BSS的AP进行转发，而源

站点并不知道目的站点是否与自己在同一个BSS内。

图3-83展示的是BSS1中的站点A给B发送数据帧的情况。

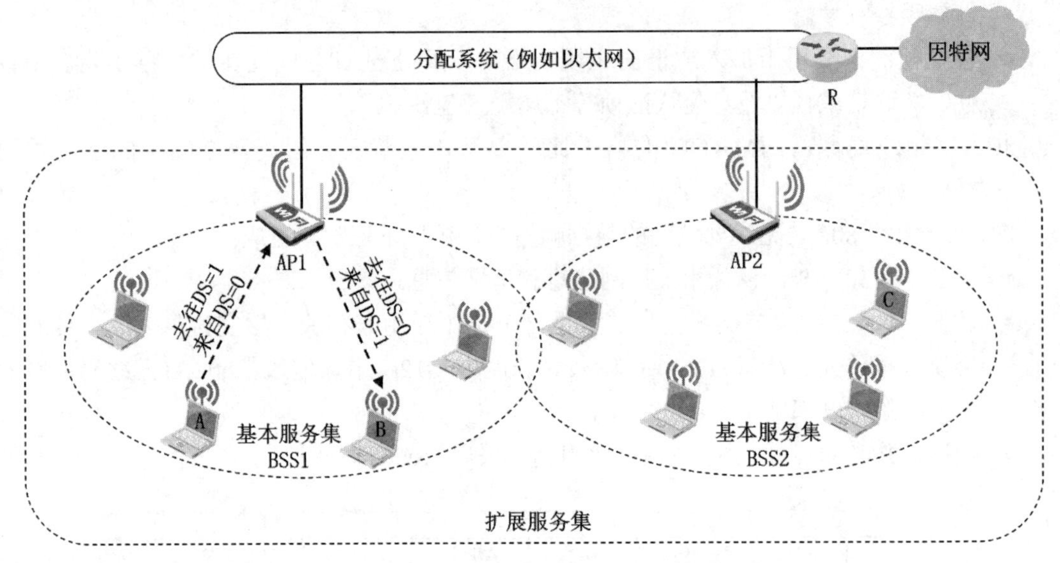

图3-83 站点A通过接入点AP1向站点B发送数据帧

（1）A需要把数据帧发送给AP1，数据帧首部中的帧控制字段中的“去往DS”和“来自DS”位的值分别设置为1和0，并且地址1字段的值设置为AP1的MAC地址（AP的MAC地址在802.11标准中称为基本服务集标识符BSSID），地址2字段的值设置为A的MAC地址，地址3字段的值设置为B的MAC地址，而地址4字段未被使用。

（2）AP1收到来自A的数据帧后，会将数据帧转发给B。数据帧首部中的帧控制字段中的“去往DS”和“来自DS”位的值分别设置为0和1，并且地址1字段的值设置为B的MAC地址，地址2字段的值设置为AP1的MAC地址，地址3字段的值设置为A的MAC地址，而地址4字段也未被使用。

在图3-83中，若站点A要向位于DS的路由器R发送数据帧，这与站点A向B发送数据帧的情况类似。

（1）A需要把数据帧发送给AP1，由于DS是以太网，因此AP1会将802.11帧转换为以太网帧转发给R。这时以太网帧中的源地址和目的地址分别是A和R的MAC地址。

（2）当R给A发回响应帧时，以太网帧中的源地址和目的地址分别是R和A的MAC地址（注意没有AP1的MAC地址），AP1收到该以太网帧后会将其转换成802.11帧转发给A。可见，AP具有网桥功能。

请读者注意，802.11帧中必须要携带AP的MAC地址，而以太网帧中却不需要携带AP的MAC地址。在以太网中，AP与透明网桥一样，对各站点是透明的，因此以太网帧中就不需要指出AP的MAC地址。然而在802.11无线局域网中，在站点的信号覆盖范围内可能会有多个AP共享同一个物理信道，但站点只能与其中的一个AP建立关联，因此802.11帧中就必须携带AP的MAC地址（即站点所在BSS的BSSID）来明确指出转发该帧的AP。

帧控制字段中的“去往DS”和“来自DS”位的值都为0的情况，被用于802.11的自主网络模式。当通信的两个站点位于同一个独立的BSS时，它们之间可以直接通信而不需要AP的转发。数据帧首部中的地址1字段的值设置为目的站的MAC地址，地址2字段的值设置为源站的MAC地址，地址3字段的值设置为这些站点所属同一个BSS的ID，即BSSID。

帧控制字段中的“去往DS”和“来自DS”位的值都为1的情况，被用于连接多个BSS的分配系统（DS）也是一个802.11无线局域网的情况。例如，在图3-83中，若DS也是802.11无线局域网，位于BSS1的站点A发送数据帧给位于BSS2的站点C，当AP1通过无线DS将数据帧转发给AP2时，帧控制字段中的“去往DS”和“来自DS”位的值都被设置为1，并且地址1字段的值设置为AP2的MAC地址，地址2字段的值设置为AP1的MAC地址，地址3字段的值设置为站点C的MAC地址，地址4字段的值设置为站点A的MAC地址。但是，若DS是以太网，则AP1转发给AP2的就是以太网帧，帧中仅携带站点A和C的MAC地址，而不携带AP1和AP2的MAC地址。

2. 序号控制字段

序号控制字段用来实现802.11的可靠传输。由于无线信道误码率较高，因此802.11无线局域网使用停止-等待协议来实现可靠传输，确保数据被正确接收。在3.2.3节中曾经介绍过停止-等待协议，该协议规定必须对数据帧进行编号，当接收方发送的确认帧丢失时，发送方会重传超时的数据帧，接收方可以用序号来区分重复接收到的数据帧。

3. 持续期字段

持续期字段用于实现之前介绍过的CSMA/CA的虚拟载波监听和信道预约机制。在数据帧、RTS帧或CTS帧中用该字段指出将要持续占用信道的时长。

4. 帧控制字段

帧控制字段是最复杂的字段，其中比较重要的内容如下：

- “去往DS”和“来自DS”位之前已经介绍过了。
- 类型和子类型位用于区分不同类型的帧。802.11共有数据帧、控制帧和管理帧三种类型，而每种类型又分为若干种子类型。
- 有线等效保密（Wired Equivalent Privacy，WEP）位用于指示是否使用了WEP加密算法。WEP表明使用在无线信道的这种加密算法在效果上可以和有线信道上通信一样保密。

本章知识点思维导图请扫码获取：

第4章 网络层

本章首先介绍网络层的相关基本概念。在介绍网络层向其上层提供的两种服务后，就进入本章的核心内容——网际协议IP（即IP协议），这是本书的一个重点内容。只有深入地掌握了IP协议的主要内容，才能理解因特网是怎样工作的。本章还介绍静态路由配置、因特网的几种路由选择协议、网际控制报文协议（ICMP）、虚拟专用网（VPN）和网络地址转换（NAT）、IP多播、移动IP技术等。最后简单介绍下一代网际协议IPv6的基本知识和软件定义网络（SDN）的基本概念。

本章重点

（1）网络层向其上层提供的两种服务：虚电路服务和数据报服务。

（2）IPv4地址与MAC地址的关系。

（3）IPv4地址的无分类编址方法。

（4）IP数据报的发送和转发过程。

（5）因特网的路由选择协议。

4.1 网络层概述

网络层是作为法律标准的OSI体系结构自下而上的第三层，其主要任务是将分组从源主机经过多个网络和多段链路传输到目的主机。本节是对网络层的概述，首先介绍网络层最核心的功能（分组转发和路由选择），然后介绍网络层向其上层提供的两种服务（面向连接的虚电路服务和无连接的数据报服务）。

4.1.1 分组转发和路由选择

网络层的主要任务就是将分组从源主机经过多个网络和多段链路传输到目的主机，可以将该任务划分为分组转发和路由选择两种重要的功能。

1. 分组转发

当路由器从自己的某个接口所连接的链路（或网络）上收到一个分组后，将该分组从自己其他适当的接口转发给下一跳路由器或目的主机，这就是所谓的“分组转发”。为此，每个路由器都需要维护自己的一个转发表（Forwarding Table），路由器根据分组首部中的转发标识在转发表中进行查询，根据查询结果所指示的接口进行分组转发。

如图4-1所示，路由器R1从自己的接口1所连接的链路上收到了一个分组，R1根据该分组首部中的转发标识A在自己的转发表中进行查询，查询结果指示应当从R1的接口2转发该分组。

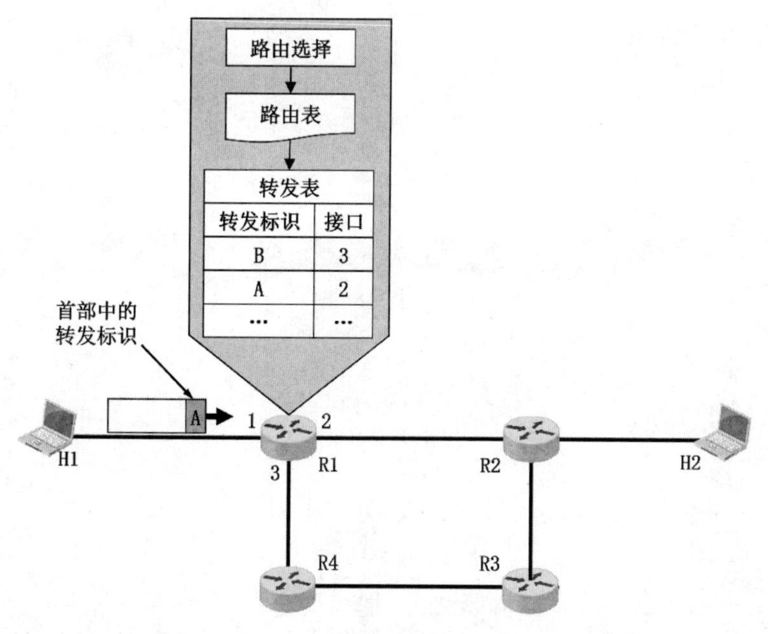

图4-1　分组转发和路由选择

需要说明的是，首部中的转发标识取决于具体的网络层，有可能是分组的目的地址，也有可能是分组所属连接的指示。

2. 路由选择

源主机和目的主机之间可能存在多条路径，网络层需要决定选择哪一条路径来传送分组，这就是所谓的“路由选择（Routing）”。

例如在之前的图4-1中，主机H1与H2之间有两条路径：一条是H1→R1→R2→H2，另一条是H1→R1→R4→R3→R2→H2。到底选择哪一条路径来传送分组，取决于路由选择方式。

路由选择方式主要有以下三种：

- 集中式路由选择：由某个网络控制中心执行路由选择，并向每个路由器下载路由信息。
- 分布式路由选择：在每个路由器上运行路由选择协议，各路由器相互交换路由信息并各自计算路由。
- 人工路由选择：由网络运维人员配置路由。

请读者注意，路由选择生成的是路由表（Routing Table），路由表一般仅包含从目的网络到下一跳的映射，路由表需要对网络拓扑变化的计算最优化。而转发表是从路由表得出的，转发表的结构应当使查找过程最优化。为了简单起见，本书在讨论路由选择的原理时并不严格区分路由表和转发表，而是以路由表来表述问题。

4.1.2　网络层向其上层提供的两种服务

网络层可以向其上层提供以下两种服务，示意图见图4-2。

- 面向连接的虚电路服务。
- 无连接的数据报服务。

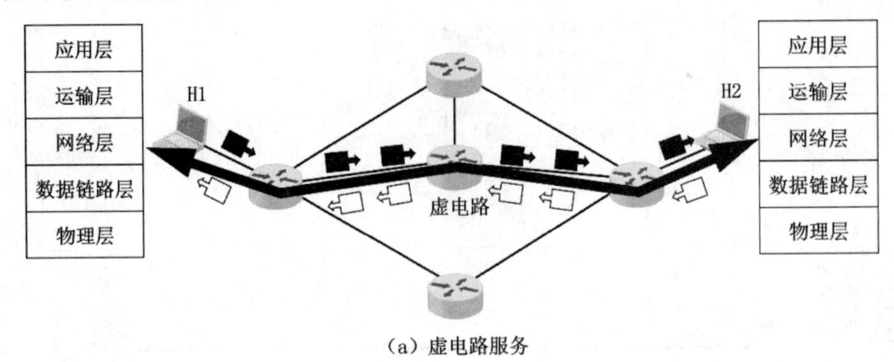

（a）虚电路服务

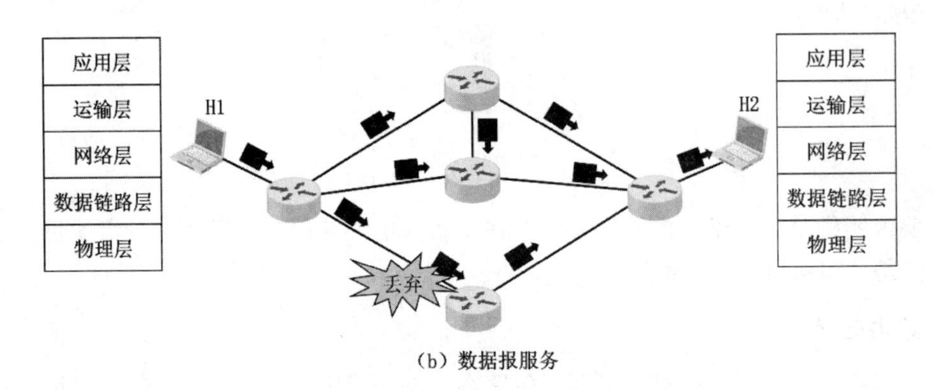

（b）数据报服务

图4-2　网络层提供的两种服务

1. 面向连接的虚电路服务

面向连接的虚电路服务的核心思想是“可靠通信应由网络自身来保证”。

借助图4-2（a）理解虚电路服务。

（1）当两台计算机进行通信时，应当首先建立网络层的连接，也就是建立一条虚电路（Virtual Circuit，VC），以保证通信双方所需的一切网络资源。

（2）双方沿着已建立的虚电路发送分组。

（3）通信结束后，需要释放之前所建立的虚电路。

需要说明的是，虚电路表示这是一条逻辑上的连接，分组都沿着这条逻辑连接按照存储转发方式传送，而不是真正建立了一条物理连接。而采用电路交换的电话通信，则是先建立一条真正的连接。因此，分组交换的虚连接与电路交换的连接只是类似，但并不完全一样。分组的首部仅在连接建立阶段使用完整的目的主机地址，之后每个分组的首部只需携带一条虚电路编号即可。这种通信方式如果再使用可靠传输的网络协议，就可使所发送的分组最终正确（无差错按序到达、不丢失、不重复）到达接收方。

很多广域分组交换网都使用面向连接的虚电路服务。例如，曾经的X.25和逐渐过时的帧中继（Frame Relay，FR）、异步传输模式（Asynchronous Transfer Mode，ATM）。然而，因特网的先驱者并没有采用这种设计思路，而是采用了无连接的数据报服务。

2. 无连接的数据报服务

无连接的数据报服务的核心思想是“可靠通信应当由用户主机来保证”。

借助图4-2（b）理解数据报服务。

（1）当两台计算机进行通信时，它们的网络层不需要建立连接。

（2）每个分组可走不同的路径。因此，每个分组的首部都必须携带目的主机的完整地址。这种通信方式所传送的分组可能误码、丢失、重复和失序。

（3）通信结束后，没有需要释放的连接。

由于网络自身不提供端到端的可靠传输服务，这就使得网络中的路由器可以做得比较简单，比电信网交换机价格低廉。因特网就采用了这种设计思想。

- 将复杂的网络处理功能置于因特网的边缘（即用户主机和其内部的运输层）。
- 将相对简单的尽最大努力（即不可靠）的分组交付功能置于因特网核心。

采用这种设计思想的好处是：网络的造价大大降低、运行方式灵活、能够适应多种应用。因特网能够发展到今日的规模，充分证明了当初采用这种设计思想的正确性。

表4-1归纳了虚电路服务与数据报服务的主要区别。

表4-1　虚电路服务与数据报服务的对比

对比方面	虚电路服务	数据报服务
思路	可靠通信应当由网络自身来保证	可靠通信应当由用户主机来保证
连接	必须建立网络层连接	不需要建立网络层连接
目的地址	仅在连接建立阶段使用，之后每个分组使用短的虚电路号	每个分组都必须携带完整的目的地址
分组转发	属于同一条虚电路的分组均按同一路由进行转发	每个分组可走不同的路由
节点故障	所有通过出故障的节点的虚电路均不能工作	出故障的节点可能会丢失分组，一些路由可能会发生变化
分组顺序	总是按发送顺序到达目的主机	到达目的主机时不一定按发送顺序
服务质量	可以将通信资源提前分配给每一个虚电路，因此容易实现	很难实现

在因特网所采用的TCP/IP体系结构中，网际层向其上层提供的是简单灵活的、无连接的、尽最大努力交付的数据报服务。因此，下面主要围绕网际层如何传送IP数据报这个主题进行介绍。

4.2　网际协议（IP）

网际协议IP（即IP协议）是TCP/IP体系结构网络层中的核心协议，该协议是由“因特网之父”Robert Kahn和Vint Cerf二人共同研发的。这两位学者在2005年获得图灵奖（相当于计算机科学领域的诺贝尔奖）。需要说明的是，本节所介绍的IP协议是其第4个版本，记为IPv4。为了简单起见，在后续介绍IP协议的各种原理时，除特别需要，往往不在IP后面加上版本号。

由于网际协议IP是TCP/IP体系结构网络层中的核心协议，因此TCP/IP体系结构的网络层常被称为网际层或IP层。在网际层中，与IP协议配套使用的还有以下四个协议：

- 地址解析协议（Address Resolution Protocol，ARP）。
- 逆地址解析协议（Reverse Address Resolution Protocol，RARP）。
- 网际控制报文协议（Internet Control Message Protocol，ICMP）。
- 网际组管理协议（Internet Group Management Protocol，IGMP）。

图4-3给出了上述四个协议与网际协议IP的关系。在网际层中，RARP和ARP画在IP的下面，这是因为IP协议经常要使用这两个协议。ICMP和IGMP画在IP的上面，因为它们要使用IP协议。需要说明的是，RARP协议现在已被淘汰不使用了。

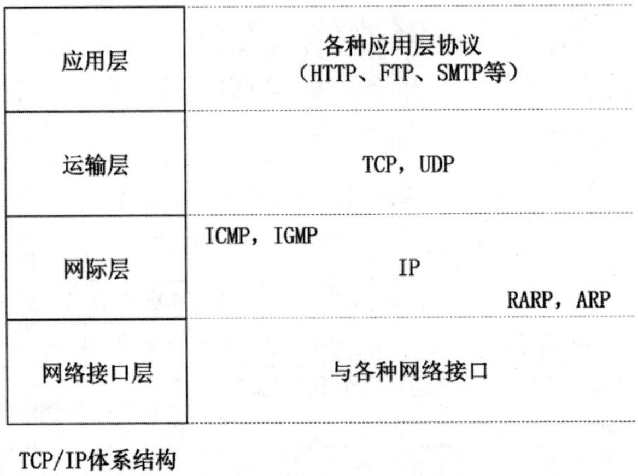

TCP/IP体系结构	
应用层	各种应用层协议 （HTTP、FTP、SMTP等）
运输层	TCP，UDP
网际层	ICMP，IGMP IP RARP，ARP
网络接口层	与各种网络接口

图4-3　网际协议IP及其配套协议

在介绍网际协议IP之前，有必要首先介绍异构网络互连的问题。

4.2.1　异构网络互连

因特网是由全世界范围内数以百万计的网络通过路由器互连起来的。这些网络的拓扑、性能以及所使用的网络协议都不尽相同，这是由用户需求的多样性造成的，没有一种单一的网络能够适应所有用户的需求。

要将众多的异构网络都互连起来，并且能够互相通信，则会面临许多需要解决的问题，例如：

- 不同的网络接入机制。
- 不同的差错恢复方法。
- 不同的路由选择技术。
- 不同的寻址方案。
- 不同的最大分组长度。

● 不同的服务（面向连接服务和无连接服务）。

图4-4（a）表示的是因特网的一小部分，由多个异构网络通过路由器进行互连。这些异构网络的网络层都使用相同的网际协议IP，从网络层的角度看，它们好像是一个统一的网络，即IP网，如图4-4（b）所示。使用IP网的好处是，当IP网上的主机进行通信时，就好像在一个单个网络上通信一样，它们看不见互连的各网络的具体异构细节（例如寻址方案、路由选择协议等）。

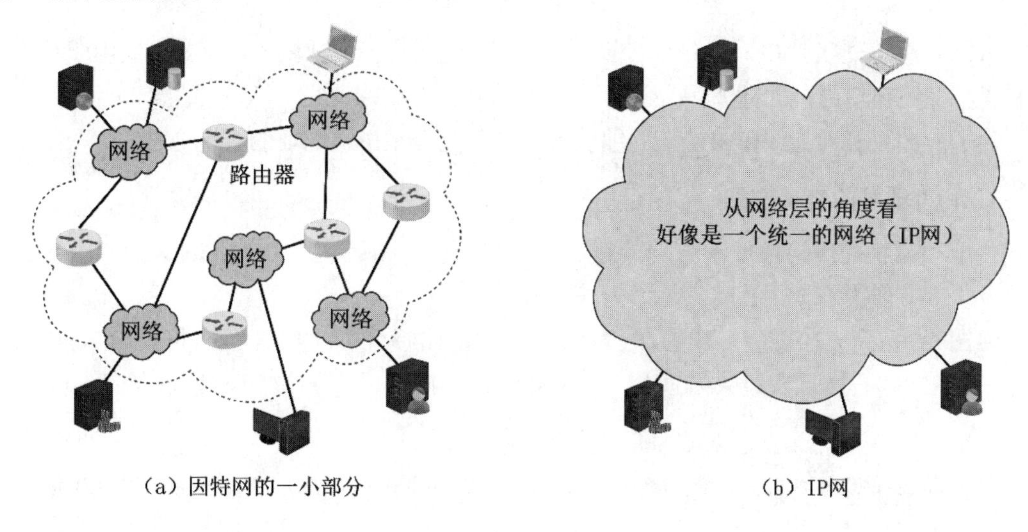

（a）因特网的一小部分　　（b）IP网

图4-4　IP网的概念

有了IP网的概念后，下面介绍在这样的IP网上如何寻址。

4.2.2　IPv4 地址及其编址方法

IPv4地址是给IP网上的每一个主机（或路由器）的每一个接口分配的一个在全世界范围内唯一的32比特的标识符。

IPv4地址由因特网名字和数字分配机构（Internet Corporation for Assigned Names and Numbers，ICANN）进行分配。我国用户可向亚太网络信息中心（Asia Pacific Network Information Center，APNIC）申请IPv4地址，这需要缴纳相应的费用，一般不接受个人申请。

2011年2月3日，因特网号码分配管理局（Internet Assigned Numbers Authority，IANA）（由ICANN行使职能）宣布，IPv4地址已经分配完毕。我国在2014～2015年也逐步停止了向新用户和应用分配IPv4地址，同时全面开展商用部署IPv6。

IPv4地址的编址方法经历了如图4-5所示的三个历史阶段。

（1）分类编址：最基本的编址方法，早在1981年就通过了相应的标准协议。

（2）划分子网：对分类编址的改进，其标准[RFC 950]在1985年通过。

（3）无分类编址：目前因特网正在使用的编址方法。它消除了分类编址和划分子网的概念，1993年提出后很快就得到了推广应用。

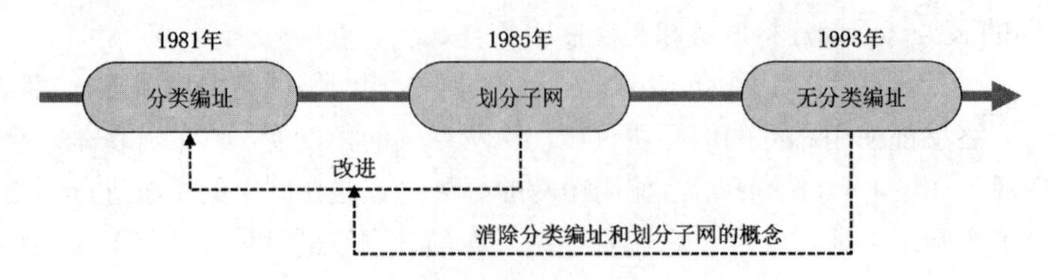

图4-5　IPv4地址编址方法的三个历史阶段

请读者注意，虽然IPv4地址的前两种编址方法已成为历史[RFC 1812]，但由于很多文献和资料都还在使用，因此本书还会从分类编址开始介绍。

为了能够更好地介绍IPv4地址的编址方法，首先介绍IPv4地址的表示方法。

1. IPv4地址的表示方法

由于32比特的IPv4地址不方便阅读、记录以及输入等，因此IPv4地址采用点分十进制表示方法以方便用户使用。

如图4-6所示，将某个32比特IPv4地址中每8个比特分为一组，写出每组8比特所对应的十进制数，每个十进制数之间用“.”来分隔，就可以得到该IPv4地址的点分十进制形式。

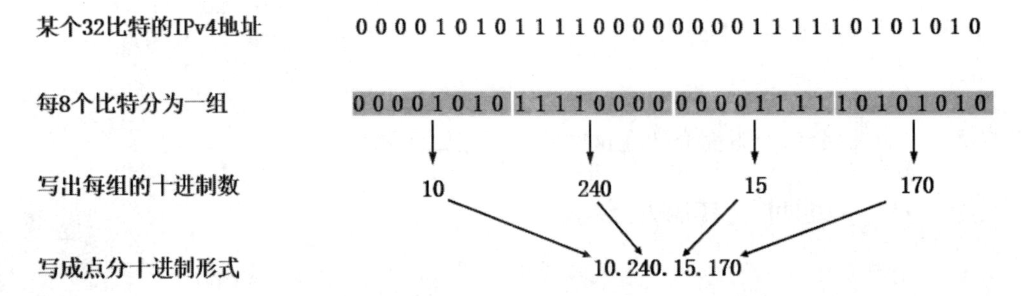

图4-6　IPv4地址的点分十进制表示方法举例

2. 分类编址

分类编址方法将32比特的IPv4地址分为以下两部分：

- 网络号：用来标志主机（或路由器）的接口所连接到的网络。
- 主机号：用来标志主机（或路由器）的接口。

同一个网络中，不同主机（或路由器）的接口的IPv4地址的网络号必须相同，表示它们属于同一个网络，而主机号必须各不相同，以便区分各主机（或路由器）的接口，下面举例说明。

如图4-7所示，路由器R的接口1、主机H1和H2都连接到网络1，它们各自IPv4地址的网络号（192.168.0）是相同的，而主机号各不相同。路由器R的接口2、主机H3和H4都连接到网络2，它们各自IPv4地址的网络号（192.168.1）也是相同的，而主机号各不相同。网络1与网络2的网络号是不同的，因为它们是不同的网络。

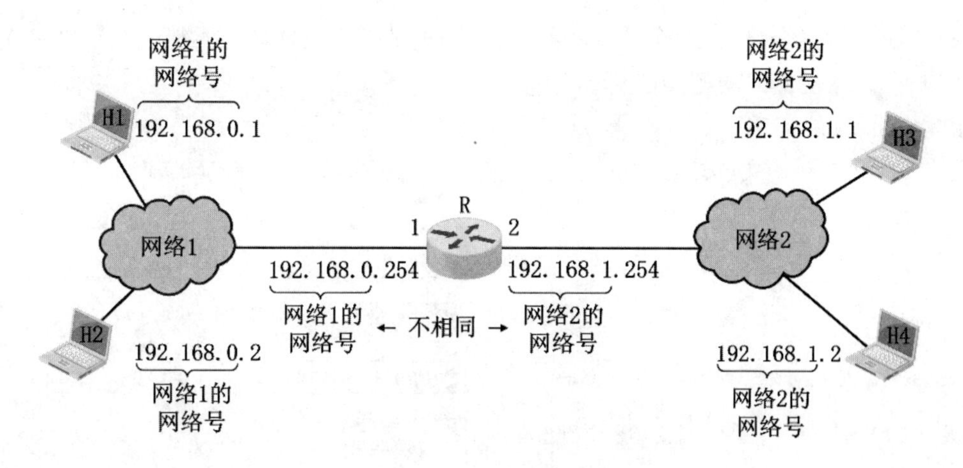

图4-7　IPv4地址中的网络号和主机号举例

如图4-8所示，分类编址的IPv4地址分为以下五类：

- A类地址：网络号占8比特，主机号占24比特，网络号的最前面1位固定为0。
- B类地址：网络号和主机号各占16比特，网络号的最前面2位固定为10。
- C类地址：网络号占24比特，主机号占8比特，网络号的最前面3位固定为110。
- D类地址：多播地址，其最前面4位固定为1110。
- E类地址：保留地址，其最前面4位固定为1111。

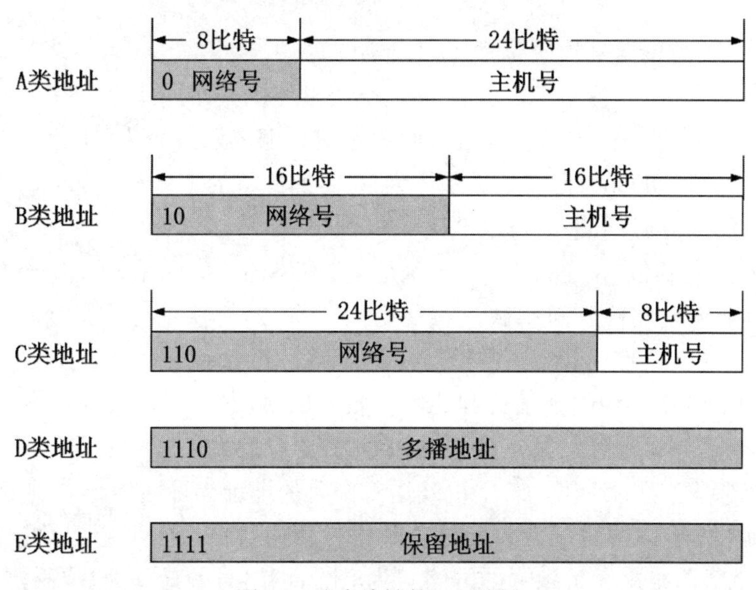

图4-8　分类编址的IPv4地址

当给网络中的主机（或路由器）的各接口分配分类编址的IPv4地址时，需要注意以下规定：

- 只有A类、B类和C类地址可以分配给网络中的主机（或路由器）的各接口。
- 主机号为“全0”（即全部比特都为0）的地址是网络地址，不能分配给网络中的主机（或路由器）的各接口。

- 主机号为“全1”（即全部比特都为1）的地址是广播地址，不能分配给网络中的主机（或路由器）的各接口。

1）A类地址的细节

图4-9给出了IPv4的A类地址细节。

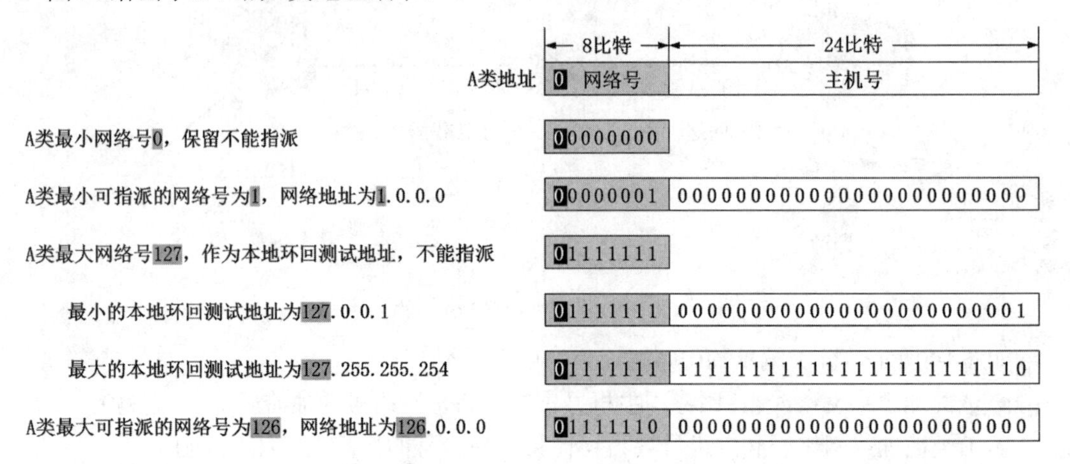

图4-9　IPv4的A类地址细节

A类地址的8比特网络号的最前面1位固定为0。

当8比特网络号的低7位全部取0时，就是A类网络的最小网络号，其十进制值为0，该网络号被保留，不能指派。因此，A类网络最小可指派的网络号为8比特网络号的最前面1位固定为0，低7位为0000001，其十进制值为1。将24比特的主机号全部取0，就可以得到该网络的网络地址，其点分十进制为1.0.0.0。

当8比特网络号的低7位全部取1时，就是A类网络的最大网络号，其十进制值为127，该网络号被用于本地软件环回测试，不能指派。将127开头的IPv4地址的24比特主机号的最低位取1、其他位取0，就可得到最小的本地软件环回测试地址，其点分十进制为127.0.0.1。将127开头的IPv4地址的24比特主机号的最低位取0、其他位取1，就可得到最大的本地软件环回测试地址，其点分十进制为127.255.255.254。本地软件环回测试地址用于本主机内的进程之间的通信，若主机发送一个目的地址为环回地址（例如127.0.0.1）的IP数据报，则本主机中的协议软件就处理数据报中的数据，而不会把数据报发送到任何网络。因此，A类网络最大可指派的网络号为8比特网络号的最前面1位固定为0，低7位为1111110，其十进制值为126。将24比特的主机号全部取0，就可以得到该网络的网络地址，其点分十进制为126.0.0.0。

基于上述细节可知：

- 可指派的A类网络的数量为$2^{(8-1)}-2=126$，这是因为A类网络的网络号占8比特，并且其最前面1位固定为0，因此网络号有$2^{(8-1)}$个组合，从这些组合中再减去2的原因是，要去掉最小网络号0和最大网络号127，它们不能指派。

- 每个A类网络中可分配的地址数量为$2^{24}-2$=16 777 214，这是因为A类网络的主机号占24比特，因此主机号有2^{24}个组合，从这些组合中再减去2的原因是，要去掉主机号为“全0”的网络地址和主机号为“全1”的广播地址。

2）B类地址的细节

图4-10给出了IPv4的B类地址细节。

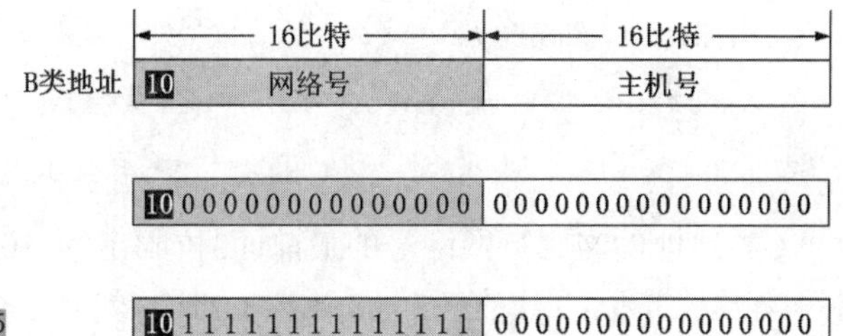

B类最小网络号，也是最小可指派的网络号128.0
网络地址为128.0.0.0

B类最大网络号，也是最大可指派的网络号191.255
网络地址为191.255.0.0

可指派的B类网络的数量为$2^{(16-2)}$=16 384

每个B类网络中可分配的地址数量为$2^{16}-2$=65 534（减2的原因是去掉主机号为全0的网络地址和全1的广播地址）

图4-10　IPv4的B类地址细节

B类地址的16比特网络号的最前面2位固定为10。

当16比特网络号的低14位全部取0时，就是B类网络的最小网络号，其点分十进制为128.0，该网络号是B类网络最小可指派的网络号。将16比特的主机号全部取0，就可以得到该网络的网络地址，其点分十进制为128.0.0.0。

当16比特网络号的低14位全部取1时，就是B类网络的最大网络号，其点分十进制为191.255，该网络号是B类网络最大可指派的网络号。将16比特的主机号全部取0，就可以得到该网络的网络地址，其点分十进制为191.255.0.0。

基于上述细节可知：

- 可指派的B类网络的数量为$2^{(16-2)}$=16 384，这是因为B类网络的网络号占16比特，并且其最前面2位固定为10，因此网络号有$2^{(16-2)}$个组合。
- 每个B类网络中可分配的地址数量为$2^{16}-2$=65 534，这是因为B类网络的主机号占16比特，因此主机号有2^{16}个组合，在这些组合中再减去2的原因是，要去掉主机号为“全0”的网络地址和主机号为“全1”的广播地址。

请读者注意，有些教材和资料中指出128.0是保留网络号，B类最小可指派网络号为128.1。但根据2002年9月发表的[RFC 3330]文档，128.0网络号已经可以分配了。有兴趣的读者可以自行查询以128.0开头的IP地址，看看它们属于哪些国家。

3）C类地址的细节

图4-11给出了IPv4的C类地址细节。

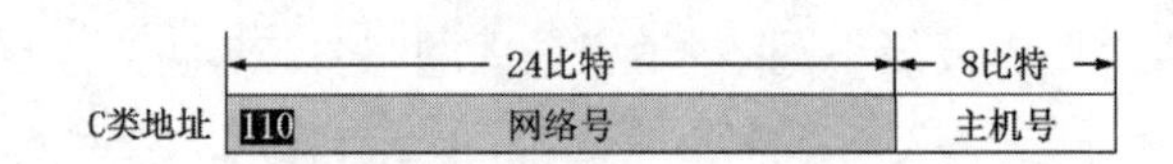

C类最小网络号，也是最小可指派的网络号192.0.0
网络地址为192.0.0.0

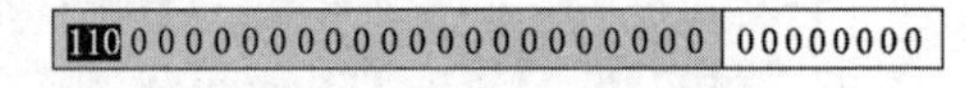

C类最大网络号，也是最大可指派的网络号223.255.255
网络地址为223.255.255.0

可指派的C类网络的数量为$2^{(24-3)}$=2 097 152

每个C类网络中可分配的地址数量为2^8-2=254（减2的原因是去掉主机号为全0的网络地址和全1的广播地址）

图4-11　IPv4的C类地址细节

C类地址的24比特网络号的最前面3位固定为110。

当24比特网络号的低21位全部取0时，就是C类网络的最小网络号，其点分十进制为192.0.0，该网络号是C类网络最小可指派的网络号。将8比特的主机号全部取0，就可以得到该网络的网络地址，其点分十进制为192.0.0.0。

当24比特网络号的低21位全部取1时，就是C类网络的最大网络号，其点分十进制为223.255.255，该网络号是C类网络最大可指派的网络号。将8比特的主机号全部取0，就可以得到该网络的网络地址，其点分十进制为223.255.255.0。

基于上述细节可知：

- 可指派的C类网络的数量为$2^{(24-3)}$=2 097 152，这是因为C类网络的网络号占24比特，并且其最前面3位固定为110，因此网络号有$2^{(24-3)}$个组合。
- 每个C类网络中可分配的地址数量为2^8-2=254，这是因为C类网络的主机号占8比特，因此主机号有2^8个组合，在这些组合中再减去2的原因是，要去掉主机号为“全0”的网络地址和主机号为“全1”的广播地址。

请读者注意，有些教材和资料中指出192.0.0是保留网络号，C类最小可指派网络号为192.0.1。但根据2002年9月发表的[RFC 3330]文档，192.0.0网络号已经可以分配了，只不过目前还没有分配出去。

综上所述，可以得出表4-2所示的IPv4地址的指派范围。

表4-2　IPv4地址的指派范围

网络类别	最小可指派网络号	最大可指派网络号	可指派网络数量	每个网络中最大可分配地址数量	不能指派的网络号	占总地址空间
A	1	126	$2^{(8-1)}-2$=126	$2^{24}-2$=16 777 214	0和127	$2^{32-1}/2^{32}=1/2$
B	128.0	191.255	$2^{(16-2)}$=16 384	$2^{16}-2$=65 534	无	$2^{32-2}/2^{32}=1/4$
C	192.0.0	223.255.255	$2^{(24-3)}$=2 097 152	2^8-2=254	无	$2^{32-3}/2^{32}=1/8$

为帮助读者加深对IPv4分类编址方法的理解和记忆，在表4-3中列举了一些分类的IPv4地址。

（1）根据IPv4地址左起第1个十进制数的值，可以判断出网络类别：

- 127以下的为A类。

- 128～191的为B类。
- 192～223的为C类。

（2）根据网络类别，可找出IPv4地址中的网络号和主机号：

- A类地址的网络号为左起第1个十进制数，而主机号为剩余3个十进制数。
- B类地址的网络号为左起前2个十进制数，而主机号为剩余2个十进制数。
- C类地址的网络号为左起前3个十进制数，而主机号为剩余1个十进制数。

（3）以下三种情况的地址是不能分配给主机或路由器接口的：

- A类网络号0和127。
- 主机号为“全0”的网络地址。
- 主机号为“全1”的广播地址。

表4-3　分类IPv4地址举例

IPv4地址	类别	是否可以分配给主机或路由器接口
0.1.2.3	A	不能分配 网络号0是保留的网络号
1.2.3.4	A	可以分配 网络号为1，主机号为2.3.4，主机号不是“全0”的网络地址或“全1”的广播地址
126.255.255.255	A	不能分配 网络号为126，主机号为255.255.255，主机号是“全1”的广播地址
127.0.0.1	A	不能分配 网络号为127，主机号为0.0.1，这是本地环回测试地址
128.0.255.255	B	不能分配 网络号为128.0，主机号为255.255，主机号是“全1”的广播地址
166.16.18.255	B	可以分配 网络号为166.16，主机号为18.255，主机号不是“全0”的网络地址或“全1”的广播地址
172.18.255.255	B	不能分配 网络号为172.18，主机号为255.255，主机号是“全1”的广播地址
191.255.255.252	B	可以分配 网络号为191.255，主机号为255.252，主机号不是“全0”的网络地址或“全1”的广播地址
192.0.0.255	C	不能分配 网络号为192.0.0，主机号为255，主机号是“全1”的广播地址
196.2.3.8	C	可以分配 网络号为196.2.3，主机号为8，主机号不是“全0”的网络地址或“全1”的广播地址
218.75.230.30	C	可以分配 网络号为218.75.230，主机号为30，主机号不是“全0”的网络地址或“全1”的广播地址
223.255.255.252	C	可以分配 网络号为223.255.255，主机号为252，主机号不是“全0”的网络地址或“全1”的广播地址

由上述例子可以看出，对于任意一个给定的IPv4地址，路由器都可以通过该地址的左起第1个十进制数的值（或者左起的前几个比特）来判断其类别，进而可以准确计算出其网络号和主机号。这对路由器根据目的网络号来转发IP数据报是非常重要的。

表4-4给出了一般不使用的特殊IPv4地址，这些地址只能在特定的情况下使用。

表4-4　一般不使用的特殊IPv4地址

网络号	主机号	是否可以作为源地址	是否可以作为目的地址	代表的意思
0	0	可以	不可以	在本网络上的本主机（DHCP协议）
0	host-id	可以	不可以	在本网络上的某台主机host-id
全1	全1	不可以	可以	只在本网络上进行广播，各路由器均不转发
net-id	全1	不可以	可以	对net-id上的所有主机进行广播
127	非全0或全1的任何数	可以	可以	用于本地软件环回测试

下面通过图4-12所示的例子，来看看IPv4分类编址方法的缺点。

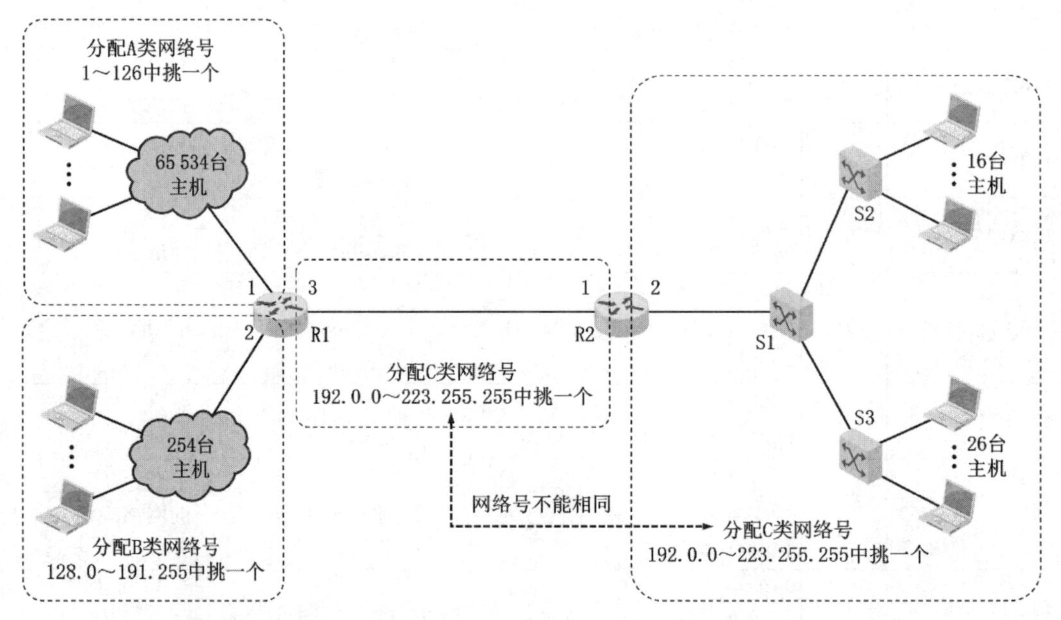

图4-12　IPv4地址分配举例

路由器R1的接口1所连接的网络中有65 534台主机，每台主机需要分配1个IPv4地址，R1的接口1也要分配1个IPv4地址，再加上该网络的网络地址和广播地址，该网络需要的IPv4地址数量为65 537。由于1个A类网络所包含的IPv4地址数量为2^{24}=16 777 216，1个B类网络所包含的IPv4地址数量为2^{16}=65 536，1个C类网络所包含的IPv4地址数量为2^{8}=256，因此只能给该网络从A类网络号1～126中挑选1个A类网络号。

同理，对于路由器R1的接口2所连接的网络，只能从B类网络号128.0～191.255中挑选1个B类网络号。

路由器R2的接口2所连接的是由3台交换机S1、S2、S3以及多台主机互连而成的一个交换式以太网，该网络中有42（16+26）台主机，每台主机需要分配1个IPv4地址，R2的接口2也要分配1个IPv4地址，再加上该网络的网络地址和广播地址，该网络需要的IPv4地址数量为45。因此，给该网络分配1个A类、B类或C类网络号都可以满足，本着节约地址资源的原则，可从C类网络号192.0.0～223.255.255中为该网络挑选1个C类网络号。

路由器R1与R2通过一段链路直接相连，在链路两端的接口处（R1的接口3和R2的接口1），可以分配IPv4地址，也可以不分配。如果分配了IPv4地址，则这一段链路就构成了一种只包含一段链路的特殊“网络”。之所以叫“网络”是因为它有IPv4地址。在本例中，给这个特殊“网络”从C类网络号192.0.0～223.255.255中挑选1个与之前分配给交换式以太网不同的C类网络号即可。为了进一步节省IPv4地址资源，对于这种仅由一段链路构成的特殊“网络”，现在也常常不分配IPv4地址。通常把这样的特殊网络叫作无编号网络（unnumbered network）或无名网络（anonymous network）。

网络号分配完毕后，就可给各网络中的主机和路由器的接口分配IPv4地址了。请读者注意，所分配的IPv4地址应该互不相同，并且地址的主机号不能为“全0”的网络地址和“全1”的广播地址。同一网络中的主机和路由器接口的IPv4地址的网络号是相同的，而主机号各不相同。

通过本例可以看出，IPv4分类编址方法最大的缺点就是容易造成IPv4地址的大量浪费。例如，路由器R1的接口2所连接的网络中有254台主机，每台主机需要分配1个IPv4地址，R1的接口2也要分配1个IPv4地址，再加上该网络的网络地址和广播地址，该网络需要的IPv4地址数量为257。由于1个C类网络所包含的IPv4地址数量为256，无法满足该网络对IPv4地址数量的需求，因此不得不为该网络分配1个B类网络号。然而，1个B类网络所包含的IPv4地址数量为65 536，而该网络只需要257个地址，因此会造成大量地址浪费。为了解决上述问题，因特网工程任务组IETF提出了划分子网的编址改进方法。

3. 划分子网

1）划分子网介绍

随着更多的中小网络加入因特网，IPv4分类编址方法不够灵活、容易造成大量IPv4地址资源浪费的缺点就暴露出来了。

如图4-13所示，某单位有一个大型的局域网需要连接到因特网，如果申请一个C类网络号，其可分配的IPv4地址数量只有254个（有2个地址用于特殊目的：“全0”地址用作网络地址，“全1”地址用作广播地址），不够使用。因此该单位申请了一个B类网络号145.13，其可分配的IPv4地址数量达到了65 534个，给每台计算机和路由器的接口分配1个IPv4地址后，还剩余大量的地址。这些剩余的IPv4地址只能由该单位的同一个网络使用，而其他单位的网络不能使用。

随着该单位计算机网络的发展和建设，该单位又新增了一些计算机，并且需要将原来的网络划分成3个独立的网络，称其为子网1、子网2和子网3，如图4-14所示。

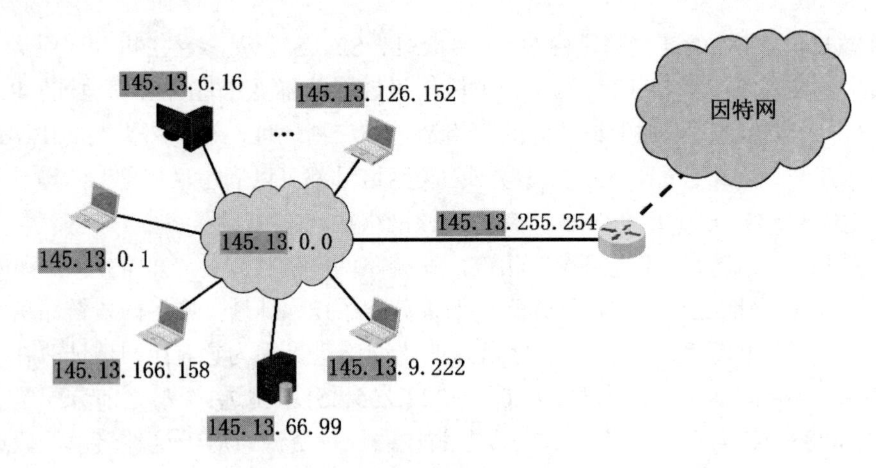

图4-13　某单位的B类网络145.13.0.0

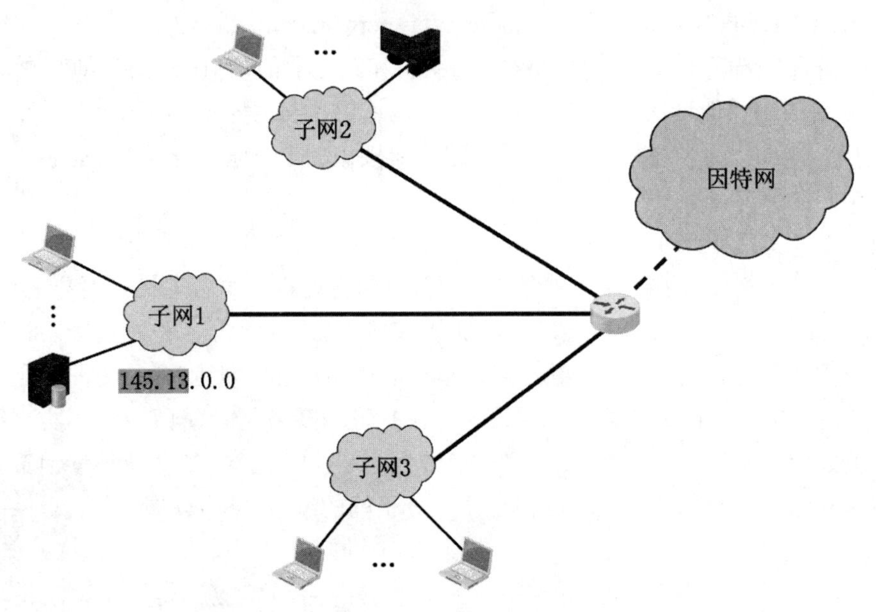

图4-14　某单位将原有网络划分成3个子网

假设子网1仍然使用原来申请到的B类网络号145.13，那么就需要为子网2和子网3各自申请一个网络号，但这样会存在以下弊端：

- 申请新的网络号需要等待很长的时间，并且要花费更多的费用。
- 即便申请到了2个新的网络号，其他路由器的路由表还需要新增针对这两个新的网络的路由条目。
- 浪费原来已申请到的B类网络中剩余的大量IPv4地址。

如果可以从IPv4地址的主机号部分借用一些比特作为子网号，来区分不同的子网，就可以利用原有网络中剩余的大量IPv4地址，而不用申请新的网络地址了。

如图4-15所示，可以借用16比特主机号中的前8个比特作为子网号。假设给子网1分配的子网号为0，给子网2分配的子网号为1，给子网3分配的子网号为2。之后就可以给各子网中的主机和路由器的接口分配IPv4地址了。

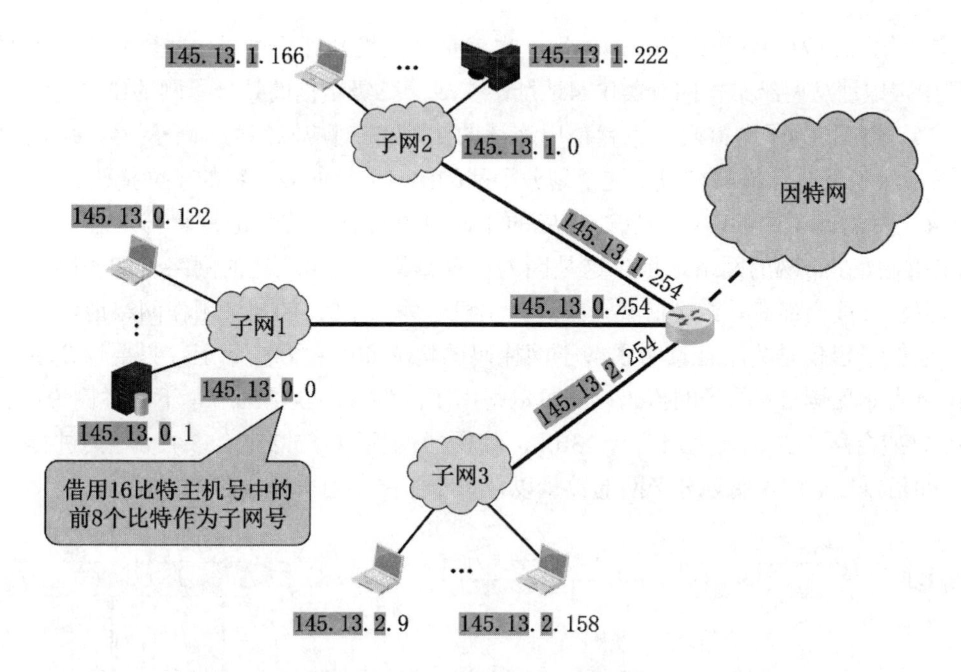

图4-15　借用主机号前8个比特作为子网号进行子网划分

请读者思考一下：如果未在图4-15中标记子网号部分，那么人们或计算机又如何知道在分类地址中，主机号有多少比特被借用作为子网号了呢？这样，就引出了一个划分子网的工具，它就是子网掩码。

2）子网掩码

与IPv4地址类似，子网掩码也是由32比特构成的。子网掩码可以表明分类IPv4地址的主机号部分被借用了几个比特作为子网号。

在32比特的子网掩码中，用左起多个连续的比特1对应IPv4地址中的网络号和子网号，之后的多个连续的比特0对应IPv4地址中的主机号。

下面借助图4-16理解子网掩码的组成和作用。

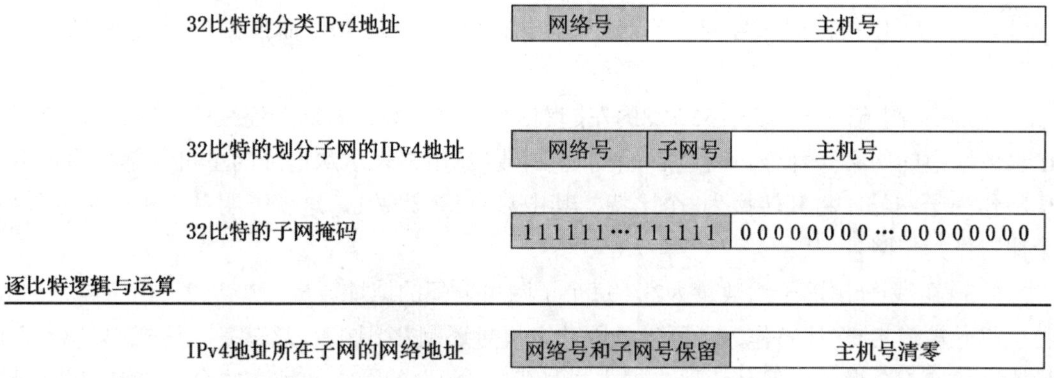

32比特的分类IPv4地址　｜网络号｜主机号｜

32比特的划分子网的IPv4地址　｜网络号｜子网号｜主机号｜

32比特的子网掩码　｜111111…111111｜00000000…00000000｜

逐比特逻辑与运算

IPv4地址所在子网的网络地址　｜网络号和子网号保留｜主机号清零｜

图4-16　子网掩码的组成

（1）第一行为未划分子网的IPv4地址，它由网络号和主机号两部分构成。

（2）第二行为划分子网的IPv4地址，也就是从主机号部分借用一些比特作为子网号，这使得IPv4地址从两级结构的分类IPv4地址，变成了三级结构的划分子网的IPv4地址。

（3）第三行为子网掩码，也就是用连续的比特1来对应网络号和子网号，用连续的比特0来对应主机号，这样就构成了这个划分子网的IPv4地址的32比特的子网掩码。

（4）将划分子网的IPv4地址与相应的子网掩码进行逐比特的逻辑与运算，就可得到该IPv4地址所在子网的网络地址。这是因为运算结果为IPv4地址的网络号和子网号保留不变，而主机号被全部清零。之前曾介绍过，主机号为“全0”的地址用作网络地址。

上述例子仅仅是为了让读者了解子网掩码的构成和作用。实际上，只要给定了一个分类的IPv4地址及其相应的子网掩码，就可以得出子网划分的全部细节，下面举例说明。

已知某个网络的地址为218.75.230.0，使用子网掩码255.255.255.128对其进行子网划分。下面借助图4-17说明划分子网的数量以及每个子网中可分配地址的数量。

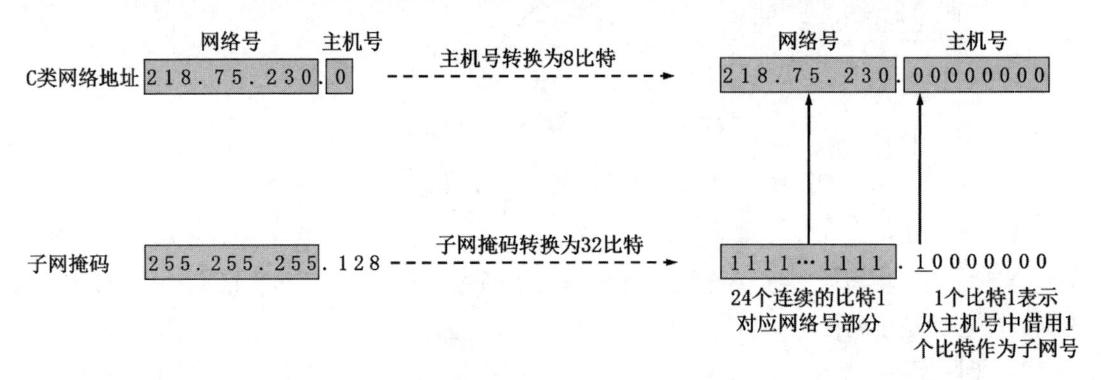

图4-17　根据IPv4地址和子网掩码，得出主机号部分被借用作子网号的比特数量

（1）根据所给网络地址218.75.230.0的左起第1个十进制数218可知，这是一个C类网络地址，因此可以得出网络号为左起前3个十进制数218.75.230，而最后1个十进制数用作主机号。

（2）子网掩码255.255.255.128的左起前3个十进制数，即24个连续的比特1，用来对应IPv4地址中的网络号部分，而最后1个十进制数128用来表示从地址的主机号部分借用多少比特作为子网号，将其转换为8个比特，其中只有1个比特1，这就表明从主机号部分借用1个比特作为子网号。

（3）可划分出的子网数量为2^1，每个子网可分配的地址数量为$2^{(8-1)}-2$。由于原来的8比特主机号被借走1个比特作为子网号，因此主机号还剩7个比特，这就是表达式中“8−1”的原因，可有2^7个组合。但是还要去掉主机号为“全0”的网络地址和“全1”的广播地址，这就是表达式中减2的原因。

借助图4-18说明网络地址218.75.230.0在未划分子网情况下的细节。

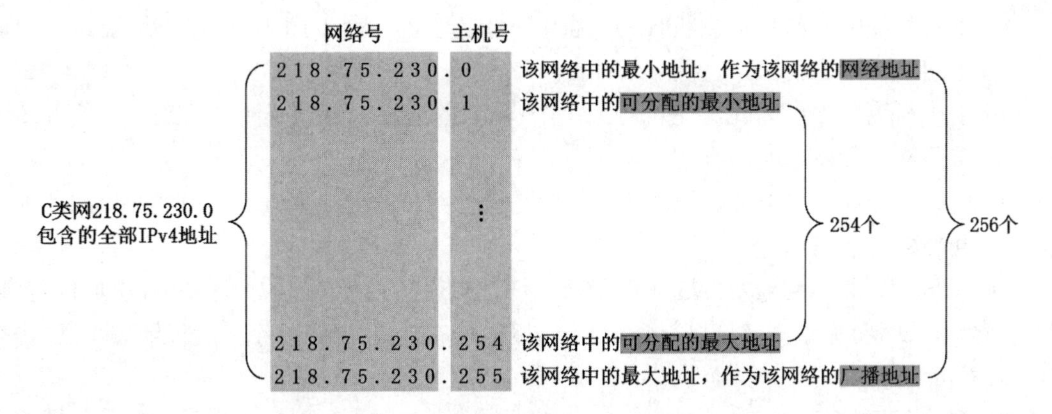

图4-18　C类网218.75.230.0未划分子网时的细节

（1）根据所给网络地址218.75.230.0的左起第1个十进制数218可知，这是一个C类网络地址，因此可以得出网络号为左起前3个十进制数218.75.230，而最后1个十进制数用作主机号。

（2）将网络号保持不变，而主机号从0开始依次加1，直到主机号为255为止，就可以得出该网络中的所有地址，共256个。

（3）主机号为0（即8比特主机号为“全0”）的地址，是该网络中的最小地址，作为该网络的网络地址。

（4）主机号为255（即8比特主机号为“全1”）的地址，是该网络中的最大地址，作为该网络的广播地址。

（5）网络地址和广播地址之间的地址，就是该网络可分配给主机或路由器接口的地址，共254个。

之前已经分析过，使用子网掩码255.255.255.128对C类网218.75.230.0进行子网划分，是从8比特主机号部分借用1个比特作为子网号，这样就将该C类网均分为2个子网。

下面借助图4-19说明使用子网掩码255.255.255.128对C类网218.75.230.0进行子网划分的细节。

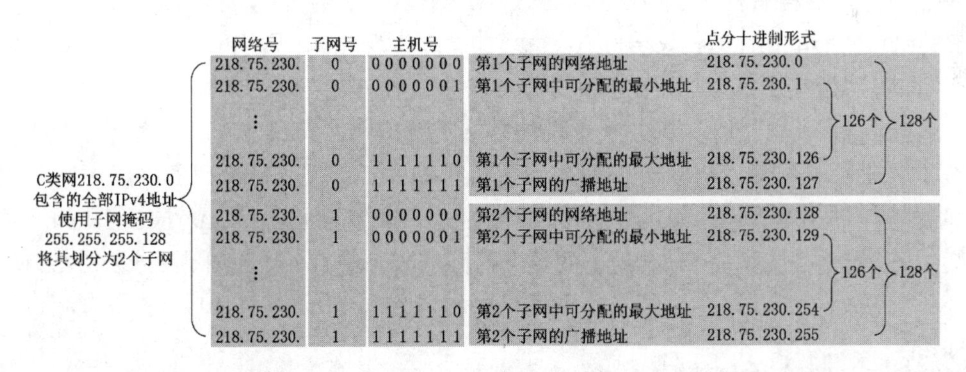

图4-19　使用子网掩码255.255.255.128对C类网218.75.230.0进行子网划分

（1）从主机号部分借用1个比特作为子网号，则子网号只能是0或1。

（2）将网络号218.75.30和子网号0保持不变，主机号从7个比特0依次加1，直到主机号为7个比特1为止，就可以得到第1个子网的所有地址，共128个。

- 主机号为0（即7比特主机号为“全0”）的地址，是该子网中的最小地址，作为该子网的网络地址。
- 主机号为127（即7比特主机号为“全1”）的地址，是该子网中的最大地址，作为该子网的广播地址。
- 网络地址和广播地址之间的地址，就是该子网可分配给主机或路由器接口的地址，共126个。

（3）同理，将网络号218.75.30和子网号1保持不变，主机号从7个比特0依次加1，直到主机号为7个比特1为止，就可以得到第2个子网的所有地址，共128个，具体细节与子网0类似，就不再赘述了。

3）默认子网掩码

默认子网掩码是指在未划分子网的情况下使用的子网掩码，如图4-20所示。

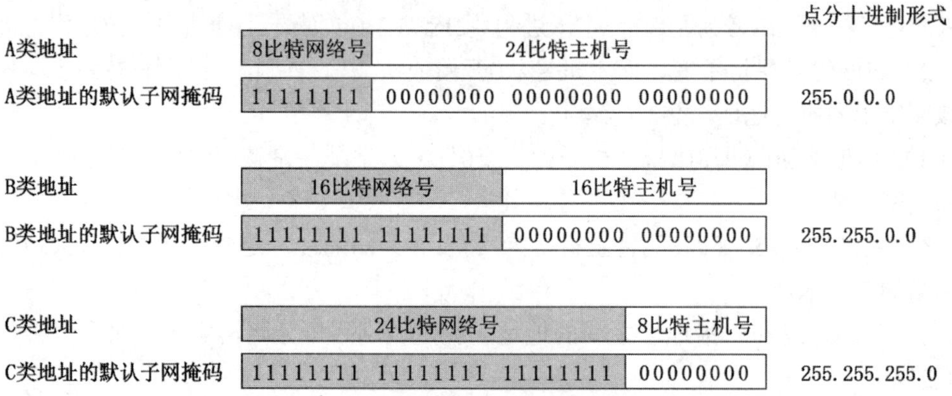

		点分十进制形式
A类地址	8比特网络号 | 24比特主机号	
A类地址的默认子网掩码	11111111 | 00000000 00000000 00000000	255.0.0.0
B类地址	16比特网络号 | 16比特主机号	
B类地址的默认子网掩码	11111111 11111111 | 00000000 00000000	255.255.0.0
C类地址	24比特网络号 | 8比特主机号	
C类地址的默认子网掩码	11111111 11111111 11111111 | 00000000	255.255.255.0

图4-20 默认子网掩码

A类IPv4地址由8比特网络号和24比特主机号构成。根据子网掩码的构成规则，用8个连续的比特1对应A类IPv4地址中的8比特网络号，用24个连续的比特0对应A类IPv4地址中的24比特主机号，这样就构成了A类地址的默认子网掩码，其点分十进制为255.0.0.0。

B类IPv4地址由16比特网络号和16比特主机号构成。根据子网掩码的构成规则，用16个连续的比特1对应B类IPv4地址中的16比特网络号，用16个连续的比特0对应B类IPv4地址中的16比特主机号，这样就构成了B类地址的默认子网掩码，其点分十进制为255.255.0.0。

C类IPv4地址由24比特网络号和8比特主机号构成。根据子网掩码的构成规则，用24个连续的比特1对应C类IPv4地址中的24比特网络号，用8个连续的比特0对应C类IPv4地址中的8比特主机号，这样就构成了C类地址的默认子网掩码，其点分十进制为255.255.255.0。

4. 无分类编址

1）无分类编址介绍

IPv4划分子网的编址方法在一定程度上缓解了因特网在发展中遇到的困难，但是数量巨大的C类网（$2^{(24-3)}$=2 097 152）由于其每个网络所包含的地址数量太小（2^8=256），因此并没有得到充分使用，而因特网的IPv4地址仍在加速消耗，整个IPv4地址空间面临全部耗尽的威胁。为此，因特网工程任务组IETF又提出了采用无分类编址的方法，来解决IPv4地址资源紧张的问题，同时还专门成立IPv6工作组负责研究新版本的IP，以彻底解决IPv4地址耗尽问题。

1993年，IETF发布了无分类域间路由选择（Classless Inter-Domain Routing，CIDR）的RFC文档[RFC 1517～1519，RFC 1520]。CIDR消除了传统A类、B类和C类地址以及划分子网的概念，因此可以更加有效地分配IPv4地址资源，并且可以在IPv6使用之前允许因特网的规模继续增长。

CIDR把32比特的IPv4地址从划分子网的三级结构（网络号、子网号、主机号）又改回了与分类编址相似的两级结构（网络号、主机号），不同之处有以下两点：

- 分类编址中的网络号在CIDR中称为网络前缀（Network-Prefix）。
- 网络前缀是不定长的，这与分类编址的定长网络号（A类网络号固定为8比特，B类网络号固定为16比特，C类网络号固定为24比特）是不同的。

在分类编址中，给定一个IPv4地址，根据其左起第1个十进制数（或前几个比特）就可以确定其类别，进而找出其网络号和主机号。但在无分类编址中，由于网络前缀是不定长的，仅从IPv4地址自身是无法确定其网络前缀和主机号的。为此，CIDR采用了与IPv4地址配合使用的32位地址掩码（Address Mask）。

CIDR地址掩码左起多个连续的比特1对应网络前缀，剩余多个连续的比特0对应主机号。这与划分子网中的子网掩码是一样的，只不过由于CIDR中消除了划分子网的概念，因此称为地址掩码，但人们往往更习惯称其为子网掩码。

综上所述，当给定一个无分类编址的IPv4地址时，需要配套给定其地址掩码，下面举例说明。

假设给定的无分类编址的IPv4地址为128.14.35.7，配套给定的地址掩码为255.255.240.0。将给定的地址掩码写成32比特形式为1111 1111.1111 1111.1111 0000.0000 0000，可以看出左起有20个连续的比特1，这就表明该IPv4地址左起前20个比特为网络前缀，剩余12个比特为主机号。

为了简便起见，可以不明确给出配套的地址掩码的点分十进制形式，而是在无分类编址的IPv4地址后面加上斜线“/”，在斜线之后写上网络前缀所占的比特数量（其实是地址掩码中左起连续比特1的数量），这种记法称为斜线记法（Slash Notation）或CIDR记法。例如图4-21所示，在无分类编址的IPv4地址128.14.35.7后面写上斜线“/”，斜线后面写上数字20。这就表明该地址的左起前20个比特为网络前缀，剩余12个比特为主机号。

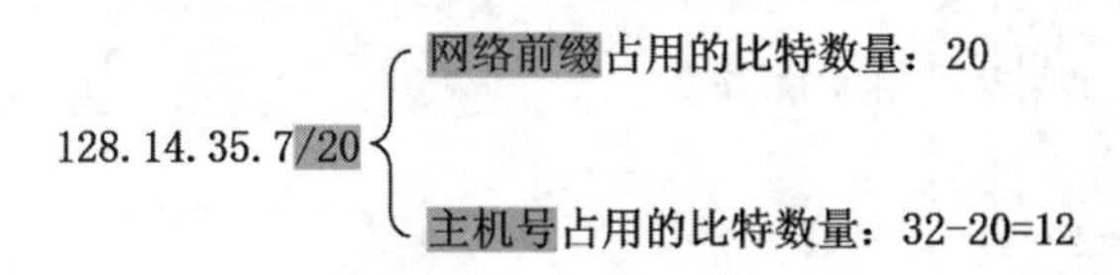

图4-21　CIDR记法

实际上，CIDR是将网络前缀都相同的、连续的多个无分类IPv4地址，组成一个“CIDR地址块”，只要知道CIDR地址块中的任何一个地址，就可以知道该地址块的以下全部细节：

- 地址块中的最小地址。
- 地址块中的最大地址。
- 地址块中的地址数量。
- 地址块中聚合某类网络（A类、B类、C类）的数量。
- 地址掩码。

下面举例说明如何通过给定的无分类编址的IPv4地址，找出其所在CIDR地址块的全部细节。

如图4-22所示，给定的无分类编址的IPv4地址为128.14.35.7/20，其所在CIDR地址块的细节如下：

（1）斜线“/”后面的数字为20，表明该地址的左起前20个比特为网络前缀。也就是说，该地址的左起第1、2个十进制数以及第3个十进制数的前4个比特，构成20比特的网络前缀，剩余12比特为主机号。因此，需要将该地址的第3、4个十进制数转换成二进制形式，这样可以很容易地看出20比特的网络前缀和12比特的主机号。

（2）将20比特的网络前缀保持不变，12比特的主机号全部取0，再转换成点分十进制形式，可以得到该地址所在地址块中的最小地址。

（3）将20比特的网络前缀保持不变，12比特的主机号全部取1，再转换成点分十进制形式，可以得到该地址所在地址块中的最大地址。

（4）该地址所在地址块的地址数量为2^{32-20}，这是因为32比特的IPv4地址的左起前20个比特为网络前缀，剩余12比特为主机号，因此主机号可有2^{12}个组合。

（5）该地址所在地址块聚合C类网的数量，可用该地址所在地址块的地址数量2^{32-20}除以1个C类网所包含的地址数量2^8得出。

（6）该地址的地址掩码由左起20个连续的比特1和其后12个连续的比特0构成，20个连续的比特1用来对应该地址的20比特网络前缀，12个连续的比特0用来对应该地址的12比特主机号，最后将32比特的地址掩码转换成点分十进制形式，就可以得到该地址的地址掩码。

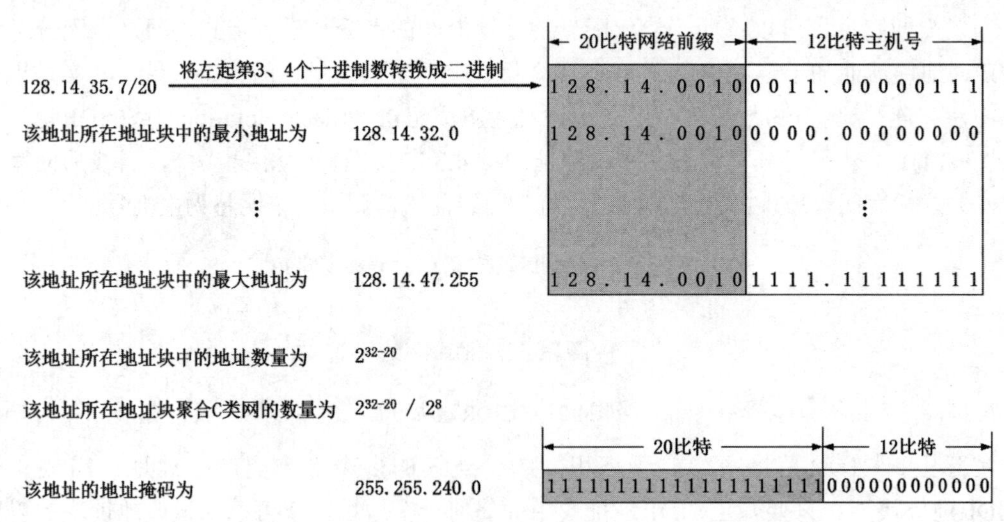

图4-22　从给定的无分类地址的CIDR记法找出该地址所在地址块的细节

使用CIDR的一个好处是，可以更加有效地分配IPv4的地址空间，可根据客户的需要分配适当大小的CIDR地址块。而使用早期的分类编址方法时，向一个组织或单位分配IPv4地址时，就只能以/8（A类网络）、/16（B类网络）或/24（C类网络）为单位来分配，这样既不灵活，也容易造成IPv4地址的浪费。使用CIDR的另一个好处是路由聚合。

2）路由聚合

由于一个CIDR地址块中包含很多个地址，所以在路由器的路由表中就可利用CIDR地址块来查找目的网络。这种地址的聚合常称为路由聚合（route aggregation），它使得路由表中的一个项目可以表示原来传统分类地址的很多条（例如上千条）路由。

路由聚合也称为构造超网（supernetting），这有利于减少路由器之间路由选择信息的交换，从而提高整个因特网的性能。

下面举例说明路由聚合的方法，如图4-23所示。

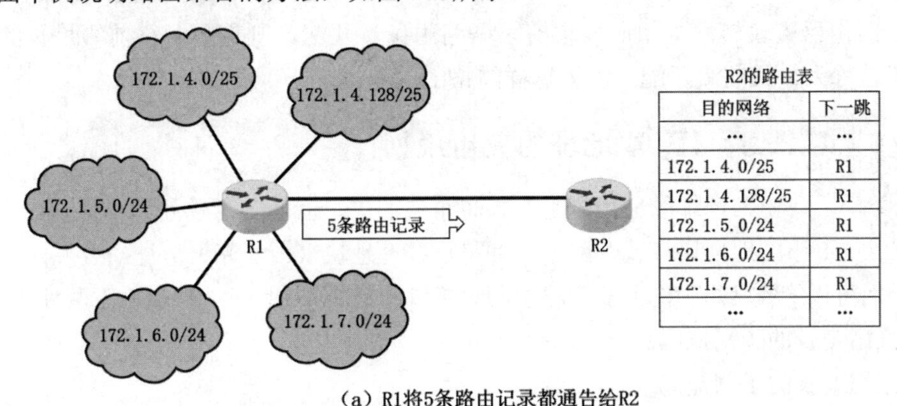

（a）R1将5条路由记录都通告给R2

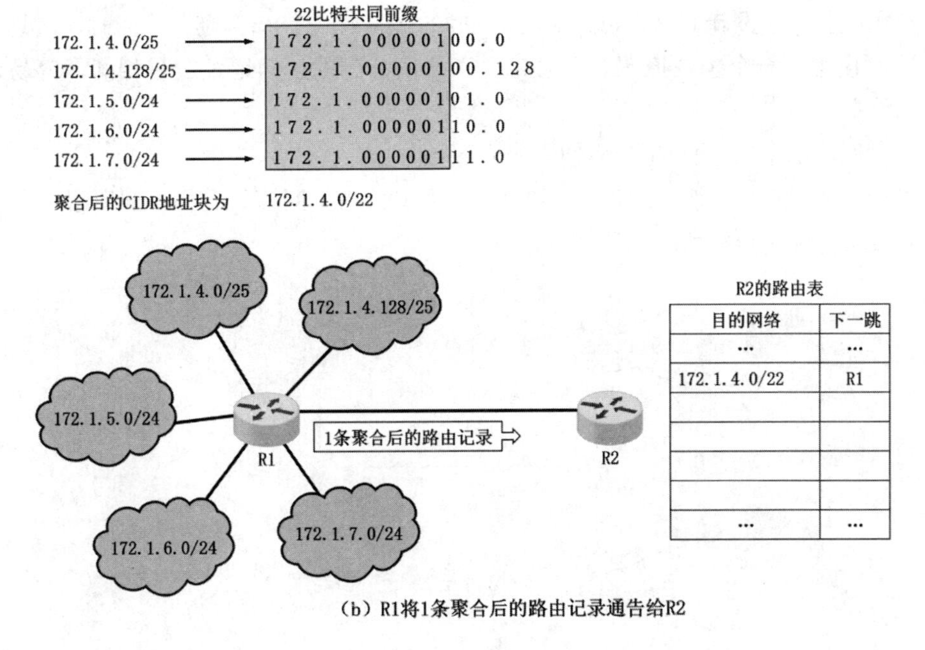

（b）R1将1条聚合后的路由记录通告给R2

图4-23　路由聚合举例

如图4-23（a）所示，路由器R1与5个网络以及路由器R2直接相连。路由器R1与R2互为相邻路由器，它们周期性地通告自己所知道的路由信息给对方。如果R1将自己直连的5个网络的路由记录都通告给R2，则R2的路由表会增加5条路由记录。为了减少路由记录对路由表的占用，以及路由通告信息对网络资源的占用，R1可将自己直连的5个网络聚合成1个网络，其方法是“找共同前缀”，也就是找出5个网络地址的共同前缀。

如图4-23（b）所示，5个网络地址的左起前2个十进制数都是相同的，从第3个十进制数开始不同。因此，只需将第3个十进制数转换成8个比特，这样可以很容易地找出5个网络地址的共同前缀，共22个比特，将其记为“/22”。将共同前缀保持不变，而剩余的10个比特全部取0，然后写成点分十进制形式并放在“/22”的前面，这样就可得到聚合后的CIDR地址块，也称为超网。因此，R1就可以只发送这1条路由记录给R2。

通过上述例子还可以看出：网络前缀越长，地址块就越小，路由就越具体。需要说明的是，若路由器查表转发分组时发现有多条路由条目匹配，则选择网络前缀最长的那条路由条目，这称为最长前缀匹配，因为这样的路由更具体。

4.2.3 IPv4 地址的应用规划

IPv4地址的应用规划是指将给定的IPv4地址块（或分类网络）划分成几个更小的地址块（或子网），并将这些地址块（或子网）分配给互联网中的不同网络，进而可以给各网络中的主机和路由器的接口分配IPv4地址。一般有以下两种方法：

- 采用定长的子网掩码。
- 采用变长的子网掩码。

1. 采用定长的子网掩码进行子网划分

在使用定长的子网掩码（Fixed Length Subnet Mask，FLSM）划分子网时，所划分出的每个子网都使用同一个子网掩码，并且每个子网所分配的IPv4地址数量相同，容易造成地址资源的浪费。

下面举例说明采用定长的子网掩码划分子网的方法。

假设申请到的C类网络为218.75.230.0，使用定长的子网掩码给图4-24所示的小型互联网中的各设备分配IPv4地址。

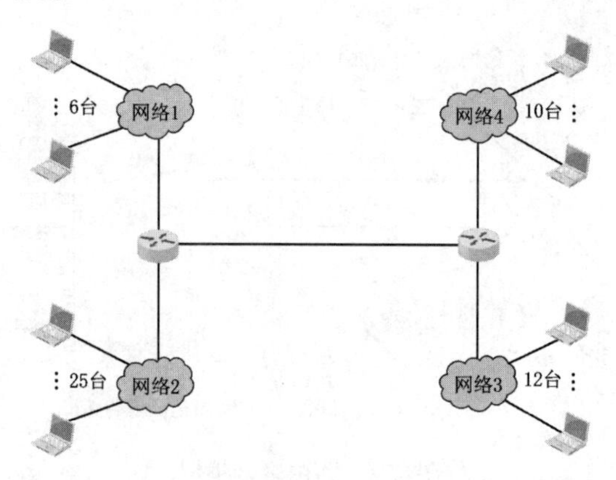

图4-24 某个小型互联网

首先需要统计一下该小型互联网中各网络所需IPv4地址的数量，统计结果如图4-25所示。

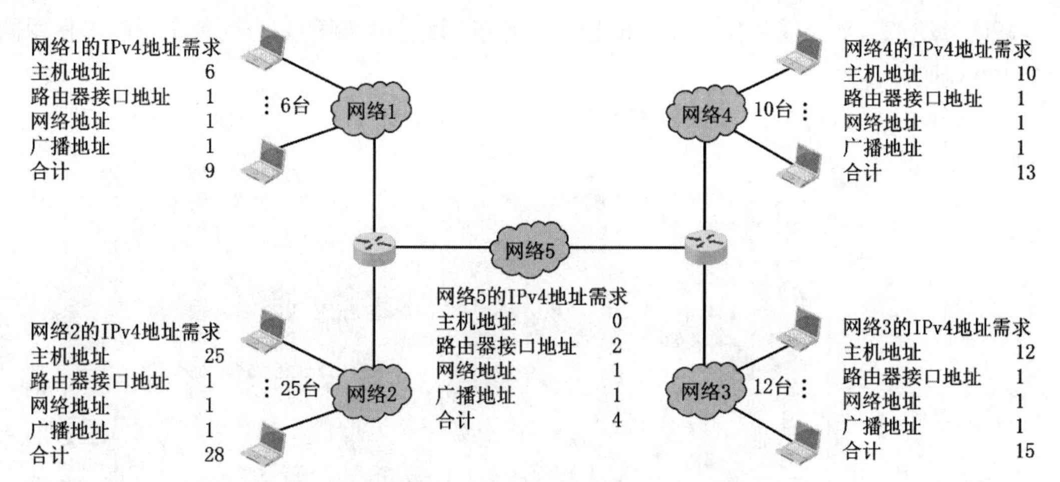

图4-25　某个小型互联网的IPv4地址需求统计

（1）对于网络1，有6台主机和1个路由器接口需要分配地址，再加上网络1自身的网络地址和广播地址，总共需要9个IPv4地址。

（2）对于网络2，有25台主机和1个路由器接口需要分配地址，再加上网络2自身的网络地址和广播地址，总共需要28个IPv4地址。

（3）同理，可统计出网络3总共需要15个IPv4地址，网络4总共需要13个IPv4地址。

（4）对于图4-25中两个路由器之间的直连链路，可将其看成一个无主机的网络（网络5），该网络中主机需要的地址数量为0，有2个路由器接口需要分配地址，再加上网络5自身的网络地址和广播地址，总共需要4个IPv4地址。

通过上述统计可知：需要从给定的C类网络218.75.230.0的主机号部分借用3个比特作为子网号，这样可以划分出2^3个子网（若借用2个比特，则只能划分出2^2个子网，无法满足5个子网的需求），每个子网所包含的地址数量为2^{8-3}个，如图4-26所示。

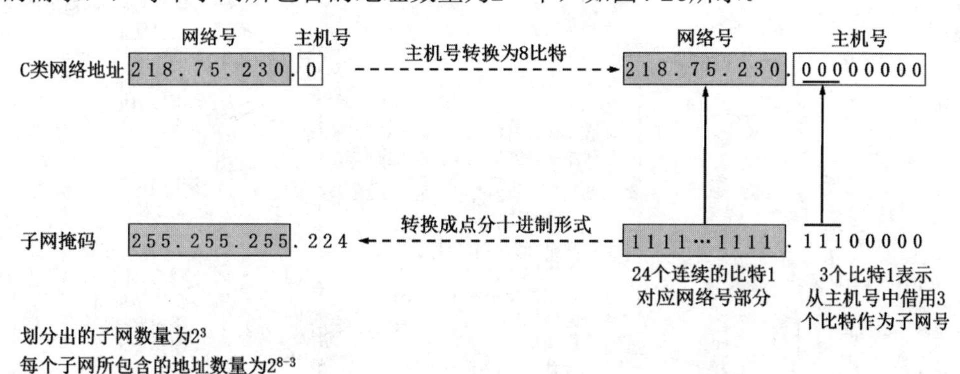

图4-26　根据IPv4地址需求分析得出划分子网所需的定长的子网掩码

用24个连续的比特1对应C类网络218.75.230.0的网络号部分，其后再跟3个连续的比特1，表明从主机号部分借用3个比特作为子网号，随后再跟5个连续的比特0对应主机号部分，这样就可得到划分子网所使用的子网掩码，将其写成点分十进制形式，即255.255.255.224。

请读者注意，如果采用定长的子网掩码进行子网划分，则所划分的每个子网都使用同一个子网掩码。

使用子网掩码255.255.255.224对C类网218.75.230.0进行子网划分的细节如图4-27所示。

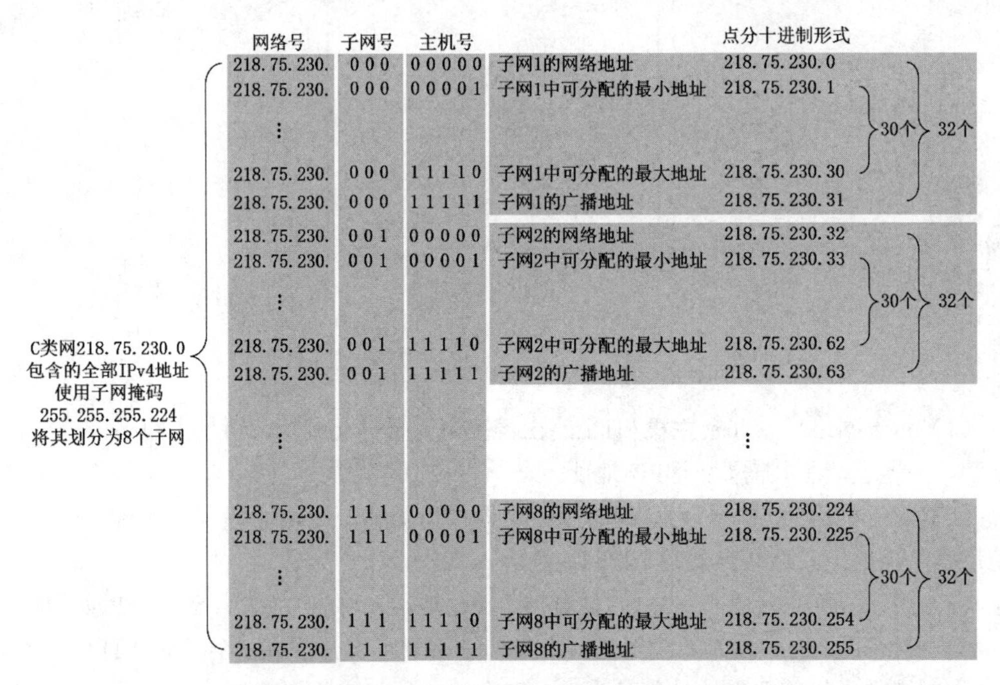

图4-27 使用子网掩码255.255.255.224对C类网218.75.230.0进行子网划分

在所划分出的8个子网中任选5个分配给网络1～网络5，如图4-28所示。

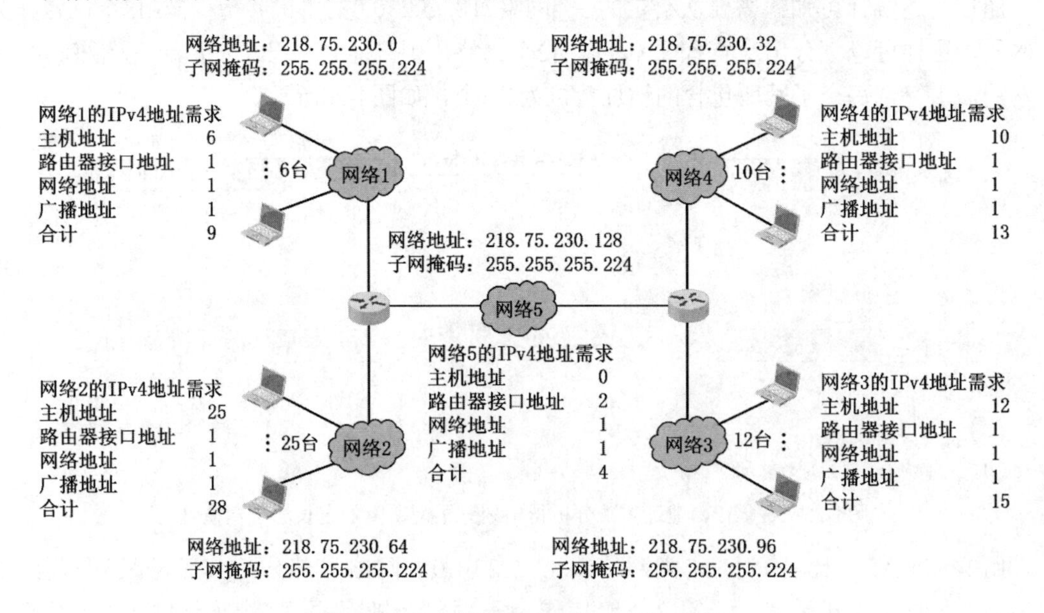

图4-28 某个小型互联网的IPv4地址分配

划分好子网后，就可为各网络中的设备和路由器接口分配相应的IPv4地址，这里就不再赘述了。

通过本例可以看出：采用定长的子网掩码进行子网划分，只能划分出2^n个子网，其中n是从主机号部分借用的、用来作为子网号的比特数量。每个子网所分配的IPv4地址数量相同，容易造成地址资源的浪费。例如，本例中的网络5只需要4个IPv4地址，但是不得不给它分配32个地址，这样就造成了地址资源的严重浪费。如果采用变长的子网掩码进行子网划分，可以在很大程度上改善这种状况。

2. 采用变长的子网掩码进行子网划分

在使用变长的子网掩码（Variable Length Subnet Mask，VLSM）划分子网时，所划分出的每个子网可以使用不同的子网掩码，并且每个子网所分配的IPv4地址数量可以不同，这样就尽可能地减少了对地址资源的浪费。

下面举例说明采用变长的子网掩码划分子网的方法。

假设申请到的CIDR地址块为218.75.230.0/24，使用变长的子网掩码给图4-29所示的小型互联网中的各设备分配IPv4地址。

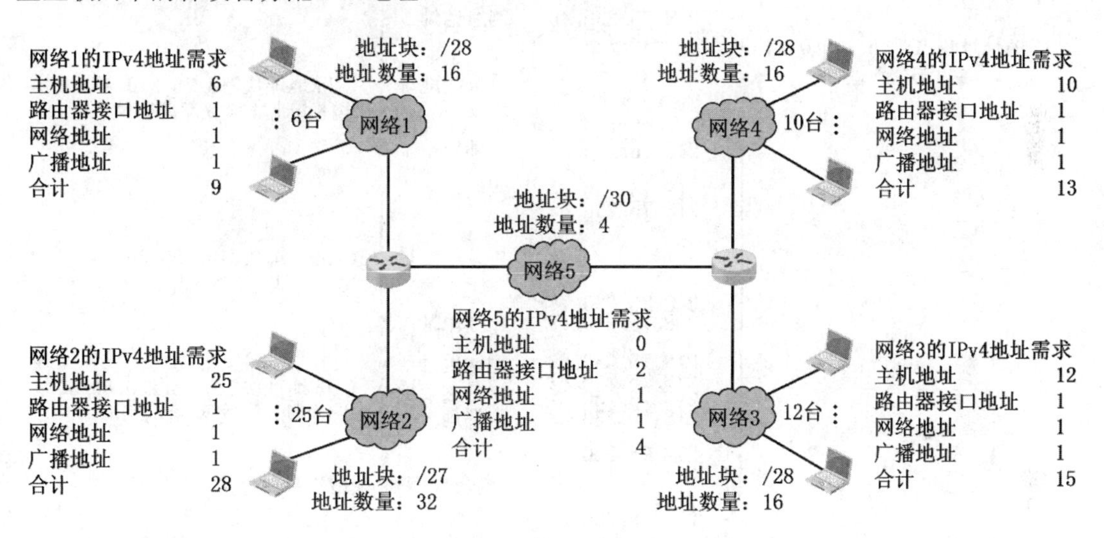

图4-29 某个小型互联网中各网络所需CIDR地址块

首先需要统计一下该小型互联网中各网络所需IPv4地址的数量，统计结果如下：

（1）网络1需要9个IPv4地址，因此分配给网络1的IPv4地址的主机号应为4个比特，这样分配给网络1的CIDR地址块中就可以包含2^4个地址。由于使用4个比特作为主机号，因此剩余28（32-4）个比特作为网络前缀。

（2）网络2需要28个IPv4地址，因此分配给网络2的IPv4地址的主机号应为5个比特，这样分配给网络2的CIDR地址块中就可以包含2^5个地址。由于使用5个比特作为主机号，因此剩余27（32-5）个比特作为网络前缀。

（3）同理可得分配给网络3、网络4和网络5各自的CIDR地址块，这里就不再赘述了。

接下来的工作是从已申请到的CIDR地址块218.75.230.0/24中划分出5个子块（1个“/27”地址块，3个“/28”地址块，1个“/30”地址块），并按需分配给该小型互联网中的5个网络。划分子块的原则是，每个子块的起点位置不能随意选取，只能选取块大小为整数倍的地址作为起点。建议从大的子块开始划分。因此，划分方案不止一种，图4-30给出了其中一种较为合理的划分。

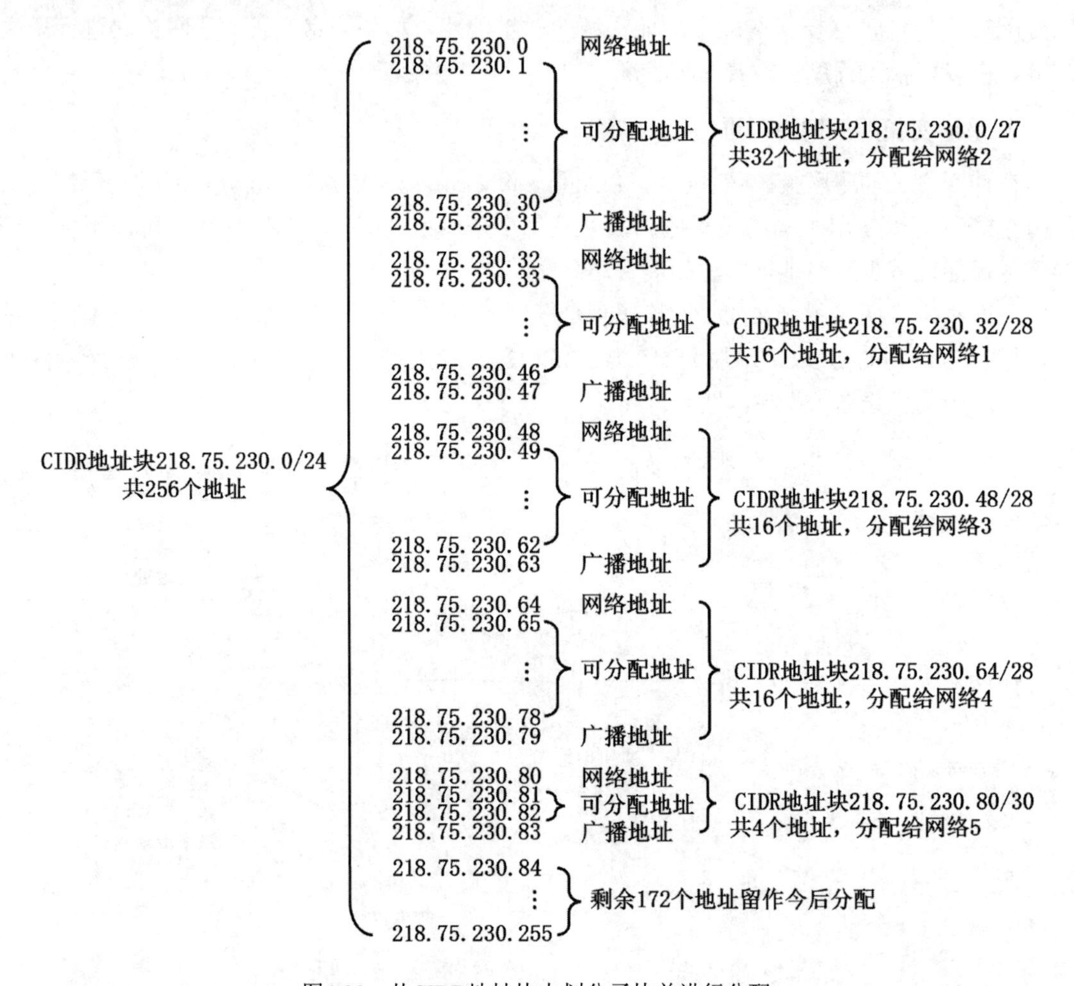

图4-30　从CIDR地址块中划分子块并进行分配

将上述划分结果标注在各网络旁边，如图4-31所示。

划分好各子块后，就可为各网络中的设备和路由器接口分配相应的IPv4地址，这里就不再赘述了。

通过本例可以看出，采用变长的子网掩码进行子网划分，可以按需划分出相应数量的子网，每个子网所分配到的IPv4地址数量可以不相同，尽可能减少了对IPv4地址资源的浪费。例如，网络5只需要4个IPv4地址，可以非常精确地给它分配4个地址，没有造成IPv4地址资源的浪费。

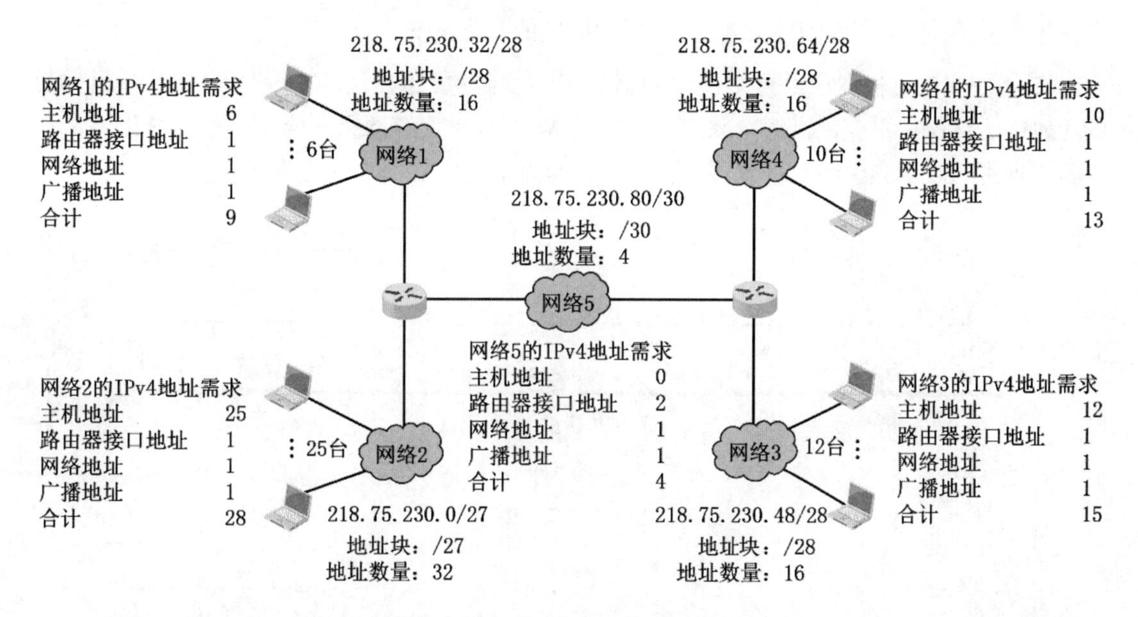

图4-31　某个小型互联网中各网络分配的CIDR地址块

4.2.4　IPv4 地址与 MAC 地址

1. IPv4地址与MAC地址的封装位置

因特网是由众多异构型的物理网络通过路由器互连而成的逻辑网络（即IP网）。分组从源主机发出后，可能需要经过多个不同的物理网络和路由器才能到达目的主机。

如图4-32所示，从TCP/IP体系结构的角度看，IP地址是网际层和以上各层使用的地址，而MAC地址（也称为硬件地址或物理地址）是网络接口层中数据链路层使用的地址。源IP地址和目的IP地址被封装在IP数据报（网际层协议数据单元PDU）的首部，而源MAC地址和目的MAC地址被封装在帧（数据链路层协议数据单元PDU）的首部。

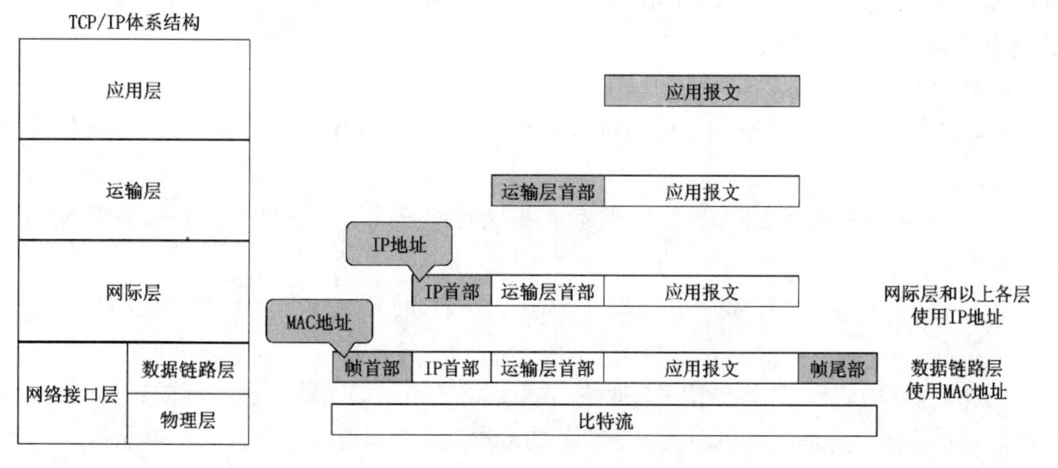

图4-32　IPv4地址与MAC地址的区别

2. 数据包传送过程中IPv4地址与MAC地址的变化情况

在分组从源主机发出经过多个路由器转发最终到达目的主机的过程中，源IP地址和目的IP地址始终保持不变，而源MAC地址和目的MAC地址会逐网络（或逐链路）变化。

下面通过图4-33说明数据包传送过程中IPv4地址与MAC地址的变化情况。

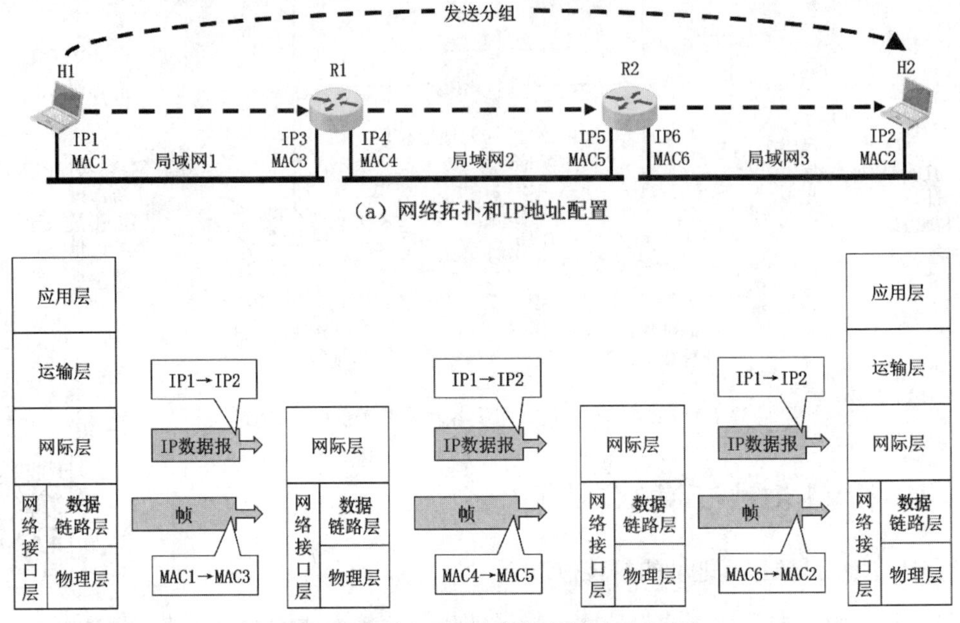

（a）网络拓扑和IP地址配置

（b）不同层次、不同链路的源地址和目的地址

图4-33　分组在转发过程中IP地址和MAC地址的变化情况

图4-33（a）所示的是三个局域网通过两个路由器R1和R2互连起来的小型互联网。为了简单起见，图中各主机和路由器接口的IP地址和MAC地址都用比较简单的标识符（例如IP1、MAC）来表示，而并未使用实际的IP地址和MAC地址。需要注意的是，主机一般只有1个接口，因此需要1个IP地址和1个MAC地址；而路由器最少有2个接口，而每个接口需要1个IP地址和1个MAC地址。假设主机H1给H2发送一个分组，很显然，该分组需要依次经过路由器R1和R2的转发才能最终到达H2。

图4-33（b）所示的是分组在传输过程中其所携带的IP地址和MAC地址的变化情况。关注的重点是：

（1）网际层封装IP数据报时，在IP数据报的首部应该填入的源IP地址和目的IP地址分别是什么。

（2）数据链路层封装帧时，在帧的首部应该填入的源MAC地址和目的MAC地址分别是什么。

因此，忽略TCP/IP体系结构中除网际层和数据链路层的其他各层。可以想象成各设备的网际层进行水平方向的逻辑通信，各设备的数据链路层进行水平方向的逻辑通信。

（1）主机H1将分组发送给路由器R1。在网际层封装的IP数据报的首部中，源IP地址字段应填入主机H1的IP地址IP1，目的IP地址字段应填写主机H2的IP地址IP2，也就是从IP1

发送给IP2。而在数据链路层封装的帧的首部中，源MAC地址字段应填入主机H1的MAC地址MAC1，目的MAC地址字段应填入路由器R1的MAC地址MAC3，也就是从MAC1发送给MAC3。

（2）路由器R1将收到的分组转发给路由器R2。在网际层封装的IP数据报的首部中，源IP地址字段和目的IP地址字段的内容保持不变，仍然是从IP1发送给IP2。而在数据链路层封装的帧的首部中，源MAC地址字段应填入路由器R1的转发接口的MAC地址MAC4，目的MAC地址字段应填入路由器R2的MAC地址MAC5，也就是从MAC4发送给MAC5。

（3）路由器R2将收到的分组转发给主机H2。在网际层封装的IP数据报的首部中，源IP地址字段和目的IP地址字段的内容保持不变，仍然是从IP1发送给IP2。而在数据链路层封装的帧的首部中，源MAC地址字段应填入路由器R2的转发接口的MAC地址MAC6，目的MAC地址字段应填入主机H2的MAC地址MAC2，也就是从MAC6发送给MAC2。

3. IPv4地址与MAC地址的关系

有的读者可能会产生这样的疑问：因特网为什么要使用IP地址和MAC地址这两种类型的地址来共同完成寻址工作，仅用MAC地址进行通信不可以吗？

回答是否定的。因为如果仅使用MAC地址进行通信，则会出现以下主要问题：

- 因特网中的每台路由器的路由表中就必须记录因特网上所有主机和路由器各接口的MAC地址。
- 手工给各路由器配置路由表几乎是不可能完成的任务，即使使用路由协议让路由器通过相互交换路由信息来自动构建路由表，也会因为路由信息需要包含海量的MAC地址信息而严重占用通信资源。
- 包含海量MAC地址的路由信息需要路由器具备极大的存储空间，并且会给分组的查表转发带来非常大的时延。

因特网的网际层使用IP地址进行寻址，就可使因特网中各路由器的路由表中的路由记录数量大大减少，因为只需记录部分网络的网络地址，而不是记录每个网络中各通信设备的各接口的MAC地址。路由器在收到IP数据报后，根据其首部中的目的IP地址的网络号部分，基于自己的路由表进行查表转发。这就又引出了一个问题：查表转发的结果可以指明IP数据报的下一跳路由器的IP地址，但无法指明该IP地址所对应的MAC地址。因此，在数据链路层封装该IP数据报成为帧时，帧首部中的目的MAC地址字段就无法填写，该问题又如何解决呢？

这需要使用网际层中的地址解析协议来解决。

4.2.5 地址解析协议

地址解析协议的主要功能是，通过已知IP地址找到其相应的MAC地址。与ARP协议相反，逆地址解析协议的主要功能是，使只知道自己MAC地址的主机能够通过RARP协议找出其IP地址，如图4-34所示。

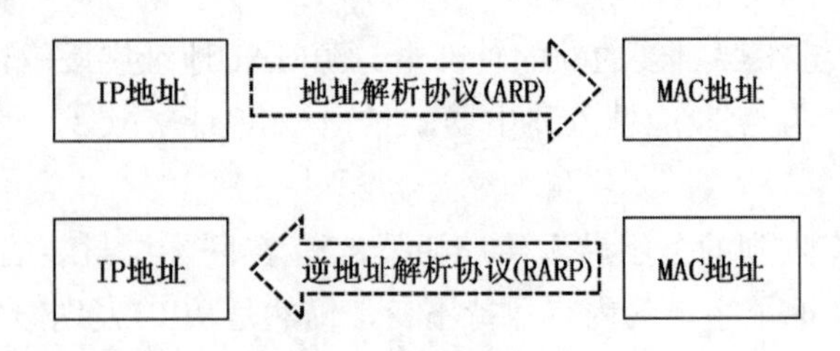

图4-34 ARP协议与RARP协议的主要功能

由于目前TCP/IP体系结构应用层中的动态主机配置协议已经包含了RARP协议的功能，因此本书不再介绍RARP协议。

下面举例说明ARP协议的基本工作原理。

图4-35所示的是一个共享总线型以太网，为了简单起见，图中只画出了该网络中的三台主机。各主机所配置的IP地址和其网卡上固化的MAC地址都标注在了各主机下面。假设主机B知道主机C的IP地址，并且要给主机C发送分组。然而主机B不知道主机C的MAC地址，因此主机B的数据链路层在封装MAC帧时，就无法填写目的MAC地址字段，也就无法构建出要发送的MAC帧。

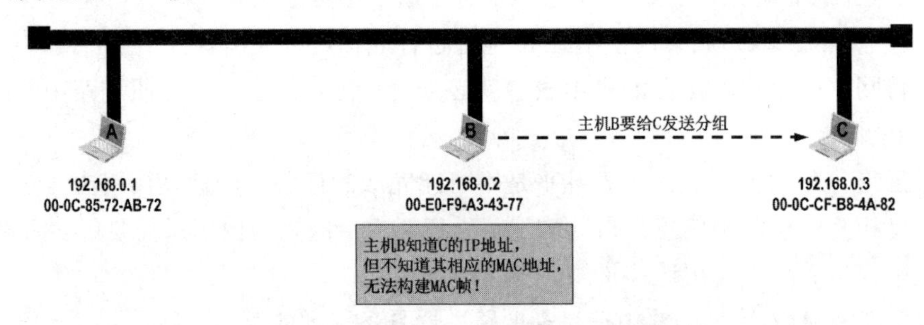

图4-35 主机B不知道主机C的MAC地址的情况

每台主机都会维护一个ARP高速缓存表。ARP高速缓存表中记录有IP地址和MAC地址的对应关系。例如图4-36所示的是主机B的ARP高速缓存表，表中的第一条记录是主机B之前获取到的主机A的IP地址与MAC地址的对应关系。

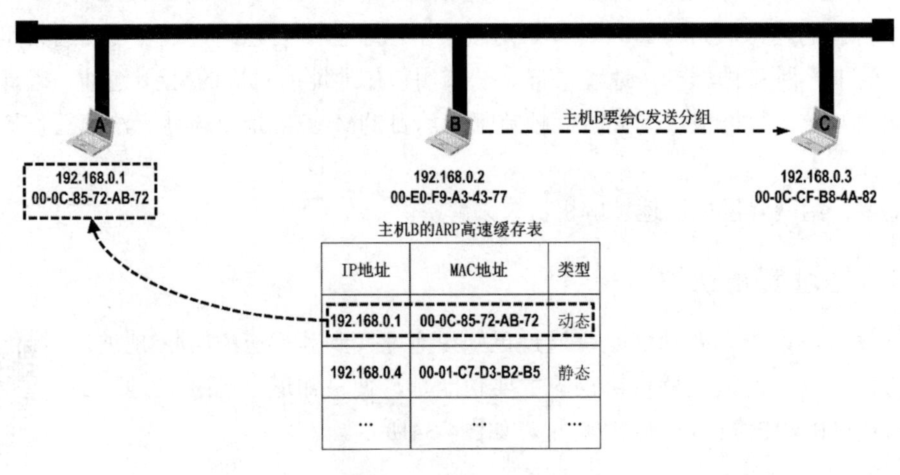

IP地址	MAC地址	类型
192.168.0.1	00-0C-85-72-AB-72	动态
192.168.0.4	00-01-C7-D3-B2-B5	静态
…	…	…

图4-36 ARP高速缓存表

当主机B要给C发送分组时，会首先在自己的ARP高速缓存表中查找主机C的IP地址所对应的MAC地址，但未找到，如图4-37所示。

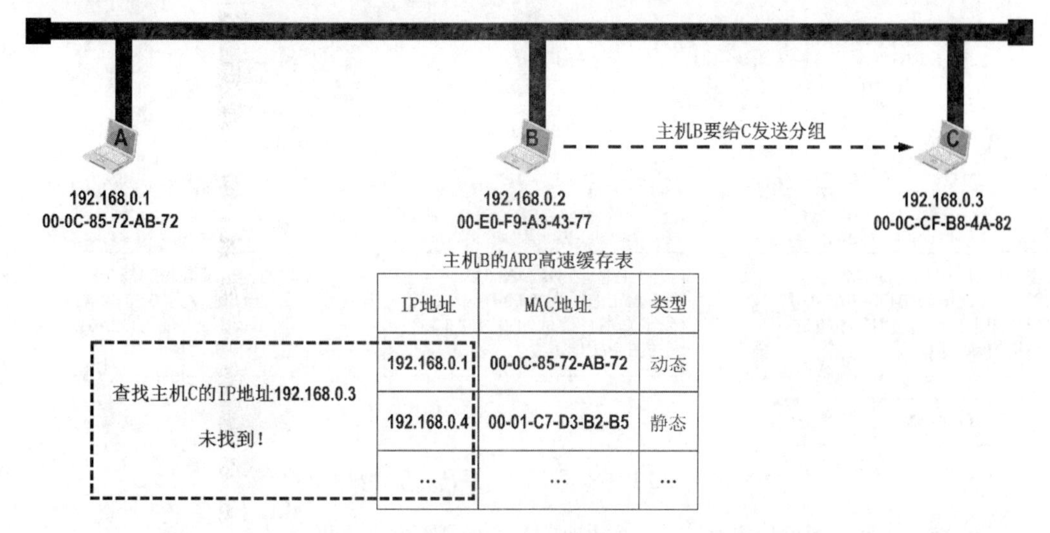

图4-37 在ARP高速缓存表中查找某IP地址对应的MAC地址

主机B需要发送ARP请求报文来获取主机C的MAC地址。如图4-38所示，该ARP请求报文的内容是“我的IP地址为192.168.0.2，我的MAC地址为00-E0-F9-A3-43-77。我想知道IP地址为192.168.0.3的主机的MAC地址”。需要说明的是，为了简单起见，这里以比较通俗的语言来描述ARP请求报文的内容。实际上，ARP请求报文有其具体的格式。另外需要读者注意，ARP请求报文被封装在MAC帧中发送，MAC帧的目的地址为广播地址（FF-FF-FF-FF-FF-FF）。

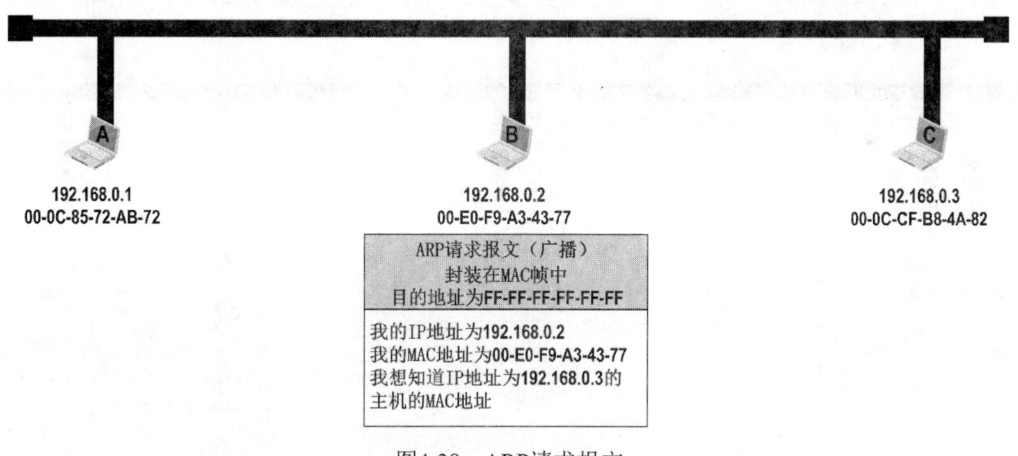

图4-38 ARP请求报文

主机B将封装有ARP请求报文的广播帧发送出去，总线上的其他主机都能收到该广播帧，如图4-39所示。

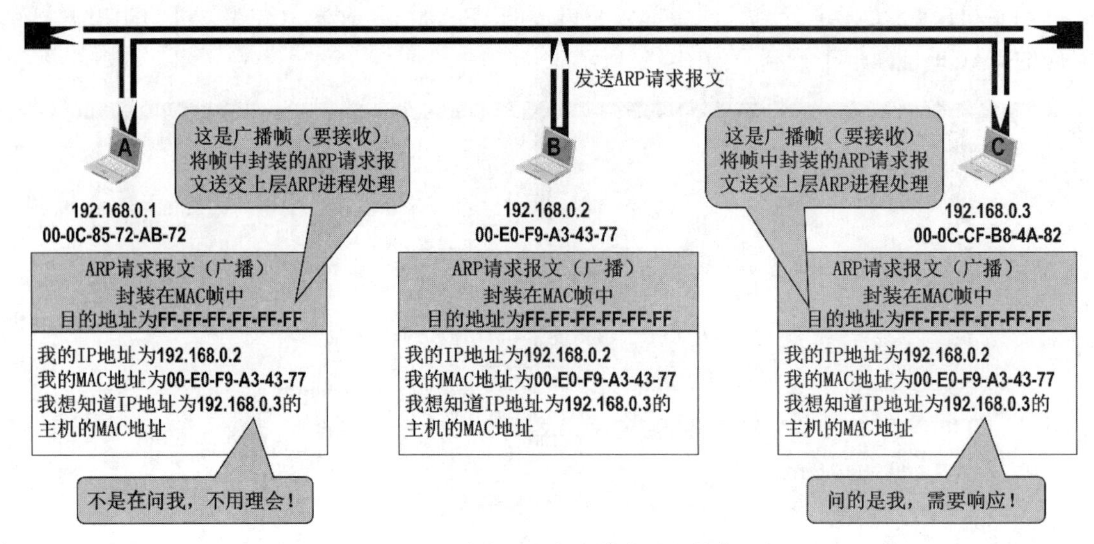

图4-39　ARP请求报文的广播发送和接收处理

主机A的网卡收到该广播帧后，将其所封装的ARP请求报文送交上层处理。上层的ARP进程解析该ARP请求报文，发现所询问的IP地址不是自己的IP地址，因此不予理会。

主机C的网卡收到该广播帧后，将其所封装的ARP请求报文送交上层处理。上层的ARP进程解析该ARP请求报文，发现所询问的IP地址正是自己的IP地址，需要进行响应。

主机C首先将ARP请求报文中所携带的主机B的IP地址与MAC地址，记录到自己的ARP高速缓存表中，然后给主机B发送ARP响应报文，告知主机C自己的MAC地址。如图4-40所示，ARP响应报文的内容是“我的IP地址是192.168.0.3，我的MAC地址为00-0C-CF-B8-4A-82”。请读者注意，ARP响应报文被封装在MAC帧中发送，目的地址为主机B的MAC地址（即单播地址）。

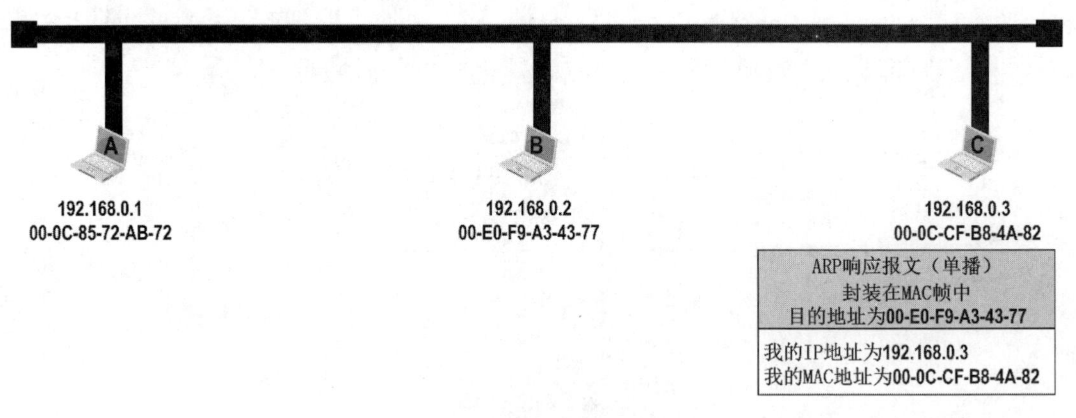

图4-40　ARP响应报文

主机C给B发送封装有ARP响应报文的单播帧，总线上的其他主机都能收到该单播帧（这是因为总线具有天然的广播特性），如图4-41所示。

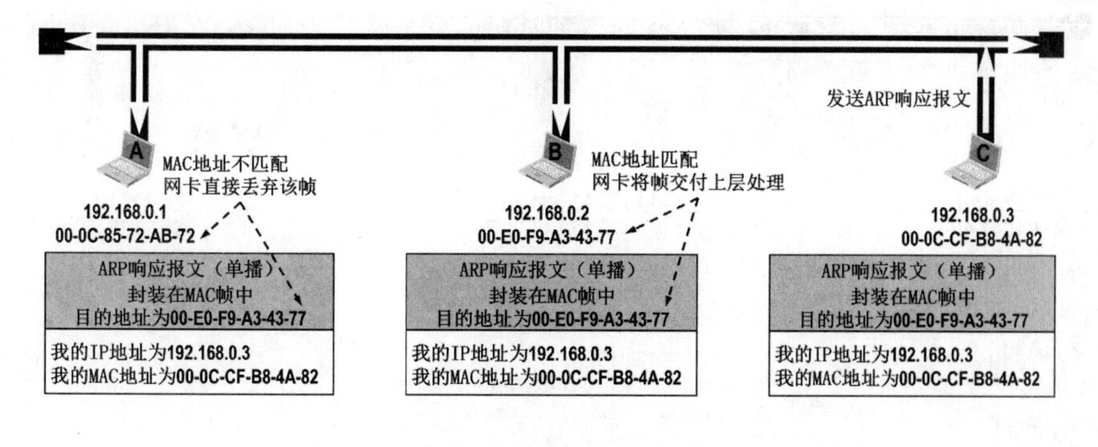

主机B的ARP高速缓存表

	IP地址	MAC地址	类型
	192.168.0.1	00-0C-85-72-AB-72	动态
	192.168.0.4	00-01-C7-D3-B2-B5	静态
添加新记录	192.168.0.3	00-0C-CF-B8-4A-82	动态
	...	...	...

图4-41　ARP响应报文的单播发送和接收处理

主机A的网卡收到该单播帧后，发现其目的MAC地址与自己的MAC地址不匹配，直接丢弃该帧。

主机B的网卡收到该单播帧后，发现其目的MAC地址就是自己的MAC地址，于是接受该单播帧，并将其所封装的ARP响应报文送交上层处理。上层的ARP进程解析该ARP响应报文，将其所包含的主机C的IP地址与MAC地址记录到自己的ARP高速缓存表中。

ARP高速缓存表中的每一条记录都有其类型，分为动态和静态两种：

- 动态类型是指记录是由主机通过ARP协议自动获取到的，其生命周期默认为2分钟。当生命周期结束时，该记录将自动删除。这样做的原因是IP地址与MAC地址的对应关系并不是永久性的。例如，在主机的网卡坏了，更换新的网卡后，主机的IP地址并没有改变，但主机的MAC地址改变了。
- 静态类型是指记录是由用户或网络维护人员手工配置的。在不同操作系统中，静态记录的生命周期不同，例如系统重启后不存在或系统重启后依然有效。

主机B现在可以给主机C发送分组了，如图4-42所示。

请读者注意，ARP协议解决同一个局域网上的主机或路由器的IP地址和MAC地址的映射问题，不能跨网络使用。如图4-43所示，主机H1与H2之间有路由器R1和R2共2个路由器，当主机H1要给主机H2发送分组时，会在H1→R1、R1→R2、R2→H2这3段链路（或网络）各使用1次ARP协议。

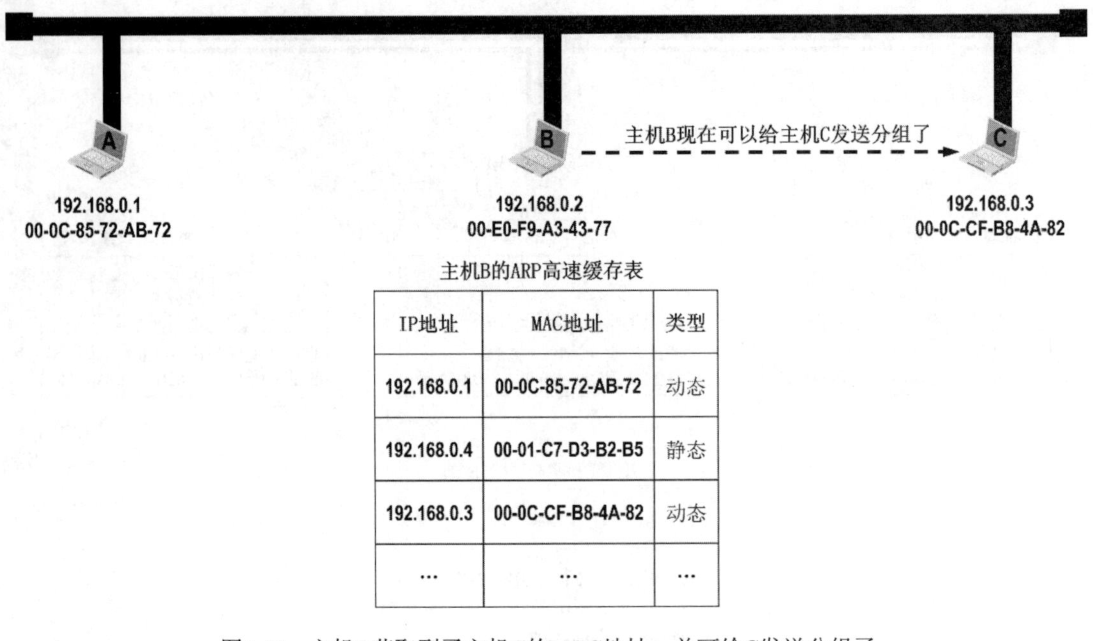

IP地址	MAC地址	类型
192.168.0.1	00-0C-85-72-AB-72	动态
192.168.0.4	00-01-C7-D3-B2-B5	静态
192.168.0.3	00-0C-CF-B8-4A-82	动态
…	…	…

图4-42　主机B获取到了主机C的MAC地址，并可给C发送分组了

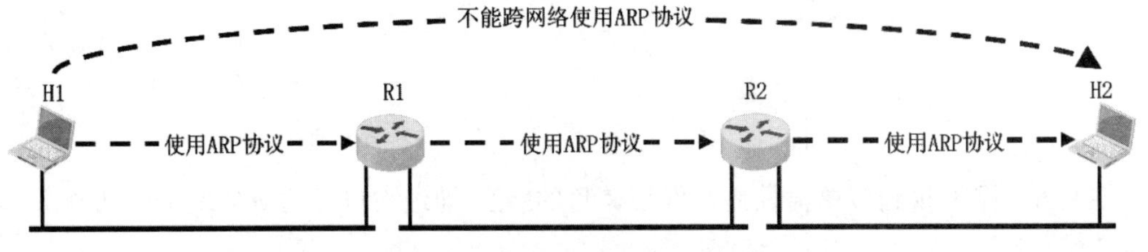

图4-43　ARP协议不能跨网络使用

有的读者可能会产生这样的疑问：既然在网络链路上传送的帧最终是按照MAC地址找到目的主机的，那么为什么不直接使用数据链路层的MAC地址进行通信，而要使用网际层的IP地址并调用ARP协议来寻找出相应的MAC地址呢？

这个问题曾在4.2.4节的最后，从另一个角度进行过解释。现在可以结合ARP协议进一步解释：由于全世界存在着各种异构网络，它们使用不同形式的MAC地址。要使这些异构网络能够互相通信，就必须进行非常复杂的MAC地址转换工作，而由用户或用户主机来完成这项工作几乎是不可能的。但在网际层统一使用IP地址进行寻址，就把这个复杂的问题解决了。连接到因特网的不同网络中的主机只需要拥有统一的IP地址，它们之间的通信就像连接在同一个网络上那样简单方便，因为调用ARP协议的复杂过程是由计算机软件自动进行的，并不需要用户参与。

请读者注意：

- 由于ARP协议的主要用途是从网际层使用的IP地址解析出在数据链路层使用的MAC地址。因此，有的教材将ARP划归在网际层，而有的教材将ARP协议划归在数据链路层。这两种做法都是可以的。
- 除了之前介绍过的ARP请求报文和响应报文，ARP协议还有其他类型的报文，例如用于检查IP地址冲突的“无故ARP（或免费ARP）”（Gratuitous ARP）。

- 由于ARP协议很早就制定出来了（1982年11月），当时并没有考虑网络安全问题，因此ARP协议没有安全验证机制，存在ARP欺骗和攻击等问题。

4.2.6 IP数据报的发送和转发过程

IP数据报的发送和转发过程包含以下两个过程：

- 主机发送IP数据报。
- 路由器转发IP数据报。

借助图4-44所示的网络拓扑和配置介绍上述两个过程。

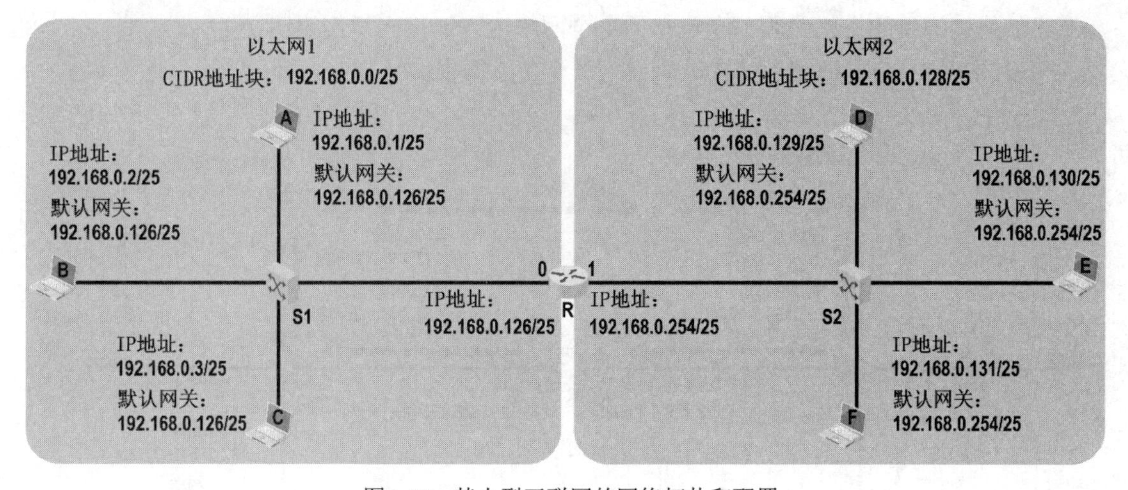

图4-44　某小型互联网的网络拓扑和配置

（1）路由器R的接口0连接了一个由交换机S1和3台主机（A、B和C）互连而成的交换式以太网（记为以太网1）。

（2）路由器R的接口1连接了一个由交换机S2和3台主机（D、E和F）互连而成的交换式以太网（记为以太网2）。

（3）假设以太网1分配到的CIDR地址块为192.168.0.0/25，以太网2分配到的CIDR地址块为192.168.0.128/25。给以太网1和以太网2中的各主机和路由器接口，在其所属CIDR地址块范围内选择并配置相应的IP地址。

（4）为各主机配置默认网关的IP地址。以太网1中的各主机与以太网2中的各主机之间的通信，需要由路由器R进行转发，因此路由器R既是以太网1的默认网关，也是以太网2的默认网关。以太网1中各主机的默认网关指定为路由器R的接口0的IP地址192.168.0.126/25，以太网2中各主机的默认网关指定为路由器R的接口1的IP地址192.168.0.254/25。

为了将重点放在TCP/IP体系结构的网际层发送和转发IP数据报的过程上，在本节后续介绍中，将忽略以下过程：

（1）使用ARP协议来获取目的主机或路由器接口的MAC地址的过程。

（2）以太网交换机自学习和转发帧的过程。

1. 主机发送IP数据报

同一个网络中的主机之间可以直接通信，这属于直接交付。不同网络中的主机之间的通信，需要通过默认网关（路由器）来中转，这属于间接交付。例如图4-45所示，主机A与C之间的通信属于直接交付，而主机A与D之间的通信属于间接交付。

对于直接交付，源主机只需通过ARP协议获取到同一网络中的目的主机的MAC地址，就可将IP数据报封装成帧后发送给目的主机。

对于间接交付，源主机需要通过ARP协议获取到同一网络中的默认网关的MAC地址，然后将IP数据报封装成帧后发送给默认网关，由默认网关替源主机进行转发。这就引出了一个问题：源主机如何知道要发送的IP数据报属于直接交付还是间接交付呢？换句话说，源主机如何知道目的主机是否与自己在同一个网络中呢？下面举例说明。

假设图4-45中的主机A给C和D分别发送一个IP数据报。

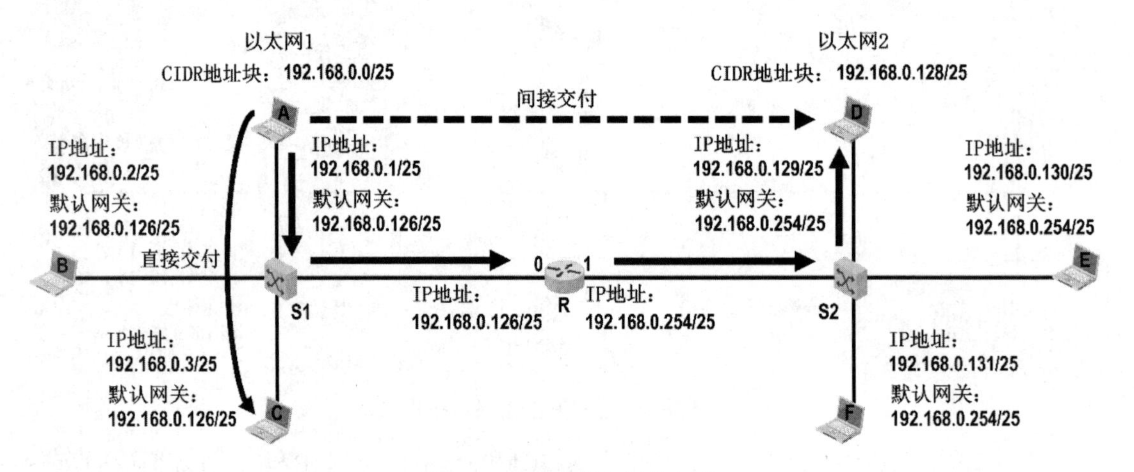

图4-45　直接交付和间接交付

（1）主机A的IP地址为192.168.0.2/25，这表明网络前缀为该IP地址左起前25个比特，剩余7个比特为主机号。将网络前缀保持不变，主机号全部清零，写成点分十进制形式为192.168.0.0，这就是主机A所在网络的网络地址。

（2）要判断主机C是否与主机A在同一个网络，需要将主机C的IP地址192.168.0.3的左起前25个比特保持不变，剩余7个比特全部清零，写成点分十进制形式为192.168.0.0，这与主机A所在网络的网络地址相同，因此主机A可判断出主机C与自己在同一网络中。

（3）要判断主机D是否与主机A在同一个网络，需要将主机D的IP地址192.168.0.128的左起前25个比特保持不变，剩余7个比特全部清零，写成点分十进制形式为192.168.0.128，这与主机A所在网络的网络地址192.168.0.0不相同，因此主机A可判断出主机D与自己不在同一个网络中。

2. 路由器转发IP数据报

路由器收到某个正确的IP数据报（IP数据报生存时间未结束且首部无误码）后，会基于IP数据报首部中的目的IP地址在自己的路由表中进行查询。

- 如果查询到匹配的路由条目，就按照该路由条目的指示进行转发。
- 如果查询不到匹配的路由条目，就丢弃该IP数据报，并向发送该IP数据报的源主机发送差错报告。

借助图4-46所示的例子理解路由器转发IP数据报的过程。假设主机A给D发送一个IP数据报。该IP数据报首部中的源地址字段的值为主机A的IP地址192.168.0.1，目的地址字段的值为主机D的IP地址192.168.0.129。

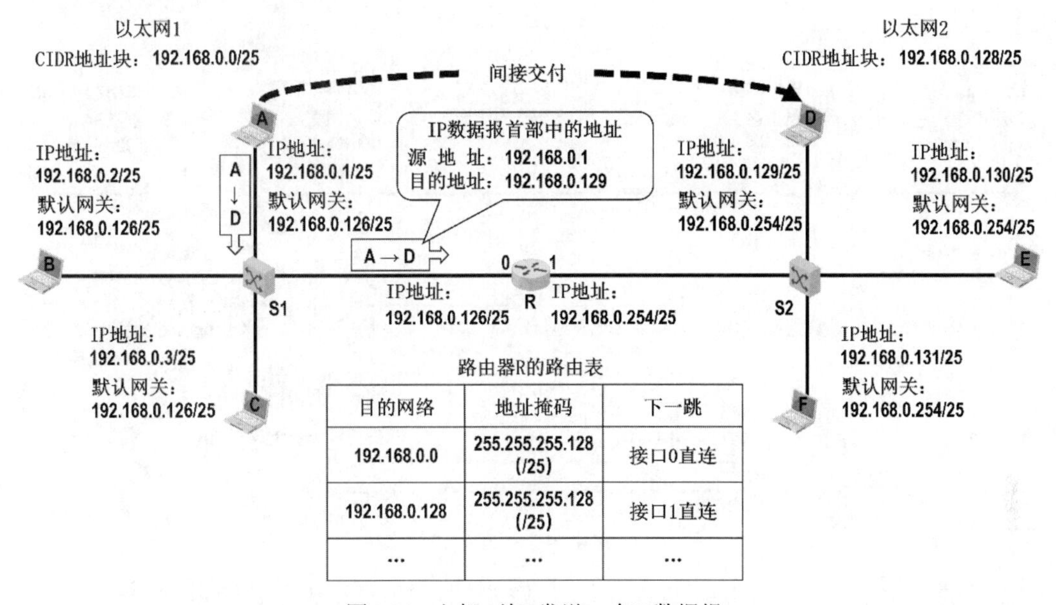

目的网络	地址掩码	下一跳
192.168.0.0	255.255.255.128 (/25)	接口0直连
192.168.0.128	255.255.255.128 (/25)	接口1直连
…	…	…

图4-46　主机A给D发送一个IP数据报

为了简单起见，假设路由器R正确收到了该IP数据报。路由器R的路由表中至少包含两条路由条目：

（1）在给路由器R的接口0配置IP地址192.168.0.126和相应的地址掩码255.255.255.128（由网络前缀“/25”得出）后，路由器R就会自行得出自己的接口0与网络192.168.0.0是直连的。也就是用接口0所配置的IP地址和地址掩码进行逐比特的逻辑与运算，可以得出接口0所连接网络的网络地址为192.168.0.0。

（2）同理，在给路由器R的接口1配置IP地址192.168.0.254和相应的地址掩码255.255.255.128（由网络前缀“/25”得出）后，路由器R就会自行得出自己的接口1与网络192.168.0.128是直连的。

路由器R根据IP数据报的目的地址192.168.0.129，在自己的路由表中查找匹配的路由条目，并按匹配的路由条目中的“下一跳”的指示转发IP数据报，借助图4-47理解。

（1）将IP数据报的目的地址192.168.0.129，与第1条路由条目中的地址掩码255.255.255.128，进行逐比特逻辑与运算，得到网络地址192.168.0.128，该网络地址与第1条路由条目中的目的网络地址192.168.0.0不相同，因此第1条路由条目不匹配。

（2）将IP数据报的目的地址192.168.0.129，与路由表中的第2条路由条目中的地址掩码255.255.255.128，进行逐比特逻辑与运算，得到网络地址192.168.0.128，该网络地址与第2

条路由条目中的目的网络地址192.168.0.128相同，因此第2条路由条目匹配。

（3）路由器R根据匹配的路由条目中的“下一跳”的指示，从自己的接口1直接交付IP数据报给主机D。路由器R只需通过ARP协议，获取到与自己的接口1处于同一网络中的目的主机D的MAC地址，就可将IP数据报封装成帧后发送给目的主机D。

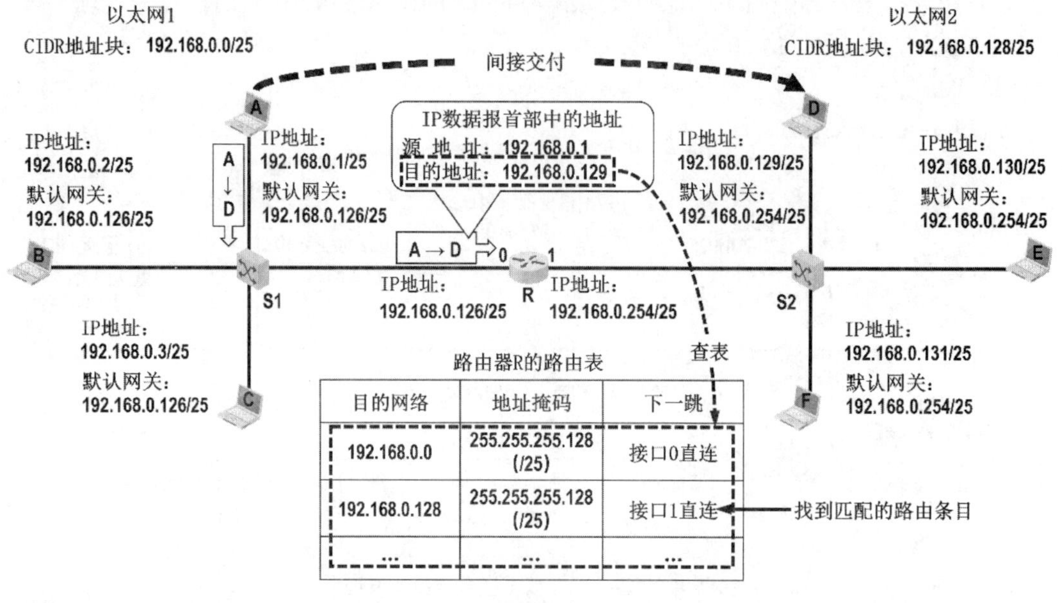

图4-47　路由器查表转发IP数据报

需要说明的是，上述路由器查表转发IP数据报的过程只是为了让读者理解其最基本的工作原理。在路由器的实际研发过程中，需要设计很好的数据结构（甚至是专用硬件）以便提高查找速度。

如果路由器收到的是目的地址为广播地址的IP数据报，则不会对这种IP数据报进行转发。如图4-48所示，主机A给自己所在网络中的各主机和路由器R的接口0发送了一个广播IP数据报。

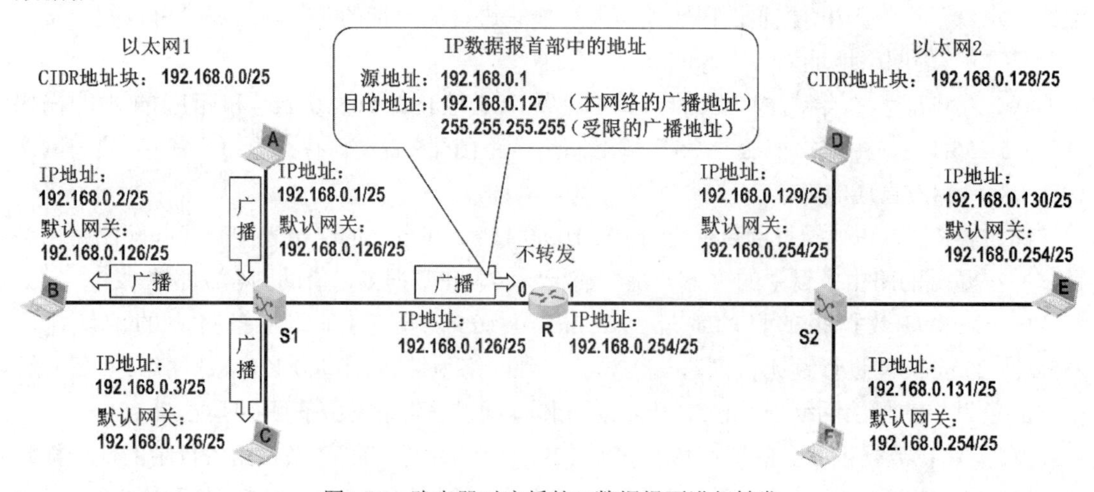

图4-48　路由器对广播的IP数据报不进行转发

（1）该IP数据报首部中目的地址字段的值可以设置为192.168.0.127，这是主机A所在网络的广播地址。

（2）该IP数据报首部中目的地址字段的值也可以设置为受限的广播地址255.255.255.255。

（3）主机A所在网络中的各主机和路由器R的接口0都会收到该广播IP数据报。

（4）路由器R不会对广播IP数据报进行转发。也就是说，路由器是隔离广播域的，这是很有必要的。试想一下，如果因特网中数量巨大的路由器收到广播IP数据报后都进行转发，则会造成巨大的广播风暴，严重浪费因特网资源。

4.2.7　IPv4 数据报的首部格式

IP数据报的首部格式及其内容是实现IP协议各种功能的基础。图4-49给出的是IPv4数据报的首部格式。IPv4数据报的首部由20字节的固定部分和最大40字节的可变部分组成。所谓固定部分，是指每个IPv4数据报的首部都必须要包含的部分。某些IPv4数据报的首部，除了包含20字节的固定部分，还包含一些可选的字段来增加IPv4数据报的功能。

在TCP/IP标准中，各种数据格式常常以32比特（即4字节）为单位来描述。图4-49中的每一行都由32个比特（即4个字节）构成，每个格子称为字段或者域。每个字段或某些字段的组合用来表达IPv4协议的相关功能。

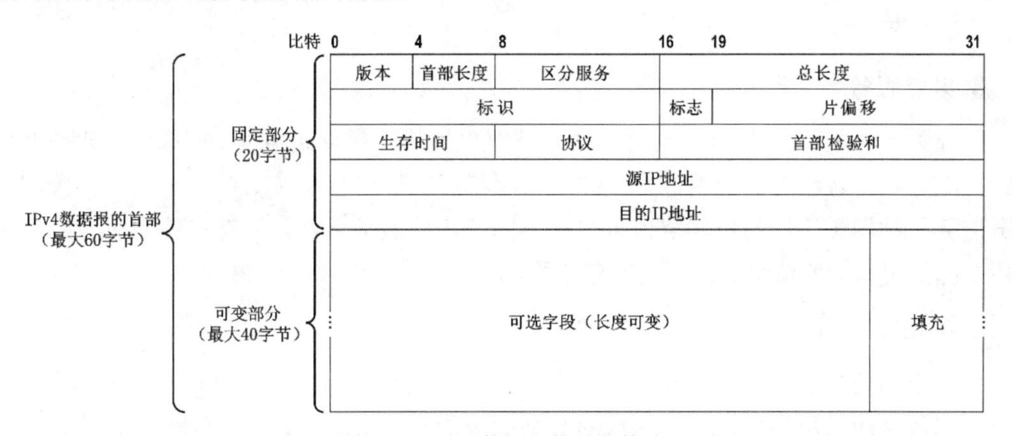

图4-49　IPv4数据报的首部格式

下面介绍IPv4数据报首部中各字段的含义。

1. 版本

版本字段的长度为4个比特，用来表示IP协议的版本。通信双方使用的IP协议的版本必须一致。目前广泛使用的IP协议的版本号为4（即IPv4）。

2. 首部长度、可选字段和填充

首部长度字段的长度为4个比特，该字段的取值以4字节为单位，用来表示IPv4数据报首部的长度。该字段的最小取值为二进制的0101，即十进制的5，再乘以4字节单位，表示IPv4数据报首部只有20字节固定部分。该字段的最大取值为二进制的1111，即十进制的15，再乘以4字节单位，表示IPv4数据报首部包含20字节固定部分和最大40字节可变部分。

可选字段的长度从1字节到40字节不等，用来支持排错、测量以及安全措施等功能。虽然可选字段增加了IPv4数据报的功能，但这同时也使得IPv4数据报的首部长度成为可变的。这就增加了因特网中每一个路由器处理IPv4数据报的开销。实际上，可选字段很少被使用。

填充字段用来确保IPv4数据报的首部长度是4字节的整数倍，使用全0进行填充。

由于IPv4数据报的首部长度字段的值以4字节为单位，因此IPv4数据报的首部长度一定是4字节的整数倍。由于IPv4数据报首部中的可选字段的长度从1个字节到40个字节不等，那么当20字节固定部分加上1到40个字节长度不等的可变部分，会造成IPv4数据报的首部长度不是4字节的整数倍的情况。对于这种情况，就用取值为全0的填充字段填充相应个字节，以确保IPv4数据报的首部长度是4字节的整数倍。

下面举例说明。

某个IPv4数据报首部中的可选字段长度为3字节，如果不进行填充，则首部长度为20字节固定部分加上3字节可变部分，共23字节。但23字节不是4字节的整数倍，因此在首部长度字段中就无法填入恰当的取值。使用1字节的全0字段进行填充，使首部长度变为24字节。这样就可以在首部长度字段中填入二进制值0110，即十进制值6，再乘以4字节的单位，共24字节。

3. 区分服务

区分服务字段的长度为8个比特，用来获得更好的服务。该字段在旧标准中叫作服务类型，但实际上一直没有被使用过。1998年，因特网工程任务组（IETF）把这个字段改名为区分服务。利用该字段的不同取值可提供不同等级的服务质量。只有在使用区分服务时该字段才起作用。一般情况下都不使用该字段。

4. 总长度

总长度字段的长度为16个比特，该字段的取值以字节为单位，用来表示IPv4数据报的长度，也就是IPv4数据报首部与其后的数据载荷的长度总和。该字段的最大取值为二进制的16个比特1，即十进制的65 535。需要说明的是，在实际应用中很少传输这么长的IPv4数据报。

下面举例说明IPv4数据报的首部长度字段和总长度字段的区别与联系。

假设某个IPv4数据报首部中的首部长度字段的二进制值为0101，总长度字段的二进制值为0000 0011 1111 1100。请注意，首部长度字段的取值以4字节为单位，总长度字段的取值以1字节为单位。因此可分别计算出该IPv4数据报的首部长度和总长度，根据首部长度和总长度的关系，进而计算出该IPv4数据报所携带数据载荷的长度，如图4-50所示。

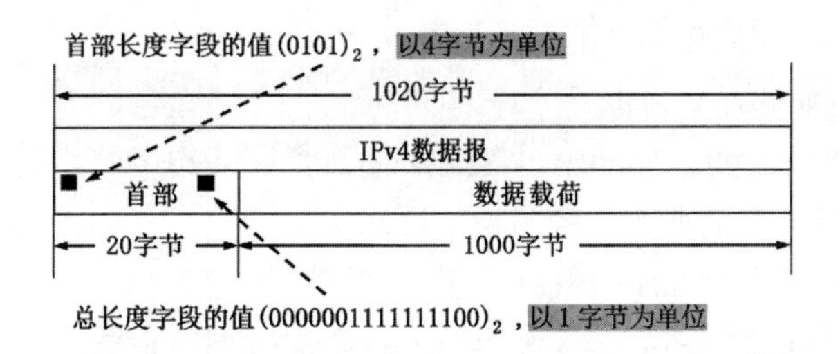

首部长度 = $(0101)_2$ × 4字节 = 5 × 4字节 = 20字节

总长度 = $(0000001111111100)_2$ × 1字节 = 1020字节

数据载荷长度 = 总长度 − 首部长度 = 1020字节 − 20字节 = 1000字节

图4-50 IPv4数据报的首部长度、总长度以及数据载荷长度的计算举例

5. 标识、标志和片偏移

标识、标志和片偏移这三个字段共同用于IPv4数据报分片。首先介绍IPv4数据报分片的概念。

如图4-51所示，网际层封装了一个比较长的IPv4数据报，并将其向下交付给数据链路层封装成帧。每一种数据链路层协议都规定了帧的数据载荷的最大长度，即最大传送单元。例如，以太网的数据链路层规定MTU的值为1500字节。如果某个IPv4数据报的总长度超过MTU，将无法封装成帧。需要将原IPv4数据报分片为更小的IPv4数据报，再将各分片IPv4数据报封装成帧。

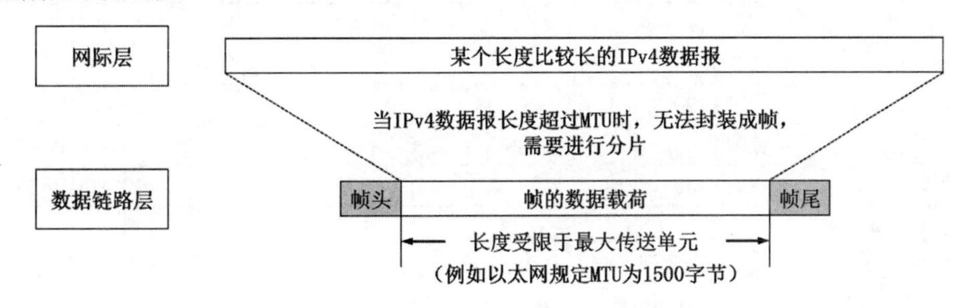

图4-51 对IPv4数据报进行分片的原因

标识字段的长度为16个比特。属于同一个IPv4数据报的各分片数据报应该具有相同的标识。IP软件会维持一个计数器，每产生一个IPv4数据报，计数器值就加1，并将此值赋给标识字段。

标志字段的长度为3个比特，各比特含义如下：

- 最低位（More Fragment，MF），表示本分片后面是否还有分片。MF=1表示本分片后面还有分片，MF=0表示本分片后面没有分片。
- 中间位（Don't Fragment，DF），表示是否允许分片。DF=1表示不允许分片，DF=0表示允许分片。
- 最高位为保留位，必须设置为0。

片偏移字段的长度为13个比特，该字段的取值以8字节为单位，用来指出分片IPv4数据报的数据载荷部分偏移其在原IPv4数据报的位置有多远。

下面举例说明IPv4数据报如何进行分片。

如图4-52所示，假设需要分片的IPv4数据报总长度为3820字节，其中固定首部长20字节，数据载荷长3800字节。根据数据链路层的要求，需要将该IPv4数据报分片为长度不超过1420字节的数据报片。由于原IPv4数据报采用20字节固定首部，因此分片后的各IPv4数据报片也采用20字节的固定首部，这样每个数据报片的数据载荷长度不能超过1400字节。于是将原IPv4数据报分为3个数据报片，其数据载荷的长度分别为1400、1400和1000字节。

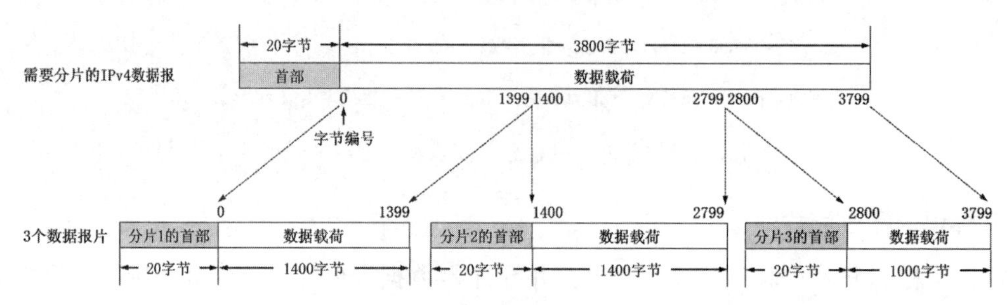

图4-52 IPv4数据报分片举例

表4-5给出了本例中IPv4数据报首部中与分片相关的各字段的取值，其中标识字段的值23 333是任意给定的。目的站在收到原IPv4数据报的所有分片后，根据各数据报分片首部中的标识、标志和片偏移字段的值，就能将这些数据报分片重装成原来的IPv4数据报。

表4-5 IPv4数据报首部中与分片相关的各字段的取值

	总长度	标识	MF	DF	片偏移
原IPv4数据报	20+3800	23 333	0	0	0/8=0
数据报片1	20+1400	23 333	1	0	0/8=0
数据报片2	20+1400	23 333	1	0	1400/8=175
数据报片3	20+1000	23 333	0	0	2800/8=350

现在假定数据报片2经过某个网络时还需要再进行分片，即划分成数据报片2-1和数据报片2-2。数据报片2-1的数据载荷为800字节，数据报片2-2的数据载荷为600字节，如图4-53所示。这两个数据报片的总长度、标识、MF、DF和片偏移如表4-6所示。

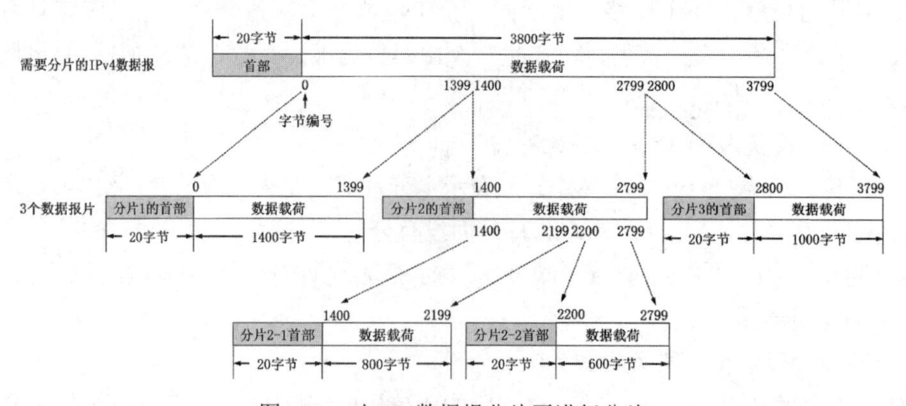

图4-53 对IPv4数据报分片再进行分片

表4-6　对IPv4数据报分片再进行分片后，各分片首部中与分片相关的各字段的取值

	总长度	标识	MF	DF	片偏移
原IPv4数据报	20+3800	23 333	0	0	0/8=0
数据报片2-1	20+800	23 333	1	0	1400/8=175
数据报片2-2	20+600	23 333	1	0	2200/8=275

6. 生存时间

生存时间字段的长度为8比特，最大取值为二进制的11111111，即十进制的255。该字段的取值最初以秒为单位。因此，IPv4数据报的最大生存时间最初为255秒。路由器转发IPv4数据报时，将其首部中该字段的值减去该数据报在本路由器上所耗费的时间，若不为0就转发，否则就丢弃。

生存时间字段后来改为以“跳数”为单位，路由器收到待转发的IPv4数据报时，将其首部中的该字段的值减1，若不为0就转发，否则就丢弃。

生存时间字段的英文缩写词为TTL（Time To Live），该字段的初始值由发送IPv4数据报的主机进行设置，其目的是防止被错误路由的IPv4数据报无限制地在因特网中兜圈，下面举例说明。

如图4-54所示，路由器R1、R2和R3的路由表中的路由条目，是由网络维护人员配置的静态路由条目。对于路由器R2，其“目的网络”为网络2的路由条目中的“下一跳”，应指向路由器R3。但由于网络维护人员的疏忽，将其错误地指向了路由器R1。这将造成路由器R1和R2之间形成去往网络2的路由环路。进入该路由环路且去往网络2的IPv4数据报将在路由环路中反复兜圈，直到其首部中的TTL字段的值减少到0时被路由器丢弃。试想一下，如果没有TTL限制IPv4数据报的生存时间，遇到上述情况将导致IPv4数据报在路由环路中永久兜圈，严重浪费网络资源。

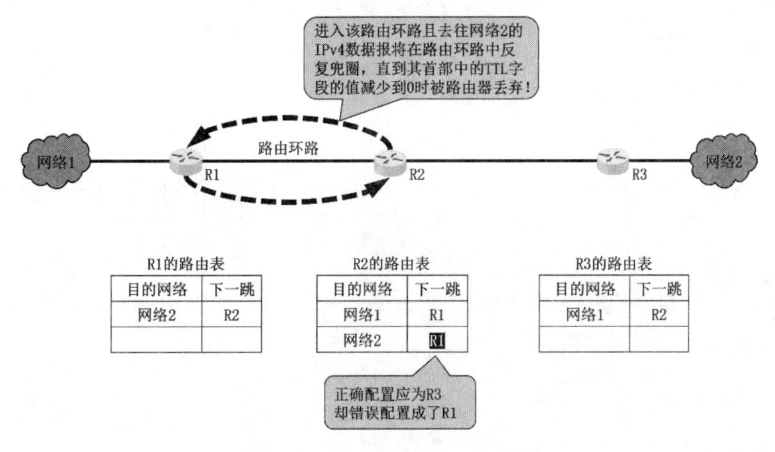

图4-54　生存时间TTL的作用

7. 协议

协议字段的长度为8个比特，用来指明IPv4数据报的数据载荷是何种协议数据单元

PDU。如图4-55所示，当某个IPv4数据报首部中的协议字段的取值为6时，表明该数据报的数据载荷是运输层TCP协议交付下来的TCP报文段。

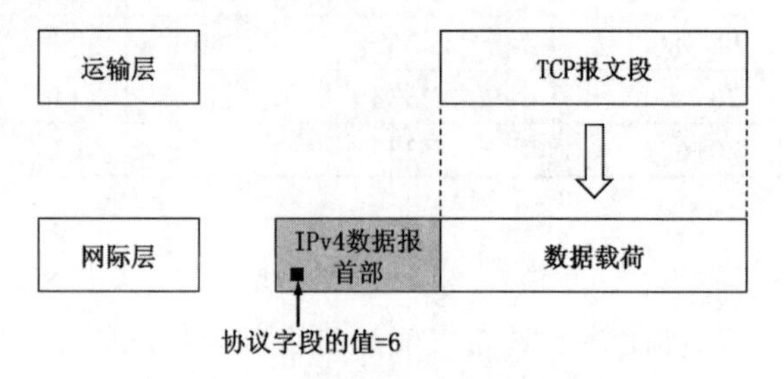

图4-55　IPv4数据报首部协议字段举例

常用的一些协议和相应的协议字段值如表4-7所示。

表4-7　常用的一些协议和相应的协议字段值

协议名称	ICMP	IGMP	TCP	UDP	IPv6	OSPF
协议字段值	1	2	6	17	41	89

8. 首部检验和

首部检验和字段的长度为16个比特，用于检测IPv4数据报在传输过程中其首部是否出现了差错。

IPv4数据报每经过一个路由器，其首部中的某些字段的值（例如生存时间、标志以及片偏移等）都可能发生变化，因此路由器都要重新计算一下首部检验和。之所以不检验IPv4数据报的数据载荷，是为了减少计算的工作量。

为了进一步减小计算检验和的工作量，IPv4首部的检验和并不采用复杂的CRC检验码，而是采用了如图4-56所示的更简单的计算方法。

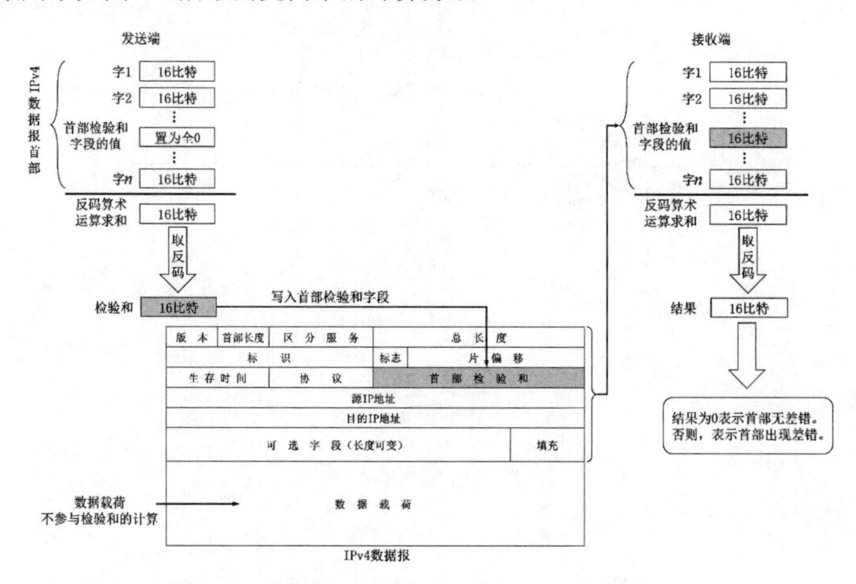

图4-56　IPv4数据报利用首部检验和进行差错检测的过程

（1）发送方先把IPv4数据报首部划分为若干个16比特字的序列，并把首部检验和字段的值置为全0。用反码算术运算把所有16比特字相加后，将得到的和的反码写入首部检验和字段。

（2）接收方收到IPv4数据报后，将首部的所有16比特字再使用反码算术运算相加一次。将得到的和取反码，即得出接收方检验和的计算结果。若在IPv4数据报传输过程中其首部没有产生差错，则此结果必为0，保留该IPv4数据报。否则即认为出现差错，将该IPv4数据报丢弃。

上述检验和的计算方法不仅用于IP协议，还用于运输层的用户数据报协议和传输控制协议等协议，常被称为因特网检验和（Internet Checksum）。这种检验和的检错性能虽然不如CRC，但更易用软件实现。

检验和计算的重点在于二进制反码求和的运算。两个数进行二进制反码求和的运算规则是从低位到高位逐列进行计算。

- 0和0相加是0。
- 0和1相加是1。
- 1和1相加是0，但要产生一个进位1，加到下一列。
- 若最高位相加后产生进位，则最后得到的结果要加1。

图4-57是一个计算因特网检验和的具体例子。

```
                     10011001 00010011
                     00001000 01101000
                     10101011 00000011
                     00001110 00001011
                     00000000 00010001
                     00000000 00001111
                     00000100 00111111
                     00000000 00001101
                     00000000 00001111
                     00000000 00000000
                     01010100 01000101
                     01010011 01010100
                     01001001 01001110
                     01000111 00000000
                   ---------------------
                   10 10010110 11101011 ——→ 普通求和得出的结果
     加上溢出的10     10010110 11101101 ——→ 二进制反码运算求和得出的结果
将得出的结果求反码     01101001 00010010 ——→ 检验和
```

图4-57　计算因特网检验和举例

需要说明的是，由于网际层并不向其高层提供可靠传输的服务，并且计算首部检验和是一项耗时的操作，因此在IPv6中，路由器不再计算首部检验和，从而更快转发IP数据报。

9. 源IP地址和目的IP地址

源IP地址字段和目的IP地址字段的长度都是32个比特，用来填写发送IPv4数据报的源主机的IPv4地址和接收该IP数据报的目的主机的IPv4地址。

4.3 静态路由配置

静态路由配置是指用户或网络运维人员使用路由器的相关命令给路由器人工配置路由表。人工配置方式简单、开销小，但不能及时适应网络状态（流量、拓扑等）的变化，一般只在小规模网络中采用。

4.3.1 直连路由和非直连路由

当网络运维人员给路由器的各接口配置了IP地址和地址掩码后，路由器就可自行得出自己的各接口分别与哪些网络是直连的（即中间没有其他路由器）。路由器将这些直连路由条目记录在自己的路由表中。

路由器到其他非直连网络的路由可由网络运维人员进行人工配置（即所谓的静态路由配置），也可通过路由选择协议由路由器自动获取。

下面举例说明直连路由和非直连路由的概念。

如图4-58所示，路由器R1的路由表中有以下路由条目：

（1）前两条路由条目，是R1根据自己的接口0和1各自所配置的IP地址和地址掩码，自行得出的直连路由。

（2）第三条路由条目是由网络运维人员为其配置的非直连路由，属于静态路由配置，因为该路由条目并不是R1通过路由选择协议自动获取到的。

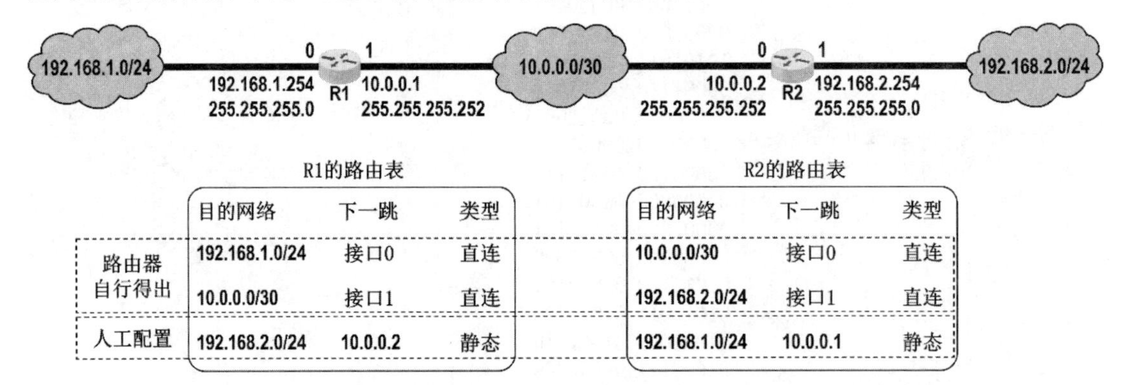

R1的路由表

目的网络	下一跳	类型
192.168.1.0/24	接口0	直连
10.0.0.0/30	接口1	直连
192.168.2.0/24	10.0.0.2	静态

R2的路由表

目的网络	下一跳	类型
10.0.0.0/30	接口0	直连
192.168.2.0/24	接口1	直连
192.168.1.0/24	10.0.0.1	静态

图4-58　直连路由和非直连路由举例

路由器R2的路由表配置情况与R1类似，这里就不再赘述了。

4.3.2 默认路由和特定主机路由

除了路由器自行得出的直连路由和网络运维人员配置的非直连路由，网络运维人员还可给路由器配置两种特殊的路由：默认路由和特定主机路由。

1. 默认路由

当路由器正确接收某个IP数据报后，会基于其首部中的目的IP地址在自己的路由表中进行查询。若查询到匹配的路由条目，就按照该路由条目的指示进行转发，否则就丢弃该IP数据报，并向发送该IP数据报的源主机发送差错报告。如果网络运维人员事先给路由器配置过默认路由条目，则当路由器查询不到匹配的路由条目时，就按默认路由条目中“下一跳”的指示进行转发。

路由器采用默认路由（default route）可以减少路由表所占用的存储空间以及搜索路由表所耗费的时间。

下面举例说明默认路由的作用。

如图4-59所示，路由器R2的接口1与因特网是直连的。路由器R1的路由表中有以下路由条目：

（1）两条由R1自动得出的直连网络的路由条目。

（2）一条由网络运维人员配置的默认路由条目。默认路由条目中的“目的网络”填写为0.0.0.0/0，其中0.0.0.0表示任意网络，而网络前缀“/0”（相应地址掩码为0.0.0.0）是最短的网络前缀。之前曾介绍过，路由器在查表转发IP数据报时，遵循“最长前缀”匹配的原则，因此默认路由条目的匹配优先级最低。

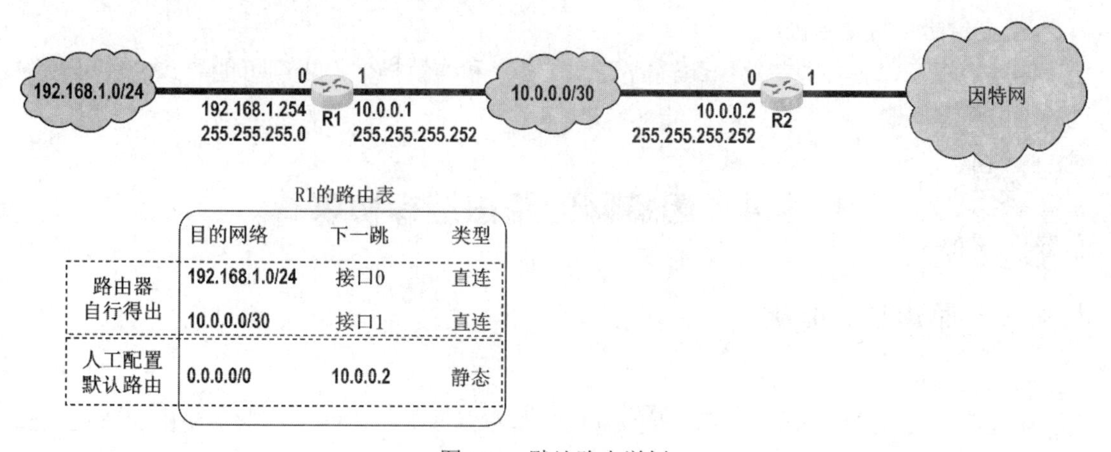

图4-59　默认路由举例

在本例中，路由器R1中凡是去往因特网中某个网络的IP数据报，都会按R1路由表中的这条默认路由条目中“下一跳”的指示，从R1的接口1转发给路由器R2的接口0，由R2再转发给因特网中的下一个路由器。由此可见，在R1的路由表中用一条默认路由条目，替代了去往因特网中众多网络的海量路由条目，极大地减少了路由表所占用的存储空间和搜索路由表所耗费的时间。

2. 特定主机路由

出于某种安全问题的考虑，同时为了使网络运维人员更方便地控制网络和测试网络，特别是在对网络的连接或路由表进行排错时，指明到某一台主机的特定主机路由是十分有用的。

下面举例说明特定主机路由。

如图4-60所示，网络192.168.2.0/24中有一台IP地址为192.168.2.1的特定主机。可在路由器R1的路由表中针对该主机配置一条特定主机路由条目。特定主机路由条目中的“目的网络”填写为192.168.2.1/32，其中192.168.2.1是特定主机的IP地址，而网络前缀“/32”（相应地址掩码为255.255.255.255）是最长的网络前缀。根据“最长前缀”匹配的原则，特定主机路由条目的匹配优先级最高。

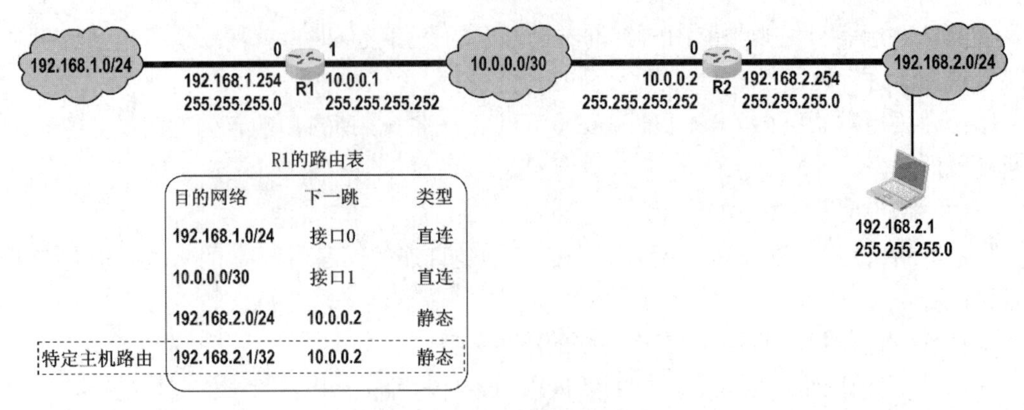

目的网络	下一跳	类型
192.168.1.0/24	接口0	直连
10.0.0.0/30	接口1	直连
192.168.2.0/24	10.0.0.2	静态
192.168.2.1/32	10.0.0.2	静态

图4-60　特定主机路由举例

在本例中，路由器R1中凡是去往该特定主机的IP数据报，都会按R1路由表中的这条特定主机路由条目中“下一跳”的指示，从R1的接口1转发给路由器R2的接口0，再由R2的接口1直接交付给该特定主机。

请读者注意，进行静态路由配置需要认真考虑和谨慎操作，否则可能导致之前曾介绍过的路由环路问题。

4.4　因特网的路由选择协议

4.4.1　路由选择分类

路由选择可分为以下两类：

- 静态路由选择：采用人工配置的方式给路由器添加网络路由、默认路由和特定主机路由等路由条目。
- 动态路由选择：路由器通过路由选择协议自动获取路由信息。

对于路由器而言，静态路由选择简单，开销小，但不能及时适应网络状态的变化；动态路由选择比较复杂，开销比较大，但能较好地适应网络状态的变化。因此，静态路由选择一般只在小规模网络中采用，而动态路由选择适用于大规模网络。

4.4.2　因特网采用分层次的路由选择协议

因特网是全球最大的互联网，它所采用的路由选择协议具有以下三个主要特点：

- 自适应：因特网采用动态路由选择，能较好地适应网络状态的变化。
- 分布式：因特网中的各路由器通过相互间的信息交互，共同完成路由信息的获取和更新。
- 分层次：将整个因特网划分为许多较小的自治系统（Autonomous System，AS）。例如，一个较大的因特网服务提供商（ISP）就可划分为一个自治系统。在自治系统内部和自治系统外部采用不同类别的路由选择协议，分别进行路由选择。

下面举例说明因特网采用的分层次的路由选择协议。

如图4-61所示，将某个电信运营商所拥有的多个网络和路由器划为了自治系统AS1，而将另一个电信运营商所拥有的多个网络和路由器划为了自治系统AS2。

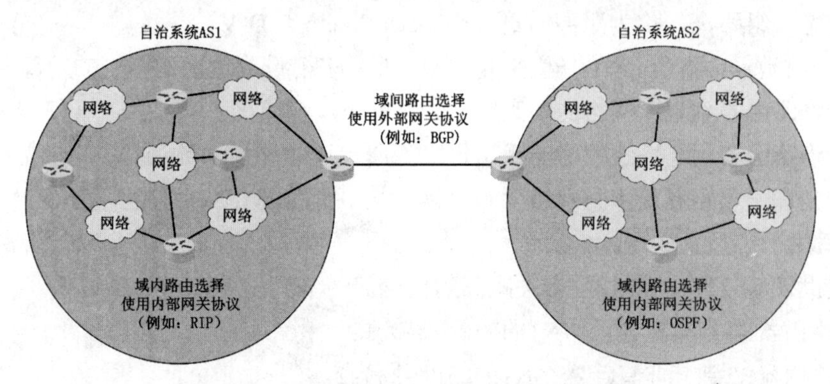

图4-61　因特网采用分层次的路由选择协议

自治系统之间的路由选择简称为域间路由选择（Interdomain Routing）。自治系统内部的路由选择简称为域内路由选择（Intradomain Routing）。

域间路由选择使用外部网关协议（External Gateway Protocol，EGP）这个类别的路由选择协议。域内路由选择使用内部网关协议（Interior Gateway Protocol，IGP）这个类别的路由选择协议。

在一个自治系统内部使用的具体的内部网关协议，与因特网中其他自治系统中选用何种内部网关协议无关。例如在本例中，自治系统AS1的内部使用的内部网关协议为路由信息协议（RIP），而自治系统AS2的内部使用的内部网关协议为开放最短路径优先（OSPF）。AS1与AS2之间使用的外部网关协议为边界网关协议（BGP）。

请读者注意：

（1）外部网关协议和内部网关协议只是路由选择协议的分类名称，而不是具体的路由选择协议。

（2）外部网关协议和内部网关协议名称中使用的是“网关”这个名词，是因为在因特网早期的RFC文档中，没有使用“路由器”而使用的是“网关”这一名词。现在新的RFC文档中又改用“路由器”这一名词。因此，外部网关协议可改称为外部路由协议（ERP），而内部网关协议可改称为内部路由协议（IRP）。本书仍采用RFC原先使用的名称，以方便读者查阅RFC文档。

下面介绍三个因特网路由选择协议：

- 路由信息协议。
- 开放最短路径优先。
- 边界网关协议。

4.4.3　路由信息协议

1. 路由信息协议的相关基本概念

路由信息协议（Routing Information Protocol，RIP）是内部网关协议中最先得到广泛使用的协议之一，其相关标准文档为[RFC 1058]。

RIP要求自治系统内的每一个路由器，都要维护从它自己到AS内其他每一个网络的距离记录。这是一组距离，称为距离向量（Distance-Vector，D-V）。

RIP使用跳数（Hop Count）作为度量（Metric）来衡量到达目的网络的距离。

- RIP将路由器到直连网络的距离定义为1。
- RIP将路由器到非直连网络的距离定义为所经过的路由器数加1。
- RIP允许一条路径最多只能包含15个路由器。距离等于16时相当于不可达。因此RIP只适用于小型互联网。

下面借助图4-62来说明RIP中有关距离的概念。

（1）路由器R1到其直连网络N1的RIP距离为1。

（2）路由器R2到其非直连网络N1的RIP距离为2。

（3）路由器R15到其非直连网络N1的RIP距离为15，这已达到RIP最大距离。

（4）路由器R16到其非直连网络N1的RIP距离为16，这相当于不可达。

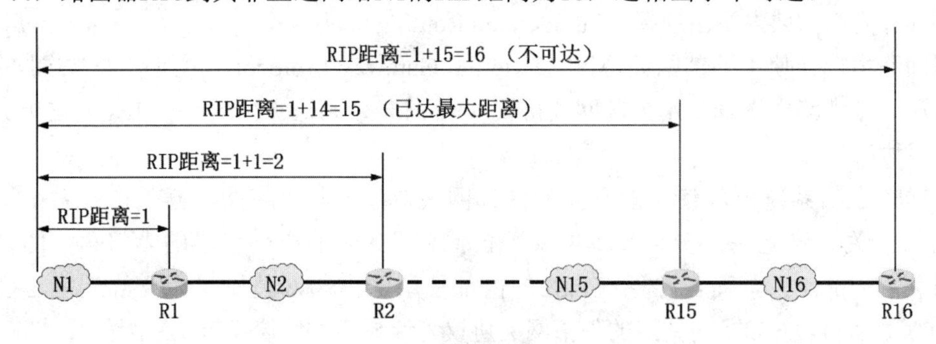

图4-62 RIP距离举例

需要说明的是，有些厂商的路由器并没有严格按照RIP标准文档的规定来实现RIP。例如，思科路由器中的RIP，将路由器到直连网络的距离定义为0，但这并不影响RIP的正常运行。

RIP认为好的路由就是“距离短”的路由，也就是所通过路由器数量最少的路由。例如在图4-63中，路由器R1到R5有两条路径：路径1为R1→R2→R3→R5，路径2为R1→R4→R5。尽管路径1中的各段链路都是高带宽链路，而路径2中的各段链路都是低带宽链路，但RIP认为路径2才是好的路由，因为路径2所通过路由器的数量少。

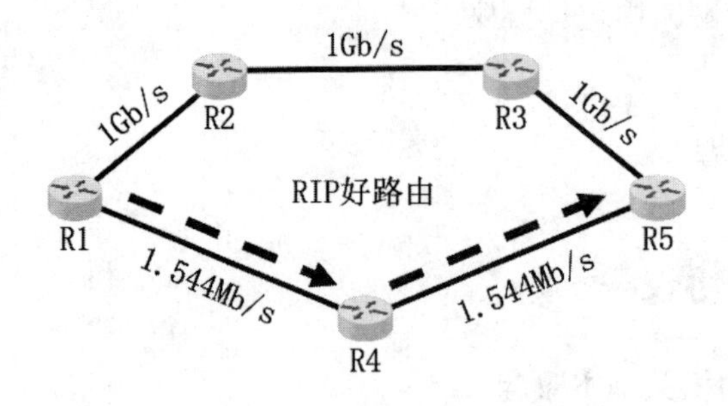

图4-63 RIP认为“距离短”的路由是好路由

当到达同一目的网络有多条“RIP距离相等”的路由时，可以进行等价负载均衡。也就是将通信量均衡地分布到多条等价的路径上。如图4-64所示，路由器R1到R6有两条等价的路径，R1会将通信量均衡地分布到这两条等价的路径上。

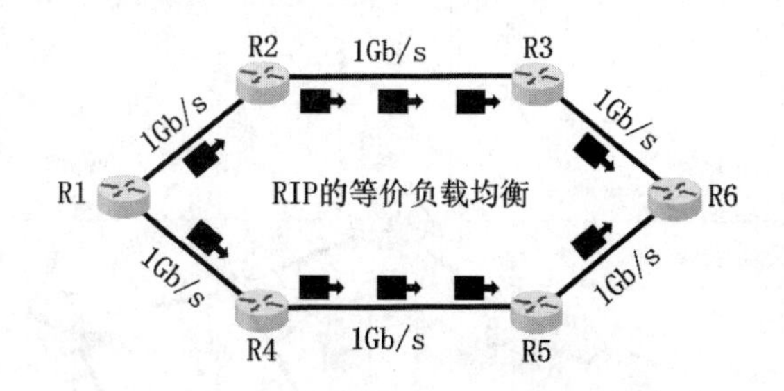

图4-64　RIP的等价负载均衡

RIP具有以下三个重要特点：

- 和谁交换信息：仅和相邻路由器交换信息。在图4-65中，路由器R1与R2互为相邻路由器，因为它们是直连的，中间没有其他路由器。同理，R2与R3也互为相邻路由器。R1与R3不是相邻路由器，因为它们之间还存在其他路由器R2。
- 交换什么信息：交换的信息是路由器自己的路由表。换句话说，交换的信息是“本路由器到所在自治系统中所有网络的最短RIP距离，以及到每个网络应经过的下一跳路由器”。
- 何时交换信息：周期性交换（例如，每隔约30秒）。路由器根据收到的路由信息更新自己的路由表。为了加快RIP的收敛速度，当网络拓扑发生变化时，路由器要及时向相邻路由器通告拓扑变化后的路由信息，这称为触发更新。

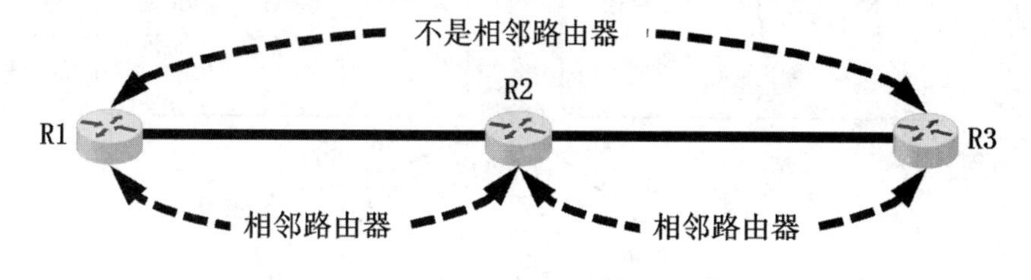

图4-65　相邻路由器

2. RIP的基本工作过程

RIP的基本工作过程如下：

（1）路由器刚开始工作时，只知道自己到直连网络的距离为1。如图4-66（a）所示，路由器R1、R2、R3和R4刚开始工作时各自的路由表中只有自己到直连网络的路由条目。

（2）每个路由器仅和相邻路由器周期性地交换并更新路由信息。如图4-66（b）所示，R1和R2互为相邻路由器，R1和R3互为相邻路由器，R2和R3互为相邻路由器，R2和R4互为相邻路由器，R3和R4也互为相邻路由器。相邻路由器之间周期性地交换并更新路由信息。

（3）若干次交换和更新后，每个路由器都知道到达本自治系统内各网络的最短距离和下一跳路由器，称为收敛，如图4-66（c）所示。

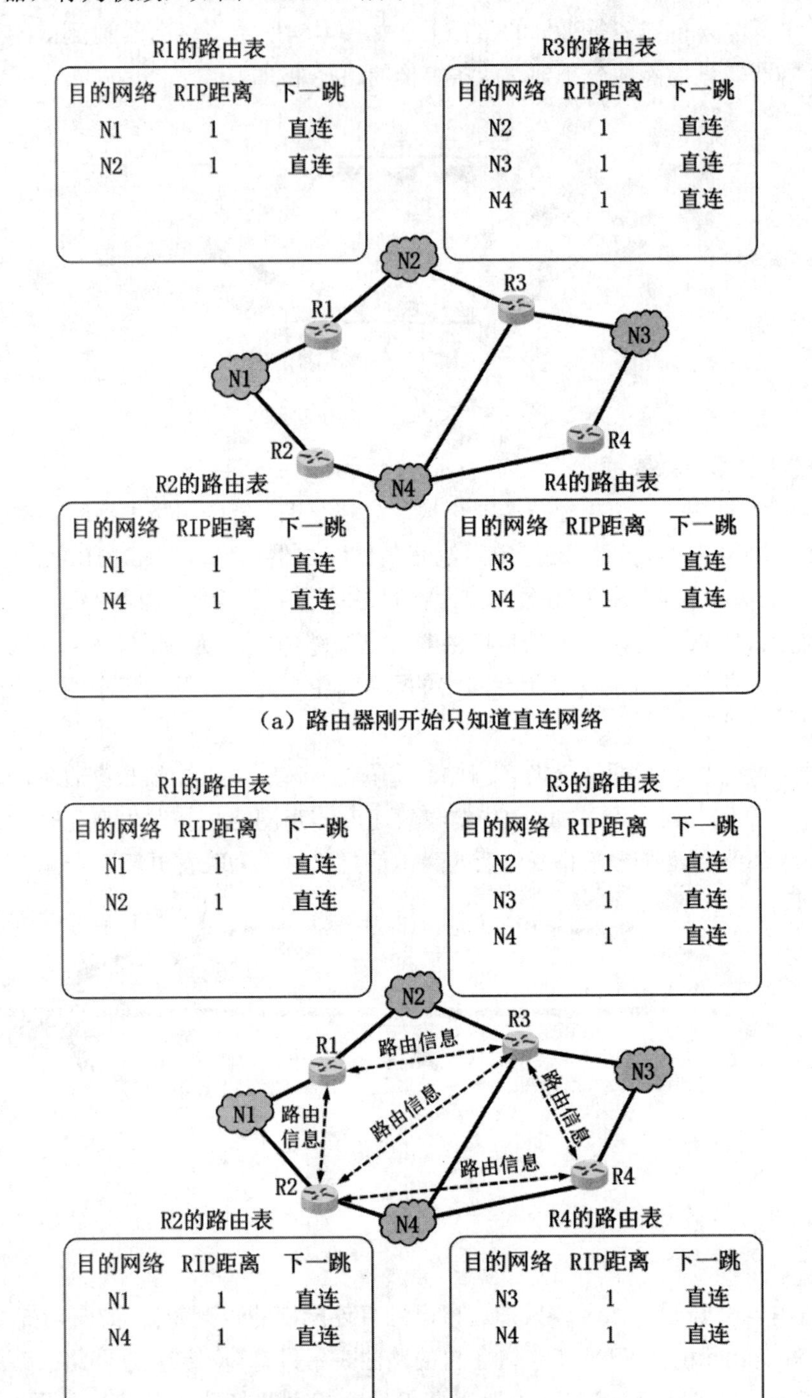

（a）路由器刚开始只知道直连网络

（b）相邻路由器周期性地交换并更新路由信息

图4-66 RIP的基本工作过程举例

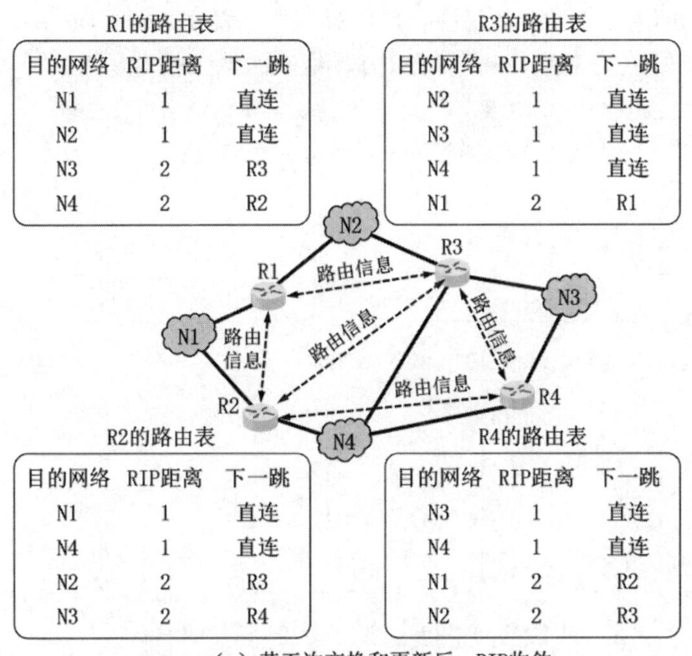

（c）若干次交换和更新后，RIP收敛

图4-66　RIP的基本工作过程举例（续）

3. RIP的距离向量算法

运行RIP的路由器周期性地向其所有相邻路由器发送RIP更新报文。路由器收到每一个相邻路由器发来的RIP更新报文后，都会根据RIP更新报文中的路由信息来更新自己的路由表。

下面举例说明RIP路由条目更新规则，它是RIP的距离向量算法的核心。

如图4-67所示，路由器C和D互为相邻路由器。图中给出了路由器C和D各自的路由表。在路由器C的路由表中，将到达各目的网络的下一跳都记为“？”号，可以理解为路由器D并不需要关心路由器C的这些内容。假设某个时刻，路由器C将自己的路由表封装在RIP更新报文中发送给路由器D。

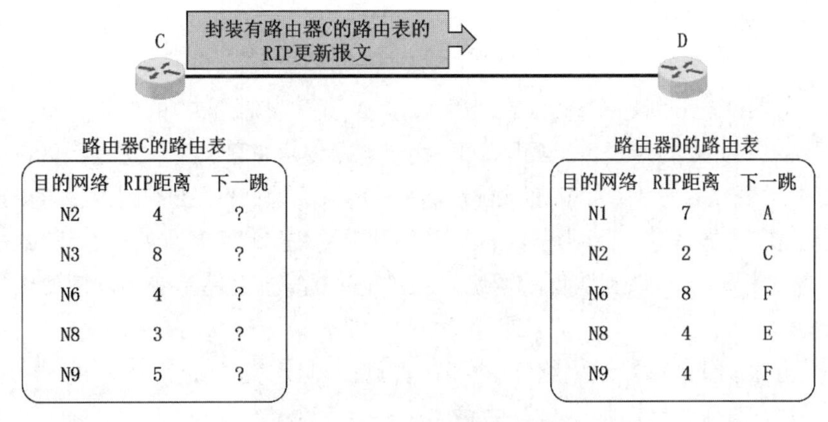

图4-67　路由器C给D发送RIP更新报文

路由器D收到路由器C发来的路由表后，对其进行修改。如图4-68所示，将到达各目的网络的下一跳都改为C并且将RIP距离都加1。修改的原因很容易理解，因为路由器C告诉D："我可以到达这些网络，以及到达这些网络的RIP距离分别是……"，那么路由器D作为C的相邻路由器，当然也就可以通过C来到达这些网络，只是比C到达这些网络的RIP距离大1。

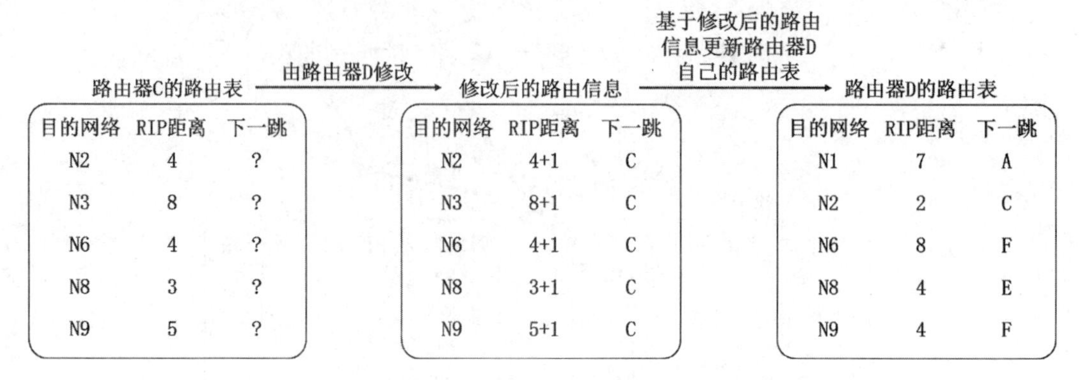

图4-68　路由器D修改来自路由器C的路由表

路由器D现在可以基于修改后的路由信息来更新自己的路由表，更新过程如图4-69所示。

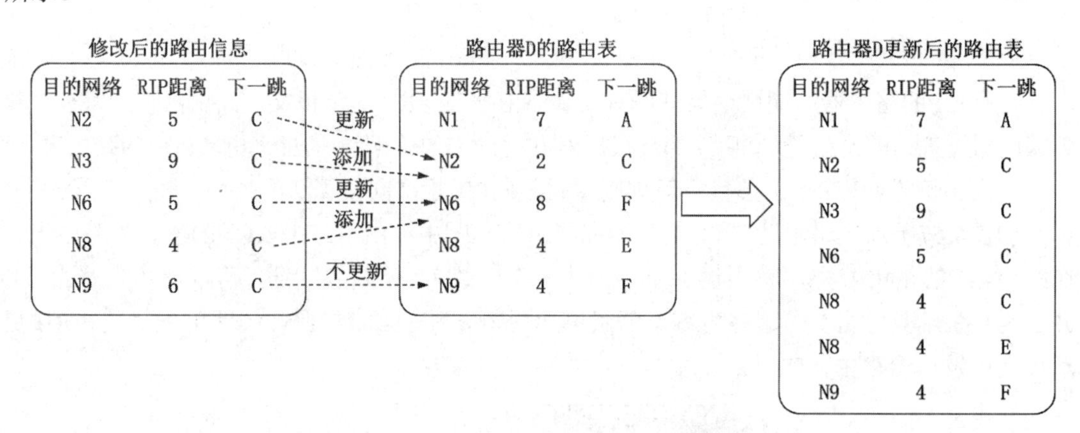

图4-69　RIP路由条目更新规则举例

（1）路由器D原来到达网络N2的RIP距离是2，下一跳经过C的转发。现在路由器D知道到达N2仍然要经过C的转发，RIP距离变为了5。路由器D意识到，这是因为C与N2之间的网络拓扑发生了变化，导致C到N2的RIP距离变为了4，因此D经过C到达N2的RIP距离相应变为了5。于是路由器D将自己到达N2的路由条目中的RIP距离更新为5。更新路由表的理由可总结为：通过相同下一跳到达目的网络，无论RIP距离变大还是变小，都要进行更新，因为这是最新消息。

（2）路由器D原来不知道网络N3的存在。路由器D现在知道可以通过C到达N3。于是将到达N3的这条路由条目添加到自己的路由表中。更新路由表的理由可总结为：发现了新的网络，添加到达该网络的路由条目。

（3）路由器D原来到达网络N6的RIP距离是8，下一跳经过F的转发。现在路由器D知道到达N6如果通过C来转发，则RIP距离可缩短为5。于是路由器D将自己到达N6的路由条目中的RIP距离修改为5，下一跳修改为C。更新路由表的理由可总结为：通过不同下一跳到达目的网络，新路由的RIP距离更小，新路由有优势，则更新原来的旧路由条目。

（4）路由器D原来到达网络N8的RIP距离是4，下一跳经过E的转发。现在路由器D知道到达N8还可以通过C来转发，RIP距离也为4。于是路由器D将到达N8的这条新的路由条目添加到自己的路由表中。更新路由表的理由可总结为：通过不同下一跳到达目的网络，新路由的RIP距离相同，则添加新路由条目到路由表中，可以进行等价负载均衡。

（5）路由器D原来到达网络N9的RIP距离是4，下一跳经过F的转发。现在路由器D知道到达N9如果通过C来转发，则RIP距离将增大到6。于是路由器D不使用这条路由条目来更新自己的路由表。不更新路由表的理由可总结为：通过不同下一跳到达目的网络，新路由的RIP距离增大，新路由处于劣势，不应该更新。

除了上述RIP路由条目更新规则，在RIP的距离向量算法中还包含以下一些时间参数：

（1）路由器每隔大约30秒向其所有相邻路由器发送路由更新报文。

（2）若180秒（默认）没有收到某条路由条目的更新报文，则把该路由条目标记为无效（即把RIP距离设置为16，表示不可达），若再过一段时间（如120秒），还没有收到该路由条目的更新报文，则将该路由条目从路由表中删除。

4. RIP存在的问题

RIP存在"坏消息传播得慢"的问题，借助图4-70理解。

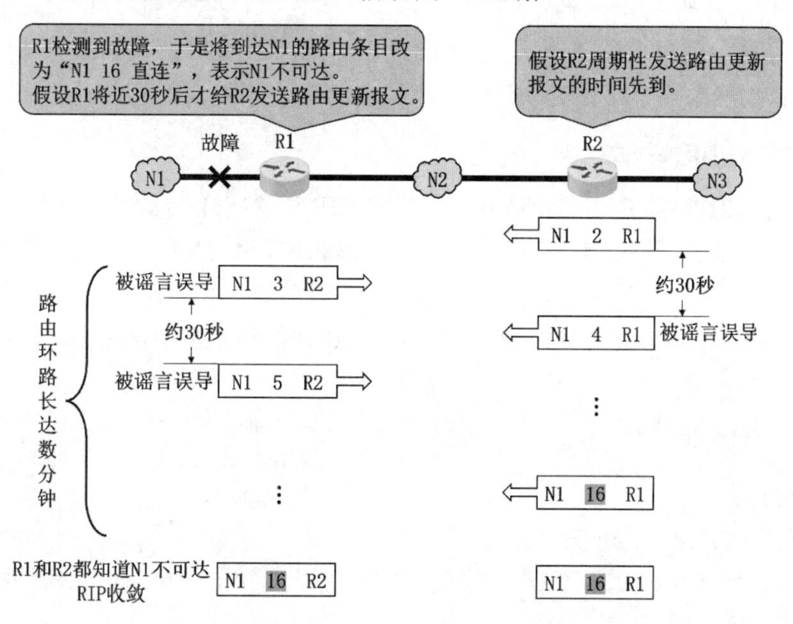

图4-70　RIP存在"坏消息传得慢"的问题

（1）假设路由器R1到达其直连网络N1的链路出现了故障。当R1检测出故障后，会将到达N1的路由条目中的RIP距离修改为16，表示N1不可达。

（2）假设R1的路由更新报文的发送周期还有将近30秒才到时，而此时R2的路由更新报文的发送周期到时了。于是R2给R1发送路由更新报文，其中到达N1的路由条目中的RIP距离为2，下一跳为R1，这是R2之前从R1获取到的。

（3）当R1收到R2发来的路由更新报文后，就会被该谣言误导，误认为可以通过R2到达N1，RIP距离为3。当R1的路由更新报文的发送周期到时后，就将包含这条路由条目的路由更新报文发送给R2。

（4）当R2收到R1发来的路由更新报文后就会被谣言误导，误认为可以通过R1到达N1，RIP距离为4。当R2的路由更新报文的发送周期到时后，就将包含这条路由条目的路由更新报文发送给R1。

（5）上述更新会一直持续下去，直到R1和R2到N1的RIP距离都增大到16时，R1和R2才知道原来N1是不可达的，也就是才收敛。这就是RIP存在的“坏消息传播得慢”的问题。

在上述过程中，R1和R2之间会出现路由环路，时间长达数分钟。如果没有最大RIP距离为15的限制，则上述过程将永久持续下去。

“坏消息传播得慢”的问题又称为路由环路或RIP距离无穷计数问题，这是距离向量算法的一个固有问题。可以采取以下多种措施减少出现该问题的概率或减小该问题带来的危害：

- 限制最大RIP距离为15（16表示不可达）。
- 当路由表发生变化时就立即发送路由更新报文（即“触发更新”），而不仅是周期性发送。
- 让路由器记录收到某特定路由信息的接口，而不让同一路由信息再通过此接口向反方向传送（即“水平分割”）。

请读者注意，使用上述措施仍无法彻底解决问题。因为在距离向量算法中，每个路由器都缺少到目的网络整个路径的完整信息，无法判断所选的路由是否出现了环路。

5. RIP版本和相关报文

现在较新的RIP版本是1998年11月公布的RIP2[RFC 2453]，已经成为因特网标准协议。RIP2可以支持可变长子网掩码和CIDR。另外，RIP2还提供简单的鉴别过程并支持多播。

RIP相关报文使用运输层的用户数据报协议进行传送，使用的UDP端口号为520。从这个角度看，RIP属于TCP/IP体系结构的应用层。但RIP的核心功能是路由选择，这属于TCP/IP体系结构的网际层。

6. RIP的优缺点

RIP的优点有：

- 实现简单、路由器开销小。
- 如果一个路由器发现了RIP距离更短的路由，那么这种更新信息就传播得很快，即“好消息传播得快”。

RIP也有很多缺点：

- RIP限制了最大RIP距离为15，这就限制了使用RIP的自治系统的规模。
- 相邻路由器之间交换的路由信息是路由器中的完整路由表，因而随着网络规模的扩大，开销也就增加。

- “坏消息传播得慢”，使更新过程的收敛时间过长。因此，对于规模较大的AS就应当使用4.4.4节介绍的OSPF协议。然而目前在规模较小的AS中，使用RIP的仍占多数。

4.4.4　开放最短路径优先协议

1. OSPF的相关基本概念

开放最短路径优先协议是为了克服路由信息协议的缺点在1989年开发出来的。“开放”表明OSPF协议不是受某一厂商控制，而是公开发表的。“最短路径优先”是因为使用了Dijkstra提出的最短路径算法。

请读者注意，“开放最短路径优先”只是一个路由选择协议的名称，但这并不表示其他的路由选择协议就不是“最短路径优先”。实际上，用于AS内部的内部网关协议这个类别所包括的全部协议（例如RIP），都要寻找一条“最短”的路径。

OSPF是基于链路状态（Link State，LS）的，而不像RIP是基于距离向量的。OSPF基于链路状态并采用最短路径算法计算路由，从算法上保证了不会产生路由环路。OSPF不限制网络规模，更新效率高，收敛速度快。

1）链路状态

链路状态是指本路由器都和哪些路由器相邻，以及相应链路的“代价（cost）”。“代价”用来表示费用、距离、时延和带宽等，这些都由网络管理人员来决定。

思科路由器中OSPF协议计算代价的方法是：100Mb/s除以链路带宽，计算结果小于1的值仍记为1，大于1且有小数的，舍去小数。

例如在图4-71中，路由器R1的邻居路由器有R2，相应的链路代价用100Mb/s除以链路带宽100Mb/s，结果是1。R1的邻居路由器还有R4，相应的链路代价用100Mb/s除以链路带宽1Gb/s，结果小于1但仍记为1。相信读者可以很容易地得出路由器R2、R3和R4各自的链路状态，这里就不再赘述了。

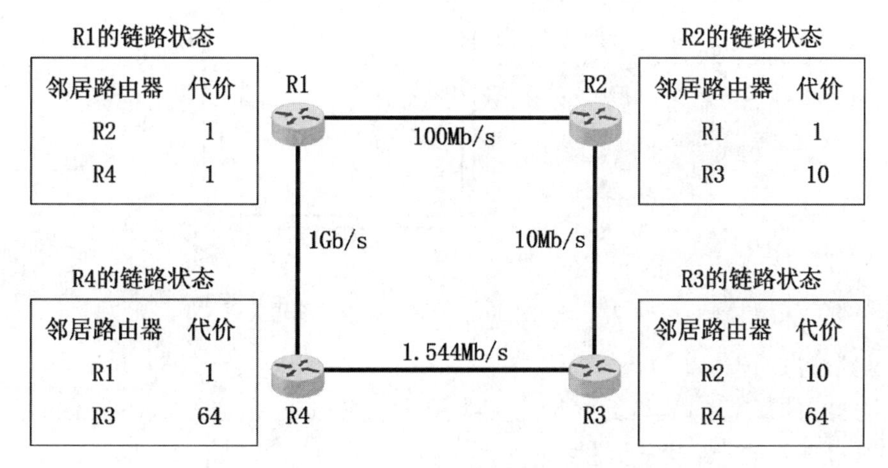

图4-71　OSPF协议中链路状态概念举例

2）邻居关系的建立和维护

OSPF相邻路由器之间通过交互问候（Hello）分组来建立和维护邻居关系。Hello分组封装在IP数据报中，发往组播地址224.0.0.5。IP数据报首部中的协议号字段的取值为89，表明IP数据报的数据载荷为OSPF分组。图4-72给出了OSPF分组封装在IP数据报中的示意图。

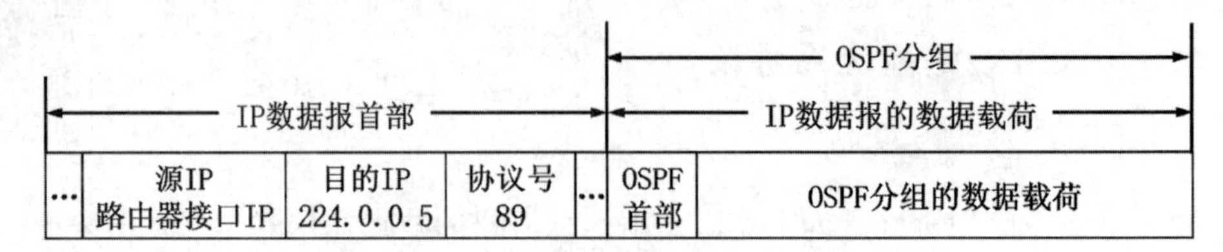

图4-72　OSPF分组封装在IP数据报中

请读者注意，由于OSPF分组使用网际层的IP数据报进行封装，因此从网络体系结构的角度看，OSPF协议属于网际层协议。这与RIP报文需要使用运输层用户数据报协议（UDP）进行封装不同。从网络体系结构的角度看，RIP属于应用层协议，但其核心功能是路由选择，属于网际层。

Hello分组的发送周期为10秒。若40秒仍未收到来自邻居路由器的问候分组，则认为该邻居路由器不可达。因此，每个路由器都会建立一张邻居表。

图4-73中给出了路由器R1的邻居表，其中的每一个条目对应记录其各邻居路由器的相关信息，包括邻居ID、接口以及“判活”倒计时。例如，R2是R1的一个邻居路由器，为简单起见，邻居ID就记为R2（实际应用中会填入相应的路由器ID）。该邻居路由器与R1自己的接口1相连，“判活”倒计时还有36秒。若在“判活”倒计时减少到0之前再次收到了来自R2的Hello分组，则重新启动针对该邻居条目的40秒“判活”倒计时。否则，当“判活”倒计时减少为0时，则判定该邻居路由器不可达。R4是R1的另一个邻居路由器，邻居ID就记为R4。该邻居路由器与R1自己的接口0相连，“判活”倒计时还有18秒。

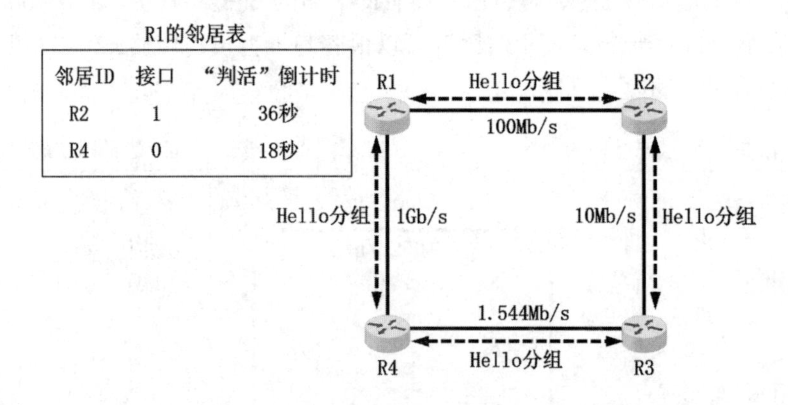

图4-73　使用Hello分组建立和维护邻居关系

3）链路状态通告

使用OSPF的每个路由器都会产生链路状态通告（Link State Advertisement，LSA）。LSA中包含以下两类链路状态信息：

- 直连网络的链路状态信息。

● 邻居路由器的链路状态信息。

在图4-74中，N1是路由器R4的直连网络，则R4的LSA应包含R4与该直连网络的链路状态信息，还应包含其邻居路由器R1和R3的链路状态信息。

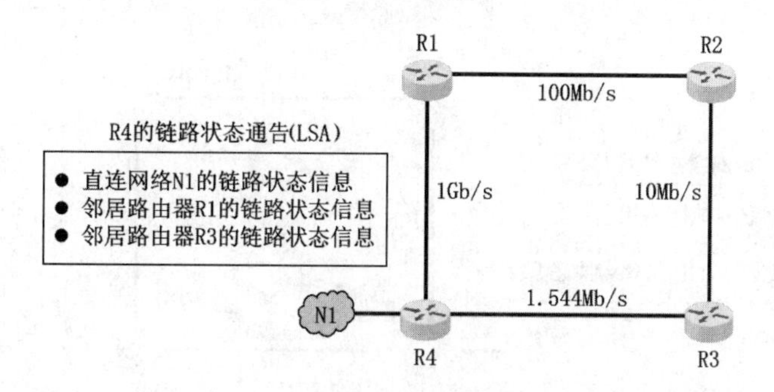

图4-74　链路状态通告举例

4）链路状态更新分组

LSA被封装在链路状态更新分组（Link State Update，LSU）中，采用洪泛法（Flooding）发送。

洪泛法是指路由器通过自己的所有接口向所有邻居路由器发送信息，而每一个邻居路由器又将此信息发往其所有的相邻路由器（但不再发送给刚刚发来信息的那个路由器）。这样，最终整个区域中所有的路由器都得到了这个信息。如图4-75所示，路由器R4使用洪泛法发送封装有自己的LSA的LSU。

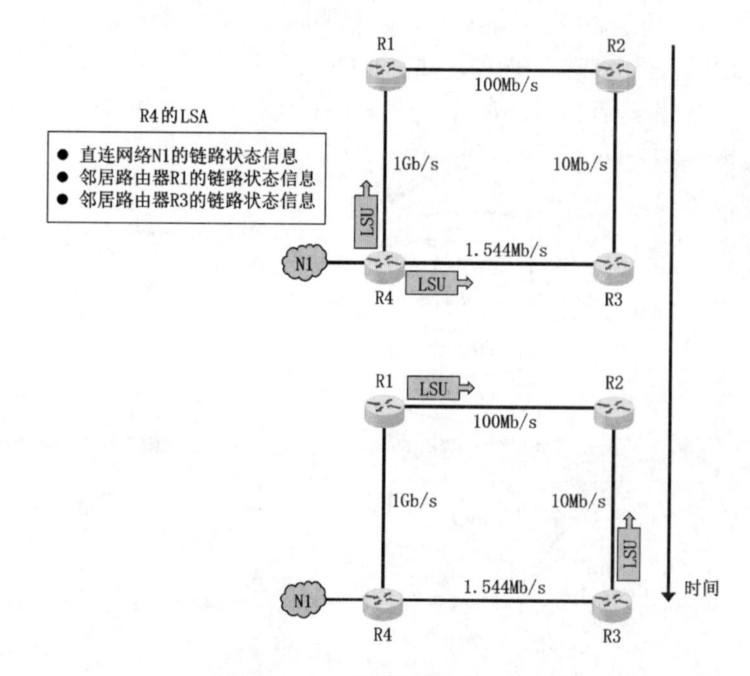

图4-75　R4使用洪泛法发送LSU

5）链路状态数据库

使用OSPF的每个路由器都有一个链路状态数据库（Link State Database，LSDB），用于存储LSA。通过各路由器洪泛发送封装有各自LSA的LSU，各路由器的LSDB最终将达到一致。图4-76给出了R2的LSDB。

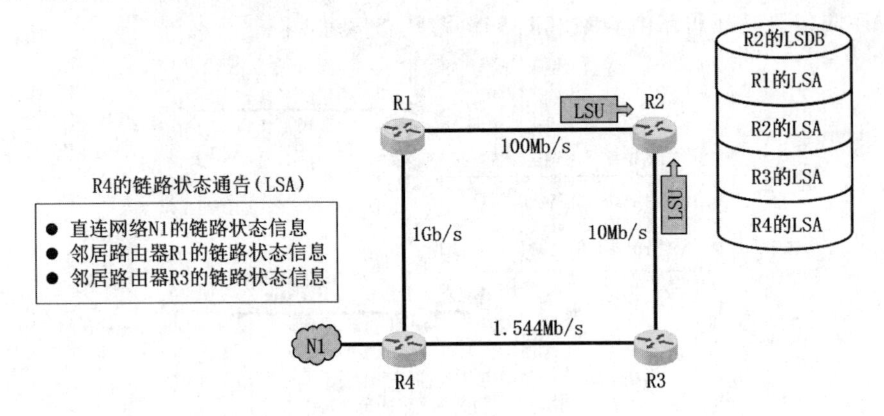

图4-76　链路状态数据库举例

6）基于LSDB进行最短路径优先计算

使用OSPF的各路由器，基于LSDB进行最短路径优先计算，构建出各自到达其他各路由器的最短路径，即构建各自的路由表，下面举例说明。

图4-77给出了基于LSDB进行最短路径优先计算的步骤。

（1）网络拓扑和各链路代价（各链路旁的数值）如图4-77（a）所示。

（2）通过各路由器洪泛发送封装有各自LSA的LSU，各路由器最终会得出相同的LSDB，如图4-77（b）所示。

（3）由LSDB可以得出带权有向图，如图4-77（c）所示。

（4）对带权有向图进行基于Dijkstra的最短路径优先算法，就可以得出以各路由器为根的最短路径，如图4-77（d）所示。

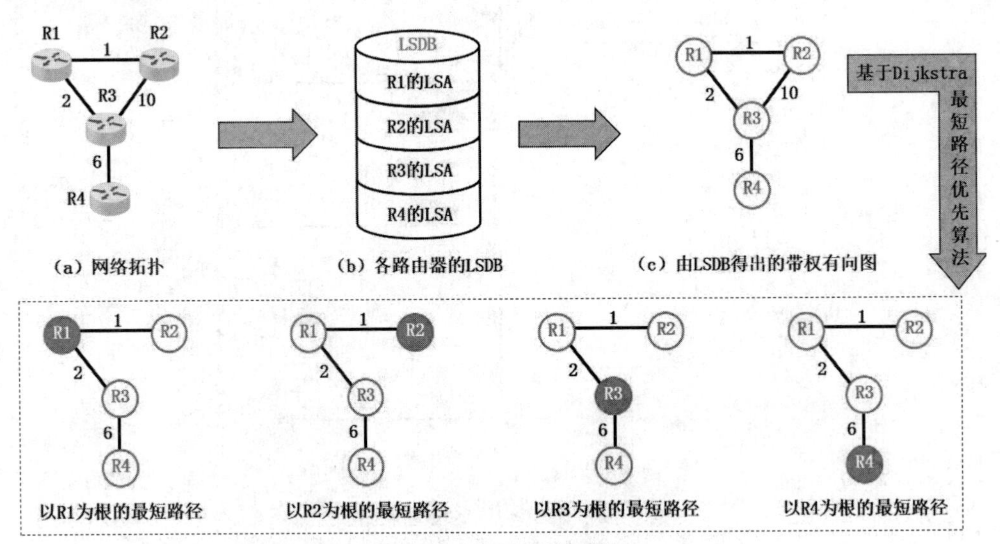

图4-77　基于LSDB进行最短路径优先计算举例

需要说明的是，对于本例中这样一个比较简单的网络拓扑，即使读者不懂得最短路径优先算法，也可以很快找出每个路由器到达其他各路由器的最短路径。但是，如果网络拓扑比较复杂，这项工作对人类而言就比较复杂了。因此，可以按照Dijkstra提出的最短路径优先算法编制程序，让路由器执行该程序。如果读者对该算法感兴趣，可以自行查阅相关资料，这里就不再赘述了。对于一般的网络管理或运维人员，即便不熟悉该算法，也不影响对OSPF协议的配置和使用。

2. OSPF的五种分组类型

OSPF包含以下五种分组类型：

- 问候（Hello）分组：用来发现和维护邻居路由器的可达性。
- 数据库描述（Database Description）分组：用来向邻居路由器给出自己的链路状态数据库中的所有链路状态项目的摘要信息。
- 链路状态请求（Link State Request）分组：用来向邻居路由器请求发送某些链路状态项目的详细信息。
- 链路状态更新（Link State Update）分组：路由器使用链路状态更新分组将其链路状态进行洪泛发送，即用洪泛法对整个系统更新链路状态。
- 链路状态确认（Link State Acknowledgement）分组：是对链路状态更新分组的确认分组。

3. OSPF的基本工作过程

借助图4-78理解OSPF的基本工作工程。

（1）相邻路由器R1与R2之间每隔10秒要交换一次问候分组，以便建立和维护邻居关系。

（2）建立邻居关系后，给邻居路由器发送数据库描述分组。也就是将自己的链路状态数据库中的所有链路状态项目的摘要信息发送给邻居路由器。

（3）假设路由器R1收到R2的数据库描述分组后，发现自己缺少其中的某些链路状态项目，于是就给R2发送链路状态请求分组。

（4）R2收到R1发来的链路状态请求分组后，将R1所缺少的链路状态项目的详细信息，封装在链路状态更新分组中发送给R1。

（5）R1收到R2发来的链路状态更新分组后，将这些所缺少的链路状态项目的详细信息，添加到自己的链路状态数据库中，并给R2发送链路状态确认分组。

（6）R2也可以向R1请求自己所缺少的链路状态项目的详细信息，这里就不再赘述了。

（7）R1和R2的链路状态数据库最终将达到一致，即同步。两个同步的路由器称作“完全邻接的”（fully adjacent）的路由器。

（8）每30分钟或链路状态发生变化时，路由器都会洪泛发送链路状态更新分组。收到该分组的其他路由器会根据分组的内容更新自己的链路状态数据库，然后洪泛转发该分组，并给该路由器发回链路状态确认分组。这又称为新情况下的链路状态数据库同步。

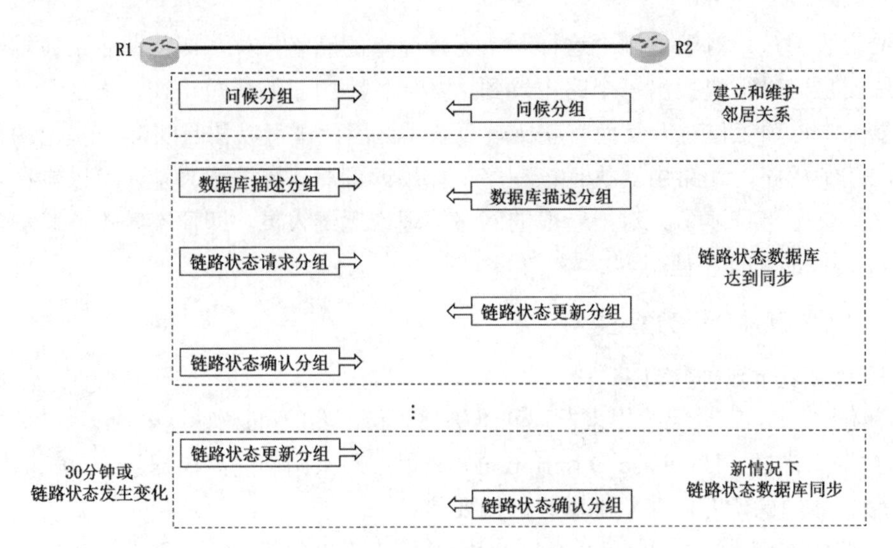

图4-78 OSPF的基本工作过程

4. 多点接入网络中的OSPF路由器

在多点接入网络中，如果不采用其他机制，OSPF路由器将会产生大量的多播分组（即问候分组和链路状态更新分组）。例如在图4-79（a）中，5台路由器连接在同一个多点接入网络中，它们每隔10秒发送一次Hello分组以建立和维护邻居关系。这些路由器中的任意两个路由器都互为邻居关系，邻居关系的数量为$n(n-1)/2$，其中n是路由器的数量，如图4-79（b）所示。因此每个路由器需要向其他$(n-1)$个路由器发送Hello分组和链路状态更新分组。

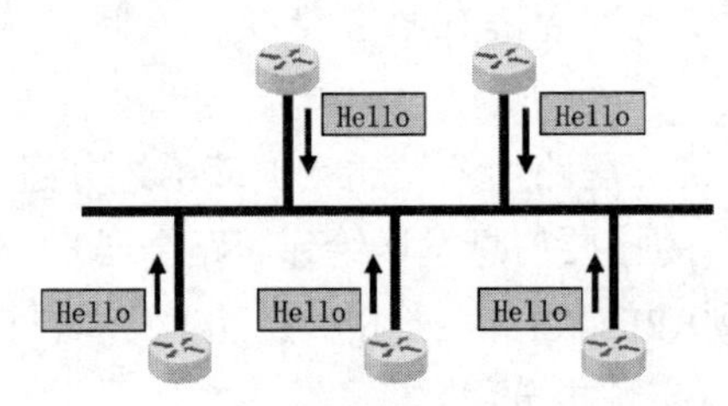

（a）OSPF路由器产生大量Hello分组

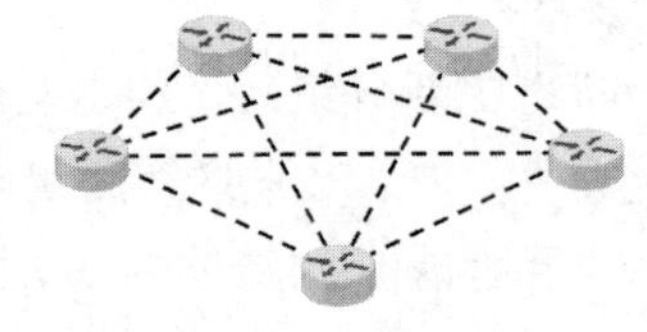

（b）邻居关系数量为$n(n-1)/2$

图4-79 OSPF路由器在多点接入网络中产生大量多播分组

为了减少所发送分组的数量，OSPF采用选举指定路由器（Designated Router，DR）和备用的指定路由器（Backup Designated Router，BDR）的方法。所有的普通路由器只与DR或BDR建立邻居关系。

如图4-80所示，假设5台路由器中有一台路由器被选举为DR，还有一台被选举为BDR，其他三台普通路由器只与DR或BDR建立邻居关系，因此邻居关系数量降低为$2(n-2)+1$。

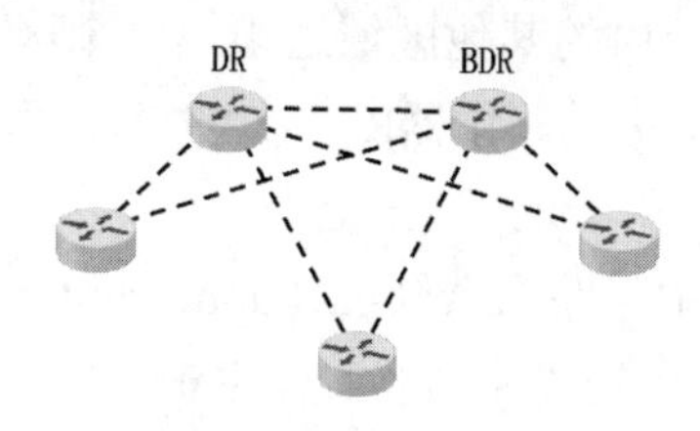

图4-80　选举DR和BDR以减少邻居关系数量

普通路由器之间不能直接交换信息，而必须通过DR或BDR进行交换。若DR出现问题，则由BDR顶替DR。实现DR和BDR的选举并不复杂，无非就是各路由器之间交换一些选举参数（例如路由器优先级、路由器ID以及接口IP地址等），然后根据选举规则选出DR和BDR。这与以太网交换机生成树协议（STP）选举根交换机类似。有兴趣的读者可自行查阅相关资料，这里就不再赘述了。

5. OSPF划分区域

为了使OSPF协议能够用于规模很大的网络，OSPF把一个自治系统再划分为若干个更小的范围，称为区域（area）。

在图4-81中，将一个规模很大的网络划分成一个AS。在该自治系统内，所有路由器都使用OSPF协议，并且被划分在了4个更小的区域。每个区域都有一个32比特的区域标识符，可以用点分十进制表示。主干区域的标识符必须为0，也可表示成点分十进制形式的0.0.0.0。主干区域用于连通其他区域。其他区域的标识符不能为0且互不相同。每个区域的规模不应太大，一般所包含的路由器不应超过200个。

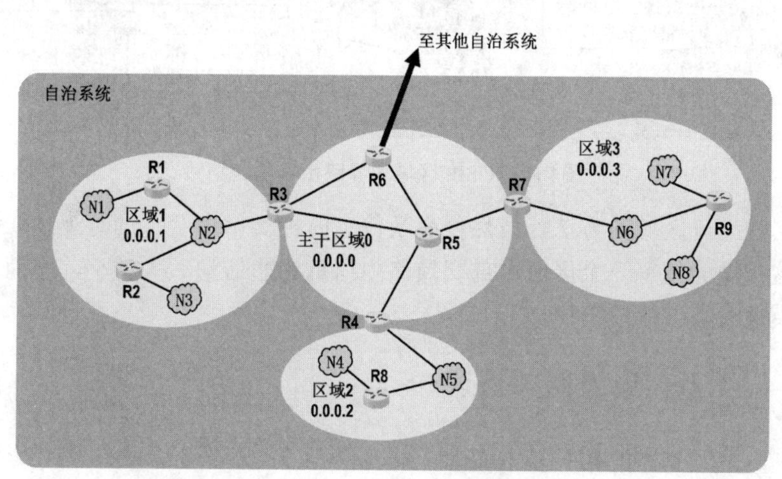

图4-81　OSPF划分区域

划分区域的好处就是把利用洪泛法交换链路状态信息的范围局限于每一个区域，而不是整个AS，这样就减少了整个网络上的通信量。

如果路由器的所有接口都在同一个区域内，则该路由器称为区域内路由器（internal router），如图4-81中的路由器R1、R2、R8和R9。

为了本区域可以和自治系统内的其他区域连通，每个区域都会有一个区域边界路由器（area border router），如图4-81中的路由器R3、R4和R7。区域边界路由器的一个接口用于连接自身所在区域，另一个接口用于连接主干区域。

主干区域内的路由器称为主干路由器（backbone router），如图4-81中的路由器R3、R4、R5、R6和R7。也可以把区域边界路由器看作主干路由器。

在主干区域内还要有一个路由器专门和本自治系统外的其他自治系统交换路由信息，这样的路由器称为自治系统边界路由器，如图4-81中的路由器R6。

在图4-82中，区域边界路由器R3向主干区域发送自己所在区域1的链路状态通告，并向自己所在区域发送区域0、2和3的链路状态通告。区域边界路由器R4向主干区域发送自己所在区域2的链路状态通告，并向自己所在区域发送区域0、1和3的链路状态通告。区域边界路由器R7向主干区域发送自己所在区域3的链路状态通告，并向自己所在区域发送区域0、1和2的链路状态通告。

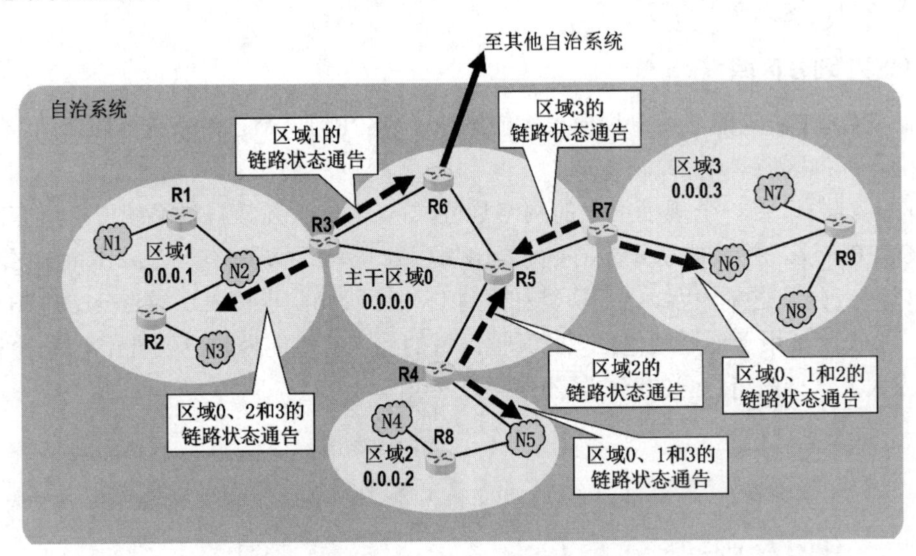

图4-82　OSPF区域边界路由器的作用

采用分层次划分区域的方法，虽然使交换信息的种类增多了，同时也使OSPF协议更加复杂了，但这样做能使每一个区域内部交换路由信息的通信量大大减小，因而使OSPF协议能够用于规模很大的自治系统中。

4.4.5　边界网关协议

1. BGP的相关基本概念

1）使用BGP寻找最佳路由是无意义的

边界网关协议属于外部网关协议这个类别，用于自治系统之间的路由选择。由于在不同自治系统内度量路由的“代价”（距离、带宽、费用等）可能不同，因此对于自治系统之间的路由选择，使用统一的“代价”作为度量来寻找最佳路由是不行的，下面举例说明。

各AS的连接关系如图4-83所示。其中，AS1将“时延”作为度量，AS2将“跳数”作为度量，AS3将“链路带宽”作为度量。AS4到AS5之间有多条路径，例如AS4→AS1→AS3→AS5，AS4→AS1→AS2→AS5，AS4→AS1→AS2→AS3→AS5。那么，这些路径中哪一个是最佳路由呢？由于没有统一的路由度量，因此寻找最佳路由是无意义的。

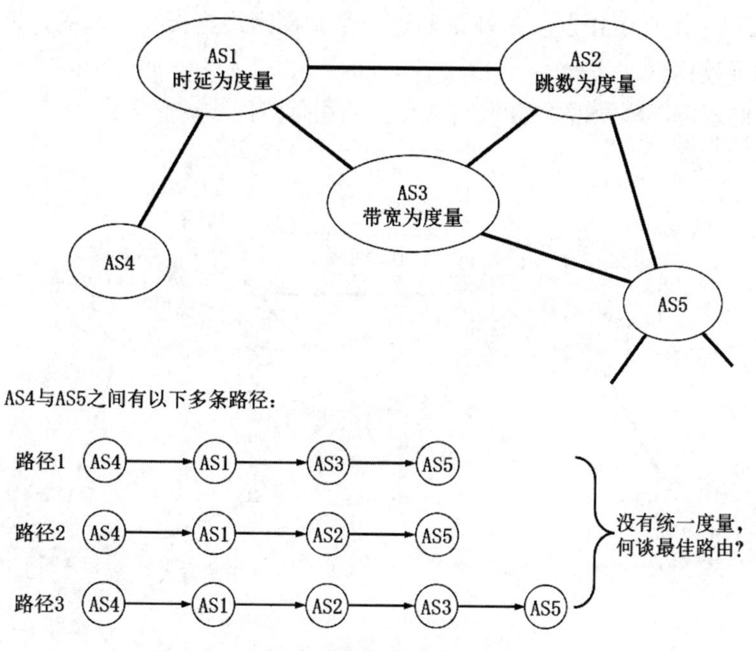

图4-83　使用BGP寻找最佳路由是无意义的

AS之间的路由选择还必须考虑相关策略。

在图4-84（a）中，我国国内的站点在互相传送数据报时，不应经过国外兜圈，特别是不要经过某些对我国的安全有威胁的国家。

在图4-84（b）中，AS4中的数据报要去往AS5，本来依次经过AS1和AS3。但是AS3不愿让这些数据报经过自己内部的网络，因为这是AS4和AS5之间的事情，与AS3无关。而AS2愿意让某些相邻自治系统的数据报通过自己的网络，只要支付相应的服务费用即可。

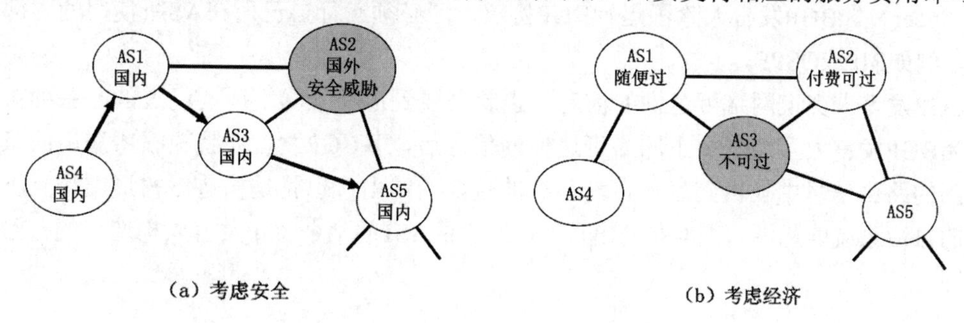

图4-84　自治系统AS之间的路由选择还必须考虑相关策略

由此可见，自治系统之间的路由选择协议应当允许使用多种路由选择策略。这些策略包括政治、经济、安全等，它们都是由网络管理人员对每一个路由器进行设置的。但这些策略并不是自治系统之间的路由选择协议本身。

综上所述，BGP只能是力求寻找一条能够到达目的网络且比较好的路由（不能兜圈子），而并非要寻找一条最佳路由。

2）BGP边界路由器

在配置BGP时，每个AS的管理员，要选择至少一个路由器作为该AS的“BGP发言人”。一般来说，两个BGP发言人都是通过一个共享网络连接在一起的，而BGP发言人往往就是BGP边界路由器。

借助图4-85理解不同AS的BGP发言人交换路由信息的步骤。

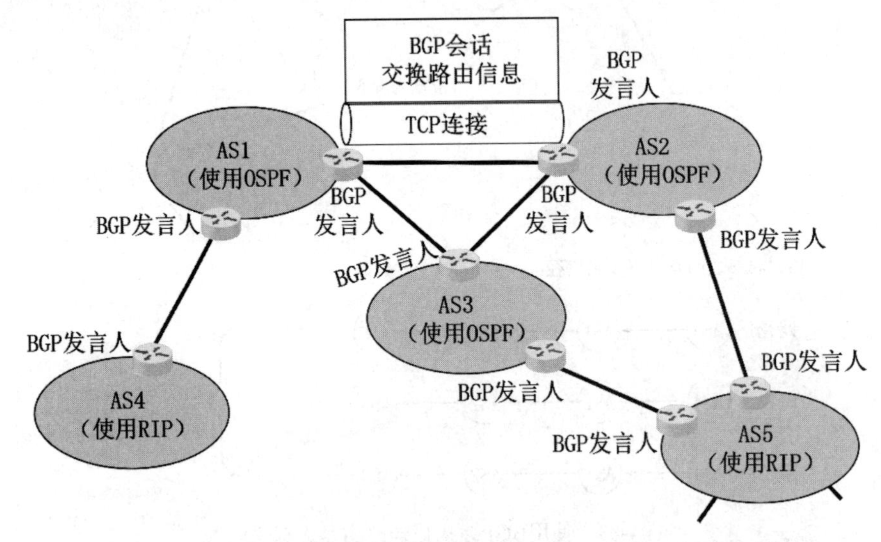

图4-85　BGP发言人之间建立TCP连接以进行BGP会话

（1）建立TCP连接，TCP端口号为179。

（2）在所建立的TCP连接上交换BGP报文以建立BGP会话。

（3）利用BGP会话交换路由信息，例如增加新的路由或撤销过时的路由、报告出错的情况等。

使用TCP连接交换路由信息的两个BGP发言人，彼此称为对方的邻站（neighbor）或对等站（peer）。BGP发言人除了运行BGP协议，还必须运行自己所在AS所使用的内部网关协议，例如RIP或OSPF。

BGP发言人交换网络可达性的信息，也就是要到达某个网络所要经过的一系列自治系统。当BGP发言人互相交换了网络可达性的信息后，各BGP发言人就根据所采用的策略，从收到的路由信息中找出到达各自治系统的较好的路由，也就是构造出树形结构且不存在环路的自治系统连通图。图4-86给出了图4-85中的AS1的某个BGP发言人构造出的自治系统连通图。

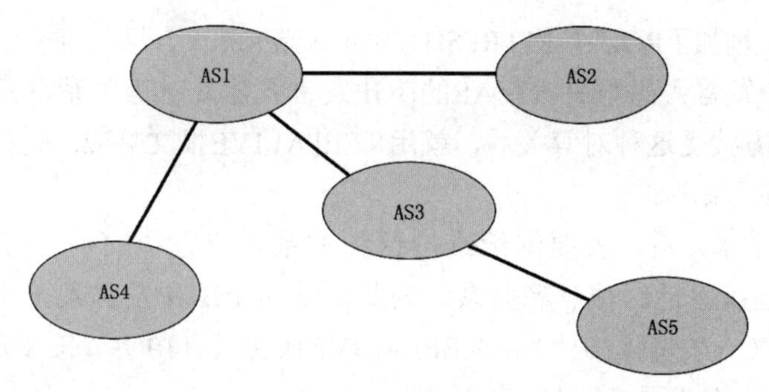

图4-86　自治系统连通图

3）BGP适用于多级结构的因特网

BGP适用于多级结构的因特网，下面举例说明。

如图4-87所示，自治系统AS2的BGP发言人通知主干网的BGP发言人："要到达网络N1、N2、N3和N4，可经过AS2"。主干网的BGP发言人在收到这个通知后，向AS3的BGP发言人发出通知："要到达网络N1、N2、N3和N4，可沿路径(AS1, AS2)"。这里的路径(AS1, AS2)称为路径向量。AS3的BGP发言人收到这条路径向量信息后，如果发现AS3自身也包含在其中，则不能采用这条路径，否则会兜圈子。

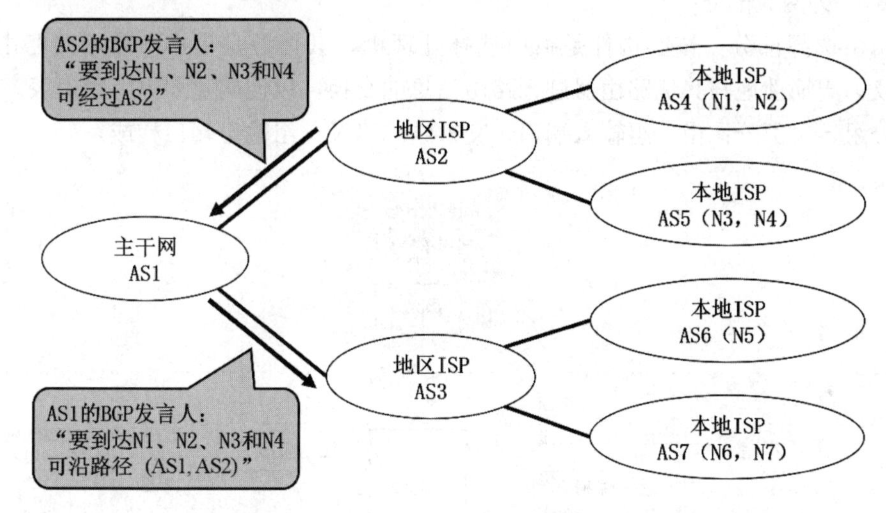

图4-87　BGP适用于多级结构的因特网

2. BGP-4的四种报文

在BPG协议刚刚运行时，BGP的邻站交换整个BGP路由表。但以后只需要在发生变化时更新有变化的部分，这样做对节省网络带宽和减少路由器的处理开销都有好处。

BGP-4是目前使用得最多的版本，在[RFC 4271]中规定了BGP-4的四种报文：

- OPEN（打开）报文：用来与相邻的另一个BGP发言人建立关系，使通信初始化。
- UPDATE（更新）报文：用来通告某一路由的信息，以及列出要撤销的多条路由。
- KEEPALIVE（保活）报文：用来周期性地证实邻站的连通性。
- NOTIFICATION（通知）报文：用来发送检测到的差错。

在[RFC 2918]中增加了ROUTE-REFRESH（路由刷新）报文，用来请求对等方重新通告。

如果一个BGP发言人想与另一个AS的BGP发言人建立对等关系，就需要向对方发送OPEN报文，若对方接受这种对等关系，就用KEEPALIVE报文响应。这样，两个BGP发言人就建立起了对等关系。

一旦建立了对等关系，就要继续维持这种关系。双方中的每一方都需要确信对方是存在的，且一直在保持这种对等关系。为此，这两个BGP发言人彼此要周期性地交换KEEPALIVE报文（一般每隔30秒）。KEEPALIVE报文只有19字节长（只用BGP报文的通用首部），因此不会造成网络上太大的开销。

UPDATE报文是BGP的核心内容。BGP发言人可以用UPDATE报文撤销它曾经通知过的路由，也可以宣布增加新的路由。撤销路由可以一次撤销多条，但增加新路由时，每个UPDATE报文只能增加一条。

4.4.6 路由器的基本工作原理

路由器是一种具有多个输入端口和输出端口的专用计算机，其任务是转发分组。图4-88给出了一种典型路由器的基本结构框图，整个路由器结构可划分为两大部分：

- 路由选择部分：核心构件是路由选择处理机，其任务是根据所使用的路由选择协议，周期性地与其他路由器进行路由信息的交换，以便构建和更新路由表。
- 分组转发部分：由一组输入端口、交换结构以及一组输出端口构成。

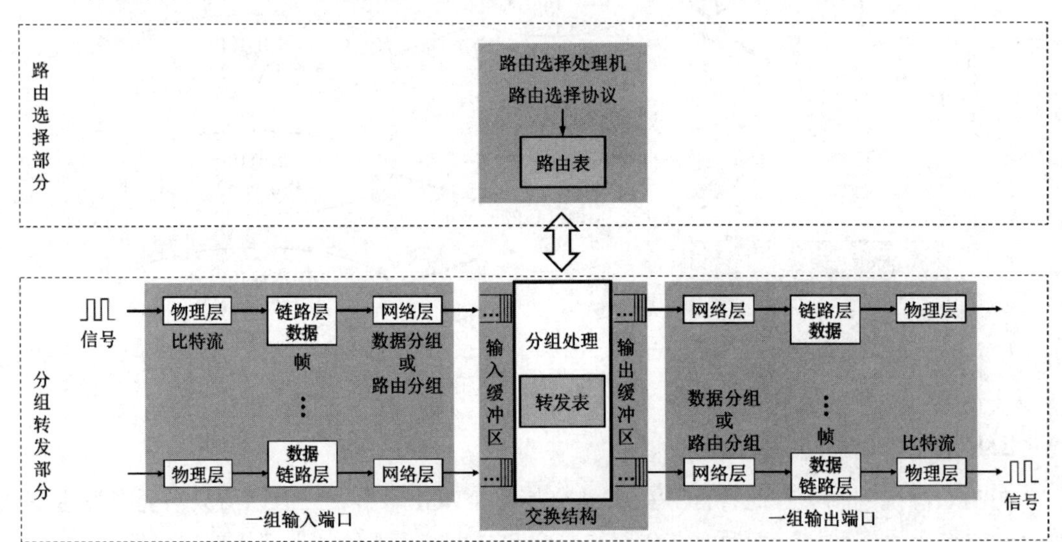

图4-88 典型的路由器结构

信号从路由器的某个输入端口进入路由器。物理层将信号转换成比特流后向上交付给数据链路层。数据链路层从比特流中识别出帧，去掉帧头和帧尾后向上交付给网络层处理，分以下两种情况：

（1）如果交付给网络层处理的分组是普通待转发的数据分组，则根据分组首部中的目的地址进行查表转发。若找不到匹配的转发条目，就丢弃该分组，否则按照匹配条目中所指示的端口进行转发。网络层更新数据分组首部中的某些字段的值（例如将数据分组的生存时间TTL减1），然后向下交付给数据链路层进行封装。数据链路层将数据分组封装成帧后向下交付给物理层处理。物理层将帧看作比特流，将其变换成相应的电信号进行发送。

（2）如果交付给网络层处理的是携带有路由报文的路由分组，则把路由报文送交路由选择处理机。路由选择处理机根据路由报文的内容来更新自己的路由表。路由表一般仅包含从目的网络到下一跳的映射。路由表需要对网络拓扑变化的计算最优化，而转发表是从路由表得出的，转发表的结构应当使查找过程最优化。为了简单起见，本书并未严格区分路由表和转发表。路由选择处理机除了处理收到的路由报文，还会周期性地给其他路由器发送自己所知道的路由信息。

路由器的各端口还应具有输入缓冲区和输出缓冲区。输入缓冲区用来暂存新进入路由器但还来不及处理的分组。输出缓冲区用来暂存已经处理完毕但还来不及发送的分组。需要说明的是，路由器的端口一般都具有输入和输出的功能。图4-88中分别给出输入端口和输出端口，目的在于更好地展示路由器的基本工作过程，使读者更容易理解。

路由器的交换结构是路由器的关键构件，它将某个输入端口进入的分组根据查表的结果从一个合适的输出端口转发出去。交换结构的速率对于路由器的性能是至关重要的。因此，人们对交换结构进行了大量研究，以提高路由器的转发速率。实现交换结构的三种基本方式是：通过存储器、通过总线以及通过互连网络。这三种交换结构可实现的路由器转发速率依次提高，有兴趣的读者可以自行查阅相关资料。

4.5　网际控制报文协议

为了更有效地转发IP数据报以及提高IP数据报交付成功的机会，TCP/IP体系结构的网际层使用了网际控制报文协议（Internet Control Message Protocol，ICMP）[RFC 792]。主机或路由器使用ICMP来发送差错报告报文和询问报文。ICMP报文被封装在IP数据报中发送，如图4-89所示。

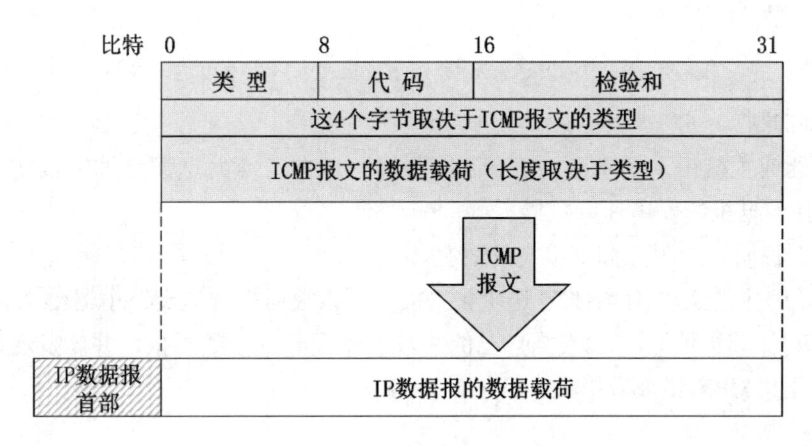

图4-89　ICMP报文的格式和封装

4.5.1 ICMP 报文的种类

ICMP报文分为两大类：ICMP差错报告报文和ICMP询问报文。下面分别介绍。

1. ICMP差错报告报文

ICMP差错报告报文用来向主机或路由器报告差错情况，共有以下五种：

- 终点不可达。
- 源点抑制。
- 时间超过（超时）。
- 参数问题。
- 改变路由（重定向）。

1）终点不可达

当路由器或主机不能交付IP数据报时，就向源点发送终点不可达报文。具体可再根据ICMP的代码字段细分为目的网络不可达、目的主机不可达、目的协议不可达、目的端口不可达、目的网络未知、目的主机未知等13种错误。

下面举例说明发送终点不可达报文的情况。

假设图4-90中的主机H1给H2发送IP数据报。H1会将IP数据报发送给路由器R1，由R1帮其转发。若R1的路由表中没有与网络N3匹配的路由条目（例如H2的特定主机路由、N3的路由、默认路由），则R1就不知道如何转发该数据报，只能将其丢弃，并向发送该数据报的源主机H1发送ICMP差错报告报文，具体类型为终点不可达。

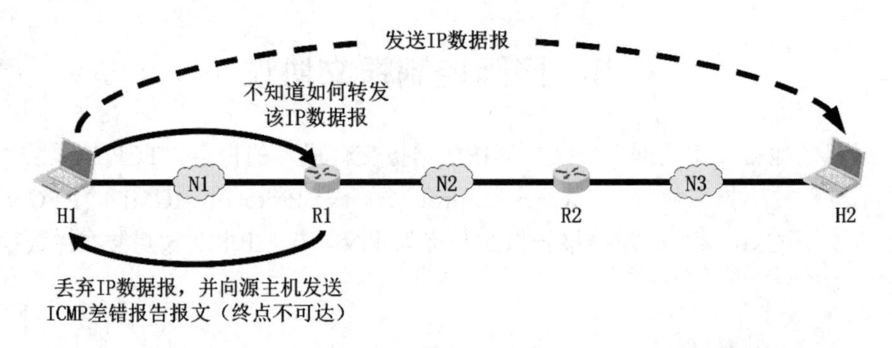

图4-90 路由器发送ICMP差错报告报文（终点不可达）举例

2）源点抑制

当路由器或主机由于拥塞而丢弃IP数据报时，就向源点发送源点抑制报文，使源主机知道应当把IP数据报的发送速率放慢。

下面举例说明发送源点抑制报文的情况。

假设图4-91中的主机H1给H2发送IP数据报。当该数据报传送到路由器R2时，由于R2拥塞（也就是R2比较繁忙），R2根据自己的丢包策略丢弃了该数据报，并向发送该数据报的源主机H1发送ICMP差错报告报文，具体类型为源点抑制。

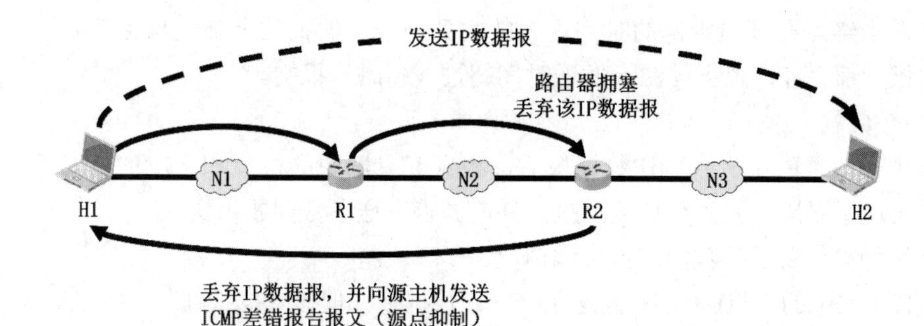

图4-91　路由器ICMP差错报告报文（源点抑制）举例

图4-92给出的是主机拥塞而丢弃该IP数据报的情况。

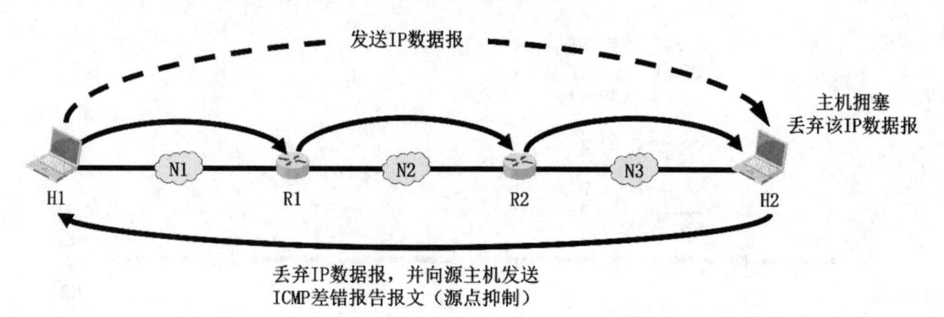

图4-92　主机发送ICMP差错报告报文（源点抑制）举例

3）时间超过（超时）

当路由器收到一个目的IP地址不是自己的IP数据报时，会将其首部中生存时间（TTL）字段的值减1。若结果不为0，则路由器将该数据报转发出去。若结果为0，路由器不但要丢弃该数据报，还要向源点发送时间超过（超时）报文。

下面举例说明发送时间超过（超时）报文的情况。

假设图4-93中的主机H1发送了一个TTL为2的IP数据报。当该数据报传送到路由器R1后，R1将其TTL字段的值减1后结果是1，这表明该数据报的生存时间还没有结束，R1将其转发出去。当该数据报传送到路由器R2后，R2将其TTL字段的值减1后结果是0，这表明该数据报的生存时间结束了，R2丢弃该数据报，并向发送该数据报的源主机H1发送ICMP差错报告报文，具体类型为时间超过（超时）。

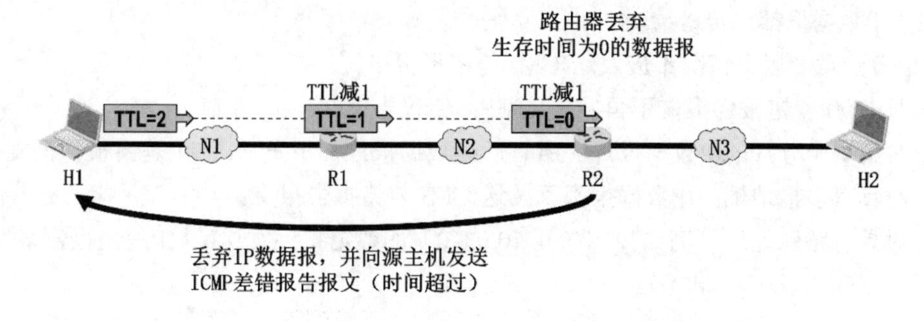

图4-93　路由器发送ICMP差错报告报文（时间超过）举例

另外，当终点在预先规定的时间内未能收到一个数据报的全部数据报片时，就把已收到的数据报片都丢弃，也会向源点发送时间超过（超时）报文。

4）参数问题

当路由器或目的主机收到IP数据报后，根据其首部中的检验和字段的值发现首部在传送过程中出现了误码，就丢弃该数据报，并向源点发送参数问题报文。

下面举例说明发送参数问题报文的情况。

假设图4-94中的主机H1给H2发送了一个IP数据报，但该数据报在从H1到路由器R1的传送过程中受到了干扰，其首部出现了误码。当该数据报传送到R1后，R1检测到该数据报的首部出错，于是丢弃该数据报，并向发送该数据报的源主机H1发送ICMP差错报告报文，具体类型为参数问题。

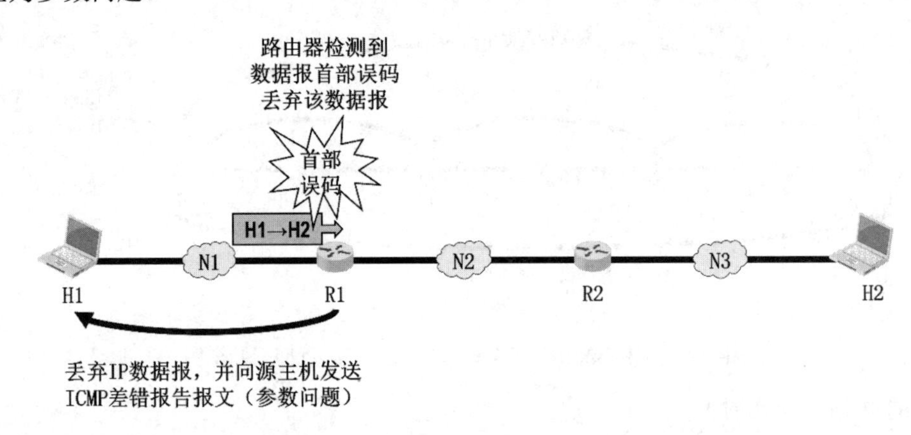

图4-94　路由器发送ICMP差错报告报文（参数问题）举例

5）改变路由（重定向）

路由器把改变路由报文发送给主机，让主机知道下次应将数据报发送给另外的路由器，这样可以通过更好的路由到达目的主机。

下面举例说明发送改变路由（重定向）报文的情况。

假设给图4-95（a）中主机H1指定的默认网关是路由器R1，则H1要发往网络N2的IP数据报都会传送给R1，由其帮忙转发。当R1发现H1发往N2的数据报的最佳路由不应当经过R1而应当经过R4时，就用改变路由报文把这个情况告诉H1，如图4-95（b）所示。于是，H1就在自己的路由表中添加一个项目：到达N2应经过R4而不是默认网关R1。之后，H1要发往N2的IP数据报都会传送给R4，由其帮忙转发。

请读者注意，以下情况不应发送ICMP差错报告报文：

- 对ICMP差错报告报文不再发送ICMP差错报告报文。
- 对第一个分片的IP数据报片的所有后续数据报片都不发送ICMP差错报告报文。
- 对具有多播地址的IP数据报都不发送ICMP差错报告报文。
- 对具有特殊地址（例如127.0.0.0或0.0.0.0）的数据报不发送ICMP差错报告报文。

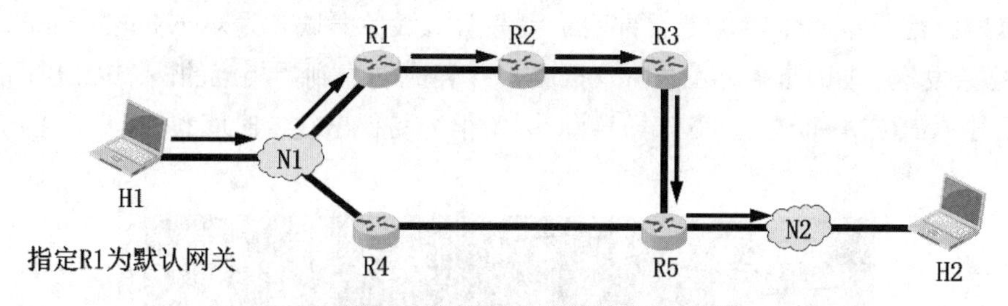

（a）H1发往N2的数据报由默认网关R1转发

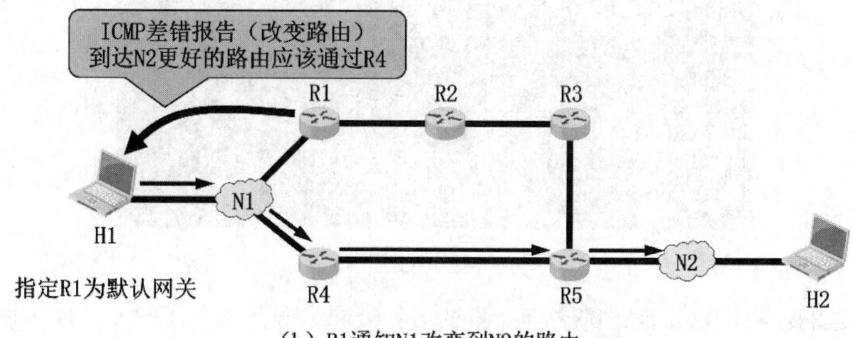

（b）R1通知N1改变到N2的路由

图4-95　路由器发送ICMP差错报告报文（改变路由）举例

2. ICMP询问报文

常用的ICMP询问报文有回送请求和回答，以及时间戳请求和回答。

1）回送请求和回答

回送请求和回答报文由主机或路由器向一个特定的目的主机或路由器发出。收到此报文的主机或路由器必须给源主机或路由器发送ICMP回送回答报文。这种询问报文用来测试目的站是否可达以及了解其有关状态。

2）时间戳请求和回答

时间戳请求和回答报文用来请求某个主机或路由器回答当前的日期和时间。在ICMP时间戳回答报文中有一个32比特的字段，其中写入的整数代表从1900年1月1日起到当前时刻一共有多少秒。时间戳请求和回答报文被用来进行时钟同步和测量时间。

4.5.2　ICMP 的典型应用

1. 分组网间探测

分组网间探测（Packet InterNet Groper，PING）用来测试主机或路由器之间的连通性。PING是TCP/IP体系结构的应用层直接使用网际层ICMP的一个例子，它并不使用运输层的TCP或UDP。PING应用所使用的ICMP报文类型为回送请求和回答。

图4-96展示了笔者在家中PC上使用Windows操作系统的命令行工具“ping”，测试与

中国互联网络信息中心CNNIC的官方网站服务器（服务器域名为www.cnnic.net.cn）的连通性。PC总共发送了四个ICMP回送请求报文，并且成功收到了相应的四个ICMP回送回答报文。由于往返的ICMP报文上都有时间戳，因此很容易得出往返时间。

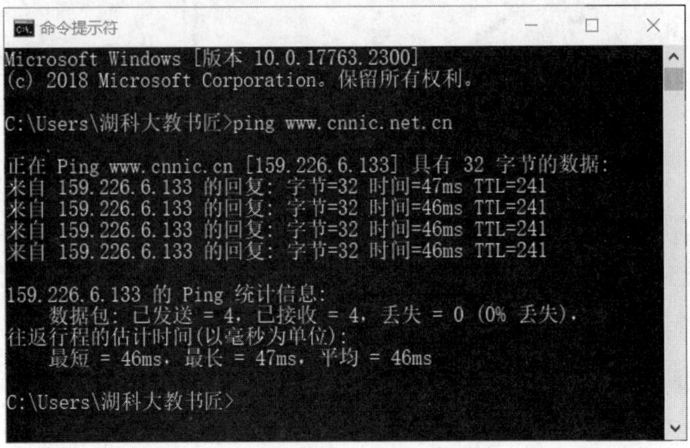

```
命令提示符
Microsoft Windows [版本 10.0.17763.2300]
(c) 2018 Microsoft Corporation。保留所有权利。

C:\Users\湖科大教书匠>ping www.cnnic.net.cn

正在 Ping www.cnnic.cn [159.226.6.133] 具有 32 字节的数据:
来自 159.226.6.133 的回复: 字节=32 时间=47ms TTL=241
来自 159.226.6.133 的回复: 字节=32 时间=46ms TTL=241
来自 159.226.6.133 的回复: 字节=32 时间=46ms TTL=241
来自 159.226.6.133 的回复: 字节=32 时间=46ms TTL=241

159.226.6.133 的 Ping 统计信息:
    数据包: 已发送 = 4，已接收 = 4，丢失 = 0 (0% 丢失)，
往返行程的估计时间(以毫秒为单位):
    最短 = 46ms，最长 = 47ms，平均 = 46ms

C:\Users\湖科大教书匠>
```

图4-96　PING应用举例

有兴趣的读者可以在自己的主机上测试与各类网站服务器之间的连通性和往返时间。需要说明的是，有的主机（或服务器）为了防止恶意攻击，并不会理睬外界发来的这种报文。

2. 跟踪路由

1）traceroute和tracert

跟踪路由traceroute应用，用于探测IP数据报从源主机到达目的主机要经过哪些路由器。在不同操作系统中，traceroute应用的命令和实现机制有所不同。

- 在UNIX版本中，具体命令为“traceroute”，其在运输层使用UDP协议，在网际层使用的ICMP报文类型只有差错报告报文。
- 在Windows版本中，具体命令为“tracert”，其应用层直接使用网际层的ICMP协议，所使用的ICMP报文类型有回送请求和回答报文以及差错报告报文。

图4-97展示了笔者在家中PC上使用Windows操作系统的命令行工具“tracert”，探测该PC与中国互联网络信息中心CNNIC的官方网站服务器（服务器域名为www.cnnic.net.cn）之间要经过哪些路由器。图中的每一行有三个时间，这是因为针对路径中的每一个路由器要进行三次测试。时间中出现“*”号，表示在超时时间内没有收到路由器发来的响应报文。出现这种情况的原因有多种，例如路由器对IP数据报出现差错的情况进行策略性的差错报告（例如10个同样的差错，只报告1个），而不是针对每一个同样的错误都发送一个相应的差错报告，否则容易受到恶意攻击。

请读者注意，从原则上讲，IP数据报经过的路由器越多，所花费的时间也会越多。但从图4-97中的第12和第13个路由器的往返时间可以看出，有时并不是这样。这是因为因特网的拥塞程度随时都在变化。

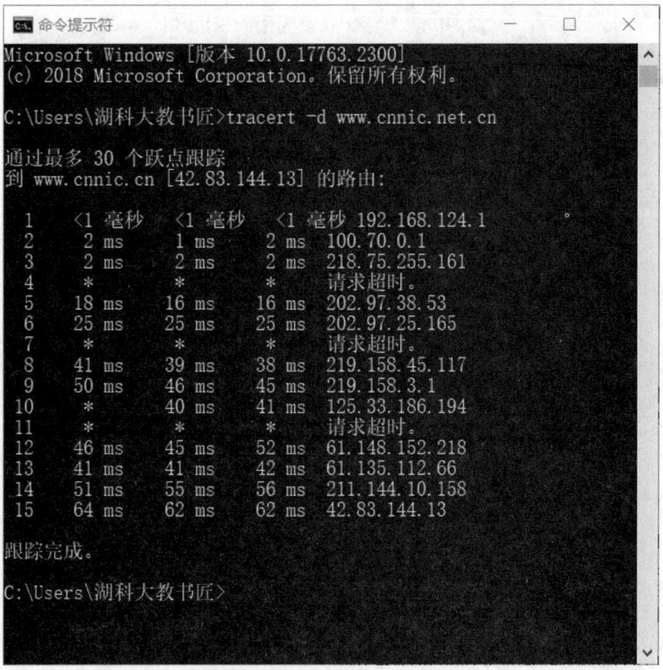

```
命令提示符
Microsoft Windows [版本 10.0.17763.2300]
(c) 2018 Microsoft Corporation。保留所有权利。

C:\Users\湖科大教书匠>tracert -d www.cnnic.net.cn

通过最多 30 个跃点跟踪
到 www.cnnic.cn [42.83.144.13] 的路由:

  1    <1 毫秒   <1 毫秒   <1 毫秒 192.168.124.1
  2     2 ms     1 ms     2 ms  100.70.0.1
  3     2 ms     2 ms     2 ms  218.75.255.161
  4     *        *        *     请求超时。
  5    18 ms    16 ms    16 ms  202.97.38.53
  6    25 ms    25 ms    25 ms  202.97.25.165
  7     *        *        *     请求超时。
  8    41 ms    39 ms    38 ms  219.158.45.117
  9    50 ms    46 ms    45 ms  219.158.3.1
 10     *       40 ms    41 ms  125.33.186.194
 11     *        *        *     请求超时。
 12    46 ms    45 ms    52 ms  61.148.152.218
 13    41 ms    41 ms    42 ms  61.135.112.66
 14    51 ms    55 ms    56 ms  211.144.10.158
 15    64 ms    62 ms    62 ms  42.83.144.13

跟踪完成。

C:\Users\湖科大教书匠>
```

图4-97　traceroute应用举例

2）tracert的基本实现原理

Windows版本中的tracert命令，使用了ICMP回送请求和回答报文以及差错报告报文，以便追踪源点与目的点之间要经过哪些路由器。

借助图4-98说明tracert的基本实现原理，假设主机H1想知道到达主机H2要经过哪些路由器。

（1）H1给H2发送ICMP回送请求报文，该报文被封装在IP数据报中发送。IP数据报首部中生存时间（TTL）字段的值被设置为1，如图4-98（a）所示。

（2）IP数据报到达路由器R1后，其TTL字段的值被减1，结果为0。因此R1丢弃该数据报，并向发送该数据报的源主机H1发送ICMP差错报告报文，其类型为时间超过。这样，H1就知道了到达H2的路径中的第一个路由器（的IP地址），如图4-98（b）所示。

（3）H1继续发送下一个封装有ICMP回送请求报文的IP数据报，其首部中TTL字段的值被设置为2。经过R1的转发后，该数据报的TTL字段的值被减少为1。该数据报到达R2后，其TTL字段的值被减1，结果为0。因此R2丢弃该数据报，并向发送该数据报的源主机H1发送ICMP差错报告报文，其类型为时间超过。这样，H1就知道了到达H2的路径中的第二个路由器（的IP地址），如图4-98（c）所示。

（4）H1继续发送下一个封装有ICMP回送请求报文的IP数据报，其首部中TTL字段的值被设置为3。经过R1和R2的转发后，该数据报到达H2，其首部中TTL字段的值被R1和R2减小到1。H2解析该数据报，发现其内部封装的是ICMP回送请求报文，于是就给H1发送封装有ICMP回送回答报文的IP数据报。这样，H1就知道已经跟踪到路径中的最后一站，也就是目的主机H2，如图4-98（d）所示。

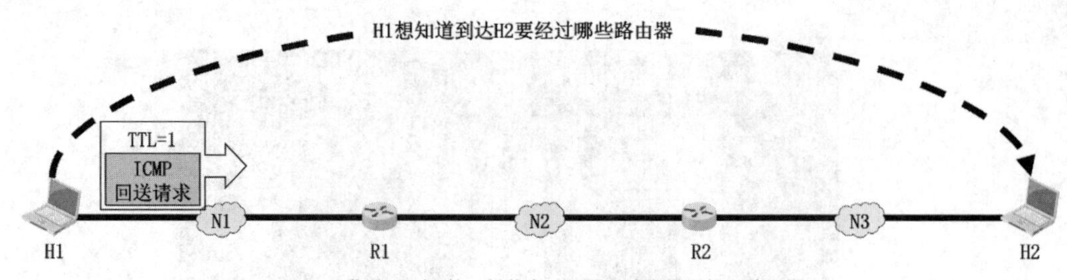

（a）H1发送TTL为1的、封装有ICMP回送请求报文的IP数据报

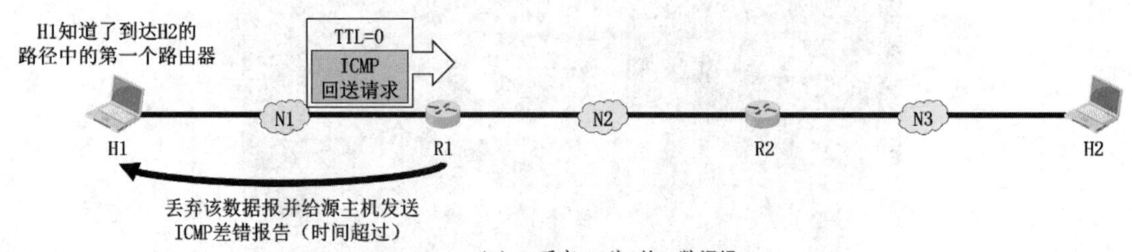

（b）R1丢弃TTL为0的IP数据报
并向其源主机发送封装有ICMP差错报告报文的IP数据报

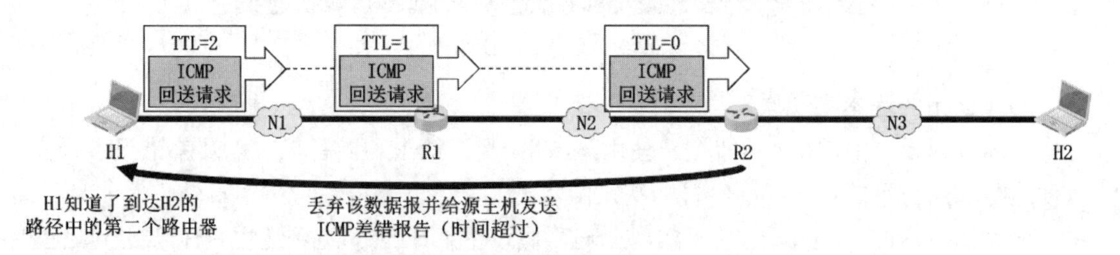

（c）H1发送TTL为2的、封装有ICMP回送请求报文的IP数据报
R2丢弃TTL为0的IP数据报并向其源主机发送封装有ICMP差错报告报文的IP数据报

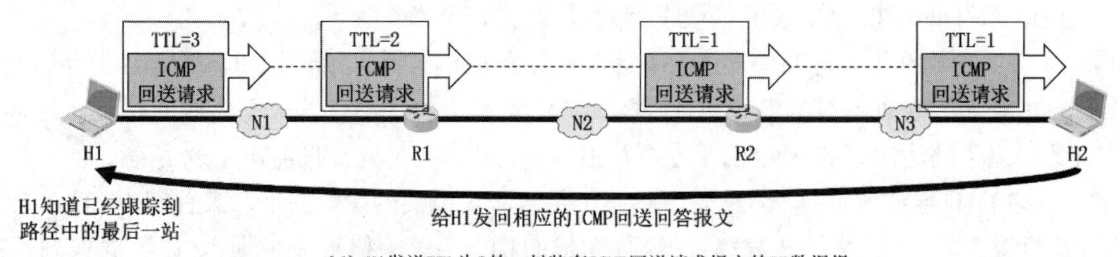

（d）H1发送TTL为3的、封装有ICMP回送请求报文的IP数据报
H2给H1发回相应的封装有ICMP回送回答报文的IP数据报

图4-98　tracert的基本实现原理

4.6　虚拟专用网和网络地址转换

4.6.1　虚拟专用网

下面通过应用举例引入虚拟专用网（Virtual Private Network，VPN）的概念。

如图4-99所示，某大型机构的部门A位于北京，而部门B位于上海。每个部门都有自己的专用网。假定这些分布在不同地点的专用网需要经常通信，可以有以下两种方法：

- 租用电信公司的通信线路为本机构专用，如图4-99（a）所示。这种方法简单方便、但租金太高。
- 利用公用的因特网作为本机构各专用网之间的通信载体，这样的专用网又称为虚拟专用网，如图4-99（b）所示。

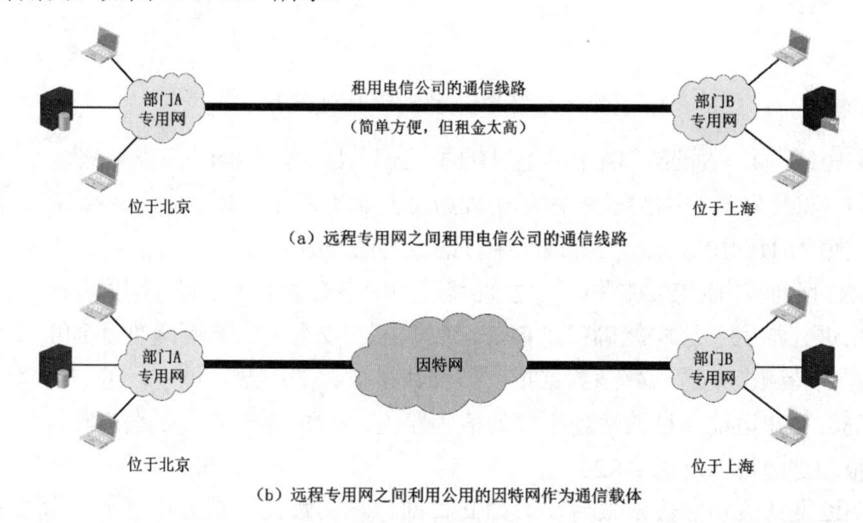

图4-99　虚拟专用网举例

如果机构内部的专用网也使用TCP/IP协议栈，那么就需要给专用网中的各主机配置IP地址。出于安全考虑，专用网内的各计算机并不应该直接“暴露”于公用的因特网上。因此，给专用网内各主机配置的IP地址应使各主机在专用网内可以相互通信，而不能直接与公用的因特网通信。换句话说，给专用网内各主机配置的IP地址应该是该专用网所在机构可以自行分配的IP地址，这类IP地址仅在机构内部有效，称为专用地址（Private Address），不需要向因特网的管理机构申请。

[RFC 1918]规定以下三个CIDR地址块中的地址作为专用地址：

- 10.0.0.0 ～ 10.255.255.255（CIDR地址块10/8）。
- 172.16.0.0 ～ 172.31.255.255（CIDR地址块172.16/12）。
- 192.168.0.0 ～ 192.168.255.255（CIDR地址块192.168/16）。

很显然，全世界可能有很多不同机构的专用网具有相同的专用IP地址，但这并不会引起麻烦，因为这些专用地址仅在机构内部使用。在因特网中的所有路由器，对目的地址是专用地址的IP数据报一律不进行转发，这需要由因特网服务提供者对其拥有的因特网路由器进行设置来实现。

如图4-100所示，给部门A和部门B各自专用网中的主机都配置好了相应的专用地址。很显然，部门A和B各自的专用网中至少需要一个路由器具有合法的全球IP地址（例如路由器R1和R2），这样部门A和B各自的专用网才能利用公用的因特网进行通信。另外，在部门A的路由器R1与部门B的路由器R2上都进行了相应的VPN配置。

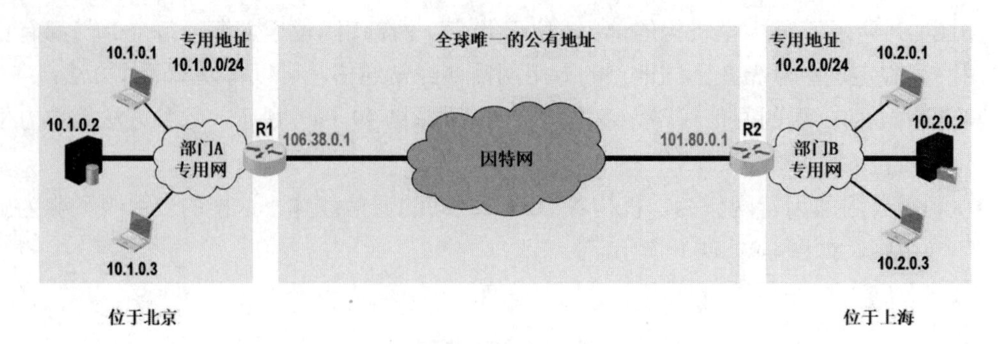

图4-100　给专用网内的各主机分配专用地址

如图4-101所示，假设部门A中的主机H1要给部门B中的主机H2发送数据。

（1）H1将待发送数据封装成内部IP数据报发送给路由器R1。内部IP数据报首部中源地址字段的值为H1的IP地址，目的地址字段的值为H2的IP地址。

（2）R1收到该内部IP数据报后，发现其目的网络必须通过因特网才能到达，就将该内部IP数据报进行加密（这样就确保了内部IP数据报的安全），然后重新添加上一个首部，封装成为在因特网上发送的外部数据报。外部数据报首部中源地址字段的值为路由器R1的全球唯一的公有IP地址，目的地址字段的值为路由器R2的全球唯一的公有IP地址。R1将该外部数据报通过因特网发送给R2。

（3）R2收到该外部数据报后，去掉其首部，将其数据载荷（即加密后的内部IP数据报）进行解密，恢复出原来的内部IP数据报。这样就可以从内部IP数据报首部提取出源地址和目的地址，并根据目的地址将该内部IP数据报发送给目的主机H2。

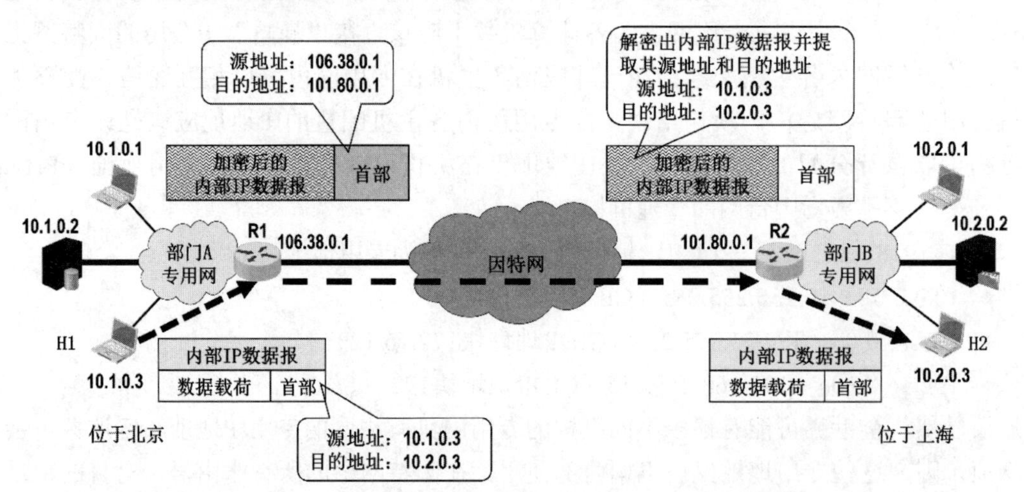

图4-101　内部IP数据报被加密后重新封装成外部IP数据报通过因特网传送

根据本例可以看出，虽然两个专用网内的主机间发送的数据报是通过公用的因特网传送的，但从效果上就好像是在本机构的专用网上传送一样，这也是虚拟专用网中“虚拟”的含义。数据报在因特网中可能要经过多个网络和路由器，但从逻辑上看，路由器R1和R2之间好像是一条直通的点对点链路，因此也被称为IP隧道技术，如图4-102所示。

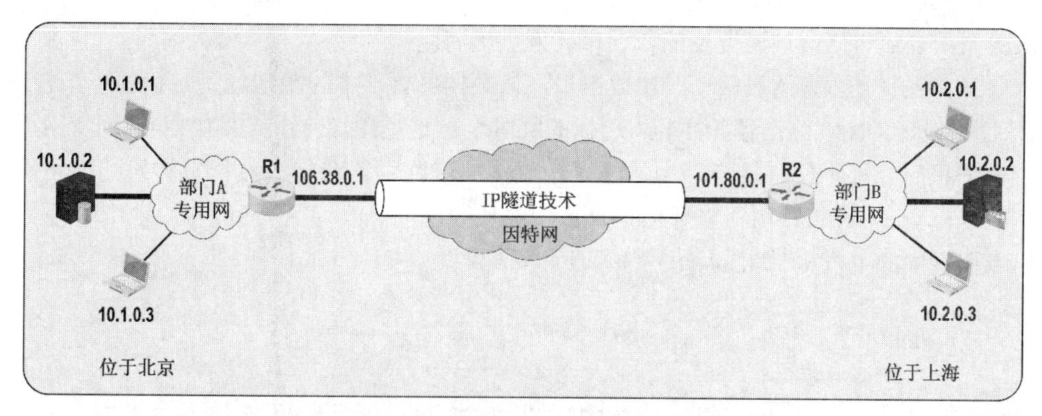

图4-102　虚拟专用网使用IP隧道技术

本例是同一机构内不同部门（部门A和部门B）的内部网络所构成的VPN，又称为内联网（Intranet或Intranet VPN，即内联网VPN）。

有时，一个机构的虚拟专用网VPN需要某些外部机构（通常是合作伙伴）参加进来，这样的VPN就称为外联网（Extranet或Extranet VPN，即外联网VPN）。

在外地工作的员工需要访问公司内部的专用网时，只要在任何地点接入到因特网，运行驻留在员工PC中的VPN软件，在员工的PC和公司的主机之间建立VPN隧道，就可以访问专用网中的资源，这种虚拟专用网又称为远程接入VPN（Remote Access VPN）。

4.6.2　网络地址转换

尽管因特网采用了无分类编址方法来减缓IPv4地址空间耗尽的速度，但由于因特网用户数量的急剧增长，特别是大量小型办公室网络和家庭网络接入因特网的需求不断增加，IPv4地址空间即将耗尽的危险仍然没有被解除（实际上，因特网号码分配管理局（IANN）于2011年2月3日宣布，IPv4地址已经分配完毕）。

网络地址转换（Network Address Translation，NAT）于1994年被提出，用来缓解IPv4地址空间即将耗尽的问题。NAT能使大量使用内部专用地址的专用网络用户共享少量外部全球地址来访问因特网上的主机和资源。这种方法需要在专用网络连接到因特网的路由器上安装NAT软件。装有NAT软件的路由器称为NAT路由器，它至少要有一个有效的外部全球地址IP_G。这样，所有使用内部专用地址的主机在和外部因特网通信时，都要在NAT路由器上将其内部专用地址转换成IP_G。

1. 最基本的NAT方法

如图4-103所示，专用网中的主机A与因特网中的主机B交互IP数据报。

（1）主机A给主机B发送一个IP数据报，该数据报首部中的源地址为主机A的专用地址IP_A，目的地址为主机B的全球地址IP_B。该数据报必须经过NAT路由器的转发，如图4-103（a）所示。

（2）NAT路由器收到该数据报后，从自己的全球地址池中为主机A选择一个临时的全球地址IP_G，将数据报首部中的源地址修改为IP_G，并在自己的NAT转换表中记录IP_A与IP_G的对应关系，之后将修改过源地址的数据报转发到因特网。

（3）主机B给主机A发回一个IP数据报，该数据报首部中的源地址为主机B的全球地址IP_B，目的地址为NAT路由器为主机A选择的临时全球地址IP_G。当NAT路由器从因特网上收到该数据报时，根据NAT转换表中的相关记录，NAT路由器会将该数据报转发给专用网中的主机A。因此，NAT路由器将数据报首部中的目的地址修改为主机A的专用地址IP_A后，转发给专用网中的主机A，如图4-103（b）所示。

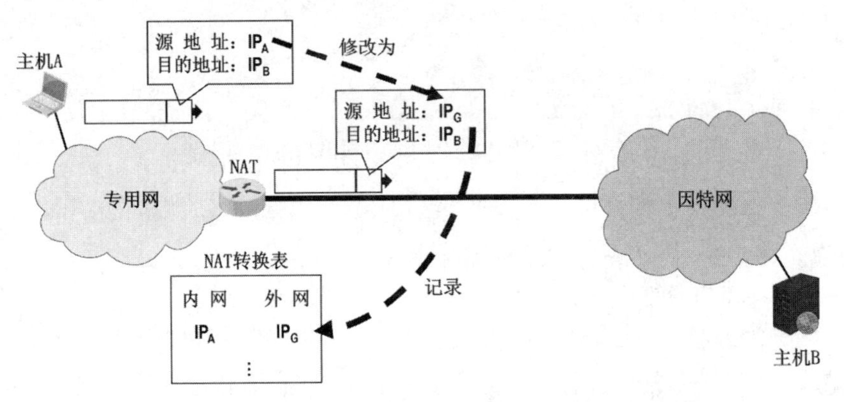

（a）主机A给B发送的IP数据报需要经过NAT路由器修改源地址后转发

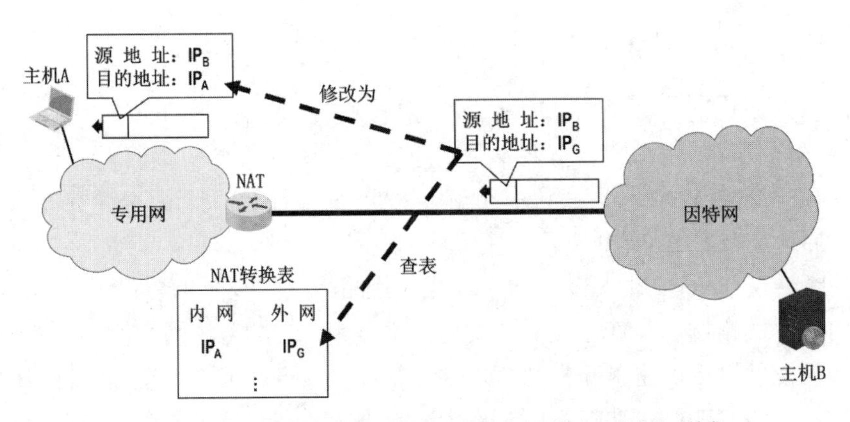

（b）主机B给A发送的IP数据报需要经过NAT路由器修改目的地址后转发

图4-103　最基本的NAT方法举例

上述最基本的NAT方法有一个缺点：如果NAT路由器拥有n个全球IP地址，那么专用网内最多可以同时有n台主机接入因特网。若专用网内的主机数量大于n，则需要轮流使用NAT路由器中数量较少的全球IP地址。

2. 网络地址与端口号转换

由于目前绝大多数基于TCP/IP协议栈的网络应用，都使用运输层的传输控制协议或用户数据报协议，为了更加有效地利用NAT路由器中的全球IP地址，现在常将NAT转换和运输层端口号结合使用。这样就可以使内部专用网中使用专用地址的大量主机，共用NAT路由器上的1个全球IP地址，因而可以同时与因特网中的不同主机进行通信。

使用端口号的NAT称为网络地址与端口号转换（Network Address and Port Translation，NAPT），但人们仍习惯将其称为NAT。现在很多家用路由器将家中各种智能设备（手机、平板、笔记本电脑、台式电脑、物联网设备等）接入因特网，这种路由器实际上就是一个NAPT路由器，但往往并不运行路由选择协议。

下面举例说明NAPT路由器的基本工作原理。如图4-104（a）所示，专用网中的主机A和B各自给因特网中的主机C发送封装有运输层（PDU）的IP数据报。为了简单起见，以A发送IP数据报为例进行介绍，就不再对B发送IP数据报进行赘述了。

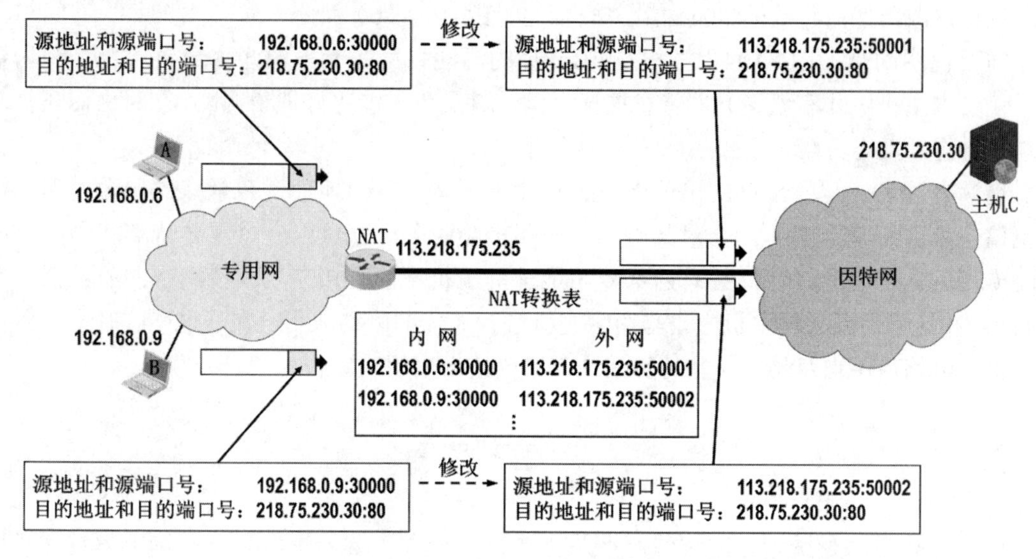

（a）内网到外网的NAPT转换

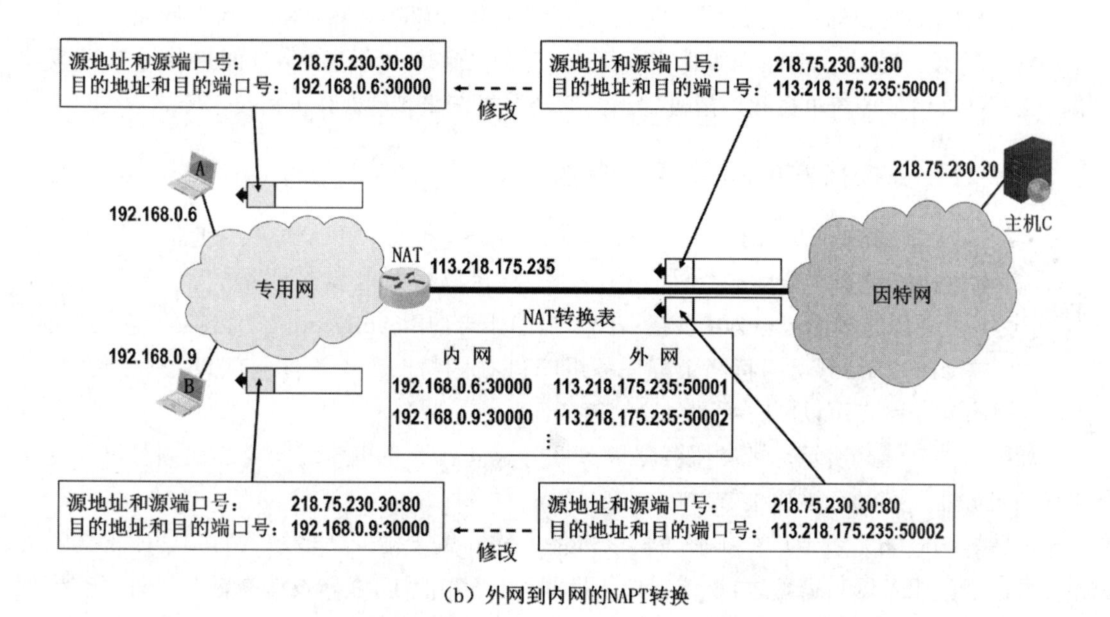

（b）外网到内网的NAPT转换

图4-104　网络地址与端口号转换NAPT举例

（1）NAPT路由器收到A发来的IP数据报后，将其源地址（内部专用网地址）修改为NAPT路由器的外部全球地址，将其封装的运输层PDU的源端口号改为一个新的运输层端口号（由NAPT路由器动态分配），并将相关修改记录到自己的NAPT转换表中，然后将修改后的IP数据报转发到因特网。

（2）当NAPT路由器从因特网上收到主机C给A发回的数据报时，根据NAPT转换表中的相关记录，NAPT路由器就可知道该数据报要发送给专用网中的主机A。因此，NAPT路由器将数据报首部中的目的地址和所封装的运输层PDU的目的端口号，按NAPT转换表中的记录进行修改，然后将数据报发送给主机A，如图4-104（b）所示。

需要说明的是，图4-104中主机A和B选择的源端口号是相同的，这纯属巧合（因为端口号仅在本主机中才有意义）。特意这样举例，就是为了能更好地说明NAPT路由器还会对源端口号重新动态分配。

请读者注意，尽管NAT的出现在很大程度上缓解了IPv4地址资源紧张的局面，但NAT对网络应用并不完全透明，会对某些网络应用产生影响。NAT的一个重要特点就是通信必须由专用网内部发起，因此拥有内部专用地址的主机不能直接充当因特网中的服务器。对于目前P2P这类需要外网主机主动与内网主机进行通信的网络应用，在通过NAT时会遇到问题，需要网络应用自身使用一些特殊的NAT穿透技术来解决。

4.7 IP 多播

随着因特网传输能力的大幅提高，基于因特网的应用业务越来越多，特别是音视频压缩技术的发展和成熟，使得网上音视频业务成为因特网上最重要的业务之一。

在因特网上实现的视频点播、可视电话以及视频会议等音视频业务和一般业务相比，有着数据量大、时延敏感性强等特点。因此，采用最短时间、最小空间来传输音视频数据，就需要采用与传统单播和广播机制不同的转发机制来实现，IP多播技术应运而生。

4.7.1 IP 多播技术的相关基本概念

多播（Multicast，也称为组播）是一种实现“一对多”通信的技术，与传统单播“一对一”通信相比，多播可以极大地节省网络资源。在因特网上进行的多播，称为IP多播。IP多播的概念由Steve Deering于1988年首次提出。1992年3月，因特网工程任务组IETF在因特网上首次实验IETF会议声音的多播，当时有20个网点可以同时听到会议的声音。

如图4-105（a）所示，视频服务器以单播方式向60个主机传送同样的视频节目，这需要视频服务器发送60个该视频节目。

如图4-105（b）所示，视频服务器以多播方式向属于同一个多播组的60个成员传送视频节目，视频服务器只需发送1个该视频节目即可。路由器R1在转发该视频节目时，需要把该视频节目复制成2个副本，分别向路由器R2和R3转发1个副本。当该视频节目到达目的局域网时，由于局域网具有硬件多播功能，因此不需要复制该视频节目，在局域网上的多播组成员都能收到这个视频节目。

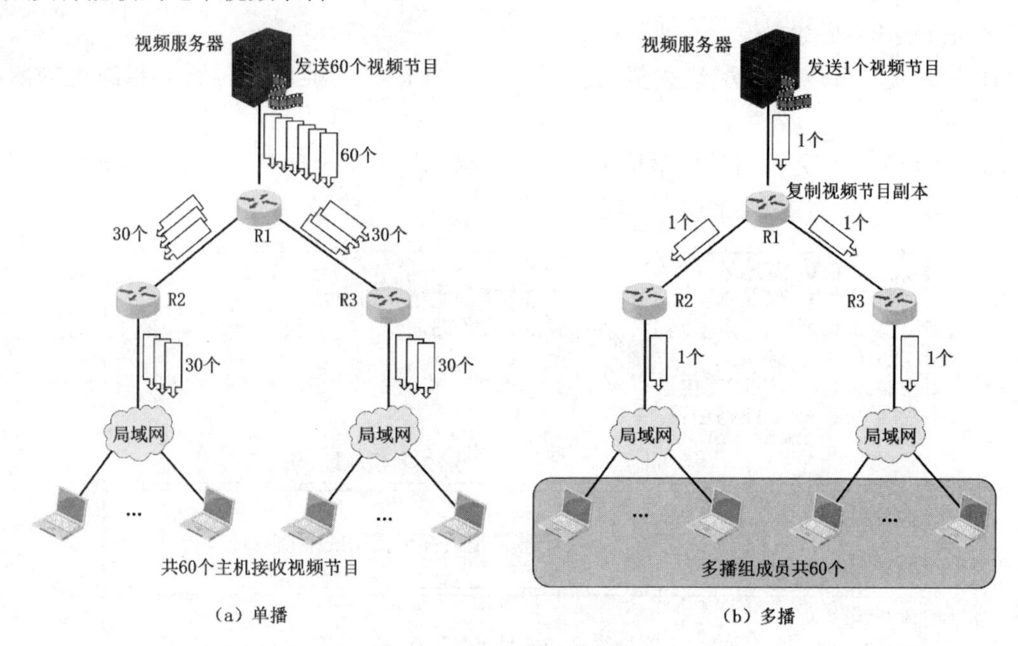

图4-105　单播与多播的比较

从上述举例可以看出：当多播组的成员数量很大时，采用多播方式可以显著地减少网络中各种资源的消耗。要在因特网上实现多播，则因特网中的路由器必须具备多播的功能。这涉及路由器如何寻址IP多播数据报以及多播路由选择协议。

4.7.2　IP多播地址和多播组

IP多播通信必须依赖于IP多播地址。在IPv4中，D类地址被作为多播地址。D类IPv4地址的左起前4个比特固定为1110，剩余28个比特可以任意变化，因此IPv4多播地址共有2^{28}个，范围是224.0.0.0到239.255.255.255，如图4-106所示。

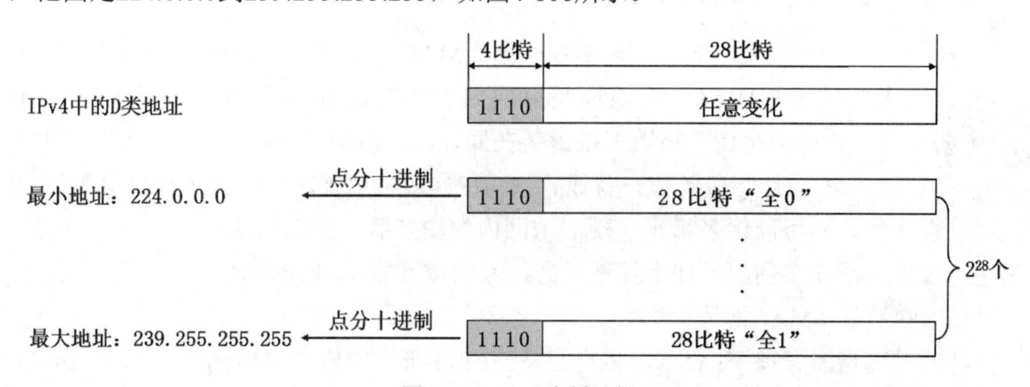

图4-106　IPv4多播地址

多播地址只能用作目的地址，而不能用作源地址。用每一个D类地址来标识一个多播组，使用同一个IP多播地址接收多播数据报的所有主机就构成了一个多播组。每个多播组的成员是可以随时变动的，一台主机可以随时加入或离开多播组。多播组成员的数量和所在的地理位置也不受限制，一台主机可以属于几个多播组。另外，非多播组的成员也可以向多播组发送IP多播数据报。

IP多播数据报也是“尽最大努力交付”，不保证一定能够交付给多播组内的所有成员。

D类地址又可分为预留的多播地址（永久多播地址）、全球范围可用的多播地址以及本地管理的多播地址[RFC 3330]，如图4-107所示。

224.0.0.0 基地址（保留）
224.0.0.1 仅在本子网上的所有参加多播的主机和路由器
224.0.0.2 仅在本子网上的所有参加多播的路由器
224.0.0.3 未指派
224.0.0.4 DVMRP路由器
224.0.0.5 OSPF路由器
……
永久多播地址

224.0.1.0
……
238.255.255.255
全球范围内都可使用的多播地址

239.0.0.0
……
239.255.255.255
本地管理的多播地址，仅在特定的本地范围内有效

图4-107 IPv4多播地址分类

IP多播可以分为以下两种：

- 只在本局域网上进行的硬件多播。
- 在因特网上进行的多播。

目前大部分主机都是通过局域网接入因特网的。因此，在因特网上进行多播的最后阶段，还是要把多播数据报在局域网上用硬件多播交付给多播组的所有成员。

4.7.3 在局域网上进行硬件多播

由于局域网支持硬件多播（因为MAC地址有多播MAC地址这个类型），因此只要把IPv4多播地址映射成局域网的硬件多播地址（即多播MAC地址），即可将IP多播数据报封装在局域网的MAC帧中，而MAC帧首部中的目的MAC地址字段的值，就设置为由IPv4多播地址映射成的多播MAC地址。这样，可以很方便地利用硬件多播来实现局域网内的IP多播。换句话说，当给某个多播组的成员主机配置其所属多播组的IP多播地址时，系统就会根据映射规则从该IP多播地址生成相应的局域网的多播MAC地址。

因特网号码指派管理局IANA，将自己从IEEE注册管理机构申请到的、以太网MAC地址块中从01-00-5E-00-00-00到01-00-5E-7F-FF-FF的多播MAC地址，用于映射IPv4多播地址。这些多播MAC地址的左起前25个比特都是相同的，剩余23个比特可以任意变化，因此共有2^{23}个，如图4-108所示。

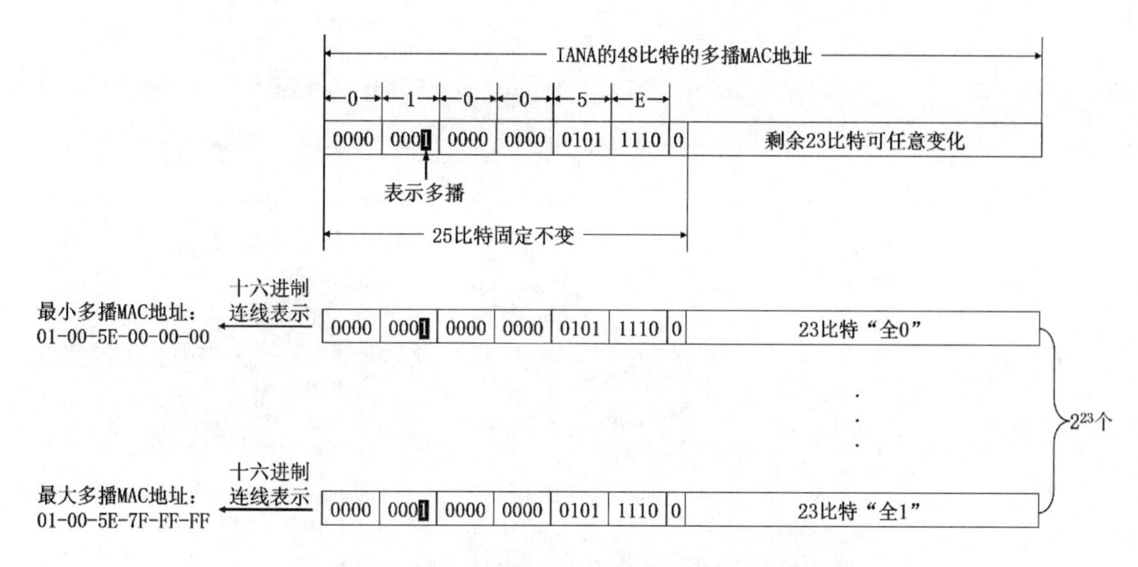

图4-108　IANA用于映射IPv4多播地址的多播MAC地址

上述多播MAC地址的左起前25个比特是固定的，只有剩余23比特可以变化。因此，这些多播MAC地址只能与D类IP地址的低23比特进行映射，如图4-109所示。

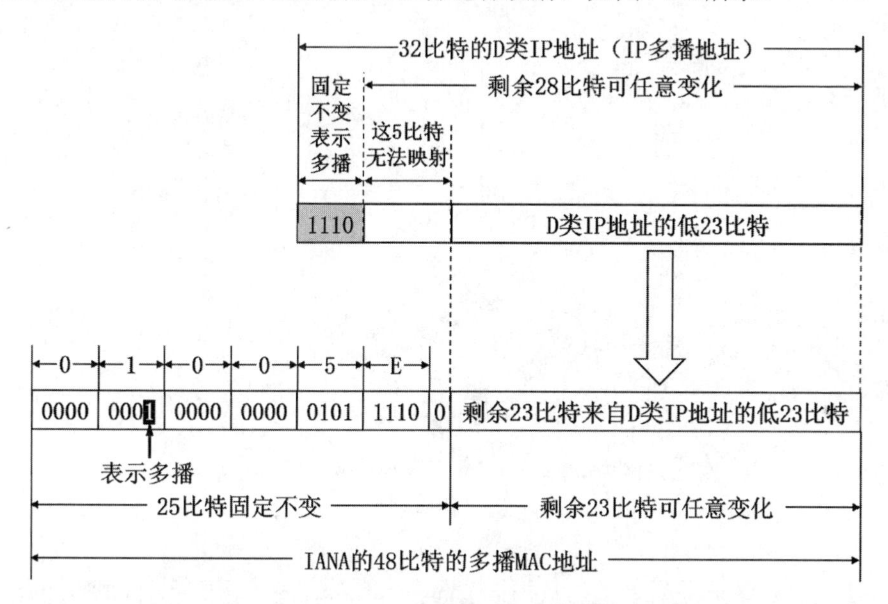

图4-109　D类IP地址与以太网多播MAC地址的映射关系

从图4-109中可以看出：D类IP地址可供分配的28比特的前5个比特无法映射到多播MAC地址。这会造成多播IP地址与以太网多播MAC地址的映射关系并不是唯一的。如图4-110所示，IP多播地址226.0.9.26和另一个IP多播地址226.128.9.26的低23比特是相同的，因此它们转换成的以太网多播MAC地址也是相同的，即01-00-5E-00-09-1A。

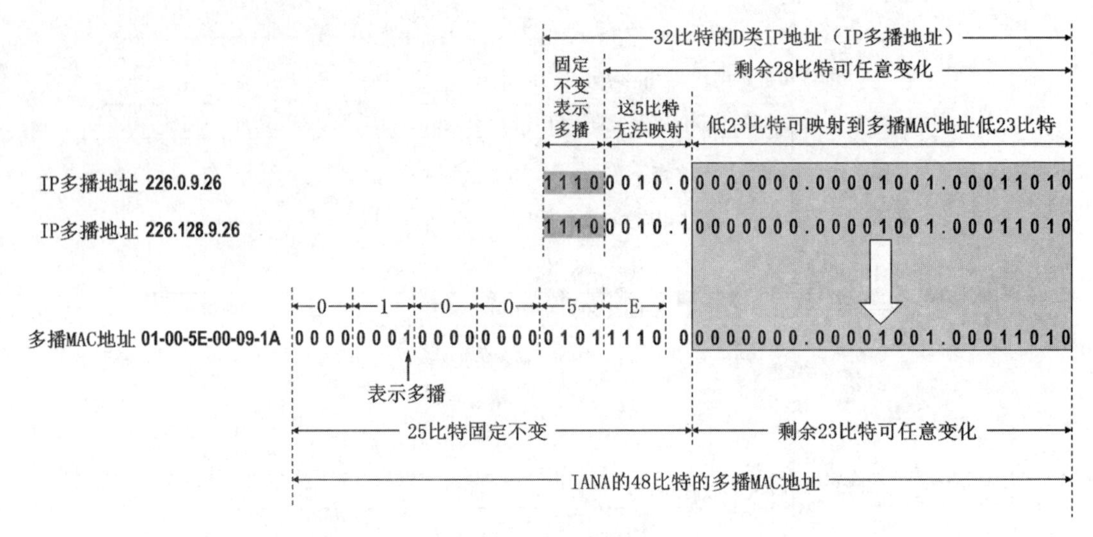

图4-110　多播IP地址与局域网多播MAC地址的映射关系并不是唯一的

由于多播IP地址与以太网MAC地址的映射关系不是唯一的，因此收到多播数据报的主机还要在网际层利用软件进行过滤，把不是主机要接收的数据报丢弃，借助图4-111所示的例子理解。

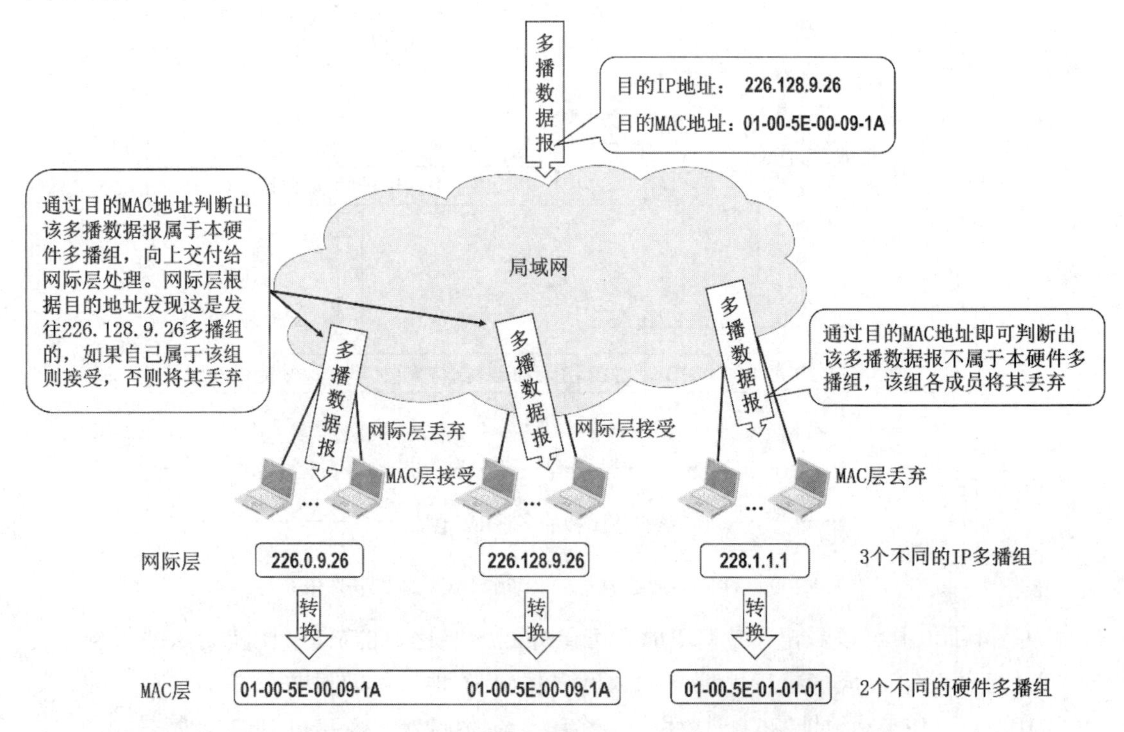

图4-111　收到多播数据报的主机还要在网际层利用软件进行过滤

（1）从网际层的角度看，图中有3个不同的IP多播组：226.0.9.26、226.128.9.26和228.1.1.1。

（2）IP多播组226.0.9.26和226.128.9.26转换出的以太网多播MAC地址是相同的（即

01-00-5E-00-09-1A），这与IP多播组228.1.1.1转换出的以太网多播MAC地址（即01-00-5E-01-01-01）是不同的，因此从MAC层的角度看，图中有2个不同的硬件多播组。

（3）假设有一个封装有多播数据报的多播MAC帧，传送到了这些多播组所在的局域网，帧的目的地址为多播MAC地址01-00-5E-00-09-1A，多播数据报的目的IP地址为IP多播地址226.128.9.26。

（4）属于硬件多播组01-00-5E-01-01-01的各成员主机，从MAC层就可判断出该多播MAC帧不是发给自己所在硬件多播组的，各成员将其丢弃。

（5）属于硬件多播组01-00-5E-00-09-1A的所有主机收到该多播帧后，根据多播帧的目的MAC地址就可知道这是发给自己的多播帧，于是将其向上交付给网际层处理。网际层根据多播数据报的目的IP地址为IP多播地址226.128.9.6，就可知道这是发给IP多播组226.128.9.6的多播数据报。若主机属于该IP多播组，就接受该多播数据报，否则将其丢弃。

4.7.4　在因特网上进行IP多播需要的两种协议

如果要在因特网上进行IP多播，就必须要考虑IP多播数据报经过多个多播路由器进行转发的问题。多播路由器必须根据IP多播数据报首部中的IP多播地址，将其转发到有该多播组成员的局域网。

如图4-112所示，主机A、B和C都是IP多播组226.128.9.26的成员。很显然，IP多播数据报应当传送到路由器R1和R2，而不会传送到R3，因为与R3连接的局域网上现在没有该多播组的成员，那么这些路由器又是怎么知道的呢？这就需要使用TCP/IP体系结构网际层中的网际组管理协议（Internet Group Management Protocol，IGMP）。

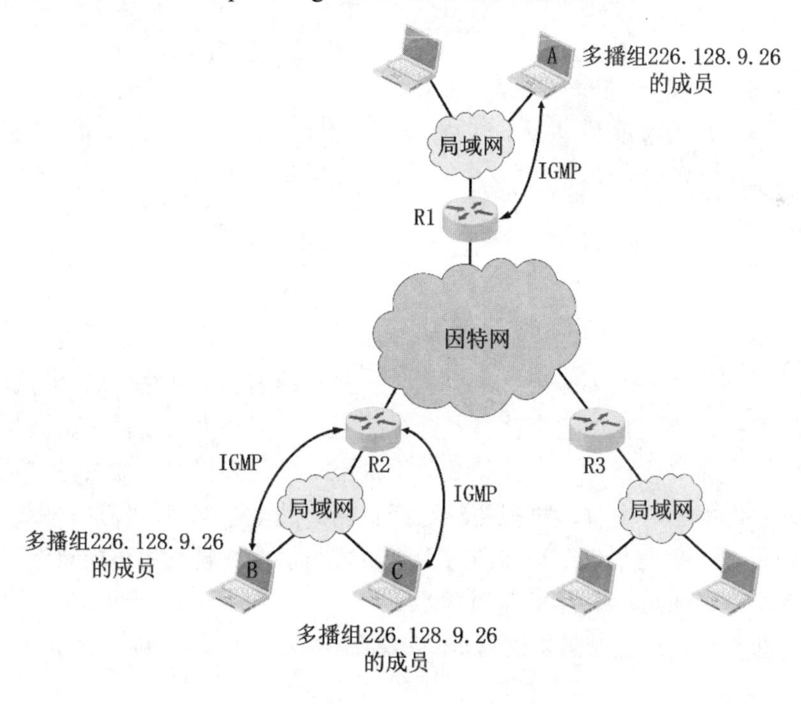

图4-112　使用IGMP管理多播组成员信息

请读者注意，IGMP是让连接在本地局域网上的多播路由器，知道本局域网上是否有主机（实际上是主机中的某个进程）加入或退出了某个多播组。换句话说，IGMP仅在本网络有效，使用IGMP并不能知道多播组所包含的成员数量，也不能知道多播组的成员都分布在哪些网络中。因此，仅使用IGMP并不能在因特网上进行多播。连接在局域网上的多播路由器还必须和因特网上的其他多播路由器协同工作，以便把多播数据报用最小代价传送给所有的组成员，这就需要使用多播路由选择协议。

多播路由选择协议的主要任务是，在多播路由器之间为每个多播组建立一个多播转发树。多播转发树连接多播源和所有拥有该多播组成员的路由器。IP多播数据报只要沿着多播转发树进行洪泛，就能被传送到所有拥有该多播组成员的多播路由器。之后，在多播路由器所直连的局域网内，多播路由器通过硬件多播，将IP多播数据报发送给所有该多播组的成员。图4-113给出了一个由多播路由选择协议建立的多播转发树的示例。

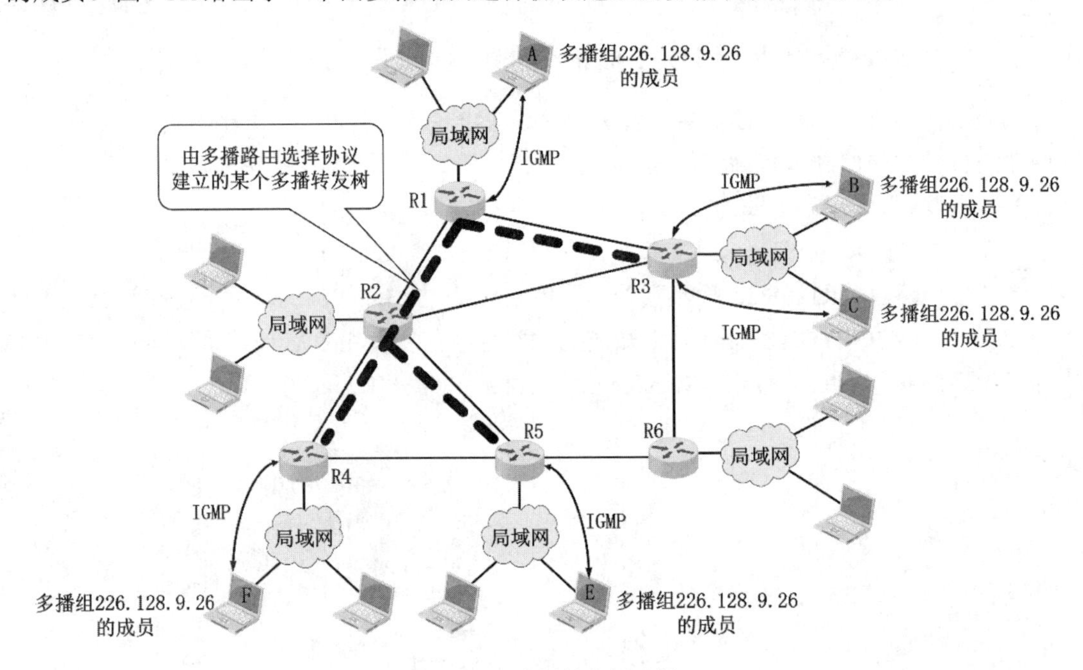

图4-113　多播转发树示例

由于针对不同的多播组需要维护不同的多播转发树，而且必须动态地适应多播组成员的变化，但此时网络拓扑并不一定发生变化（之前介绍过的单播路由选择协议RIP、OSPF和BGP，通常是在网络拓扑发生变化时才进行路由更新），因此多播路由选择协议要比单播路由选择协议复杂得多。另外，即使某个主机不是任何多播组的成员，它也可以向任何多播组发送多播数据报。多播数据报会经过因特网中的多个网络，但这些网络中也不一定非要有多播组的成员。为了保证覆盖所有多播组成员，多播转发树可能要经过一些没有多播组成员的路由器，如图4-113中的路由器R2。

下面进一步介绍网际组管理协议IGMP和多播路由选择协议。

4.7.5 网际组管理协议

1. IGMP的相关基本概念

IGMP目前的最新版本是2002年10月公布的IGMPv3[RFC 3376]。IGMP有三种报文类型：

- 成员报告报文。
- 成员查询报文。
- 离开组报文。

IGMP报文被封装在IP数据报中传送，如图4-114所示。

（1）IP数据报首部中的协议字段的值为2，表示其数据载荷部分是IGMP报文。

（2）IP数据报的目的地址根据其所封装IGMP报文类型各有不同，但都属于IP多播地址。换句话说，封装有IGMP报文的IP数据报都是IP多播数据报。

（3）由于IGMP仅在本网络中有效，因此封装有IGMP报文的IP多播数据报，其首部中生存时间（TTL）字段的值被设置为1。这样就可避免封装有IGMP报文的IP多播数据报被路由器转发到其他网络。

图4-114　IGMP报文的封装

2. IGMP的基本工作原理

1）加入多播组

当一个主机中的某个进程（为了简单起见，下面简称为主机）要加入某个多播组时，该主机会向其所在网络发送一个封装有IGMP成员报告报文的IP多播数据报。

- IGMP成员报告报文中包含要加入的IP多播组的地址。
- IP多播数据报的目的地址也为要加入的IP多播组的地址。

因此，该IP多播数据报实际上会被本网络中所有该多播组的成员以及多播路由器接收（因为多播路由器被设置为接收所有的IP多播数据报）。

如果本网络中还有同组其他成员要发送IGMP成员报告加入该多播组，则监听到该IP多播数据报后就取消发送，因为每个网络中的每个多播组仅需要一个成员发送IGMP成员报告报文即可。

多播路由器会维护一个多播组列表，在该表中记录有该路由器所知的与其直连的各网络中有多播组成员的多播组地址。如果多播路由器收到一个未知多播组（即该路由器的多播组列表中没有该多播组的地址记录）的IGMP成员报告，就会将该多播组的地址添加到自己的多播组列表中。请读者注意，并不会记录发送该IGMP成员报告的主机的IP地址。这是因为多播路由器并不关心自己所在网络中每个多播组都有哪些成员，而只关心自己所在网络中都有哪些多播组。

下面举例说明主机加入多播组的情况。如图4-115所示，以太网中有主机A、B、C和D共4台主机，还有1台多播路由器R1。R1被设置为接收所有的IP多播数据报。A和B希望加入IP多播组226.0.9.26，相应的局域网多播地址（多播MAC地址）为01-00-5E-00-09-1A。C是IP多播组228.1.1.1的成员，相应的局域网多播地址为01-00-5E-01-01-01。D不属于任何IP多播组。

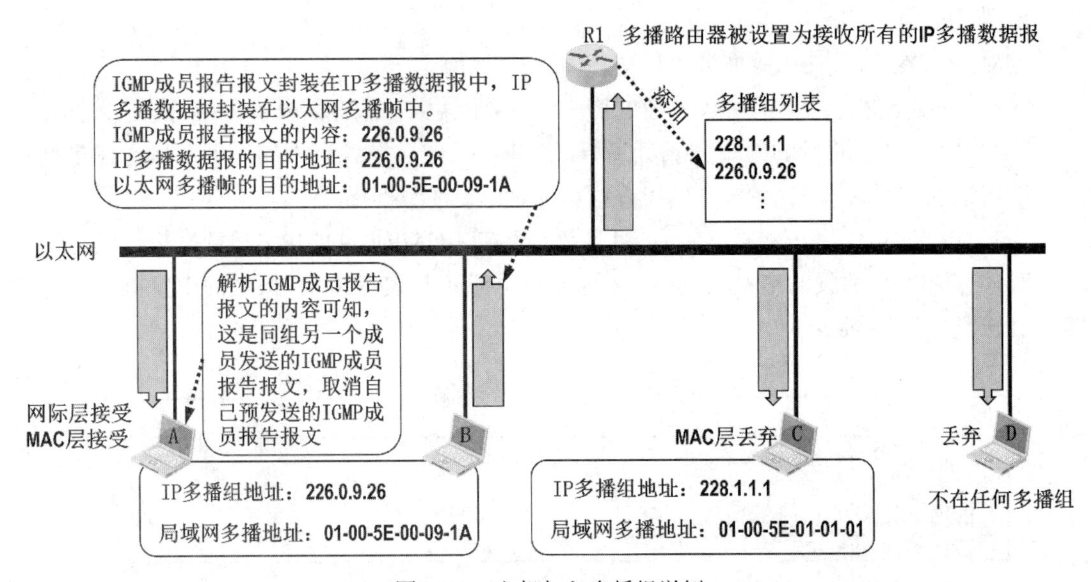

图4-115 主机加入多播组举例

（1）假设主机B首先向以太网发送IGMP成员报告报文，其内容包含IP多播组的地址226.0.9.26。该报文被封装在IP多播数据报中，数据报的目的地址为IP多播组的地址226.0.9.26。IP多播数据报被封装成以太网多播帧进行发送，帧的目的地址是由IP多播组的地址226.0.9.26转换而来的局域网多播地址01-00-5E-00-09-1A。以太网中的主机A、C和D以及多播路由器R1都会收到该多播帧。

（2）由于D不属于任何多播组，因此直接将收到的多播帧丢弃。

（3）C发现该多播帧的目的地址01-00-5E-00-09-1A与自己所在多播组的局域网多播地址01-00-5E-01-01-01不相同，因此在MAC层丢弃该多播帧。

（4）A发现该多播帧的目的地址01-00-5E-00-09-1A与自己希望加入的IP多播组的局域网多播地址相同，因此在MAC层接受该多播帧，并将其所封装的IP多播数据报交付上层的网际层处理。网际层发现该多播数据报的目的地址与自己希望加入的IP多播组的地址226.0.9.26是相同的，因此接受该多播数据报，并将其所封装的IGMP成员报告报文交付IGMP进行解析。这样，主机A就知道这是来自同一IP多播组的另一个成员的IGMP成员报告报文，于是取消自己准备发送的IGMP成员报告报文。

（5）多播路由器R1收到该多播帧后，提取出其中的IGMP成员报告报文，解析该报文后就知道了自己所直连网络中有一个新的IP多播组226.0.9.26，因此将IP多播组地址226.0.9.26添加到自己的多播组列表中。另外，多播组列表中的另一个IP多播组地址228.1.1.1是之前主机C使用IGMP成员报告报文报告给R1的。

2）监视多播组的成员变化

多播路由器默认每隔125秒就向其直连的网络发送一个封装有IGMP成员查询报文的IP多播数据报。

- IGMP成员查询报文中包含要查询的特定多播组的地址或表示全部多播组的地址（由32比特“全0”表示）。
- IP多播数据报的目的地址为224.0.0.1，这是一个特殊的IP多播地址，在本网络中的所有参加多播的主机和路由器都会收到该多播数据报。

收到该多播数据报的任意多播组的成员将会发送一个封装有IGMP成员报告报文的IP多播数据报作为应答。为了减少不必要的重复应答，每个多播组只需要有一个成员应答就可以了，因此采用了一种延迟响应的策略：收到IGMP成员查询报文的主机，并不是立即响应，而是在1～10秒的范围内等待一段随机的时间后再进行响应。如果在这段随机的时间内收到了同组其他成员发送的IGMP成员报告报文，就取消响应。

多播路由器如果长时间没有收到某个多播组的成员报告，则将该多播组从自己的多播组列表中删除，即认为在本网络中没有该多播组的成员，那么该多播组也就不存在于本网络中。

下面举例说明多播路由器监视多播组的成员变化情况，如图4-116所示。

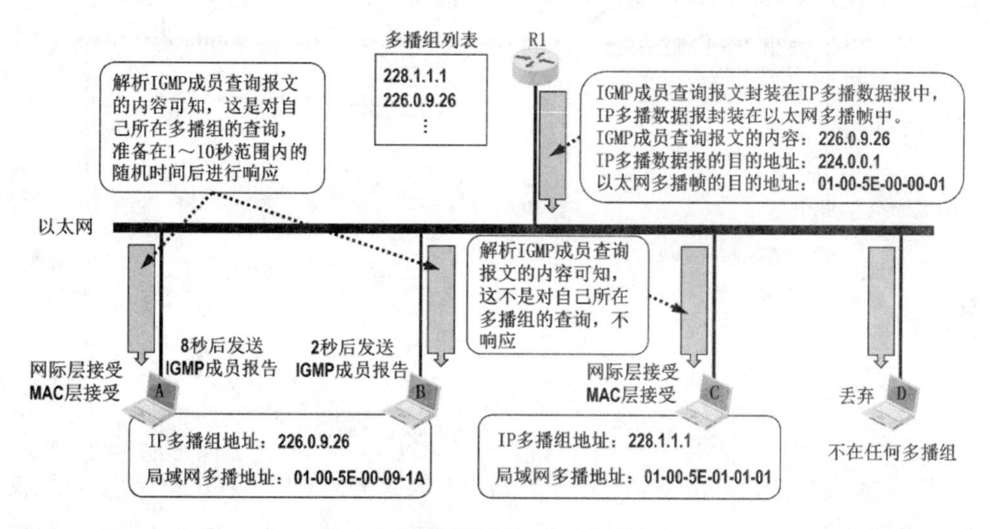

（a）多播路由器发送IGMP成员查询报文

图4-116　监视多播组的成员变化举例

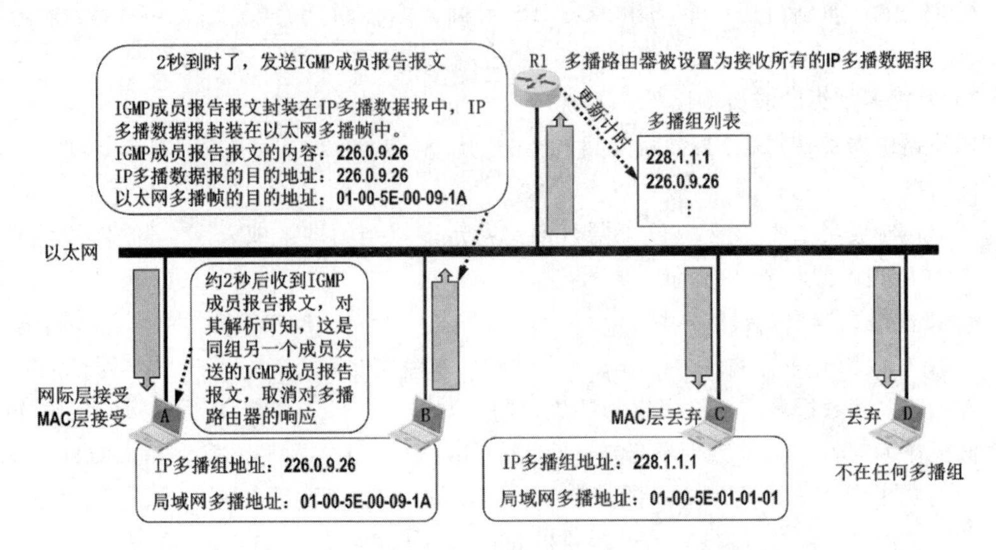

（b）被查询多播组的某个成员给多播路由器发送IGMP成员报告报文

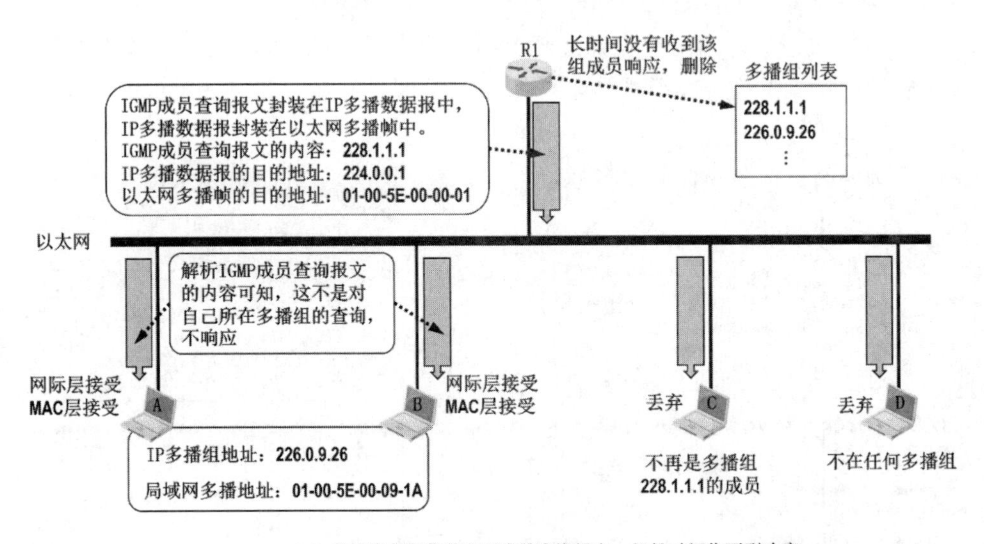

（c）多播路由器发送IGMP成员查询报文，但长时间收不到响应

图4-116　监视多播组的成员变化举例（续）

如图4-116（a）所示，假设多播路由器R1向其直连的以太网发送IGMP成员查询报文，其内容包含要查询的多播组的地址226.0.9.26。该报文被封装在IP多播数据报中，数据报的目的地址为特殊多播地址224.0.0.1。IP多播数据报被封装成以太网多播帧进行发送，帧的目的地址是由特殊多播地址224.0.0.1转换而来的局域网多播地址01-00-5E-00-00-01。以太网中的主机A、B、C和D都会收到该多播帧。

（1）由于D不属于任何多播组，因此直接将收到的多播帧丢弃。

（2）C发现该多播帧的目的地址是01-00-5E-00-00-01，其可能对应的IP多播地址为224.0.0.1，于是在MAC层接受该多播帧，并将其所封装的IP多播数据报交付上层的网际层处理。网际层发现该多播数据报的目的地址为特殊多播地址224.0.0.1，本网络中所有参加多播的主机和多播路由器都会接受目的地址为224.0.0.1的多播数据报，于是主机C接受该多播数据报，并将其所封装的IGMP成员查询报文交付IGMP进行解析。这样，主机C就知道这是来自多播路由器的IGMP成员查询报文，但查询的多播组为226.0.9.26，而不是自己所在多播组228.1.1.1，因此不会进行响应。

（3）主机A和B也会收到该IGMP成员查询报文。根据IGMP成员查询报文的内容，主机A和B就知道本网络上的多播路由器要查询多播组226.0.9.26，而自己就是该多播组的成员，因此需要进行响应。假设主机B准备在2秒后发送IGMP成员报告报文进行响应，而主机A准备在8秒后发送IGMP成员报告报文进行响应。

（4）2秒后，主机B首先向以太网发送IGMP成员报告报文，其内容包含自己所在IP多播组的地址226.0.9.26，如图4-116（b）所示。该报文被封装在IP多播数据报中，数据报的目的地址为IP多播组的地址226.0.9.26。IP多播数据报被封装成以太网多播帧进行发送，帧的目的地址是由IP多播组的地址226.0.9.26转换而来的局域网多播地址01-00-5E-00-09-1A。以太网中的主机A、C和D以及多播路由器R1都会收到该多播帧。

（5）由于D不属于任何多播组，因此直接将收到的多播帧丢弃。

（6）C发现该多播帧的目的地址01-00-5E-00-09-1A与自己所在多播组的局域网多播地址01-00-5E-01-01-01不相同，因此在MAC层丢弃该多播帧。

（7）约2秒后，A发现该多播帧的目的地址01-00-5E-00-09-1A与自己所在的IP多播组的局域网多播地址相同，因此在MAC层接受该多播帧，并将其封装的IP多播数据报交付上层的网际层处理。网际层发现该多播数据报的目的地址与所在的IP多播组的地址226.0.9.26是相同的，因此接受该多播数据报，并将其封装的IGMP成员报告报文交付IGMP进行解析。这样，主机A就知道这是来自同一IP多播组的另一个成员的IGMP成员报告报文，于是取消对多播路由器R1的响应。

（8）多播路由器R1收到该多播帧后，提取出其中的IGMP成员报告报文，解析该报文后就知道了自己所直连网络中还有IP多播组226.0.9.26的成员，因此在自己的多播组列表中更新对该多播组的计时。

（9）多播路由器R1对多播组228.1.1.1进行查询，但长时间收不到该多播组任何成员的响应，于是将自己多播组列表中的228.1.1.1多播组删除，也就是认为自己直连网络中已经没有该多播组了，如图4-116（c）所示。

请读者注意，在上述举例中，为了简单起见，本网络中的多播路由器只有1个。实际上，同一网络中的多播路由器可能不止一个，但没有必要每个多播路由器都周期性地发送IGMP成员查询报文。只要在这些多播路由器中选举出一个作为查询路由器，由查询路由器发送IGMP成员查询报文，而其他的多播路由器仅被动接收响应并更新自己的多播组列表即可。选择查询路由器的方法非常简单：每个多播路由器若监听到源IP地址比自己的IP地址小的IGMP成员查询报文则退出选举。最后，网络中只有IP地址最小的多播路由器成为查询路由器，它将周期性地发送IGMP成员查询报文。

3）退出多播组

IGMPv2在IGMPv1的基础上增加了一个可选项：当主机要退出某个多播组时，可主动发送一个离开组报文而不必等待多播路由器的查询。这样就可使多播路由器能够更快地发现某个组有成员离开。

IGMP离开组报文被封装在IP多播数据报中发送。

- 离开组报文的内容包含主机要退出的多播组的地址。
- IP多播数据报的目的地址为224.0.0.2，这是一个特殊的IP多播地址，在本网络中的所有多播路由器都会收到该多播数据报。

多播路由器在收到离开组报文时不能立即将多播组从自己的多播组列表中删除，因为在本网络中可能还有该多播组的其他成员。因此，多播路由器在收到离开组报文后，会立即针对该多播组发送一个IGMP成员查询报文。若在预定时间内仍然没有收到该多播组的IGMP成员报告报文，才将该多播组从自己的多播组列表中删除。

下面举例说明成员退出多播组的情况。

如图4-117所示，假设主机C要离开其所在的多播组228.1.1.1，于是向所在的以太网发送IGMP离开组报文，其内容包含要退出的多播组的地址228.1.1.1。该报文被封装在IP多播数据报中，数据报的目的地址为特殊多播地址224.0.0.2。IP多播数据报被封装成以太网多播帧进行发送，帧的目的地址是由特殊多播地址224.0.0.2转换而来的局域网多播地址01-00-5E-00-00-02。以太网中的主机A、B、D和多播路由器R1都会收到该多播帧。

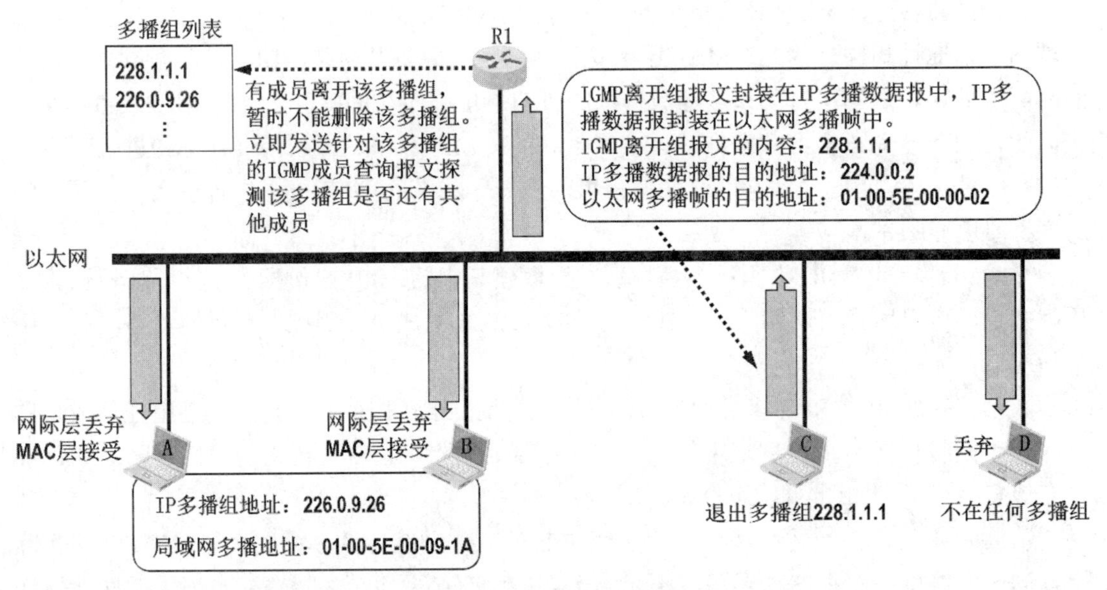

图4-117 退出多播组举例

（1）由于D不属于任何多播组，因此直接将收到的多播帧丢弃。

（2）主机A和B发现该多播帧的目的地址是01-00-5E-00-00-02，其可能对应的IP多播地址为224.0.0.2，于是在MAC层接受该多播帧，并将其所封装的IP多播数据报交付上层的网际层处理。网际层发现该多播数据报的目的地址为特殊多播地址224.0.0.2，只有本网络中的多播路由器会接受目的地址为224.0.0.2的IP多播数据报，于是主机A和B在网际层丢弃该多播数据报。

（3）多播路由器R1收到该多播帧后，提取出其中的IGMP离开组报文，解析该报文后就知道了自己所直连网络中的IP多播组228.1.1.1中，有一个成员退出了该多播组，但是R1并不知道该多播组中是否还有其他成员，因此暂时不会在自己的多播组列表中删除该多播组。R1会立即针对该多播组发送一个特殊的IGMP成员查询报文（封装该报文的IP多播数据报的目的地址为该多播组的地址228.1.1.1，而不是特殊的多播地址224.0.0.1）。在预定时间内R1接收不到来自该多播组的IGMP成员报告报文，于是将该多播组从自己的多播组列表中删除。这种情况与图4-116（c）的情况类似，只是封装IGMP成员查询报文的IP多播数据报的地址不同，图4-116（c）中为224.0.0.1，而本例中为228.1.1.1。

4.7.6　多播路由选择协议

之前曾介绍过，多播路由选择协议的主要任务是，在多播路由器之间为每个多播组建立一个多播转发树。多播转发树连接多播源和所有拥有该多播组成员的路由器。目前有以下两种方法来构建多播转发树：

- 基于源树（Source-Base Tree）多播路由选择。
- 组共享树（Group-Shared Tree）多播路由选择。

1. 基于源树的多播路由选择

基于源树的多播路由选择的最典型算法是反向路径多播（Reverse Path Multicasting，RPM）算法。反向路径多播算法包含以下两个步骤：

（1）利用反向路径广播（Reverse Path Broadcasting，RPB）建立一个广播转发树。

（2）利用剪枝（Pruning）算法，剪除广播转发树中的下游非成员路由器，获得一个多播转发树。

要建立广播转发树，可以使用洪泛（Flooding）法。洪泛法是指源节点要向它的所有邻居节点发送广播分组的一个副本。在一个节点收到一个广播分组后，它复制该广播分组并向自己的所有邻居节点（除将该广播分组发送给自己的那个邻居节点）转发。很显然，如果网络是连通的，这种方法最终可将广播分组的副本传送到网络中的所有节点，如图4-118所示。

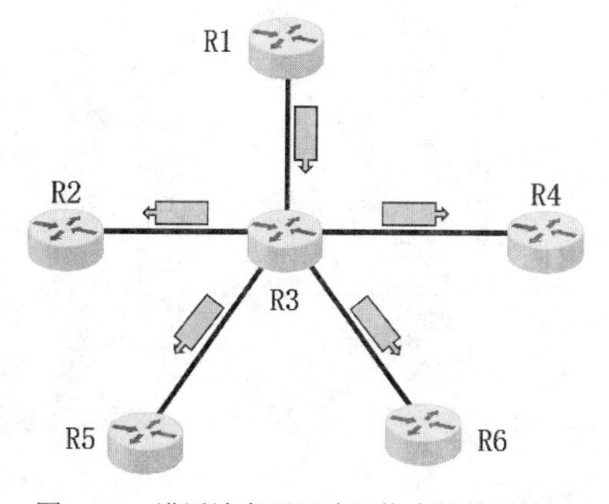

图4-118　洪泛法在无环路网络中的使用情况

然而，如果网络中存在环路，使用洪泛法会产生严重的问题：广播分组的一个或多个副本将在环路中永久兜圈。这种无休止的广播分组的复制和转发，最终将导致该网络中产生大量的广播分组，使得网络带宽被完全占用，如图4-119所示。

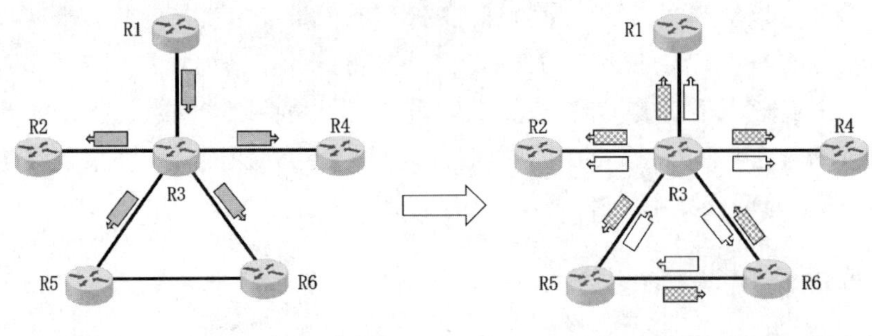

（a）采用洪泛法，广播分组到达每个路由器

（b）路由器R5和R6将收到的广播分组洪泛造成广播分组在环路中兜圈并充斥整个网络

图4-119　洪泛法在有环路网络中的使用情况

RPB可以避免广播分组在环路中兜圈。RPB的要点是，每一台路由器在收到一个广播分组时，先检查该广播分组是否是从源点经最短路径传送来的。这并不难实现，只要从本路由器开始寻找，到源点的最短路径上的第一个路由器，是否就是刚才把该广播分组发送来的路由器。若是，本路由器就从自己除刚才接收该广播分组的接口的所有其他接口转发该广播分组，否则就丢弃而不转发。如果本路由器有好几个邻居路由器都处在到源点的最短路径上，也就是存在几条同样长度的最短路径，那么只能选取一条最短路径。选取的规则是这几条最短路径中的邻居路由器的IP地址最小的那条最短路径。

RPB中“反向路径”的意思是，在计算最短路径时把源点当作终点。借助图4-120所示的例子理解RPB，为了简单起见，图中并没有画出路由器互连的各种网络，仅用路由器之间的链路来表示，假定各路由器之间的路径距离都是1。

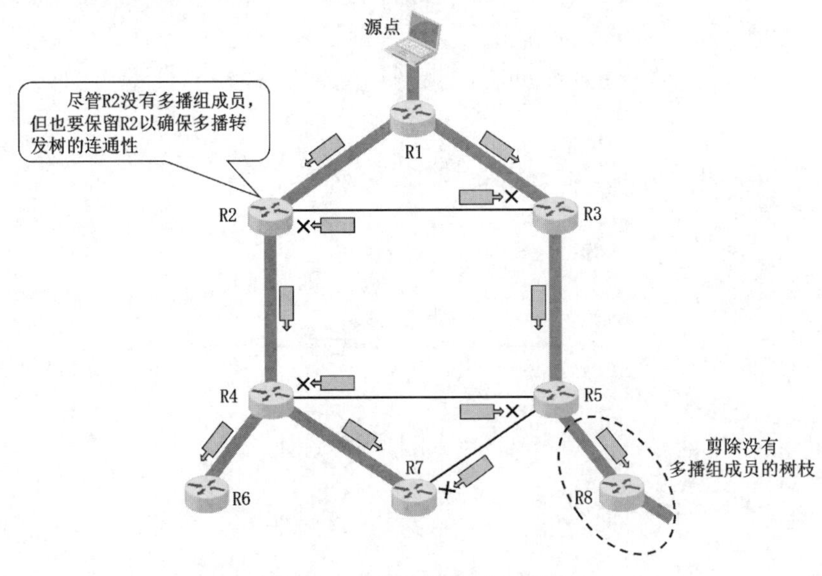

图4-120　反向路径广播和剪枝

（1）路由器R1收到源点发来的广播分组后，向R2和R3转发。

（2）R2收到R1转发来的广播分组后，发现R1就在R2自己到源点的最短路径上，因此向R3和R4转发该广播分组。同理，R3收到R1转发来的广播分组后，向R2和R5转发。

（3）R2收到R3转发来的广播分组后，发现R3不在R2自己到源点的最短路径上，因此丢弃R3转发来的广播分组。同理，R3丢弃R2转发来的广播分组。其他路由器也按上述规则转发。

（4）R7到源点有两条最短路径：R7→R4→R2→R1→源点，R7→R5→R3→R1→源点。假设R4的IP地址比R5的IP地址小，所以只选择前一条最短路径使用。因此，R7只转发R4转发来的广播分组，而丢弃R5转发来的广播分组。

经过上述过程，最终可以得出转发广播分组的广播转发树（图4-120中用灰色粗线表示），以后就按该广播转发树来转发广播分组，这样就避免了广播分组兜圈子，同时每一个路由器也不会收到重复的广播分组。

RPB虽然很好地解决了转发环路的问题，但只是实现了广播，要实现真正的多播，还要将像R8这样的没有多播组成员的非成员节点从广播转发树上剪除。但是要保留像R2这种非成员节点，以保证多播转发树的连通性。因此，如果多播转发树上某个路由器（例如R8）发现自己没有多播组成员，并且也没有下游路由器（这样的路由器是叶节点），则向上游路由器（例如R5）发送一个剪枝报文，将自己从多播转发树上剪除。这时路由器R5成为了叶节点（注意R7不是R5的下游路由器）。如果被剪枝的路由器通过IGMP又发现了新的多播组成员，则会向上游路由器发送一个嫁接报文，并重新加入到多播转发树中。

2. 组共享树多播路由选择

可以采用基于核心的分布式生成树算法来建立共享树。该方法在每个多播组中指定一个核心（core）路由器，以该核心路由器为根，建立一棵连接该多播组的所有成员路由器的生成树，作为多播转发树。

每个多播组中除了核心路由器，其他所有成员路由器都会向自己多播组中的核心路由器单播加入报文（类似之前介绍的嫁接报文）。加入报文通过单播朝着核心路由器转发，直到它到达已经属于该多播生成树的某个节点或者直接到达该核心路由器。在任何一种情况下，加入报文所经过的路径，就确定了一条从单播该报文的边缘节点到核心路由器之间的分支，而这个新分支就被嫁接到现有的多播转发树上。

借助图4-121所示的例子进一步说明基于核心的生成树的建立过程，图中带有箭头的虚线表示单播加入报文。假设路由器R2、R3、R4、R5和R7的直连网络中都有同一多播组的成员，而R1和R6没有任何多播组成员，R5被选择作为该多播转发树的核心路由器。

（1）R4首先加入该多播转发树，R4向R5单播加入报文，链路R4-R5就成为该多播转发树的初始生成树。

（2）R3通过R6（尽管R6并没有该多播组成员）向R5单播加入报文，以加入该生成树，单播路径从R3经过R6到达R5，这会使路径R3-R6-R5被嫁接到该生成树上。

（3）R2通过向R5直接单播加入报文，以加入该生成树，使链路R2-R5被嫁接到该生成树上。

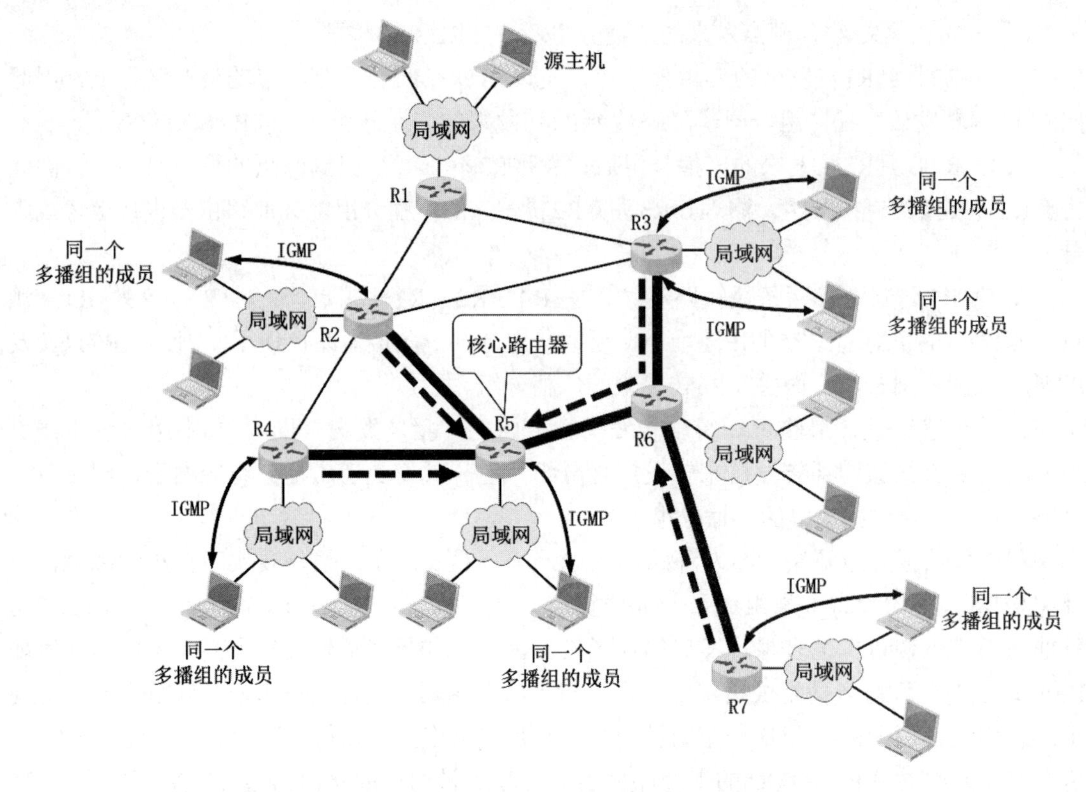

图4-121　基于核心的生成树的建立过程

（4）R7通过向R5单播加入报文来加入该生成树，由于R7到R5的单播路径要经过R6，而R6已经加入了该生成树，因此R7的加入报文到达R6，就会使链路R7-R6立即被嫁接到该生成树上。

经过上述过程，就形成了以R5为核心路由器的多播转发树（图4-121中粗线）。

由于R1没有该多播组的成员，因此R1不会向R5单播加入报文，所以R1不在该生成树上。当R1收到源主机（不属于该多播组）向该多播组发送的多播分组时，会将该多播分组封装到目的地址为核心路由器R5的单播分组中，利用之前曾介绍过的IP-in-IP隧道技术，将该多播分组发送到R5，然后再由R5将被封装在单播分组中的多播分组解封出来，在多播转发树上洪泛多播。

3. 因特网的多播路由选择协议

目前还没有在整个因特网范围使用的多播路由选择协议，下面是一些建议使用的多播路由选择协议：

- 距离向量多播路由选择的协议（Distance Vector Multicast Routing Protocol，DVMRP）[RFC 1075]。
- 开放最短路径优先的多播扩展（Multicast Extensions to OSPF，MOSPF）[RFC 1585]。
- 协议无关多播-稀疏方式（Protocol Independent Multicast-Sparse Mode，PIM-SM）[RFC 2362]。

- 协议无关多播-密集方式（Protocol Independent Multicast-Dense Mode，PIM-DM）[RFC 3973]。
- 基于核心的转发树（Core Based Tree，CBT）[RFC 2189，RFC 2201]。

请读者注意，尽管因特网工程任务组（IETF）努力推动着因特网上的全球多播主干网（Multicast Backbone on the Internet，MBONE）的建设，但至今在因特网上的IP多播还没有得到大规模的应用。主要原因是，改变一个已成功运行且广泛部署的网络层协议是一件极其困难的事情。目前IP多播主要应用在一些局部的园区网络、专用网络或者虚拟专用网络中。另外，P2P技术的广泛应用推动了应用层多播技术的发展，许多视频流公司和内容分发公司，通过构建自己的应用层多播覆盖网络来分发它们的内容。但上述多播路由选择协议的算法思想在应用层多播中依然适用。

4.8　移动IP技术

随着笔记本电脑、平板电脑以及智能手机的大量普及，基于因特网的移动通信应用越来越普遍。例如，坐在汽车或火车内使用无线设备上网浏览网页、收发电子邮件、观看在线视频、进行在线游戏或使用QQ、微信等社交工具软件进行网上社交等。本节介绍如何在TCP/IP的网际层为移动主机提供不间断通信服务的问题。

4.8.1　移动性对因特网应用的影响

下面通过三种典型的应用场景，来看看移动性对因特网应用的影响。

1. 应用场景一

某用户携带无线移动设备在一个Wi-Fi服务区内走动，并且边走边通过Wi-Fi从因特网下载一个视频文件。很显然，用户的无线移动设备是在移动中进行通信的，但从TCP/IP网际层的角度看，该用户的无线移动设备并没有在移动，因为它并没有因为移动而改变自己所在的网络，相应地也没有改变它的IP地址。这种移动对于正在通信的应用程序来说是没有任何影响的，即完全透明的，因为应用程序是通过IP地址在网际层及其以上各层进行通信的。

2. 应用场景二

某用户在公司使用笔记本电脑办公和上网，下班后将笔记本电脑关机带回家重新上网。尽管从地理位置上看，该用户和他的笔记本电脑都发生了移动，然而该用户的笔记本电脑在不同地点都能够很方便地通过TCP/IP应用层的动态主机配置协议，来自动获取所需的IP地址，进而顺利连接到因特网。虽然该用户的笔记本电脑更换了上网的地理位置以及所接入的网络（即公司网络和家庭网络），相应地也更换了所使用的IP地址，但从本质上看，该用户的上网和传统的在固定地点上网并没有本质上的差异。用户在不同地点上网使用了不同的IP地址，但这对用户来说往往是透明的，因为在大多数情况下，用户并不关心他所使用的IP地址是什么。

在应用场景一和二中，移动性对因特网的应用并未产生影响。下面看第三种比较常见的应用场景。

3. 应用场景三

某用户乘坐在一辆行驶的汽车中，准备使用笔记本电脑从因特网上下载一个4K分辨率的超大视频文件。该汽车正穿越于遍布Wi-Fi服务区（无线局域网WLAN）的城市街道上，从一个无线局域网不间断地进入另一个无线局域网。该用户肯定不希望因为从一个无线网络切换到另一个无线网络而使自己的下载任务被中断。但是，如果用户的笔记本电脑由于不断地切换网络而不停地变换自己的IP地址，该用户将不能顺利完成这项下载任务。因为普通的应用程序无法将数据发送给一个不断改变自己IP地址的主机。

之前曾介绍过，IP地址不仅指明一台主机，还指明了主机所在的网络。由于不可能在任何地点都部署一个具有同一网络号的网络，当某个移动主机改变地理位置时，往往都会改变所接入的网络。也就是说，当某个移动主机在异地接入到当地的网络时，其IP地址必然发生改变。由于路由器的寻址是先通过目的IP地址中的网络号找到目的网络，如果移动主机不改变自己的IP地址，则所有发送到该IP地址的IP数据报，都只会路由到移动主机原来所在的网络，而不会被路由到现在这个新接入的网络。也就是说，移动主机将不会收到发送给它的任何数据报。

4.8.2 移动 IP 技术的相关基本概念

移动IP（Mobile IP）是因特工程任务组开发的一种技术[RFC 3344]，该技术使得移动主机在各网络之间漫游时，仍然能够保持其原来的IP地址不变。此外，移动IP技术还为因特网中的非移动主机提供了相应机制，使得它们能够将IP数据报正确发送到移动主机。

在因特网中，需要修改大量路由器或主机的软件才能工作的新技术，往往难以被人们接受。因此，移动IP的设计者所采用的解决方法是，无须改变非移动主机的软件或因特网中大多数路由器的工作方式。

实际上，移动IP的基本原理与早期主要使用邮政信件进行通信的情况是非常类似的。例如，一个班级的学生各自考上了理想的大学。然而他们事先并不知道自己将来的大学的准确通信地址，怎样才能继续和这些同学保持联系呢？当时使用的办法也很简单，就是彼此都留下各自的家庭地址。若要和某位同学联系，只要写信到该同学的家庭地址，请其家长把信件转寄给该同学即可。

1. 归属网络、归属地址（永久地址）以及归属代理

在移动IP中，每个移动主机都有一个默认连接的网络或初始申请接入的网络，称为归属网络（Home Network）。移动主机在归属网络中的IP地址在其整个移动通信过程中是始终不变的，因此称为永久地址（Permanent Address）或归属地址（Home Address）。

在归属网络中，代表移动主机执行移动管理功能的实体称为归属代理（Home Agent）。归属代理通常就是连接在归属网络上的路由器，然而它作为代理的特定功能则是在应用层完成的。

2. 外地网络（被访网络）、外地代理以及转交地址

移动主机当前漫游所在的网络称为外地网络（Foreign Network）或被访网络（Visited Network）。在外地网络中，帮助移动主机执行移动管理功能的实体称为外地代理（Foreign Agent），外地代理通常就是连接在外地网络上的路由器。外地代理会为移动主机提供一个临时使用的属于外地网络的转交地址（Care-of Address）。

3. 移动IP的工作过程

移动IP的工作过程并不复杂，当移动主机漫游到外地网络时：

（1）归属代理会为该移动主机代收所有发送给该移动主机的数据报。

（2）归属代理将这些代收的数据报，利用转交地址通过IP-in-IP隧道，转发给移动主机所在外地网络的外地代理。

（3）外地代理将这些数据报转发给移动主机。

上述过程对于任何与移动主机进行通信的固定主机而言，都是完全透明的。也就是说，这些固定主机上不需要安装任何特殊的协议或软件来支持与移动主机的通信。

4.8.3 移动IP技术的基本工作原理

下面举例说明移动IP技术的基本工作原理。

1. 代理发现与注册

借助图4-122理解代理发现与注册。

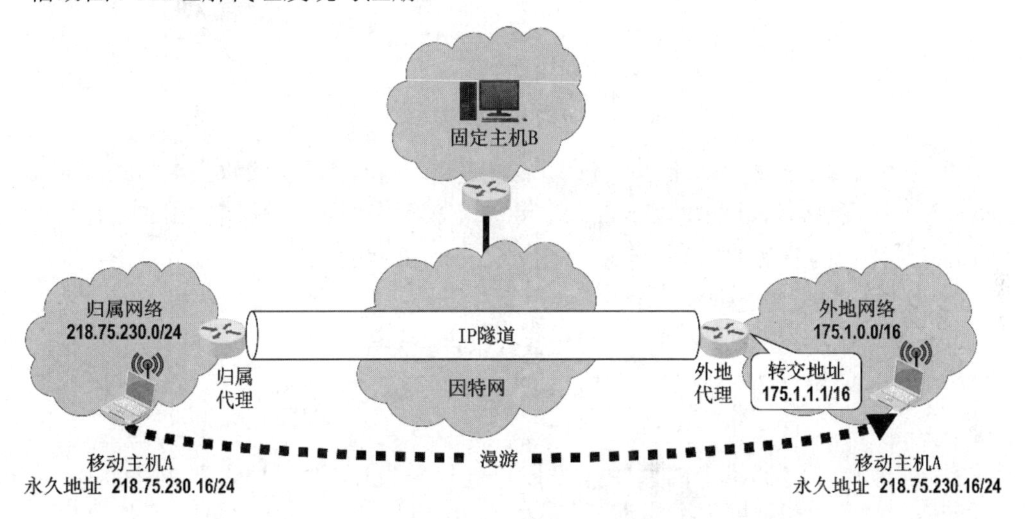

图4-122 移动IP中的代理发现和注册

（1）将归属代理和外地代理分别配置在了归属网络和外地网络各自的某个路由器上（它们也可以配置在其他主机或服务器上）。移动主机A的归属网络为218.75.230.0/24，永久地址为218.75.230.16/24。

（2）移动主机A从它的归属网络漫游到一个外地网络175.1.0.0/16。移动主机A会通过自己的代理发现协议，与该外地网络中的外地代理建立联系，并从外地代理获得一个属于该外地网络的转交地址175.1.1.1/16，同时向外地代理注册自己的永久地址和归属代理地址。

（3）外地代理会将移动主机的永久地址记录在自己的注册表中，并向移动主机的归属代理注册该移动主机的转交地址（也可由移动主机直接进行注册）。

（4）归属代理会将移动主机的转交地址记录下来，此后归属代理会代替移动主机接收所有发送给该移动主机的IP数据报，并利用IP隧道技术将这些数据报转发给外地网络中的移动主机。

2. 固定主机向移动主机发送IP数据报

借助图4-123理解固定主机向移动主机发送IP数据报的过程。假设固定主机B要给移动主机A发送一份IP数据报。该IP数据报的目的地址为移动主机A的永久地址218.75.230.16，源地址为固定主机B自己的IP地址。

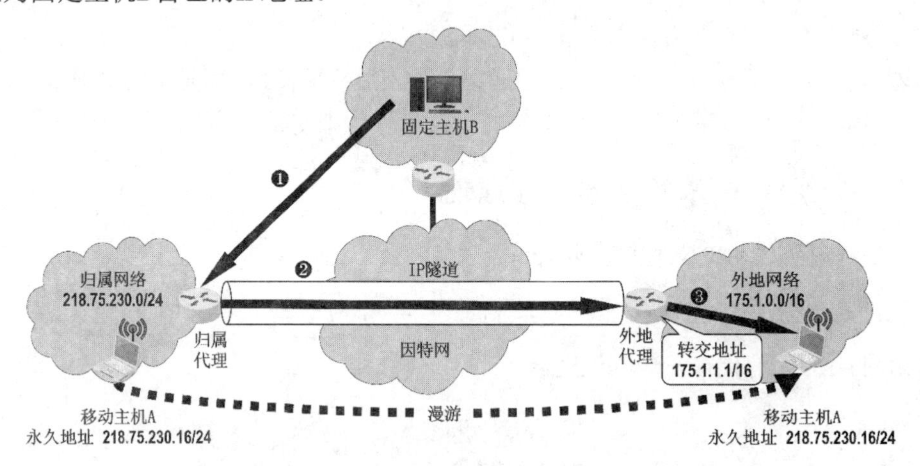

图4-123　移动IP中固定主机向移动主机发送IP数据报的间接路由过程

（1）该数据报会被路由到移动主机A的归属网络（图4-123中的❶），归属代理会代替移动主机A接收该数据报，并将该数据报封装到一份新的IP数据报中转发出去。这份新的IP数据报的目的地址为移动主机A的转交地址175.1.1.1/16，这其实就是外地代理的IP地址。

（2）外地代理收到这份新的IP数据报后，将其数据载荷（原IP数据报）解封出来。换句话说，固定主机B发送给移动主机A的IP数据报，被重新封装成一份新的IP数据报，通过从归属代理到外地代理的IP隧道，被传送到隧道的末端，并被外地代理解封出来（图4-123中的❷）。

（3）外地代理将解封出的原IP数据报，直接转发给位于外地网络中的移动主机A（图4-123中的❸）。

以上就是从固定主机B到移动主机A的间接路由过程。

在上述固定主机向移动主机发送IP数据报的间接路由过程中，还需要进一步说明以下三个问题：

（1）归属代理如何代替移动主机来接收目的地址为“移动主机的永久地址”的IP数据报？

（2）转交地址是不是移动主机在外地网络中的地址？

（3）外地代理如何将解封出来的原IP数据报直接转发给移动主机？

对于问题（1），归属代理可以采用ARP代理技术。当移动主机不在归属网络时，归属代理会代替移动主机，以自己的MAC地址应答所有对该移动主机的ARP请求。为了使归属网络中其他各主机和路由器能够尽快更新各自的ARP高速缓存，归属代理还会主动发送ARP广播，并声称自己是该移动主机。这样，所有发送给该移动主机的IP数据报都会发送给归属代理。

对于问题（2），当外地代理和移动主机不是同一台设备时（为同一台设备的情况将在后面讨论），例如图4-123所示的例子就是这种情况，转交地址实际上是外地代理的地址而不是移动主机的地址，因为转交地址既不会作为移动主机发送的IP数据报的源地址，也不会作为移动主机所接收的IP数据报的目的地址。转交地址仅仅是归属代理到外地代理的IP隧道的出口地址。所有使用同一外地代理的移动主机都可以共享同一转交地址。

对于问题（3），由于外地代理从IP隧道中收到并解封出的原IP数据报，其目的地址为移动主机的永久地址，因此外地代理不能采用4.2.6节介绍的IP数据报的正常转发流程，将原IP数据报发送给移动主机，因为这样会将该数据报又发送回移动主机的归属网络。实际上，外地代理在登记移动主机的永久地址时，会同时记录下它的MAC地址。当外地代理从IP隧道中收到并解封出原IP数据报时，会在自己的代理注册表中查找移动主机的永久地址所对应的MAC地址，并将该IP数据报封装到目的地址为该MAC地址的帧中发送给移动主机。

3. 移动主机向固定主机发送IP数据报

借助图4-124理解移动主机向固定主机发送IP数据报的过程。假设移动主机A要给固定主机B发送一份IP数据报。该IP数据报的源地址为移动主机A的永久地址，而目的地址为固定主机B的IP地址。该IP数据报被移动主机A按照正常的发送流程发送出去即可。由于IP路由器并不关心IP数据报的源地址，因此该IP数据报会被直接路由到固定主机B，而无须再通过归属代理进行转发。为此，移动主机可以将外地代理作为自己的默认路由器，也可以通过代理发现协议从外地代理获取外地网络中路由器的地址，并将其设置为自己的默认路由器。

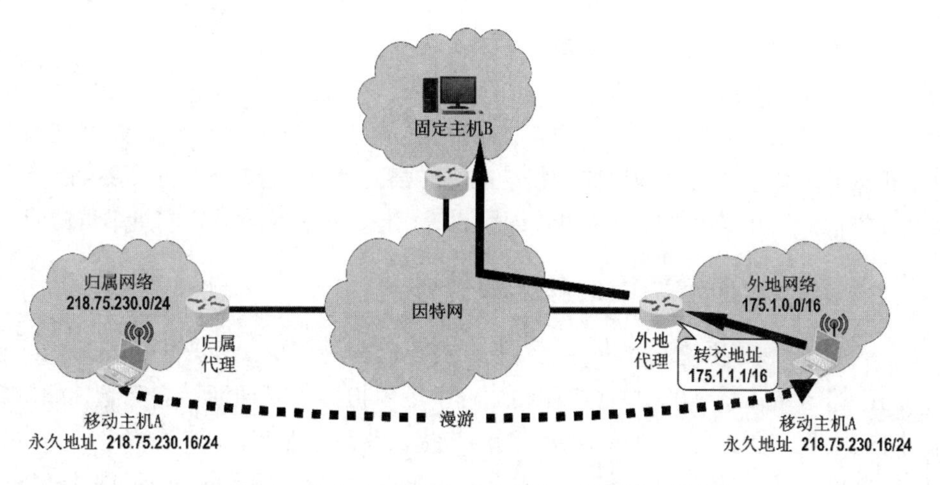

图4-124　移动IP中移动主机向固定主机发送IP数据报

4. 同址转交地址

外地代理除了可以配置在外地网络中的某个路由器上，也可以直接运行在移动主机上。当外地代理直接运行在移动主机上时，转交地址被称为同址转交地址（Co-Located Care-of Address）。在这种情况下，转交地址既是外地代理的地址也是移动主机的地址，因为它们就是同一台设备。这样，移动主机自己将接收所有发往转交地址的IP数据报。当采用同址转交地址方式时，对于之前的问题（3），整个过程将在移动主机内部完成。

请读者注意，采用同址转交地址方式时，移动主机上要运行额外的外地代理软件。这时，外地网络需要提供相应机制，使移动主机能够自动获取一个外地网络中的地址作为自己的IP地址，这通常需要使用TCP/IP应用层中的动态主机配置协议（DHCP）。

5. 三角形路由问题

图4-123所示的这种间接路由过程，可能会引起IP数据报转发的低效性，该问题常被称为三角形路由问题（Triangle Routing Problem）。也就是说，即使在固定主机与移动主机之间存在一条更有效的路径，发往移动主机的IP数据报也要先发送给归属代理。

设想如图4-125所示的这样一种极端的情况：固定主机B与移动主机A处于同一个外地网络之中，固定主机B发给移动主机A的IP数据报，仍然要经过移动主机A的归属代理的转发。

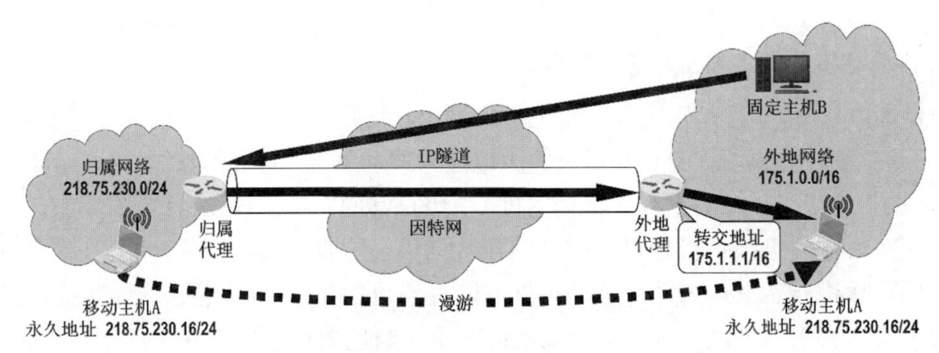

图4-125　三角形路由问题

解决三角形路由问题的一种方法是，要求固定主机也要配置一个通信代理，固定主机发送给移动主机的IP数据报，都要通过该通信代理转发。该通信代理先从归属代理获取移动主机的转交地址，之后所有发送给移动主机的IP数据报，都利用转交地址直接通过IP隧道发送给移动主机的外地代理，而无须再通过移动主机的归属代理进行转发。但是这种解决方法以增加复杂性为代价，并要求固定主机也要配置通信代理，也就是对固定主机不再透明。

4.8.4　蜂窝移动通信网中的移动性管理

蜂窝移动通信网对移动性的支持比移动IP有更长久的历史。用户的手机漫游到任何地方都只使用同一个电话号码，并且在移动过程中不用担心中断通话。实际上，蜂窝移动通信网采用了与移动IP类似但更复杂的机制为用户提供移动性服务。

CDMA2000是第三代移动通信三大主流标准之一，采用该标准的分组域核心网络是一个IP网络，它支持使用移动IP技术为数据业务提供移动性服务。然而，其他几个3G标准并没有使用移动IP技术，而是在IP层以下为用户提供移动性服务。但是，这些3G网络的移动性管理，都还仅仅是在该移动通信网络内部为移动设备提供移动性服务。

到目前为止，移动IP技术还没有在整个因特网范围内进行大规模使用。

4.9 下一代网际协议 IPv6

位于TCP/IP体系结构网际层的网际协议（IP），是因特网的核心协议。目前广泛使用的IPv4是在20世纪70年代末期设计的，其IPv4地址的设计存在以下缺陷：

（1）由于IPv4的设计者最初并没有想到该协议会在全球范围内广泛使用，因此将IPv4地址的长度规定为他们认为足够长的32比特。

（2）IPv4地址早期的编址方法（分类的IPv4地址和划分子网的IPv4地址）也不够合理，造成IPv4地址资源的浪费。

因特网经过几十年的飞速发展，到2011年2月3日，因特网号码分配管理局（IANA）宣布IPv4地址已经分配完毕，因特网服务提供者（ISP）已经不能再申请到新的IPv4地址块。我国在2014—2015年也逐步停止向新用户和应用分配IPv4地址，同时全面开展商用部署IPv6。

如果没有网络地址转换技术（NAT）的广泛应用，IPv4早已停止发展。然而NAT仅仅是为了延长IPv4使用寿命而采取的权宜之计，解决IPv4地址耗尽的根本措施就是采用具有更大地址空间（IP地址的长度为128比特）的新版本IP，即IPv6。

因特网工程任务组早在1992年6月就提出要制定下一代的IP，即IPng（IP Next Generation）。IPng现在正式称为IPv6。需要说明的是，直接将因特网的核心协议从IPv4更换成IPv6是不可行的。世界上许多团体都从因特网的发展中看到了机遇，因此在IPv6标准的制定过程中出于自身的经济利益而产生了激烈的争论。到目前为止，IPv6还只是草案标准阶段[RFC 2460，RFC 4862，RFC 4443]。

尽早开始过渡到IPv6有以下好处：

- 有更多的时间来平滑过渡。
- 有更多的时间来培养IPv6的专门人才。
- 及早提供IPv6服务比较便宜。

因此，现在有些ISP已经开始进行IPv6的过渡。

4.9.1 IPv6 引进的主要变化

IPv6仍然支持无连接的、尽最大努力交付的不可靠传输服务，但将协议数据单元称为分组，而不是IPv4的IP数据报。为了方便起见，本书仍采用IP数据报这一名词。

IPv6引进的主要变化如下：

- 更大的地址空间：IPv6将IPv4的32比特地址空间增大到了128比特，使地址空间增大了2^{96}倍。这样巨大的地址空间在采用合理编址方法的情况下，在可预见的未来是不会用完的。

- 扩展的地址层次结构：由于IPv6地址空间巨大，因此可以划分为更多的层次，这样可以更好地反映出因特网的拓扑结构，使得对寻址和路由层次的设计更具灵活性。
- 灵活的首部格式：IPv6数据报的首部与IPv4数据报的首部并不兼容。IPv6定义了许多可选的扩展首部，不仅可提供比IPv4更多的功能，而且还可以提高路由器的处理效率，这是因为路由器对逐跳扩展首部外的其他扩展首部都不进行处理。
- 改进的选项：IPv6允许数据报包含有选项的控制信息，因而可以包含一些新的选项。然而IPv4规定的选项却是固定不变的。
- 允许协议继续扩充：这一点很重要，因为技术总是在不断地发展（如网络硬件的更新），而新的应用也还会出现。然而IPv4的功能却是固定不变的。
- 支持即插即用（即自动配置）：IPv6支持主机或路由器自动配置IPv6地址及其他网络配置参数。因此IPv6不需要使用DHCP。
- 支持资源的预分配：IPv6能为实时音视频等要求保证一定带宽和时延的应用，提供更好的服务质量保证。

4.9.2 IPv6 数据报的基本首部

IPv6数据报由两部分组成：

- 长度为40字节的基本首部（Base Header）。
- 长度可变的有效载荷（payload，也称为净负荷）。有效载荷由零个或多个扩展首部（Extension Header）及其后面的数据部分构成。

具有多个可选扩展首部的IPv6数据报的一般形式如图4-126所示。请读者注意：所有的扩展首部并不属于IPv6数据报的首部，它们与其后面的数据部分合起来构成有效载荷。

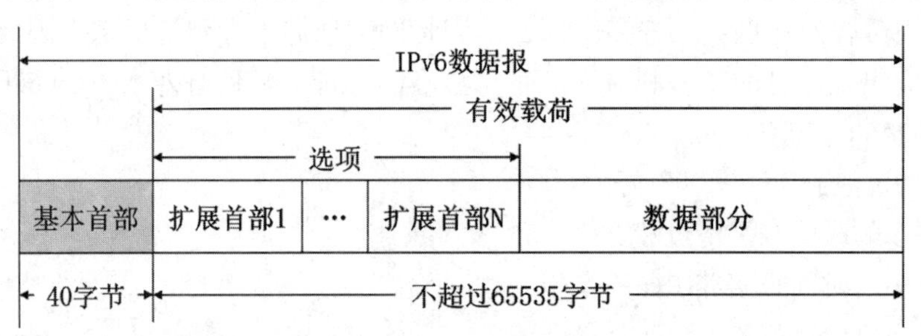

图4-126　具有多个可选扩展首部的IPv6数据报的一般形式

与IPv4数据报的首部相比，IPv6对首部中的某些字段进行了以下更改：

- 取消了首部长度字段，因为IPv6数据报的首部长度是固定的40字节。
- 取消了服务类型字段，因为IPv6数据报首部中的通信量类和流标号字段实现了服务类型字段的功能。
- 取消了总长度字段，改用有效载荷长度字段。这是因为IPv6数据报的首部长度是固定的40字节，只有其后面的有效载荷长度是可变的。
- 取消了标识、标志和片偏移字段，因为这些功能已包含在IPv6数据报的分片扩展首部中。

- 把生存时间（TTL）字段改称为跳数限制字段，这样名称与作用更加一致。
- 取消了协议字段，改用下一个首部字段。
- 取消了检验和字段，这样可以加快路由器处理IPv6数据报的速度。
- 取消了选项字段，改用扩展首部来实现选项功能。

IPv6将IPv4数据报首部中不必要的功能取消了，这使得IPv6数据报基本首部中的字段数量减少到只有8个，但由于IPv6地址的长度扩展到了128比特，因此使得IPv6数据报基本首部的长度反而增大到了40字节，比IPv4数据报首部固定部分的长度（20字节）增大了20字节。

IPv6数据报的基本首部的格式如图4-127所示。

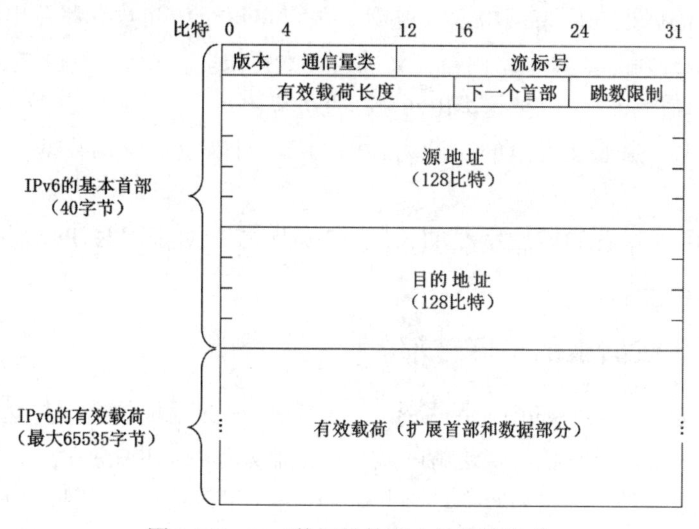

图4-127　IPv6数据报的基本首部的格式

下面介绍IPv6数据报基本首部中各字段的含义。

（1）版本（Version）字段：长度为4比特，用来表示IP协议的版本。对于IPv6该字段的值是6。

（2）通信量类（Traffic Class）字段：长度为8比特，该字段用来区分不同的IPv6数据报的类别或优先级。目前正在进行不同的通信量类性能的实验。

（3）流标号（Flow Label）字段：流标号字段的长度为20比特。IPv6提出流（Flow）的抽象概念。“流”就是因特网上从特定源点到特定终点（单播或多播）的一系列IPv6数据报（如实时音视频数据的传送），而在这个“流”所经过的路径上的所有路由器都保证指明的服务质量。所有属于同一个流的IPv6数据报都具有同样的流标号。也就是说，流标号用于资源预分配。流标号对于实时音视频数据的传送特别有用，但对于传统的非实时数据，流标号则没有用处，把流标号字段的值置为0即可。

（4）有效载荷长度（Payload Length）字段：长度为16比特，它指明IPv6数据报基本首部后面的有效载荷（包括扩展首部和数据部分）的字节数量。该字段以字节为单位，最大取值为65 535，因此IPv6数据报基本首部后面的有效载荷的最大长度为65 535字节，即64KB。

（5）下一个首部（Next Header）字段：长度为8比特。该字段相当于IPv4数据报首部中的协议字段或可选字段。

- 当IPv6数据报没有扩展首部时，下一个首部字段的作用与IPv4的协议字段一样，它的值指出了IPv6数据报基本首部后面的数据是何种协议数据单元PDU（例如：6表示TCP报文段，17表示UDP用户数据报）。
- 当IPv6数据报基本首部后面带有扩展首部时，下一个首部字段的值就标识后面第一个扩展首部的类型。

（6）跳数限制（Hop Limit）：长度为8比特。该字段的作用与IPv4数据报首部中的TTL字段完全一样。IPv6将名称改为跳数限制后，可使名称与作用更加一致。跳数限制字段用来防止IPv6数据报在因特网中永久兜圈。源点在每个IPv6数据报发出时即设定某个跳数限制（最大为255跳）。每个路由器在转发IPv6数据报时，要先把跳数限制字段中的值减1。当跳数限制的值为0时，就把这个IPv6数据报丢弃。

（7）源地址：源地址字段的长度为128比特。用来填写IPv6数据报的发送端的IPv6地址。

（8）目的地址：目的地址字段的长度为128比特。用来填写IPv6数据报的接收端的IPv6地址。

4.9.3 IPv6数据报的扩展首部

IPv4数据报如果在其首部中使用了选项字段，则在数据报的整个传送路径中的全部路由器，都要对选项字段进行检查，这就降低了路由器处理数据报的速度。实际上，在路径中的路由器对很多选项是不需要检查的。因此，为了提高路由器对数据报的处理效率，IPv6把原来IPv4首部中的选项字段都放在了扩展首部中，由路径两端的源点和终点的主机来处理，而数据报传送路径中的所有路由器都不处理这些扩展首部（除逐跳选项扩展首部）。

在[RFC 2460]中定义了以下六种扩展首部：

- 逐跳选项。
- 路由选择。
- 分片。
- 鉴别。
- 封装安全有效载荷。
- 目的站选项。

每一个扩展首部都由若干字段组成，它们的长度也各不相同。但所有扩展首部中的第一个字段都是8比特的“下一个首部”字段。该字段的值指出在该扩展首部后面的字段是什么。当使用多个扩展首部时，应按以上的先后顺序出现，高层首部总是放在最后面。

4.9.4 IPv6地址

在IPv6中，主机和路由器均被称为节点。由于一个节点可能会有多个接口分别通过不同的链路与其他一些节点相连，因此IPv6给节点的每一个接口都指派一个IPv6地址。这样使得一个节点可以有多个单播地址，而其中任何一个单播地址都可以被当作到达该节点的目的地址。

1. IPv6地址空间大小

在IPv6中，每个地址占128比特，因此IPv6地址空间的大小为2^{128}（大于3.4×10^{38}）。下面举例说明该地址空间有多么巨大。

- 如果整个地球表面（包括陆地和水面）都覆盖着计算机，那么IPv6允许每平方米拥有7×10^{23}个IPv6地址。
- 如果IPv6的地址分配速率是每微秒分配100万个IPv6地址，则需要10^{19}年的时间才能将所有可能的地址分配完毕。

显然，这样巨大的地址空间在采用合理编址方法的情况下，在可预见的未来是不会用完的。

2. IPv6地址的表示方法

由128比特构成的IPv6地址，如果再使用由32比特构成的IPv4地址的点分十进制记法来表示，就非常不方便了。例如，一个用点分十进制记法表示的IPv6地址为

32.1.13.184.64.4.0.16.0.0.0.0.101.67.15.253

为了使IPv6地址的表示再简洁一些，IPv6采用冒号十六进制记法（colon hexadecimal notation）：

（1）将128比特的IPv6地址以每16比特分为1组（共8组），每组之间使用冒号“:”分隔。

（2）将每组中的每4比特转换为1个十六进制数。

例如，将之前所给的用点分十进制记法表示的那个IPv6地址，改用冒号十六进制记法为

2001:0db8:4004:0010:0000:0000:6543:0ffd

具体转换方法如图4-128所示。

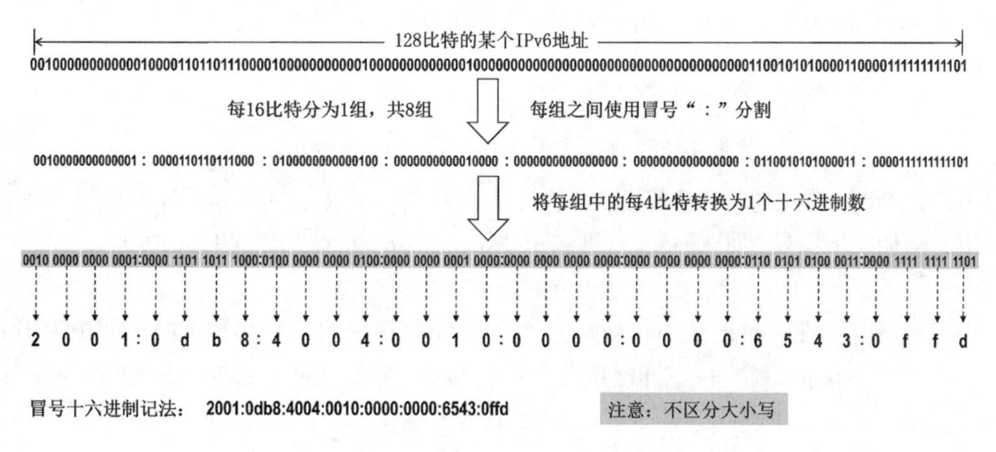

图4-128　IPv6地址的冒号十六进制记法

在IPv6地址的冒号十六进制记法的基础上，再使用“左侧零”省略和“连续零”压缩，可使IPv6地址的表示更加简洁。

- “左侧零”省略是指两个冒号间的十六进制数中最前面的一串0可以省略不写，例如000F可缩写为F。
- “连续零”压缩是指一连串连续的0可以用一对冒号取代，例如2001:0:0:0:0:0:0:ffd可缩写为2001::ffd。

将之前例子中的IPv6地址的冒号十六进制记法，再使用“左侧零”省略和“连续零”压缩，结果如下：

2001:db8:4004:10::6543:ffd

具体方法如图4-129所示。

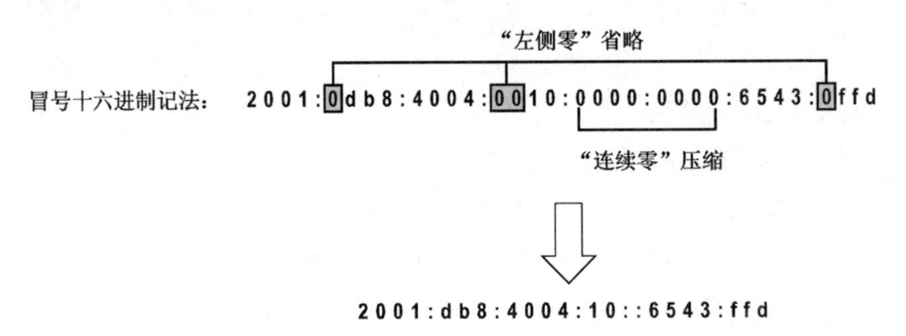

图4-129 “左侧零”省略和“连续零”压缩

请读者注意：在一个IPv6地址中只能使用一次“连续零”压缩，否则会导致歧义。如图4-130所示，有4个不同的IPv6地址，对每个地址进行多次“连续零”压缩，最终得到同一个最简形式的IPv6地址。换句话说，这个IPv6地址对应多个地址，失去了唯一性。

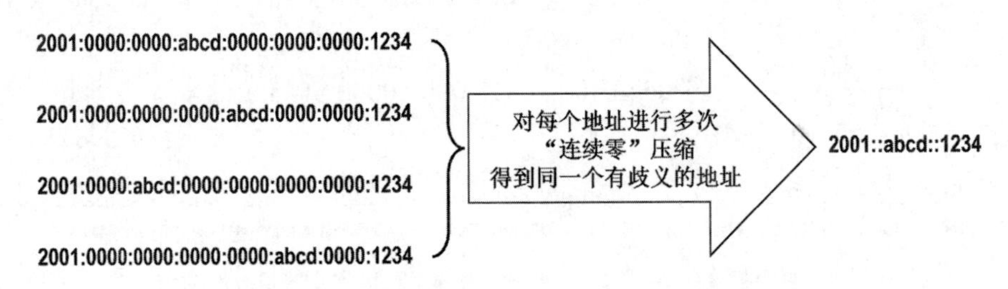

图4-130 多次使用“连续零”压缩造成歧义

另外，冒号十六进制记法还可结合点分十进制的后缀。这在IPv4向IPv6的过渡阶段非常有用。例如，下面是某个冒号十六进制记法结合点分十进制后缀的IPv6地址：

0:0:0:0:0:ffff:192.168.1.1

请读者注意：在这种记法中，被冒号“:”分隔的每个值，是16比特的十六进制形式；被每个点“.”分隔的每个值，是8比特的十进制形式。再使用“连续零”压缩即可得出：

::ffff:192.168.1.1

CIDR的斜线表示法在IPv6中仍然可用。例如，下面是一个指明了60比特前缀的IPv6地址：

2001:0db8:0000:cd30:0000:0000:0000:0000/60

还可记为：

2001:db8::cd30:0:0:0:0/60

或

2001:db8:0:cd30::/60

3. IPv6地址分类

1）IPv6数据报的目的地址有三种基本类型：

- 单播（unicast）：传统的点对点通信。
- 多播（multicast）：一点对多点的通信。数据报发送到一组计算机中的每一个。IPv6没有采用广播的术语，而将广播看作多播的一个特例。
- 任播（anycast）：这是IPv6新增的一种类型。任播的终点是一组计算机，但数据报只交付其中的一个，通常是距离最近的一个。

2）IPv6地址分类

[RFC 4291]对IPv6地址进行了分类，如表4-8所示。

表4-8　IPv6的地址分类

地址类型	地址构成
未指明地址	128比特“全0”，可缩写为::
环回地址	最低比特为1，其余127比特为“全0”，可缩写为::1
多播地址	最高8比特为“全1”，可记为FF00::/8
本地链路单播地址	最高10比特为1111111010，可记为FE80::/10
全球单播地址	除上述4种的其他所有IPv6地址

对表4-8给出的IPv6的五类地址简单解释如下：

- 未指明地址：这是128比特为“全0”的地址，可缩写为两个冒号“::”。该地址不能用作目的地址，只能用于还没有配置到一个标准IPv6地址的主机用作源地址。未指明地址仅此一个。
- 环回地址：IPv6的环回地址是0:0:0:0:0:0:0:1，可缩写为::1。该地址的作用与IPv4的环回地址相同，但IPv6的环回地址仅此一个。
- 多播地址：最高8比特为“全1”的IPv6地址，可记为FF00::/8。功能和IPv4一样。这类地址占IPv6地址空间的1/256。
- 本地链路单播地址：最高10比特为1111111010的IPv6地址，可记为FE80::/10。即使用户网络没有连接到因特网，但仍然可以使用TCP/IP协议。连接在这种网络上的主机都可以使用本地链路单播地址进行通信，但不能和因特网上的其他主机通信。这类地址占IPv6地址空间的1/1024。
- 全球单播地址：IPv6的全球单播地址是使用得最多的一类。IPv6全球单播地址采用三级结构，这是为了使路由器可以更快地查找路由。IPv6全球单播地址的三级结构如图4-131所示。

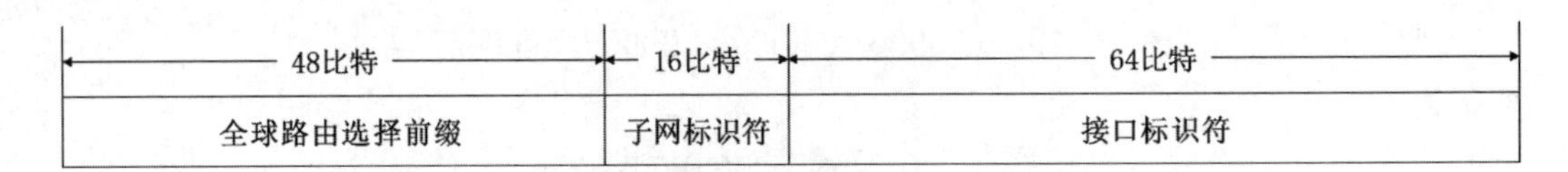

图4-131 IPv6全球单播地址的三级结构

全球路由选择前缀（Global Routing Prefix）为第一级地址，占48个比特，分配给公司和机构，用于因特网中路由器的路由选择，相当于IPv4分类地址中的网络号。

子网标识符（Subnet ID）为第二级地址，占16个比特，用于各公司和机构构建自己的子网。

接口标识符（Interface ID）为第三级地址，占64个比特，用于指明主机或路由器的单个网络接口，相当于IPv4分类地址中的主机号。与IPv4不同，IPv6地址的接口标识符有64个比特之多，足以将各种接口的硬件地址直接进行编码。这样，IPv6可直接从128比特地址的最后64比特中直接提取出相应的硬件地址，而不需要使用地址解析协议（ARP）进行地址解析了。IPv6定义了各种形式的硬件地址映射到这64比特接口标识符的方法，包括如何将48比特的以太网MAC地址转换为IPv6地址的64比特接口标识符。有兴趣的读者可以自行查阅相关资料。

4.9.5 从IPv4向IPv6过渡

因特网上使用IPv4的路由器的数量太大，要让所有路由器都改用IPv6并不能一蹴而就。因此，从IPv4转变到IPv6只能采用逐步演进的办法。另外，新部署的IPv6系统必须能够向后兼容，也就是IPv6系统必须能够接收和转发IPv4数据报，并且能够为IPv4数据报选择路由。

下面介绍两种由IPv4向IPv6过渡的策略：使用双协议栈和使用隧道技术。相关文档为[RFC 2473，RFC 2529，RFC 2893，RFC 3056，RFC 4038，RFC 4213]。

1. 使用双协议栈

双协议栈（Dual Stack）是指在完全过渡到IPv6之前，使一部分主机或路由器装有IPv4和IPv6两套协议栈。因此双协议栈主机或路由器既可以和IPv6系统通信，又可以和IPv4系统通信。双协议栈的主机或路由器记为IPv6/IPv4，表明它具有一个IPv6地址和一个IPv4地址。

双协议栈主机在与IPv6主机通信时采用IPv6地址，而与IPv4主机通信时采用IPv4地址。那么双协议栈主机是怎样知道目的主机采用的是哪一种地址呢？实际上，双协议栈主机使用应用层的域名系统（DNS）进行查询。若DNS返回的是IPv4地址，双协议的源主机就使用IPv4地址。若DNS返回的是IPv6地址，双协议栈的源主机就使用IPv6地址。

借助图4-132理解双协议栈。主机A和B都使用IPv6，路由器R1和R4是IPv6/IPv4路由器，路由器R2和R3是IPv4路由器。假设主机A给B发送一个IPv6数据报，路径是A→R1→R2→R3→R4→B。R1到R4这段路径是IPv4网络。

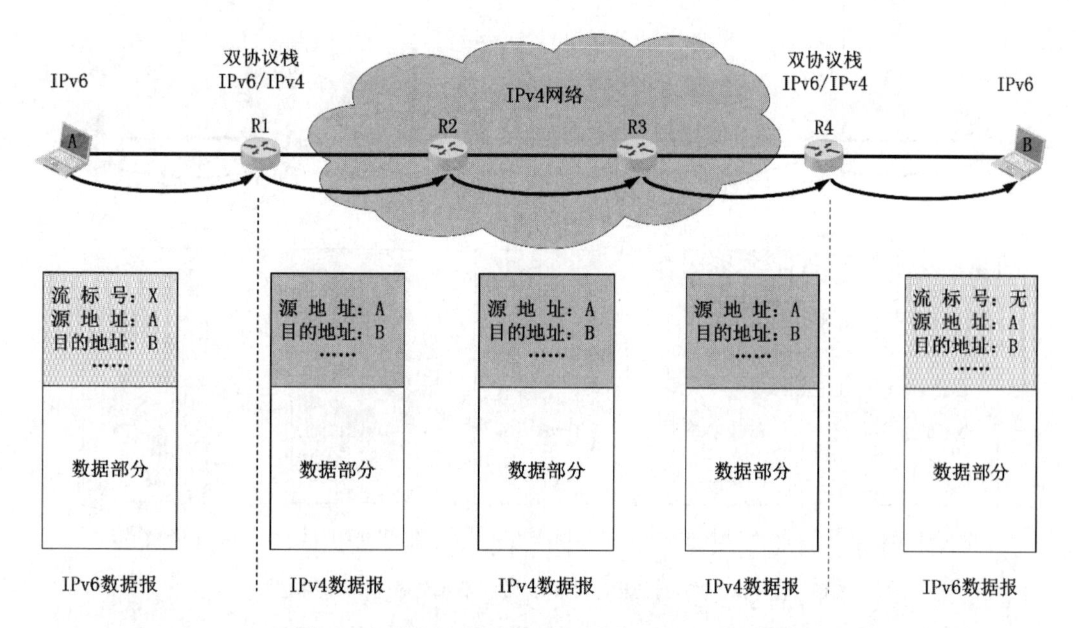

图4-132　使用双协议栈进行从IPv4到IPv6的过渡

（1）路由器R1不能向R2转发IPv6数据报，因为R2只使用IPv4协议。由于R1是IPv6/IPv4路由器，因此R1可把IPv6数据报首部转换为IPv4数据报首部（使IPv6数据报转换成IPv4数据报）后发送给R2。

（2）R2将收到的IPv4数据报转发给R3。

（3）R3将收到的IPv4数据报转发给R4。

（4）R4是IPv6/IPv4路由器，因此R4把IPv4数据报恢复成原来的IPv6数据报发送给主机B。

请读者注意：IPv6首部中的某些字段无法恢复。例如，原来IPv6首部中的流标号X在最后恢复出的IPv6数据报中只能变为空缺。这种信息的损失是使用首部转换方法所不能避免的。

2. 使用隧道技术

从IPv4向IPv6过渡的另一种方法是隧道技术（Tunneling）。

图4-133给出了隧道技术的工作原理。这种方法的核心思想是在IPv6数据报要进入IPv4网络时，将IPv6数据报重新封装成为IPv4数据报，即整个IPv6数据报成为IPv4数据报的数据部分。然后IPv4数据报就在IPv4网络中传输。当IPv4数据报要离开IPv4网络时，再将其数据部分（即原来的IPv6数据报）取出并转发到IPv6网络。

图4-133（a）表示数据报的封装要点。请读者注意，IPv4数据报的源地址是路由器R1的IPv4地址（简记为R1），而目的地址是路由器R4的IPv4地址（简记为R4）。

图4-133（b）表示在IPv4网络中，为IPv6数据报的传送打通了一条从R1到R4的IPv6专用隧道，R1是隧道的入口，R4是隧道的出口。需要说明的是，要使双协议栈路由器R4知道IPv4数据报的数据部分是IPv6数据报，则IPv4数据报首部中的协议字段的值必须设置为41。

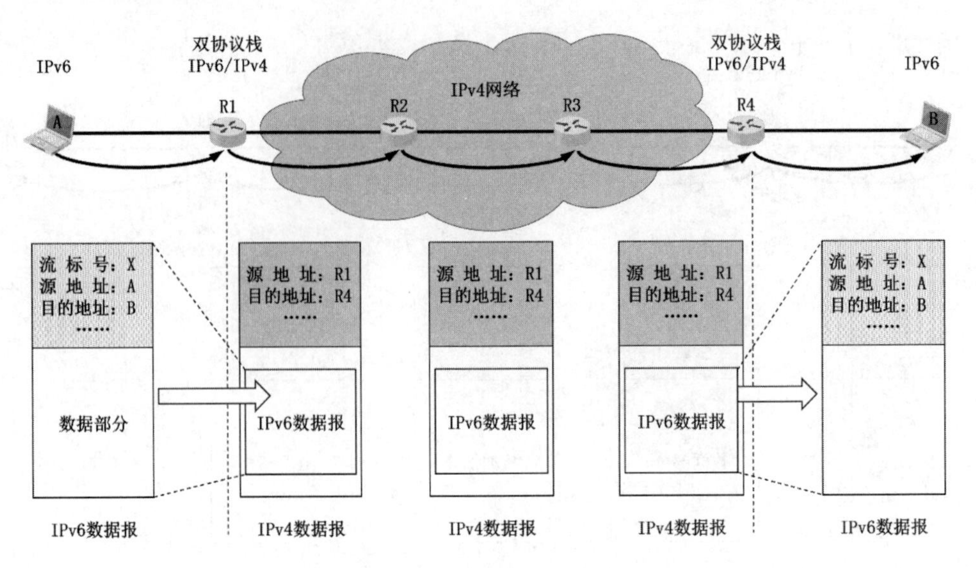

(a) 将IPv6数据报封装到IPv4数据报的数据部分通过IPv4网络进行传输

(b) 在IPv4网络中打通一条IPv6数据报的专用隧道

图4-133 使用隧道技术进行从IPv4到IPv6的过渡

4.9.6 网际控制报文协议ICMPv6

由于IPv6与IPv4一样，都不确保数据报的可靠交付，因此IPv6也需要使用网际控制报文协议来反馈一些差错信息，相应的ICMP版本为ICMPv6。

ICMPv6比ICMPv4要复杂得多，它合并了原来地址解析协议和网际组管理协议的功能。因此与IPv6配套使用的网际层协议就只有ICMPv6这一个协议。IPv4的网际层协议与IPv6的网际层协议如图4-134所示。

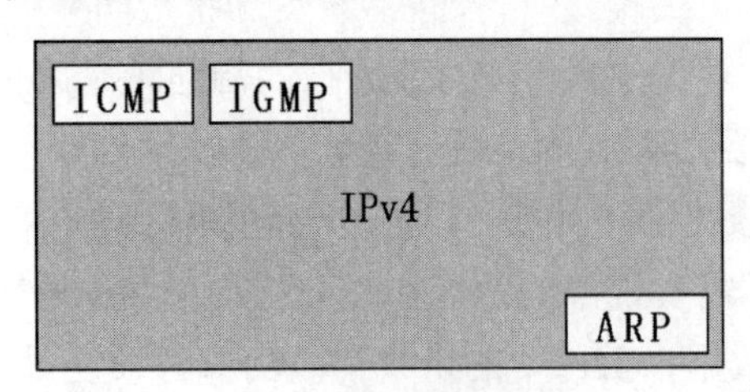

IPv4网际层协议

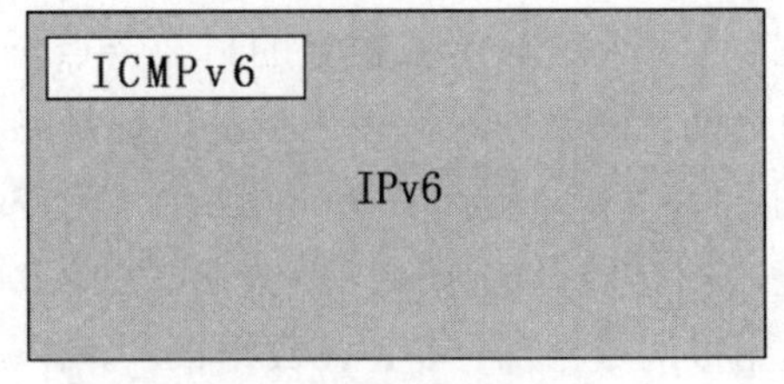

IPv6网际层协议

图4-134 IPv4网际层协议与IPv6网际层协议的对比

ICMPv6报文需要封装成IPv6数据报进行发送。ICMPv6报文的前面是IPv6基本首部和零个或多个IPv6扩展首部。在ICMPv6前面的一个首部（也可能是扩展首部）中的“下一个首部”字段的值应当置为58。需要说明的是，这和IPv4数据报首部中协议字段用来标志ICMP的值不同，在IPv4中标志ICMP的值是1。

ICMPv6报文可被用来报告差错、获取信息、探测邻站或管理多播通信。在对ICMPv6报文进行归类时，不同的RFC文档使用了不同的策略。例如，在[RFC 2463]中定义了六种类型的ICMPv6报文，在[RFC 2461]中定义了五种类型的ICMPv6报文，而在[RFC 2710]中定义了三种类型的ICMPv6报文。表4-9给出的是比较常用的几种ICMPv6报文。

表4-9 常用的几种ICMPv6报文

ICMP报文种类	类型的值	ICMP报文的类型
差错报告报文	1	目的站不可达
	2	分组太长
	3	时间超过
	4	参数问题
回送请求与回答报文	128	回送请求
	129	回送回答
多播听众发现报文	130	多播听众查询
	131	多播听众报告
	132	多播听众完成
邻站发现报文	133	路由器询问
	134	路由器通告
	135	邻站询问
	136	邻站通告
	137	改变路由

从表4-9可以看出：ICMPv6合并了原来ARP和IGMP的功能。ICMPv6邻站询问和邻站通告报文替代了原来的ARP协议，而ICMPv6多播听众发现报文替代了原来的IGMP协议。

4.10 软件定义网络

软件定义网络（Software Defined Network，SDN）的概念最早由斯坦福大学的Nick McKeown教授于2009年提出。SDN最初只是学术界探讨的一种新型网络体系结构。近些年来SDN发展快速，被不少企业相继采用，其中最成功的案例就是谷歌于2010—2012年建立的数据中心网络B4。实践证明，相比传统广域网，基于SDN的专用广域网B4确实可以在很大程度上提高网络带宽利用率，使得网络运行更加稳定，网络管理更加简化和高效，运行费用显著降低。SDN是当前网络领域最热门和最具发展前途的技术之一，其相关研究也在全世界范围内迅速展开，成为近年来的研究热点。

4.10.1 网络层的数据层面和控制层面

在4.4.6节已经介绍过，路由器的功能是分组转发和路由选择。因此，路由器之间传送的信息可以分为以下两大类：

- 源主机和目的主机之间所传送的信息。路由器为源主机和目的主机提供转发服务，采用“接力赛”方式把源主机所发送的分组从一个路由器转发到下一个路由器，最终把分组传送到目的主机。
- 路由信息。网络中各路由器根据路由选择协议所使用的路由算法，彼此周期性地交换路由信息分组，目的是建立各自的路由表，并由路由表得出转发表，为分组转发所用。

把路由器的网络层抽象地划分为如图4-135所示的两个层面（plane）：数据层面（或称转发层面）和控制层面。这里所谓的“层面”与计算机网络体系结构中的“层次（layer）”是类似的，都是抽象的概念。显然，在一个路由器实体中是无法看见这种抽象的层面。

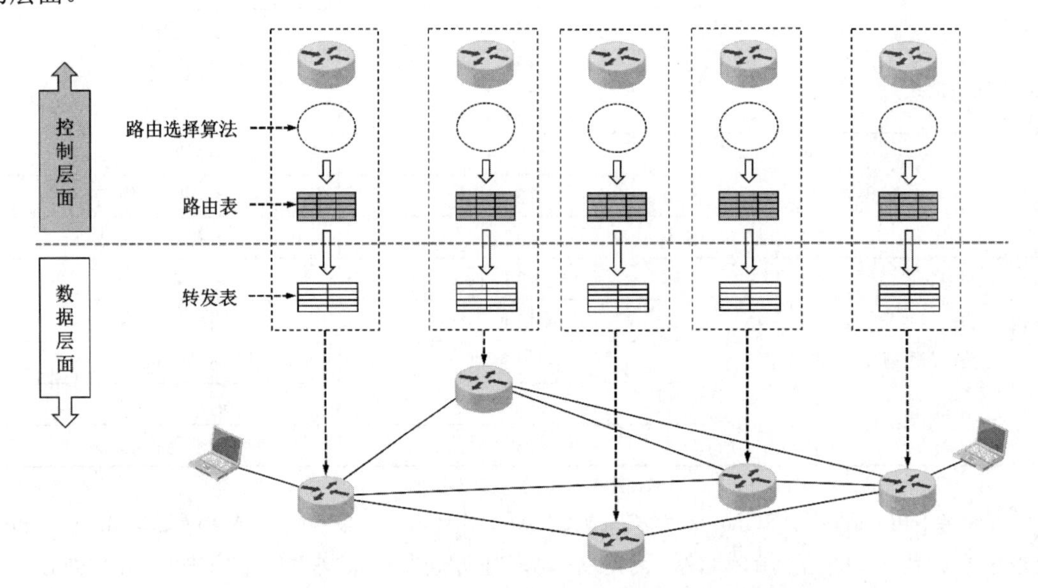

图4-135 将路由器网络层划分为数据层面和控制层面

在数据层面中，每一个路由器基于自己生成的转发表来转发分组。为了提高转发速率，现在的路由器一般都基于硬件进行转发，单个分组的转发时间为纳秒（10^{-9}秒）数量级。

在控制层面中，每一个路由器无法独自创建出自己的路由表。路由器必须和相邻的路由器周期性地交换路由信息，然后才能创建出自己的路由表。根据路由选择协议所使用的路由算法计算路由，需要由软件来完成，这需要花费较多的时间，一般是秒的数量级。

在传统因特网中的每一个路由器中，既有数据层面也有控制层面。但在图4-136所示的SDN结构中，路由器中的路由选择软件都不存在了，因此路由器之间不再相互交换路由信息。在网络的控制层面有一个在逻辑上集中的远程控制器。逻辑上的远程控制器在物理上可由不同地点的多个服务器组成。远程控制器掌握各主机和整个网络的状态，能够为每一个分组计算出最佳的路由，然后在每一个路由器中生成其正确的转发表。这样，路由器的工作就变得非常单纯，也就是对接收到的分组进行查表转发即可。

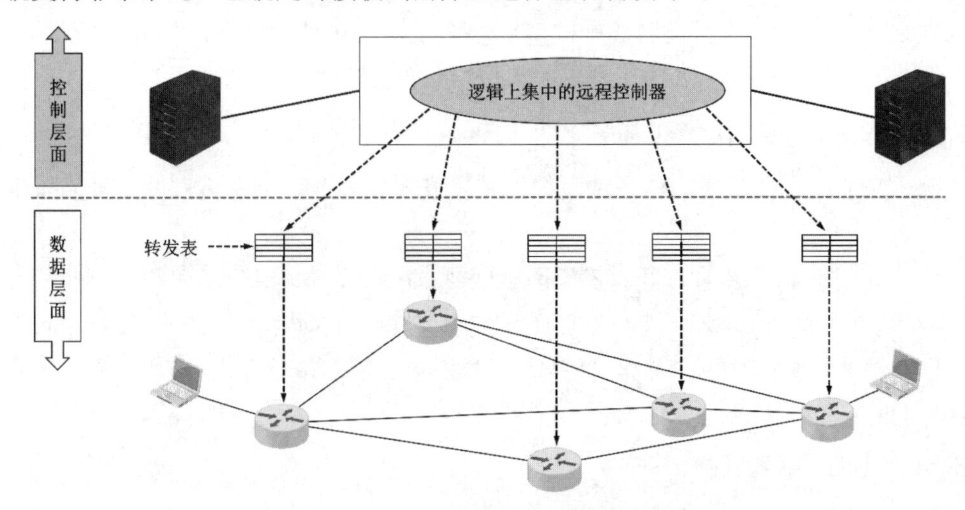

图4-136　SDN中的数据层面和控制层面

读者可能会有这样的疑问：因特网本来是分散控制的，为什么现在SDN又提出了集中控制呢？实际上，SDN并非现在就要把整个因特网都改造成集中控制模式，因为这显然是不现实的。但在某些具体条件下，尤其是一些大型数据中心之间的广域网，如果采用SDN模式来建造，就可以提高网络的运行效率，还可以获得更好的经济效益。

4.10.2　OpenFlow 协议

OpenFlow协议是一个得到高度认可的标准，在讨论SDN时往往与OpenFlow一起讨论。

SDN是一种新型网络体系结构，是一种设计、构建和管理网络的新方法和新概念，其核心思想就是把网络的控制层面和数据层面分离，而让控制层面利用软件来控制数据层面中的许多设备。

OpenFlow协议可被看作在SDN体系结构中控制层面与数据层面之间的通信接口，如图4-137所示。OpenFlow协议使得控制层面的控制器可以对数据层面中的物理设备或虚拟设备进行直接访问和控制。这种控制在逻辑上是集中式的、基于流的控制。

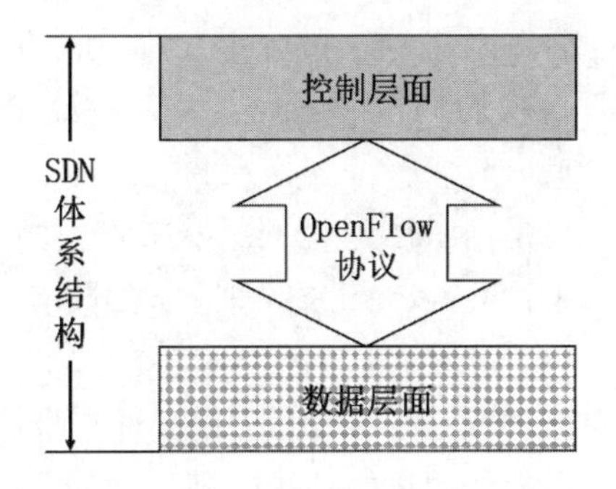

图4-137　OpenFlow协议是SDN体系结构中的控制层面与数据层面之间的通信接口

OpenFlow协议的技术规范由非营利性的产业联盟开放网络基金会（Open Networking Foundation，ONF）负责制定，从2009年年底发表的1.0版开始，每年都被更新，历经12次更新，到2015年3月发布了1.5.1版本，目前较为成熟的是1.3版本。ONF的任务是致力于SDN的发展和标准化。需要说明的是，SDN并未规定必须使用OpenFlow，只不过大部分SDN产品采用了OpenFlow作为其控制层面与数据层面的通信接口。

1. 传统意义上的数据层面的任务

传统意义上的数据层面的任务就是根据转发表转发分组。可将转发分组分为以下两个步骤：

（1）进行“匹配”：查找转发表中的网络前缀，进行最长前缀匹配。

（2）执行“动作”：把分组从匹配结果指明的接口转发出去。

上述这种“匹配+动作”的转发方式在SDN中得到了扩充，增加了新的内容，变成了广义的转发。

2. SDN中的广义转发

SDN的广义转发包含两部分：

- “匹配”：能够对网络体系结构中各层（数据链路层、网络层、运输层）的首部中的字段进行匹配。
- “动作”：不仅是转发分组，而且可以进行负载均衡，也就是可以把具有同样目的地址的分组从不同的接口转发出去。还可以重写IP首部（如同在NAT路由器中的地址转换），或者可以人为地阻挡或丢弃一些分组（如同在防火墙中一样）。

请读者注意，为了讨论问题的方便，本书在讨论SDN的问题时，不管在哪一层传送的数据单元，都称为分组。

3. OpenFlow交换机和流表

1）OpenFlow交换机、流表、SDN远程控制器三者之间的关系

在SDN的广义转发中，完成“匹配+动作”的设备并不局限在网络层工作，因此不再称为路由器，而称为“OpenFlow交换机”或“分组交换机”，或更简单地称为“交换机”。相应地，在SDN中取代传统路由器中转发表的是“流表（Flow Table）”。

在OpenFlow协议的各种相关文档中都没有给出“流”的定义。但从OpenFlow交换机的角度来看，一个流就是穿过网络的一种分组序列，而在此序列中的每个分组都共享分组首部某些字段的值。例如，某个流可以是具有相同源IP地址和目的IP地址的一连串分组。

OpenFlow交换机中的流表是由SDN远程控制器来管理的，如图4-138所示。SDN远程控制器通过一个安全信道，使用OpenFlow协议来管理OpenFlow交换机中的流表。这样，OpenFlow就有了双重意义：

- OpenFlow是SDN远程控制器与网络设备之间的通信协议。
- OpenFlow又是网络交换功能的逻辑结构的规约。

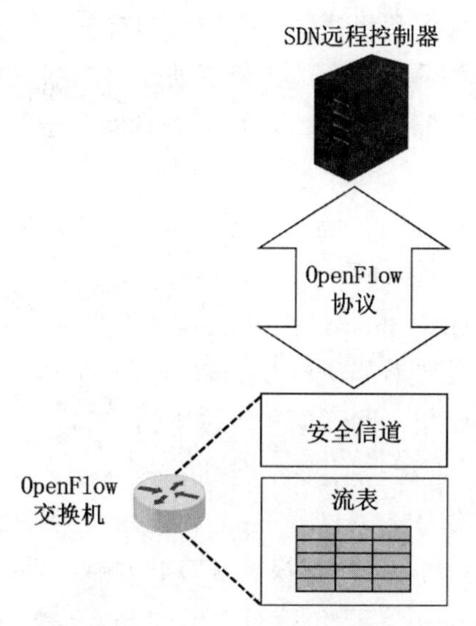

图4-138 OpenFlow交换机与OpenFlow协议

需要注意的是，尽管网络设备可以由不同厂商来生产，同时也可以使用在不同类型的网络中，但从SDN远程控制器看到的，则是统一的逻辑交换功能。

2）流表中的各字段

每个OpenFlow交换机必须有一个或多个流表。每一个流表可以包含多个流表项（Flow Entry）。流表项包含三个字段：首部字段值（或称匹配字段）、计数器和动作。

图4-139给出了OpenFlow 1.0版本的流表和分组的首部匹配字段，这是OpenFlow最简单的一个版本，便于理解其工作原理。

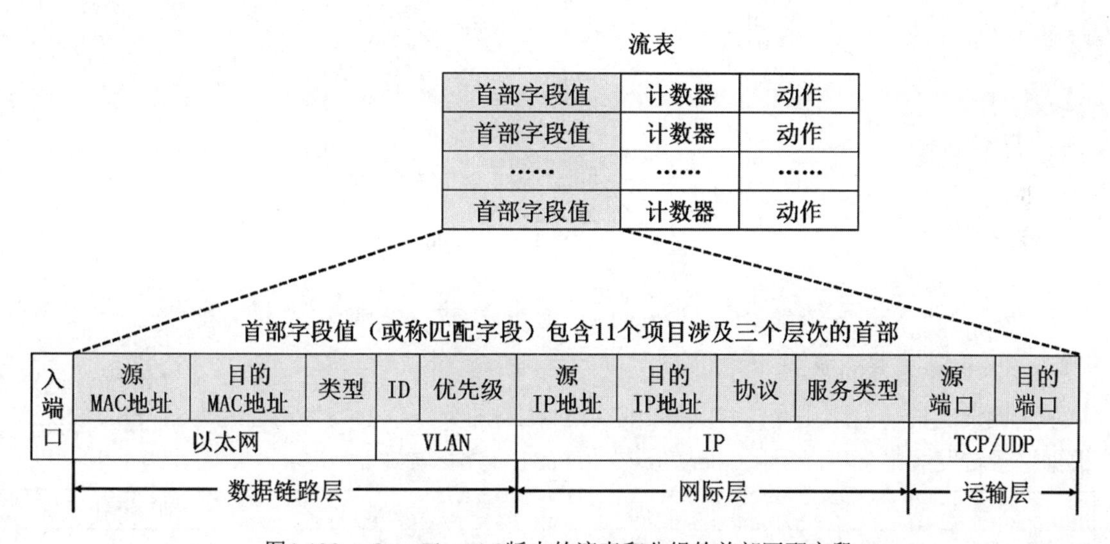

图4-139 OpenFlow 1.0版本的流表和分组的首部匹配字段

- 首部字段值字段：含有一组字段，用来使入分组（Incoming Packet）的对应首部与之匹配，因此又称为匹配字段。匹配不上的分组就被丢弃，或被发送到SDN远程控制器做更多的处理。图4-139所示的首部字段值字段（匹配字段）包含11个项目，涉及数据链路层、网际层和运输层三个层次的首部。很显然，OpenFlow的匹配抽象与以前介绍过的计算机网络体系结构分层处理的原则完全不同。在OpenFlow交换机中，既可以处理数据链路层的帧，也可以处理网际层的IP数据报，还可以处理运输层的TCP或UDP报文。

- 计数器字段：是一组计数器，包括已经与该流表项匹配的分组数量，以及从该流表项上次更新到现在经历的时间。
- 动作字段：是一组动作，例如，当分组匹配某个流表项时把分组转发到指明的端口，或丢弃该分组，或把分组进行复制后再从多个端口转发出去，或重写分组的首部字段（包括数据链路层、网际层和运输层的首部）。

为了更好地理解流表的“匹配+动作”，下面举例说明。

在图4-140所示的简单网络中，有H1～H6共6台主机，其IP地址标注在各自的旁边，还有S1～S3共3台OpenFlow交换机，每台交换机都有4个端口，其端口号标注在各自端口的旁边。另外，还有1台SDN远程控制器来控制这些OpenFlow交换机的“匹配+动作”。

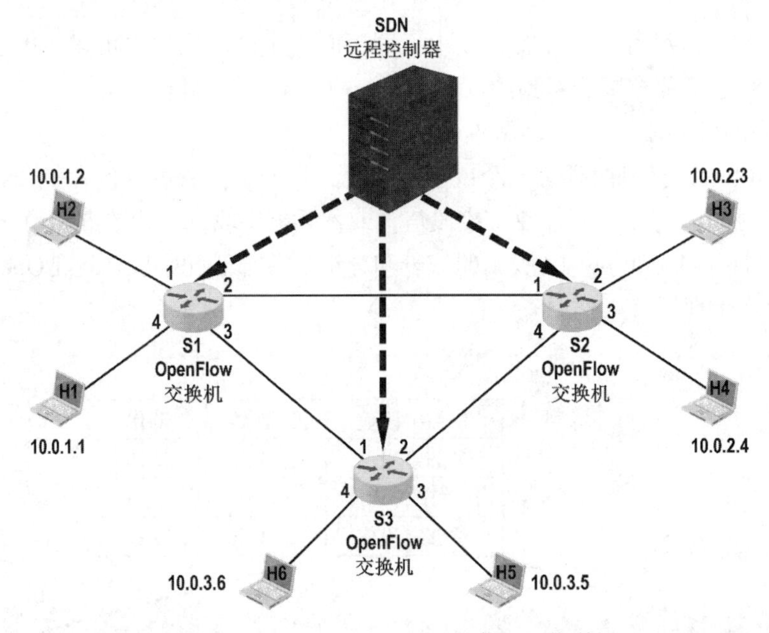

图4-140　OpenFlow“匹配+动作”网络举例

（1）简单转发的例子。

假设设定的转发规则是，H1或H2发往H3或H4的分组，其转发路径应为S1→S3→S2。根据这条转发规则，可以得出OpenFlow交换机S1的流表项如下：

匹　　配	动　作
源IP地址 = 10.0.1.*；目的IP地址 = 10.0.2.*	转发（3）
……	……

在匹配中使用了通配符“*”，例如，10.0.1.*，表明这样的地址将匹配前24比特的点

分十进制形式为10.0.1的任何地址。在动作中的"转发（3）"表明OpenFlow交换机应从自己的端口3转发所匹配的分组。

OpenFlow交换机S3的流表项如下：

匹　　配	动　　作
入端口 = 1；源IP地址 = 10.0.1.*；目的IP地址 = 10.0.2.* ……	转发（2） ……

与S1的流表项相比，S3的流表项中多了"入端口 = 1"，表明只有从自己端口1进入的分组才能与该流表项的后续项目进行匹配。

OpenFlow交换机S2的流表项如下：

匹　　配	动作
源IP地址 = 10.0.1.*；目的IP地址 = 10.0.2.3 源IP地址 = 10.0.1.*；目的IP地址 = 10.0.2.4 ……	转发（2） 转发（3） ……

（2）负载均衡的例子。

在图4-140中，为了均衡链路S2-S3和链路S1-S3的通信量，制定了以下规则：凡是从H4发往H5或H6的分组，其转发路径应为S2→S3；凡是从H3发往H5或H6的分组，其转发路径应为S2→S1→S3。很显然，采用基于目的IP地址的传统转发方法，是不能实现这种负载均衡的。但在本例中，只要在OpenFlow交换机S2的流表项中设置好合适的匹配项目即可。

OpenFlow交换机S2的流表项如下：

匹　　配	动　　作
入端口 = 3；目的IP地址 = 10.0.3.* 入端口 = 2；目的IP地址 = 10.0.3.* ……	转发（4） 转发（1） ……

（3）防火墙的例子。

假设在图4-140中的OpenFlow交换机S2中设置了防火墙，此防火墙的作用是仅仅接收来自OpenFlow交换机S1相连的主机所发送的分组，而不管这些分组是从S2自己的哪个端口进来的。根据这样的规定可得出S2的流表项：

匹　　配	动　　作
源IP地址 = 10.0.1.*；目的IP地址 = 10.0.2.3 源IP地址 = 10.0.1.*；目的IP地址 = 10.0.2.4 ……	转发（2） 转发（3） ……

需要说明的是，为了简单起见，在上述例子的流表项中省略了计数器字段。尽管上述例子非常简单，但已经可以看出SDN中的这种广义转发的多样性和灵活性。

4.10.3 SDN体系结构

1. SDN体系结构的四个关键特征

SDN体系结构如图4-141所示，其中包含四个关键特征。

1）基于流的转发

由SDN控制器控制的分组交换机分布在数据层面中，而分组的转发可以基于数据链路层、网络层和运输层协议数据单元中的首部字段的值进行。这与传统路由器仅根据IP数据报的目的IP地址进行转发有着明显的区别。

各分组交换机的流表中的流表项，都是由SDN控制器进行计算、管理和安装的。这样，SDN的转发规则都详细规定在各分组交换机的流表中。

2）数据层面与控制层面分离

在传统的转发设备路由器中，数据层面与控制层面都位于同一个设备中。但在SDN中，数据层面与控制层面是分离的，也就是二者不在同一个设备中。

数据层面有许多相对简单而快速的分组交换机，这些分组交换机基于各自的流表执行"匹配+动作"的规则。

控制层面则由若干服务器和相应的软件组成，这些服务器和软件计算并管理这些分组交换机中的流表。

3）位于数据层面分组交换机之外的网络控制功能

SDN中的控制层面是用各类软件实现的，而且这些软件还可以处于不同的机器上，并且还可能远离位于数据层面的分组交换机。

SDN控制层面的软件实现包含两个构件：

- SDN控制器，也就是网络操作系统。
- 若干个网络控制应用程序。

SDN控制器维护准确的网络状态信息（例如，远程链路、分组交换机和主机的状态），并把这些信息提供给运行在控制层面的各种控制应用程序，以及提供一些方法使得这些控制层面的应用程序，能够对数据层面中的分组交换机进行监视、编程和控制。

需要说明的是，在图4-141的SDN控制器中只画了一个服务器，目的在于向读者强调SDN网络的控制层面在逻辑上是集中控制的。实际上，在控制层面中总是使用多个分散的服务器协调地工作，以便实现可扩展性和高可用性。

4）可编程的网络

通过在SDN控制层面中的一些网络控制应用程序，使得整个SDN网络成为可编程的网络。SDN控制器使用这些网络控制应用程序，来控制数据层面中的各分组交换机。例如，路由选择网络控制应用程序能够确定源点和终点之间的端到端路径。网络控制应用程序还可以决定哪些分组在进入某个分组交换机时必须被阻挡，也就是进行接入控制。另外，网络控制应用程序还可以配置分组交换机在转发分组时执行负载均衡的措施。

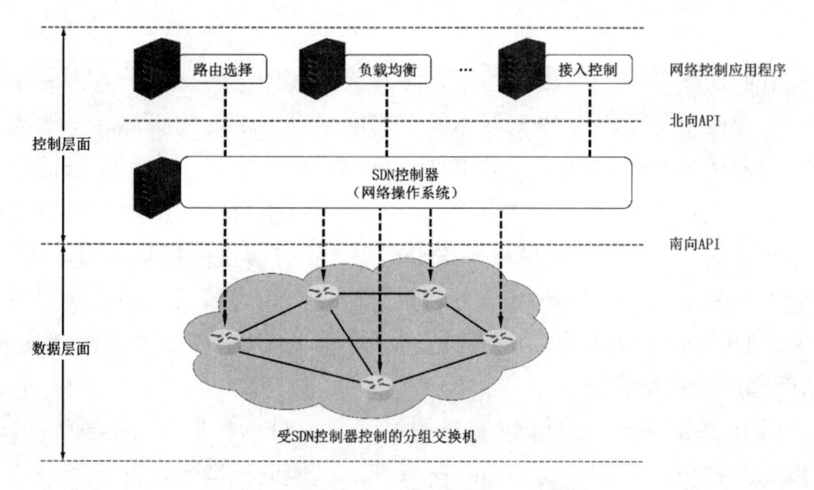

图4-141　SDN体系结构

从SDN体系结构的四个关键特征可以看出：SDN把网络的许多功能都分离开了。数据层面的交换机、控制层面的SDN控制器和许多网络控制应用程序，这些都是可以分开的实体，并且可由不同厂商和机构来提供。这与传统网络截然不同。在传统网络中，路由器或交换机是由单独的厂商提供的，其控制层面和数据层面以及协议的实现，都是集成在一个设备里面的。

图4-141还给出了SDN控制器与其下面的数据层面中的受控设备（分组交换机）的通信接口，即南向API（Application Programming Interface，API）；以及SDN控制器与其上面的控制层面中的网络控制应用程序的接口，即北向API。

2. SDN控制器

在SDN体系结构中，SDN控制器是最复杂的，它还可以划分成如图4-142所示的三个层次。

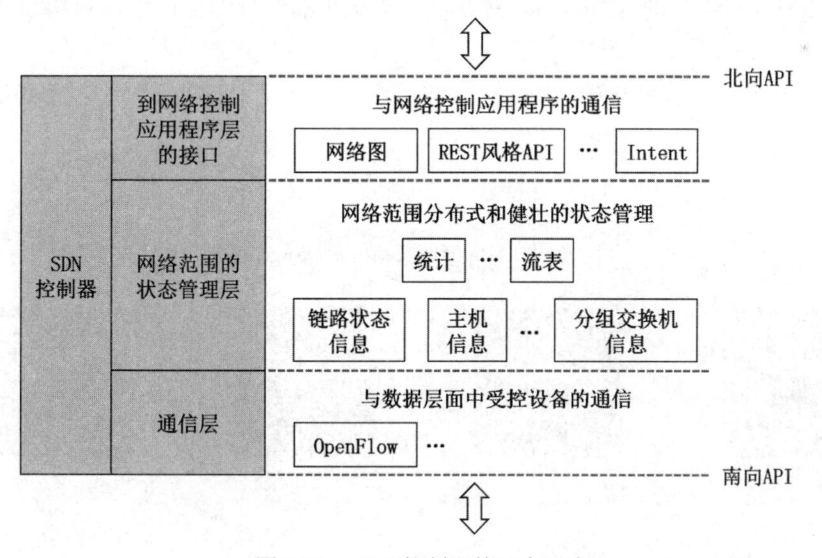

图4-142　SDN控制器的三个层次

1）通信层

通信层是SDN控制器中的底层，其任务是完成SDN控制器与位于数据层面中的受控的网络设备之间的通信。除了SDN控制器向受控的网络设备发送控制信息，这些设备还必须能够向SDN控制器传送在本地观察到的事件。例如，用一个报文指示某条链路正常工作或出故障而断开了，或指示某个设备刚刚接入到网络中，或者某种信号突然出现可以表示某个设备已加电并可以工作了。这样就可确保SDN控制器掌握了网络状态的最新视图。

要完成SDN控制器与受控的网络设备之间的通信，则通信双方必须使用相同的通信协议。之前介绍过的OpenFlow协议就是目前被广泛采用的SDN控制器通信层的协议。

2）网络范围的状态管理层

网络范围的状态管理层是SDN控制器的中间层。SDN控制层面若要做出任何最终的控制决定（例如，在所有的分组交换机中配置流表以便进行端到端的转发，或实现负载均衡，或实现某种特殊的防火墙能力），就需要让控制器掌握全网的主机信息、链路信息、分组交换机信息，以及其他受SDN控制器控制的设备的信息。分组交换机的流表中包含计数器，这些计数器的值对网络应用程序来说必须是可用的。由于控制层面的最终目的是确定各种被控设备的流表，因此SDN控制器还需要维护这些流表的副本。所有上述这些信息构成由SDN控制器维护的网络范围状态。

3）到网络控制应用程序层的接口

到网络控制应用程序层的接口是SDN控制器的顶层。SDN控制器与网络控制应用程序的交互都要通过北向API接口。该API接口允许网络控制应用程序对网络范围的状态管理层中的网络状态和流表进行读写操作。网络控制应用程序事先已进行了注册。当状态变化的事件出现时，网络控制应用程序把得到的网络事件进行通告，并采取相应的动作，例如计算新的最低开销的路径。该层可提供不同类型的API。例如，REST风格的API目前使用得较多，即表述性状态传递（Representational State Transfer，REST），是一种针对网络应用的设计和开发方法。图4-142中的Intent是对要进行的操作的一种抽象描述，可用它在组件之间传递数据。

目前已经出现了一些开放源代码的SDN控制器，最有代表性的就是OpenDaylight和ONOS，有兴趣的读者可访问相关的官方网站，这里就不再介绍了。

本章知识点思维导图请扫码获取：

第5章　运输层

本章首先介绍运输层的相关基本概念。在介绍运输层端口号、复用与分用的概念后，对TCP/IP体系结构运输层中的两个重要协议——UDP协议和TCP协议进行对比。本章其余大部分篇幅用来介绍重要且复杂的TCP协议。

本章重点

（1）进程间基于网络的通信。

（2）运输层端口号、复用与分用。

（3）UDP和TCP的特点。

（4）TCP的运输连接管理、流量控制、拥塞控制、可靠传输机制。

5.1　运输层概述

运输层是作为法律标准的OSI体系结构自下而上的第4层，其主要任务是为相互通信的应用进程提供逻辑通信服务。本节是对运输层的概述，首先介绍进程间基于网络的通信，然后概述TCP/IP体系结构运输层中的两个重要协议（用户数据报协议UDP和传输控制协议TCP），之后介绍运输层端口号、复用与分用的概念。

5.1.1　进程间基于网络的通信

本书第2～4章依次介绍了计算机网络体系结构中的物理层、数据链路层和网络层，它们共同解决了将主机通过异构网络互联起来所面临的问题，实现了主机到主机的通信。

如图5-1所示，局域网LAN1上的主机A与局域网LAN2上的主机B通过互联的广域网进行通信。网络层的作用范围是主机到主机，即网络层提供主机之间的逻辑通信。然而在计算机网络中实际进行通信的真正实体，是位于通信两端主机中的进程。假设 AP1和AP2是主机A中的与网络通信相关的两个应用进程，AP3和AP4是主机B中的与网络通信相关的两个应用进程。AP是应用进程的英文缩写词。

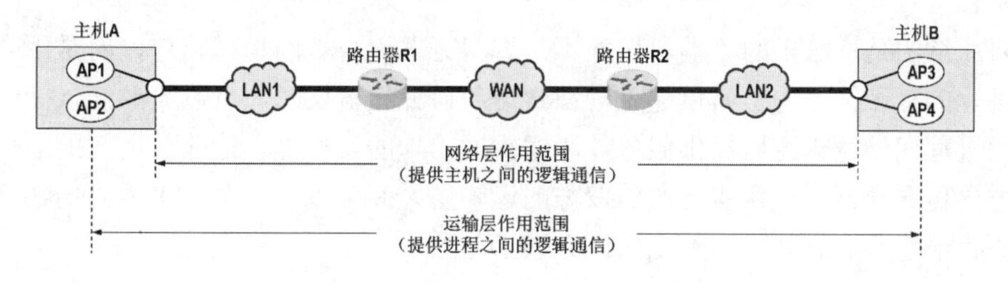

图5-1　运输层和网络层的作用范围

如何为运行在不同主机上的应用进程提供直接的逻辑通信服务，就是运输层的主要任务。运输层协议又称为端到端协议。如图5-1所示，运输层的作用范围是应用进程到应用进程，也称为端到端，即运输层提供进程之间的逻辑通信。

下面从计算机网络体系结构的角度看运输层。

如图5-2所示，假设主机A中的应用进程AP1与主机B中的应用进程AP4进行基于网络的通信，主机A中的AP2与主机B中的AP3进行基于网络的通信。

（1）主机A中的运输层使用不同的端口对应不同的应用进程，然后通过网络层及其下层传输应用层报文。

（2）主机B中的运输层通过不同的端口，将收到的应用层报文交付给应用层中相应的应用进程。

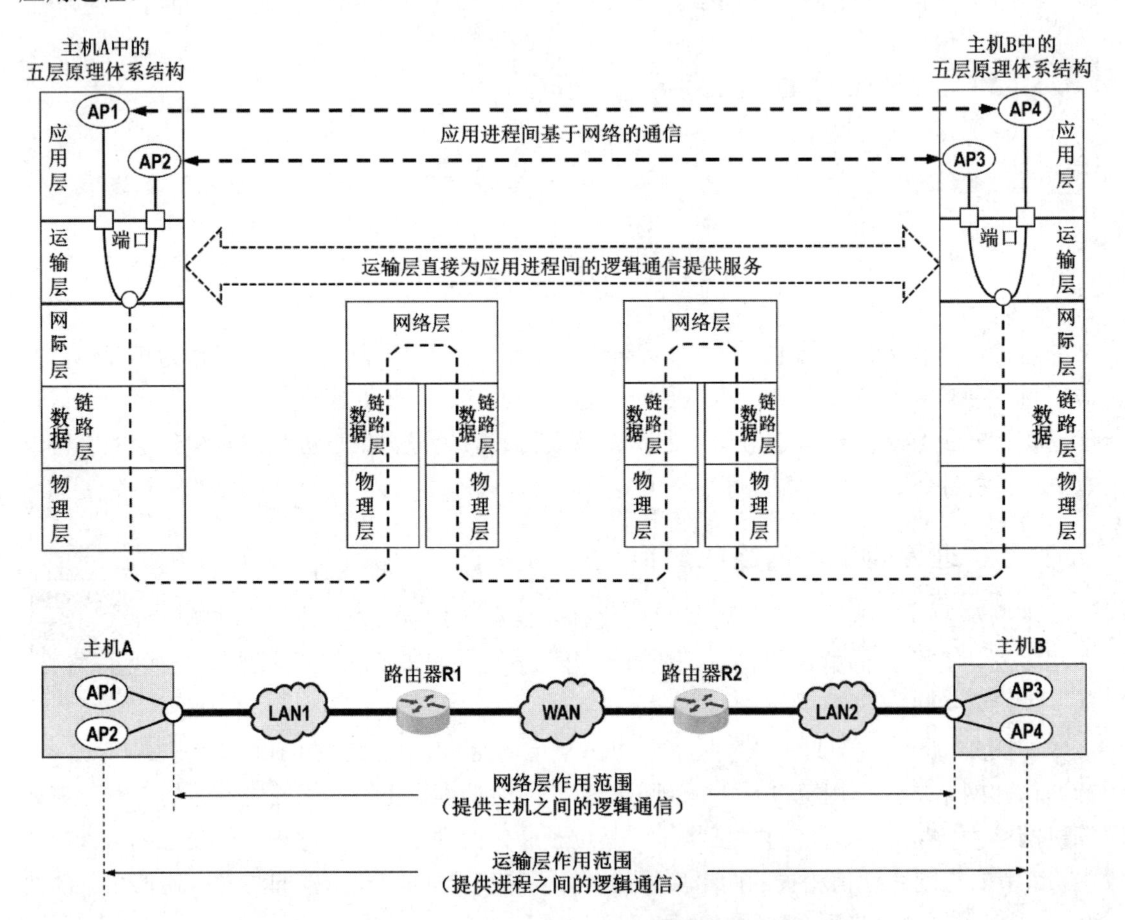

图5-2　从网络体系结构的角度看运输层

需要注意的是，这里的“端口”并不是看得见、摸得着的物理端口，而是用来区分不同应用进程的标识符。为了简单起见，在学习和研究运输层时，可以简单地认为运输层直接为应用进程间的逻辑通信提供服务。“逻辑通信”的意思是，运输层之间的通信好像是沿水平方向传送数据，但事实上通信双方的运输层之间并没有一条水平方向的物理连接，要传送的数据是沿着图中上下多次的虚线方向传送的。

运输层向应用层实体屏蔽了下面网络核心的细节（例如网络拓扑、所采用的路由选择协议等），它使应用进程看见的就好像在两个运输层实体之间有一条端到端的逻辑通信信道。

根据应用需求的不同，因特网的运输层为应用层提供了两种不同的运输层协议：

- 面向连接的传输控制协议。
- 无连接的用户数据报协议。

这两种协议就是本章要讨论的主要内容。

请读者注意，两个进程要基于网络进行通信，必须有一个进程要主动发起通信，而另一个进程要事先准备好接受通信请求，这就是客户/服务器通信模式。在术语“客户/服务器通信模式”中，客户和服务器都是基于网络进行通信的应用进程，客户是主动发起通信的进程，而服务器是被动接收通信请求的进程。例如用户使用浏览器远程访问某个网站，则用户主机中的浏览器进程就是客户，而网站中的Web服务器进程就是服务器。

5.1.2　TCP/IP 体系结构运输层中的两个重要协议

第4章曾重点介绍过因特网采用的TCP/IP体系结构的网际层（IP层），网际层为主机之间提供的逻辑通信服务，是一种尽最大努力交付的数据报服务。换句话说，IP数据报在传送过程中有可能出现误码、丢失、重复或失序等传输错误。对于因特网上的实时音频、视频等多媒体应用，实时性是它们的首要需求，而少量传输错误对播放质量产生的影响较小，可以满足应用需求。然而，对于因特网中的万维网、文件传输、电子邮件以及电子银行等应用，传输错误可能会造成灾难性的后果。因此，这就需要TCP/IP体系结构的运输层为这类因特网应用提供可靠的数据传输服务。

如图5-3所示，为了满足上述两类不同的因特网应用，TCP/IP体系结构的运输层为其应用层提供了两个不同的运输层协议：

- 用户数据报协议（UDP）。
- 传输控制协议（TCP）。

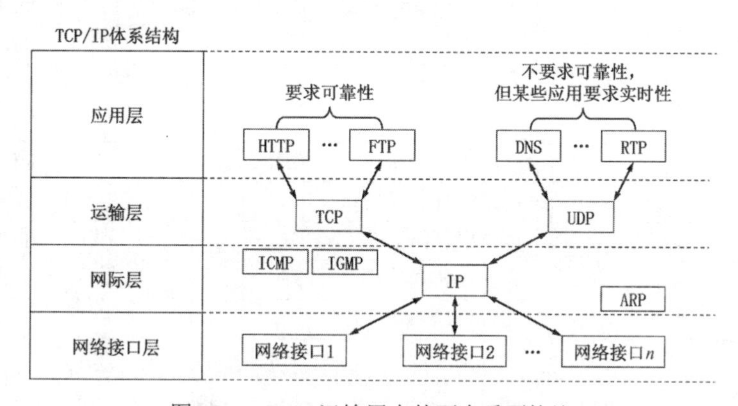

图5-3　TCP/IP运输层中的两个重要协议

1. 用户数据报协议

用户数据报协议[RFC 768]，向其上层提供的是无连接的不可靠的数据传输服务。也就是说，在运输层使用UDP通信的双方，在传送数据之前不需要建立连接。接收方的运输层在收到UDP用户数据报后，不需要给发送方发回任何确认。尽管UDP向其上层提供的是不可靠的数据传输服务，但对因特网上要求实时性的一类应用或某些情况，UDP却是一种最有效的工作方式。

2. 传输控制协议

传输控制协议[RFC793]，向其上层提供的是面向连接的可靠的数据传输服务。也就是说，在运输层使用TCP通信的双方，在传送数据之前必须先建立TCP连接（逻辑连接，而非物理连接），然后基于已建立好的TCP连接进行可靠数据传输，数据传输结束后要释放TCP连接。

TCP为了实现可靠数据传输，就必须增加许多措施，例如TCP连接管理、确认机制、超时重传、流量控制以及拥塞控制等，这不仅会使TCP报文段的首部比较大，还要占用许多处理机资源。

需要说明的是，按照开放系统互连OSI体系结构的术语，通信双方运输层中的两个对等实体之间传输的数据单元称为运输协议数据单元（Transport Protocol Data Unit，TPDU）。然而，在因特网所采用的TCP/IP体系结构中，根据所使用的运输层协议是TCP还是UDP，分别称之为TCP报文段（Segment）和UDP报文或UDP用户数据报（User Datagram）。

表5-1给出了因特网中的一些典型应用所使用的TCP/IP应用层协议和相应的运输层协议（TCP或UDP）。

表5-1　因特网中的一些典型应用所使用的TCP/IP应用层协议和相应的运输层协议

因特网应用	TCP/IP应用层协议	TCP/IP运输层协议
域名解析	域名系统（DNS）	UDP
文件传送	简单文件传送协议（TFTP）	UDP
路由选择	路由信息协议（RIP）	UDP
网络参数配置	动态主机配置协议（DHCP）	UDP
网络管理	简单网络管理协议（SNMP）	UDP
远程文件服务器	网络文件系统（NFS）	UDP
IP电话	专用协议	UDP
流媒体通信	专用协议	UDP
IP多播	网际组管理协议（IGMP）	UDP
电子邮件	简单邮件传送协议（SMTP）	TCP
远程终端接入	电传机网络（TELNET）	TCP
万维网	超文本传送协议（HTTP）	TCP
文件传送	文件传送协议（FTP）	TCP

5.1.3　运输层端口号、复用与分用的概念

1. 运输层端口号

之前曾介绍过，运输层直接为应用进程间的逻辑通信提供服务，它使用端口号来区分不同的应用进程。

我们知道，运行在计算机上的进程是使用进程标识符（Process Identification，PID）来标识的。然而，因特网上的计算机并不是使用统一的操作系统，而不同操作系统（Windows、Linux、Mac OS）又使用不同格式的进程标识符。为了使运行不同操作系统的计算机的应用进程之间能够进行网络通信，就必须使用统一的方法对TCP/IP体系的应用进程进行标识。

TCP/IP体系结构的运输层使用端口号来标识和区分应用层的不同应用进程。端口号的长度为16比特，取值范围是0～65535，分为两大类：

- 服务器端使用的端口号，分为两类：
  - 熟知端口号：又称为全球通用端口号，取值范围是0～1023。因特网号码分配管理局IANA将这些端口号分配给了TCP/IP体系结构应用层中最重要的一些应用协议。例如，HTTP服务器端的端口号为80，FTP服务器端的端口号为21和20。与电话通信相比，TCP/IP运输层的熟知端口号相当于所有人都知道的重要电话号码，例如，报警电话110，急救电话120，火警电话119，等等。表5-2给出了TCP/IP运输层的常用熟知端口号及其所对应的应用层协议。

表5-2　TCP/IP运输层的常用熟知端口号及其所对应的应用层协议

应用层协议	FTP	SMTP	DNS	DHCP	HTTP	BGP	HTTPS	RIP
运输层端口号	21/20	25	53	67/68	80	179	443	520

  - 登记端口号：取值范围是1024～49151。这类端口号是为没有熟知端口号的应用程序使用的，要使用这类端口号必须在因特网号码分配管理局IANA按照规定的手续登记，以防止重复。例如，Microsoft RDP微软远程桌面应用程序使用的端口号是3389。
- 客户端使用的短暂端口号：取值范围是49152～65535。这类端口号仅在客户端使用，由客户进程在运行时动态选择，又称为临时端口号。当服务器进程收到客户进程的报文时，就知道了客户进程所使用的临时端口号，因而可以把响应报文发送给客户进程。通信结束后，已使用过的临时端口号会被系统收回，以便给其他客户进程使用。

请读者注意，端口号只具有本地意义，即端口号只是为了标识本计算机网络协议栈应用层中的各应用进程。在因特网中，不同计算机中的相同端口号是没有关系的，即相互独立。另外，TCP和UDP端口号之间也是没有关系的。

2. 发送方的复用和接收方的分用

借助图5-4理解发送方的复用和接收方的分用。

（1）发送方的某些应用进程所发送的不同的应用报文，在运输层使用UDP协议进行封装，这称为UDP复用；而另一些应用进程所发送的不同的应用报文，在运输层使用TCP协议进行封装，这称为TCP复用。运输层使用端口号来区分不同的应用进程。

（2）不管是使用运输层的UDP协议封装成的UDP用户数据报，还是使用TCP协议封装成的TCP报文段，在网际层都需要使用IP协议封装成IP数据报，这称为IP复用。IP数据报首部中协议字段的值用来表明，IP数据报的数据载荷部分封装的是何种协议数据单元，取值为6表示封装的是TCP报文段，取值为17表示封装的是UDP用户数据报。

（3）接收方的网际层收到IP数据报后进行IP分用。若IP数据报首部中协议字段的值为17，则把IP数据报的数据载荷部分所封装的UDP用户数据报向上交付给运输层的UDP。若IP数据报首部中协议字段的值为6，则把IP数据报的数据载荷部分所封装的TCP报文段向上交付给运输层的TCP。

（4）运输层对UDP用户数据报进行UDP分用，对TCP报文段进行TCP分用，也就是根据UDP用户数据报或TCP报文段首部中的目的端口号，将它们向上交付给应用层的相应应用进程。

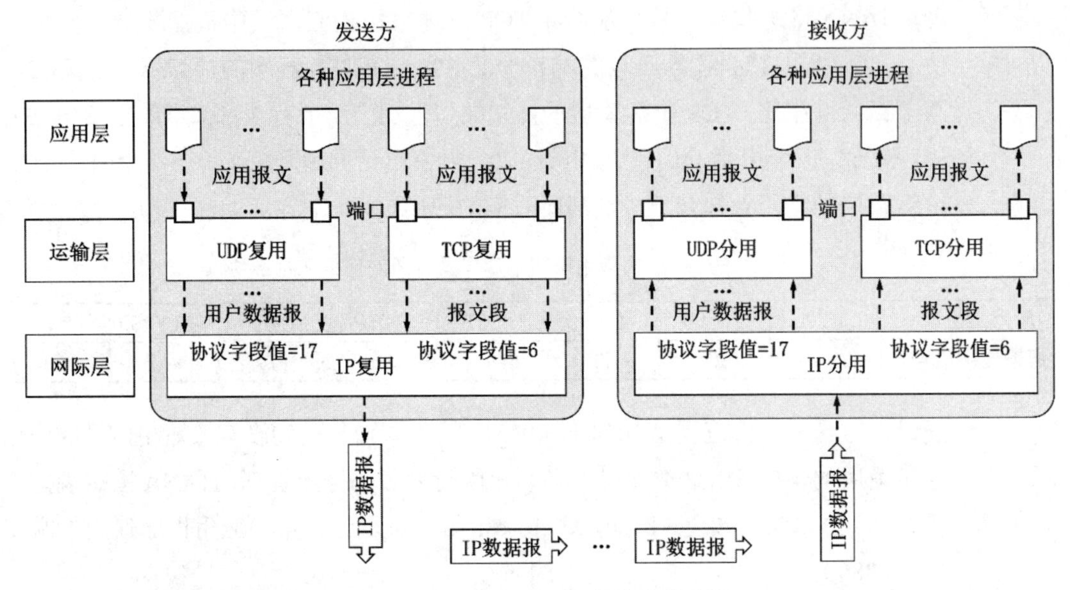

图5-4　发送方的复用和接收方的分用

图5-5给出了TCP/IP体系结构应用层常用协议所使用的运输层协议和熟知端口号。请读者注意，OSPF报文并不使用运输层的UDP或TCP进行封装，而是直接使用网际层的IP进行封装，协议字段的值为89。

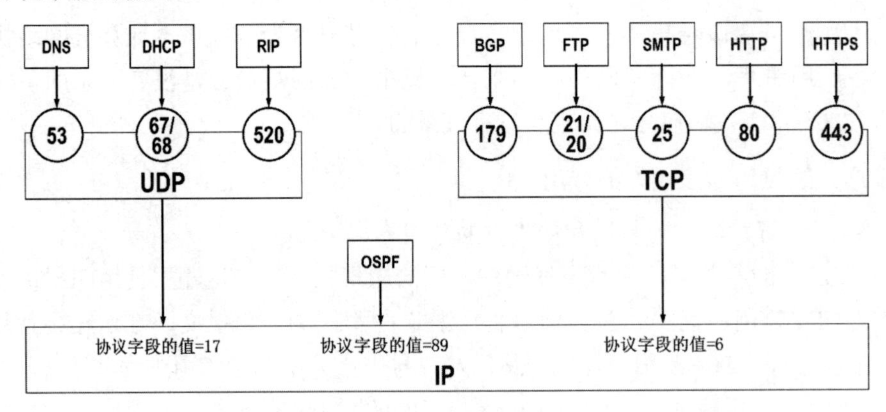

图5-5　TCP/IP体系结构应用层常用协议所使用的运输层协议和熟知端口号

3. 运输层端口号应用举例

为了帮助读者进一步认识运输层端口号的作用，下面给出一个应用实例。需要说明的是，为了将重点放在端口号、TCP/IP应用层常用协议所使用的运输层协议（UDP和TCP）和熟知端口号上，在本应用实例中省略了很多相关过程。例如，之前曾介绍过的使用地址解析协议来获取IP地址所对应的MAC地址，以及后续将介绍的TCP连接管理、相关应用层协议的工作原理等。

在图5-6中，用户PC、DNS服务器、Web服务器通过以太网交换机进行互联，它们处于同一个以太网中。Web服务器的域名为www.porttest.net，DNS服务器中记录有该域名所对应的IP地址。在用户PC中使用网页浏览器访问Web服务器的内容。

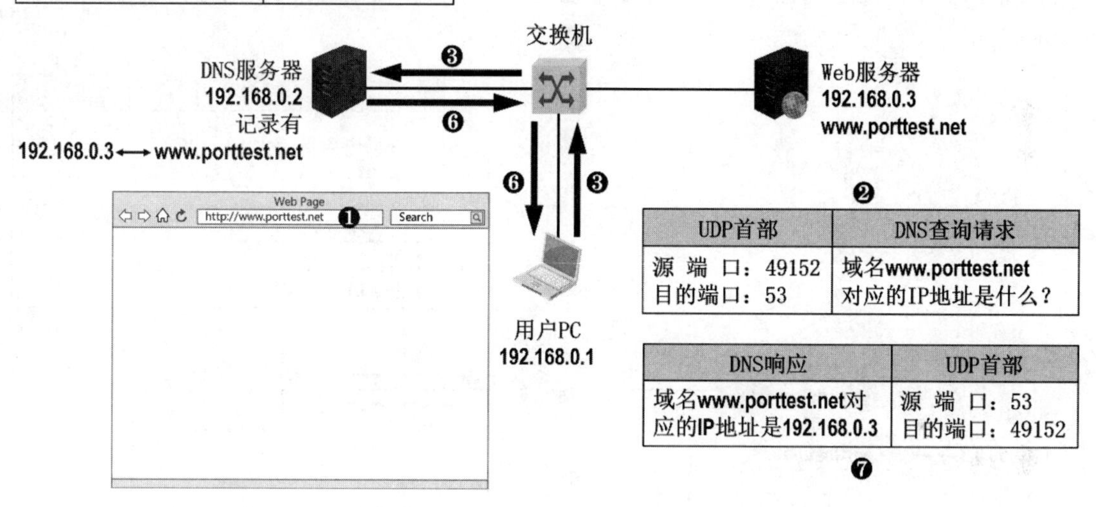

图5-6　用户PC给DNS服务器发送DNS查询请求并收到响应

（1）在网页浏览器的地址栏中输入Web服务器的域名（图5-6的❶）。

（2）用户PC中的DNS客户进程会发送一个DNS查询请求报文，其内容为“域名www.porttest.net所对应的IP地址是什么？”（图5-6的❷）。DNS查询请求报文需要使用运输层的UDP协议封装成UDP用户数据报，其首部中的源端口字段的值由系统在短暂端口号49152～65535中挑选一个未被占用的，用来表示DNS客户进程，例如49152；目的端口字段的值设置为53，这是DNS服务器进程所使用的熟知端口号。

（3）用户PC将UDP用户数据报封装在IP数据报中，通过以太网发送给DNS服务器（图5-6的❸）。

（4）DNS服务器收到该IP数据报后，从中解封出UDP用户数据报（图5-6的❹）。UDP用户数据报首部中的目的端口号为53，这表明应将该UDP用户数据报的数据载荷（也就是DNS查询请求报文），交付给本服务器中的DNS服务器进程。

（5）DNS服务器进程解析DNS查询请求报文的内容，然后按其要求查找对应的IP地址，之后会给用户PC发送DNS响应报文（图5-6的❺）。DNS响应报文的内容为“域名www.porttest.net对应的IP地址是192.168.0.3”。DNS响应报文需要使用运输层的UDP协议封装成UDP用户数据报，其首部中的源端口字段的值设置为熟知端口号53，表明这是DNS服务器进程所发送的UDP用户数据报；目的端口字段的值设置为49152，这是之前用户PC中发送DNS查询请求报文的DNS客户进程所使用的短暂端口号。

（6）DNS服务器将UDP用户数据报封装在IP数据报中，通过以太网发送给用户PC（图5-6的❻）。

（7）用户PC收到该IP数据报后，从中解封出UDP用户数据报（图5-6的❼）。UDP用户数据报首部中的目的端口号为49152，这表明应将该UDP用户数据报的数据载荷（也就是DNS响应报文），交付给用户PC中的DNS客户进程。DNS客户进程解析DNS响应报文的内容，就可知道自己之前所请求的Web服务器的域名所对应的IP地址为192.168.0.3。DNS客户进程将所使用的短暂端口号49152归还给系统，以便其他进程可以选择使用。

现在，用户PC中的HTTP客户进程可以向Web服务器发送HTTP请求报文了，如图5-7所示。

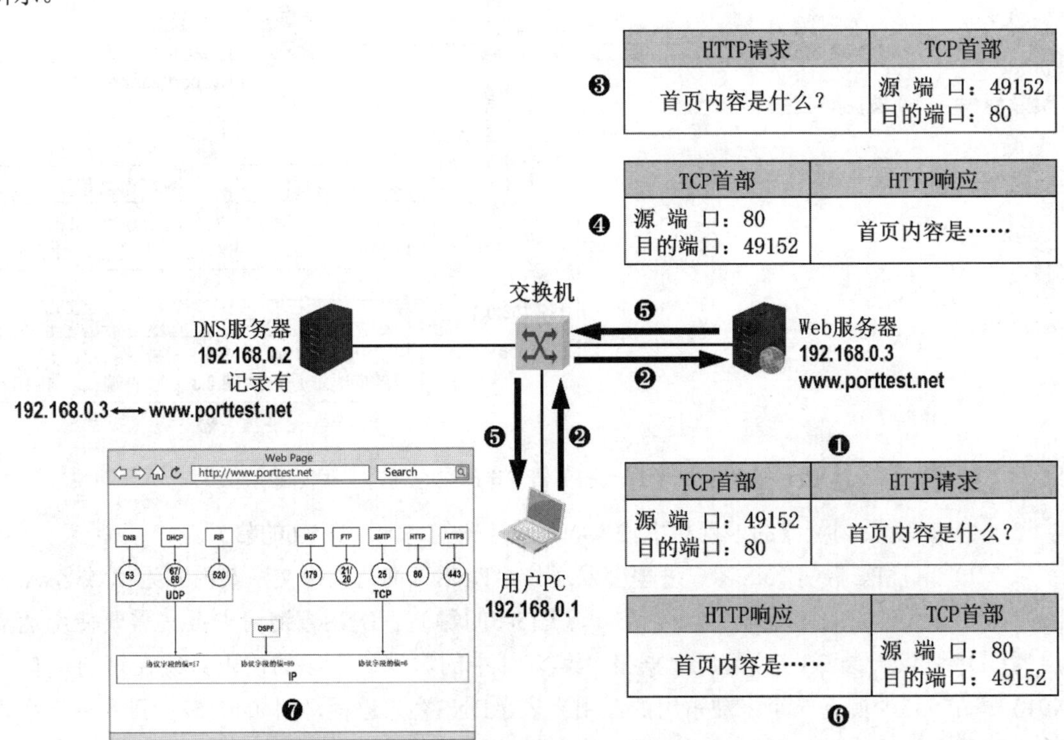

图5-7　用户PC给Web服务器发送HTPP请求并收到响应

（1）HTTP请求报文的内容为“首页内容是什么？”（图5-7的❶）。HTTP请求报文需要使用运输层的TCP协议封装成TCP报文段，其首部中的源端口字段的值由系统在短暂端口号49152～65535中挑选一个未被占用的，用来表示HTTP客户进程，例如仍然使用之前用过的49152；目的端口字段的值设置为80，这是HTTP服务器进程所使用的熟知端口号。

（2）用户PC将TCP报文段封装在IP数据报中通过以太网发送给Web服务器（图5-7的❷）。

（3）Web服务器收到该IP数据报后，从中解封出TCP报文段（图5-7的❸）。TCP报文段首部中的目的端口号为80，这表明应将该TCP报文段的数据载荷（也就是HTTP请求报文），交付给本服务器中的HTTP服务器进程。

（4）HTTP服务器进程解析HTTP请求报文的内容，然后按其要求查找首页内容，之后会给用户PC发送HTTP响应报文（图5-7的❹）。HTTP响应报文的内容就是HTTP客户端所请求的首页内容。HTTP响应报文需要使用运输层的TCP协议封装成TCP报文段，其首部中的源端口字段的值设置为熟知端口号80，表明这是HTTP服务器进程所发送的TCP报文段；目的端口字段的值设置为49152，这是之前用户PC中发送HTTP请求报文的HTTP客户进程所使用的短暂端口号。

（5）Web服务器将TCP报文段封装在IP数据报中通过以太网发送给用户PC（图5-7的❺）。

（6）用户PC收到该IP数据报后，从中解封出TCP报文段（图5-7的❻）。TCP报文段首部中的目的端口号为49152，这表明应将该TCP报文段的数据载荷（也就是HTTP响应报文），交付给用户PC中的HTTP客户进程。

（7）HTTP客户进程解析HTTP响应报文的内容，并在网页浏览器进行渲染显示。这样，用户就可以在网页浏览器中看到Web服务器所提供的首页内容了（图5-7的❼）。HTTP客户进程将所使用的短暂端口号49152归还给系统，以便其他进程可以选择使用。

5.2 UDP和TCP的对比

TCP/IP体系结构的运输层为其应用层提供了两个不同的运输层协议：UDP和TCP。这两个协议的使用频率仅次于网际层的IP协议。其中，UDP向应用层提供的是无连接的不可靠的数据传输服务，而TCP向应用层提供的是面向连接的可靠的数据传输服务。本节将对UDP和TCP进行对比，以便读者对UDP和TCP有一个初步的认识。由于UDP仅提供不可靠的数据传输服务，因此UDP非常简单，其要点在本节内就可以介绍完。而TCP提供的是可靠数据传输服务，因此TCP非常复杂，将在后续内容中对其详细介绍，本节只是整体介绍TCP与UDP的区别。

5.2.1 无连接的UDP和面向连接的TCP

UDP是无连接的。换句话说，使用UDP的通信双方，在传送数据之前不需要建立连接，可以随时发送数据，如图5-8（a）所示。

TCP是面向连接的。换句话说，使用TCP的通信双方，在传送数据之前必须使用“三报文握手”来建立TCP连接，如图5-8（b）所示。TCP连接建立成功后才能基于已建立好的TCP连接进行数据传输。数据传输结束后，必须使用“四报文挥手”来释放TCP连接。“三报文握手”和“四报文挥手”属于TCP的连接管理，其过程比较复杂，将在后续内容中专门介绍。需要注意的是，这里所谓的“连接”是指逻辑连接关系，而不是物理连接。

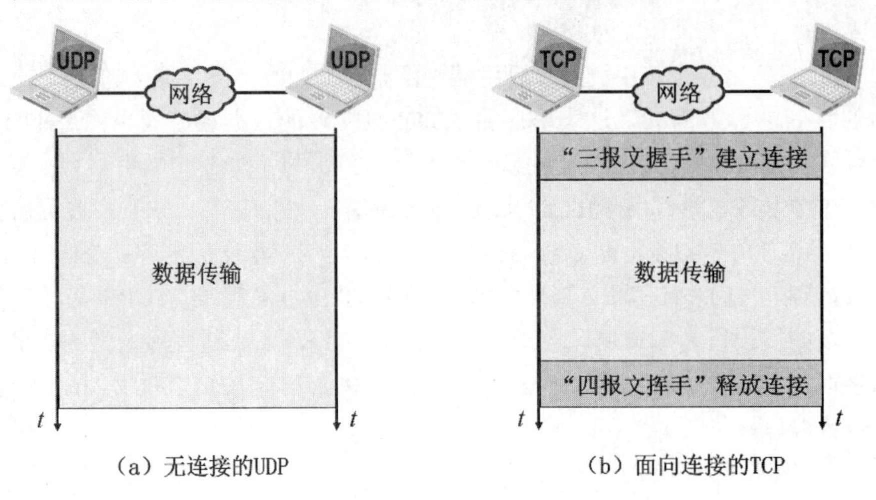

（a）无连接的UDP （b）面向连接的TCP

图5-8 无连接的UDP和面向连接的TCP

5.2.2 UDP和TCP对单播、多播和广播的支持情况

UDP支持单播、多播和广播。例如图5-9所示，某个局域网上有四台使用UDP进行通信的主机，其中任何一台主机都可向其他三台主机发送单播（图5-9（a）），也可以向某个多播组发送多播（图5-9（b）），还可以向其他三台主机发送广播（图5-9（c））。换句话说，UDP支持“一对一”“一对多”以及“一对全”的通信。

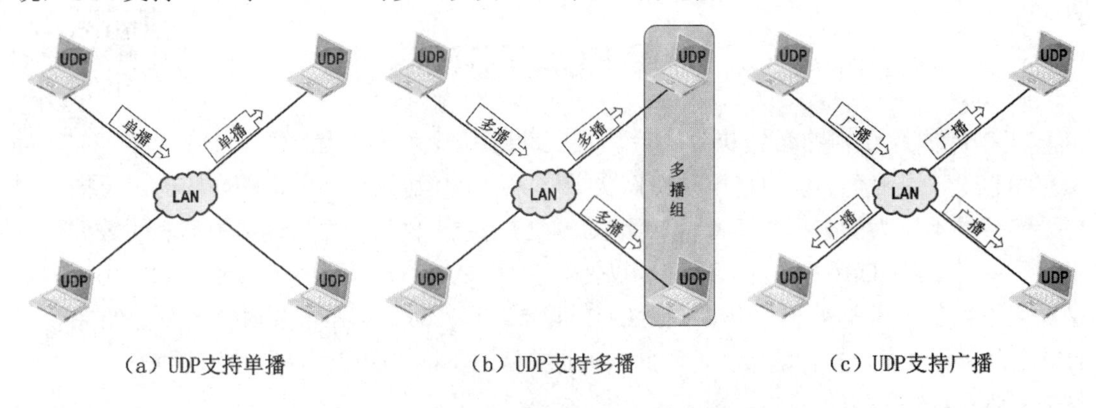

（a）UDP支持单播 （b）UDP支持多播 （c）UDP支持广播

图5-9 UDP支持单播、多播和广播

使用TCP协议的通信双方，在数据传输之前必须使用“三报文握手”建立TCP连接，如图5-10（a）所示。TCP连接建立成功后，通信双方之间就好像有一条可靠的通信信道，通信双方使用这条基于TCP连接的可靠信道进行通信，如图5-10（b）所示。很显然，TCP仅支持单播，也就是“一对一”的通信。

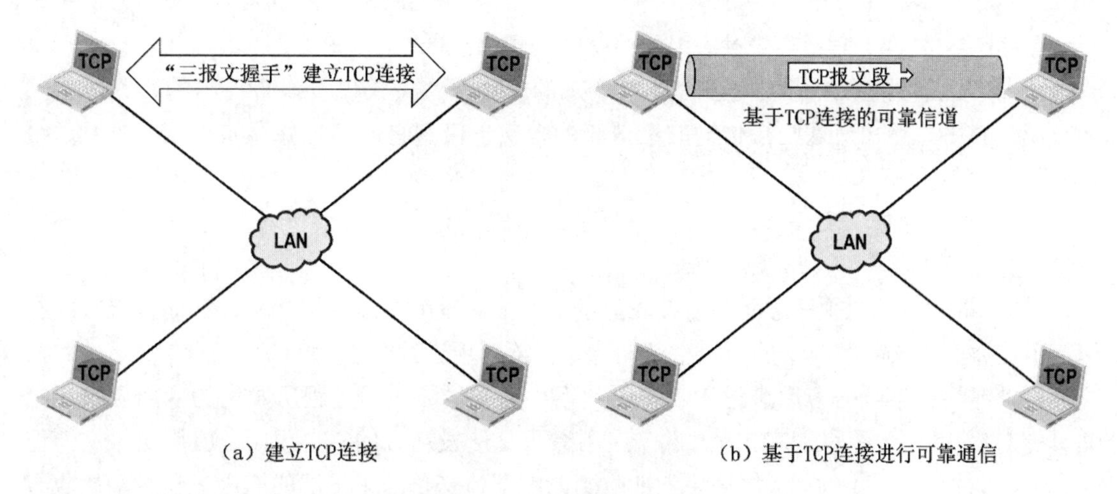

（a）建立TCP连接　　（b）基于TCP连接进行可靠通信

图5-10　TCP仅支持单播

5.2.3　UDP和TCP对应用层报文的处理

借助图5-11（a）理解UDP对应用层报文的处理情况：

（1）发送方的应用进程将应用层报文向下交付给运输层的UDP。

（2）UDP直接给应用层报文添加一个UDP首部，使之成为UDP用户数据报，然后进行发送。需要说明的是，为了简单起见，忽略了运输层下面的各层处理。

（3）接收方的UDP收到UDP用户数据报后，去掉UDP首部，将应用层报文向上交付给应用进程。

综上所述，UDP对应用进程交付下来的报文既不合并也不拆分，而是保留这些报文的边界。换句话说，UDP是面向应用报文的。

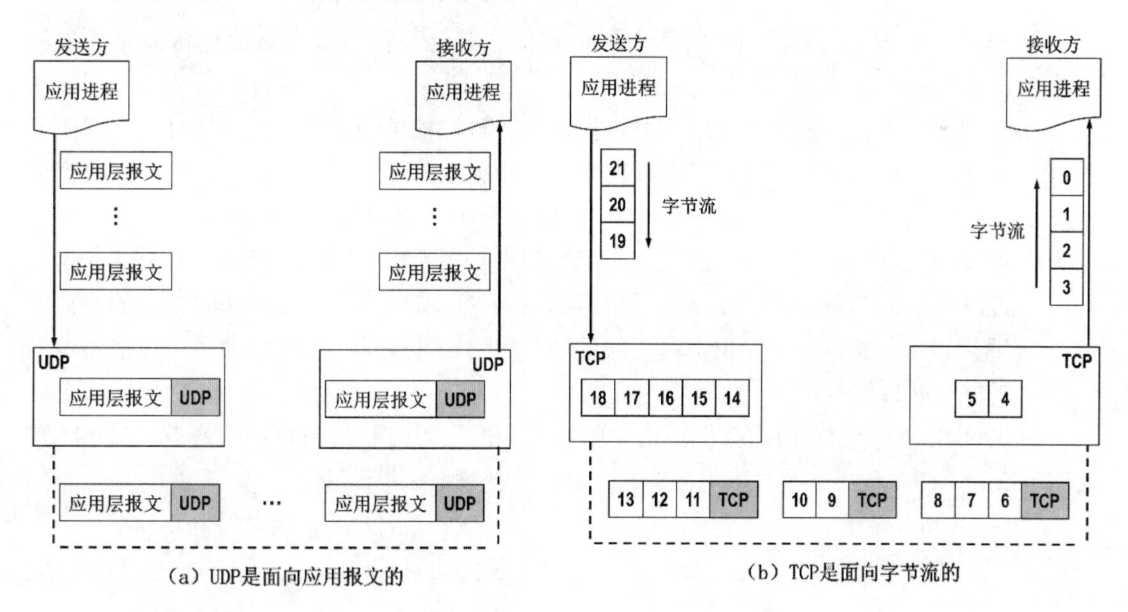

（a）UDP是面向应用报文的　　（b）TCP是面向字节流的

图5-11　UDP和TCP对应用层报文的处理

借助图5-11（b）理解TCP对应用层报文的处理情况。

（1）发送方的TCP把应用进程交付下来的应用报文，仅仅看作一连串的、无结构的字节流。TCP并不知道这些待传输的字节流的含义，仅将它们编号并存储在自己的发送缓存中。

（2）TCP根据发送策略，从发送缓存中提取一定数量的字节，构建TCP报文段并发送。

（3）接收方的TCP一方面从所接收到的TCP报文段中取出数据载荷并存储在接收缓存中，另一方面将接收缓存中的一些字节向上交付给应用进程。

TCP不保证接收方应用进程所收到的数据块与发送方应用进程所发出的应用层报文之间具有对应大小的关系。例如，发送方应用进程交给发送方的TCP共10个应用层报文，但接收方的TCP可能只用了4个数据块就把收到的字节流交付给了上层的应用进程。但接收方应用进程收到的字节流必须和发送方应用进程发出的字节流完全一样。当然，接收方的应用进程必须有能力识别收到的字节流，把它还原成有意义的应用层报文。

综上所述，TCP是面向字节流的，这正是TCP实现可靠传输、流量控制以及拥塞控制的基础。需要说明的是，为了突出示意图的要点，只画出了一个方向的数据流。在实际的网络中，基于TCP连接的两端可以同时进行TCP报文段的发送和接收，也就是全双工通信。另外，图5-11（b）中TCP报文段的数据载荷只包含了几个字节，在实际中，一个TCP报文段常常包含上千个字节。

5.2.4 UDP和TCP对数据传输可靠性的支持

我们知道，TCP/IP体系结构的网际层向其上层提供的是无连接不可靠的数据传输服务。

当运输层使用UDP时，UDP向其上层提供的也是无连接不可靠的数据传输服务，如图5-12（a）所示。

- 发送方给接收方发送UDP用户数据报，若传输过程中UDP用户数据报受到干扰而产生误码，接收方UDP可以通过该UDP用户数据报首部中的检验和字段的值，检查出产生误码的情况，但仅仅丢弃该UDP用户数据报，其他什么也不做。
- 如果发送方给接收方发送的UDP用户数据报被因特网中的某个路由器丢弃了（这可能是由于路由器太忙，或路由器检查出封装该UDP用户数据报的IP数据报的首部出现误码），发送方UDP也不做任何处理，因为UDP向其上层提供的是无连接不可靠的数据传输服务。

综上所述，对于UDP用户数据报出现的误码和丢失等问题，UDP并不关心。基于UDP的这个特点，UDP适用于实时应用，例如IP电话和视频会议等。

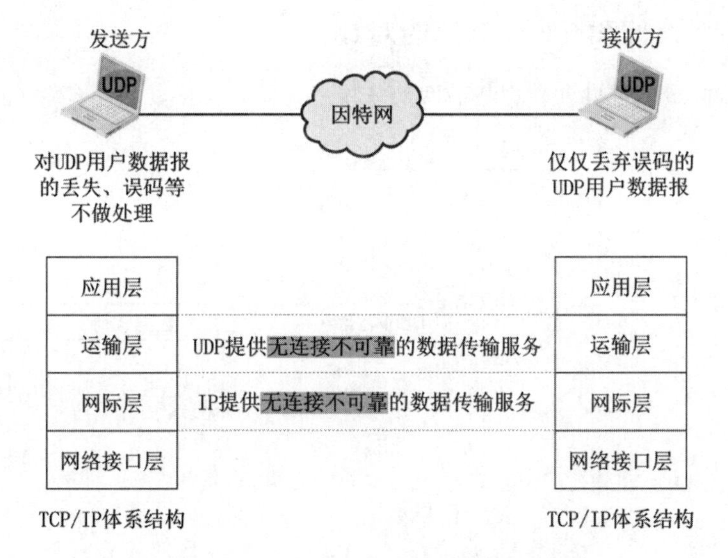

（a）UDP向其上层提供无连接不可靠的数据传输服务
（适用于IP电话和视频会议等实时应用）

（b）TCP向其上层提供面向连接可靠的数据传输服务
（适用于要求可靠且对实时性要求不高的应用，例如文件传输和电子邮件等）

图5-12　UDP和TCP对数据传输可靠性的支持

尽管TCP/IP网际层中的IP协议向其上层提供的是无连接不可靠的数据传输服务，也就是IP数据报可能在传输过程中出现丢失或误码，但只要运输层使用TCP协议，TCP就可向其上层提供面向连接的可靠的数据传输服务，如图5-12（b）所示。可将其想象成：使用TCP协议的收发双方，基于TCP连接的可靠信道进行数据传输，不会出现误码、丢失、失序和重复等传输差错。基于TCP的这个特点，TCP适用于要求可靠传输且对实时性要求不高的应用，例如文件传输和电子邮件等。

5.2.5 UDP首部和TCP首部的对比

UDP用户数据报由首部和数据载荷两部分构成，其首部格式如图5-13（a）所示。

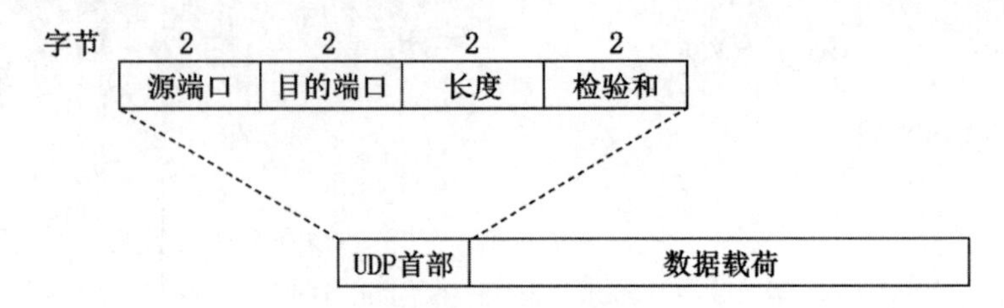

（a）UDP用户数据报的首部格式

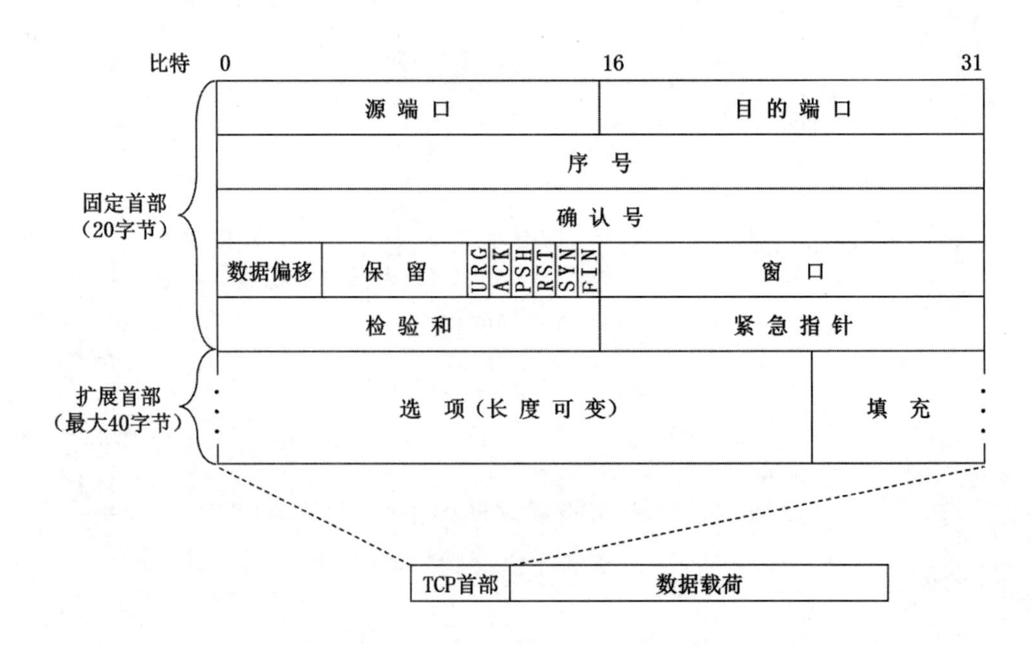

（b）TCP报文段的首部格式

图5-13 UDP首部和TCP首部的对比

UDP用户数据报的首部仅有4个字段，每个字段长度为2字节。由于UDP不提供可靠传输服务，它仅仅在网际层的基础上添加了用于区分应用进程的端口，因此它的首部非常简单，仅有8字节。

TCP报文段由首部和数据载荷两部分构成，其首部格式如图5-13（b）所示。TCP报文段的首部比UDP用户数据报的首部复杂得多，其最小长度为20字节，最大长度为60字节。TCP要实现可靠传输、流量控制、拥塞控制等服务，其首部自然会比较复杂，首部中的字段比较多，首部长度也比较长。TCP报文段的首部格式将在5.3.1节详细介绍。

请读者注意，UDP用户数据报首部中的长度字段用于指明UDP用户数据报的长度，而检验和字段用于UDP接收方检查UDP用户数据报在传输过程中是否产生了误码。检验和字段的计算方法有些特殊。在计算检验和时，要在UDP用户数据报之前增加12字节的伪首部，如图5-14所示。

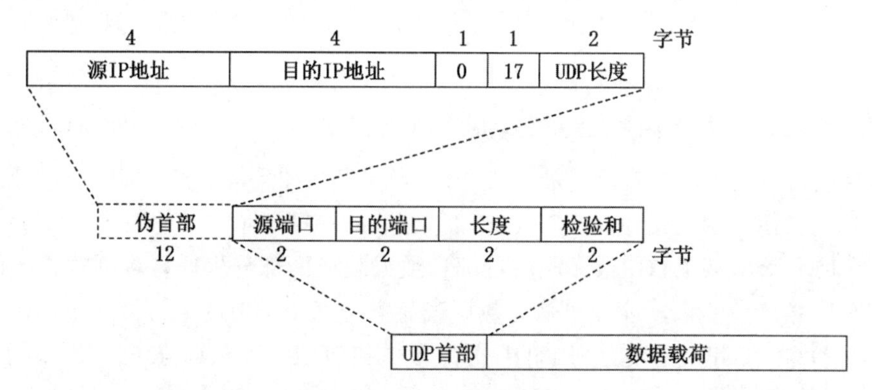

图5-14　UDP计算检验和时，要在UDP用户数据报之前增加12个字节的伪首部

伪首部的第三个字段是全零，第四个字段是IPv4数据报首部中的协议字段的值，对于UDP，此协议字段的值为17。第五个字段是UDP用户数据报的长度。这样的检验和，既检查了UDP用户数据报的源端口号、目的端口号以及UDP用户数据报的数据部分，又检查了IP数据报的源地址和目的地址。接收方收到UDP用户数据报后，仍要加上伪首部来计算检验和。UDP计算检验和的方法和计算IPv4数据报首部检验和的方法类似，这里不再赘述。

5.3　传输控制协议

之前曾介绍过，传输控制协议（TCP）是TCP/IP体系结构运输层中面向连接的协议，它向其上的应用层提供全双工的可靠的数据传输服务。TCP与UDP最大的区别就是，TCP是面向连接的，而UDP是无连接的。TCP比UDP要复杂得多，除具有面向连接和可靠传输的特性，TCP还在运输层使用了流量控制和拥塞控制机制。

5.3.1　TCP报文段的首部格式

我们知道，TCP为实现可靠传输而采用了面向字节流的方式。但TCP在发送数据时，是根据发送策略从发送缓存中取出一定数量的字节，并给其添加一个首部使之成为TCP报文段后进行发送。一个TCP报文段由首部和数据载荷两部分构成，TCP的全部功能都体现在它首部中各字段的作用。因此，只有弄清TCP首部中各字段的作用，才能掌握TCP的基本工作原理。

TCP报文段的首部格式（图5-13（b））与IPv4数据报的首部格式类似，都是由20字节的固定首部和最大40字节的扩展首部构成的。下面介绍TCP报文段首部中的各字段的作用。

1. 源端口字段和目的端口字段

源端口字段占16比特，用来写入源端口号。源端口号用来标识发送该TCP报文段的应用进程。

目的端口字段占16比特，用来写入目的端口号。目的端口号用来标识接收该TCP报文段的应用进程。

2. 序号字段、确认号字段以及确认标志位（ACK）

序号字段占32比特，取值范围是0～$2^{32}-1$。当序号增加到最后一个时，下一个序号又回到0。序号字段的值，用来指出本TCP报文段数据载荷的第一个字节的序号。

如图5-15所示，某个TCP报文段由首部和数据载荷两部分构成，数据载荷中的每个字节数据都有序号。请注意，序号只是对数据载荷中的每个字节的编号，而不是每个字节的内容。对于本例，TCP报文段首部中的序号字段的值应填入十进制值166，用来指出数据载荷的第一个字节的序号为166。

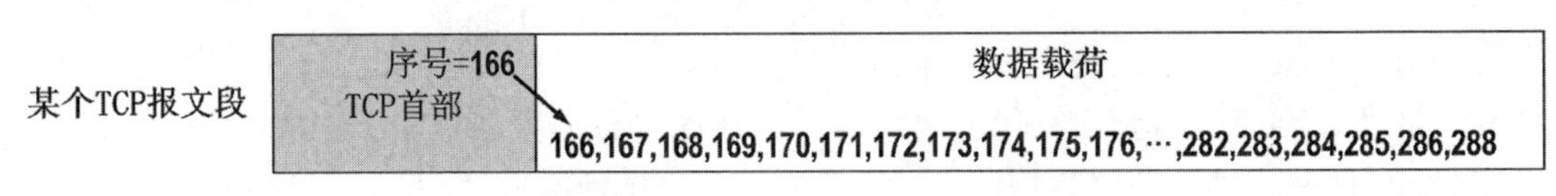

图5-15　TCP首部中序号字段举例

确认号字段占32比特，取值范围是0～$2^{32}-1$。当确认号增加到最后一个时，下一个确认号又回到0。确认号字段的值，用来指出期望收到对方下一个TCP报文段的数据载荷的第一个字节的序号，同时也是对之前收到的所有数据的确认。也就是说，若确认号为n，则表明到序号$n-1$为止的所有数据都已正确接收，期望接收序号为n的数据。

请读者注意：只有当ACK取值为1时，确认号字段才有效。ACK取值为0时，确认号字段无效。TCP规定：在TCP连接建立后所有传送的TCP报文段都必须把ACK置1。

借助图5-16所示的例子，理解序号字段、确认号字段以及ACK的作用。

（1）TCP客户进程发送了一个数据载荷长度为100字节的TCP报文段。假设首部中序号字段的取值为201，表示该TCP报文段数据载荷的第一个字节的序号为201；确认号字段的取值为800，表示TCP客户进程之前已正确接收了TCP服务器进程发来的序号到799为止的全部数据，现在期望收到序号从800开始的数据。为了使确认号字段有效，首部中的ACK的值必须设置为1。

（2）TCP服务器进程收到该报文段后，也给TCP客户进程发送一个数据载荷长度为200字节的TCP报文段。该报文段首部中序号字段的取值为800，表示该TCP报文段数据载荷的第一个字节的序号为800，这正好与TCP客户进程的确认相匹配。首部中确认号字段的取值为301，表示TCP服务器进程正确接收了TCP客户进程发来的序号到300为止的全部数据，现在期望收到序号从301开始的数据。为了使确认号字段有效，首部中的ACK的值必须设置为1。

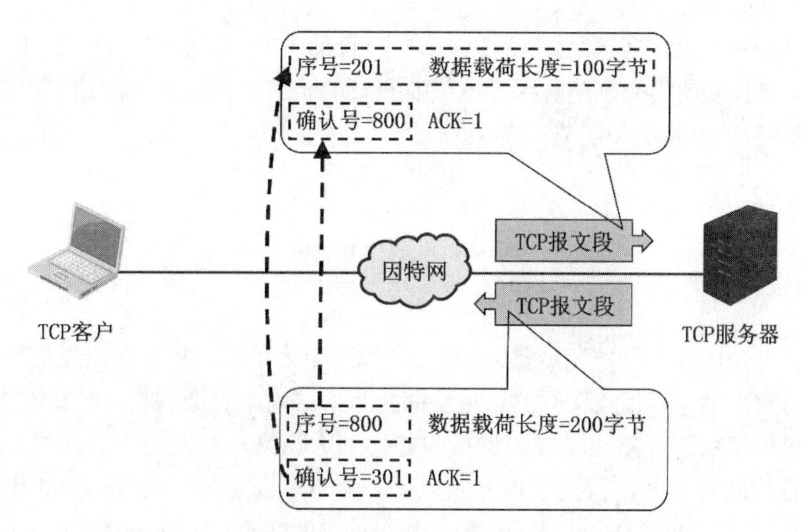

图5-16　TCP首部中序号字段、确认号字段以及ACK举例

3. 数据偏移字段

数据偏移字段占4比特，该字段的取值以4字节为单位，用来指出TCP报文段的数据载荷部分的起始处距离TCP报文段的起始处有多远，这实际上指出了TCP报文段的首部长度。

首部固定长度为20字节，因此数据偏移字段的最小值为二进制的0101，加上扩展首部40字节，首部最大长度为60字节，因此数据偏移字段的最大值为二进制的1111。

下面举例说明数据偏移字段，如图5-17所示。

如图5-17（a）所示，假设某个TCP报文段首部中的数据偏移字段的取值为二进制的0101，那么首部长度就为20字节，因为二进制0101的十进制值是5，而该字段以4字节为单位，因此5乘以4字节等于20字节。

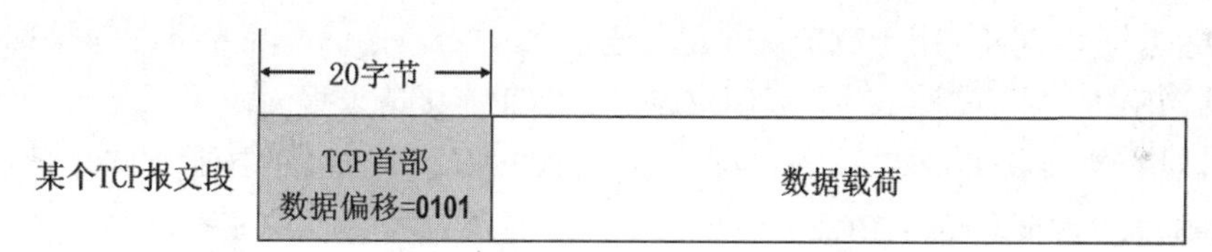

（a）首部长度为20字节的TCP报文段

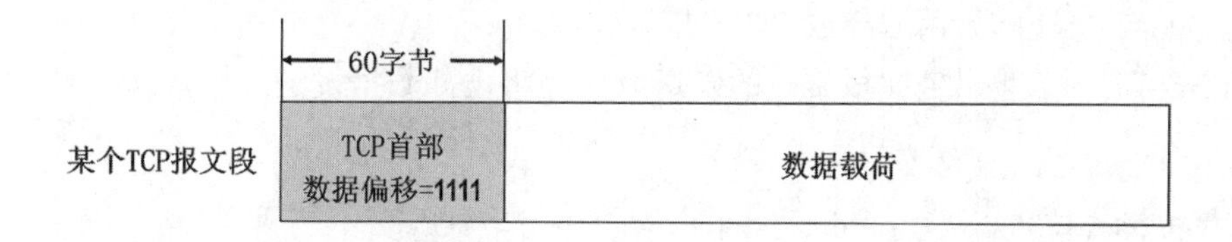

（b）首部长度为60字节的TCP报文段

图5-17　TCP首部中数据偏移字段举例

如图5-17（b）所示，假设另一个TCP报文段首部中的数据偏移字段的取值为二进制的1111，那么首部长度就为60字节，因为二进制1111的十进制值是15，而该字段以4字节为单位，因此15乘以4字节等于60字节。

4. 保留字段

保留字段占6比特，保留为今后使用，目前应置为0。

5. 窗口字段

窗口字段占16比特，取值范围是0～2^{16}−1，以字节为单位，用来指出发送本报文段的一方的接收窗口的大小，即接收缓存的可用空间大小，这用来表征接收方的接收能力。

在计算机网络中，经常用接收方的接收能力的大小来控制发送方的数据发送量，这就是所谓的流量控制。例如，假设给对方发送了一个TCP报文段，其首部中的确认号字段的值为800，窗口字段的值为1000，这就表明允许对方发送数据的序号为800～1799。TCP流量控制将在5.3.3节详细介绍。

6. 检验和字段

检验和字段占16比特，用来检查整个TCP报文段在传输过程中是否出现了误码。

与UDP类似，在计算检验和时，要在TCP报文段的前面加上12字节的伪首部。伪首部的格式与图5-14中UDP用户数据报的伪首部一样，但应将伪首部的第四个字段的值从17改为6（因为IP数据报首部中的协议字段的值取6时，表明IP数据报的数据载荷是TCP报文段），将第五字段中的UDP长度改为TCP长度。接收方收到此报文段后，仍要加上这个伪首部来计算检验和。

7. 同步标志位

同步标志位（SYN）用于TCP双方建立连接。

（1）当SYN=1且ACK=0时，表明这是一个TCP连接请求报文段。

（2）对方若同意建立连接，则应在响应的TCP报文段的首部中使SYN=1且ACK=1。

综上所述，SYN为1的TCP报文段要么是一个连接请求报文段，要么是一个连接响应报文段。

8. 终止标志位

终止标志位（FIN）用于释放TCP连接。

当FIN=1时，表明此TCP报文段的发送方已经将全部数据发送完毕，现在要求释放TCP连接。

9. 复位标志位

复位标志位（RST）用于复位TCP连接。

当RST=1时，表明TCP连接中出现严重差错（例如由于主机崩溃或其他原因），必须释放连接，然后再重新建立连接。

RST置1还用来拒绝一个非法的TCP报文段或拒绝打开一个TCP连接。

10. 推送标志位（PSH）

出于效率的考虑，TCP可能会延迟发送数据或向应用程序延迟交付数据，这样可以一次处理更多的数据。但是当两个应用进程进行交互式的通信时，有时在一端的应用进程希望在键入一个命令后立即就能够收到对方的响应。在这种情况下，应用程序可以通知TCP使用推送（PUSH）操作。

发送方TCP把PSH置1，并立即创建一个TCP报文段发送出去，而不需要积累到足够多的数据再发送。

接收方TCP收到PSH为1的TCP报文段，就尽快地交付给应用进程，而不再等到接收到足够多的数据才向上交付。

11. 紧急标志位（URG）和紧急指针字段

当URG取值为1时，紧急指针字段有效；当URG取值为0时，紧急指针字段无效。

紧急指针字段占16比特，以字节为单位，用来指明紧急数据的长度。

当发送方有紧急数据时，可将紧急数据“插队”到发送缓存的最前面，并立刻封装到一个TCP报文段中进行发送。紧急指针会指出本报文段数据载荷部分包含了多长的紧急数据，紧急数据之后是普通数据。

接收方收到紧急标志位为1的TCP报文段，会按照紧急指针字段的值从报文段数据载荷中取出紧急数据并直接上交应用进程，而不必在接收缓存中排队。

12. 选项字段

TCP报文段首部除了20字节的固定部分，还有最大40字节的选项部分。增加选项可以增加TCP的功能。目前有以下选项：

- 最大报文段长度（Maximum Segment Size，MSS）选项：请读者特别注意，不要被最大报文段长度的名称所误导，MSS用来指出的是TCP报文段数据载荷部分的最大长度，而不是整个TCP报文段的长度。MSS的选择并不简单。
  - ➢ 若选择较小的MSS，网络的利用率就会降低。设想在极端的情况下，TCP报文段只包含1字节的数据载荷，但有20字节的TCP首部，在网际层封装成IP数据报时又会添加20字节的IP首部，为了传输1字节的数据，额外要传输共40字节的TCP首部和IP首部，到了数据链路层还要加上一些开销，因此网络的利用率不会超过1/40。
  - ➢ 若选择很大的MSS，则TCP报文段在网际层封装成IP数据报时，有可能要分片成多个短的数据报片。在目的站要将收到的各个短数据报片装配成原来的TCP报文段，当传输出错时还要进行重传，这些都会使开销增大。
  - ➢ 一般认为，TCP报文段的MSS应尽可能大些，只要在网际层将TCP报文段封装成IP数据报时不需要分片就行。在TCP连接建立的过程中，双方可以将自己能够支持的MSS写入该字段中。在以后的数据传输阶段，MSS取双方提出的较小的那个数值。若主机未填写这一项，则MSS的默认值是536。因此，所有在因特网上的主机都应能接受的TCP报文段的长度为20+536=556字节。

- 窗口扩大选项：用来扩大窗口，提高吞吐率。
- 时间戳选项：有以下两个功能。
  - 用于计算往返时间（RTT）。
  - 用来处理序号超范围的情况，又称为防止序号绕回（Protect Against Wrapped Sequence Numbers，PAWS）。
- 选择确认选项：用来实现选择确认功能。

13. 填充字段

由于选项字段的长度是可变的，因此还需要使用填充字段（填充内容为若干个比特0）来确保TCP报文段首部能被4整除。这是因为TCP报文段首部中的数据偏移字段（也就是首部长度字段）是以4字节为单位的。如果选项字段的长度加上20字节固定首部的长度不能被4整除，则需要使用填充字段来确保首部能被4整除，这与IPv4数据报首部中的填充字段的作用是一样的。

5.3.2 TCP的运输连接管理

TCP是面向连接的协议，它基于运输连接来传送TCP报文段。TCP运输连接的建立和释放，是每一次面向连接的通信中必不可少的过程。

如图5-18所示，TCP运输连接有以下三个阶段：

（1）建立TCP连接：通过“三报文握手”来建立TCP连接。

（2）数据传送：基于已建立的TCP连接进行可靠的数据传输。

（3）释放连接：在数据传输结束后，还要通过“四报文挥手”来释放TCP连接。

TCP的运输连接管理就是使运输连接的建立和释放都能正常地运行。

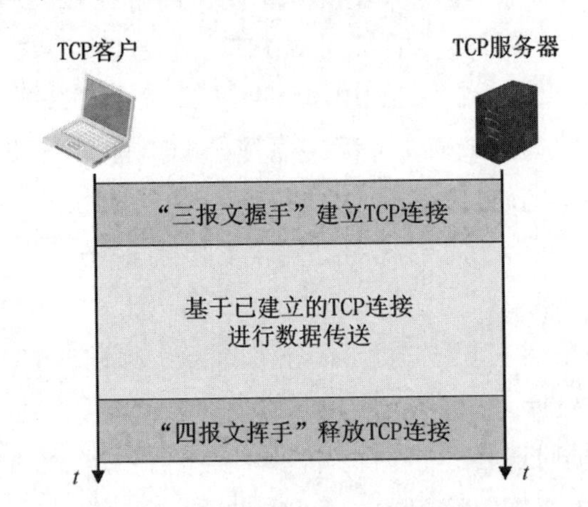

图5-18　TCP运输连接的三个阶段

1. “三报文握手”建立TCP连接

TCP的连接建立要解决三个问题：

- 使TCP双方能够确知对方的存在。
- 使TCP双方能够协商一些参数（如最大报文段长度、最大窗口大小、时间戳选项等）。
- 使TCP双方能够对运输实体资源（如缓存大小、各状态变量、连接表中的项目等）进行分配和初始化。

下面介绍“三报文握手”建立TCP连接的过程。

图5-19给出了两台要基于TCP进行通信的主机，其中一台主机中的某个应用进程主动发起TCP连接，称为TCP客户，另一台主机中被动等待TCP连接的应用进程称为TCP服务器。可以将TCP建立连接的过程比喻为“握手”。“握手”需要在TCP客户和服务器之间交换三个TCP报文段。最初，两端的TCP进程都处于关闭（CLOSED）状态。

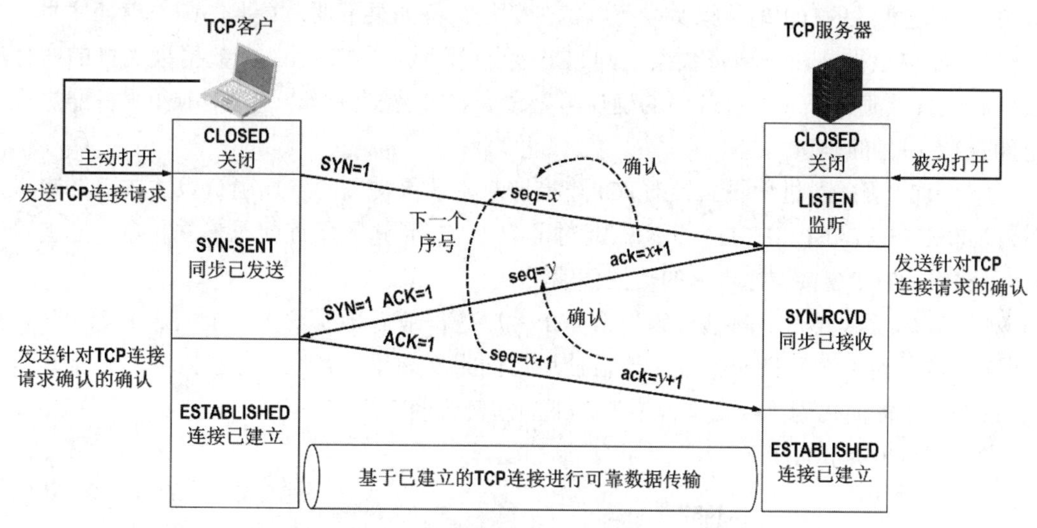

图5-19　“三报文握手”建立TCP连接

（1）TCP服务器进程首先创建传输控制块，用来存储TCP连接中的一些重要信息（例如TCP连接表、指向发送和接收缓存的指针、指向重传队列的指针以及当前发送和接收序号等）。之后，TCP服务器进程就进入监听（LISTEN）状态，等待TCP客户进程的连接请求。由于TCP服务器进程是被动等待来自TCP客户进程的连接请求，而不是主动发起的，因此称为被动打开连接。

（2）TCP客户进程也要首先创建传输控制块，之后在打算建立TCP连接时向TCP服务器进程发送TCP连接请求报文段，并进入同步已发送（SYN-SENT）状态。TCP连接请求报文段首部中的同步标志位（SYN）被设置为1，表明这是一个TCP连接请求报文段；序号字段seq被设置了一个初始值x。请读者注意，TCP规定SYN被设置为1的报文段不能携带数据，但要消耗掉一个序号。换句话说，TCP请求报文段不能携带数据（没有数据载荷），但是会消耗掉序号x。因此，TCP客户进程下一次发送的TCP报文段的数据载荷的第一个字节的序号为$x+1$。由于TCP连接是由TCP客户进程主动发起的，因此称为主动打开连接。

（3）TCP服务器进程收到TCP连接请求报文段后，如果同意建立连接，则向TCP客户进程发送TCP连接请求确认报文段，并进入同步已接收（SYN-RCVD）状态。该报文段首部中的SYN和ACK都设置为1，表明这是一个TCP连接请求确认报文段；序号字段seq被设置了一个初始值y，这是TCP服务器进程所选择的初始序号。确认号字段ack的值被设置为$x+1$，这是对TCP客户进程所选择的初始序号的确认。请读者注意，TCP连接请求确认报文段也不能携带数据，但也要消耗掉一个序号，因为它也是SYN被设置为1的报文段。

（4）TCP客户进程收到TCP连接请求确认报文段后，还要向TCP服务器进程发送一个普通的TCP确认报文段，并进入连接已建立（ESTABLISHED）状态。该报文首部中的ACK被设置为1，表明这是一个普通的TCP确认报文段；序号字段seq被设置为$x+1$，这是因为TCP客户进程发送的第一个TCP报文段（TCP连接请求报文段）的序号为x，虽然不携带数据，但要消耗掉一个序号，因此TCP客户进程发送的第二个报文段的序号为$x+1$。请读者注意，TCP规定普通的TCP确认报文段可以携带数据，但如果不携带数据，则不消耗序号。换句话说，如果该报文段不携带数据，则TCP客户进程所发送的下一个数据报文段的序号仍是$x+1$。该普通确认报文段首部中的确认号字段ack被设置为$y+1$，这是对TCP服务器进程所选择的初始序号的确认。

（5）TCP服务器进程收到针对TCP连接请求确认报文段的普通确认报文段后，也进入连接已建立（ESTABLISHED）状态。此时，TCP双方都进入了连接已建立状态，它们可以基于已建立的TCP连接进行可靠的数据传输了。

请读者思考这样一个问题：为什么TCP客户进程最后还要发送一个普通的TCP确认报文段呢？这是否多余？换句话说，能否使用“两报文握手”建立TCP连接呢？答案是“并不多余”，不能简化为“两报文握手”，下面举例说明。

考虑图5-20所示的情况。

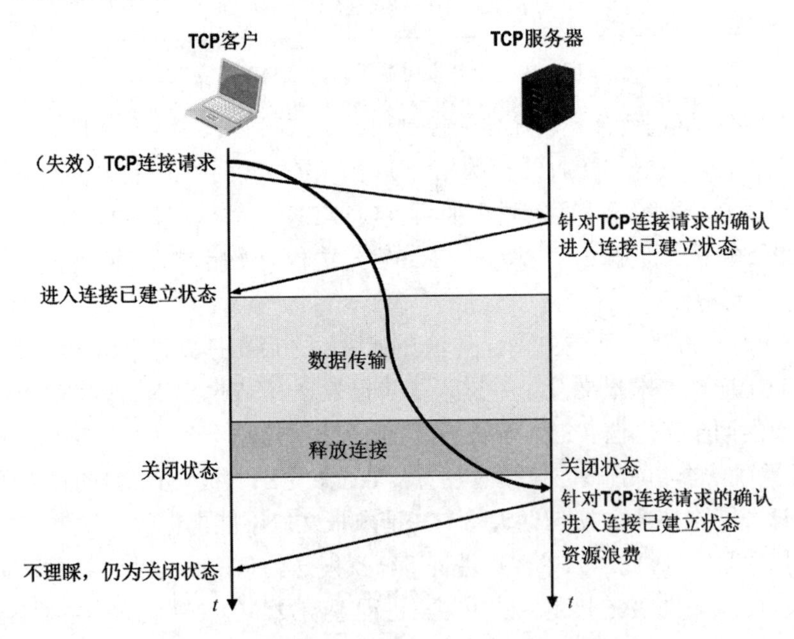

图5-20 “两报文握手”建立TCP连接可能出现的错误

（1）TCP客户进程发出一个TCP连接请求报文段。但该报文段在某些网络节点长时间滞留了。这必然会造成该报文段的超时重传，假设重传的连接请求报文段被TCP服务器进程正常接收。

（2）TCP服务器进程给TCP客户进程发送一个TCP连接请求确认报文段，并进入连接已建立状态。请读者注意，由于现在改为“两报文握手”，因此TCP服务器进程发送完TCP连接请求确认报文段后，进入的是连接已建立状态，而不像“三报文握手”那样，进入同步已接收状态，并等待TCP客户进程发来针对TCP连接请求确认报文段的普通确认报文段。

（3）TCP客户进程收到TCP连接请求确认报文段后，进入TCP连接已建立状态。但不会给TCP服务器进程发送针对该报文段的普通确认报文段。

（4）现在，TCP双方都处于连接已建立状态，它们可以相互传输数据了。之后，可以通过“四报文挥手”来释放连接，TCP双方都进入了关闭状态。

（5）一段时间后，之前滞留在网络中的那个失效的TCP连接请求报文段，到达了TCP服务器进程。TCP服务器进程会误认为这是TCP客户进程又发起了一个新的TCP连接请求。于是给TCP客户进程发送TCP连接请求确认报文段，并进入连接已建立状态。

（6）TCP客户进程收到TCP连接请求确认报文段后，由于TCP客户进程并没有发起新的TCP连接请求并且处于关闭状态，因此不会理会该报文段。

（7）然而，TCP服务器进程已进入连接已建立状态，它认为新的TCP连接已建立好了，并一直等待TCP客户进程发来数据，这将白白浪费TCP服务器进程所在主机的很多资源。

综上所述，采用“三报文握手”而不是“两报文握手”来建立TCP连接，是为了防止已失效的TCP连接请求报文段突然又传送到了TCP服务器进程，因而导致错误。

2. “四报文挥手”释放TCP连接

图5-21给出了TCP通过“四报文挥手”释放TCP连接的过程。

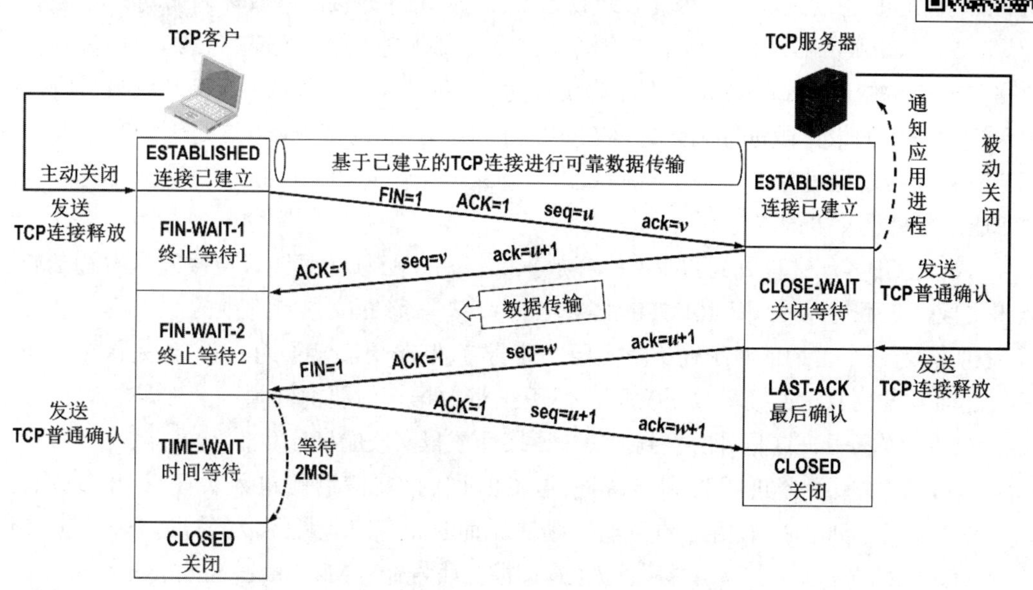

图5-21　“四报文挥手”释放TCP连接

（1）数据传输结束后，TCP通信双方都可以释放TCP连接。现在TCP客户进程和TCP服务器进程都处于连接已建立（ESTABLISHED）状态。

（2）假设使用TCP客户进程的应用进程通知其主动关闭TCP连接，TCP客户进程会发送TCP连接释放报文段，并进入终止等待1（FIN-WAIT-1）状态。该报文段首部中的终止标志位（FIN）和ACK的值都被设置为1，表明这是一个TCP连接释放报文段，同时也对之前收到的报文段进行确认；序号字段seq的值设置为*u*，它等于TCP客户进程之前已经传送过的数据的最后一个字节的序号加1。请读者注意，TCP规定FIN等于1的TCP报文段即使不携带数据，也要消耗掉一个序号。确认号字段ack的值设置为*v*，它等于TCP客户进程之前已收到的数据的最后一个字节的序号加1。

（3）TCP服务器进程收到TCP连接释放报文段后，会发送一个普通的TCP确认报文段并进入关闭等待（CLOSE-WAIT）状态。该报文段首部中的ACK的值被设置为1，表明这是一个普通的TCP确认报文段；序号字段seq的值被设置为*v*，它等于TCP服务器进程之前已传送过的数据的最后一个字节的序号加1，这也与之前收到的TCP连接释放报文段中的确认号匹配。确认号字段ack的值被设置为*u*+1，这是对TCP连接释放报文段的确认。TCP服务器进程这时应通知高层应用进程："TCP客户进程要断开与自己的TCP连接"。此时，从TCP客户进程到TCP服务器进程这个方向的连接就释放了。这时的TCP连接属于半关闭状态，也就是TCP客户进程已经没有数据要发送了，但TCP服务器进程如果还有数据要发送，TCP客户进程仍要接收，也就是从TCP服务器进程到TCP客户进程这个方向的连接并未关闭。半关闭状态可能会持续一段时间。

（4）TCP客户进程收到该普通的TCP确认报文段后就进入终止等待2（FIN-WAIT-2）状态，等待TCP服务器进程发出的TCP连接释放报文段。若使用TCP服务器进程的应用进程已经没有数据要发送了，应用进程就通知其TCP服务器进程释放连接。由于TCP连接释放是由TCP客户进程主动发起的，因此TCP服务器进程对TCP连接的释放称为被动关闭连接。

（5）TCP服务器进程发送TCP连接释放报文段并进入最后确认（LAST-ACK）状态。该报文段首部中的FIN和ACK的值都被设置为1，表明这是一个TCP连接释放报文段，同时也对之前收到的报文段进行确认。现在假定序号字段seq的值为*w*，这是因为在半关闭状态下TCP服务器进程可能又发送了一些数据。确认号字段ack的值为*u*+1，这是对之前收到的TCP连接释放报文段的重复确认。

（6）TCP客户进程收到TCP连接释放报文段后，必须针对该报文段发送普通的TCP确认报文段，之后进入时间等待（TIME-WAIT）状态。该报文段首部中的ACK的值被设置为1，表明这是一个普通的TCP确认报文段；序号字段seq的值设置为*u*+1，这是因为TCP客户进程之前发送的TCP连接释放报文段虽然不携带数据，但要消耗掉一个序号。确认号字段ack的值设置为*w*+1，这是对所收到的TCP连接释放报文段的确认。

（7）TCP服务器进程收到该普通的TCP确认报文段后就进入关闭（CLOSED）状态，TCP服务器进程撤销相应的传输控制块。而TCP客户进程还要经过2MSL后才能进入关闭（CLOSED）状态。MSL的意思是最长报文段寿命（Maximum Segment Lifetime），[RFC793]建议为2分钟。也就是说，TCP客户进程进入时间等待（TIME-WAIT）状态后，还要经过4分钟才能进入关闭（CLOSED）状态。这完全是从工程上来考虑的。对于现在的网络，MSL取为2分钟可能太长了，因此TCP允许不同的实现可根据具体情况使用更小的MSL值。经过2MSL时间后，TCP客户进程撤销相应的传输控制块后，就结束了这次的TCP连接。

为什么TCP客户进程在时间等待（TIME-WAIT）状态必须等待2MSL的时间呢？下面借助图5-22进行说明。

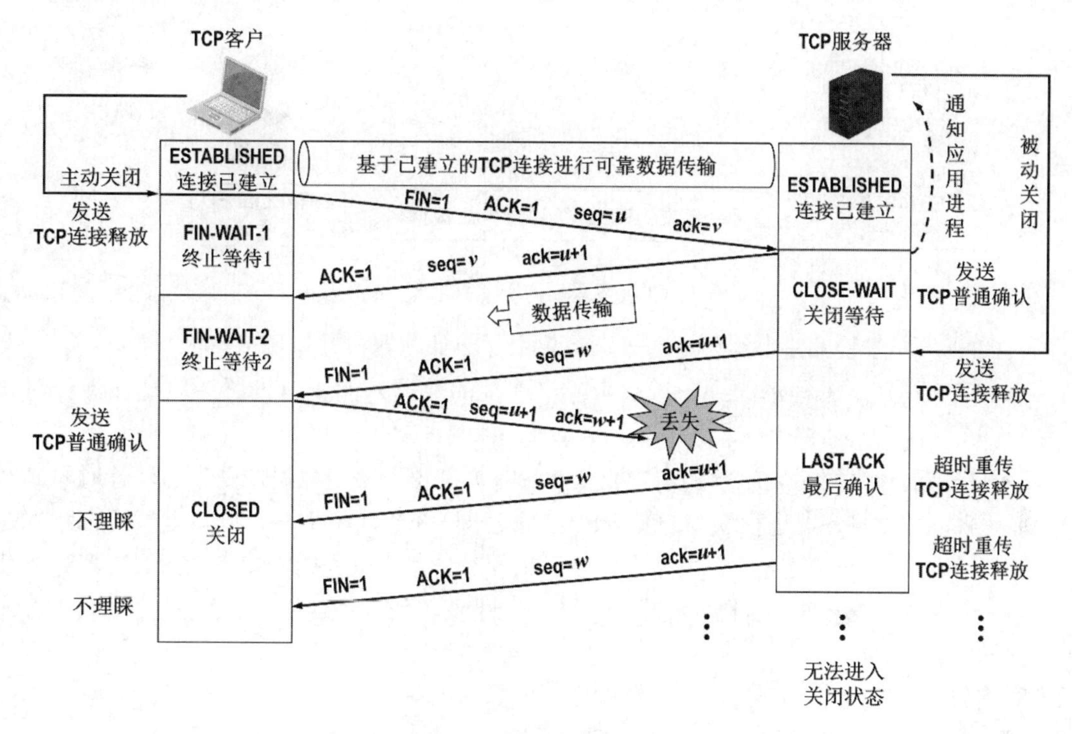

图5-22　等待2MSL的必要性

（1）TCP服务器进程发送TCP连接释放报文段后进入最后确认（LAST-ACK）状态。

（2）TCP客户进程收到该报文段后，发送普通的TCP确认报文段并进入关闭（CLOSED）状态而不是时间等待（TIME-WAIT）状态。

（3）然而，该TCP确认报文段丢失了，这必然会造成TCP服务器进程对之前所发送的TCP连接释放报文段的超时重传，并仍处于最后确认（LAST-ACK）状态。

（4）重传的TCP连接释放报文段到达TCP客户进程，由于TCP客户进程处于关闭（CLOSED）状态，因此不理睬该报文段，这必然会造成TCP服务器进程反复重传TCP连接释放报文段，并一直处于最后确认（LAST-ACK）状态而无法进入关闭（CLOSED）状态。

综上所述，处于时间等待（TIME-WAIT）状态后要经过2MSL时长，可以确保TCP服务器进程能够收到最后一个TCP确认报文段而进入关闭（CLOSED）状态。

另外，TCP客户进程在发送完最后一个TCP确认报文段后，再经过2MSL时长，就可以使本次连接持续时间内所产生的所有报文段都从网络中消失，这样就可以使下一个新的

TCP连接中不会出现旧连接中的报文段。

3. TCP保活计时器

除时间等待计时器（2MSL计时），TCP还设有一个保活计时器（Keepalive Timer）。设想图5-23所示的情况：TCP双方已经建立了连接。后来，TCP客户进程所在的主机突然出现了故障。显然，TCP服务器进程以后就不能再收到TCP客户进程发来的数据。因此，应当有措施使TCP服务器进程不要再白白等待下去。

图5-23　TCP服务器如何发现TCP客户出现故障

TCP服务器进程解决上述问题的方法是使用保活计时器，具体如下：

- TCP服务器进程每收到一次TCP客户进程的数据，就重新设置并启动保活计时器（通常为2小时）。
- 若保活计时器在定时周期内未收到TCP客户进程发来的数据，则当保活计时器到时后，TCP服务器进程就向TCP客户进程发送一个探测报文段，以后则每隔75秒发送一次。若一连发送10个探测报文段后仍无TCP客户进程的响应，TCP服务器进程就认为TCP客户进程所在主机出了故障，于是就关闭这个连接。

5.3.3　TCP 的流量控制

1. 流量控制的基本概念

之前曾介绍过，已建立TCP连接的两台主机都为该连接设置了接收缓存。当通过该TCP连接收到按序到达的数据后，TCP就将这些数据暂存到接收缓存，相应的应用程序会从该接收缓存中读取数据。然而，应用程序并不一定能够立刻将接收缓存中的数据取走，这可能因为应用程序正忙于其他任务，需要经过较长的时间后才能从接收缓存中读取数据。如果应用程序从接收缓存中取走数据比较慢，而发送方持续快速发送大量数据，则很容易造成接收方的接收缓存溢出，也就是造成数据的丢失。

TCP为应用程序提供了流量控制（Flow Control）机制，以解决因发送方发送数据太快而导致接收方来不及接收，造成接收方的接收缓存溢出的问题。

流量控制的基本方法就是接收方根据自己的接收能力（接收缓存的可用空间大小）控制发送方的发送速率。

2. TCP的流量控制方法

TCP利用滑动窗口机制可以很方便地在TCP连接上实现对发送方的流量控制，下面举例说明。

如图5-24所示，主机A和B已成功建立了TCP连接，A给B发送数据，B对A进行流量控制。图中给出了主机A待发送数据的字节序号，每个小格子表示100字节数据的序号。假设主机A发送的每个TCP数据报文段都携带100字节的数据，在主机A和B建立TCP连接时，B告诉A："我的接收窗口为400"，因此主机A将自己的发送窗口也设置为400，这意味着主机A在未收到主机B发来的确认时，可将序号落入发送窗口中的全部数据发送出去。

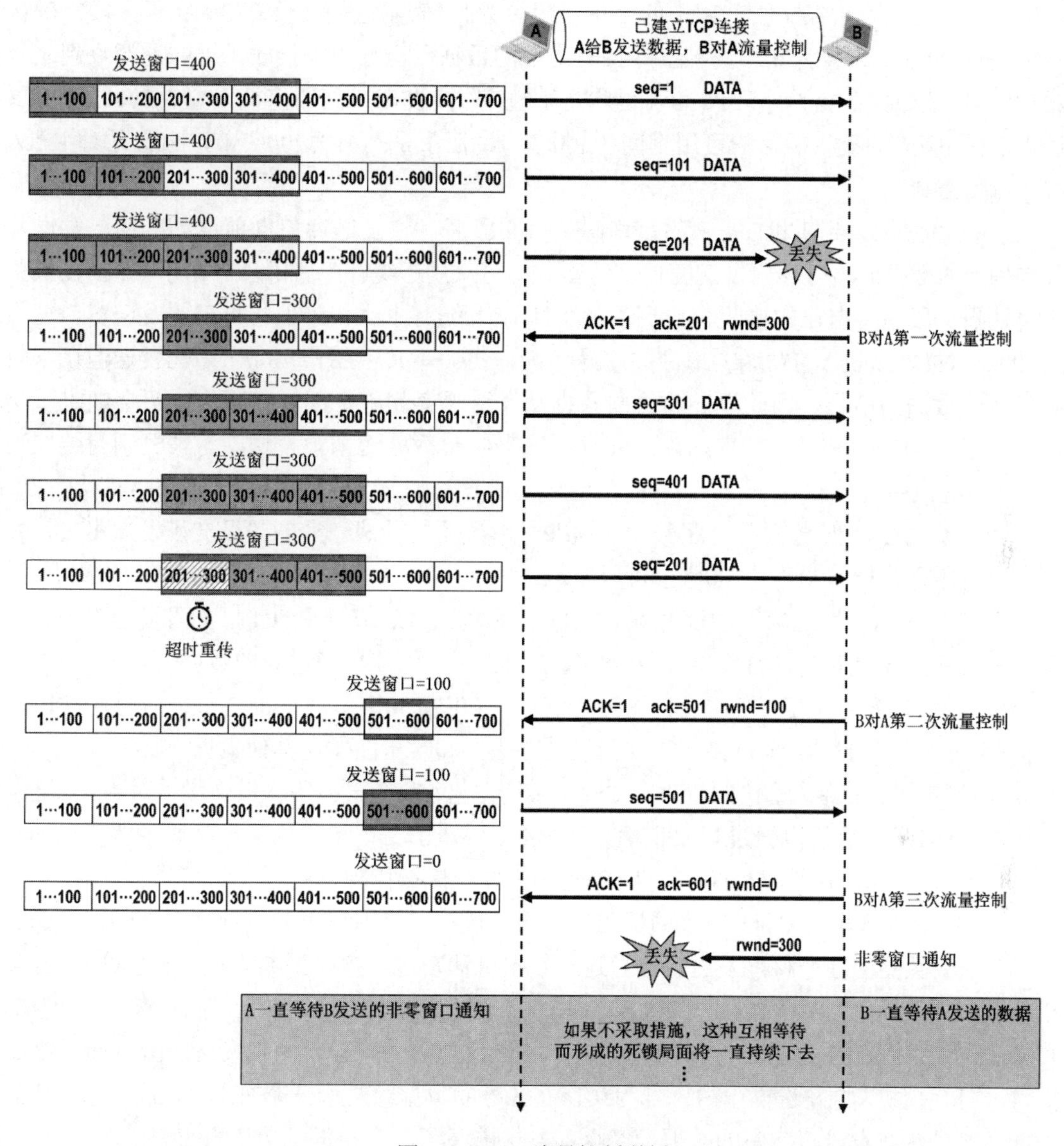

图5-24 TCP流量控制举例

（1）主机A将发送窗口内序号为1～100的数据封装成一个TCP报文段发送出去，发送窗口内还有300字节可以发送。图5-24中的seq是TCP报文段首部中的序号字段，取值1表示该TCP报文段数据载荷的第一个字节的序号是1；DATA表示这是TCP数据报文段。

（2）主机A将发送窗口内序号为101～200的数据封装成一个TCP报文段发送出去，发送窗口内还有200字节可以发送。

（3）主机A将发送窗口内序号为201～300的数据封装成一个TCP报文段发送出去，但该报文段在传输过程中丢失了（可能由于误码被路由器丢弃或路由器繁忙而丢弃）。

（4）主机A还可发送100个字节的数据，即序号落在发送窗口内的301～400号数据。此时主机B给主机A发送累积确认报文段，对主机A之前所发送的201号以前的数据进行累积确认。该累积确认报文段首部中的ACK被设置为1，表示这是一个TCP确认报文段；确认号字段ack的取值设置为201，表示序号201之前的数据已全部正确接收，现在期望收到序号201及其后续数据；窗口字段rwnd（也就是主机B的接收窗口）的值被设置为300，可简单认为现在主机B的接收缓存的可用空间为300字节，而不是之前的400字节，也就是对主机A进行流量控制。

（5）主机A收到主机B发来的累积确认报文段后，将发送窗口向前滑动，使已发送并收到确认的数据的序号移出发送窗口，这些数据可从发送缓存中删除了。由于主机B在该累积确认报文段中将自己的接收窗口调整为了300，因此主机A相应地将自己的发送窗口调整为300。这样，主机A的发送窗口内的序号为201～500，其中201～300号是已发送但还未收到确认的数据的序号，因此不能将这些数据从发送缓存删除，因为有可能之后会超时重传这些数据；301～400号字节数据以及401～500号字节数据还未被发送，可被分别封装在一个TCP报文段中发送。

（6）主机A将发送窗口内序号301～400号的数据封装成一个TCP报文段发送出去，发送窗口内还有401～500号共100字节可以发送。

（7）主机A将发送窗口内序号401～500号的数据封装成一个TCP报文段发送出去。至此，序号落在发送窗口内的数据已经全部发送出去了，不能再发送新的数据了。

（8）假设此时主机A发送窗口内序号201～300这100字节数据的重传计时器超时了，主机A将它们重新封装成一个TCP报文段发送出去，暂时不能发送其他数据。

（9）主机B收到该重传的TCP报文段后，给主机A发送累积确认报文段，对主机A之前所发送的501号以前的数据进行累积确认。另外，主机B在该累积确认报文段中将自己的接收窗口调整为100，这是主机B对主机A进行的第二次流量控制。

（10）主机A收到主机B发来的累积确认报文段后，将发送窗口向前滑动，使已发送并收到确认的数据的序号移出发送窗口，这些数据可从发送缓存中删除了。由于主机B在该累积确认报文段中将自己的接收窗口调整为了100，因此主机A相应地将自己的发送窗口调整为100。这样，主机A的发送窗口内的序号为501～600，也就是主机A还可以发送这100字节数据。

（11）主机A将发送窗口内序号为501～600号的数据封装成一个TCP报文段发送出去。至此，序号落在发送窗口内的数据已经全部发送出去了，不能再发送新的数据了。

（12）主机B给主机A发送累积确认报文段，对主机A之前所发送的601号以前的数据进行累积确认。另外，主机B在该累积确认报文段中将自己的接收窗口调整为0，这是主机B对主机A进行的第三次流量控制。

（13）主机A收到主机B发来的累积确认报文段后，将发送窗口向前滑动，使已发送并收到确认的数据的序号移出发送窗口，这些数据可从发送缓存中删除了。由于主机B在该累积确认报文段中将自己的接收窗口调整为了0，因此主机A相应地将自己的发送窗口调整为0。至此，主机A不能再发送普通的TCP报文段了。

（14）假设主机B向主机A发送了零窗口的报文段后不久，主机B的接收缓存又有了一些可用空间。于是主机B向主机A发送了接收窗口等于300的报文段。然而，这个报文段在传输过程中丢失了。

（15）主机A一直等待主机B发送的非零窗口的通知，而主机B也一直等待主机A发送的数据。如果不采取措施，这种互相等待而形成的死锁局面将一直持续下去。

为了打破上述由于非零窗口通知报文段丢失而引起的双方互相等待的死锁局面，TCP为每一个连接都设有一个持续计时器。只要TCP连接的一方收到对方的零窗口通知，就启动持续计时器。当持续计时器超时时，就发送一个零窗口探测报文段，仅携带1字节的数据。对方在确认这个零窗口探测报文段时，给出自己现在的接收窗口值。如果接收窗口值仍然是0，那么收到这个报文段的一方就重新启动持续计时器。如果接收窗口值不是0，那么死锁的局面就可以被打破了。

借助图5-25理解持续计时器和零窗口探测报文段的作用：

（1）主机A收到零窗口通知时，就启动一个持续计时器。当持续计时器超时时，主机A立刻发送一个仅携带1字节数据的零窗口探测报文段。

（2）假设主机B此时的接收窗口值又为0了，主机B就在确认这个零窗口探测报文段时给出自己现在的接收窗口值为0。

（3）主机A再次收到零窗口通知，就再次启动一个持续计时器。当持续计时器超时时，主机A立刻发送一个零窗口探测报文段。

（4）假设主机B此时的接收缓存又有了一些可用空间，于是将自己的接收窗口调整为300，主机B就在确认这个零窗口探测报文段时给出自己现在的接收窗口值为300。这样就打破了死锁的局面。

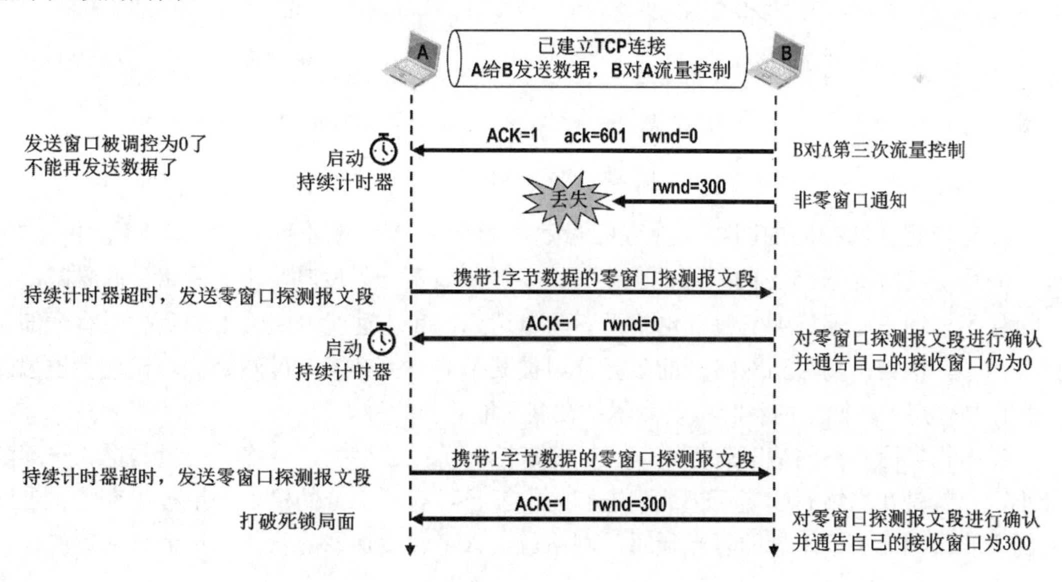

图5-25 使用持续计时器打破死锁局面

读者可能会有这样的疑问：主机A所发送的零窗口探测报文段到达主机B时，如果主机B此时的接收窗口值仍然为0，那么主机B根本就无法接受该报文段，又怎么会针对该报文段给主机A发回确认呢？实际上TCP规定：即使接收窗口值为0，也必须接受零窗口探测报文段、确认报文段以及携带有紧急数据的报文段。

请读者再来思考一下这个问题：如果零窗口探测报文段丢失了，会出现怎样的问题呢？还能否打破死锁的局面呢？回答是肯定的。因为零窗口探测报文段也有重传计时器，当重传计时器超时后，零窗口探测报文段会被重传。

5.3.4 TCP的拥塞控制

1. 拥塞控制的基本概念

在某段时间，若对网络中某一资源的需求超过了该资源所能提供的可用部分，网络性能就要变坏，这种情况就叫作拥塞（congestion）。计算机网络中的链路容量（带宽）、交换节点中的缓存和处理机等都是网络的资源。若出现拥塞而不进行控制，整个网络的吞吐量将随输入负荷的增大而下降。

图5-26给出了拥塞控制的作用，横坐标是输入负载，代表单位时间内输入网络的分组数量；纵坐标是吞吐量，代表单位时间内从网络输出的分组数量。

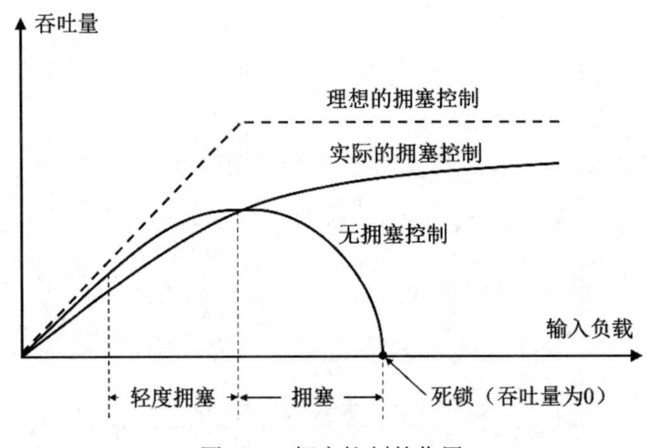

图5-26 拥塞控制的作用

具有理想拥塞控制的网络，在吞吐量达到饱和之前，网络吞吐量应等于所输入的负载，故吞吐量曲线是45° 的斜线。但当输入负载超过某一限度时，由于网络资源受限，吞吐量就不再增长而保持水平线，也就是吞吐量达到饱和，这就表明输入的负载中有一部分损失掉了。例如，输入到网络中的某些分组被某个节点丢弃了。虽然如此，在这种理想的拥塞控制作用下，网络的吞吐量仍然维持在其所能达到的最大值。

然而，实际网络的情况就很不同了。随着输入负载的增大，网络吞吐量的增长率逐渐减小，也就是在网络吞吐量还未达到饱和时，就已经有一部分的输入分组被丢弃了。当网络的吞吐量明显小于理想的吞吐量时，网络就进入了轻度拥塞的状态。更值得注意的是，当输入负载到达某一数值时，网络的吞吐量反而随输入负载的增大而减小，这时网络就进入了拥塞状态。在无拥塞控制的情况下，当输入负载继续增大到某一数值时，网络的吞吐量就减小为0，此时网络就无法工作了，这就是所谓的死锁。

综上所述，进行拥塞控制是非常有必要的。实际的拥塞控制曲线应该尽量接近理想的拥塞控制曲线。

2. 拥塞控制的基本方法

1）流量控制与拥塞控制的区别

之前曾介绍过TCP的流量控制。从表面上看，流量控制与拥塞控制非常相似，因为它们都需要控制源点的发送速率。但实际上这两者有很大的区别：

- 流量控制的任务是确保发送方不会持续地以超过接收方接收能力的速率发送数据，以防止接收方来不及从接收缓存取走数据，而导致接收缓存溢出进而数据丢失。也就是说，流量控制只与特定的点对点通信的发送方和接收方之间的流量有关。流量控制的通常做法是，接收方向发送方提供某种直接的反馈，以抑制发送方的发送速率。
- 拥塞控制的任务是防止过多的数据注入到网络中，使网络能够承受现有的网络负荷。这是一个全局性的问题，涉及各方面的行为，包括网络中所有的主机、所有的路由器、路由器内部的存储转发处理过程，还有与降低网络传输性能有关的所有因素。

2）拥塞控制的基本方法

从控制论的角度看，拥塞控制可以分为开环控制和闭环控制两大类。

- 开环控制方法试图用良好的设计来解决问题，也就是从一开始就保证问题不会发生。一旦系统启动并运行起来了，就不需要中途修正。
- 闭环控制是一种基于反馈的控制方法，它包括以下三个部分：
  - 监测网络拥塞在何时、何地发生。
  - 把拥塞发生的相关信息传送到可以采取行动的地方。
  - 调整网络的运行以解决拥塞问题。

当网络的流量特征可以准确规定并且性能要求可以事先获得时，适合使用开环控制。当网络的流量特征不能准确描述或者当网络不提供资源预留时，适合使用闭环控制。由于因特网不提供资源预留机制，而且流量的特征不能准确描述，所以在因特网中拥塞控制主要采用闭环控制方法。本书也仅讨论闭环控制方法。

用来衡量网络拥塞的指标有很多，例如：由于缓存溢出而丢弃的分组的百分比，路由器的平均队列长度，超时重传的分组数量，平均分组时延和分组时延的标准差等。

上述这些指标的上升都标志着拥塞程度的增大。

根据拥塞信息的反馈形式，可将闭环拥塞控制算法分为显式反馈算法和隐式反馈算法。

- 在显式反馈算法中，从拥塞节点（即路由器）向源点提供关于网络中拥塞状态的显式反馈信息。例如，当有大量IP数据报涌入因特网中的某个路由器时，该路由器可能会丢弃一些IP数据报，同时可以使用ICMP源站抑制报文通知源站。源站收到后应该降低发送速率。但这些额外注入到网络中的ICMP源点抑制报文有时反而会造成网络更加拥堵。更好的显式反馈算法是，在路由器转发的分组中保留一个字段，用该字段的值表示网络的拥塞状态，而不是专门发送一个通知分组。
- 在隐式反馈算法中，源点通过对网络行为的观察（例如超时重传或往返时间RTT）来推断网络是否发生了拥塞，而无须拥塞节点提供显式反馈信息。TCP采用的就是隐式反馈算法。

请读者注意，拥塞控制并不仅仅是运输层要考虑的问题。显式反馈算法就必须涉及网络层。虽然一些网络体系结构（如ATM网络）主要在网络层实现拥塞控制，但因特网主要利用隐式反馈在运输层实现拥塞控制。

进行拥塞控制是需要付出代价的。例如，在实施拥塞控制时，可能需要在节点之间交换信息和各种命令，以便选择拥塞控制的策略和实施控制，这样会产生额外的开销。有些拥塞控制机制会预留一些资源用于特殊用户或特殊情况，这样就降低了网络资源的共享程度。因此，在之前的图5-26中，当网络输入负载不大时，有拥塞控制的网络吞吐量要低于无拥塞控制的网络吞吐量。然而，为了确保网络性能的稳定，不会因为输入负载的增长而导致网络性能的恶化甚至出现崩溃，使用拥塞控制而付出一定的代价是值得的。

3. TCP的四种拥塞控制方法

TCP的四种拥塞控制方法是慢开始（Slow-Start）、拥塞避免（Congestion Avoidance）、快重传（Fast Retransmit）、快恢复（Fast Recovery）。

为了集中精力讨论拥塞控制算法的基本原理，假定如下条件：

（1）数据是单方向传送的，而另一个方向只传送确认。

（2）接收方总是有足够大的缓存空间，因而发送方的发送窗口的大小仅由网络的拥塞程度来决定，也就是不考虑接收方对发送方的流量控制。

（3）以TCP最大报文段MSS的个数为讨论问题的单位，而不是以字节为单位（尽管TCP是面向字节流的）。

如图5-27所示，TCP的发送方给接收方发送TCP数据报文段，接收方收到数据报文段后给发送方发送确认报文段。

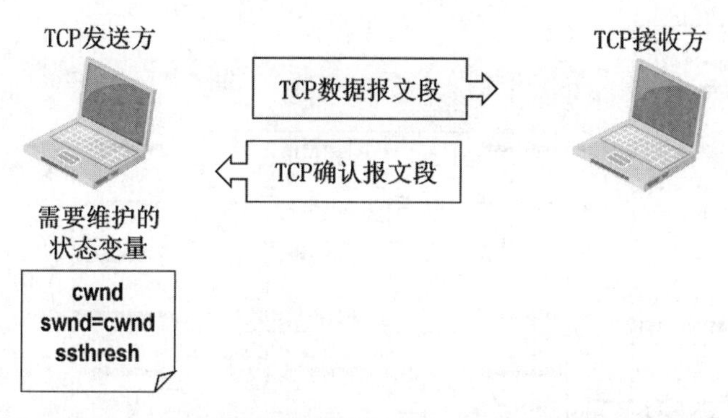

图5-27　TCP发送方要维护cwnd、swnd和ssthresh变量

在图5-27中，发送方要维护一个叫作拥塞窗口（Congestion Window）的状态变量cwnd，其值取决于网络的拥塞程度和所采用的TCP拥塞控制算法，很显然cwnd的值是动态变化的。拥塞窗口cwnd的维护原则是，只要网络没有出现拥塞，拥塞窗口就再增大一些，但只要网络出现拥塞，拥塞窗口就减少一些。

判断网络出现拥塞的依据是，没有按时收到应当到达的确认报文段而产生了超时重传。由于现在的通信线路的传输质量一般都较好，因传输误码而被路由器丢弃分组的概率远小于1%，因此当发送方出现超时重传时，很可能是因为网络中的某个路由器“繁忙”而丢弃了一些分组，这是网络出现拥塞的征兆。

发送方除了要维护拥塞窗口cwnd变量，还要维护发送窗口（Sender Window）的状态变量swnd。发送窗口swnd的大小从拥塞窗口cwnd和接收方的接收窗口（Receiver Window）rwnd中取小者，即swnd=min(cwnd, rwnd)。为了简单起见，之前假定不考虑流量控制，因此在后续举例中，发送方将拥塞窗口作为发送窗口，即swnd=cwnd。

除拥塞窗口cwnd和发送窗口swnd，发送方还需要维护一个叫作慢开始门限（SS Thresh）的状态变量ssthresh：

- 当cwnd < ssthresh时，使用慢开始算法。
- 当cwnd > ssthresh时，停止使用慢开始算法而改用拥塞避免算法。
- 当cwnd = ssthresh时，既可使用慢开始算法，也可使用拥塞避免算法。

1）慢开始和拥塞避免

下面举例说明TCP的慢开始算法和拥塞避免算法。如图5-28所示，在TCP双方建立连接时，拥塞窗口cwnd的初始值被设置为1，这是因为主机刚开始发送数据时完全不知道网络的拥塞情况，如果立即把大量的数据都注入网络中，就有可能引起网络拥塞。经验证明，较好的方法是由小到大逐渐增大发送方的拥塞窗口cwnd的数值，直到发生拥塞。另外，还需要设置慢开始门限ssthresh的初始值，本例采用16。

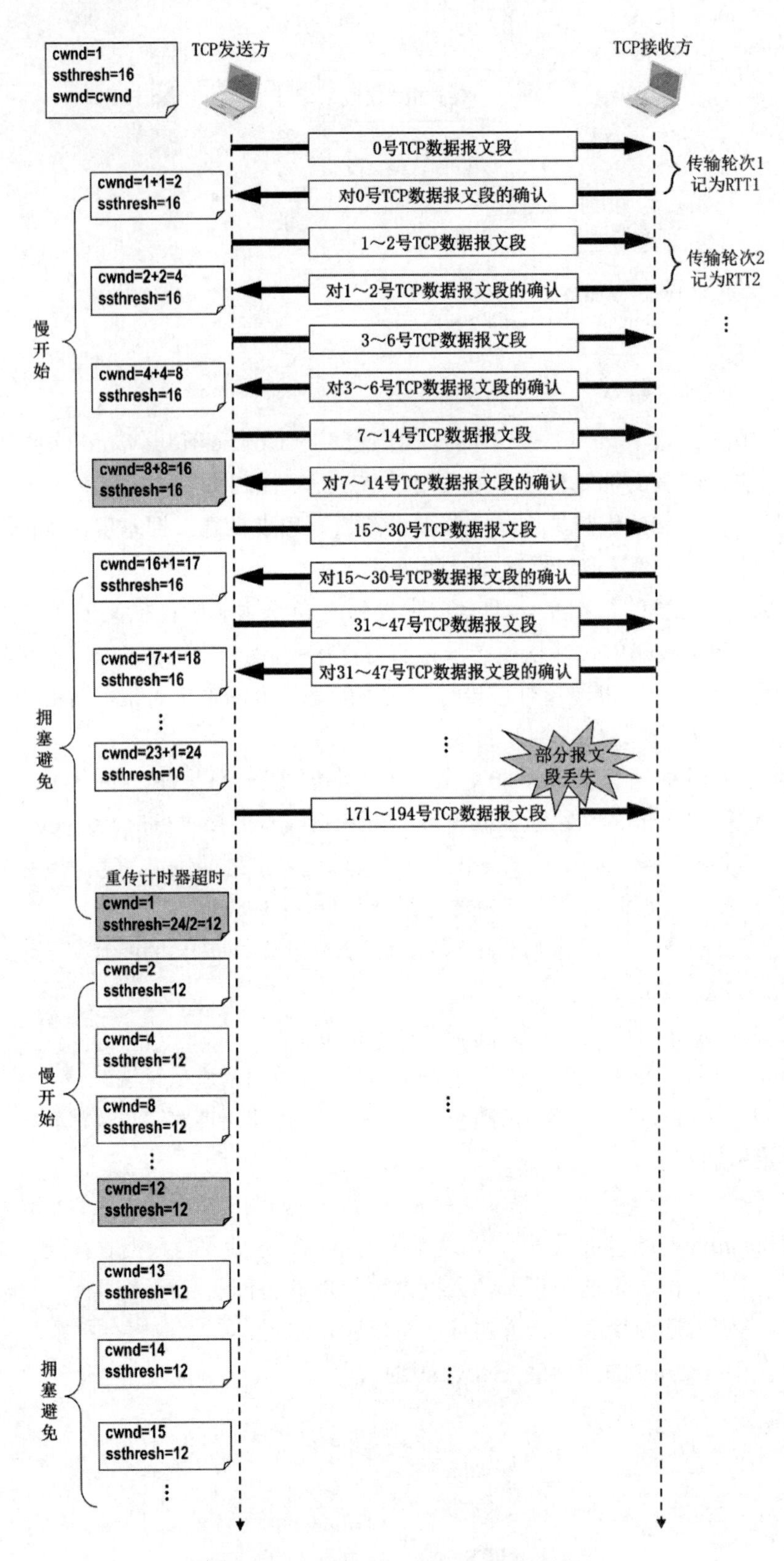

图5-28　TCP慢开始和拥塞避免算法举例

在执行慢开始算法时，发送方每收到一个对新报文段的确认时，就把拥塞窗口cwnd的值加1，然后开始下一轮的传输。当拥塞窗口cwnd的值增长到慢开始门限ssthresh的值时，就改为执行拥塞避免算法。由于发送方的拥塞窗口cwnd的初始值为1，而发送窗口swnd的值始终等于cwnd的值（之前的假定条件），因此发送方一开始只能发送1个TCP数据报文段。换句话说，在本例中，cwnd的值是多少，就能发送多少个TCP数据报文段。

在上述例子中，TCP的慢开始算法和拥塞避免算法的执行过程如下：

（1）发送方给接收方发送0号数据报文段。接收方收到后，给发送方发回对0号数据报文段的确认报文段。发送方收到该确认报文段后，将cwnd的值加1增大到2，这意味着发送方在下一个传输轮次中可以发送1和2号共2个数据报文段。请读者注意，传输轮次是指发送方给接收方发送数据报文段后，接收方给发送方发回相应的确认报文段。一个传输轮次所经历的时间其实就是往返时间RTT（RTT并非恒定的数值）。使用传输轮次是为了强调把拥塞窗口所允许发送的数据报文段都连续发送出去，并收到了对已发送的最后一个数据报文段的确认。

（2）发送方给接收方发送1～2号共2个数据报文段。接收方收到后，给发送方发回对1～2号数据报文段的确认报文段。发送方收到确认报文段后，将cwnd的值加2增大到4，这意味着发送方在下一个传输轮次中可以发送3～6号共4个数据报文段。

（3）发送方给接收方发送3～6号共4个数据报文段。接收方收到后，给发送方发回对3～6号数据报文段的确认报文段。发送方收到确认报文段后，将cwnd的值加4增大到8，这意味着发送方在下一个传输轮次中可以发送7～14号共8个数据报文段。

（4）发送方给接收方发送7～14号共8个数据报文段。接收方收到后，给发送方发回对7～14号数据报文段的确认报文段。发送方收到确认报文段后，将cwnd的值加8增大到16。至此，发送方当前的cwnd值已经增大到了ssthresh值。因此要改用拥塞避免算法，也就是每个传输轮次结束后，cwnd的值只能线性加1，而不像慢开始算法那样，每个传输轮次结束后cwnd的值按指数规律增大。

（5）发送方给接收方发送15～30号共16个数据报文段。接收方收到后，给发送方发回对15～30号数据报文段的确认报文段。发送方收到确认报文段后，将cwnd的值加1增大到17，这意味着发送方在下一个传输轮次中可以发送31～47号共17个数据报文段。

（6）发送方给接收方发送31～47号共17个数据报文段。接收方收到后，给发送方发回对31～47号数据报文段的确认报文段。发送方收到确认报文段后，将cwnd的值加1增大到18。

（7）随着传输轮次的增加，cwnd的值每轮次都线性加1，例如在图5-28中，cwnd的值线性加1增大到了24。

（8）发送方给接收方发送171～194号共24个数据报文段。假设这24个数据报文段在传输过程中丢失了几个。这必然会造成发送方对这些丢失报文段的超时重传。发送方以此判断网络可能出现了拥塞，需要调整自己的cwnd值和ssthresh值：

- 将ssthresh值调整为发生拥塞时cwnd值的一半，对于本例为24/2=12。
- 将cwnd值减小为1，并重新开始执行慢开始算法。

（9）发送方重新开始执行慢开始算法，让cwnd值按指数规律增大。当慢开始算法执行到cwnd值增大到新的ssthresh值12时，就停止使用慢开始算法，转而执行拥塞避免算法。

为了更清楚地看出拥塞控制过程，可以绘制出本例的拥塞窗口cwnd的值随传输轮次的变化关系图，如图5-29所示。

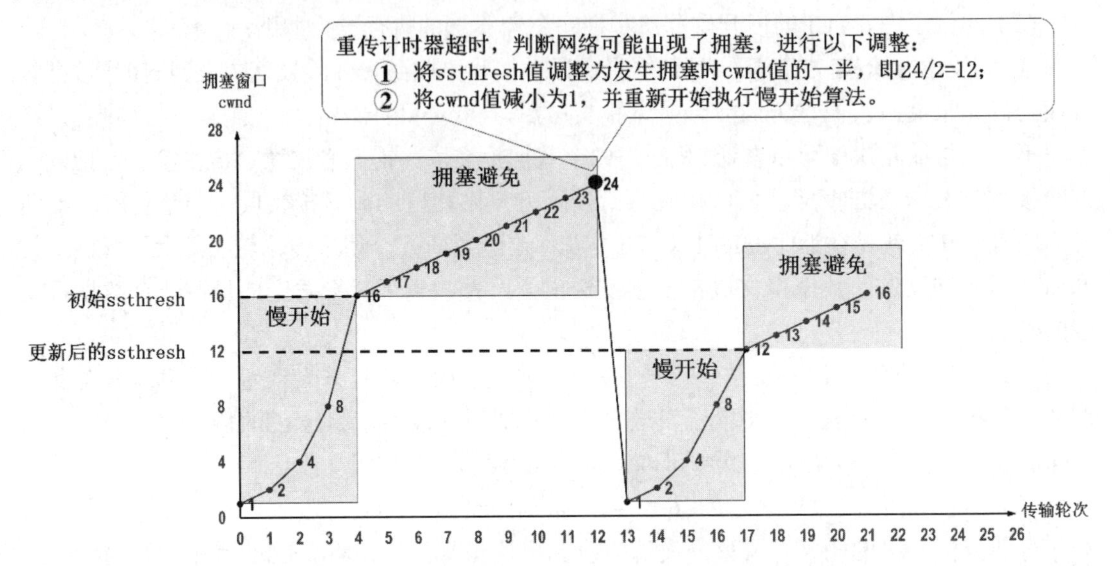

图5-29　TCP慢开始和拥塞避免算法中cwnd值随传输轮次的变化举例

从图5-29可以看出：

（1）TCP发送方一开始使用慢开始算法，让拥塞窗口cwnd的值从1开始按指数规律增大。

（2）当cwnd值增大到慢开始门限ssthresh值时，停止使用慢开始算法，转而执行拥塞避免算法，让cwnd值按线性加1的规律增大。

（3）当发生超时重传时，就判断网络可能出现了拥塞，要采取相应的措施：一方面将ssthresh值调整为发生拥塞时cwnd值的一半；另一方面将cwnd值减小为1，并重新开始执行慢开始算法。

（4）cwnd值又从1开始按指数规律增大。当增大到新的ssthresh值时，停止使用慢开始算法，转而执行拥塞避免算法，让拥塞窗口按线性加1的规律增大。

需要说明的是，“慢开始”是指一开始向网络注入的报文段少，而并不是指拥塞窗口cwnd的值增长速度慢；“拥塞避免”也并非指完全能够避免拥塞，而是指在拥塞避免阶段将cwnd值控制为按线性规律增长，使网络比较不容易出现拥塞。

2）快重传和快恢复

慢开始和拥塞避免是1988年就提出的两种TCP拥塞控制算法，也就是TCP的Tahoe版本。1990年又增加了两个新的拥塞控制算法以便改进TCP的性能，这就是快重传和快恢复，被称为TCP的Reno版本。

有时个别TCP报文段会在网络中丢失（例如由于误码被路由器丢弃），但实际上网络并未发生拥塞。这将导致发送方超时重传并误认为网络发生了拥塞。例如，在之前图5-29所示的例子中，当拥塞窗口cwnd的值增大到24时，发生了超时重传，而网络此时并没有发生拥塞，但发送方却误认为网络发生了拥塞。于是，发送方把cwnd值陡然减小为1，并错误地启动慢开始算法，因而降低了传输效率。

采用快重传算法可以让发送方尽早知道发生了个别报文段的丢失。所谓快重传，就是使发送方尽快（尽早）进行重传，而不是等超时重传计时器超时再重传。这就要求接收方不要等待自己发送数据时才进行捎带确认，而是要立即发送确认，即使收到了失序的报文段也要立即发出对已收到的报文段的重复确认。发送方一旦收到3个连续的重复确认，就将相应的报文段立即重传，而不是等该报文段的超时重传计时器超时再重传。

借助图5-30所示的例子理解快重传算法。

（1）发送方发送1号TCP数据报文段，接收方收到后给发送方发回对1号数据报文段的确认。在该确认报文段到达发送方之前，发送方还可以将发送窗口内的2号数据报文段发送出去。

（2）接收方收到2号数据报文段后，给发送方发回对2号数据报文段的确认。在该确认报文段到达发送方之前，发送方还可以将发送窗口内的3号数据报文段发送出去，但该报文段丢失了，接收方自然不会给发送方发回针对该报文段的确认。

（3）发送方还可以将发送窗口内的4号数据报文段发送出去。

（4）接收方收到4号数据报文段后，发现这不是按序到达的报文段，因此给发送方发回针对2号数据报文段的重复确认，表明："我现在期望收到的是3号数据报文段，但是我没有收到3号数据报文段，而是收到了未按序到达的数据报文段"。

（5）发送方还可以将发送窗口内的5号数据报文段发送出去。

（6）接收方收到5号数据报文段后，发现这不是按序到达的数据报文段，因此给发送方发回针对2号数据报文段的重复确认。

（7）发送方还可以将发送窗口内的6号数据报文段发送出去。

（8）接收方收到6号数据报文段后，发现这不是按序到达的数据报文段，因此给发送方发回针对2号数据报文段的重复确认。

（9）至此，发送方会收到3个连续的对2号数据报文段的重复确认，就立即重传3号数据报文段。

（10）接收方收到3号数据报文段后，给发送方发回针对6号数据报文段的确认，表明序号到6为止的数据报文段都正确接收了。这样就不会造成对3号数据报文段的超时重传，而是提早进行了重传。

通过图5-30所示的例子可以看出，对于个别丢失的报文段，发送方不会出现超时重传，也就不会误认为出现了拥塞而错误地把拥塞窗口cwnd的值减为1。实践证明，使用快重传可以使整个网络的吞吐量提高约20%。

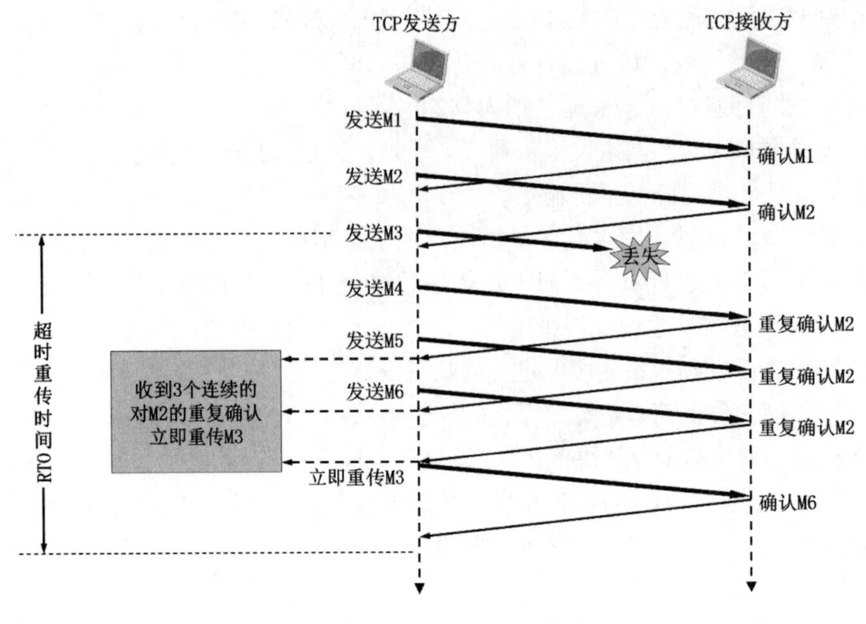

图5-30　TCP快重传举例

与快重传算法配合使用的是快恢复算法。发送方一旦收到3个重复确认，就知道现在只是丢失了个别的报文段，于是不启动慢开始算法，而是执行快恢复算法：发送方将慢开始门限ssthresh的值和拥塞窗口cwnd的值都调整为当前cwnd值的一半，并开始执行拥塞避免算法。也有的快恢复实现是把快恢复开始时的cwnd值再增大一些，即cwnd=新ssthresh+3。这样做的理由是，既然发送方收到了3个重复的确认，就表明有3个数据报文段已经离开了网络。这3个报文段不再消耗网络资源而是停留在接收方的接收缓存中。可见现在网络中不是堆积了报文段而是减少了3个报文段，因此可以适当把cwnd值增大一些。

图5-31给出了TCP拥塞控制四种算法的举例。具体解释如下：

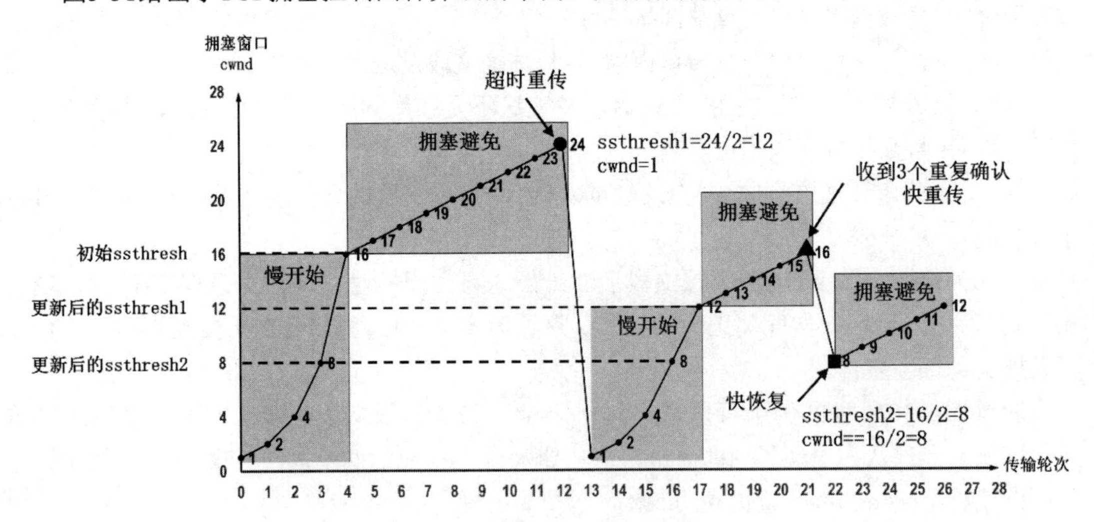

图5-31　TCP拥塞控制四种算法举例

（1）TCP发送方一开始使用慢开始算法，让拥塞窗口cwnd的值从1开始按指数规律增大。

（2）当cwnd值增大到慢开始门限ssthresh值时，停止使用慢开始算法，转而执行拥塞避免算法，让cwnd值按线性加1的规律增大。

（3）当发生超时重传时，就判断网络可能出现了拥塞，要采取相应的措施：一方面将ssthresh值调整为发生拥塞时cwnd值的一半；另一方面将cwnd值减小为1，并重新开始执行慢开始算法。

（4）cwnd值又从1开始按指数规律增大。当增大到新的ssthresh值时，停止使用慢开始算法，转而执行拥塞避免算法，让cwnd值按线性加1的规律增大。

（5）当发送方收到3个重复确认时，就进行快重传和快恢复。也就是立刻进行相应数据报文段的重传，并将ssthresh值和cwnd值都调整为当前cwnd值的一半，转而执行拥塞避免算法，让cwnd值按线性加1的规律增大。

TCP拥塞控制流程如图5-32所示。该流程图比之前图5-31所示的例子更加全面。例如，图5-31没有说明在慢开始阶段如果出现了超时重传或出现3个重复确认，发送方应采取什么措施，但从图5-32的流程图就可以很明确地知道发送方应采取的措施。

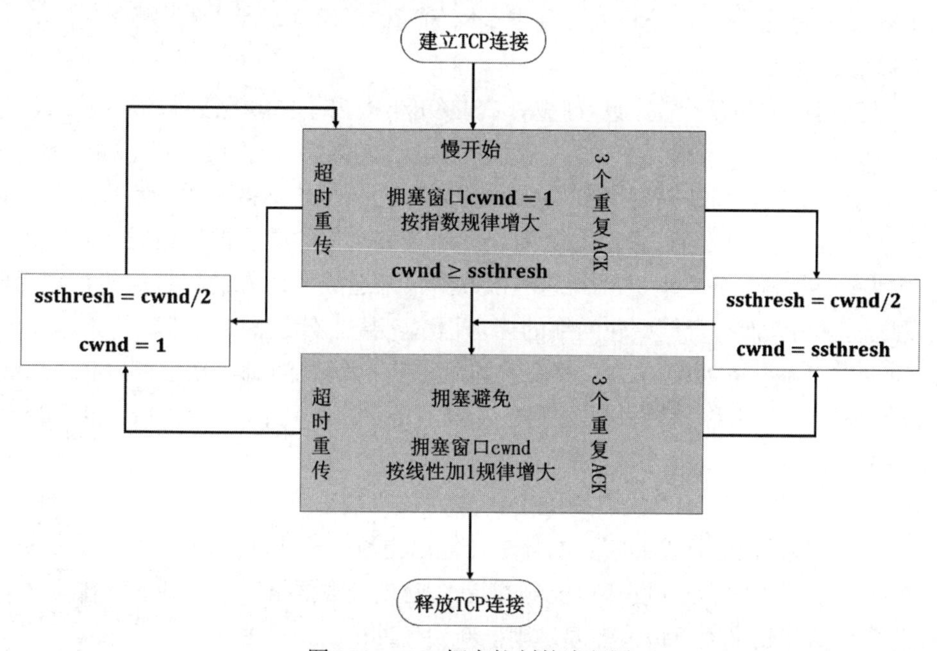

图5-32　TCP拥塞控制的流程图

需要说明的是，TCP拥塞控制仍然是计算机网络中的一个研究热点，TCP拥塞控制算法也还在不断地发展和变化。这里仅讨论了其基本原理和要点，并没给出更多的细节，例如：

（1）[RFC 2581]规定在一开始cwnd的值应设置为不超过2×MSS个字节，并且在一开始也不能超过两个报文段，但通常就将cwnd值设置为一个MSS。

（2）[RFC 2581]给出了根据已发送但还未收到确认的数据字节的数量来设置ssthresh的

新计算公式。但在本书中，为了简化问题，仍使用原来的“将ssthresh设置为出现拥塞时的发送窗口值的一半”。

目前，TCP拥塞控制的最新文档是[RFC 5681]（草案标准），有兴趣的读者可以自行查阅。

5.3.5 TCP 拥塞控制与网际层拥塞控制的关系

TCP拥塞控制与网际层所采取的策略有着密切的关系。网际层的策略对TCP拥塞控制影响最大的就是IP路由器的IP数据报丢弃策略。

在最简单的情况下，路由器的输入缓存（可看作缓存队列，以下简称为队列）通常都按照“先进先出”（First In First Out，FIFO）的规则来处理到达的IP数据报。由于队列长度总是有限的，因此当队列已满时，之后再到达的所有IP数据报都将被丢弃，这就叫作尾部丢弃策略（Tail-drop Policy）。

当网络中有大量封装了TCP报文段的IP数据报涌入某个（或某些）路由器并造成路由器进行尾部丢弃时，这些TCP报文段的多个发送方就会出现超时重传，这会使得许多TCP连接在同一时间突然都进入TCP拥塞控制的慢开始阶段。这在TCP的术语中称为全局同步（Global Synchronization）。全局同步使得全网的通信量骤降，而在网络恢复正常后，其通信量又突然增大很多。

为了避免网络中出现全局同步问题，在1998年提出了主动队列管理（Active Queue Management，AQM）。所谓“主动”，就是在路由器的队列长度达到某个阈值但还未满时就主动丢弃IP数据报，而不是要等到路由器的队列已满时才不得不丢弃后面到达的IP数据报，这样就太被动了。应当在路由器队列长度达到某个值得警惕的数值时，也就是网络出现了某些拥塞征兆时，就主动丢弃到达的IP数据报来造成发送方的超时重传，进而降低发送方的发送速率，因而有可能减轻网络的拥塞程度，甚至不出现网络拥塞。

AQM可以有不同的实现方法，其中曾流行多年的就是随机早期检测（Random Early Detection，RED），也称为随机早期丢弃（Random Early Drop，RED 或 Random Early Discard，RED）。

路由器需要维护两个参数来实现RED：队列长度最小门限和最大门限。当每一个IP数据报到达路由器时，RED就按照规定的算法计算出当前的平均队列长度。

- 若平均队列长度小于最小门限，则把新到达的IP数据报存入队列进行排队。
- 若平均队列长度大于最大门限，则把新到达的IP数据报丢弃。
- 若平均队列长度在最小门限和最大门限之间，则按照某一丢弃概率p把新到达的IP数据报丢弃（这体现了丢弃IP数据报的随机性）。

很显然，RED是在路由器的平均队列长度达到一定数值时，也就是出现网络拥塞的早期征兆时，就以概率p丢弃个别IP数据报。让拥塞控制只在个别的TCP连接上进行，因而避免了全局同步问题。丢弃概率p的选择并不简单，因为p并不是个常数。对于每一个到达的IP数据报，都必须计算丢弃概率p的数值。

因特网工程任务组IETF曾经推荐在因特网中的路由器使用RED机制[RFC 2309]，但多年的实践证明，RED的使用效果并不理想。因此，在2015年公布的[RFC 7567]已经把[RFC 2309]列为“陈旧的”，并且不再推荐使用RED。然而，对路由器进行主动队列管理AQM仍然是必要的。现在已经有几种不同的算法来代替旧的RED，但都还在实验阶段。目前还没有一种算法能够成为IETF的标准，读者可以注意这方面的进展。

5.3.6　TCP可靠传输的实现

TCP基于以字节为单位的滑动窗口来实现可靠传输，下面举例说明。

如图5-33所示。因特网上的两台主机基于已建立的TCP连接进行通信。为了简单起见，假定数据传输只在一个方向进行，也就是发送方给接收方发送TCP数据报文段，接收方给发送方发送相应的TCP确认报文段。这样的好处是使讨论仅限于两个窗口：发送方的发送窗口swnd和接收方的接收窗口rwnd。TCP的滑动窗口是以字节为单位的。图5-33给出了发送方待发送数据字节的序号。为了方便描述问题以及在有限的版面上显示更多的字节序号，字节序号的值都取得很小。

图5-33　TCP基于以字节为单位的滑动窗口来实现可靠传输

假设发送方收到了一个来自接收方的确认报文段，如图5-34所示。在报文段首部中的窗口字段的值为20，这是接收方表明自己的接收窗口rwnd的尺寸为20字节；确认号字段ack的值为31，这表明接收方期望收到下一个数据的序号是31，而序号到30为止的数据已经全部正确接收了。因此，发送方根据这两个字段的值构造出自己的发送窗口。为了简单起见，假定网络不存在拥塞问题，也就是发送方在构造自己的发送窗口时，仅考虑接收方的接收窗口，而不考虑自己的拥塞窗口。由于本例中接收方告诉发送方自己的接收窗口rwnd的值为20，因此发送方将自己的发送窗口swnd的值也设置为20。

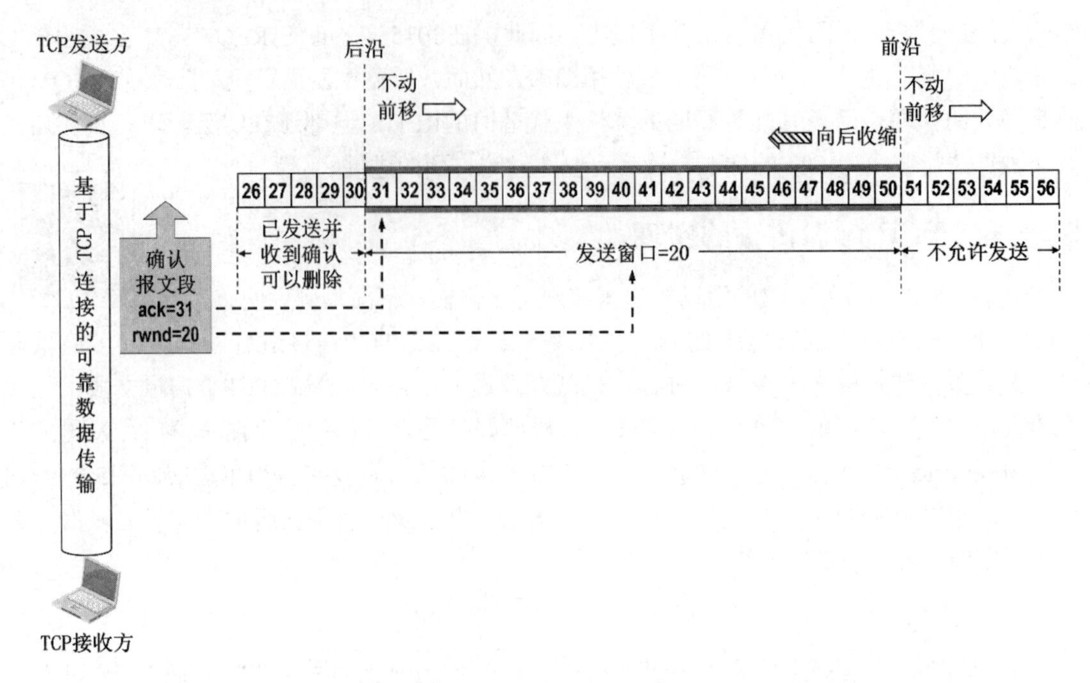

图5-34 TCP发送方根据接收方给出的接收窗口值构造出自己的发送窗口

发送方在没有收到接收方确认的情况下，可以把序号落入发送窗口内的数据依次全部发送出去。凡是已经发送过的数据，在未收到确认之前都必须暂时保留，以便在超时重传时使用。发送窗口具有前沿和后沿。发送窗口后沿的后面部分，是已发送并已收到确认的数据字节的序号。这些数据字节显然不需要再保存在发送缓存中了，可以将它们删除。发送窗口前沿的前面部分，是当前不允许发送的数据字节的序号。

发送窗口后沿的移动情况有两种可能：

- 不动：没有收到新的确认，发送窗口的后沿不会移动。
- 前移：收到新的确认，发送窗口的后沿向前移动。

发送窗口的后沿不可能向后移动。因为不可能撤销掉已收到的确认。

发送窗口前沿的移动情况有三种可能：

- 前移：通常情况下，发送窗口的前沿是不断向前移动的。
- 不动：
    - 一种情况是由于没有收到新的确认，接收方通知的窗口大小也没有改变。
    - 另一种情况是收到了新的确认，可向前移动相应位置，但接收方通知的窗口缩小了，前沿应该向后回缩，如果向前移动和向后回缩的尺寸恰好相等，就会使得发送窗口的前沿不动。
- 向后收缩：这发生在接收方通知的窗口变小了。但TCP标准强烈不赞成这样做，因为很可能发送方在收到这个通知之前，就已经发送了窗口中的许多数据，现在又要收缩窗口，不让发送这些数据，显然就会产生错误。

假设发送方将发送窗口内的31～41号数据封装在几个不同的TCP数据报文段中发送出

去，如图5-35所示。此时发送窗口的位置并没有改变，发送窗口内序号31～41的数据已经发送但未收到确认，而序号42～50的数据是允许发送但还未发送的。

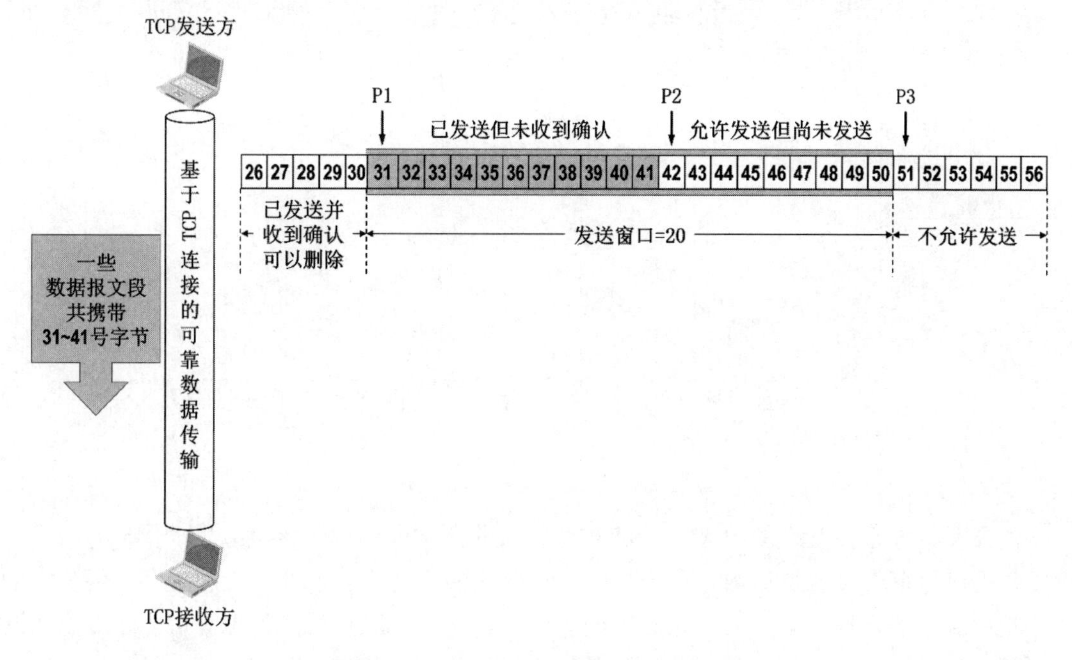

图5-35　TCP发送方发送了11字节的数据

请读者思考一下，应该如何描述发送窗口的状态呢？换句话说，如果要编程实现滑动窗口机制，那么对于发送窗口的状态应该如何标记和维护呢？可以使用三个指针P1、P2和P3分别指向相应的字节序号：

- P1指向发送窗口内已发送但还未收到确认的第一个数据的序号。
- P2指向发送窗口内还未发送的第一个数据的序号。
- P3指向发送窗口前沿外的第一个数据的序号。

这样就可以用P1、P2和P3这三个指针来描述发送窗口的相关信息：

- 小于P1的就是已发送并已收到确认的部分。
- 大于等于P3的就是不允许发送的部分。
- P3减P1可以得出当前发送窗口的尺寸。
- P2减P1可以得出已发送但尚未收到确认的字节数量。
- P3减P2可以得出允许发送但当前尚未发送的字节数量（又称为可用窗口或有效窗口）。

假设接收方的接收窗口尺寸为20，如图5-36所示。在接收窗口外面到30号为止的数据，是已经发送过相应确认并已交付给应用进程的数据，因此无须再保留这些数据，可将它们从接收缓存中删除了。接收窗口内31～50号数据是允许接收的数据。接收窗口外51号及其后续数据，目前不允许接收。

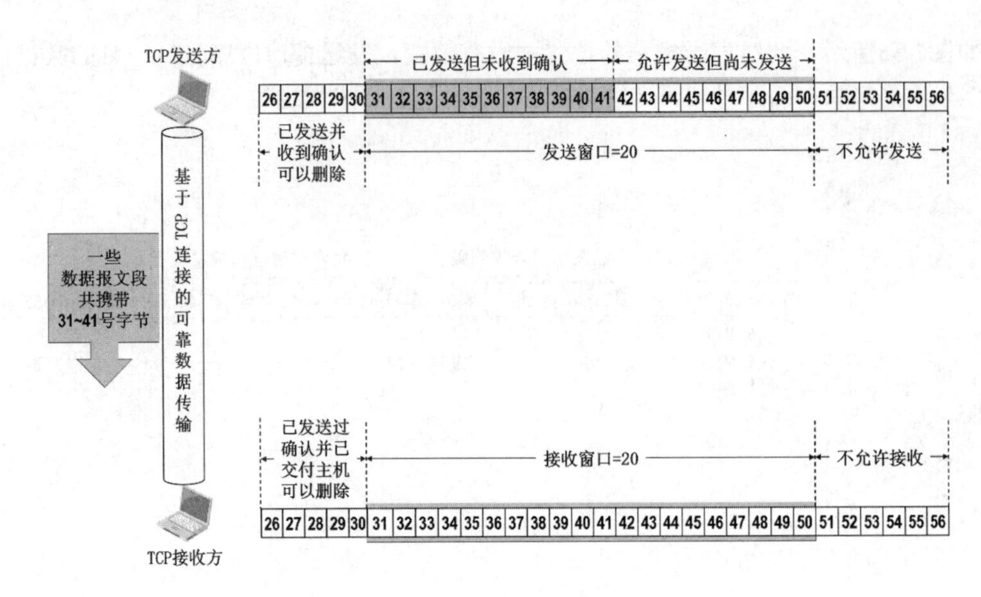

图5-36　TCP接收方的接收窗口

假设发送方之前发送的封装有32和33号数据的报文段到达了接收方，如图5-37所示。由于数据序号落在接收窗口内，所以接收方接受它们，并将它们存入接收缓存。但是它们是未按序到达的数据，因为31号数据还没有到达。这有可能是丢了，也有可能是滞留在网络中的某处。接收方只能对按序收到的数据中的最高序号给出确认（请读者注意，TCP的可靠传输机制比较复杂，与之前曾介绍过的回退N帧协议和选择重传协议都有区别）。因此接收方发出的确认报文段中的确认号仍然是31，也就是期望收到31号数据；窗口字段的值仍是20，表明接收方没有改变自己接收窗口的大小。发送方收到该确认报文段后，发现这是一个针对31号数据的重复确认，就知道接收方收到了未按序到达的数据。由于这是针对31号数据的第一个重复确认，因此这并不会引起发送方针对该数据的快重传。另外，接收方通知的窗口尺寸仍是20，因此发送方仍保持自己的发送窗口尺寸为20。

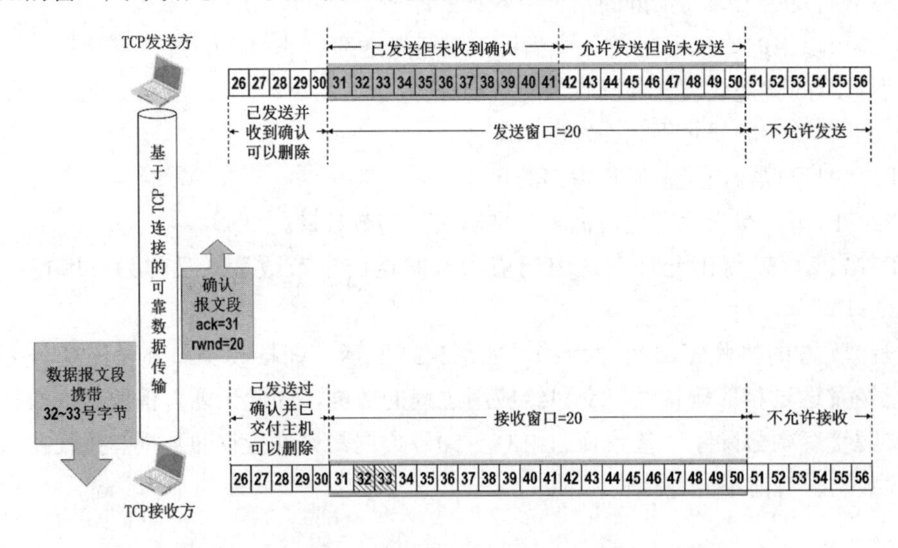

图5-37　TCP接收方收到携带32和33号数据的报文段

现在假设封装有31号数据的报文段到达了接收方。接收方接受该报文段，将其封装的31号数据存入接收缓存。接收方现在可将接收缓存中的31～33号数据一起交付给应用进程，然后将接收窗口向前滑动3个序号，并给发送方发送确认报文段。该确认报文段中窗口字段的值仍为20，表明接收方没有改变自己接收窗口的大小；确认号字段的值为34，表明接收方已经收到序号到33为止的全部数据，如图5-38所示。

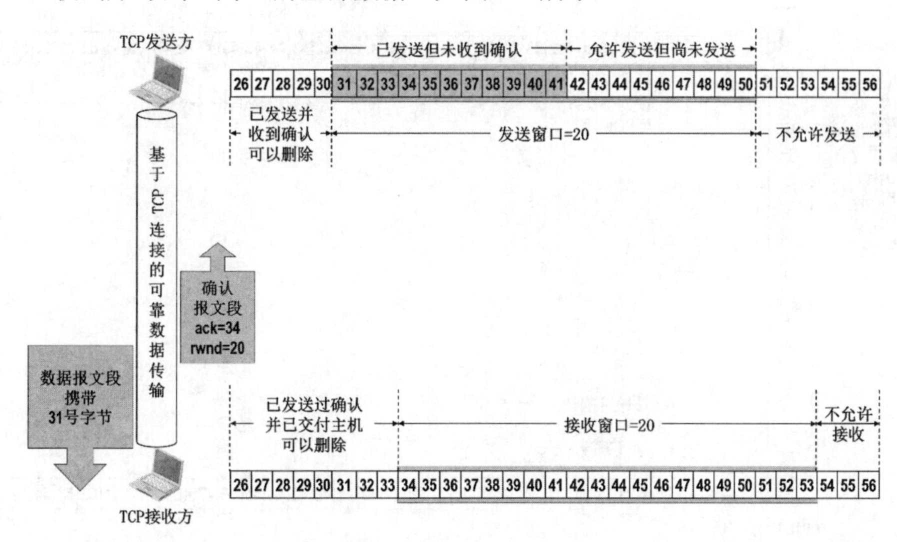

图5-38 TCP接收方收到31号数据后接收窗口向前滑动3个序号

现在假设又有几个数据报文段到达了接收方，它们封装有37、38以及40号数据，如图5-39所示。这些数据的序号虽然落在接收窗口内，但它们都是未按序到达的数据，只能先暂存在接收缓存中。假设接收方先前发送的确认报文段到达了发送方。发送方接收后，将发送窗口向前滑动3个序号，发送窗口的尺寸保持不变，这样就有新序号51～53落入发送窗口内，而序号31～33被移出了发送窗口。现在可将31～33号数据从发送缓存中删除了，因为已经收到了接收方针对它们的确认。

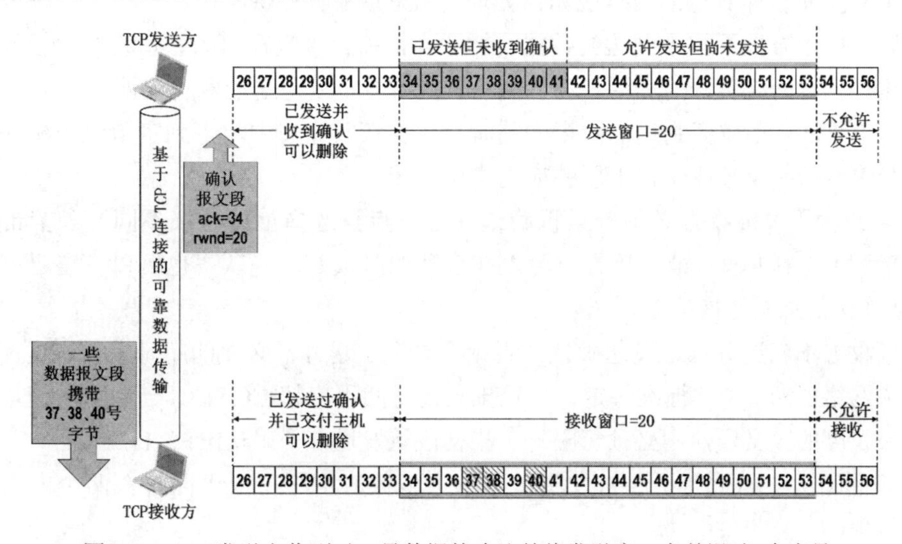

图5-39 TCP发送方收到对33号数据的确认并将发送窗口向前滑动3个序号

发送方继续将发送窗口内序号42～53的数据封装在几个不同的报文段中发送出去，如图5-40所示。现在，发送窗口内的序号已经用完了，发送方在未收到接收方发来确认的情况下，不能再发送新的数据。序号落在发送窗口内的已发送数据，如果迟迟收不到接收方的确认，则会产生超时重传。

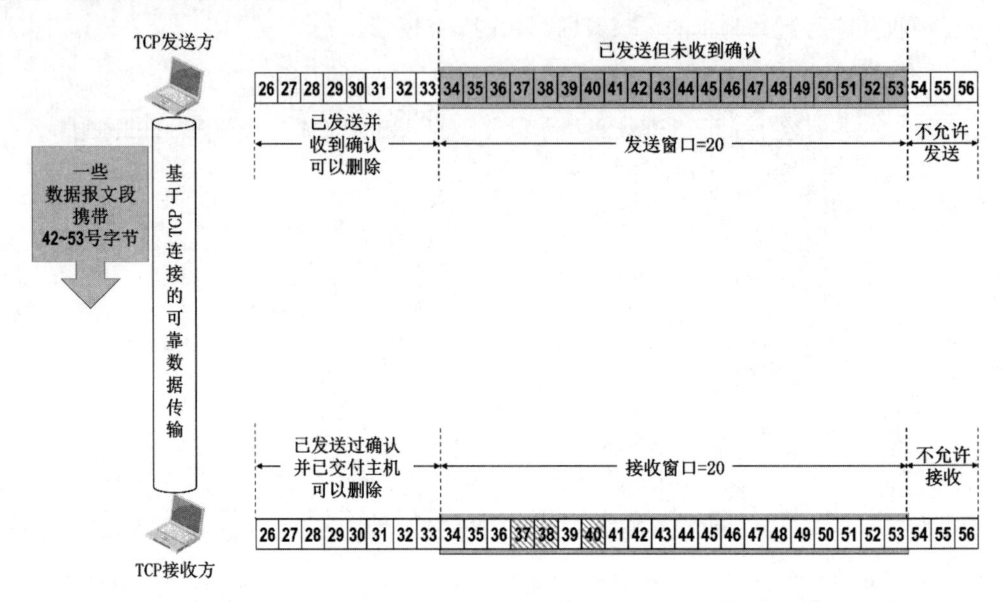

图5-40　TCP发送方将发送窗口内序号42～53的数据封装在几个不同的报文段中发送出去

对于TCP可靠传输的实现，还需要做以下补充说明：

（1）虽然发送方的发送窗口是根据接收方的接收窗口设置的，但在同一时刻，发送方的发送窗口并不总是和接收方的接收窗口一样大，这是因为：

- 网络传送窗口值需要经历一定的时间滞后，并且这个时间还是不确定的。
- 发送方还可能根据网络当时的拥塞情况适当减小自己的发送窗口尺寸。

（2）对于不按序到达的数据应如何处理，TCP并无明确规定。

- 如果接收方把不按序到达的数据一律丢弃，那么接收窗口的管理将会比较简单，但这样做对网络资源的利用不利，因为发送方会重复传送较多的数据。
- TCP通常对不按序到达的数据先临时存放在接收窗口中，等到字节流中所缺少的字节收到后，再按序交付上层的应用进程。

（3）TCP要求接收方必须有累积确认（这一点与选择重传协议不同）和捎带确认机制。这样可以减小传输开销。接收方可以在合适的时候发送确认，也可以在自己有数据要发送时把确认信息顺便捎带上。

- 接收方不应过分推迟发送确认，否则会导致发送方不必要的超时重传，这反而浪费了网络资源。TCP标准规定，确认推迟的时间不应超过0.5秒。若收到一连串具有最大长度的报文段，则必须每隔一个报文段就发送一个确认[RFC 1122]。
- 捎带确认实际上并不经常发生，因为大多数应用程序很少同时在两个方向上发送数据。

（4）TCP的通信是全双工通信。通信中的每一方都在发送和接收报文段。因此，每一方都有自己的发送窗口和接收窗口。在谈到这些窗口时，一定要弄清楚是哪一方的窗口。

5.3.7　TCP 超时重传时间的选择

超时重传时间的选择是TCP最复杂的问题之一，下面举例说明。

如图5-41所示，假设主机A和B是因特网上的两台主机，它们之间已经建立了TCP连接，纵坐标为时间。现在，主机A给B发送TCP数据报文段0，并记录下当前的时间。主机B收到后，给主机A发送相应的确认报文段。主机A收到确认报文段后记录下当前的时间。主机A记录下的这两个时间，它们的差值就是报文段的往返时间。由于这是第0个报文段的RTT，就用RTT0来表示。

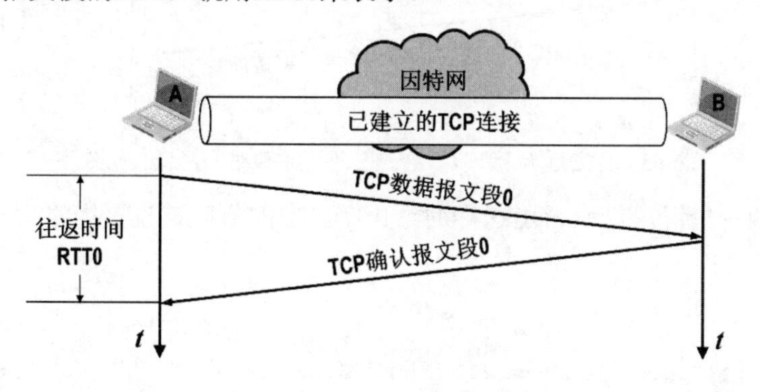

图5-41　往返时间

试想一下，如果将超时重传时间（RTO）的值设置得比RTT0小，会出现怎样的情况呢？很显然，这会引起报文段不必要的重传，使网络负荷增大，如图5-42所示。

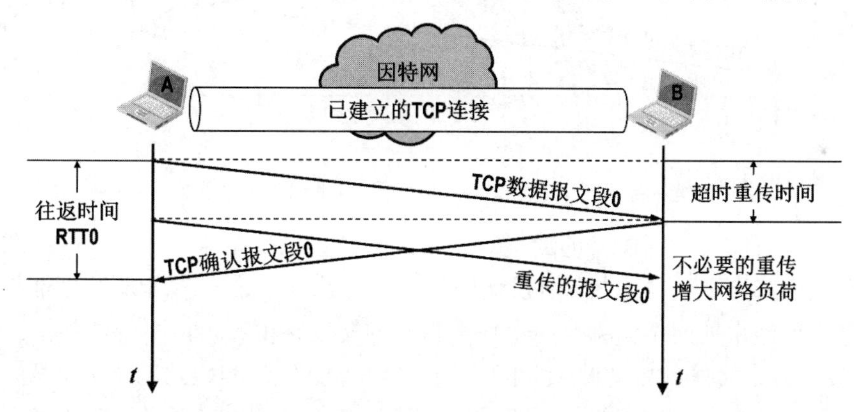

图5-42　RTO小于RTT会造成不必要的重传

那么，如果将RTO的值设置得远大于RTT0的值，又会出现怎样的情况呢？很显然，这会使重传推迟的时间太长，使网络的空闲时间增大，降低了传输效率，如图5-43所示。

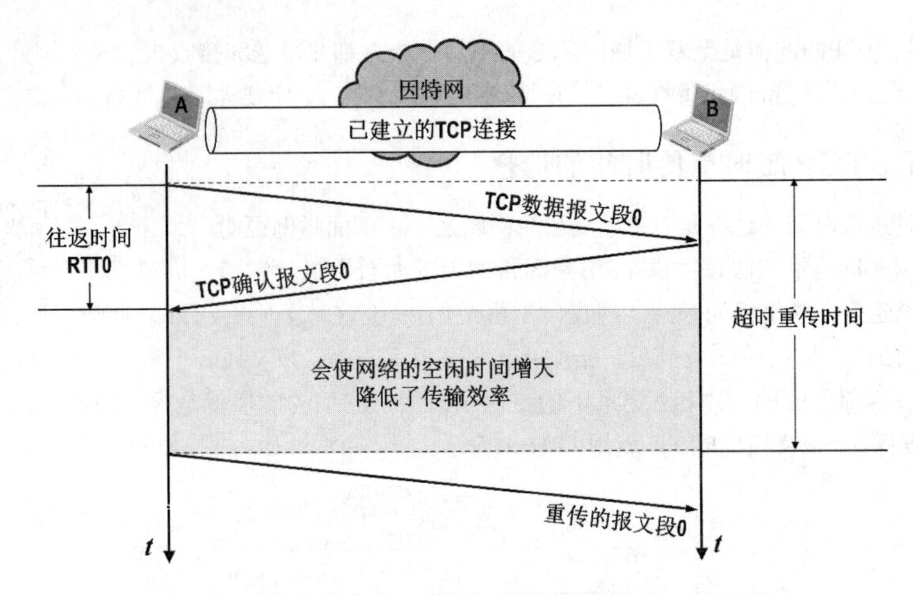

图5-43 RTO远大于RTT，会过分推迟重传时间降低传输效率

综合上述两种情况，可以得出这样的结论：RTO的值应该设置为略大于报文段RTT的值，如图5-44所示。

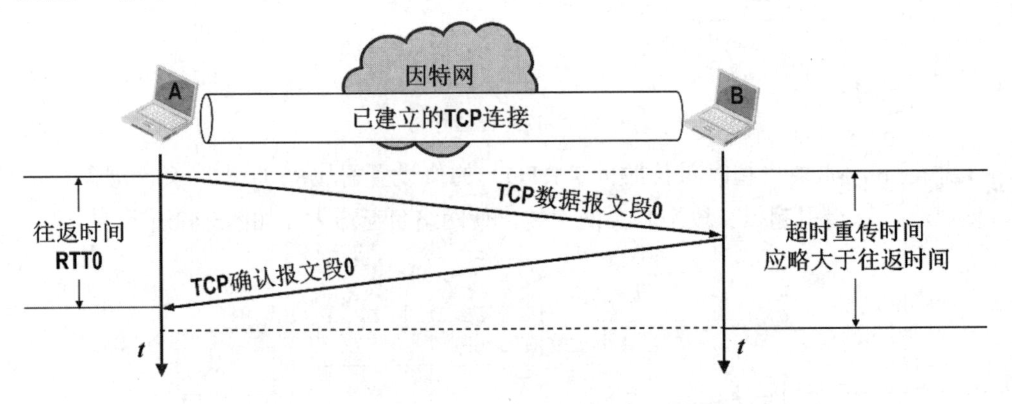

图5-44 RTO的值应该设置为略大于报文段RTT的值

至此，读者可能会觉得RTO的选择还是很简单的，只要略大于RTT即可。然而，TCP下层是复杂的因特网环境，主机A所发送的报文段可能只经过一个高速率的局域网，也有可能经过多个低速率的网络，并且每个IP数据报的转发路由还可能不同。如图5-45所示，主机A给B发送TCP数据报文段1，主机B收到后给主机A发送相应的确认报文段。主机A这次测得的报文段往返时间RTT1远大于上次测得的RTT0。如果RTO还是之前所确定的略大于RTT0，这对于数据报文段1是不合适的，会造成该报文段不必要的重传。这样看来，RTO的选择确实不那么简单了。

不能直接使用某次测量得到的RTT样本作为RTO。但是，可以利用每次测量得到的RTT样本计算加权平均往返时间RTTs，这样可以得到比较平滑的往返时间。当测量到第一个RTT样本时，RTT_S的值直接取为第一个RTT样本的值，即$RTT_{S1}=RTT_1$。以后每测量到一个RTT样本时，就按照式（5-1）重新计算一次RTT_S。

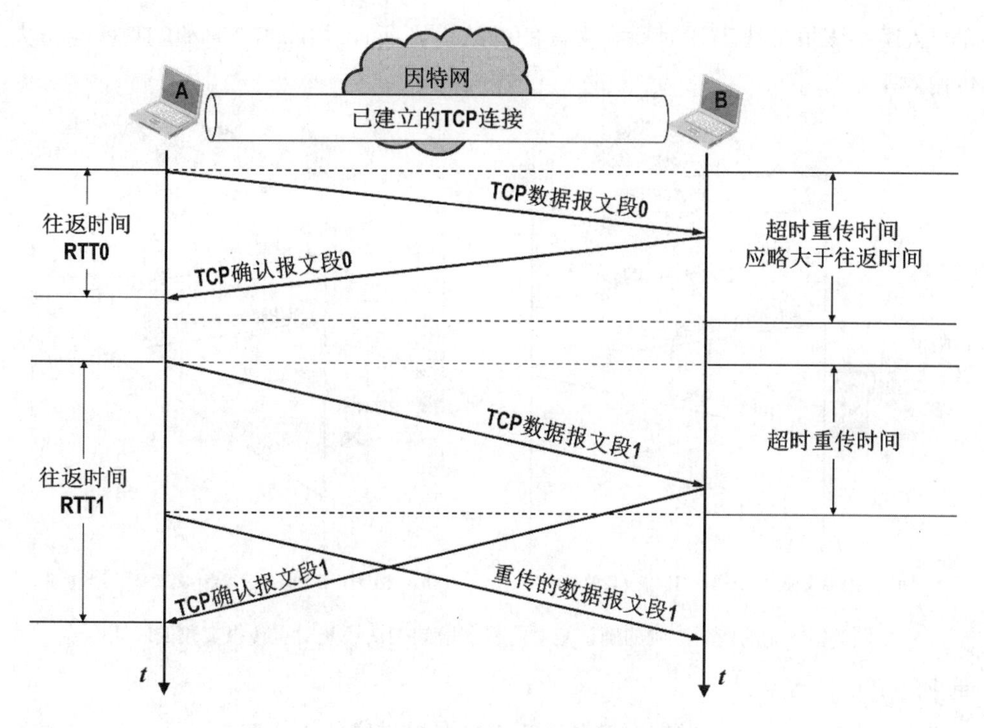

图5-45　往返时间并不是固定的

$$新的RTT_S=(1-\alpha)\times旧的RTT_S+\alpha\times新的RTT样本 \qquad (5\text{-}1)$$

在式（5-1）中，$0\leqslant\alpha<1$。若α接近于0，则新RTT样本对RTT_S的影响不大。若α接近于1，则新RTT样本对RTT_S的影响较大。已成为建议标准的[RFC 6298]推荐的α值为1/8，即0.125。用这种方法得出的加权平均往返时间RTT_S的值就比测量出的RTT值更加平滑。

显然，RTO的值应略大于加权平均往返时间RTTs的值。[RFC 6298]建议使用式（5-2）来计算超时RTO。

$$RTO=RTT_S+4\times RTT_D \qquad (5\text{-}2)$$

在式（5-2）中，RTT_D是RTT的偏差的加权平均值，它与RTT_S和新的RTT样本差有关。[RFC 6298]建议这样计算RTT_D：当第一次测量时，RTT_D的值取为测量到的RTT样本值的一半；在以后的测量中，则使用式（5-3）计算加权平均RTT_D。

$$新的RTT_D=(1-\beta)\times旧的RTT_D+\beta\times|RTT_S-新的RTT样本| \qquad (5\text{-}3)$$

在式（5-3）中，$0\leqslant\beta<1$。β的推荐值是1/4，即0.25。

从RTT_S和RTT_D的计算公式可以看出，它们都是基于所测量到的RTT样本进行计算的。如果所测量到的RTT样本不正确，那么所计算出的RTT_S和RTT_D自然就不正确，进而所计算出的RTO也就不正确。然而，RTT的测量确实是比较复杂的，下面举例说明。

如图5-46（a）所示，主机A给B发送TCP数据报文段，但该报文段在传输过程中丢失了。当超时重传计时器超时后，主机A就重传该报文段。主机B收到重传的报文段后，给主机A发送确认报文段。现在问题来了：主机A收到该确认报文段后无法判断该报文段是对原报文段的确认还是对重传报文段的确认。该报文段实际上是对重传报文段的确认。但是，如果主机A误将该报文段当作对原报文段的确认，则所计算出的RTT_S和RTO就会偏大，降低了传输效率。

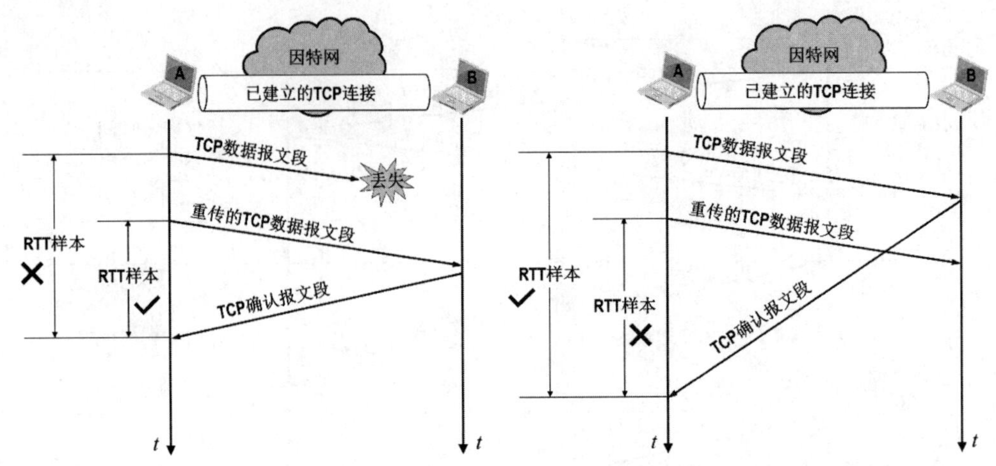

图5-46　无法判断收到的确认是对原报文段的确认还是对重传报文段的确认

再来看另一种情况。

如图5-46（b）所示，主机A给B发送TCP数据报文段。主机B收到后给主机A发送确认报文段。由于某种原因，该确认报文段没有在正常时间内到达主机A。这必然会导致主机A对之前所发送的数据报文段的超时重传。现在问题又来了：主机A收到迟到的确认报文段后无法判断该报文段是对原报文段的确认还是对重传报文段的确认。该报文段实际上是对原报文段的确认。但是，如果主机A误将该报文段当作对重传报文段的确认，则所计算出的RTT_S和RTO就会偏小，这会导致后续报文段发生没有必要的重传，增大网络负荷。

通过上述两个例子可以看出：当发送方出现超时重传后，收到确认报文段时是无法判断出该确认到底是对原报文段的确认还是对重传报文段的确认，也就是无法准确测量出RTT，进而无法正确计算RTO。

因此，针对出现超时重传时无法测准往返时间RTT的问题，Karn提出了一个算法：在计算加权平均RTTs时，只要报文段重传了，就不采用其RTT样本。换句话说，出现重传时，不重新计算RTT_S，进而RTO也不会重新计算。

然而，Karn算法又会引起新的问题。设想出现这样的情况：报文段的时延突然增大了很多，并且之后很长一段时间都会保持这种时延。因此在原来得出的RTO内，不会收到确认报文段，于是就重传报文段。但根据Karn算法，不考虑重传的报文段的往返时间样本，因此超时重传时间就无法更新，这会导致报文段反复被重传。

因此，要对Karn算法进行修正：报文段每重传一次，就把RTO增大一些。典型的做法是将新RTO的值取为旧RTO的2倍。

5.3.8　TCP的选择确认

在之前介绍TCP的快重传和可靠传输时，TCP接收方只能对按序收到的数据中的最高序号给出确认。当发送方超时重传时，接收方之前已收到的未按序到达的数据也会被重传。那么能否设法只传送缺少的数据而不重传已经正确到达（只是未按序到达）的数据呢？回答是肯定的。TCP可以采用选择确认（Selective ACK，SACK）[RFC 2018]（建议标准），下面举例说明。

如图5-47所示，TCP接收方收到了对方发送过来的序号不连续的字节流：序号1～1000的连续字节流后缺少了序号1001～1500的字节流；序号1501～3000的连续字节流（在本例中称为第一个字节块）后缺少了序号3001～3500的字节流；序号3501～4000的连续字节流（在本例中称为第二个字节块）之后没有收到字节流。也就是说，接收方收到了和前面的字节流不连续的两个字节块。假设这些字节的序号都在接收窗口内，那么接收方就先收下这些数据，但要把这些信息准确地告诉发送方，使发送方不再重复发送这些数据。

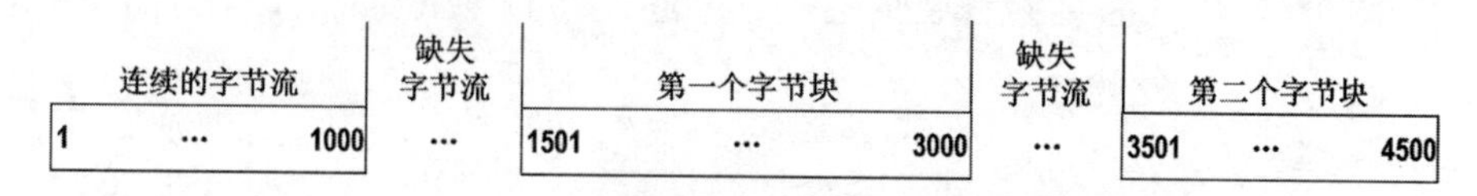

图5-47　TCP接收方收到不连续的字节流

从图5-47可以看出，和前后字节不连续的每一个字节块都有两个边界：左边界和右边界。左边界指出字节块的第一个字节的序号，右边界指出字节块后面第一个字节的序号。在图5-48中用四个指针来标记这些边界。第一个字节块的左边界L1=1501，右边界R1=3001。第二个字节块的左边界L2=3501，右边界R2=4501。

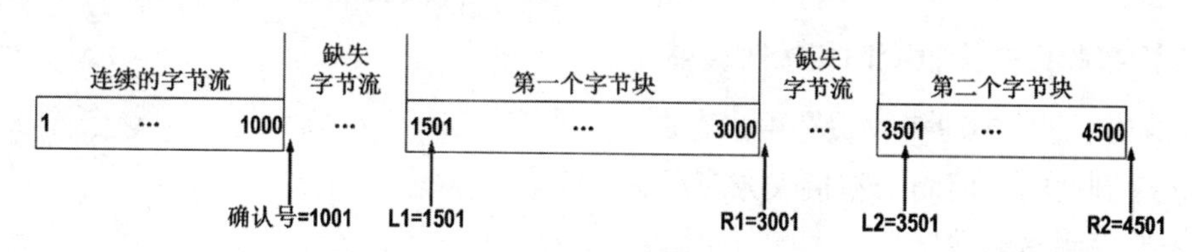

图5-48　用指针标记不连续字节块的边界

我们知道，在TCP的首部中并没有哪个字段能够提供上述不连续字节块的边界信息。[RFC 2018]规定，如果要使用选择确认SACK，那么在建立TCP连接时，就要在TCP首部的选项字段中加上“允许SACK”的选项，而且双方必须事先商定好。如果使用选择确认，那么原来TCP首部中的“确认号字段ack”的用法仍然不变。只是以后在各TCP报文段的首部中都增加了SACK选项，以便报告收到的不连续的字节块的边界。

由于TCP首部选项字段的长度最多只有40字节，而指明一个边界就要用掉4字节（因为序号有32比特，即4字节），因此在选项中最多只能指明4个字节块的边界信息。这是因为4个字节块共有8个边界，因而需要用32个字节来描述。另外还需要两个字节，一个字节用来指明使用了SACK选项，另一个字节用来指明这个选项要占用多少字节。如果要报告5个字节块的信息，那么至少需要42个字节，这就超过了选项字段40字节的最大长度。[RFC 2018]还对报告这些边界信息的格式做出了明确的规定，有兴趣的读者可自行查阅。

需要说明的是，SACK相关文档并没有指明发送方应当怎样响应SACK。因此大多数的TCP实现还是重传所有未被确认的数据块。

5.3.9 TCP窗口和缓存的关系

在之前的TCP相关介绍中，并没有严格区分TCP发送方的发送窗口和发送缓存，也没有严格区分TCP接收方的接收窗口和接收缓存，其实它们是有区别的。

1. TCP发送方的发送窗口和发送缓存

如图5-49所示，TCP发送缓存用来存放：

- 发送方应用进程交付给TCP准备发送的数据。
- TCP已发送但尚未收到确认的数据。

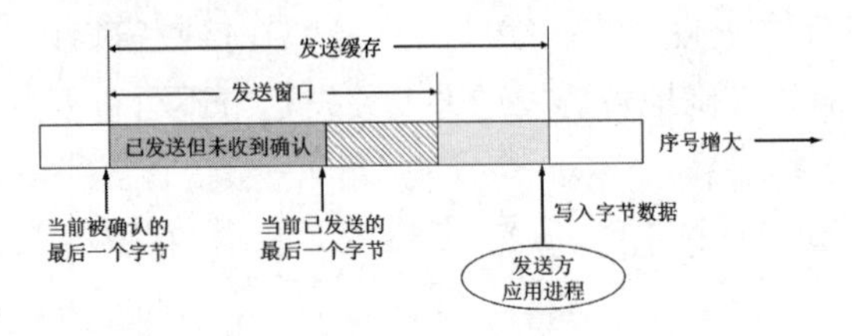

图5-49 TCP发送窗口和发送缓存的关系

TCP发送窗口通常只是TCP发送缓存的一部分。发送缓存中已被确认的数据应当从发送缓存中删除，因此发送缓存和发送窗口的后沿是重合的。发送方应用进程最后写入发送缓存的字节减去最后被确认的字节，就是还保留在发送缓存中的字节数量。发送方应用进程必须控制写入发送缓存的速率，不能太快，否则发送缓存就可能会产生溢出。

2. TCP接收方的接收窗口和接收缓存

如图5-50所示，TCP接收缓存用来存放：

- 按序到达的、但尚未被接收方应用进程读取的数据。
- 未按序到达的数据。

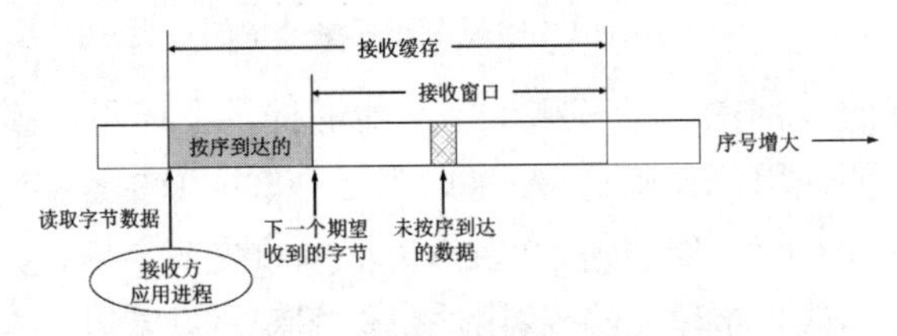

图5-50 TCP接收窗口和接收缓存的关系

如果接收方应用进程来不及读取收到的数据，接收缓存最终就会产生溢出，使接收窗口的值减小到0。反之，如果接收方应用进程能够及时从接收缓存中读取收到的数据，接收窗口的值就可以增大，但最大不能超过接收缓存的大小。

本章知识点思维导图请扫码获取：

第6章　应用层

本章首先介绍应用层的相关基本概念。在介绍客户/服务器方式和对等方式的概念后，对TCP/IP体系结构应用层中最重要和最常用的动态主机配置协议、域名系统、文件传送协议、电子邮件以及万维网进行介绍。

本章重点

（1）客户/服务器方式和对等方式的基本概念。

（2）动态主机配置协议的作用和工作过程。

（3）域名系统的相关概念，DNS递归查询和迭代查询。

（4）文件传送协议的作用和基本工作原理。

（5）电子邮件的相关概念和电子邮件发送协议的基本工作过程。

（6）万维网的相关概念和超文本传输协议的工作原理。

6.1　应用层概述

应用层是作为法律标准的OSI体系结构的顶层，它是离用户最近的一层，也是设计和建立计算机网络的最终目的。应用层的主要任务是通过应用进程的交互来实现特定网络应用。

网络应用是计算机网络中发展最快的部分。从早期的电子邮件、远程登录、文件传输、新闻组等基于文本的应用，到20世纪90年代促使因特网走进千家万户的万维网应用，再到当今流行的P2P文件共享、即时通信以及各种音视频应用，网络应用一直层出不穷。此外，计算设备的小型化和“无处不在”，宽带住宅接入和无线接入的日益普及和迅速发展，为未来更多的新型应用提供了广阔的舞台。

在本章中，将以因特网上的一些经典网络应用为例，介绍有关网络应用的原理、协议和实现方面的知识，包括动态主机配置协议、域名系统、文件传送协议、电子邮件以及万维网。

网络应用能够成为计算机网络中发展最快的部分，主要原因之一就是任何人都可以很方便地开发并运行一个新的网络应用。这是因为网络应用程序只运行在端系统中，运输层已经为网络应用提供了端到端的进程间逻辑通信服务，网络应用开发人员无须考虑各种复杂的路由器和交换机等网络核心设备。网络开发人员只需拥有几台联网的计算机（甚至是使用一台计算机和本地环回地址），即可在上面开发并运行自己的网络应用。

6.2 客户/服务器方式和对等方式

我们知道，网络应用程序运行在处于网络边缘的不同端系统上，通过彼此间的通信来共同完成某项任务。因此，开发一种新的网络应用首先要考虑的问题，就是网络应用程序在各种端系统上的组织方式和它们之间的关系，目前流行的主要有两种：

- 客户/服务器（Client/Server，C/S）方式。
- 对等（Peer-to-Peer，P2P）方式。

6.2.1 客户/服务器方式

客户和服务器是指通信中所涉及的两个应用进程。客户/服务器方式所描述的是进程之间服务和被服务的关系，下面举例说明。

如图6-1所示，处于网络边缘的主机A中运行的是客户程序，正在运行的客户程序称为客户进程，也可简称为客户。请读者注意，运行客户进程的主机应称为客户计算机，但有时也简称为客户。处于网络边缘的主机B中运行的是服务器程序，正在运行的服务器程序称为服务器进程，也可简称为服务器。请读者注意，运行服务器进程的主机应称为服务器计算机，但有时也简称为服务器。

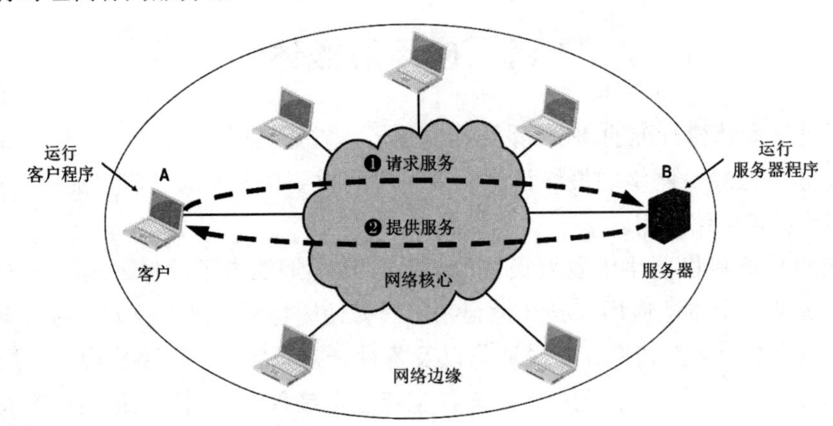

图6-1 客户/服务器方式

在C/S方式下，客户向服务器请求服务（图6-1的❶），服务器收到服务请求后向客户提供服务（图6-1的❷）。换句话说，客户是服务的请求方，服务器是服务的提供方。服务器总是处于运行状态并等待客户的服务请求。服务器具有固定的运输层端口号（例如Web服务器的默认端口号为80），而运行服务器程序的主机也具有固定的IP地址。

C/S方式是因特网上传统的也是最成熟的方式，很多人们熟悉的网络应用采用的都是C/S方式。包括万维网、文件传送以及电子邮件等。

基于C/S方式的应用服务通常是服务集中型的，也就是应用服务集中在网络中比客户计算机少得多的服务器计算机上。由于一台服务器计算机要为多个客户计算机提供服务，在C/S应用中，常会出现服务器计算机跟不上众多客户计算机请求的情况。为此，在C/S应用中，常用计算机群集（或服务器场）来构建一个强大的虚拟服务器。

6.2.2　对等方式

在对等方式中，没有固定的服务请求者和服务提供者，分布在网络边缘各端系统中的应用进程是对等的，被称为对等方。对等方相互之间直接通信，每个对等方既是服务的请求者，又是服务的提供者，下面举例说明。

如图6-2所示。处于网络边缘的主机C、D、E和F中运行着同一种P2P程序（例如某种网络下载工具软件）。E和F中的P2P进程互为对等方，C和D中的P2P进程互为对等方，而E中的P2P进程还和D中的P2P进程互为对等方。可以想象成E的P2P进程正在从F下载文件，与此同时还为D的P2P进程提供下载服务。

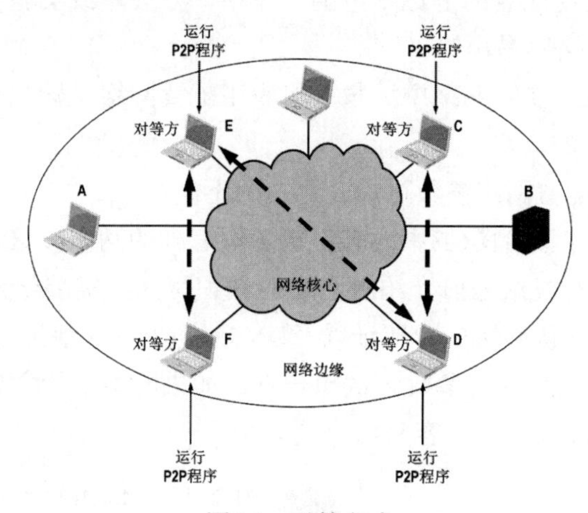

图6-2　对等方式

目前，在因特网上流行的P2P应用主要包括P2P文件共享、即时通信、P2P流媒体以及分布式存储等。

基于P2P的应用是服务分散型的，因为服务不是集中在少数几个服务器计算机中，而是分散在大量对等计算机中，这些计算机并不由服务提供商所有，而是由个人控制的笔记本电脑和台式电脑，它们通常位于住宅、校园和办公室中。

P2P方式的最突出特性之一就是它的可扩展性。因为系统每增加一个对等方，不仅增加的是服务的请求者，同时也增加了服务的提供者，系统性能不会因为规模的增大而降低。P2P方式具有成本上的优势，因为它通常不需要庞大的服务器设施和服务器带宽。为了降低成本，服务提供商对于将P2P方式用于应用的兴趣越来越大。

请读者注意，许多实际的网络应用会将C/S方式和P2P方式混合使用。

6.3　动态主机配置协议

6.3.1　动态主机配置协议的作用

使用TCP/IP协议栈的主机，需要配置相关的网络参数，才能与因特网上的主机进行通信，这些网络参数一般包括以下几类：

- IP地址。
- 子网掩码。
- 默认网关的IP地址。
- 域名服务器的IP地址。

在计算机的操作系统中，一般会为用户提供配置上述网络参数的图形用户界面或命令行工具，以方便用户将这些网络参数配置在一个特定的配置文件中，计算机每次启动时读取该配置文件，进行网络参数配置。

然而，由用户配置网络参数可能会存在以下不便：

- 对于经常改变使用地点的笔记本电脑（家中、办公室或实验室），由用户配置网络参数既不方便，又容易出错。
- 对于网络管理员，要给网络中大量主机手工配置网络参数也是一项费时费力且容易出错的工作。

下面举例说明用户配置网络参数可能会存在的不便。

请读者思考一下，应该给图6-3中的各主机配置怎样的网络参数，才能使它们正常访问网络中的Web服务器呢？根据之前介绍过的相关知识可知，需要给网络中的各主机正确配置IP地址、子网掩码、默认网关的IP地址以及DNS服务器的IP地址等网络参数。在图6-3中已经给出了其中两台主机的网络参数。试想一下，如果网络中的主机数量比较多，则这种手工配置的工作量就比较大，并且容易出错。

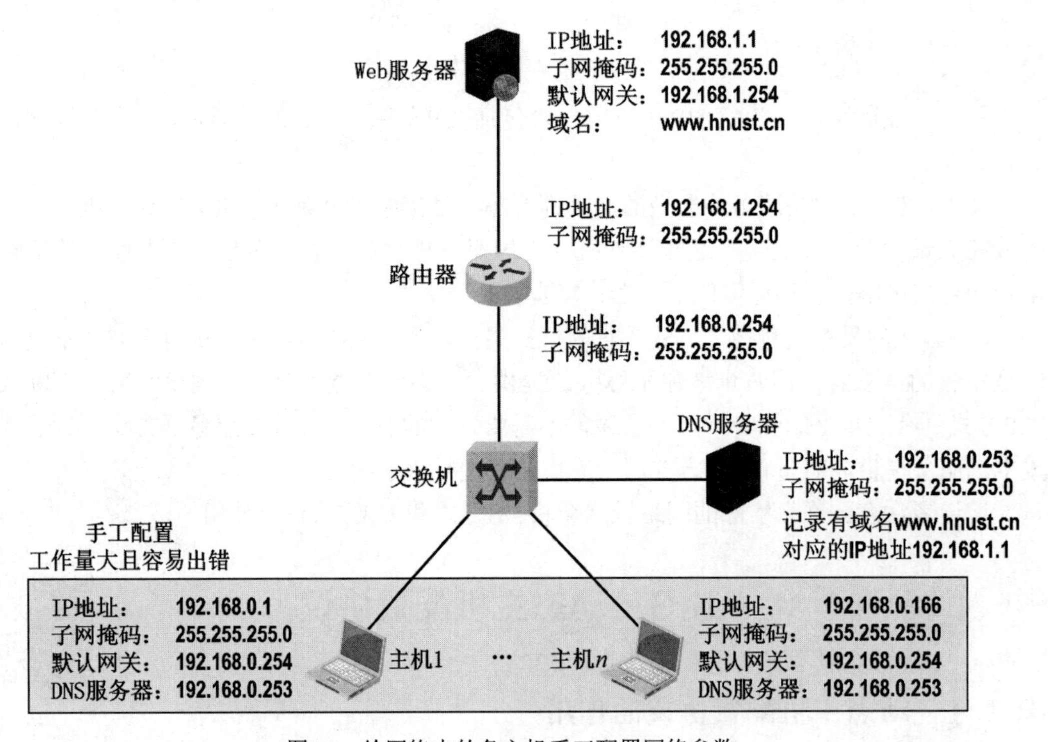

图6-3 给网络中的各主机手工配置网络参数

如图6-4所示，给上述例子中的网络添加一台DHCP服务器，在该服务器中设置好可为网络中其他各主机配置的网络参数。网络中各主机开机后自动启动DHCP程序，向DHCP服务器请求自己的网络配置参数。这样，网络中的各主机就可以从DHCP服务器自动获取自己的网络配置参数，而不用人工配置。

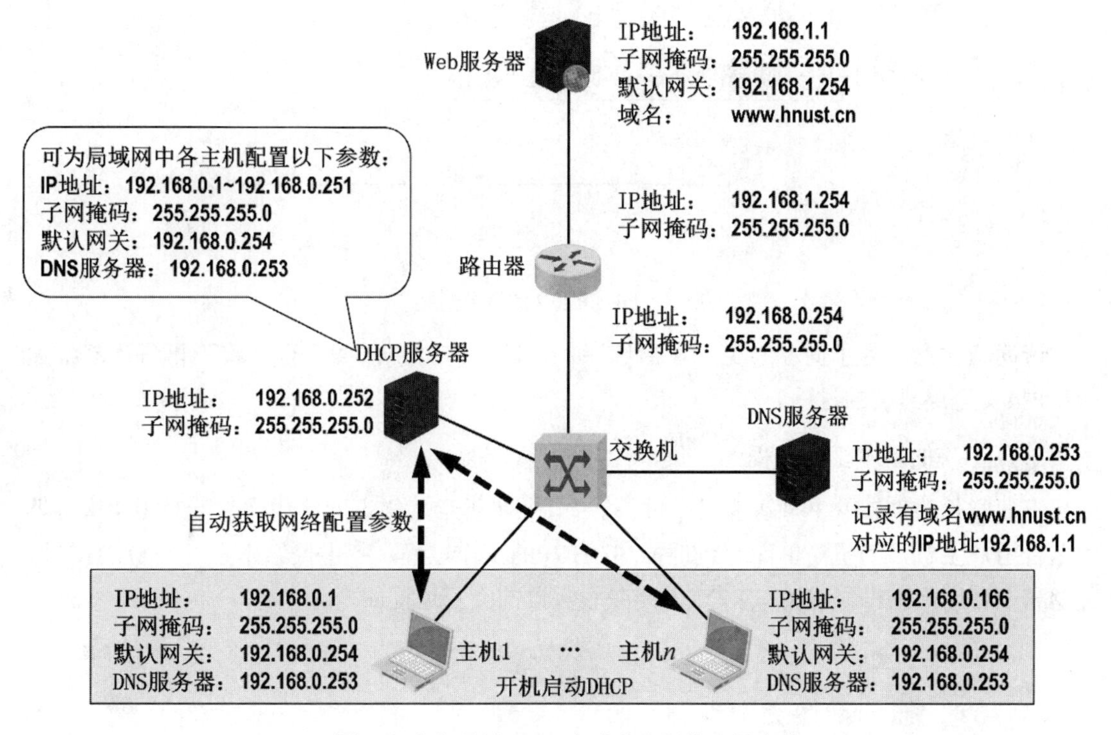

图6-4　主机通过DHCP自动获取网络配置参数

综上所述，动态主机配置协议（DHCP）可为计算机自动配置网络参数，使得计算机“即插即联网”（Plug-and-Play Networking）。DHCP目前是因特网草案标准[RFC 2131，RFC 2132]。

6.3.2　动态主机配置协议的工作过程

1. DHCP报文的封装

DHCP使用客户/服务器方式，在DHCP服务器上运行DHCP服务器进程，也可简称为DHCP服务器，在用户主机上运行DHCP客户进程，也可简称为DHCP客户。

DHCP是TCP/IP体系结构应用层中的协议，它使用运输层的UDP所提供的服务。DHCP报文逐层封装的过程如图6-5所示，具体解释如下。

（1）DHCP报文在运输层被封装成UDP用户数据报。DHCP服务器使用的UDP端口号为67，DHCP客户使用的UDP端口号是68，这两个UDP端口号都是熟知端口号。

（2）封装有DHCP报文的UDP用户数据报在网际层会被封装成IP数据报，然后再根据所使用的网络接口，封装成相应的数据链路层的帧（例如以太网帧）进行发送。

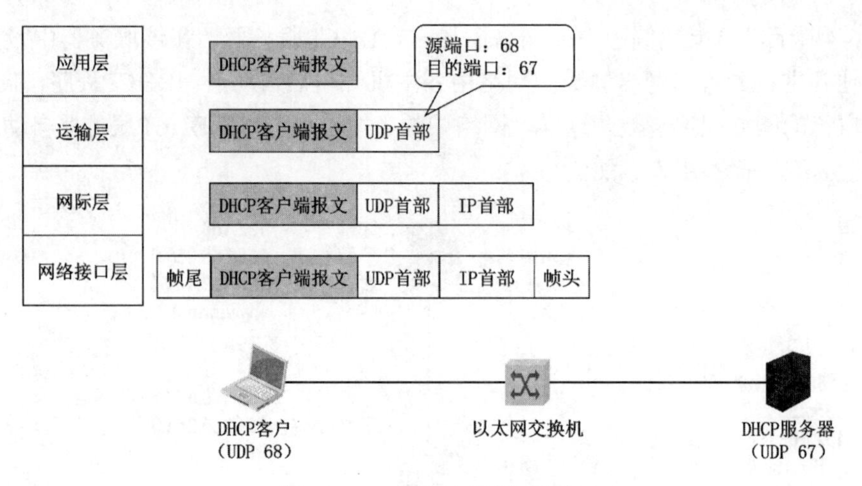

图6-5　DHCP报文的逐层封装

请读者注意，为了简单起见，在后续举例中除非有特别需要，否则将不再每次都描述DHCP报文逐层封装的过程。

2. DHCP的基本工作过程

下面举例说明DHCP的基本工作过程。如图6-6所示，假设网络中有两台DHCP服务器和多台用户主机，为了简单而有效地描述DHCP的工作过程，图中仅给出了这两台DHCP服务器和一台用户主机。DHCP客户与DHCP服务器的交互过程如下。

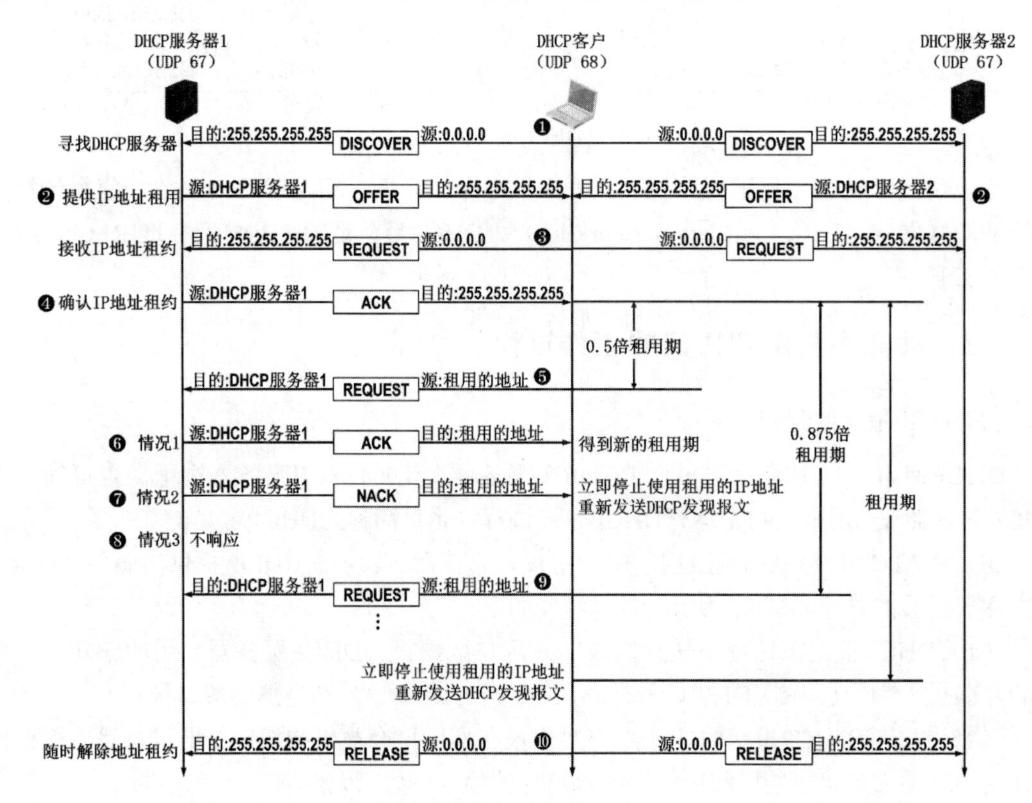

图6-6　DHCP的基本工作过程

（1）当启用主机的DHCP后，DHCP客户将广播发送DHCP发现报文（DHCP DISCOVER）（图6-6的❶）。封装该报文的IP数据报的源IP地址为0.0.0.0，这是因为主机目前还未分配到IP地址，因此使用该地址来代替；目的IP地址为广播地址255.255.255.255，使用广播发送的原因是主机当前并不知道网络中有哪几个DHCP服务器，也不知道它们的IP地址各是什么。由于是广播的IP数据报，因此网络中的所有设备都会收到该IP数据报，并对其层层解封，解封出封装有DHCP发现报文的UDP用户数据报。

- 对于DHCP客户，其应用层没有监听该UDP用户数据报目的端口号67的进程（也就是DHCP服务器进程），因此无法交付DHCP发现报文，只能丢弃。
- 对于DHCP服务器，其应用层始终运行着DHCP服务器进程，因此会接受该DHCP发现报文并做出响应。DHCP报文的格式比较复杂，但对于DHCP工作过程的理解，只需要知道DHCP发现报文内部封装有事务ID和DHCP客户端的MAC地址即可。

（2）DHCP服务器收到DHCP发现报文后，根据其中封装的DHCP客户端的MAC地址来查找自己的数据库，看是否有针对该MAC地址的配置信息。如果有，则使用这些配置信息来构建并发送DHCP提供报文（DHCP OFFER）（图6-6的❷）；如果没有，则采用默认配置信息来构建并发送DHCP提供报文。封装DHCP提供报文的IP数据报的源IP地址为DHCP服务器的IP地址，目的地址仍为广播地址。仍然使用广播地址的原因是，主机目前还没有配置IP地址，为了使主机可以收到，只能发送广播。这样一来，网络中的所有设备都会收到该IP数据报，并对其层层解封，解封出封装有DHCP提供报文的UDP用户数据报。

- 对于DHCP服务器，其应用层没有监听该UDP用户数据报目的端口号68的进程（也就是DHCP客户进程），因此无法交付DHCP提供报文，只能丢弃。
- 对于DHCP客户，其应用层运行着DHCP客户进程，因此会接受该DHCP提供报文并做出相应处理。DHCP客户会根据DHCP提供报文中的事务ID来判断该报文是否是自己所请求的报文。也就是说，如果该事务ID与自己之前发送的DHCP发现报文中封装的事务ID相等，就表明这是自己所请求的报文，就可以接受该报文，否则就丢弃该报文。DHCP提供报文中还封装有配置信息，例如IP地址、子网掩码、地址租期、默认网关的IP地址以及DNS服务器的IP地址等。

需要注意的是，DHCP服务器从自己的IP地址池中挑选待租用给主机的IP地址时，会使用ARP来确保所选IP地址未被网络中其他主机占用。在本例中，DHCP客户会收到两个DHCP服务器各自发来的DHCP提供报文，DHCP客户从中选择一个，一般情况下会选择先到的那个。

（3）DHCP客户向所选择的DHCP服务器发送DHCP请求报文（DHCP REQUEST）（图6-6的❸）。封装该报文的IP数据报的源地址仍为0.0.0.0，因为此时DHCP客户才从多个DHCP服务器中挑选了一个作为自己的DHCP服务器，它首先需要征得该服务器的同意，之后才能正式使用该DHCP服务器租用的IP地址。目的IP地址仍为广播地址255.255.255.255，这样做的目的是不用向网络中的每一个DHCP服务器单播发送DHCP请求报文，来告知它们是否请求它们作为自己的DHCP服务器。DHCP请求报文中封装有事务ID、DHCP客户端的MAC地址和接收的租约中的IP地址、提供此租约的DHCP服务器端的IP地址等信息。在本例中，假设DHCP客户选择DHCP服务器1作为自己的DHCP服务器，并且DHCP服务器1接受该请求。

（4）DHCP服务器1给DHCP客户发送DHCP确认报文（DHCP ACK）（图6-6的❹）。封装该报文的IP数据报的源地址为DHCP服务器1的IP地址，目的IP地址仍为广播地址。DHCP客户收到该确认报文段后，就可以使用所租用到的IP地址了。需要注意的是，在使用租用到的IP地址之前，主机还会使用ARP检测该IP地址是否已被网络中其他主机占用。若被占用，DHCP客户会给DHCP服务器发送DHCP谢绝报文（DHCP DECLINE）来谢绝IP地址租约，并重新发送DHCP发现报文；若未被占用，则可以使用租约中的IP地址与网络中的其他主机通信了。

（5）当IP地址的租用期过了一半时，DHCP客户会向DHCP服务器发送DHCP请求报文来请求更新租用期（图6-6的❺）。请读者注意，与第一次发送的DHCP请求报文不同，封装该报文的IP数据报的源地址为DHCP客户之前租用到的IP地址，目的IP地址为DHCP服务器1的地址。

（6）DHCP服务器收到用于续租的DHCP请求报文时，分以下三种情况处理：

- DHCP服务器同意DHCP客户续租该IP地址，给DHCP客户发送DHCP确认报文（图6-6的❻）。这样，DHCP客户就得到了新的租用期。
- DHCP服务器不同意DHCP客户续租该IP地址，给DHCP客户发送DHCP否认报文（DHCP NACK）（图6-6的❼）。DHCP客户收到DHCP否认报文后，必须立即停止使用之前租用的IP地址，并重新发送DHCP发现报文来重新申请IP地址。
- DHCP服务器未做出响应（图6-6的❽），则在租用期过了87.5%时，DHCP客户必须重新发送DHCP请求报文（图6-6的❾），然后继续等待DHCP服务器可能做出的响应。若DHCP服务器未做出响应，则当租用期到期后，DHCP客户必须立即停止使用之前租用的IP地址，并重新发送DHCP发现报文来重新申请IP地址。

（7）DHCP客户可以随时提前终止DHCP服务器所提供的租用期，这时只需要向DHCP服务器发送DHCP释放报文（DHCP RELEASE）即可（图6-6的❿）。封装该报文的IP数据报的源IP地址为0.0.0.0，目的IP地址为255.255.255.255。

综上所述，DHCP的基本工作过程如下：

（1）DHCP客户寻找DHCP服务器。

（2）DHCP服务器向DHCP客户提供IP地址租用。

（3）DHCP客户接收IP地址租约。

（4）DHCP服务器确认IP地址租约。

（5）DHCP客户进行IP地址续约。

（6）DHCP客户可以随时解除IP地址租约。

请读者注意：

- DHCP服务器在给DHCP客户挑选IP地址时，使用ARP来确保所挑选的IP地址未被网络中其他主机占用。
- DHCP客户在使用所租用的IP地址之前，会使用ARP来检测该IP地址是否已被网络中其他主机占用。

需要说明的是，考虑到TCP/IP协议实现的多样性，具体和DHCP有关的多样性体现在：TCP/IP协议栈没有完成IP地址的配置前，是否可以接受单播IP数据报？

- 有些TCP/IP协议栈在完成IP地址的配置前，可以接受目的IP地址为任何IP地址的IP数据报。
- 有些TCP/IP协议栈在完成IP地址的配置前，不会接受任何单播IP数据报，只会接受广播IP数据报，即目的IP地址为255.255.255.255的IP数据报。

DHCP为了增强协议的健壮性，规定如下：

- 如果TCP/IP协议栈在初始化过程中不接受单播IP数据报，则DHCP客户在DHCP发现报文（DHCP DISCOVERY）/DHCP请求报文（DHCP REQUEST）中，通过设置“BROADCAST”标志位的值为1，明确告知DHCP服务器。之后，DHCP服务器就使用广播和DHCP客户通信。
- 如果TCP/IP协议栈在初始化过程中可以接受单播IP数据报，则DHCP客户在DHCP发现报文（DHCP DISCOVERY）/DHCP请求报文（DHCP REQUEST）中，通过设置“BROADCAST”标志位的值为0，明确告知DHCP服务器。之后，DHCP服务器就使用单播和DHCP客户通信。DHCP客户在DHCP发现报文（DISCOVERY）/DHCP请求报文（REQUEST）中填入自己的MAC地址。这样，DHCP服务器给DHCP客户发送包含有DHCP报文的单播IP数据报，在数据链路层封装帧时，可以填入帧的目的MAC地址，即DHCP客户的MAC地址。

因此，DHCP服务器发送给DHCP客户的DHCP提供报文（DHCP OFFER）和DHCP确认报文（DHCP ACK）可以是广播，也可以是单播，这取决于DHCP客户发送给DHCP服务器的DHCP发现报文（DHCP DISCOVERY）/DHCP请求报文（DHCP REQUEST）中标志位“BROADCAST”的取值。

3. DHCP中继代理

请读者思考一下，图6-7中的各主机是否可以通过DHCP来自动获取网络配置参数呢？答案是否定的。原因很简单：该网络中的主机广播发送DHCP发现报文，但该广播报文不会被路由器转发，而是被丢弃！

解决上述问题的方法：给该路由器配置DHCP服务器的IP地址并使之成为DHCP中继代理，如图6-8所示。这样，该网络中的各主机就可以通过DHCP来自动获取到网络配置参数了。当成为DHCP中继代理的路由器收到广播的DHCP发现报文后，会将其单播转发给DHCP服务器。DHCP客户和DHCP服务器通过DHCP中继代理的后续交互过程就不赘述了。

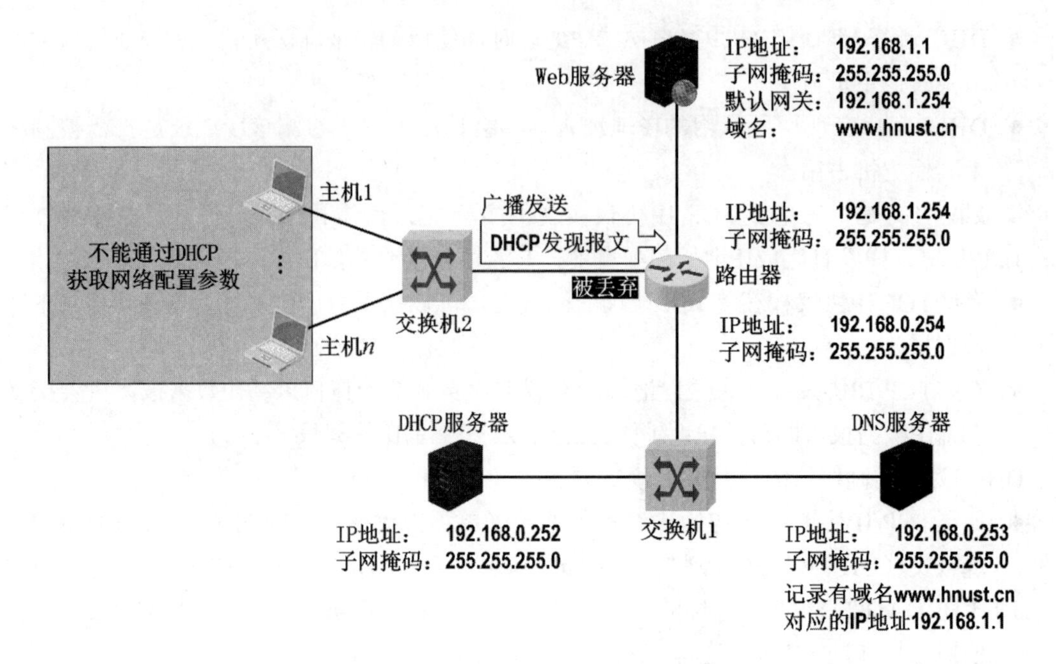

图6-7 未设置DHCP中继代理的情况

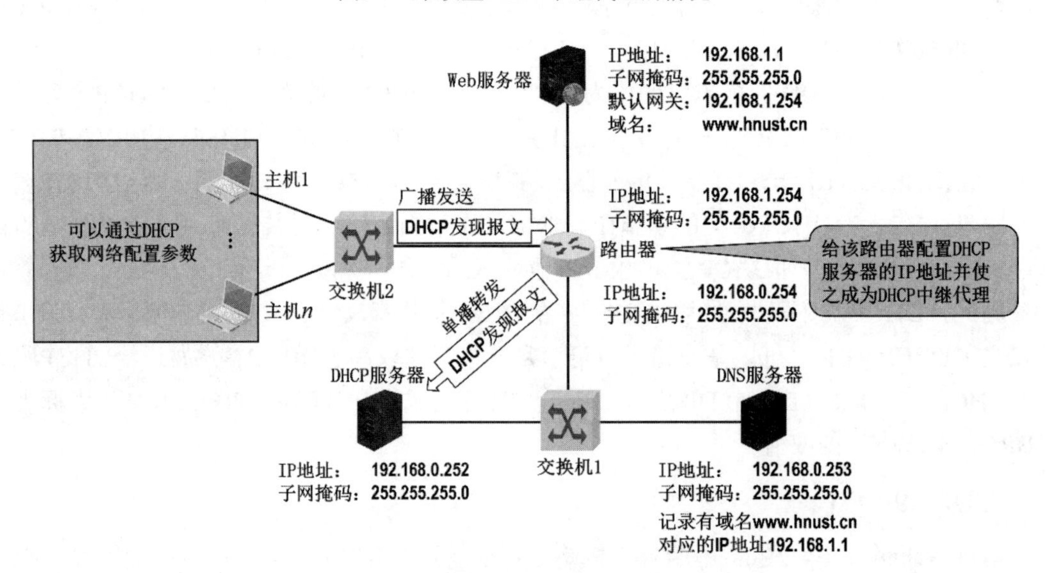

图6-8 设置了DHCP中继代理的情况

使用DHCP中继代理的主要原因是我们并不愿意在每一个网络上都设置一个DHCP服务器，因为这样会使DHCP服务器的数量太多。

6.4 域名系统

6.4.1 域名系统的作用

人们使用主机中的浏览器访问因特网中各种网站的资源，是因特网上最常见的网络应用。用户只要在主机中运行某个浏览器软件，在其地址栏中输入要访问的网站服务器的域名，即可访问该网站，例如图6-9（a）是通过域名cnnic.net.cn访问中国互联网络信息中心网站的情况。

通过第4章介绍的内容可知，因特网是通过IP地址进行寻址的。例如图6-9（b）给出了在Windows操作系统命令行使用ping工具，测试用户主机与中国互联网络信息中心网站连通性的情况。

（a）使用浏览器访问中国互联网络信息中心网站

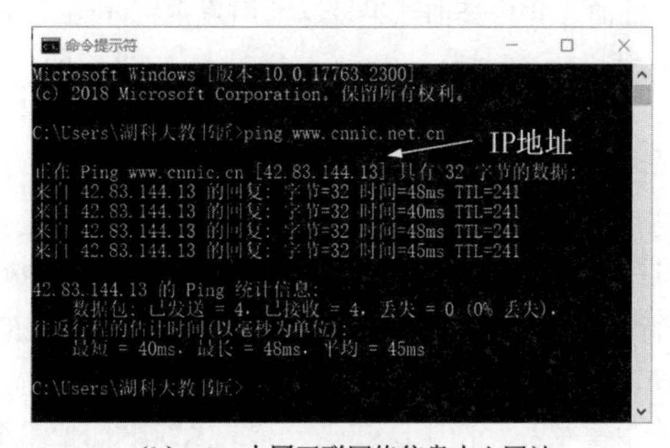

（b）ping中国互联网络信息中心网站

图6-9 访问中国互联网络信息中心网站

可以看出，尽管ping的是该网站的域名cnnic.net.cn，但实际上ping的是IP地址42.83.144.13。这与第4章介绍的因特网的网际层采用IP地址进行寻址的内容是一致的。换句话说，即使不使用域名也可以通过IP地址在网际层寻址目的主机。但在应用层使用域名与在网际层使用IP地址相比，便于人们记忆。因此，对于大多数因特网应用，一般使用域名来访问目的主机，而不是直接使用IP地址来访问。

图6-10给出了通过域名cnnic.net.cn访问中国互联网络信息中心网站时用户主机将其域名转换成相应IP地址的简化示意过程。

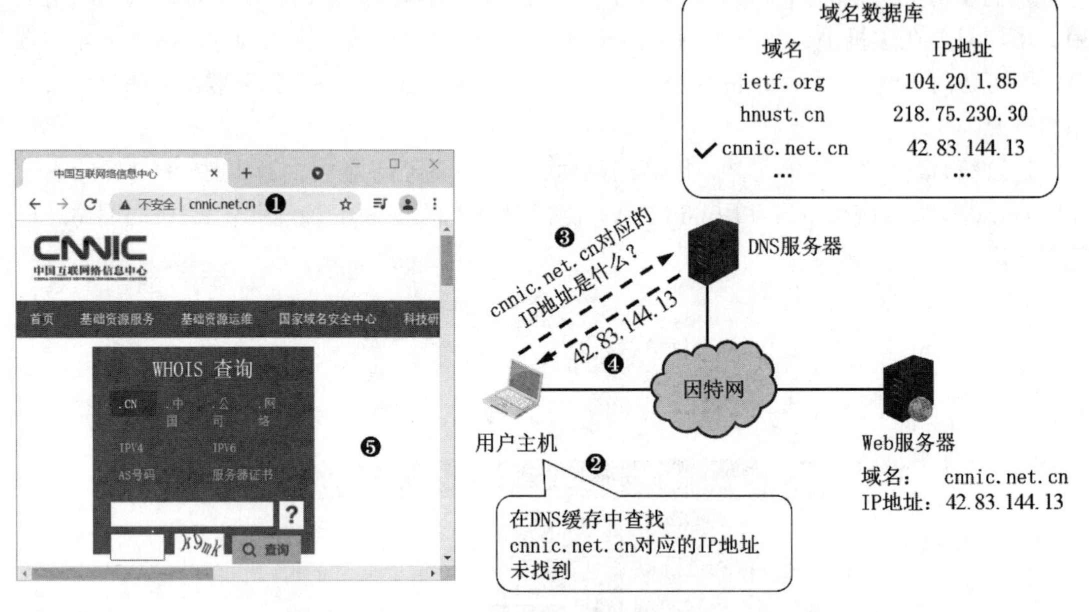

图6-10 从域名到IP地址转换的简化示意过程

（1）当用户在主机的浏览器地址栏中输入域名cnnic.net.cn时（图6-10的❶），主机会首先在自己的DNS缓存中查找该域名所对应的IP地址（图6-10的❷）。

（2）如果没有找到，则会向因特网中的某台DNS服务器查询（图6-10的❸）。

（3）DNS服务器中有域名和IP地址映射关系的数据库。DNS服务器收到DNS查询报文后，在其数据库中进行查询，并将查询结果发送给用户主机（图6-10的❹）。

（4）之后，用户主机中的浏览器就可以通过域名背后的IP地址来访问该网站了（图6-10的❺）。

请读者思考一下，因特网是否可以只使用一台DNS服务器呢？尽管理论上可行，但在实践中这种做法并不可取。因为因特网的规模很大，这样的DNS服务器肯定会由于超负荷而无法正常工作，而且一旦DNS服务器出现故障，整个因特网就会瘫痪。

早在1983年，因特网就开始采用层次结构的命名树作为主机的名字（即域名），并使用分布式的域名系统。域名系统DNS使大多数域名都在本地解析，仅少量解析需要在因特网上通信，因此系统效率很高。由于DNS是分布式系统，即使单个DNS服务器出现了故障，也不会妨碍整个系统的正常运行。

6.4.2 因特网的域名结构

因特网采用层次树状结构的域名结构。域名的结构由若干个分量组成，各分量之间用点“.”隔开，分别代表不同级别的域名，如图6-11所示。每一级的域名都由英文字母和数字组成，不超过63个字符，也不区分大小写字母。级别最低的域名写在最左边，而级别最高的顶级域名写在最右边，完整的域名不超过255个字符。

… . 三级域名. 二级域名. 顶级域名

图6-11 因特网域名的构成

域名系统既不规定一个域名需要包含多少个下级域名，也不规定每一级的域名代表什么意思。各级域名由其上一级的域名管理机构管理，而最高的顶级域名由因特网名称与数字地址分配机构ICANN进行管理。图6-12给出了湖南科技大学网络信息中心的域名，其中cn是顶级域名，表示中国；edu是在其下注册的二级域名，表示教育机构；hnust是在edu下注册的三级域名，表示湖南科技大学；nic是由该校自行管理的四级域名，表示网络信息中心。

nic . hnust . edu . cn

四级域名 三级域名 二级域名 顶级域名

图6-12 因特网域名举例

顶级域名（Top Level Domain，TLD）分为以下三类：

- 国家顶级域名（nTLD）：采用ISO 3166的规定，如cn表示中国，us表示美国，uk表示英国，等等。
- 通用顶级域名（gTLD）：最常见的通用顶级域名有七个，com表示公司企业，net表示网络服务机构，org表示非营利性组织，int表示国际组织，edu表示美国教育机构，gov表示美国政府部门，mil表示美国军事部门。
- 反向域（arpa）：用于反向域名解析，即IP地址反向解析为域名。

在国家顶级域名下注册的二级域名均由该国家自行确定。例如，顶级域名为jp的日本，将其教育和企业机构的二级域名规定为ac和co，而不用edu和com。

我国将二级域名划分为以下两类：

- 类别域名：共七个，ac表示科研机构，com表示工、商、金融等企业，edu表示教育机构，gov表示政府部门，net表示提供网络服务的机构，mil表示军事机构，org表示非营利性组织。
- 行政区域名：共34个，适用于我国的各省、自治区和直辖市。例如bj为北京市，sh为上海市，js为江苏省，等等。

需要注意的是，名称相同的域名其等级未必相同。例如，com是顶级通用域名，但我国顶级域名下也有一个名称为com的二级域名。

下面举例说明因特网的域名空间。如图6-13所示，因特网的域名实际上是一棵倒着生长的树。

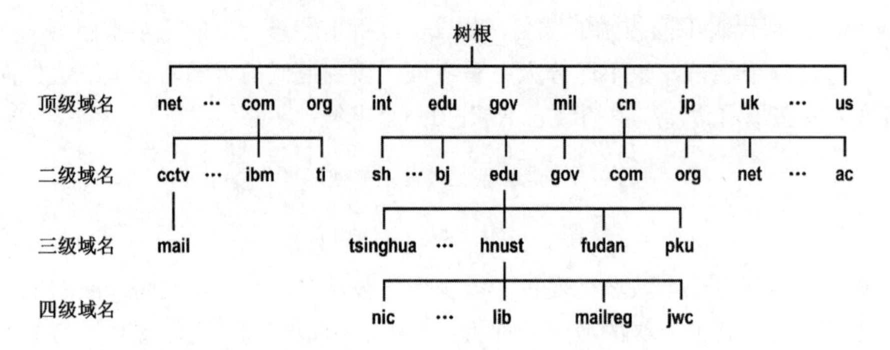

图6-13 因特网域名空间举例

在最上面的是根，但没有对应的域名。根下面一级的节点是顶级域名。

顶级域名可往下划分出二级域名。例如，表示公司企业的顶级域名com下面划分有cctv、ibm、ti等二级域名，分别表示中央电视台、IBM公司、TI公司；表示中国的顶级域名cn下面划分有多个二级域名，分别表示上海、北京、教育机构、政府部门等。

二级域名可往下划分出三级域名。例如，表示中央电视台的二级域名cctv下划分的三级域名mail表示邮件系统；表示我国教育机构的二级域名edu下划分的三级域名tsinghua表示清华大学，hnust表示湖南科技大学，fudan表示复旦大学，pku表示北京大学。

三级域名可往下划分出四级域名。例如，表示湖南科技大学的三级域名hnust下划分的四级域名nic表示网络信息中心，lib表示图书馆，mailreg表示邮件系统，jwc表示教务处。

上述这种按等级管理的命名方法便于维护域名的唯一性，并且也容易设计出一种高效的域名查询机制。请读者注意，域名只是个逻辑概念，并不代表计算机所在的物理地点。

6.4.3 因特网上的域名服务器

域名和IP地址的对应关系必须保存在域名服务器中（也称为DNS服务器），供所有其他应用查询。综合考虑性能、安全以及可靠等多种因素，不能将所有信息都储存在一台域名服务器中。域名系统DNS使用分布在各地的域名服务器来实现域名到IP地址的转换。

域名服务器可以划分为四种不同的类型：

- 根域名服务器：这是最高层次的域名服务器。每个根域名服务器都知道所有的顶级域名服务器的域名和IP地址。因特网上共有13个不同IP地址的根域名服务器。尽管将这13个根域名服务器中的每一个都视为单个的服务器，但“每台服务器”实际上是由许多分布在世界各地的计算机构成的服务器群集。当本地域名服务器向根域名服务器发出查询请求时，路由器就把查询请求报文转发到离这个DNS客户最近的一个根域名服务器。这就加快了DNS的查询过程，同时也更合理地利用了因特网的资源。根域名服务器通常并不直接对域名进行解析，而是返回该域名所属顶级域名的顶级域名服务器的IP地址。
- 顶级域名服务器：这些域名服务器负责管理在其下注册的所有二级域名。当收到DNS查询请求时就给出相应的回答。这可能是最终的查询结果，也可能是下一级权限域名服务器的IP地址。

- 权限域名服务器：这些域名服务器负责管理某个区的域名。每一个主机的域名都必须在某个权限域名服务器处注册登记。因此权限域名服务器知道其管辖的域名与IP地址的映射关系。另外，权限域名服务器还知道其下级域名服务器的地址。
- 本地域名服务器：本地域名服务器不属于上述的域名服务器的等级结构。当一个主机发出DNS请求报文时，这个报文就首先被送往该主机的本地域名服务器。本地域名服务器起着代理的作用，会将该报文转发到上述的域名服务器的等级结构中。每一个因特网服务提供者，一个大学，甚至一个大学里的学院，都可以拥有一个本地域名服务器，它有时也称为默认域名服务器。本地域名服务器离用户较近，一般不超过几个路由器的距离，也有可能就在同一个局域网中。本地域名服务器的IP地址需要直接配置在需要域名解析的主机中。

6.4.4　因特网的域名解析过程

因特网有两种域名查询方式：递归查询和迭代查询，下面举例说明上述两种域名查询方式。

1. 递归查询

如图6-14所示，假设主机想知道域名y.abc.com的IP地址，具体过程如下。

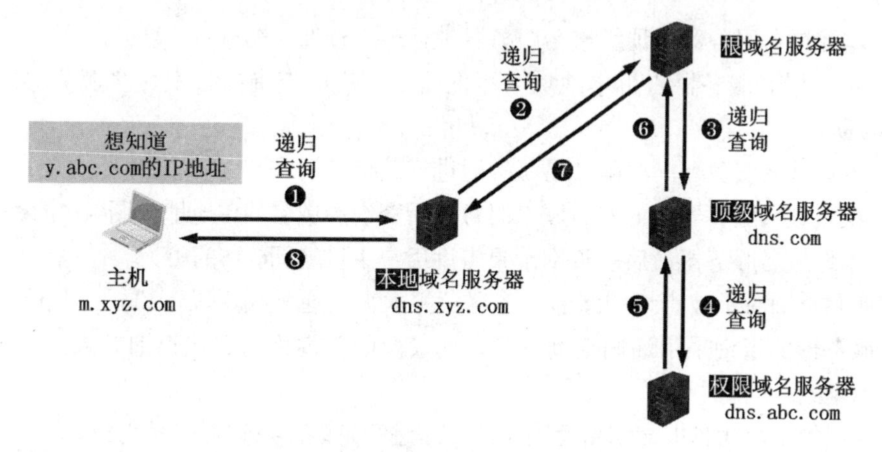

图6-14　DNS递归查询

（1）主机首先向其本地域名服务器进行递归查询（图6-14的❶）。

（2）本地域名服务器收到递归查询的“委托”后，采用递归查询的方式向某个根域名服务器查询（图6-14的❷）。

（3）根域名服务器收到递归查询的“委托”后，采用递归查询的方式向某个顶级域名服务器查询（图6-14的❸）。

（4）顶级域名服务器收到递归查询的“委托”后，采用递归查询的方式向某个权限域名服务器查询（图6-14的❹）。

（5）当查询到域名所对应的IP地址后，查询结果会在之前受“委托”的各域名服务器之间传递（图6-14的❺、❻和❼），最终传回给用户主机（图6-14的❽）。

2. 迭代查询

如图6-15所示，假设主机想知道域名y.abc.com的IP地址，具体过程如下。

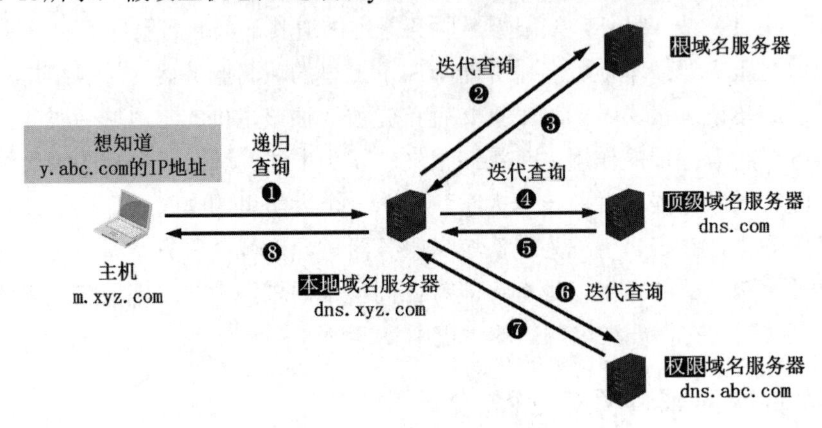

图6-15　DNS迭代查询

（1）主机首先向其本地域名服务器进行递归查询（图6-15的❶）。

（2）本地域名服务器采用迭代查询，它先向某个根域名服务器查询（图6-15的❷）。

（3）根域名服务器告诉本地域名服务器下一次应查询的顶级域名服务器的IP地址（图6-15的❸）。

（4）本地域名服务器向顶级域名服务器进行迭代查询（图6-15的❹）。

（5）顶级域名服务器告诉本地域名服务器下一次应查询的权限域名服务器的IP地址（图6-15的❺）。

（6）本地域名服务器向权限域名服务器进行迭代查询（图6-15的❻）。

（7）权限域名服务器告诉本地域名服务器所查询的域名的IP地址（图6-15的❼）。

（8）本地域名服务器最后把查询结果告诉用户主机（图6-15的❽）。

由于递归查询对于被查询的域名服务器负担太大，通常采用以下模式：从请求主机到本地域名服务器的查询采用递归查询方式，而其余的查询采用迭代查询方式，图6-15给出的正是这种模式。

需要说明的是，DNS报文使用运输层的UDP进行封装，熟知端口号为53。

6.4.5　域名系统高速缓存

为了提高域名系统的查询效率，并减轻根域名服务器的负荷以及减少因特网上的DNS查询报文的数量，在域名服务器中广泛地使用了高速缓存。高速缓存用来存放最近查询过的域名以及从何处获得域名映射信息的记录。

如图6-16所示，如果不久前已经有用户查询过域名为y.abc.com的IP地址，则本地域名服务器的高速缓存中应该存有该域名对应的IP地址。当用户主机向本地域名服务器递归查询该域名时，本地域名服务器就没有必要再向某个根域名服务器进行迭代查询了，而是直接把高速缓存中存放的上次查询的结果（即y.abc.com的IP地址）告诉用户主机。

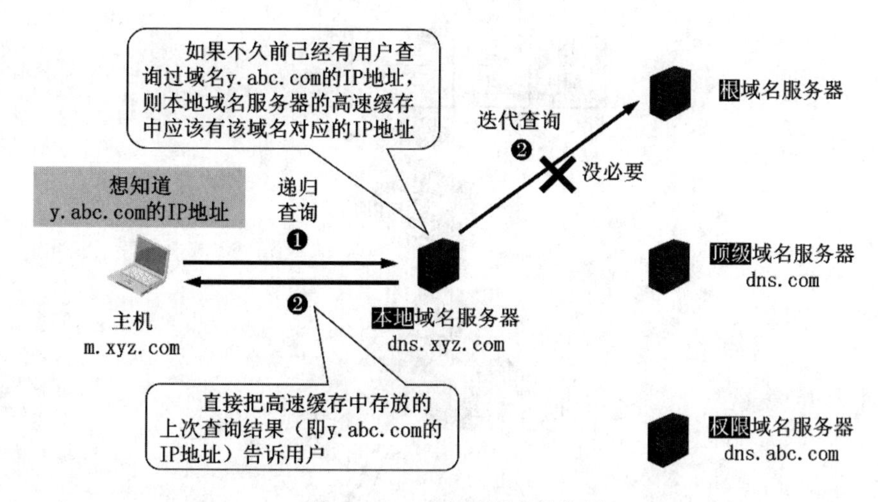

图6-16　DNS高速缓存的作用

请读者注意，由于域名到IP地址的映射关系并不是永久不变的，为保持高速缓存中的内容正确，域名服务器应为每项内容设置计时器，并删除超过合理时间的项（例如每个项目只存放两天）。

不但在本地域名服务器中需要高速缓存，在用户主机中也很需要。许多用户主机在启动时从本地域名服务器下载域名和IP地址的全部数据库，维护存放自己最近使用的域名的高速缓存，并且只在从缓存中找不到域名时才向域名服务器查询。同理，主机也需要保持高速缓存中内容的正确性。

6.5　文件传送协议

6.5.1　文件传送协议的作用

将某台计算机中的文件通过网络传送到可能相距很远的另一台计算机中，是一项基本的网络应用，即文件传送。

文件传送协议（FTP）是因特网上使用得最广泛的文件传送协议。FTP提供交互式的访问，允许客户指明文件类型与格式（如指明是否使用ASCII码），并允许文件具有存取权限（如访问文件的用户必须经过授权，并输入有效的口令）。FTP屏蔽了各计算机系统的细节，因而适用于在异构网络中任意计算机之间传送文件。在因特网发展的早期阶段，用FTP传送文件约占整个因特网通信量的三分之一，而由电子邮件和域名系统产生的通信量还要小于FTP产生的通信量。只是到了1995年，万维网（WWW）的通信量才首次超过FTP。

下面举例说明FTP的应用。如图6-17所示，FTP采用客户/服务器方式，因特网上的FTP客户计算机可将各种类型的文件上传到FTP服务器计算机，FTP客户计算机也可以从FTP服务器计算机下载文件。

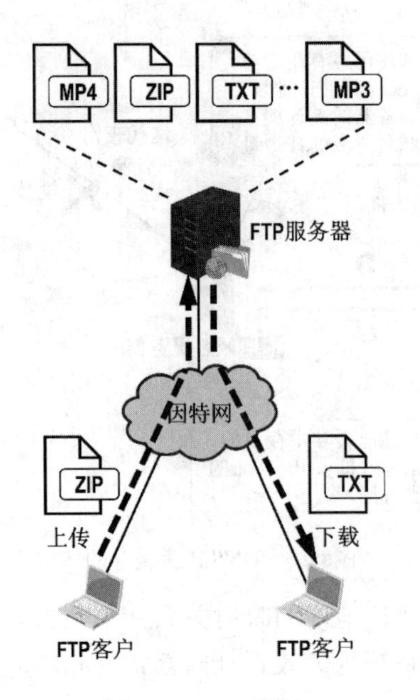

图6-17 FTP应用

根据应用需求的不同，FTP服务器可能需要一台高性能、高可靠性的服务器计算机，也可能只需要一台普通的个人计算机即可。例如，将图6-17中的FTP服务器用普通的个人计算机来替代，为了简单起见，假设FTP客户计算机与FTP服务器计算机处于同一个局域网中，如图6-18所示。在FTP服务器计算机中创建FTP服务器，可以使用第三方的FTP服务器软件，也可以使用操作系统自带的FTP服务器软件。例如，可以在Windows系统中，使用其自带的FTP服务器功能创建一个FTP服务器站点。具体方法比较简单，请读者在网上自行查阅。

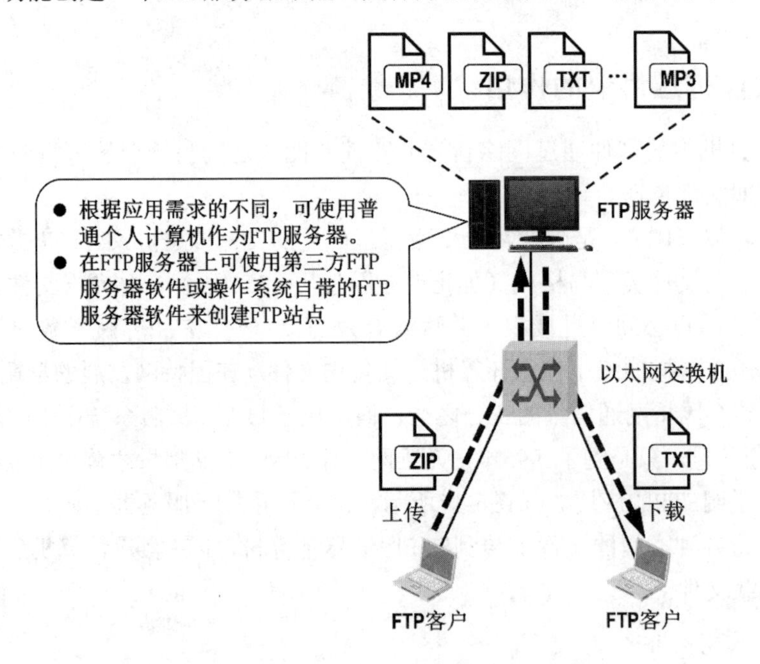

图6-18 使用普通的个人计算机作为FTP服务器

可以在FTP客户计算机中使用浏览器软件，通过FTP服务器的IP地址访问FTP服务器，如图6-19所示。请读者注意，在浏览器地址栏中用ftp来指明所使用的是文件传送协议，而不是浏览器默认使用的超文本传送协议。

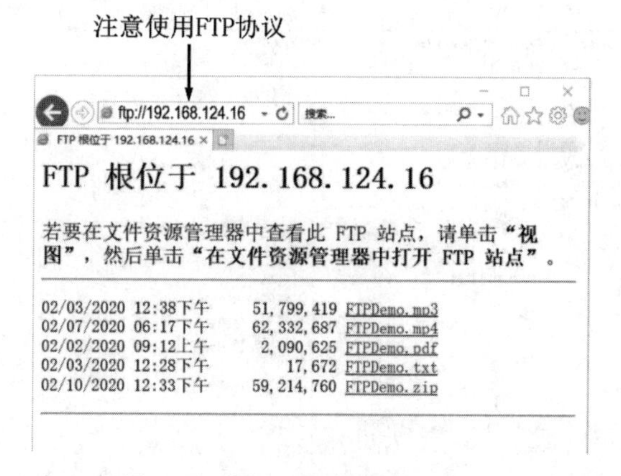

图6-19　使用浏览器访问FTP站点

也可以在FTP客户计算机中使用Windows系统自带的命令行工具，通过FTP服务器的IP地址访问FTP服务器，如图6-20所示。 使用命令“ftp 192.168.124.16”连接该FTP服务器，使用“anonymous”进行匿名登录，因此无须密码。登录成功后，可以使用命令“dir”列出FTP服务器当前目录下的所有文件和文件夹，可以使用命令“get”从FTP服务器下载文件，也可以使用命令“put”向FTP服务器上传文件。

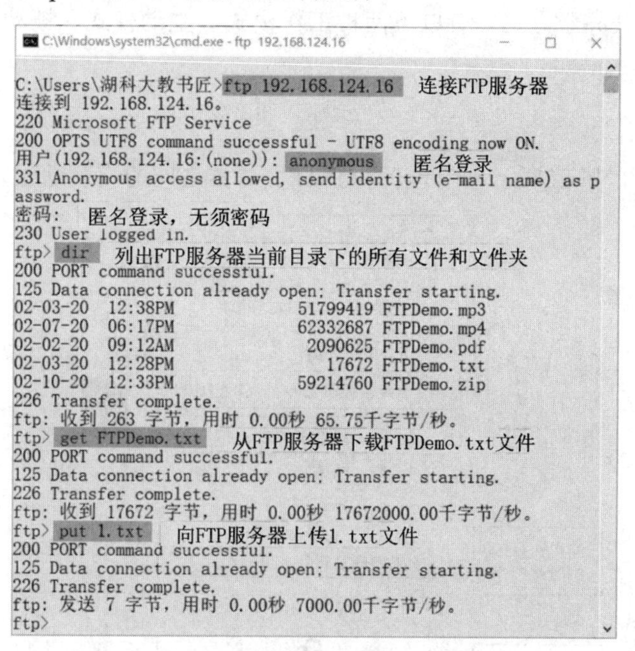

图6-20　使用Windows命令行访问FTP站点

命令行方式需要用户记住FTP相关命令，这对普通用户并不友好。因此，大多数用户在FTP客户计算机上使用第三方的FTP客户工具软件，通过友好的用户界面完成FTP服务器的登录以及文件的上传和下载，如图6-21所示。

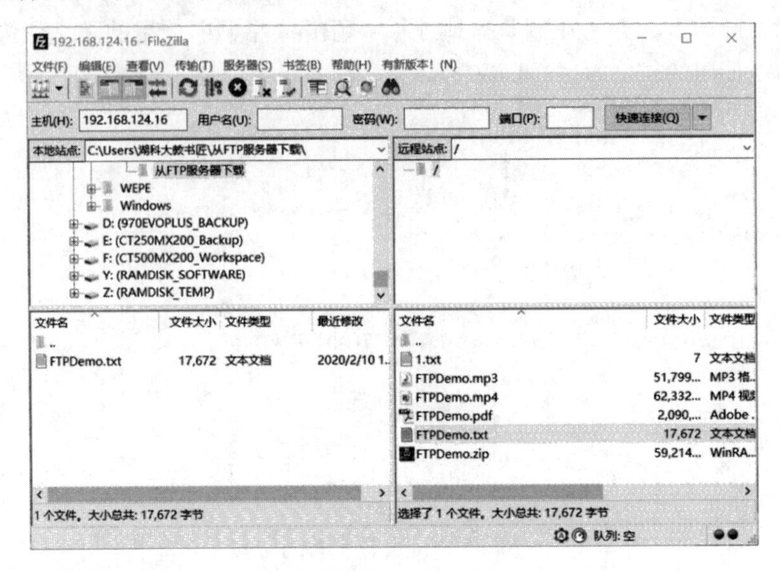

图6-21　使用第三方工具软件访问FTP站点

FTP的常见用途是在计算机之间传输文件，尤其是用于批量传输文件。FTP的另一个用途是让网站设计者将构成网站内容的大量文件批量上传到他们的Web服务器。

6.5.2　文件传送协议的基本工作原理

FTP采用客户/服务器方式，有以下两种工作模式：主动模式和被动模式，下面举例说明上述两种工作模式。

1. 主动模式

FTP主动模式如图6-22所示，FTP客户与FTP服务器之间的交互过程如下。

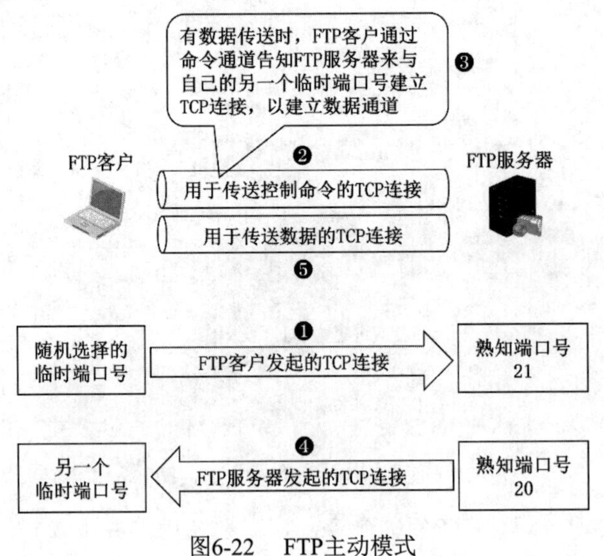

图6-22　FTP主动模式

（1）FTP服务器监听熟知端口号21，FTP客户随机选择一个临时端口号与其建立TCP连接（图6-22的❶）。这条TCP连接用于FTP客户与服务器之间传送FTP的相关控制命令。也就是说，这条TCP连接是FTP客户与服务器之间的命令通道（图6-22的❷）。

（2）当有数据要传送时，FTP客户通过命令通道告知FTP服务器，让FTP服务器与FTP客户自己的另一个临时端口号建立TCP连接，也就是建立数据通道（图6-22的❸）。

（3）FTP服务器使用自己的熟知端口号20与FTP客户所告知的该临时端口号建立TCP连接（图6-22的❹）。这条TCP连接用于FTP客户与服务器之间传送文件。也就是说，这条TCP连接是FTP客户与服务器之间的数据通道（图6-22的❺）。

由于在建立数据通道时，FTP服务器主动连接FTP客户，因此称为主动模式。

请读者注意，控制连接在整个会话期间一直保持打开，用于传送FTP相关的控制命令，而数据连接用于文件传送，在每次文件传送时才建立，传送结束就关闭。

2. 被动模式

FTP被动模式如图6-23所示。对于FTP客户与服务器之间命令通道的建立，被动模式与主动模式并没有什么不同（图6-23的❶和❷）。二者的不同之处在于：当有数据要传送时，FTP客户通过命令通道通知FTP服务器开启某个协商好的临时端口，并被动等待来自FTP客户的TCP连接以建立数据通道（图6-23的❸、❹和❺）。

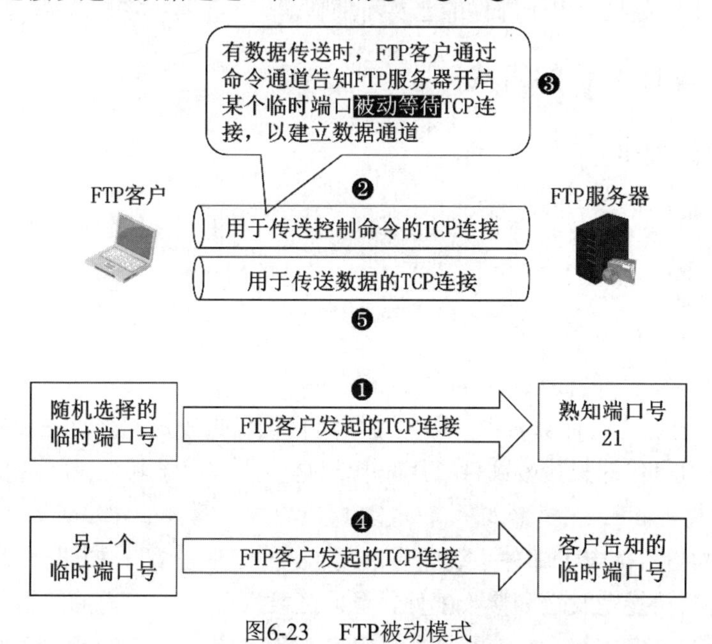

图6-23　FTP被动模式

由于在建立数据通道时，FTP服务器被动等待FTP客户的连接，因此称为被动模式。

6.6 电子邮件

6.6.1 电子邮件的作用

电子邮件（E-mail）是因特网上最早流行的一种应用，并且仍然是目前因特网上最重要、最实用的应用之一。

我们知道，传统的电话通信属于实时通信，存在以下两个缺点：

- 电话通信的主叫和被叫双方必须同时在场。
- 一些不是十分紧迫的电话也常常不必要地打断人们的工作和休息。

电子邮件与传统邮政系统的寄信相似，流程如下：

（1）发件人将邮件发送到自己使用的邮件服务器。

（2）发件人的邮件服务器将收到的邮件，按其目的地址转发到收件人邮件服务器中的收件人邮箱。

（3）收件人在方便的时候访问收件人邮件服务器中自己的邮箱，获取收到的电子邮件。

电子邮件使用方便，传递迅速而且费用低廉。它不仅可以传送文字信息，而且还可附上声音和图像。由于电子邮件的广泛使用，现在许多国家已经正式取消了电报业务。在我国，电信局的电报业务也因电子邮件的普及而濒临消失。

6.6.2 电子邮件系统的组成

1. 电子邮件系统的组成

电子邮件系统采用客户/服务器方式，其三个主要构件是：

- 用户代理。
- 邮件服务器。
- 电子邮件所需的协议。

借助图6-24理解电子邮件系统的组成。

（1）在邮件发送方的计算机中，需要使用用户代理来发送邮件。在邮件接收方的计算机中也需要使用用户代理来接收邮件。用户代理是用户与电子邮件系统的接口，又称为电子邮件客户端软件。

（2）邮件服务器是电子邮件系统的基础设施。因特网上所有的服务提供商（ISP）都有邮件服务器，其功能是发送和接收邮件，同时还要负责维护用户的邮箱。可以简单地认为邮件服务器中有很多邮箱，还有待转发的邮件缓存。图6-24给出了发送方使用的邮件服务器和接收方使用的邮件服务器。

（3）发送方使用用户代理通过邮件发送协议（例如SMTP），将邮件发送给发送方邮件服务器。发送方邮件服务器同样通过邮件发送协议，将该邮件发送给接收方邮件服务器。接收方在方便的时候，使用用户代理通过邮件读取协议（例如POP3或IMAP）从接收方邮件服务器读取邮件。

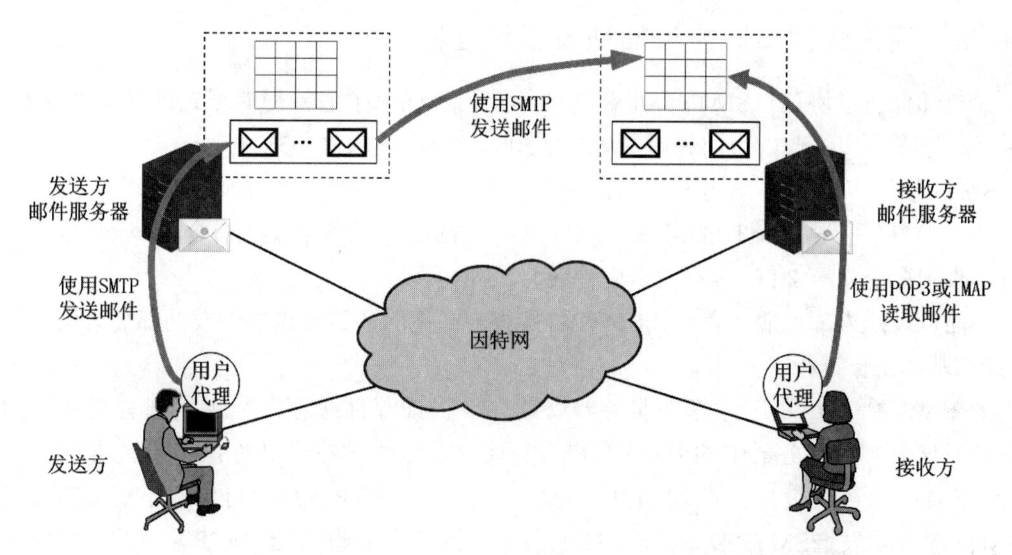

图6-24　用户代理、发送方邮件服务器和接收方邮件服务器

2. 电子邮件的发送和接收过程

电子邮件的发送和接收过程如图6-25所示，具体解释如下。

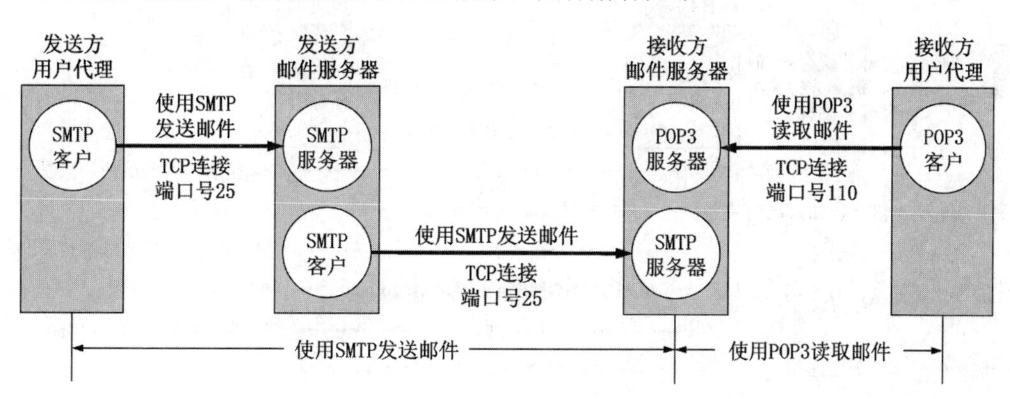

图6-25　电子邮件的发送和接收

（1）发送方的用户代理作为SMTP客户，与发送方邮件服务器中的SMTP服务器进行TCP连接，然后基于这条TCP连接使用SMTP协议来发送邮件给发送方邮件服务器。

（2）发送方邮件服务器中的SMTP客户与接收方邮件服务器中的SMTP服务器进行TCP连接，然后基于这条TCP连接使用SMTP协议来发送已收到的待转发邮件给接收方邮件服务器。

（3）接收方的用户代理作为POP3客户，与接收方邮件服务器中的POP3服务器进行TCP连接，然后基于这条TCP连接使用POP3协议从接收方邮件服务器读取邮件。

从图6-25可以看出，使用SMTP发送邮件包括以下两部分：

- 发送方用户代理到发送方邮件服务器。
- 发送方邮件服务器到接收方邮件服务器。

使用POP3接收邮件只包含接收方用户代理到接收方邮件服务器这一部分。

6.6.3 简单邮件传送协议的基本工作过程

简单邮件传送协议（SMTP）早在1982年就已经成为了因特网的正式标准[RFC 821]，以后又经过了多次修改，目前最新的版本是2008年公布的[RFC 5321]。

SMTP使用客户/服务器方式通信，负责发送邮件的SMTP进程是SMTP客户，而负责接收邮件的SMTP进程是SMTP服务器。SMTP客户给SMTP服务器发送命令（14条），SMTP服务器收到命令后给SMTP客户发送应答（共21种）。

下面以发送方邮件服务器使用SMTP给接收方邮件服务器发送待转发的邮件为例，说明SMTP的基本工作过程。

如图6-26所示，发送方邮件服务器周期性地扫描邮件缓存。如果发现有待转发的邮件，则发送方邮件服务器中的SMTP客户会与接收方邮件服务器中的SMTP服务器进行TCP连接，SMTP服务器使用的熟知端口号为25。之后，SMTP客户就可以基于这条TCP连接给SMTP服务器发送SMTP命令。SMTP服务器收到命令后也会给SMTP客户发送相应的应答。SMTP客户与服务器之间通过命令与应答的交互方式，最终实现SMTP客户发送邮件给SMTP服务器。

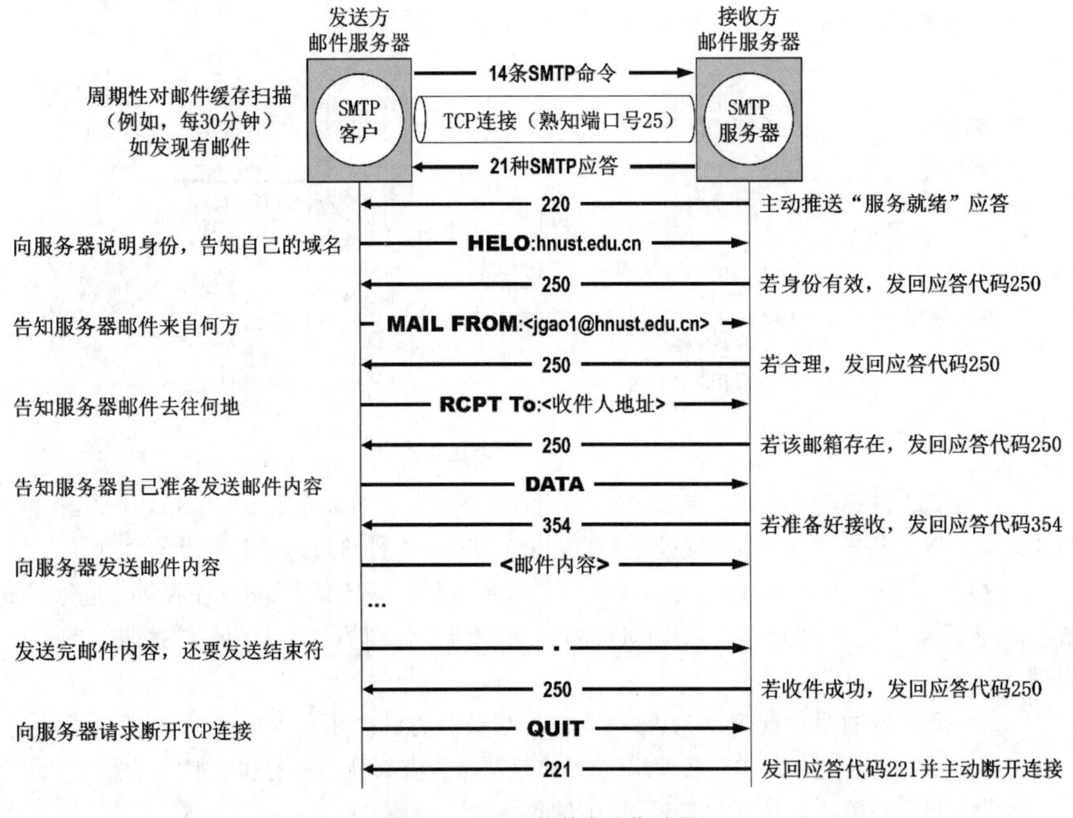

图6-26 SMTP的基本工作过程

（1）当SMTP客户与服务器成功建立TCP连接后，SMTP服务器会主动推送“服务就绪”应答给SMTP客户。应答代码为220，其后可能还跟有描述信息。

（2）SMTP客户收到“服务就绪”应答后，向服务器表明身份，告知自己SMTP服务器的域名。具体命令为“HELO”，其后为命令参数。

（3）SMTP服务器若认为身份有效，则发回应答代码250，否则发回其他错误代码（例如421表示服务不可用）。

（4）SMTP客户收到命令“HELO”的应答后，使用命令“MAIL FROM”来告知服务器邮件来自何方。

（5）SMTP服务器若认为合理，则发回应答代码250，否则发回其他错误代码。

（6）SMTP客户收到命令“MAIL FROM”的应答后，使用命令“RCPT To”来告诉服务器邮件去往何地，也就是收件人邮箱。

（7）SMTP服务器中如果有该收件人邮箱，则发回应答代码250，否则发回其他错误代码。

（8）SMTP客户收到命令“RCPT To”的应答后，使用“DATA”命令来告诉服务器自己准备发送邮件内容了。

（9）SMTP服务器如果准备好接收，则发回应答代码354，否则发回其他错误代码。

（10）SMTP客户收到命令“DATA”的应答后，就向服务器发送邮件内容。

（11）SMTP客户发送完邮件内容后，还要发送结束符“.”。

（12）SMTP服务器若收件成功，则发回应答代码250，否则发回其他错误代码。

（13）SMTP客户收到结束符“.”的应答后，使用命令“QUIT”向服务器请求断开TCP连接。

（14）SMTP服务器发回应答代码221表示接收请求并主动断开TCP连接。

需要说明的是，为了简单起见，在上述举例中省略了可能需要的认证过程，还省略了应答代码后面一般都跟随的简单描述信息。另外，不同的SMTP服务器给出的相同应答代码，其后面跟随的描述信息可能不同。

6.6.4　电子邮件的信息格式

电子邮件的信息格式并不是由SMTP定义的，而是在[RFC 822]中单独定义的。该RFC文档已在2008年更新为[RFC 5322]。

一个电子邮件包含信封和内容两部分，而内容又由首部和主体两部分构成。图6-27给出了某个电子邮件的信封和内容。电子邮件内容的首部和主体的信息都需要用户来填写。首部中包含有一些关键字，后面加上冒号“：”，例如：

- 关键字“From”后面填入发件人的电子邮件地址，一般由邮件系统自动填入。
- 关键字“To”后面填入一个或多个收件人的电子邮件地址。
- 关键字“Cc”后面填入一个或多个收件人以外的抄送人的电子邮件地址，抄送人收到邮件后，可看可不看邮件，可回可不回邮件。
- 关键字“Subject”后面填入邮件的主题，它反映了邮件的主要内容。

很显然，最重要的关键字是“To”和“Subject”，它们往往是必填选项。用户填写好首部后，邮件系统将自动把信封所需的信息提取出来并写在信封上。因此用户不需要填写电子邮件信封上的信息。在填写完首部各关键字的内容后，用户还需要撰写邮件的主体部分，这才是用户想传递给收件人的核心信息。

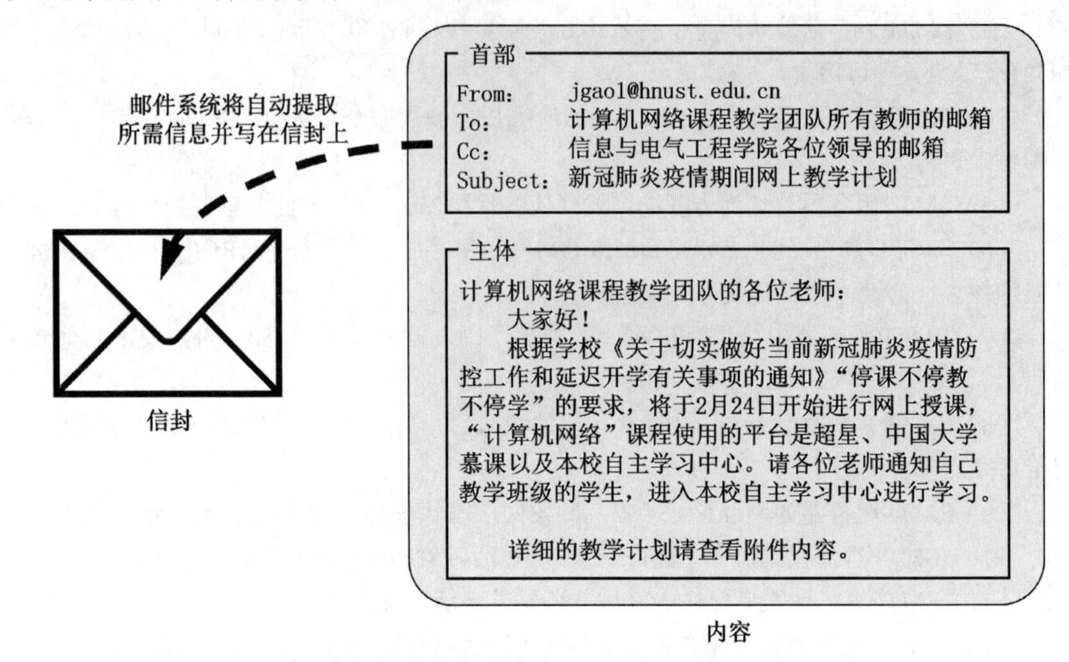

图6-27　电子邮件的信息格式举例

6.6.5　多用途因特网邮件扩展

SMTP只能传送ASCII码文本数据，不能传送可执行文件或其他的二进制对象。换句话说，SMTP不能传送带有图片、音频或视频数据的多媒体邮件。另外，许多其他非英语国家的文字（例如中文、俄文、带有重音符号的法文或德文）也无法用SMTP传送。

为解决SMTP传送非ASCII码文本的问题，提出了多用途因特网邮件扩展（Multipurpose Internet Mail Extensions，MIME）。图6-28展示了MIME的作用。SMTP协议只能传送ASCII码文本数据。当发送方发送的电子邮件中包含有非ASCII码数据时，不能直接使用SMTP进行传送，需要通过MIME进行转换，将非ASCII码数据转换为ASCII码数据。之后就可以使用SMTP进行传送了。接收方也要使用MIME对接收到的ASCII码数据进行逆转换，这样就可以得到包含有非ASCII码数据的电子邮件。

为了实现非ASCII码数据到ASCII码数据的转换，MIME进行了以下扩展：

- 增加了5个新的邮件首部字段，这些字段提供了有关邮件主体的信息。
- 定义了许多邮件内容的格式，对多媒体电子邮件的表示方法进行了标准化。
- 定义了传送编码，可对任何内容格式进行转换，而不会被邮件系统改变。

实际上，MIME不仅仅用于SMTP，也用于后来的同样面向ASCII码字符的超文本传送协议HTTP。

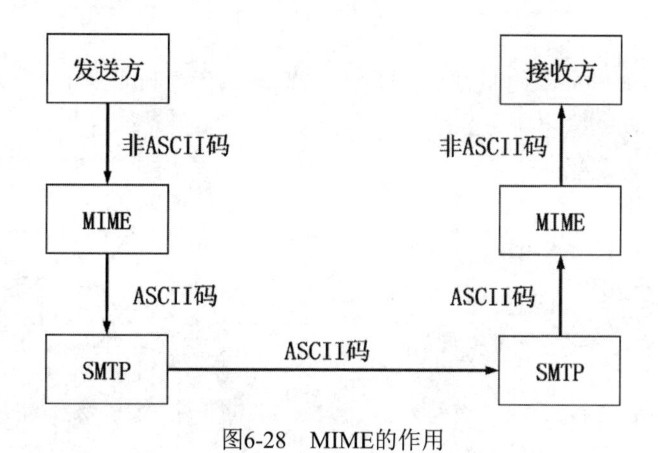

图6-28　MIME的作用

6.6.6　常用的邮件读取协议POP3和IMAP4

常用的邮件读取协议有以下两个：

- 邮局协议（Post Office Protocol，POP），POP3是其第三个版本，是因特网正式标准。
- 因特网邮件访问协议（Internet Message Access Protocol，IMAP），IMAP4是其第四个版本，目前还只是因特网建议标准。

POP3是非常简单、功能有限的邮件读取协议。用户只能以下载并删除方式或下载并保留方式从邮件服务器下载邮件到用户计算机。不允许用户在邮件服务器上管理自己的邮件（例如创建文件夹、对邮件进行分类管理等）。

IMAP4是功能比POP3强大的邮件读取协议。用户在自己的计算机上就可以操控邮件服务器中的邮箱，就像在本地操控一样，因此IMAP是一个联机协议。

POP3和IMAP4都采用基于TCP连接的客户/服务器方式。POP3服务器使用熟知端口号110，IMAP4服务器使用熟知端口号143。

6.6.7　基于万维网的电子邮件

现在，越来越多的用户使用基于万维网的电子邮件。通过浏览器登录（提供用户名和密码）邮件服务器万维网网站，就可以撰写、收发、阅读和管理电子邮件。这种工作模式与IMAP很类似，不同的是用户计算机无须安装专门的用户代理程序，只需要使用通用的万维网浏览器即可。

邮件服务器网站通常都提供非常强大和方便的邮件管理功能，用户可以在邮件服务器网站上管理和处理自己的邮件，而不需要将邮件下载到本地进行管理。下面举例说明基于万维网的电子邮件应用，如图6-29所示。

在图6-29（a）中，假设用户A和B都使用网易邮件服务器，他们各自拥有自己的网易电子邮件地址，用户A要给B发送邮件，具体过程如下：

（1）用户A使用浏览器登录邮件服务器网站，撰写并发送邮件给用户B。

（2）用户B也使用浏览器登录邮件服务器网站，读取收到的邮件。

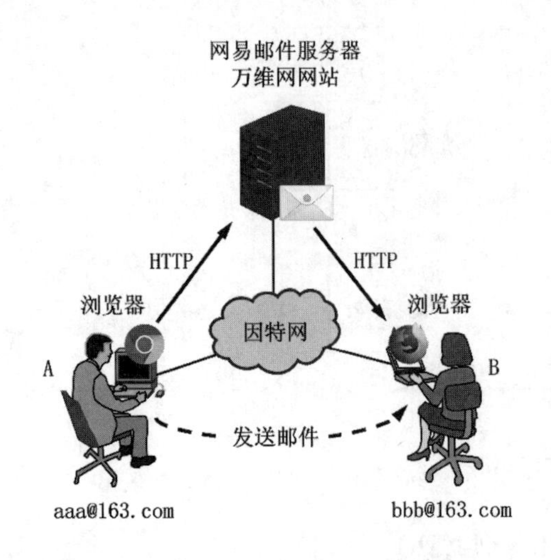

（a）邮件收发双方使用相同的邮件服务器

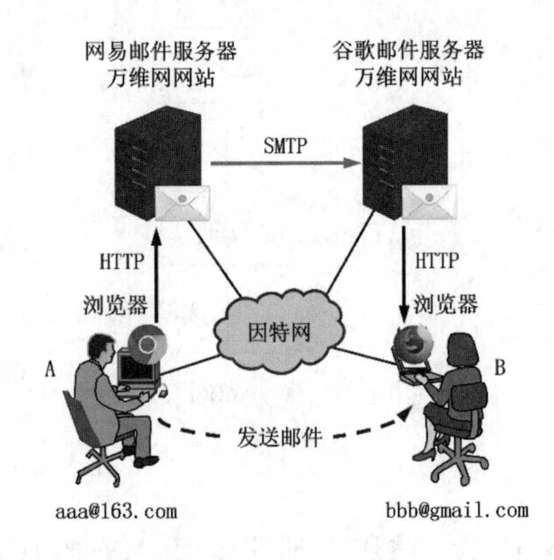

（b）邮件收发双方使用不同的邮件服务器

图6-29　基于万维网的电子邮件举例

用户A和B在发送和接收邮件时与服务器之间都使用超文本传送协议，而不使用之前介绍过的SMTP和POP3协议。

在图6-29（b）中，假设用户A使用网易邮件服务器，他使用网易电子邮件地址；用户B使用谷歌邮件服务器，它使用谷歌电子邮件地址；用户A要给B发送邮件，具体过程如下：

（1）用户A使用浏览器登录自己的邮件服务器网站，撰写并发送邮件给用户B，使用的是HTTP。

（2）用户A的邮件服务器使用SMTP将邮件发送给用户B的邮件服务器。

（3）用户B也使用浏览器登录自己的邮件服务器网站，读取收到的邮件，使用的也是HTTP。

6.7　万维网

6.7.1　万维网概述

万维网并非某种特殊的计算机网络，它是一个大规模的、联机式的信息储藏所，是运行在因特网上的一个分布式应用。万维网利用网页之间的超链接，将不同网站的网页链接成一张逻辑上的信息网。

万维网是欧洲粒子物理实验室的蒂姆伯纳斯·李最初于1989年3月提出的。1993年2月，诞生了世界上第一个图形界面的浏览器Mosaic，如图6-30（a）所示。1995年，著名的网景浏览器Netscape Navigator上市，如图6-30（b）所示。

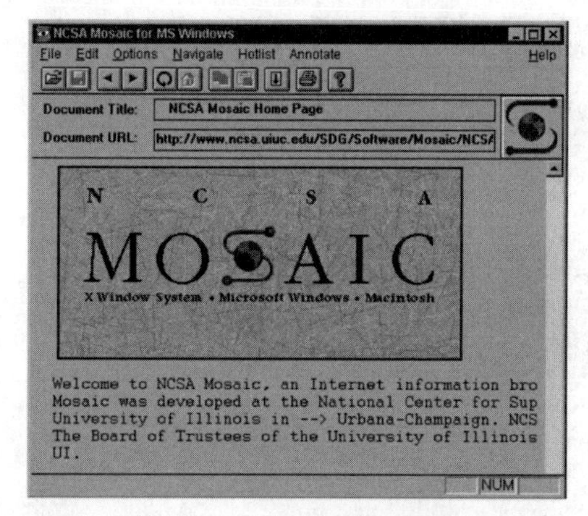

（a）世界上第一个图形界面的浏览器Mosaic

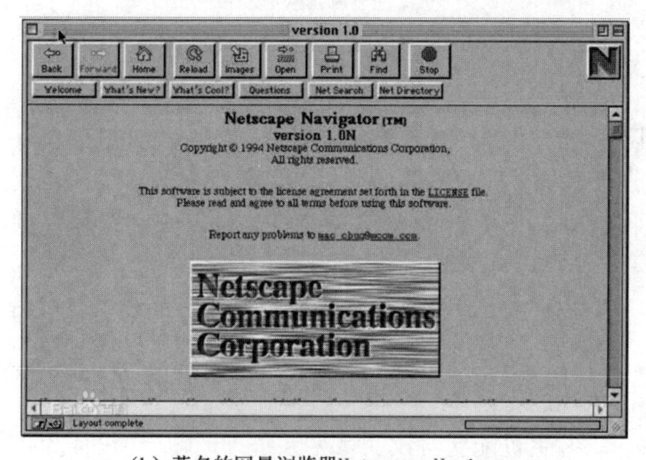

（b）著名的网景浏览器Netscape Navigator

图6-30　早期的网页浏览器

目前比较流行的浏览器有Chrome、Firefox、Safari、Opera以及IE，如图6-31所示。

图6-31　目前比较流行的浏览器及内核

浏览器最重要的部分是渲染引擎，也就是浏览器内核，它负责对网页内容进行解析和显示。图6-31中给出了常见浏览器所使用的内核。不同的浏览器内核对网页内容的解析也有不同，因此同一网页在不同内核的浏览器中的显示效果可能不同。网页编写者需要在不同内核的浏览器中测试网页显示效果。

下面举例说明万维网应用。如图6-32所示，在用户主机中使用浏览器访问湖南科技大学的万维网服务器，也就是访问湖南科技大学的官方网站，具体过程如下。

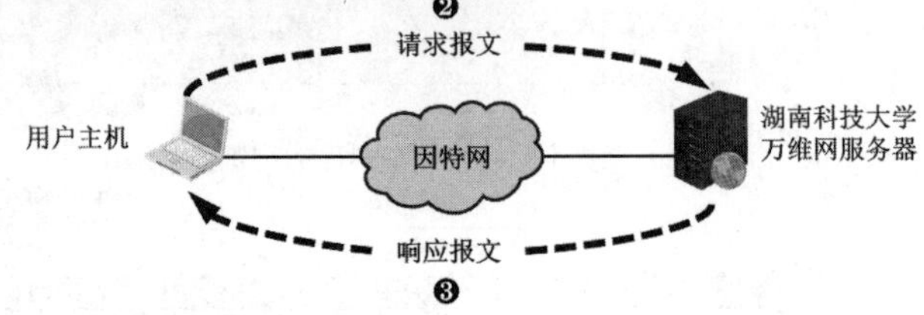

图6-32　万维网应用举例

（1）在浏览器的地址栏中输入湖南科技大学官方网站的域名（图6-32的❶）并按下回车键，浏览器将发送请求报文给服务器（图6-32的❷）。

（2）服务器收到请求报文后执行相应操作，然后给浏览器发回响应报文（图6-32的❸）。

（3）浏览器解析并渲染响应报文中的内容（图6-32的❹），这样就可以看到网站首页了。

需要说明的是，上述过程仅是一个简化过程，实际过程涉及TCP/IP体系结构应用层中的超文本传输协议、动态主机配置协议、域名系统；运输层中的传输控制协议；网际层的网际协议IP和地址解析协议；网络接口所使用的数据链路层协议。除超文本传输协议，上述协议之前已经介绍过了，因此本节将主要介绍超文本传输协议。

6.7.2　统一资源定位符

为了方便地访问在世界范围的文档，万维网使用统一资源定位符（Uniform Resource Locator，URL）来指明因特网上任何种类“资源”的位置。

URL的一般格式由四部分组成：协议、主机、端口和路径，如图6-33所示。

〈协议〉://〈主机〉:〈端口〉/〈路径〉

图6-33　URL的一般格式

在图6-32中，浏览器地址栏中输入的是湖南科技大学官方网站的域名，目的是获取网站首页的内容，其对应的URL如图6-34所示。

图6-34　URL举例1

当单击湖南科技大学官方网站首页中的某个超链接时，将跳转到另一个网页。例如，图6-35所示的网页及其相应的URL，其中协议、主机和端口与网站首页相同，不同的是路径和网页文件。

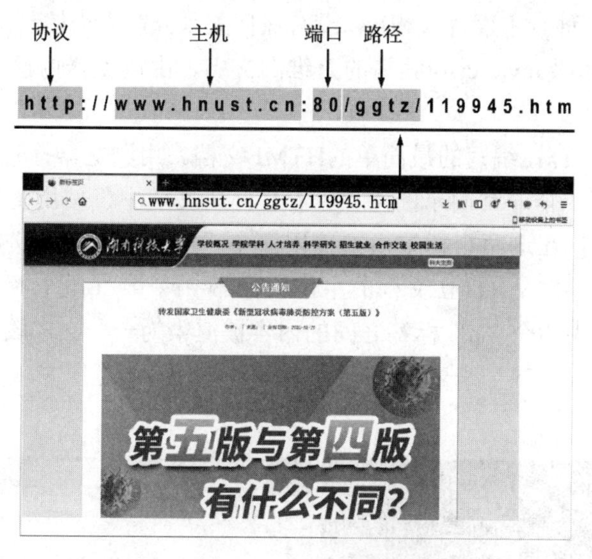

图6-35　URL举例2

6.7.3　万维网文档

将之前图6-32中浏览器访问到的湖南科技大学的网页存储为文件，如图6-36所示。可以看到有一个扩展名为htm的文件和一个文件夹。文件夹的内容包括三个扩展名为htm的HTML文档，五个扩展名为js的JavaScript（JS）文档，两个扩展名为css的CSS文档，其他的JPG文件和PNG文件是图片文件。

图6-36 万维网文档举例

- HTML（HyperText Markup Language）是超文本标记语言的英文缩写词，它使用多种“标签”来描述网页的结构和内容。
- CSS（Cascading Style Sheets）是层叠样式表的英文缩写词，它从审美的角度来描述网页的样式。
- JavaScript是一种脚本语言（和Java没有任何关系），用来控制网页的行为。

由HTML、CSS以及JavaScript编写的万维网文档，由浏览器内核负责解析和渲染，下面举例说明。

图6-37给出了用HTML编写的最简单的HTML文档。用浏览器打开该HTML文档，可以看到浏览器渲染出了一个非常简单的网页。在HTML文档中，使用两个“html”标签来定义HTML文档的范围，在这两个标签内部使用两个“head”标签定义HTML文档的首部，使用两个“body”标签定义HTML文档的主体。首部中两个“title”标签之间的内容被渲染为网页的标题。主体中两个“p”标签之间的内容被渲染为一个文本段落。通过本例可以看出，HTML使用多种“标签”来表述网页的结构和内容。但是所呈现出来的内容样式过于简单，或者不够美观。

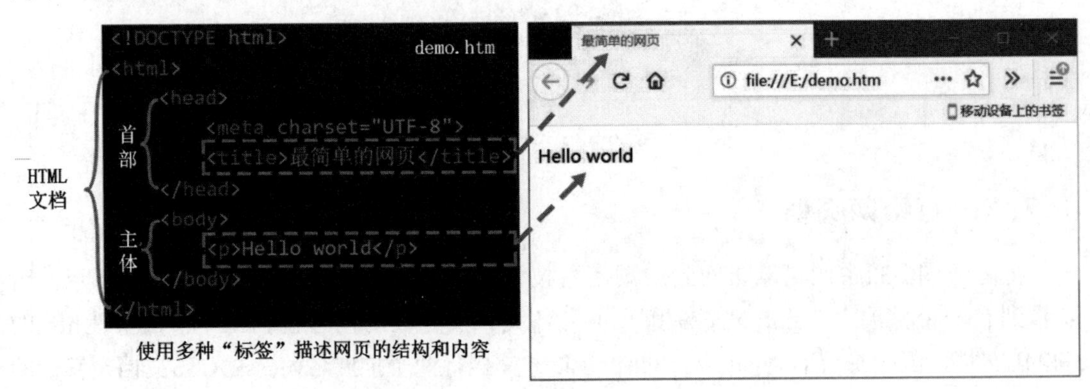

图6-37 HTML文档举例

可以在CSS文档中定义一些所需的样式对网页显示内容进行美化。例如，编写如图6-38所示的CSS文档，在其中定义一种名称为“pink”的样式：颜色为深粉色，字体大小为36个像素。在之前编写好的HTML文档的首部中使用“link”标签将该CSS文档引入，并将样式名称“pink”指定给主体中需要更改样式的那个“p”标签。之后，在浏览器中进行刷新，就可以看到浏览器重新渲染出了网页内容，可以看到“Hello world”段落的颜色和字体大小都发生了相应的变化。

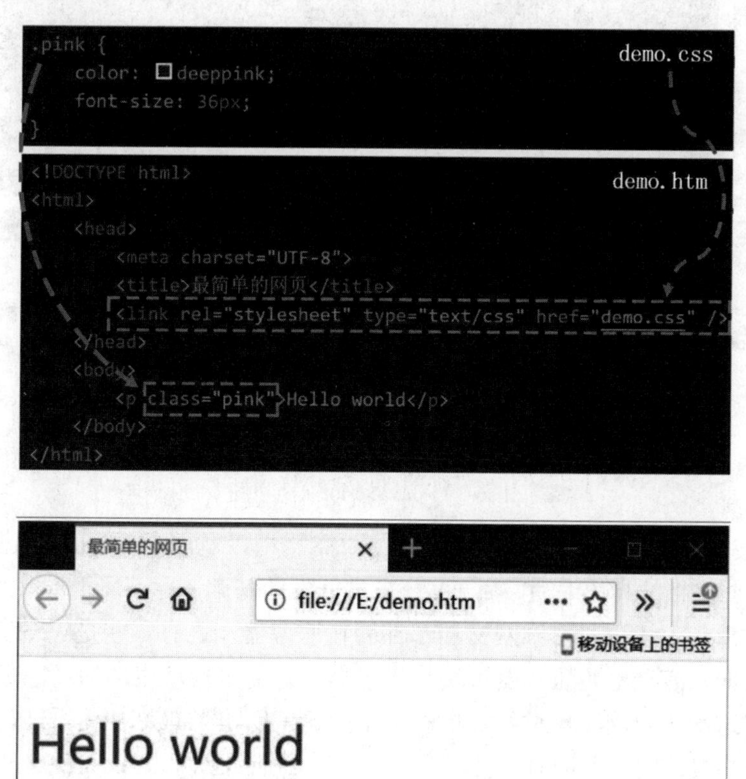

图6-38　CSS文档举例

再给图6-38中的网页添加一个按钮。在图6-38中的HTML文档的主体中，使用“button”标签来添加一个按钮，并为该按钮指定一个发送单击事件时应该调用的处理函数，如图6-39所示。用JavaScript脚本语言编写一个JS文档，在JS文档中编写单击事件处理函数的具体实现代码：通过元素的id来找到相应的元素，也就是显示“Hello world”的“p标签”，然后更改其显示内容。之后，在HTML文档的首部使用“script”标签将该JS文档引入即可。在浏览器中进行刷新，就可以看到所添加的按钮了，当用鼠标单击该按钮时，“Hello world”变成了“谢谢你的赞”。

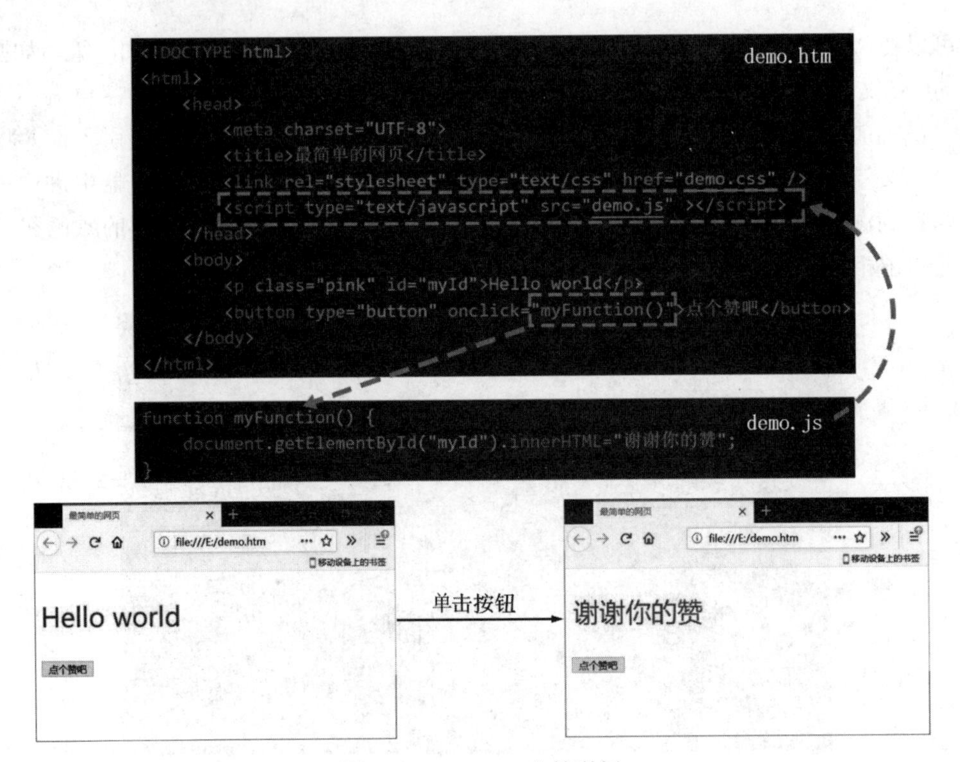

图6-39 JavaScript文档举例

通过上述举例，相信读者对HTML文档、CSS文档以及JavaScript文档已经有了初步的认识。至于这些文档的具体编写，属于Web前端开发的基础，并不属于本书的内容。

请读者注意，上述这些万维网文档都部署在服务器端，有一些是Web前端开发人员设计好的静态页面，有一些是服务器后端程序根据用户需求自动生动的动态页面，它们都需要从服务器传送给用户浏览器进行解析和渲染。这就引出了TCP/IP体系结构应用层中的一个非常重要的协议：超文本传输协议。

6.7.4 超文本传输协议

1. HTTP的操作过程

超文本传输协议（HTTP）定义了以下功能的实现方法：

- 浏览器（即万维网客户进程）向万维网服务器请求万维网文档。
- 万维网服务器把万维网文档传送给浏览器。

下面举例说明HTTP的操作过程。如图6-40所示，使用主机访问湖南科技大学的万维网服务器，可以看成主机中的浏览器进程（HTTP客户进程）与万维网服务器中的Web服务器进程（HTTP服务器进程）基于因特网的通信。浏览器进程首先发起与Web服务器进程的TCP连接，Web服务器进程使用熟知端口号80。一旦建立好TCP连接，浏览器进程就可以通过TCP连接向Web服务器进程发送HTTP请求报文。Web服务器进程收到请求报文后，执行相应操作，然后通过TCP连接给浏览器进程发回HTTP响应报文。

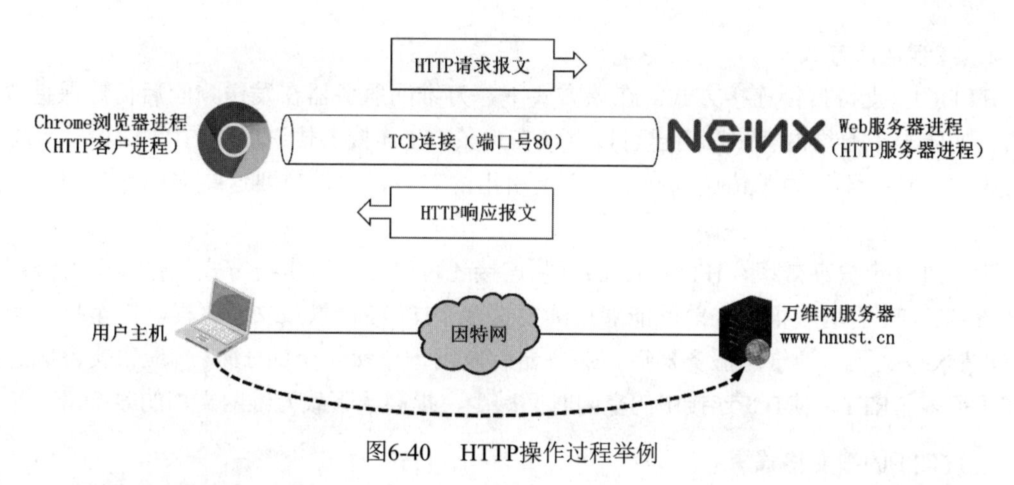

图6-40　HTTP操作过程举例

1）非持续连接方式

HTTP/1.0采用非持续连接方式。在该方式下，每次浏览器进程要请求一个文件都要与服务器建立TCP连接，当收到响应后就立即关闭连接。

图6-41给出了万维网客户与服务器之间通过“三报文握手”进行TCP连接的过程。在这三个TCP报文段中的最后一个TCP报文段的数据载荷部分，携带有HTTP请求报文。万维网服务器收到该请求报文后给万维网客户发回HTTP响应报文。

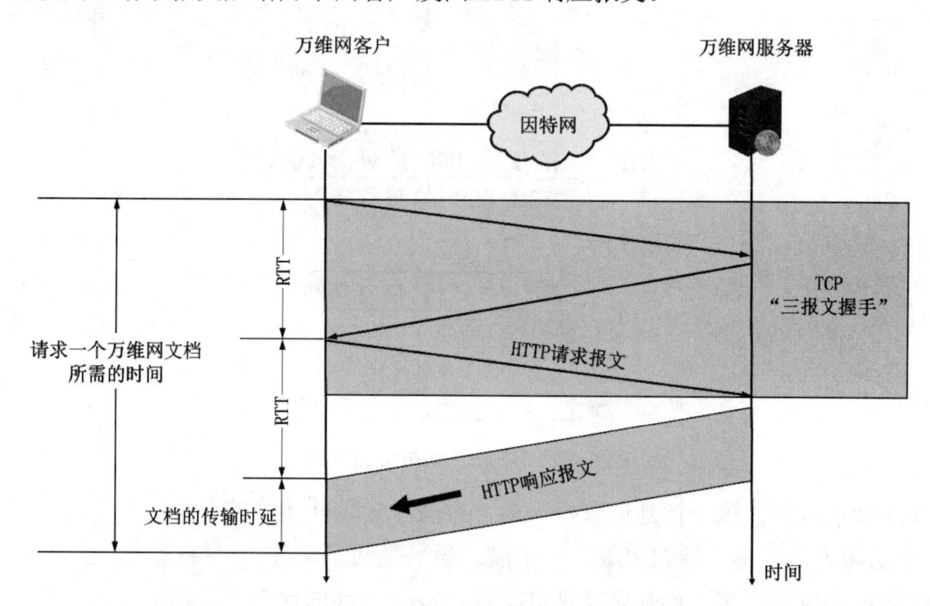

图6-41　使用HTTP/1.0请求一个万维网文档所需的时间

从图6-41可以看出，请求一个万维网文档所需的时间为2个往返时间RTT加上万维网文档的传输时延。也就是说，每请求一个文档就要有2RTT的开销。若一个网页上有很多引用对象（例如图片等），那么请求每一个对象都会产生2RTT的开销。为了减小时延，万维网客户通常会建立多个并行的TCP连接同时请求多个对象。但是，这会大量占用万维网服务器的资源，特别是万维网服务器往往要同时服务于大量万维网客户的请求，这会使万维网服务器的负担很重。

2）持续连接方式

HTTP/1.1支持持续连接方式。在该方式下，万维网服务器在发送响应后仍然保持TCP连接，使同一个万维网客户和自己可以继续在这条TCP连接上传送后续的HTTP请求报文和响应报文。这并不局限于传送同一个页面上引用的对象，而是只要这些文档都在同一个万维网服务器上就行。

为了进一步提高效率，HTTP/1.1的持续连接还可以使用流水线方式工作，即万维网客户在收到HTTP的响应报文之前就能够连续发送多个HTTP请求报文。这样，一个接一个的HTTP请求报文到达万维网服务器后，服务器就发回一个接一个的HTTP响应报文。因此，节省了很多个RTT，使TCP连接中的空闲时间减少，提高了下载万维网文档的效率。

2. HTTP的报文格式

HTTP是面向文本的，其报文中的每一个字段都是一些ASCII码串，并且每个字段的长度都是不确定的。

1）HTTP请求报文的格式

HTTP请求报文的格式如图6-42所示，很小的小格子表示空格，标有CRLF的格子表示回车换行。

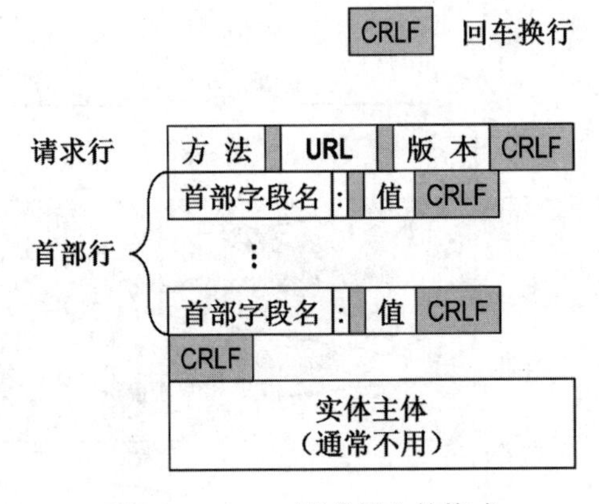

图6-42 HTTP请求报文的格式

HTTP请求报文的第一行是请求行。由“方法”字段开始，其后跟一个空格。后跟URL字段，其后跟一个空格。后跟“版本”字段。最后是回车换行。

HTTP请求报文从第二行开始就是首部行。每一个首部行由“首部字段名”字段开始，其后跟一个冒号“:”，再跟一个空格，然后是该字段的取值。最后是回车换行。可以有多个首部行。

在最后的首部行下面是一个空行。

在空行下面是实体主体，通常不使用。

下面举例说明HTTP请求报文的格式。图6-43给出了某个HTTP请求报文的内容，解释如下。

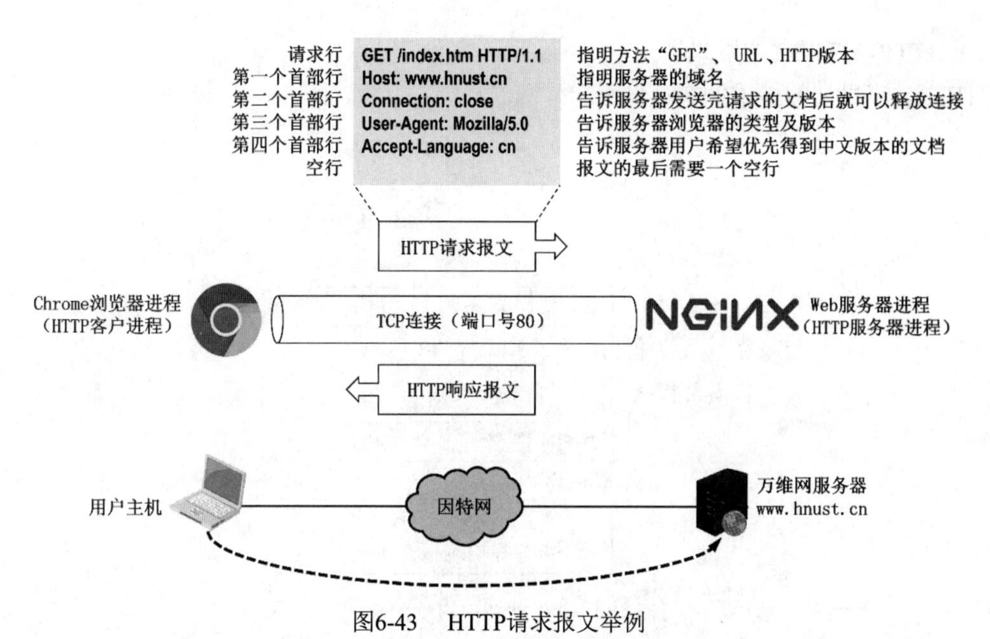

图6-43 HTTP请求报文举例

- 第一行为请求行。指明了方法“GET”、URL以及HTTP的版本。
- 第二行为第一个首部行。“首部字段名”为“Host”，其值为湖南科技大学官方网站的域名。
- 第三行为第二个首部行。“首部字段名”为“Connection”，其值为close，这是告诉万维网服务器：发送完请求的万维网文档后就可以释放连接。
- 第四行为第三个首部行。“首部字段名”为“User-Agent”，其值为Mozilla/5.0，这是浏览器的类型和版本。
- 第五行为第四个首部行。“首部字段名”为“Accept-Language”，其值为cn，这是告诉万维网服务器：用户希望优先得到中文版本的万维网文档。
- 第六行是一个空行。

该HTTP请求报文没有实体主体。

表6-1给出了HTTP请求报文支持的方法。

表6-1 HTTP请求报文支持的方法

方 法	描 述
GET	请求URL标志的文档
HEAD	请求URL标志的文档的首部
POST	向服务器发送数据
PUT	在指明的URL下存储一个文档
DELETE	删除URL标志的文档
CONNECT	用于代理服务器
OPTIONS	请求一些选项信息
TRACE	用来进行环回测试
PATCH	对PUT方法的补充，用来对已知资源进行局部更新

2）HTTP响应报文的格式

HTTP响应报文的格式如图6-44所示。

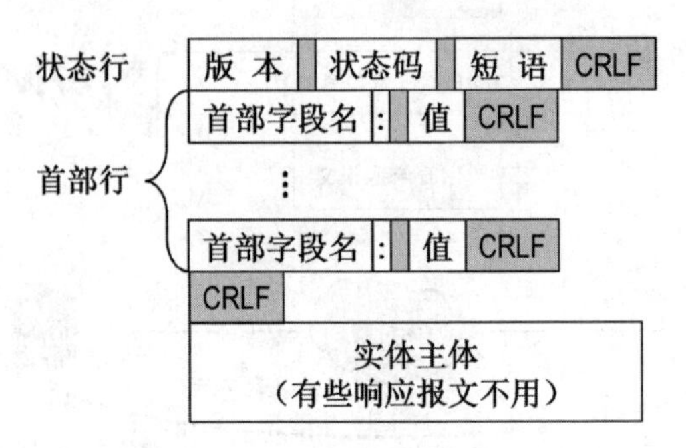

图6-44 HTTP响应报文的格式

HTTP响应报文的第一行是状态行。由“版本”字段开始，其后跟一个空格。后跟“状态码”字段，其后跟一个空格。后跟“短语”字段。最后是回车换行。

除状态行，HTTP响应报文的其他部分与HTTP请求报文格式的对应部分是相似的，这里不再赘述。

状态行中的状态码分五大类共33种，如表6-2所示。

表6-2 HTTP响应报文的状态码

状态码（五大类共33种）	描 述
1XX	表示通知信息，如请求收到了或正在进行处理
2XX	表示成功，如接受或知道了
3XX	表示重定向，即要完成请求还必须采取进一步的行动
4XX	表示客户的差错，如请求中有错误的语法或不能完成
5XX	表示服务器的差错，如服务器失效无法完成请求

下面举例说明HTTP响应报文中常见的状态行。图6-45给出了某些常见的状态行，具体解释如下。

状态行（a） HTTP/1.1 202 Accepted 接受请求

状态行（b） HTTP/1.1 400 Bad Request 错误的请求

状态行（c） HTTP/1.1 404 Not Found 找不到页面

图6-45 HTTP响应报文中常见的状态行举例

- 状态行（a）表示万维网服务器接受了请求。其中，HTTP/1.1表示版本，202是状态码，Accepted是短语（也就是对状态码的简单描述）。
- 状态行（b）表示请求错误。

● 状态行（c）表示找不到所请求的页面。

一般来说，浏览器并不会直接显示出服务器发来的这些状态行信息，而是以更友好的形式向用户告知服务器所返回的状态信息。例如，当访问某些网站时，浏览器可能会显示类似图6-46所示的提示信息，其背后的本质是浏览器收到了包含图6-45中状态行（c）的HTTP响应报文。

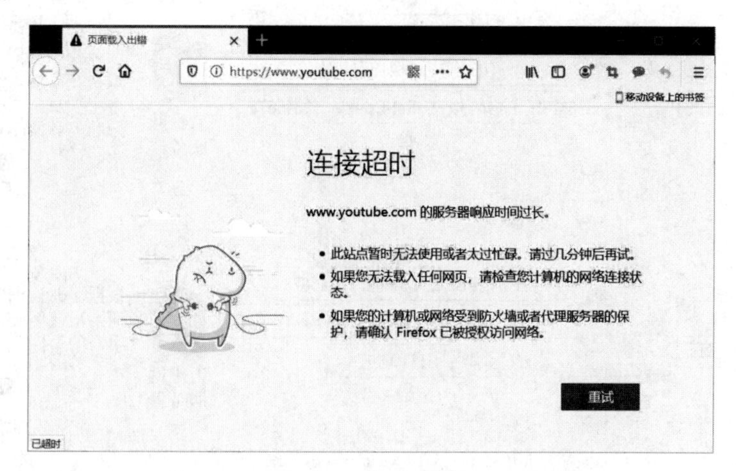

图6-46 浏览器显示友好的错误提示信息

6.7.5 使用 Cookie 在服务器上记录信息

在用户访问网站时，浏览器通常会使用Cookie在万维网服务器上记录用户信息。

早期的万维网应用非常简单，仅仅是用户查看存放在不同万维网服务器上的各种静态文档。因此，HTTP被设计成为一种无状态的协议。这样可以简化万维网服务器的设计。

现在，用户可以通过万维网实现各种复杂的应用，如网上购物、电子商务等。这些应用往往需要万维网服务器能够识别用户。如图6-47所示，用户已经在某个网站上注册了自己的账号。当用户在该网站上登录自己的账号时，除了输入用户名和密码，还可以选择“记住我”选项。这样，当用户下次使用该浏览器再次访问该网站时，网站可以自动识别出用户，而不需要用户再次输入账号信息。

图6-47 “记住我”选项

Cookie提供了一种机制，使得万维网服务器能够“记住”用户，而无须用户主动提供用户标识信息。换句话说，Cookie是一种对无状态的HTTP进行状态化的技术。

下面举例说明Cookie的工作原理。如图6-48所示，用户主机中的浏览器进程首先与万维网服务器中的Web服务器进程建立TCP连接，之后的过程解释如下。

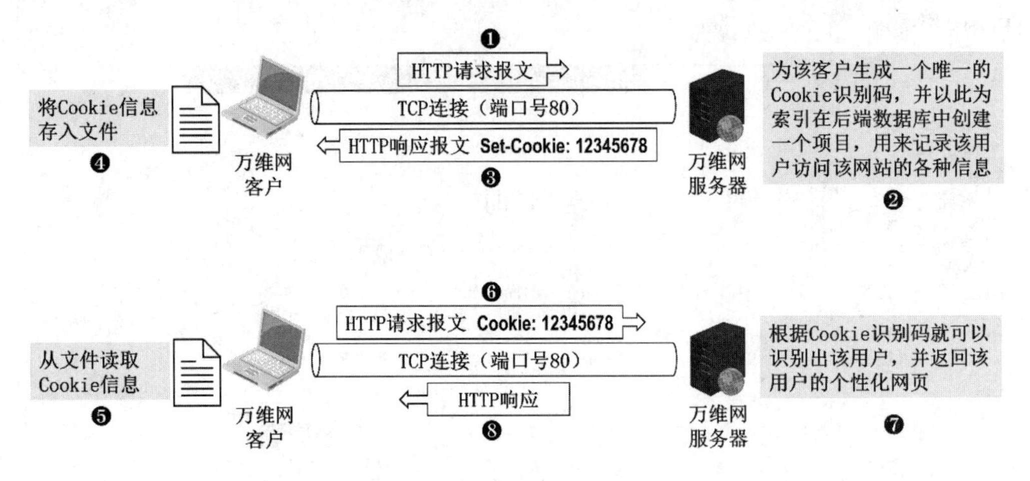

图6-48　Cookie的基本工作原理

（1）当用户的浏览器进程初次向Web服务器进程发送HTTP请求报文时（图6-48的❶），Web服务器进程就会为其产生一个唯一的Cookie识别码，并以此为索引在万维网服务器的后端数据库中创建一个项目，用来记录该用户访问该网站的各种信息（图6-48的❷）。

（2）Web服务器进程给浏览器进程发回HTTP响应报文，在响应报文中包含有一个首部字段“Set-Cookie”的首部行，该字段的取值就是Cookie识别码（图6-48的❸）。当浏览器进程收到该响应报文后，就在一个特定的Cookie文件中添加一行，记录该万维网服务器的域名和Cookie识别码（图6-48的❹）。

（3）当用户再次使用该浏览器访问这个网站时，每发送一个HTTP请求报文，浏览器都会从Cookie文件中取出该网站的Cookie识别码（图6-48的❺），并放到HTTP请求报文的Cookie首部行中（图6-48的❻）。

（4）Web服务器进程根据Cookie识别码就可以识别出该用户（图6-48的❼），并返回该用户的个性化网页（图6-48的❽）。

6.7.6　万维网缓存与代理服务器

万维网还可以使用缓存机制以提高万维网的效率。万维网缓存又称为Web缓存（Web Cache），可位于客户机，也可位于中间系统上。位于中间系统上的Web缓存又称为代理服务器（Proxy Server）。

Web缓存把最近的一些请求和响应暂存在本地磁盘中。当新的请求到达时，若发现这个请求与暂时存放的请求相同，就返回暂存的响应，而不需要按URL的地址再次去因特网访问该资源。

下面举例说明Web缓存的作用。如图6-49所示，将因特网上的某台万维网服务器称为原始服务器，这是为了与万维网代理服务器的名称区分。在校园网中使用了一台万维网代理服务器，简称为代理服务器。校园网中的某台主机访问因特网上的原始服务器的过程如下。

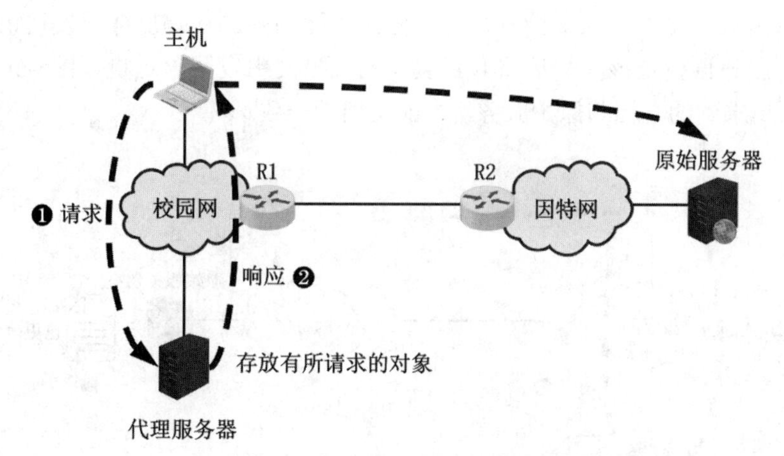

（a）代理服务器存放有所请求的对象

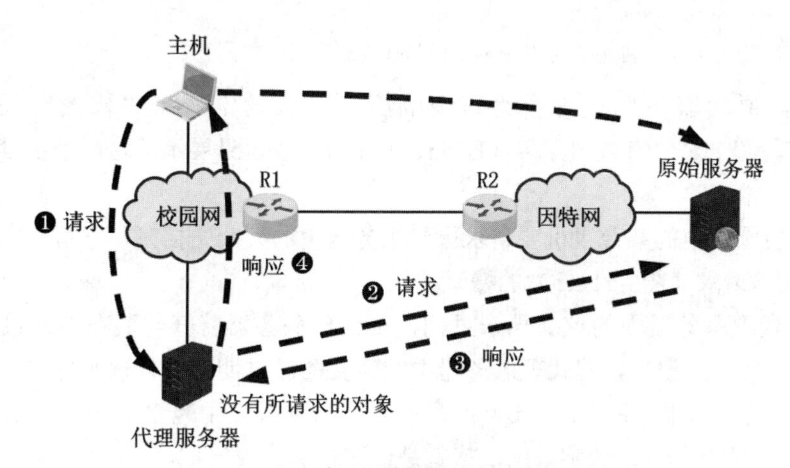

（b）代理服务器没有所请求的对象

图6-49 代理服务器的作用举例

（1）主机首先向校园网中的代理服务器发送请求（图6-49（a）的❶）。

（2）若代理服务器中存放有所请求的对象，则代理服务器会向该主机发回包含所请求对象的响应（图6-49（a）的❷）。若代理服务器中没有所请求的对象，则代理服务器会向因特网上的原始服务器发送请求（图6-49（b）的❷）。

（3）原始服务器将包含有所请求对象的响应发回代理服务器（图6-49（b）的❸）。

（4）代理服务器将该响应存入Web缓存，然后给主机发回该响应（图6-49（b）的❹）。

可以想象，如果Web缓存的命中率比较高，则路由器R1与R2之间的链路上的通信量将大大减少，因而可以减少校园网内各主机访问因特网的时延。

有的读者可能会有如图6-50所示的疑问：如果原始服务器中的某个文档已被更改（图6-50的❶），而在代理服务器中该文档的副本并没有同步更改（图6-50的❷）。当某个主机请求原始服务器中的该文档时，它首先向校园网中的代理服务器发送请求（图6-50的❸），代理服务器找到该文档后将其封装在响应报文中发回给主机（图6-50的❹）。这会导致主机所请求到的文档与原始服务器中的文档不一致。

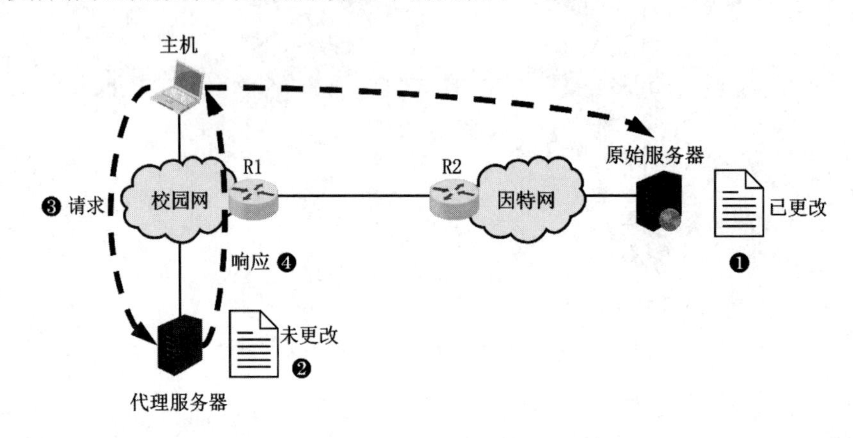

图6-50 原始服务器中的文档与代理服务器中的同一文档不一致

实际上，原始服务器通常会为每个响应的对象设定一个“修改时间”（Last-Modified）字段和一个“有效日期”（Expires）字段。图6-51展示了这两个字段的作用，具体解释如下。

（1）当校园网中的某台主机要请求原始服务器中的某个文档时，它首先向校园网中的代理服务器发送请求（图6-51（a）的❶）。

（2）若代理服务器中的该文档未过期，则代理服务器将其封装在响应报文中发回给主机（图6-51（a）的❷）。若代理服务器中的该文档已过期，则代理服务器会向因特网上的原始服务器发送请求（图6-51（b）的❷），在请求报文中包含有一个首部字段为“If-modified-since”的首部行，该字段的取值就是该文档的修改日期。

（3）原始服务器根据该文档的修改日期，就可判断出代理服务器中存储的该文档是否与自己存储的该文档一致。

- 如果一致，就给代理服务器发送不包含实体主体的响应报文（图6-51（b）的❸），状态码304，短语为“Not Modified”。代理服务器收到响应报文后，重新更新该文档的有效日期（图6-51（b）的❹），然后将该文档封装在响应报文中发回给主机（图6-51（b）的❺）。
- 如果不一致，则给代理服务器发送封装有该文档的响应报文（图6-51（c）的❸）。这样，代理服务器就更新了该文档的内容和有效期（图6-51（c）的❹），然后将更新后的该文档封装在响应报文中发回给主机（图6-51（c）的❺）。

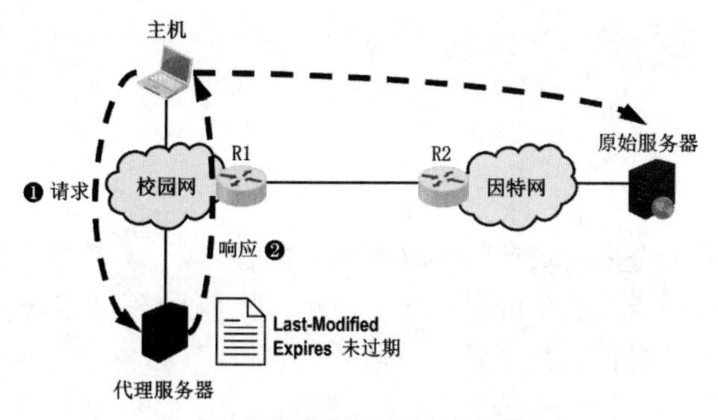

（a）代理服务器中的文档未过期的情况

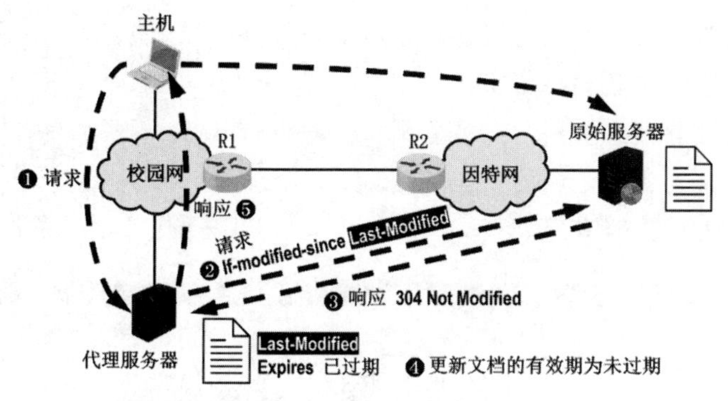

（b）代理服务器中的文档已过期但原始服务器中的文档未更改的情况

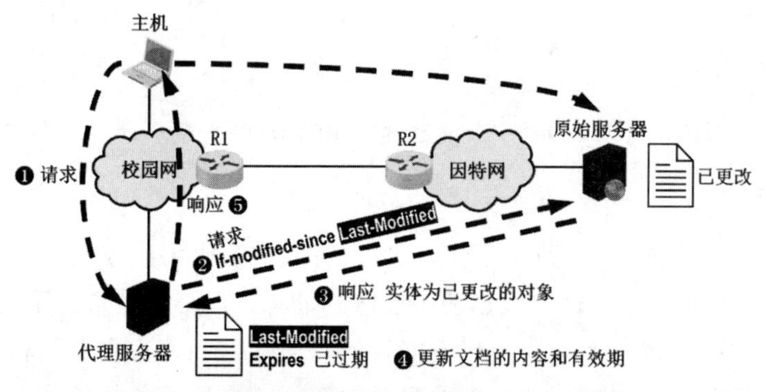

（c）代理服务器中的文档已过期并且原始服务器中的文档已更改的情况

图6-51　代理服务器中文档未过期与过期的情况

本章知识点思维导图请扫码获取：

第7章　网络安全

本章仅对计算机网络安全问题进行初步的介绍。首先介绍计算机网络都面临哪些安全威胁、安全的计算机网络应设法提供的基本安全服务（保密性、报文完整性、实体鉴别、不可否认性、访问控制和可用性）；之后进一步介绍实现上述基本安全服务的安全机制；最后，介绍几种常见的网络攻击机制和相应的防范措施。

本章重点

（1）计算机网络所面临的安全威胁、基本安全服务的概念。

（2）对称密钥密码体制和公钥密码体制。

（3）报文完整性与报文鉴别，实体鉴别。

（4）网络体系结构各层采取的安全策略。

（5）防火墙与入侵检测系统。

7.1　网络安全概述

计算机网络安全包括三方面内容：安全威胁、安全服务和安全机制。

7.1.1　安全威胁

计算机网络所面临的安全威胁分为被动攻击和主动攻击两大类，如图7-1所示。

1. 被动攻击

图7-1（a）给出了被动攻击的示意图，攻击者通过窃听手段仅观察和分析网络中传输的电子邮件、文件数据、IP电话等数据流中的敏感信息，而不对其进行干扰。

即使通信内容被加密，使得攻击者不能直接从被加密的内容中获取机密信息，也可以通过观察协议数据单元（PDU）的首部信息，来获知正在通信的协议实体的地址和身份。通过研究PDU的长度和传输的频度来了解所交换的数据的性质。这种被动攻击又称为流量分析（Traffic Analysis）。

对于被动攻击，由于其不涉及对数据的更改，因此很难被发现。对付被动攻击主要采用各种数据加密技术进行预防，而不是主动检测。

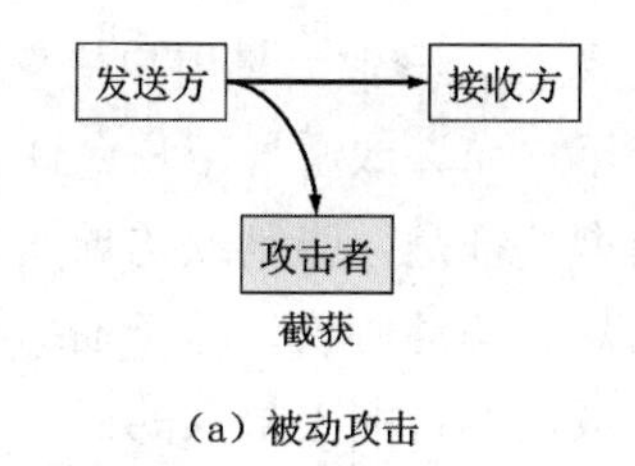

(a)被动攻击

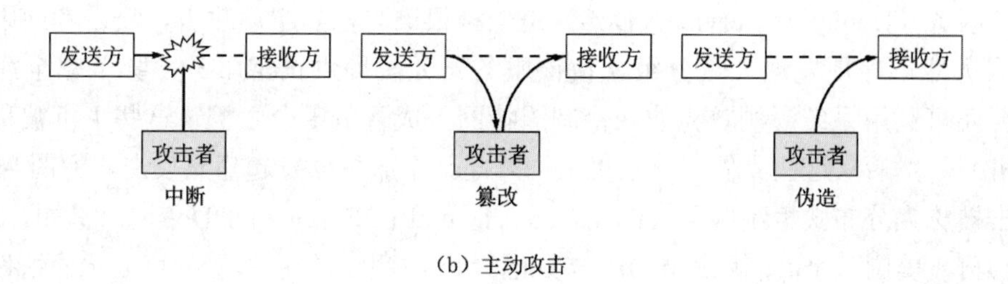

(b)主动攻击

图7-1　最基本的四种网络攻击形式

2. 主动攻击

主动攻击是指攻击者对传输中的数据流进行各种处理。图7-1(b)给出了三种最基本的主动攻击形式:

- 中断(Interruption):攻击者故意中断他人的网络通信。
- 篡改(Modification):攻击者故意篡改网络中传送的PDU。
- 伪造(Fabrication):攻击者伪造PDU在网络中传送。

除了中断、篡改和伪造,还有一种特殊的主动攻击就是恶意程序(Rogue Program)。恶意程序的种类繁多,可以通过网络在计算机系统间进行传播,对网络安全威胁较大的主要有以下几种:

- 计算机病毒(Computer Virus):这是一种会"传染"其他程序的程序。"传染"是通过修改其他程序来把自身或自己的变种复制进去完成的。
- 计算机蠕虫(Computer Worm):这是一种通过网络的通信功能将自身从一个节点发送到另一个节点并自动启动运行的程序。
- 特洛伊木马(Trojan Horse):简称为木马,这是一种在表面功能掩护下执行恶意功能的程序。例如,一个伪造成文本编辑软件的木马程序,在用户编辑一个机密文件时偷偷将该文件的内容通过网络发送给攻击者。计算机病毒有时也以木马的形式出现。
- 逻辑炸弹(Logic Bomb):这是一种当运行环境满足某种特定条件时就触发自身恶意功能的程序。例如,一个文本编辑软件平时正常运行,但当系统时间为13日且为星期五时,就会触发该程序的恶意功能,它会删除系统中的所有文件,这种程序就是一种典型的逻辑炸弹。
- 后门入侵(Backdoor Knocking):是指利用系统中的漏洞通过网络入侵系统。这就好比一个盗贼侵入某个房门有缺陷的住户。例如,2011年索尼游戏网络

（PlayStation Network）被入侵，导致大量用户信息被盗。

- 流氓软件：这是一种未经用户允许或诱导用户允许，在用户计算机上安装运行并损坏用户利益的软件，其典型特征是，强制或诱导安装、难以卸载、浏览器劫持、广告弹出、恶意搜集用户信息、恶意协议、恶意捆绑等。目前流氓软件的泛滥程度已超过了各种计算机病毒，成为因特网上最大的公害。流氓软件的名字一般都很吸引人，如某某卫士、某某搜霸等，用户需要特别小心。

拒绝服务（Denial of Service，DoS）是一种很难防范的主动攻击。攻击者向因特网上的某个服务器不停地发送大量分组，使该服务器无法提供正常服务，甚至完全瘫痪。攻击者甚至还可利用系统漏洞首先非法控制因特网上成百上千台主机（这些主机被称为“僵尸”主机），然后从这些“僵尸”主机上同时向某个服务器发起猛烈攻击，如图7-2所示。这种攻击被称为分布式拒绝服务（Distributed Denial of Service，DDoS）。例如，2000年2月7日至9日，美国几个著名网站遭DDoS攻击，使这些网站的服务器一直处于“忙”状态，因而拒绝向发出请求的客户提供正常服务。

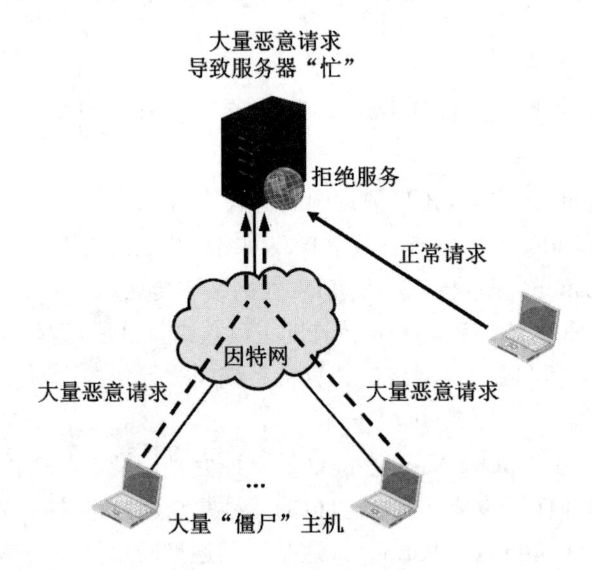

图7-2　分布式拒绝服务

与DoS的思想类似，在使用以太网交换机的以太网中，攻击者向某个以太网交换机发送大量伪造不同源MAC地址的帧。以太网交换机收到这样的帧进行自学习，就把帧首部中伪造的源MAC地址写入自己的转发表中。由于这种伪造源MAC帧的数量巨大，因此很快就会使以太网交换机的转发表填满，导致以太网交换机无法正常工作，这称为交换机中毒，如图7-3所示。

对于主动攻击，由于物理通信设施、软件和网络本身潜在的弱点具有多样性，因此完全防止主动攻击是非常困难的。但是主动攻击容易检测，因此对付主动攻击除要采取数据加密技术、访问控制技术等预防措施，还需要采取各种检测技术及时发现并阻止攻击，同时还要对攻击源进行追踪，并利用法律手段对其进行打击。

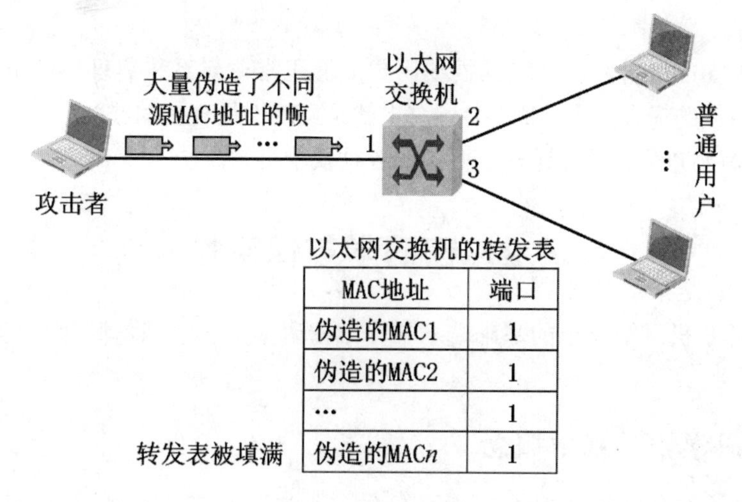

图7-3　交换机中毒

7.1.2　安全服务

为防止7.1.1节所述的各种安全威胁，一个安全的计算机网络应设法提供以下基本安全服务。

1）保密性

保密性（Confidentiality）就是确保网络中传输的信息只有其发送方和接收方才能懂得其含义，而信息的截获者则看不懂所截获的数据。显然，保密性是计算机网络中最基本的安全服务，也是对付被动攻击所必须具备的功能。

2）报文完整性

报文完整性（Message Integrity）就是确保网络中传输的信息不被攻击者篡改或伪造，它在应对主动攻击时也是必不可少的。

报文完整性与实体鉴别往往是不可分割的。因此，在谈到“鉴别”时，有时同时包含了实体鉴别和报文完整性。换句话说，既鉴别发送方的身份，又鉴别报文的完整性。

3）实体鉴别

实体鉴别（Entity Authentication）是指通信两端的实体能够相互验证对方的真实身份，确保不会与冒充者进行通信。目前频发的网络诈骗，多数情况都是由于在网络上不能鉴别出对方的真实身份。实体鉴别在对付主动攻击时是非常重要的。

4）不可否认性

不可否认性（Nonrepudiation）用来防止发送方或接收方否认发送或接收过某信息。在电子商务中这是一种非常重要的安全服务。

5）访问控制

访问控制（Access Control）是指可以限制和控制不同实体对信息源或其他系统资源进行访问的能力。必须在鉴别实体身份的基础上对实体的访问权限进行控制。

6）可用性

可用性（Availability）就是确保授权用户能够正常访问系统信息和资源。很多攻击都会导致系统可用性的损失，拒绝服务DoS攻击就是可用性最直接的威胁。

从7.2节开始，介绍实现上述安全服务的各种安全机制。

7.2 密码学与保密性

密码学是计算机网络安全的基础，本节介绍密码学的一些基本概念及其在保密性方面的应用。

7.2.1 密码学相关基本概念

将发送的数据变换成对任何不知道如何做逆变换的人都不可理解的形式，从而保证数据的机密性，这种变换称为加密（Encryption）。加密前的数据被称为明文（Plaintext），而加密后的数据被称为密文（Ciphertext）。

通过某种逆变换将密文重新变换回明文，这种逆变换称为解密（Decryption）。

加密和解密过程可以使用一个密钥（Key）作为参数，密钥必须保密，但加密和解密的过程可以公开。换句话说，只有知道密钥的人才能解密密文，否则即使知道加密或解密算法也无法解密密文。

依靠密钥进行保密而不依靠密码算法进行保密的原因如下：

- 一旦算法失密就必须放弃该算法，这意味着需要频繁地修改密码算法，而开发一个新的密码算法是非常困难的事情。
- 密钥空间可以很大，用密钥将密码算法参数化，同一个密码算法可以为大量用户提供加密服务。

数据加密的一般模型如图7-4所示。将待加密的明文X通过加密密钥KA和加密算法E加密成密文Y。也可简单地说成是明文经过E运算就转换为密文。

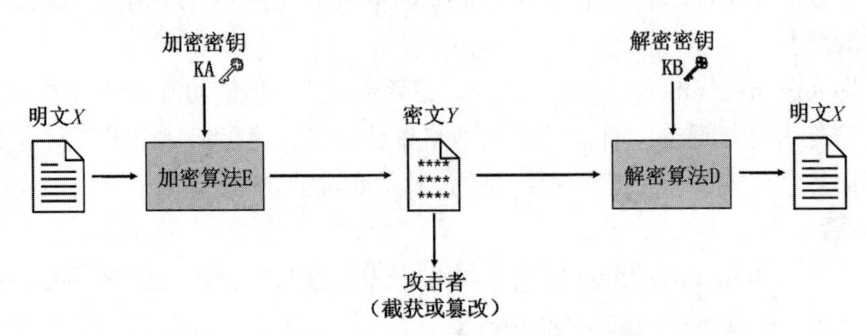

图7-4 数据加密的一般模型

式（7-1）是加密过程的一般表示方式。

$$Y = E_{KA}(X) \tag{7-1}$$

密文Y传送到接收端后，利用解密密钥KB和解密算法D可解出明文X。式（7-2）是解密过程的一般表示方式。

$$D_{KB}(Y)=D_{KB}(E_{KA}(X))=X \tag{7-2}$$

请读者注意，加密密钥和解密密钥可以相同，也可以不同（即使不同，这两个密钥也必然有某种相关性），这取决于采用的是对称密钥密码体制还是公开密钥（公钥）密码体制。

在图7-4中，给出了密文在传送过程中可能会被攻击者截获或篡改的情况。如果不论攻击者截获了多少密文，在密文中都没有足够的信息来唯一地确定出对应的明文，则这一密码体制称为无条件安全的，或称为理论上是不可破的。然而，在无任何条件限制下，目前几乎所有实用的密码体制均是可破的。因此，人们关心的是在计算上（而不是在理论上）是不可破的密码体制。如果一个密码体制中的密码不能在一定时间内被可以使用的计算资源破解，则这一密码体制称为在计算上是安全的。一般情况下，通过使用长的密钥可以有效增加破解密文的难度，但同时也使得加密方和解密方的计算量加大。

7.2.2 对称密钥密码体制

对称密钥密码体制是指加密密钥与解密密钥相同的密码体制。若将之前图7-4中的解密密钥KB改为与加密密钥相同的KA，则通信双方使用的就是对称密钥。

由IBM公司研制并于1977年被美国定为联邦信息标准的数据加密标准（Data Encryption Standard，DES），就是对称密钥密码体制的典型代表。国际标准化组织曾把DES作为数据加密标准。

1. DES的加密方法

在使用DES进行加密前，先将整个明文划分成若干个64比特长的二进制数据。然后对每一个64比特的数据采用64比特的密钥（实际密钥长度为56比特，另外8比特作为奇偶校验）进行加密处理，产生一个64比特的密文数据。最后将各64比特的密文数据串接起来，就可得出整个密文。

2. DES的保密性

DES的保密性仅取决于对密钥的保密和密钥的长度，而算法是公开的。20世纪70年代设计的DES，经过了世界上无数优秀学者几十年的密码分析，除了其56比特密钥长度太短，没有发现其任何大的设计缺陷。

DES所采用的密钥长度为56比特，可用密钥数量为2^{56}（约7.6×10^{16}）。假设一台计算机1μs可以执行一次DES加密，同时假定平均只需要搜索密钥空间的一半即可找到密钥，则破译DES要超过1000年。但随着计算机运算速度的快速提高以及搜索DES密钥的专用芯片的出现，56比特长的密钥就显得太短了。例如，在1999年，有一批在因特网上合作的人借助于一台不到25万美元的专用计算机，用22小时多一点的时间就破译了56比特密钥的DES。若分别用价格为100万美元和1000万美元的机器，则预期的搜索时间分别为3.5小时和21分钟。

现在对于56比特DES密钥的搜索已成常态，56比特DES已不再被认为是安全的。

3. 三重DES

为了解决56比特DES密钥太短的问题，学者们提出了三重DES（Triple DES，3DES）。3DES在1985年成为美国的一个商用加密标准[RFC 2420]。

3DES使用3个密钥执行三次DES算法，如图7-5所示。

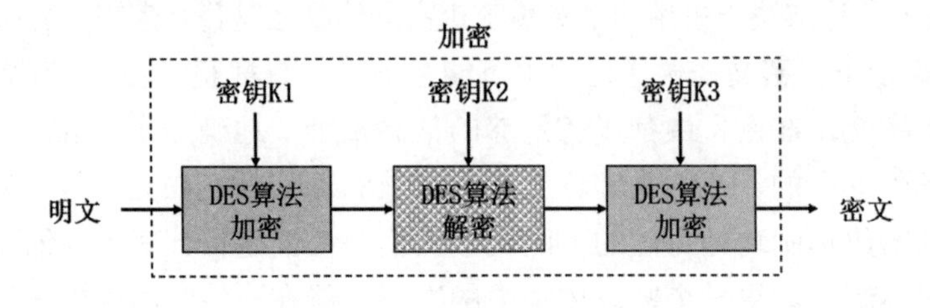

（a）3DES加密过程

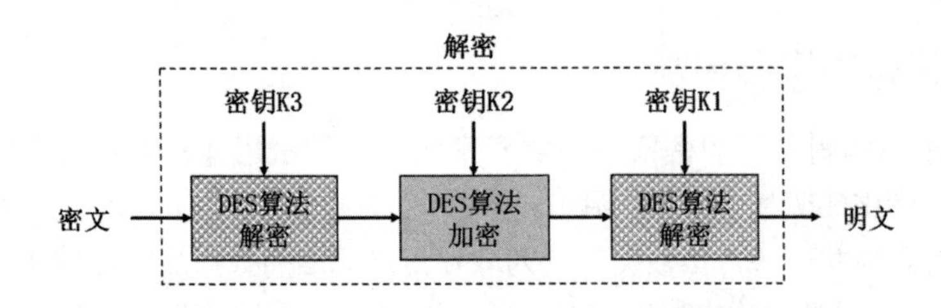

（b）3DES解密过程

图7-5　3DES的加密和解密过程

图7-5（a）给出了3DES的加密过程。对明文使用密钥K1和DES算法进行加密，将得到的密文使用密钥K2和DES算法进行解密，再将解密的结果使用密钥K3和DES算法进行加密，即可得到经过3DES加密后的密文。

图7-5（b）给出了3DES的解密过程。对密文使用密钥K3和DES算法进行解密，将解密的结果使用密钥K2和DES算法进行加密，再将加密的结果使用密钥K1和DES算法进行解密，即可得到经过3DES解密后的明文。

3DES仍使用原有的DES算法，当三个密钥K1、K2和K3都相同时，等效于DES。这样有利于将DES逐步推广为3DES。也可以只使用两个密钥，即K1=K3，在这种情况下，相当于将DES原本56比特长度的密钥扩展为112比特，这对于多数商业应用也已经够长了。目前还没有攻破3DES的报道。

需要说明的是，本书并不是密码学的专业书籍，因此在本节中仅介绍了DES的基本概念和加密/解密过程，对于DES的具体加密/解密算法并没有介绍，有兴趣的读者可自行查阅相关资料。

IBM最初设计DES时主要考虑用硬件来实现，因此DES/3DES的软件实现较慢。3DES目前正在被2001年发布的高级加密标准（Advance Encryption Standard，AES）所替代。AES支持128比特、192比特和256比特的密钥长度，用硬件和软件都可以快速实现。AES不需要太多内存，因此适用于小型移动设备。据美国国家标准与技术研究院（National

Institute of Standards and Technology，NIST）估计，如果用1秒即可破解56比特密钥长度的DES的计算机，来破解128比特密钥长度的AES密钥，要用大约149万亿年的时间才有可能完成破解。

7.2.3　公钥密码体制

在对称密钥密码体制中，加解密双方要共享同一个密钥。但如何才能做到这一点呢？容易想到的是以下两种方法：

- 双方事先约定同一个密钥。
- 使用信使来传送密钥。

如果双方事先约定同一个密钥，这会给密钥的管理和更换带来极大的不便。而对于高度自动化的大型计算机网络，使用信使来传送密钥显然是不合适的。尽管使用复杂但高度安全的密钥分配中心（Key Distribution Center，KDC）可以解决该问题（7.5节），但是采用公钥密码体制可以比较容易地解决该问题。

公钥密码体制使用不同的加密密钥和解密密钥，其概念是由Stanford大学的研究人员Diffie和Hellman于1976年提出的。

在公钥密码体制中，加密密钥是向公众公开的，称为公钥（Public Key，PK）。而解密密钥是需要保密的，称为私钥或密钥（Secret Key，SK）。另外，加密算法E和解密算法D都是公开的。请读者注意，尽管SK由PK决定，但却不能根据PK计算出SK。

公钥密码体制的特点如下：

（1）发送方用PK对明文X加密后，在接收方用SK解密，即可恢复出明文。式（7-3）是该过程的一般表示方式。

$$D_{SK}(E_{PK}(X))=X \tag{7-3}$$

PK是公开的，而SK是接收方专用的（对其他人都保密）。

另外，加密和解密运算可以对调，即$E_{PK}(D_{SK}(X))=X$。

（2）PK只能用来加密，而不能用来解密，如式（7-4）所示。

$$D_{PK}(E_{PK}(X))\neq X \tag{7-4}$$

（3）尽管在计算机上可以容易地产生成对的PK和SK，但从已知的PK是不可能推导出SK的，即从PK到SK是“计算上不可能的”。

（4）加密算法和解密算法都是公开的。

由于从PK不能推导出SK，并且PK不能用来解密，因此PK可以是公开的。例如在图7-6中，接收方可以（通过报纸）公开自己的加密密钥（图7-6的❶），而解密密钥由接收方秘密保存。任何发送方都可以获得该PK，并用来加密发送给接收方的明文（图7-6的❷），而加密后的密文只能由接收方用SK解密（图7-6的❸）。显然，采用公钥密码体制更易解决密钥分发的问题。

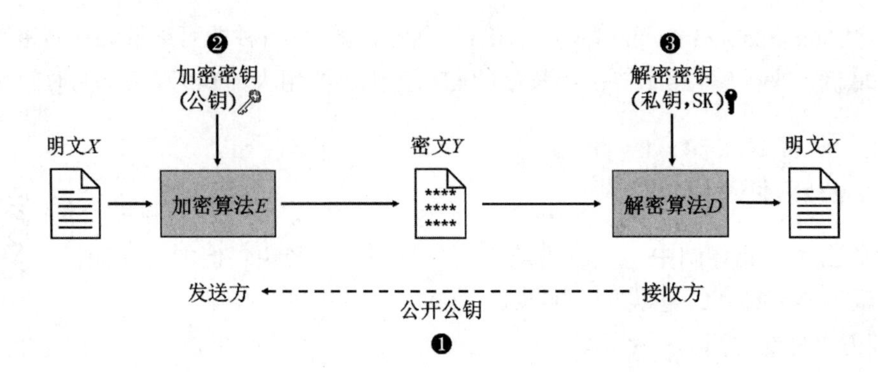

图7-6　公钥密码体制

公钥密码体制提出不久，研究人员就找到了三种公钥密码算法。1976年由美国三位科学家Rivest、Shamir和Adleman提出，并在1978年正式发表的RSA（Rivest, Shamir and Adleman）算法，就是目前最著名的公钥密码算法，它是基于数论中大数分解问题的算法。

公钥密码体制不仅用于加密，还可以很方便地用于鉴别和数字签名。然而，目前的公钥密码算法比对称密码算法慢好几个数量级。因此，公钥密码通常用于会话密钥的建立，而对称密码被用于其他大多数情况下的加密，下面举例说明。

如图7-7所示，用户A与B要进行加密通信。A首先选择了一个用于加密数据并且与B共享的DES或AES密钥（对称密码体制），由于该密钥仅用于A和B之间的这次会话，因此被称为会话密钥。为了让B知道该会话密钥，A必须将该会话密钥通过秘密渠道告知B。为此，A用B的RSA公钥（公钥密码体制）加密该会话密钥后发送给B，B收到加密的会话密钥后，就用自己的私钥对其解密得到会话密钥。此后，A与B之间就可以用该会话密钥加密通信的数据。

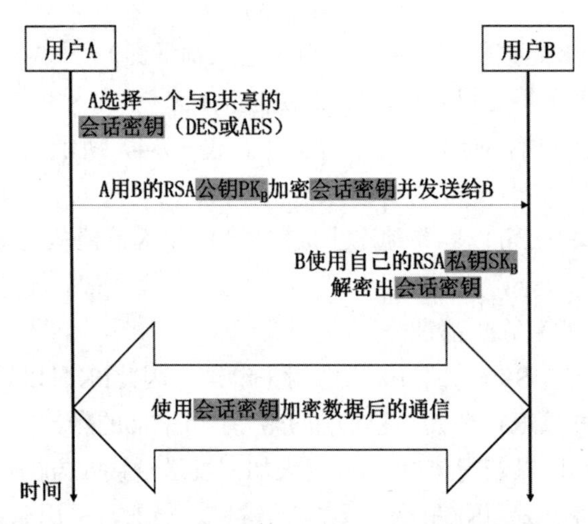

图7-7　公钥密码体制和对称密钥密码体制的混合应用

请读者注意，任何加密方法的安全性取决于密钥的长度和攻破密文所需的计算量，而不是简单地取决于加密体制。因此不能简单地判断，对称密钥密码体制与公钥密码体制相比，哪个密码体制的安全性更好。

7.3　报文完整性与鉴别

如果报文被攻击者篡改或伪造，则报文就不具备完整性。对报文进行完整性验证就是进行报文鉴别，也就是鉴别报文的真伪。

7.3.1　报文摘要和报文鉴别码

1. 报文摘要和报文鉴别码简介

使用加密技术通常就可以达到报文鉴别的目的，因为被篡改的报文解密后一般不能得到可理解的内容。然而，对于不需要保密而只需要报文鉴别的网络应用（例如从因特网上的某个网站下载一个应用软件，用户只关心该软件是否与官方发布的一致），对整个报文进行加密和解密，会使计算机花费相当多的CPU时间。

使用报文摘要（Message Digest，MD）进行报文鉴别是一种更有效的方法。图7-8给出了用加密的报文摘要进行报文鉴别的基本原理。

（1）发送方对待发送的报文*m*（其长度可变）进行报文摘要算法，得出固定长度的报文摘要，记为$H(m)$。然后使用密钥*K*对$H(m)$进行加密，得到加密后的报文摘要$E_K(H(m))$，并将$E_K(H(m))$附加在报文*m*的后面发送出去。

（2）接收方收到后，使用密钥*K*对$E_K(H(m))$进行解密得到$H(m)$，并把收到的报文进行报文摘要运算，如果运算结果与$H(m)$相同，则可判定收到的报文就是发送方产生的报文*m*，否则可判定收到的报文不是发送方产生的报文*m*。

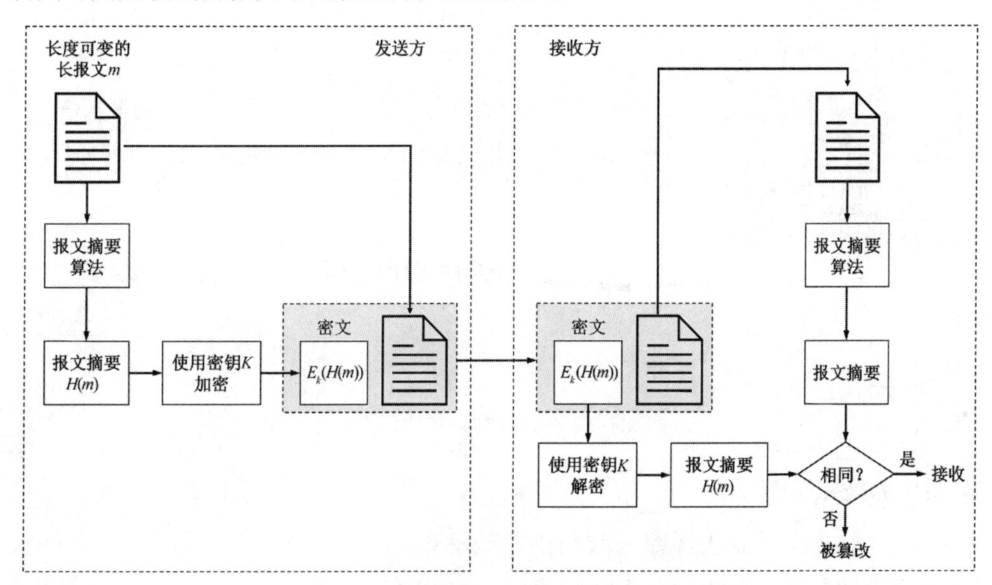

图7-8　用加密的报文摘要进行报文鉴别

使用报文摘要的好处是，只对长度固定且比整个报文长度短得多的报文摘要$H(m)$进行加密，比对整个报文*m*进行加密简单得多。密钥*K*仅在通信双方之间共享，没有第三方能用伪造报文产生出使用密钥*K*加密的伪造报文摘要。

附加在报文后面用于报文鉴别的码串（例如图7-8中的$E_K(H(m))$）称为报文鉴别码（Message Authentication Code，MAC）。

2. 密码散列函数

报文摘要实际上与之前介绍过的帧检验序列、首部检验和等都是散列函数（Hash Function）的一种应用，用于接收方对收到的数据进行检查以便发现是否有误码。

散列函数具有以下两个特点：

（1）散列函数的输入长度是可变的，并且可以很长，但其输出长度是固定的，并且较短。散列函数的输出称为散列值，也可简称为散列。

（2）不同的散列值对应不同的输入，但不同的输入却可能得出相同的散列值。换句话说，散列函数的输入和输出并非一一对应，而是多对一的。

为了抵御攻击者的篡改，报文摘要算法必须满足以下条件：

（1）对于任意给定的某个报文摘要值$H(x)$，若想找到一个报文y使得$H(y)=H(x)$，在计算上是不可行的。

（2）若想找到任意两个报文x和y，使得$H(y)=H(x)$，在计算上是不可行的。

上述两个条件表明：对于发送方产生的报文x和其相应的报文摘要$H(x)$，攻击者不可能伪造出另一个报文y，使得y与x具有同样的报文摘要。

满足上述条件的散列函数就称为密码散列函数或安全散列函数。密码散列函数实际上是一种单向函数（One-way Function），由于无法通过报文摘要还原出原文，因此可把密码散列函数运算看作没有密钥的加密运算。密码散列函数的应用如图7-9所示。

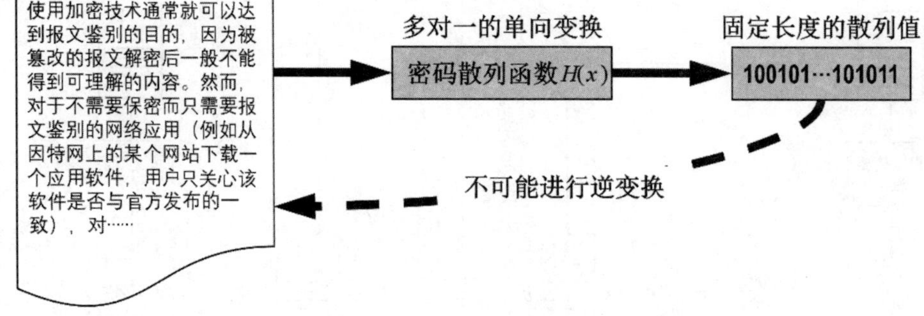

图7-9　密码散列函数的应用

3. 实用的报文摘要算法

最有名的报文摘要算法（密码散列函数或称散列算法）有MD5（Message Digest，MD-5）和安全散列算法1（Secure Hash Algorithm，SHA-1）。

1）MD5

MD5是Rivest于1991年提出并获得了广泛应用的报文摘要算法[RFC 1321]。MD5输出128比特的摘要。MD5希望达到的设计目标是，根据给定的MD5报文摘要，想要找出一个与原报文具有相同报文摘要的另一个报文，其难度在计算上几乎是不可能的。但在2004年，中国学者王小云发表了轰动世界的密码学论文，证明了可以用系统的方法找出一对报文，这对报文具有相同的MD5报文摘要，而这仅需要15分钟至不到1小时的时间。这使得“密码散列函数的逆变换是不可能的”这一传统观念受到了颠覆性的动摇。之后，又有许多学者开发了对MD5的实际攻击方法，这导致MD5最终被安全散列算法SHA-1所取代。

2）SHA

SHA是由美国标准与技术研究院NIST提出的一个散列算法系列。1995年发布的新版本SHA-1[RFC 3174]比MD5在安全性方面有了很大的提高，SHA-1输出160比特的报文摘要，但计算要比MD5慢一些。尽管SHA-1比MD5安全，但后来也被证明其实际安全性并未达到设计目标，并且也曾被王小云教授的研究团队攻破。尽管现在SHA-1仍在使用，但很快就会被SHA-2和SHA-3所替代。例如，微软已于2017年1月1日起停止支持SHA-1证书，而以前签发的SHA-1证书也必须更换为SHA-2证书。谷歌也宣布将在Chrome浏览器中逐渐降低SHA-1证书的安全指示。

4. 散列报文鉴别码

在图7-8所示的报文鉴别过程中，接收方还可采用另一种处理方法。也就是采用与发送方一样的算法，将收到的报文进行摘要，并将摘要加密后与收到的报文鉴别码进行比较即可，如图7-10所示。这表明报文鉴别码的计算并不需要可逆性。利用该性质可以设计出比使用加密运算更简单但更高效的报文鉴别码算法。

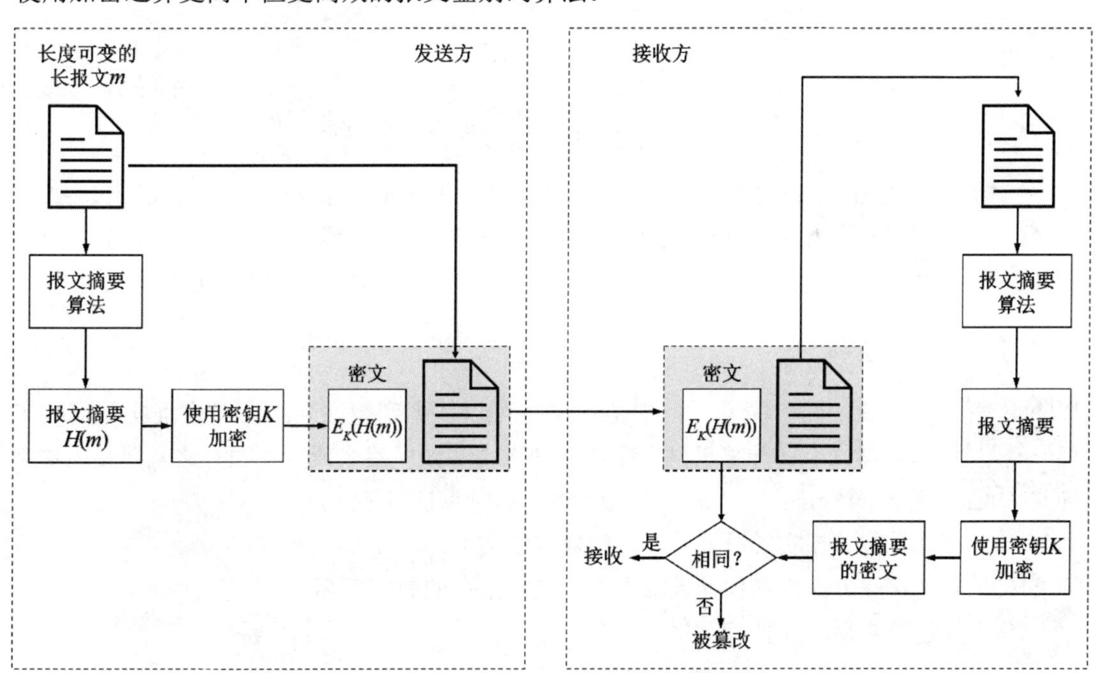

图7-10　用加密的报文摘要进行报文鉴别的另一种方法

利用密码散列函数的特殊性质，可以设计出无须对报文摘要进行加密的报文鉴别方法，只要通信双方共享一个称为鉴别密钥的秘密比特串s即可。如图7-11所示，发送方将报文m与鉴别密钥s拼接成$m+s$，并计算密码散列函数值$H(m+s)$，然后将$H(m+s)$作为报文鉴别码MAC附加在报文m后面，一起发送给接收方。接收方利用共享的鉴别密钥s与收到的报文m重新计算MAC，将计算结果与接收到的MAC进行比较，从而实现对报文的鉴别。由于攻击者不知道仅由通信双方共享的鉴别密钥s，也不能从截获的MAC中计算出s，因此不能伪造报文m'产生$H(m'+s)$。

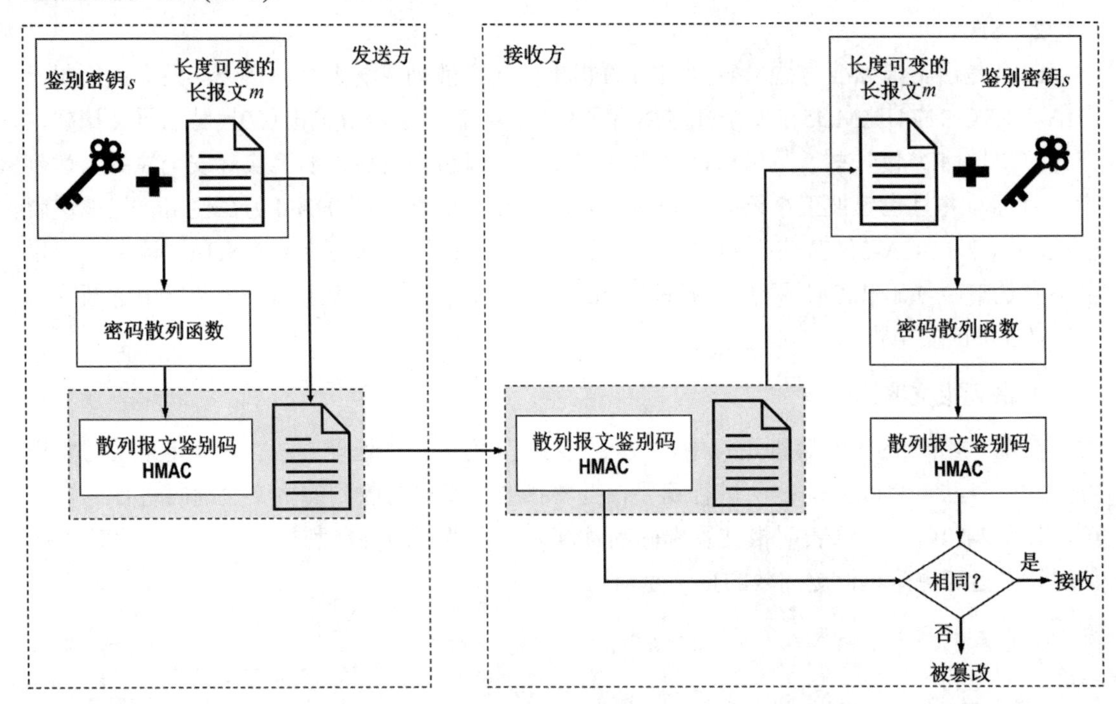

图7-11　直接使用密码散列函数实现报文鉴别码

上述直接使用密码散列函数实现报文鉴别的技术又称为散列报文鉴别码（Hashed MAC，HMAC）。需要说明的是，HMAC也是一种具体的散列报文鉴别码算法的名称，该算法所使用的方法还要稍微复杂一些，需要两次使用散列函数进行运算，这里就不再介绍了。

7.3.2　数字签名

我们日常生活中的书信或文件可以依据亲笔签名或印章来证明其真实来源。然而，在计算机网络中传送的报文又如何签名或盖章呢？这就要使用数字签名（Digital Signature）。数字签名必须保证以下三点：

（1）接收方能够核实发送方对报文的数字签名。

（2）包括接收方在内的任何人都不能伪造对报文的数字签名。

（3）发送方事后不能抵赖对报文的数字签名。

1. 数字签名的实现

现在已有多种实现数字签名的方法。采用公钥密码算法比采用对称密钥密码算法更容易实现数字签名。下面介绍这种数字签名技术。

借助图7-12理解这种数字签名技术。

（1）发送方A使用自己的私钥SK_A（即解密密钥）对报文*m*进行解密运算*D*。读者可能会产生疑问：报文*m*还没有加密怎么就进行解密呢？其实这并没有关系。因为解密运算*D*仅仅是一个数学运算，运算结果只是将报文*m*变成了某种不可读的密文。此时的运算并非想将报文*m*加密而是为了数字签名。

（2）A将经过解密运算*D*的结果$D_{SK_A}(m)$（即带有数字签名的报文*m*）发送给B。

（3）B收到带有数字签名的报文$D_{SK_A}(m)$后，用A的公钥PK_A（即加密密钥）对报文$D_{SK_A}(m)$进行加密运算*E*，就可得出原报文*m*，即$E_{PK_A}(D_{SK_A}(m))=m$。

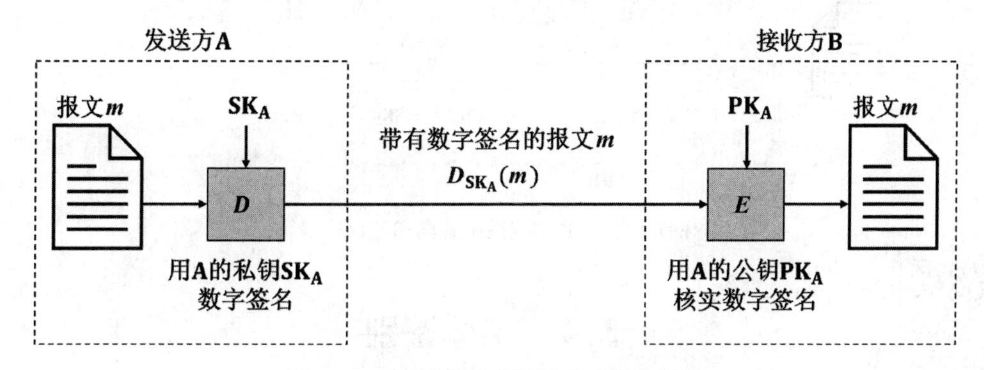

图7-12　采用公钥密码算法实现数字签名

由于除A外的其他任何人都没有A的私钥SK_A，所以除A外没有其他任何人能产生带有数字签名的报文$D_{SK_A}(m)$，而任何伪造的报文经过E_{PK_A}运算后都不会得到可理解的内容。因此，B就通过这种方式核实了报文*m*的确是A签名发送的。

如果A要抵赖曾发送报文*m*给B，B可以把报文*m*和带有数字签名的报文$D_{SK_A}(m)$出具给第三方。第三方很容易用A的公钥PK_A去证实A确实发送过报文*m*给B。反之，若B把报文*m*伪造成*m'*，则B不能在第三方前出示带有数字签名的报文$D_{SK_A}(m')$，因为B不可能具有A的私钥SK_A。这样就证明B伪造了报文。很显然，数字签名实现了对报文来源的鉴别。

需要说明的是，由于公钥密码算法的计算代价非常高，对整个报文进行数字签名是一件非常耗时的事情，更有效的方法是仅对报文摘要进行数字签名。

2. 具有保密性的数字签名

之前介绍的数字签名过程仅对报文*m*进行了数字签名，但对报文*m*本身并没有保密。因为知道发送方A身份的任何人，通过查阅手册就可获得A的公钥PK_A，这时截获带有数字签名的报文$D_{SK_A}(m)$后，就可得到报文*m*，即$E_{PK_A}(D_{SK_A}(m))=m$。如果采用图 7-13所示的方法，就可以同时实现数字签名和秘密通信。

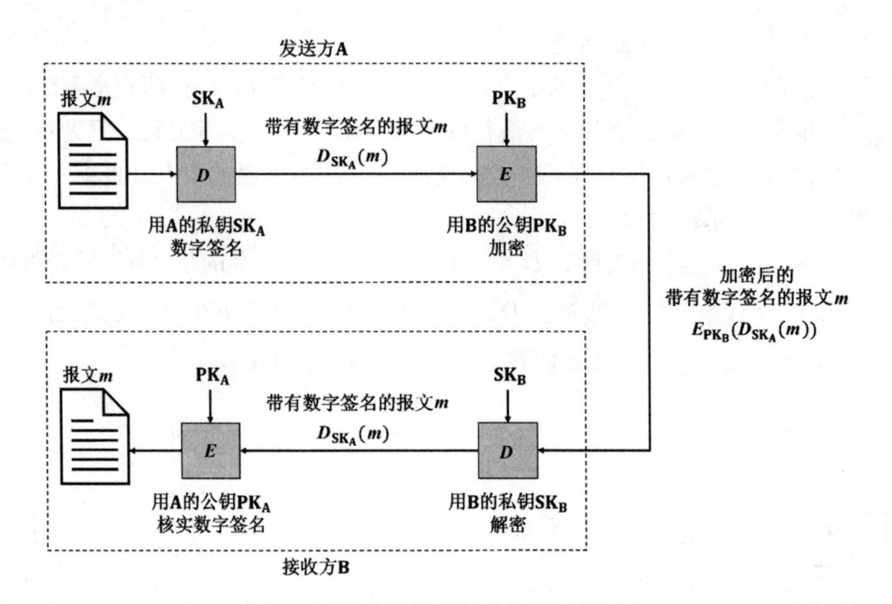

图7-13　同时实现数字签名和秘密通信

7.4　实体鉴别

实体鉴别就是通信双方的一方验证另一方身份的技术，常简称为鉴别。实体可以是人、客户进程以及服务器进程等。下面仅介绍如何鉴别通信对端实体的身份，也就是验证通信的对方确实是所要通信的实体，而不是其他伪装者。通信实体的鉴别通常是两个通信实体之间传输实际数据之前或进行访问控制之前的必要过程，这是很多安全协议的重要组成部分。

实体鉴别的一种最简单方法就是使用用户名和口令。然而，直接在网络中传输用户名和口令会面临安全威胁，因为用户名和口令可能会被网络上的攻击者截获，因此需要对用户名和口令进行加密。如图7-14所示，用户A向B发送包含有自己用户名和口令的报文，并且使用双方共享的对称密钥K_{AB}进行加密。

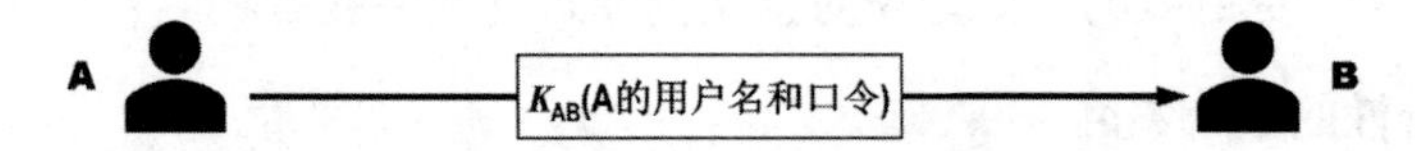

图7-14　使用加密的用户名和密码进行实体鉴别

然而，上述这种简单的实体鉴别方法具有明显的漏洞。如图7-15所示，攻击者C可以从网络中截获A发送给B的加密报文，C并不需要对该报文进行解密，而是以后把该报文发送给B，使B误认为C就是A。之后，B就向伪装成A的C发送许多本来应当发送给A的报文，这就是重放攻击（Replay Attack）。需要说明的是，A给B发送的加密报文并不是必须要经过C的转发才能到达B，也就是说这里的“截获”并不是“截断”。

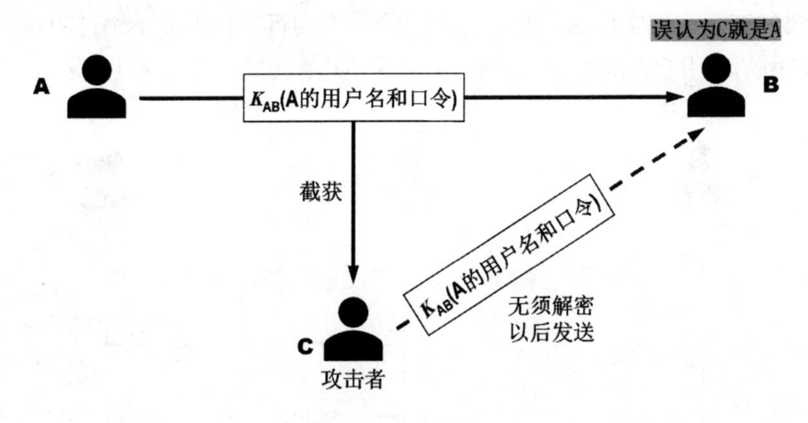

图7-15 重放攻击

为了应对重放攻击，可以使用不重数（nonce）。所谓“不重数”，就是指一个不重复使用的大随机数，即“一次一数”。在实体鉴别过程中，不重数可以使用户把重复的实体鉴别请求和新的实体鉴别请求区分开，下面举例说明。

借助图7-16所示的例子理解不重数。

（1）用户A首先给B发送一个报文，该报文包括A的用户名和一个不重数R_A。

（2）B收到后给A发送响应报文，在该报文中用A和B共享的密钥K_{AB}加密R_A，并同时也给出自己的不重数R_B。

（3）A收到后给B发送一个响应报文，在该报文中用K_{AB}加密R_B。

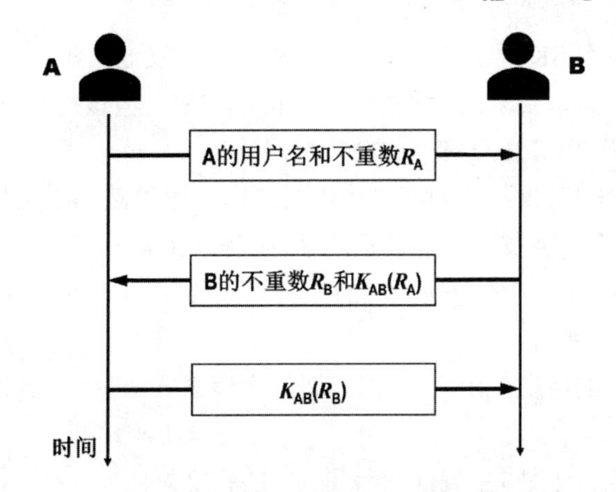

图7-16 使用不重数进行实体鉴别

这里的关键点是，A和B对不同的会话必须使用不同的不重数集。由于不重数不能重复使用，所以攻击者在进行重放攻击时无法重复使用所截获的不重数，因而就无法伪装成A或B。这种使用不重数进行实体鉴别的协议又称为挑战-响应（Challenge-Response）协议。

同理，使用公钥密码体制也可以实现实体鉴别。通信双方可以利用自己的私钥将对方发来的不重数进行签名，而用对方的公钥来鉴别对方签名的不重数，从而实现通信双方的鉴别。

公钥密码体制在实现实体鉴别时，仍有受到攻击的可能，下面举例说明。

如图7-17所示，用户A和B之间的通信需要经过C的转发，但实际上C是一个攻击者。

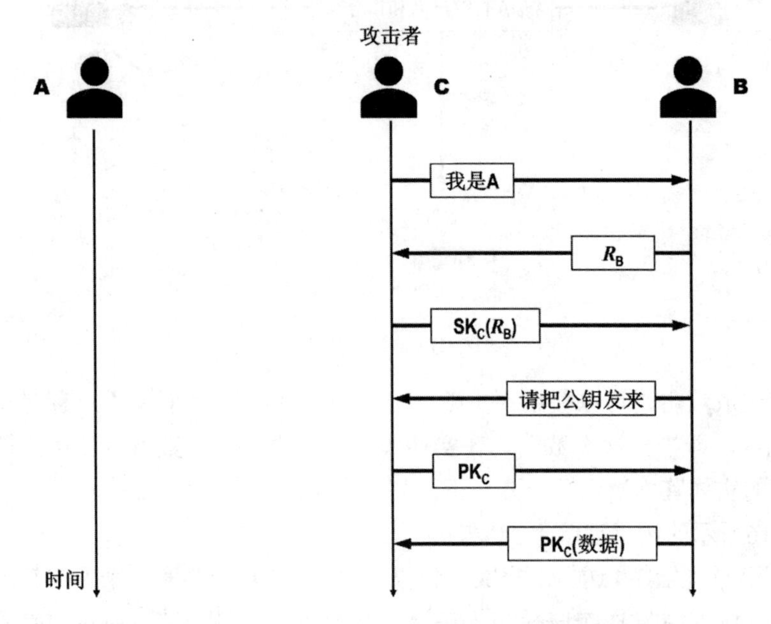

图7-17　公钥密码体制在实现实体鉴别时仍有受到攻击的可能

（1）C伪装成A给B发送“我是A”的报文。

（2）B选择一个不重数R_B发送给A，但被C截获并丢弃了。

（3）C用自己的私钥SK_C冒充是A的私钥对R_B加密并发送给B。

（4）B向A发送报文，要求A把解密用的公钥发过来，但该报文也被C截获并丢弃了。

（5）C把自己的公钥PK_C冒充是A的公钥发送给B。

（6）B用收到的PK_C对收到的加密的R_B进行解密，很显然，结果是正确的。于是B相信通信的对方是A，接着就向A发送许多敏感信息，但都被C截获了。

上述这种欺骗手段的欺骗能力是很低的，因为只要B给A打个电话就能戳穿骗局，这是因为A根本没有和B进行通信。

再来看图7-18所示的情况，用户A和B之间的通信需要经过C的转发，但实际上C是一个攻击者。

（1）A想与B通信，于是向B发送“我是A”的报文。

（2）该报文被攻击者C（也就是“中间人”）截获并原封不动地转发给B。

（3）B选择一个不重数R_B发送给A，但同样被C截获并原封不动地转发给A。

（4）C用自己的私钥SK_C对R_B加密后发送给B，使B误认为这是A发来的。

（5）A收到R_B后也用自己的私钥SK_A对R_B加密后发送给B，但被C截获并丢弃。

（6）B向A发送报文，要求A把解密用的公钥PK_A发送过来，但该报文被C截获并转发给A。

（7）C把自己的公钥PK_C冒充是A的公钥发送给B，而C也截获到A发送给B的公钥PK_A，不会将其转发给B。

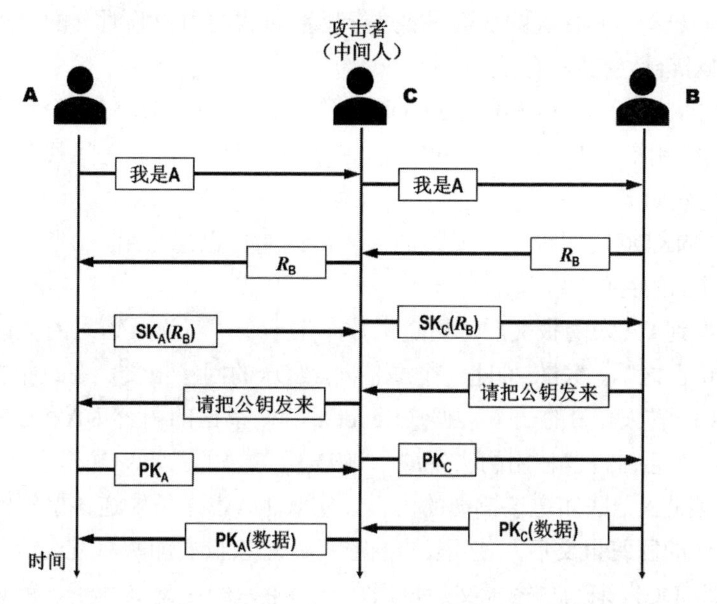

图7-18　中间人攻击

（8）B收到公钥PK_C但却误认为是公钥PK_A，以后就用PK_C对数据进行加密后发送给A。

（9）C截获B发送的加密数据后，用自己的私钥SK_C对其解密，这样C就得到了B发送给A的数据。C还需要再用A的公钥PK_A对该数据加密后发送给A。

（10）A收到C发送的加密数据后，用自己的私钥SK_A对其解密，这样A也得到了B发送的数据。A以为和B进行了保密通信，但实际上B发送给A的加密数据已被中间人C截获并解密，然而A和B却都不知道。

上述这种更具欺骗性的攻击称为“中间人攻击”（Man-in-the-middle Attack）。通过本例可以看出，公钥的分配以及公钥真实性的认证也是一个非常重要的问题。

7.5　密钥分发

之前曾介绍过，对称密钥密码体制中通信双方共享的密钥是需要保密的，而公钥密码体制中的公钥是公开的，但私钥仍然需要保密。很显然，密钥系统的安全性完全依赖于对密钥的安全保护。

密钥分发是密钥系统中一个非常重要的问题。密钥必须通过安全的通路进行分发。例如，可以通过非常可靠的信使携带密钥分发给相互通信的各用户，这称为网外分发。密钥必须定期更换才能确保可靠。然而，随着网络用户的增多以及用户间通信量的增大，通过信使分发密钥的方法已不再适用。因此，必须解决网内密钥自动分发的问题，即通过网络自动分发密钥。

7.5.1　对称密钥的分发

对于对称密钥密码体制，目前常用的密钥分配方式是设立密钥分配中心（KDC）。KDC是一个公众都信任的机构，其任务就是给需要进行秘密通信的用户临时分配一个会话密钥，下面举例说明KDC对会话密钥的分配。

如图7-19所示，假设用户A和B都是KDC的登记用户，他们在KDC登记时就分别拥有了与KDC通信的主密钥K_A和K_B。用户A和B通过KDC安全获得他们之间共享的、用于一次会话的密钥K_{AB}的过程如下。

（1）用户A向KDC发送报文（无须加密），说明自己想与用户B通信。在该报文中给出A和B在KDC登记的身份。

（2）KDC收到A发来的报文后，用随机数产生一个“一次一密”的会话密钥K_{AB}供A和B的一次会话使用。之后，KDC构建一个准备向A发送的回答报文。在该报文中包含有会话密钥K_{AB}和需要由A转发给B的一个票据（ticket），该票据的内容为A和B在KDC登记的身份，以及A和B这次会话将要使用的密钥K_{AB}。KDC用B的主密钥K_B加密票据，由于A并没有B的主密钥K_B，因此A无法知道该票据的内容，实际上A也无须知道该票据的内容。KDC构建好准备向A发送的回答报文后，使用A的主密钥K_A对该报文加密后发送给A。

（3）A收到KDC发来的加密报文后，用自己的主密钥K_A对其解密，就可得到由KDC分发的用于自己与B进行一次会话的密钥K_{AB}，以及需要转发给B的加密票据。于是A将加密票据转发给B，B收到后用自己的主密钥K_B对其进行解密后，就知道A要与自己进行通信，同时也知道了KDC为这次自己与A通信所分配的会话密钥K_{AB}。

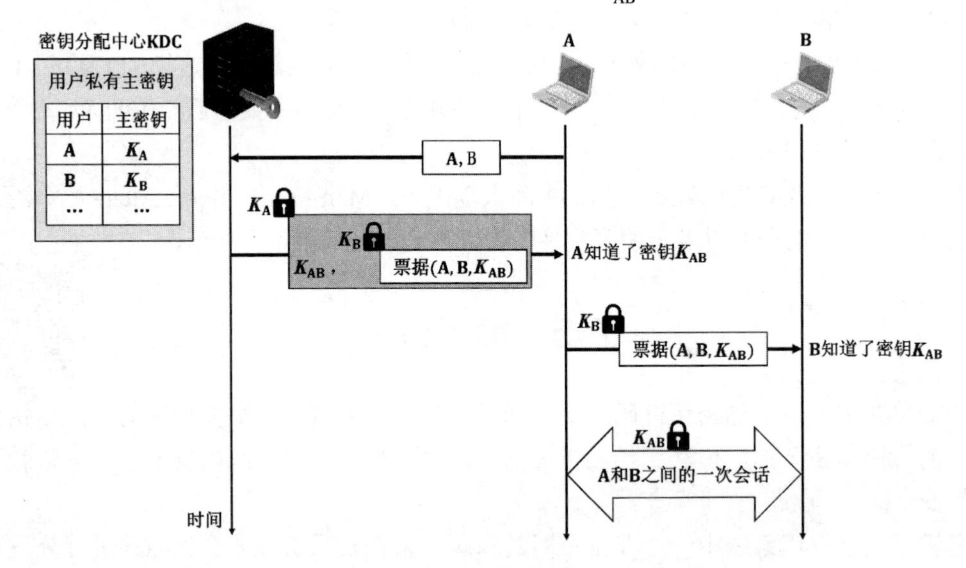

图7-19　KDC对会话密钥的分配

此后，A和B就可以使用会话密钥K_{AB}进行这次通信了。请读者注意：

（1）在网络上传送的密钥都是用于加密的密钥，并且需要加密后才能传送。解密用的密钥都不在网上传送。

（2）KDC分配给用户的主密钥（例如上述例子中的K_A和K_B）应当定期更换以减少攻击者破译密钥的机会。

（3）KDC可以在报文中加入时间戳，以防止报文的截获者利用之前已记录下的报文进行重放攻击。

由美国麻省理工学院MIT开发出的Kerberos，是目前最出名的密钥分发协议[RFC 1510]，有兴趣的读者可自行查阅。

7.5.2　公钥的分发

我们知道，公钥密码体制中的公钥是公开的，而私钥是用户私有的（保密的），如果每个用户都知道其他用户的公钥，用户之间就可以实现安全通信。然而，如果通过网络来随意公布用户的公钥，会面临极大的安全风险。

设想攻击者C想伪装成用户A来欺骗用户B。C可向B发送一份伪造是A发送的报文，C用自己的私钥对该报文进行数字签名，并附上C自己的公钥，谎称该公钥是A的。那么B如何知道该公钥不是A的呢？可见，这需要有一个值得信赖的机构将公钥与其对应的实体（人或机器）进行绑定（binding）。这种机构被称为认证中心（Certification Authority，CA），一般由政府出资建立。

需要发布公钥的用户可以让CA为其公钥签发一个证书（Certificate），证书中包含有公钥及其拥有者的身份标识信息（人名、公司名或IP地址等）。CA必须首先核实用户真实身份，然后为用户产生公钥-私钥对并生成证书，最后用CA的私钥对证书进行数字签名。该证书就可以通过网络发送给任何希望与该证书拥有者通信的实体，也可将该证书存放在服务器由其他用户自由下载。请注意，公钥-私钥对中的私钥必须由证书拥有者自己秘密保存。

任何人都可从可信的地方（例如代表政府的报纸）获取CA的公钥，并用这个公钥来验证某个证书的真伪。一旦证书被鉴别是真实的，则可以相信证书中的公钥确实属于证书中声称的用户。

在IE浏览器中，依次选择“工具”→“Internet选项” →“内容”→“证书”，就可以查看有关证书发行机构的信息，如图7-20所示。

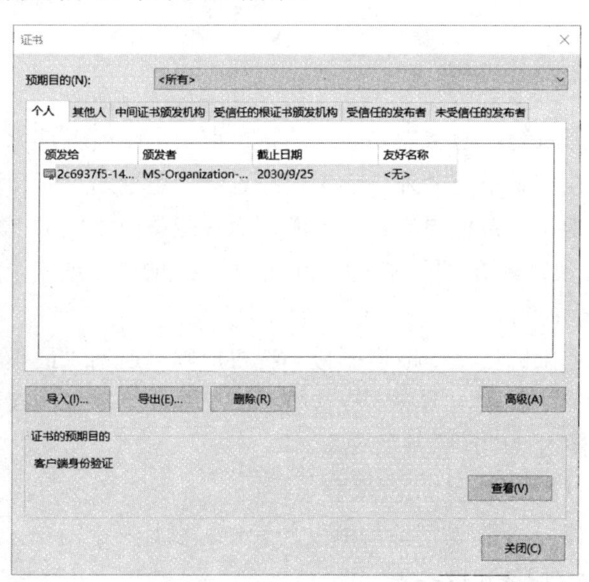

图7-20　在IE浏览器中查看有关证书发行机构的信息

如果全世界仅使用一个CA来签发证书，则会出现负载过重和单点故障等问题。因特网采用的是[RFC 5280]（现在是建议标准）给出的、在全球范围内为所有因特网用户提供证书的签发与认证服务的公钥基础结构（Public Key Infrastructure，PKI）。图7-21给出了PKI层次结构的一个例子。

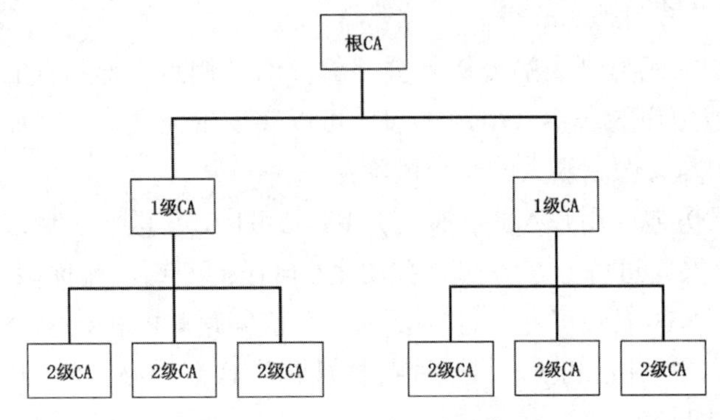

图7-21　PKI的层次结构

下级CA的证书由上级CA签发和认证。顶级的根CA能验证所有1级CA的证书，1级CA可以在一个很大的地理区域或逻辑区域内运作，而2级CA可以在一个相对较小的区域内运作。

所有用户都信任顶级的根CA，但可以信任也可以不信任中间的CA。用户可以在自己信任的CA获取个人证书，当要验证来自不信任CA签发的证书时，需要到上一级CA验证该证书的真伪，如果上一级CA也不可信则需要到更上一级CA进行验证，一直追溯到可信任的一级CA。这一过程最终有可能会追溯到顶级的根CA。

7.6　访问控制

7.6.1　访问控制的基本概念

用户要访问某信息系统，通常需要经过的第一道安全防线就是身份鉴别，身份鉴别可以将未授权用户隔离在信息系统之外。当用户经过身份鉴别通过第一道安全防线进入系统后，并不能毫无限制地访问系统中的任意资源，而只能访问授权范围内的资源，这就是访问控制（Access Control）。访问控制可被看作信息系统的第二道安全防线，对进入系统的合法用户进行访问权限控制。

对合法用户访问权限的授予一般遵循最小特权原则。所谓“最小特权”，就是指能够满足用户完成工作所需的权限，用户不会被赋予超出其实际需求的权限。最小特权原则可以有效防范合法用户滥用权限所带来的安全风险。

访问控制包含以下基本要素：

- 主体（Subject）：是指访问活动的发起者，可以是某个用户，也可以是代表用户执行操作的进程、服务和设备等。
- 客体（Object）：是指访问活动中被访问的对象。凡是可以被操作的信息、文件、设备、服务等资源都可以认为是客体。

- 访问（Access）：是指对客体（被访问的对象）的各种操作类型。例如创建、读取、修改、删除、执行、发送、接收等操作。不同的系统有不同的访问类型。
- 访问策略：是访问控制的核心，访问控制根据访问策略限制主体对客体的访问。访问控制策略可用三元组（S、O、P）来描述，其中S表示主体，O表示客体，P表示许可（Permission）。许可P明确了允许主体S对客体O所进行的访问类型。访问策略通常存储在系统的授权服务器中。

图7-22给出了著名的访问监控器（Reference Monitor）模型。按照访问监控器模型的描述，当系统中出现访问请求时，访问监控器对访问请求进行裁决，它向授权服务器进行查询，根据授权服务器中存储的访问策略决定主体对客体的访问是否被允许。

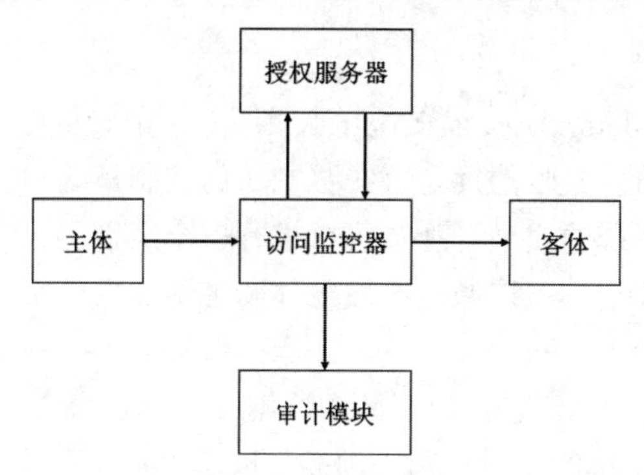

图7-22　访问监控器的模型

在访问监控器模型中有一个负责审计的模块，它是访问控制的必要补充。审计模块会记录与访问有关的各类信息，包括主体、客体、访问类型、访问时间以及访问是否被允许等信息。系统管理员通过查看审计记录，就可以详细了解系统中访问活动的具体情况，主要包括以下三方面的情况：

- 哪些主体对哪些资源的访问请求被拒绝。主体发出大量违规的访问请求，这往往是攻击和破坏活动的征兆，需要引起特别的关注。
- 访问策略是否得到了严格执行。如果访问规则在配置或执行过程中存在失误，一些违反访问策略的访问请求可能被许可。通过查看审计记录可以发现此类情况，以便及时修正。
- 提供访问活动的证据，为事后追查和追责提供依据。

7.6.2　访问控制策略

典型的访问控制策略可分为三类：自主访问控制、强制访问控制和基于角色的访问控制。

1. 自主访问控制策略

自主访问控制（Discretionary Access Control，DAC）策略中“自主”的意思是客体的拥有者可以自主地决定其他主体对其拥有的客体所进行访问的权限。这种访问控制策略具有很强的灵活性，然而也有其明显的缺陷，即权限管理过于分散，容易出现漏洞，并且无法有效控制被攻击主体破坏系统安全性的行为。

木马程序利用自主访问控制策略的上述缺陷，可以很容易地破坏系统的安全性。例如，用户A对文件f1具有读权限。攻击者B为了非法获取该文件，编写了一个木马程序，并诱骗用户A运行了该木马程序。木马程序获得用户A的访问权限，能够读取文件f1的内容，并将这些内容写入到新创建的文件f2中，然后用户A将文件f2的读取权限授予攻击者B，这样攻击者B就可以非法读取到文件f1的内容了。

自主访问控制策略的最大特点是“自主”，也就是资源的拥有者对资源的访问策略具有决策权，因此是一种限制比较弱的访问控制策略。这种访问控制策略给用户带来灵活性的同时，也带来了安全隐患。

2. 强制访问控制策略

强制访问控制（Mandatory Access Control，MAC）策略与自主访问控制策略不同，它不允许一般的主体进行访问权限的设置。在强制访问控制策略中，主体和客体被赋予一定的安全级别。通常只有系统的安全管理员可以进行安全级别的设定，而普通用户不能改变自己或任何客体的安全级别。系统通过比较主体和客体的安全级别来决定某个主体是否能够访问某个客体。

在强制访问控制策略中广泛使用以下两项原则：

- “下读”原则：主体的安全级别必须高于或等于被读客体的安全级别，主体读取客体的访问活动才能被允许。
- “上写”原则：主体的安全级别必须低于或等于被写客体的安全级别，主体写客体的访问活动才能被允许。

“下读”和“上写”原则限制了信息只能由低级别的对象流向高级别或同级别的对象，这样能够有效防止木马等恶意程序的窃密攻击。例如，用户A的安全级别高于文件f1，而用户B的安全级别低于文件f1，因此用户A可以读取文件f1，而用户B却不能读取文件f1。即使用户A运行了用户B编写的木马程序，但由于该木马程序具有与用户A同样的安全级别，虽然木马程序可以读取文件f1，却不能将文件f1的安全级别修改成用户B可读的安全级别，也无法将其内容写入到安全级别比用户A低的文件中。因此，用户B无法读取到文件f1中的信息。

3. 基于角色的访问控制策略

基于角色的访问控制（Role Based Access Control，RBAC）策略，其目的在于降低安全管理的复杂度。用户在实际工作中所承担的角色，往往决定了在信息系统中应为该用户赋予怎样的访问权限。RBAC的核心思想是，根据安全策略划分不同的角色，用户不再直接与许可关联，而是通过角色与许可关联。

在RBAC中，一个用户可以拥有多个角色，一个角色也可以赋予多个用户；一个角色可以拥有多种许可，一种许可也可以分配给多个角色。许可指明了对某客体可以进行的访问类型。

RBAC通过角色将用户和访问权限进行了逻辑隔离。给角色配置许可的工作一般比较复杂，需要一定的专业知识，可以由专门的技术人员来完成。为用户赋予角色则较为简单，可以由一般的系统管理员来完成。角色与许可之间的关系比角色与用户的关系要更加稳定，当一个用户的职责发生变化或需要为一个新的用户授权时，只要修改或设置用户的角色即可。很显然，将用户和访问权限通过角色进行逻辑隔离能够减小授权的复杂性，增强权限的可管理性，减少因授权失误导致安全漏洞的风险。

7.7　网络体系结构各层采取的安全措施

在本章前几节中，介绍了利用密码学技术实现保密性、报文完整性、实体鉴别等安全服务的基本方法。本节介绍这些方法在网络体系结构各层的具体应用实例。

7.7.1　物理层安全实例：信道加密

在物理层实现通信数据的保密性和完整性的方法是对信道进行加密。对信道进行加密需要使用信道加密机。信道加密机位于通信节点（例如路由器）前端（按数据流动方向），它将通信节点发送的所有数据都进行加密处理，然后再发送到物理链路上。信道加密机一般成对用于点对点链路，如图7-23所示。

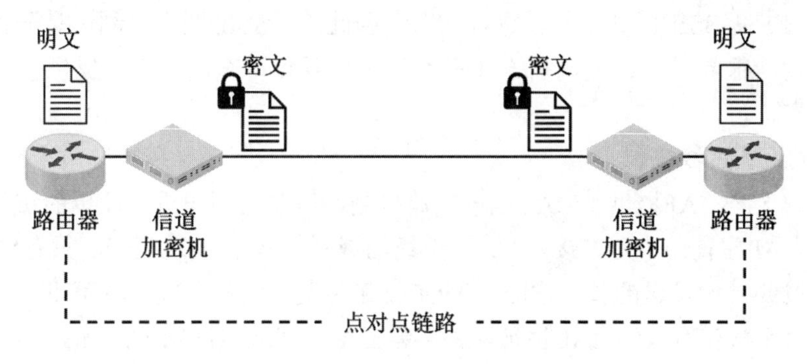

图7-23　使用信道加密技术保护物理通信链路的安全

使用信道加密技术可为通过链路的所有数据提供安全保护，并且对上层协议几乎没有任何影响（也就是具有很好的透明性）。由于链路上传送的各种协议数据单元（PDU）的首部和数据载荷都被加密了，PDU的截获者无法从PDU中提取源地址和目的地址，因此可以防止各种形式的流量分析。由于信道加密机完全使用硬件加密技术，因此加密和解密速度快，并且无须传送额外的数据，采用该技术不会减少网络的有效带宽。

一般情况下，网络的源点和终点在物理上都可以确保安全，但是所有的中间节点（可能经过的路由器）则未必都是安全的。因此，在网络互联的情况下，信道加密这种仅用于保护网络局部链路通信安全的技术就不能确保端到端通信的安全了。在实际应用中，通常只在容易被窃听的无线链路（例如卫星链路）上，或军用网络等专用网络的通信链路所在不安全区域的部分使用信道加密技术。

7.7.2 数据链路层安全实例：802.11i

随着802.11无线局域网的广泛应用，其安全问题越来越受到关注。我们知道，在无线通信方式下，电磁波在自由空间辐射传播，任何无线终端都可在无线接入点的信号覆盖范围内接收其无线信号。若不采取相应的安全措施，任何无线终端都可以接入到网络中，进而窃听网络通信或非法使用网络资源。因此802.11无线局域网的安全问题就显得尤为重要。802.11无线局域网主要在数据链路层为用户提供安全服务。

1. 早期802.11无线局域网的安全机制

早期802.11无线局域网所采取的安全机制比较简单，主要使用SSID匹配、MAC地址过滤、有线等效保密WEP等安全机制为用户提供较弱的安全保护。

1）SSID匹配机制

SSID匹配机制向用户提供无加密的鉴别服务。该机制主要以服务集标识符（SSID）作为基本的鉴别方式。期望接入802.11无线局域网的无线终端，必须配置与基本服务集中AP相同的SSID。网络管理员必须为AP分配一个不超过32字节的SSID。一般情况下，AP会周期性地广播SSID，无线终端通过扫描功能查看当前区域内的SSID，并选择要接入的网络。当AP采用无加密鉴别方式时，AP并不广播SSID，在这种方式下需要用户手工配置无线终端的SSID才能接入相应的网络。

由于AP在广播SSID时并不对其进行加密，因此这种SSID匹配机制仅是一种简单的不加密的口令鉴别。很显然，这种鉴别方式不能防止窃听和冒充，它仅仅提供了一种非常弱的访问控制功能。

2）MAC地址过滤机制

某些厂商生产的AP提供了MAC地址过滤机制，以帮助用户进行简单的访问控制。网络管理员可以为AP配置一个允许接入802.11无线局域网的MAC地址列表。只有MAC地址在该列表中的无线终端所发送的帧，才能被AP接收和转发。然而，攻击者可以通过无线网络中传输的数据流来截获有效的MAC地址，并将自己的无线局域网网卡的MAC地址也设置为截获的有效的MAC，这样攻击者就可以接入到网络中。很显然，MAC地址过滤机制与SSID匹配机制一样，也只能提供非常弱的访问控制功能。

3）有线等效保密WEP机制

有线等效保密WEP加密算法可用于数据加密和完整性检查、实体鉴别和访问控制，它是802.11无线局域网的数据链路层可选的一种安全机制。WEP采用对称密钥密码体制，它需要网络管理员在AP中配置由AP和用户的无线终端共享的WEP密钥。还需要网络管理员告知用户该共享密钥，由用户在自己的无线终端中进行设置。WEP加密算法既用于实体鉴别（参看7.4节图7-16所示的“挑战-响应”鉴别协议），也用于数据通信。

WEP并没有密钥分发机制，在鉴别过程和其后的数据通信过程中的所有通信都使用同一个共享密钥，并且所有接入到同一802.11无线局域网的无线终端都使用这同一个密钥。另外，WEP采用的加密算法的强度较低，国内外众多研究人员已从理论和实践上都证明了WEP加密存在严重的安全隐患。

2. 802.11i无线局域网的安全机制

IEEE 802.11i于2004年获得批准，它比1999年发布的IEEE 802.11标准具有更强的安全性机制。802.11i提供了更强的加密形式，主要包括一种可扩展的鉴别机制的集合，更强的加密算法，以及一种密钥分发机制。在802.11i正式发布前，无线局域网受保护的接入（Wi-Fi Protected Access，WPA）作为无线局域网安全的过渡标准，代替WEP为802.11无线局域网提供更强的安全性。WPA2是WPA的第二个版本，它也是IEEE 802.11i的商业名称。

目前大多数802.11无线局域网都支持WPA和WPA2，但建议用户尽量使用WPA2。图7-24给出了802.11i的安全框架。除了无线终端和AP，802.11i还定义了一种鉴别服务器（Authentication Server，AS）。AP可与AS进行通信。将AS从AP分离出来的目的在于可使一台AS服务于多台AP，集中在一台AS中处理鉴别和接入，可以降低AP的复杂性和成本。

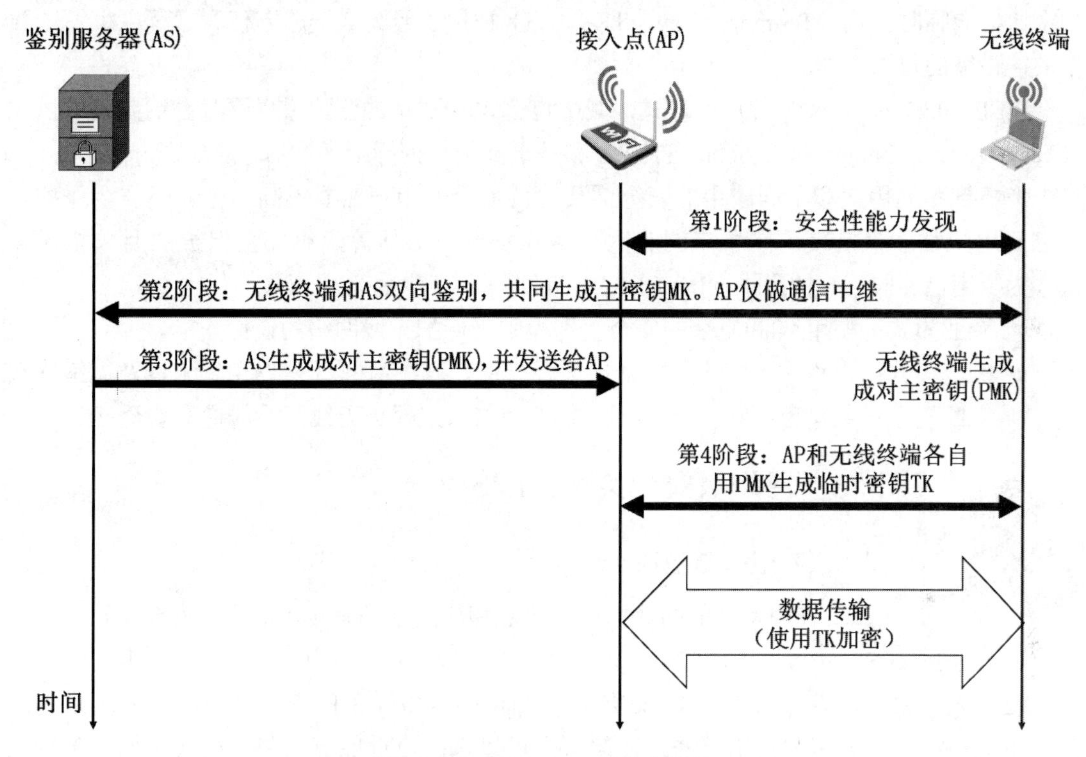

图7-24　IEEE 802.11i的安全框架

从图7-24可以看出，在802.11i中，无线终端与AP之间建立安全通信的过程包含四个阶段。

（1）安全性能力发现阶段：在安全性能力发现阶段，AP会向其信号覆盖范围内的无线终端，通告其所能提供的鉴别和加密方式。各无线终端收到后，可请求各自所期望的特定的鉴别和加密方式。尽管在上述过程中无线终端已经与AP交换了报文，但此阶段无线终端还没有被鉴别，也没有获得用于数据通信的加密密钥。

（2）相互鉴别和主密钥生成阶段：相互鉴别发生在无线终端和AS之间。在相互鉴别的过程中，AP仅在无线终端和AS之间转发报文，也就是仅起到通信中继的作用。无线终端与AS之间的双向鉴别过程使用由扩展的鉴别协议（Extensible Authentication Protocol,

EAP）[RFC 2284]所定义的一种端到端的报文格式。实际上，EAP只是一个鉴别框架，并未指定具体的鉴别协议。在EAP中，AS可以选择多种鉴别方式中的任何一种来执行鉴别，主要利用公钥加密技术（包括不重数加密和报文摘要）在某个无线终端和AS之间进行相互鉴别，并生成双方共享的一个主密钥（Master Key，MK）。

（3）成对主密钥生成阶段：除了在上一个阶段所生成的由某个无线终端和AS之间共享的MK（这与WEP不同，在WEP中所有无线终端都共享同一个密钥），该无线终端与AS彼此之间还要再生成一个密钥，称为成对主密钥（Pairwise Master Key，PMK）。PMK由无线终端和AP共同使用。AS将PMK发送给AP，这时该无线终端和AP就具有了一个共享的密钥，并彼此相互鉴别。

（4）临时密钥生成阶段：使用上一阶段获得的PMK，该无线终端和AP可以生成用于加密通信的临时密钥（Temporal Key，TK）。TK被用于经无线链路向任意远程主机发送数据的链路级的数据加密。

IEEE 802.11i提供了多种加密形式，其中包含WEP加密的强化版本临时密钥完整性协议（Temporal Key Integrity Protocol，TKIP）和基于高级加密标准（AES）的加密方案。

考虑到不同用户和不同应用的安全需要，例如企业用户需要很高的企业级安全保护，而家庭用户往往只是使用网络来浏览网页、收发电子邮件等，对安全保护的要求相对较低。为了满足不同用户的需求，IEEE 802.11i规定了以下两种应用模式：

- 企业模式：使用AS和复杂的安全鉴别机制来保护无线网络的通信安全。
- 家庭模式：也称个人模式（包括小型办公室），在AP或无线路由器上以及无线终端上配置预设共享密钥（Pre-Shared Key，PSK）来保护无线网络的通信安全。

7.7.3 网络层安全实例：IPSec

1. IPSec协议族概述

目前在因特网的网际层、运输层和应用层都有相应的网络安全协议。

IPSec是“IPSecurity”（IP安全）的缩写，它是为因特网网际层提供安全服务的协议族（也有人不太严格地称其为“IPSec协议”）[RFC 4301，RFC6071]。IPSec并不限定用户使用何种特定的加密和鉴别算法，通信双方可以选择合适的算法和参数（例如，密钥长度）。为了保证互操作性，IPSec还包含了一套加密算法，所有IPSec的实现都必须使用。IPSec非常复杂，本书仅介绍其最基本的原理。

IPSec包含两种不同的工作方式：运输方式和隧道方式，图7-25给出了不同工作方式下IP安全数据报的封装方式。

图7-25（a）给出了运输方式（Transport Mode）下IP安全数据报的封装方式：IPSec将运输层向下交付给网际层的运输层报文添加IPSec首部和尾部，之后网际层再为其添加一个IP首部，使之成为IP安全数据报。

图7-25（b）给出了隧道方式（Tunnel Mode）下IP安全数据报的封装方式：IPSec给原始IP数据报添加IPSec首部和尾部，之后网际层再为其添加一个新的IP首部，使之成为IP安全数据报。

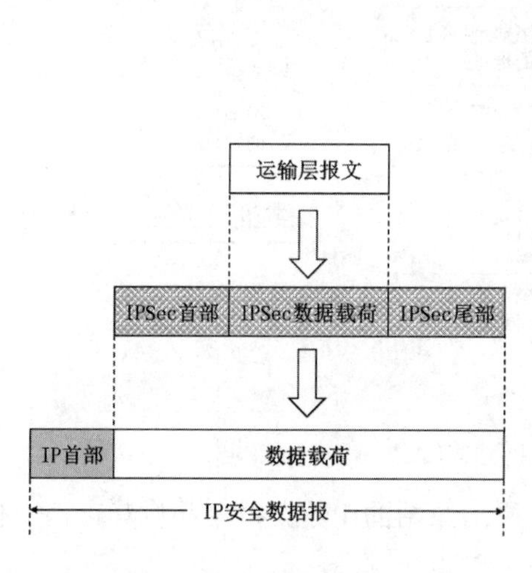

(a) 运输方式下的IP安全数据报的封装方式

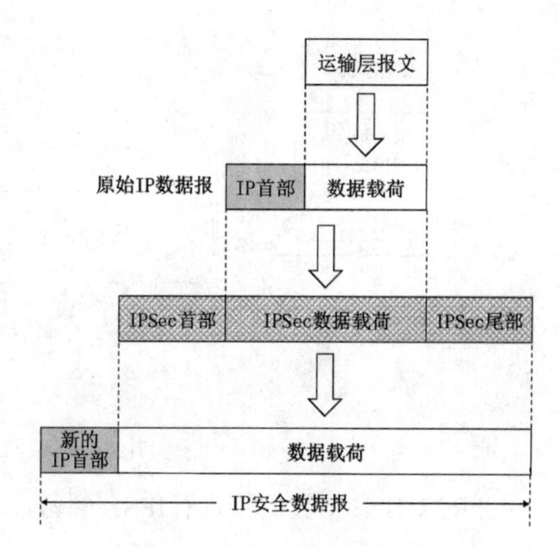

(b) 隧道方式下的IP安全数据报的封装方式

图7-25　不同工作方式下IP安全数据报的封装方式

无论使用上述哪种方式，所封装出的IP安全数据报的首部都是不加密的。这是为了使因特网中的各路由器能够识别IP安全数据报首部中的相关信息，进而可以将IP安全数据报在不安全的因特网中从源点安全地转发到终点。所谓"IP安全数据报"是指数据报的数据载荷是经过加密并能够被鉴别的。由于目前使用最多的是隧道方式，因此下面的介绍仅限于隧道方式。

2. 安全关联

1）在路由器之间建立安全关联

在使用隧道方式传送IP安全数据报之前，应当首先为通信双方建立一条网际层的逻辑连接（即安全隧道），称为安全关联（Security Association，SA）。这样，传统因特网无连接的网际层就变成了具有逻辑连接的一个层。请读者注意，提供安全服务的SA是从源点到终点的单向连接。如果需要进行双向安全通信，则两个方向都需要建立SA。例如，某个公司有一个总部和一个在外地的分公司。总部需要与分公司进行双向安全通信，还要与各地出差的n个员工进行双向安全通信。在这种情况下，总部与分公司需要2条SA（用于双向安全通信），n个员工每个都需要与总部建立2条SA，因此共需要建立$(2+2n)$条SA。IP安全数据报就是在这些SA中传送的。

图7-26给出了SA的示意图，路由器R1和R2分别是公司总部和分公司的防火墙中的路由器，它们各自负责为其所在部门收发IP数据报。因此公司总部与分公司之间的SA可以建立在R1和R2之间。现假定公司总部中的主机A要给分公司中的主机B通过因特网中已建立好的SA发送IP安全数据报，具体过程如下。

（1）主机A给B发送的IP数据报必须首先经过路由器R1。

（2）R1对该数据报进行IPSec加密并为其添加一个新的IP首部，使之成为IP安全数据报。

（3）IP安全数据报经过因特网中多个路由器的转发后到达路由器R2。

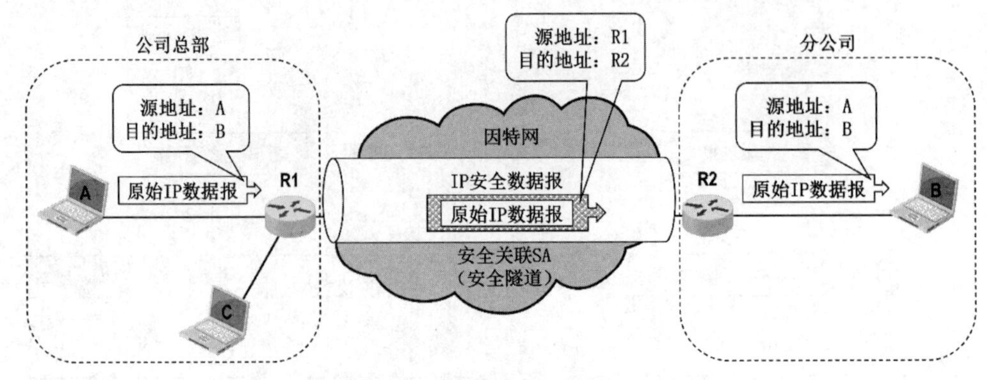

图7-26　路由器之间建立SA

（4）R2对IP安全数据报进行IPSec解密，还原出原始的IP数据报，并将其直接交付给主机B。

从逻辑上看，IP安全数据报在SA中的传送，就好像通过一条安全的隧道。

如果公司总部中的主机A和C进行通信，由于都在公司内部而不需要经过不安全的因特网，因此不需要建立SA。主机A发送的IP数据报只需通过路由器R1转发一次就可传送给主机C。如果主机A想要上网浏览一些新闻，也不需要建立SA，只需通过路由器R1收发普通的IP数据报即可。

2）在路由器和主机之间建立SA

图7-27给出了公司总部中的主机A要和正在外地出差的某个员工的主机B进行安全通信的情况。在这种情况下，公司总部中的路由器R1与外地员工的主机B之间需要建立SA，之后主机A发送IP数据报给主机B，具体过程如下。

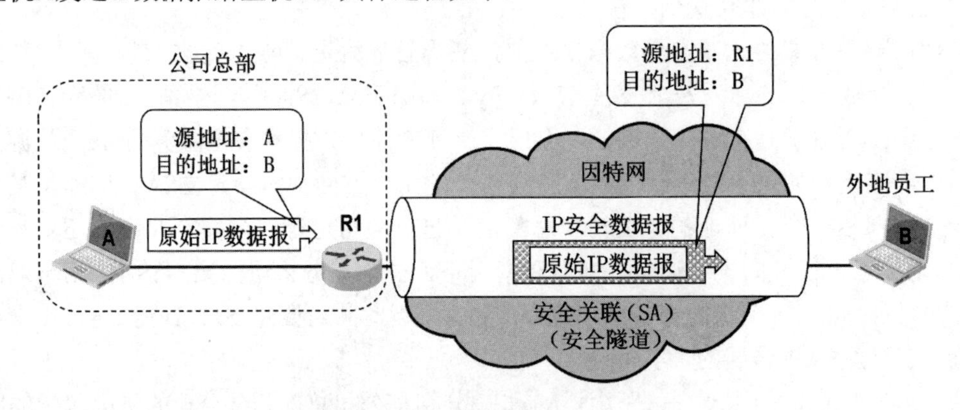

图7-27　路由器和主机之间建立SA

（1）主机A发送的IP数据报经过路由器R1的IPSec处理后就变成了IP安全数据报。

（2）IP安全数据报经过因特网中多个路由器的转发，最终到达主机B。

（3）主机B中的IPSec对IP安全数据报进行鉴别和解密，还原出主机A发送的原始IP数据报。

从逻辑上看，IP安全数据报是在路由器R1和员工的主机B之间的安全隧道中传送的。

建立SA的路由器或主机，需要维护这条SA的状态信息。图7-27中的SA的状态信息，包括如下项目：

- 一个32位的连接标识符，称为安全参数索引（Security Parameter Index，SPI）。
- SA的源点和终点的IP地址（即路由器R1和主机B的IP地址）。
- 所使用的加密类型（例如DES或AES）。
- 加密的密钥。
- 完整性检查的类型（例如，使用报文摘要MD5或SHA-1的报文鉴别码MAC）。
- 鉴别使用的密钥。

当路由器R1要通过SA传送IP安全数据报时，首先需要读取SA的上述状态信息，以便知道应当如何加密和鉴别IP数据报。

3. IP安全数据报的格式

在IPSec协议族中有两个主要的协议：鉴别首部（Authentication Header，AH）协议和封装安全有效载荷（Encapsulation Security Payload，ESP）协议。AH协议提供源点鉴别和数据完整性服务，但不能提供保密性服务。而ESP协议比AH协议复杂得多，它提供源点鉴别、数据完整性和保密性服务。

IPSec既支持IPv4，也支持IPv6。在IPv6中，AH和ESP都是扩展首部的一部分。由于AH协议的功能都已包含在ESP协议中，因此使用ESP协议就无须使用AH协议。下面不再介绍AH协议，而只介绍ESP协议的要点。

使用ESP或AH协议的IP数据报称为IP安全数据报（或IPSec数据报），它可以在两台主机之间、两台路由器之间或一台主机和一台路由器之间的SA（安全隧道）中传送。

在隧道方式下，构建IP安全数据报的过程如图7-28所示，具体解释如下。

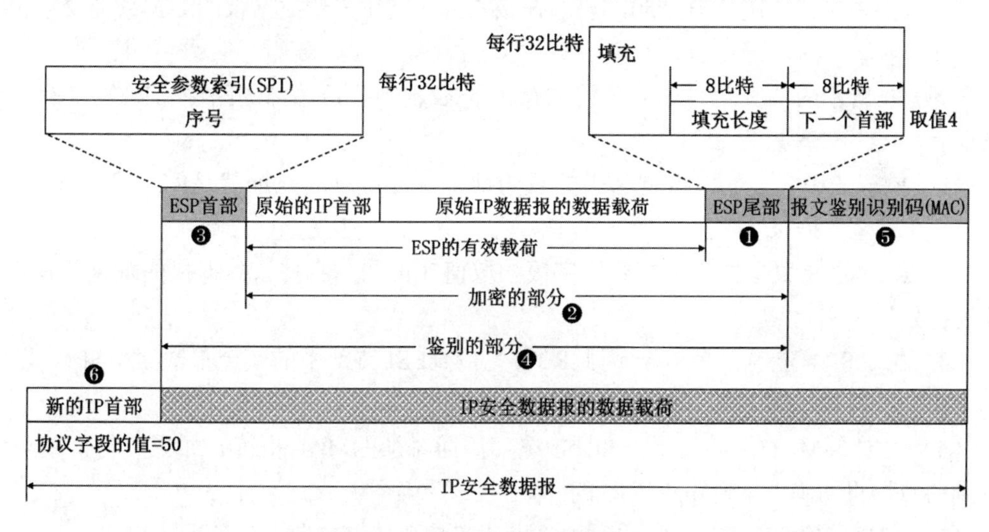

图7-28　IP安全数据报的格式

（1）给原始的IP数据报添加ESP尾部（图7-28的❶）。ESP尾部包含三个字段。第一个字段是填充字段，用“全0”进行填充。第二个字段是填充长度字段（占8比特），用来指出填充字段的长度，以字节为单位。进行填充的原因如下：在进行数据加密时，通常都要求数据块的长度是若干字节（例如4字节）的整数倍。当原始IP数据报的长度不满足此条件时，就必须用“全0”字节进行填充。尽管填充长度字段占8比特，其最大值为255，但实际上，很少填充255个字节。第三个字段是“下一个首部”字段（占8比特），其值用来指明在接收端应将ESP的有效载荷交给什么协议来处理。如果采用的是隧道方式，则ESP的有效载荷为原始的IP数据报，因此ESP尾部中的“下一个首部”字段的取值为4，指明的就是原始IP数据报的首部。如果采用的是运输方式，则ESP的有效载荷就是TCP报文段或UDP（用户数据报），则ESP尾部中的“下一个首部”字段的取值也要改为相应的数值。

（2）按照SA指明的加密算法和密钥，对ESP的有效载荷以及ESP尾部进行加密（图7-28的❷）。

（3）给过程（2）构建出的“加密的部分”添加ESP首部（图7-28的❸）。ESP首部包含两个32比特字段。第一个字段用来存放安全参数索引（SPI）。在同一个SA中传送的IP安全数据报都使用同样的SPI值。第二个字段是序号字段，用于鉴别时防止重放攻击。请读者注意，当分组重传时序号并不重复。

（4）按照SA指明的算法和密钥，对过程（3）构建出的“ESP首部 + 加密的部分”（图7-28的❹）生成报文鉴别码（MAC）。

（5）把过程（4）生成的报文鉴别码添加在ESP尾部的后面（图7-28的❺），和ESP首部、ESP有效载荷、ESP尾部一起，构成IP安全数据报的数据载荷。

（6）给过程（5）生成的IP安全数据报的数据载荷添加一个新的IP首部（图7-28的❻），使之成为IP安全数据报。

新的IP首部与普通IP数据报的首部格式是相同的，通常为20字节的固定首部。请读者注意，该首部中协议字段的值是50，表明在接收端应将IP安全数据报的数据载荷交给ESP协议来处理。

在图7-26所示的例子中，在分公司的路由器R2收到公司总部的路由器R1发来的IP安全数据报后，R2的处理过程如下。

（1）检查该IP安全数据报首部中的目的地址。发现目的地址就是R2，于是R2就继续处理这个IP安全数据报。

（2）R2通过该数据报首部中协议字段的取值50可知，应将该数据报的数据载荷用ESP协议进行处理。

（3）由于R2可能有多个SA，因此R2首先检查ESP首部中的安全参数索引SPI，以确定收到的IP安全数据报属于哪一个SA。

（4）R2计算MAC，看其是否和ESP尾部后面添加的MAC相符。如果相符，就可以确定收到的数据报的确是来自路由器R1的。

（5）R2接着检验ESP首部中的序号，以证实是否被攻击者进行了重放攻击。

（6）R2接着还要用之前确定的SA所指明的加密算法和密钥，对已加密的部分进行解密。

（7）R2根据ESP尾部中的填充长度，删除发送端填充的所有“全0”字节，还原出加密前的ESP有效载荷，也就是主机A发送给主机B的原始IP数据报。

（8）R2根据解密后得到的ESP尾部中“下一个首部”字段的取值4可知，应将ESP的有效载荷（原始IP数据报）交给IP来处理。

（9）R2从原始IP数据报首部中的目的地址字段的值可知，应将该数据报直接交付给主机B，于是把该数据报直接交付给主机B。

请读者注意，在图7-26中的“原始的IP首部”（包含在“原始IP数据报”内）中，源地址和目的地址分别为主机A和B的IP地址，而在IP安全数据报的“新的IP首部”中，源地址和目的地址分别为路由器R1和R2的IP地址。在图7-27所示的情况下，IP安全数据报不经过路由器R2，那么在IP安全数据报的“新的IP首部”中，源地址和目的地址分别为路由器R1和主机B的IP地址。

通过上述介绍可知，若某个IP安全数据报在因特网中被某个攻击者截获，如果攻击者不知道该IP安全数据报的密码，那么攻击者仅能知道这是一个从路由器R1发往路由器R2的IP数据报，但却无法看懂其数据载荷的含义。即使攻击者故意删除了IP安全数据报的数据载荷中的一些字节，由于接收端的路由器R2能够进行完整性验证，因此不会接受这种含有差错的数据报。如果攻击者尝试重放攻击，但由于IP安全数据报使用了有效的序号，因此使得重放攻击也不能成功。

4. IPSec的其他构件

1）安全关联数据库

安全关联数据库（Security Association Database，SAD）是IPSec的一个重要构件。发送IP安全数据报的实体（路由器或主机）使用SAD来存储可能要用到的很多条SA。

当主机要发送IP安全数据报时，会在SAD中查找相应的SA，以便获取对该IP安全数据报实施安全保护的必要信息。同理，当主机接收IP安全数据报时，也要在SAD中查找相应的SA，以便获取检查该IP安全数据报的安全性的必要信息。

2）安全策略数据库

除了安全关联数据库，IPSec的另一个重要构件是安全策略数据库（Security Policy Database，SPD）。SPD指明了什么样的IP数据报需要进行IPSec处理。这取决于源地址、源端口、目的地址、目的端口，以及协议的类型等。根据应用需求，主机所发送的IP数据报并非全部都需要进行加密，很多信息使用普通的IP数据报用明文发送即可。因此，对于一个IP数据报，SPD指出是否需要使用IP安全数据报，如果需要，则SAD指出应当使用哪一个SA。

3）因特网密钥交换协议

有的读者可能会有这样的疑问：SAD中存放的许多SA是怎样建立起来的呢？

如果一个使用IPSec的虚拟专用网VPN中仅有几个路由器和主机，则用人工配置的方法就可以建立起所需的SAD。但如果该VPN有大量的路由器和主机，则人工配置的方法几乎是不可能的。因此，对于大型的、地理位置分散的系统，为了创建SAD，需要使用自动生成的机制，而因特网密钥交换（Internet Key Exchange，IKE）协议就提供了这样的机制。也就是说，IKE的作用就是为IP安全数据报创建SA。

IKE是一个非常复杂的协议，其最新版本为IKEv2，已于2014年10月成为因特网的正式标准[RFC 7296]。以下三个协议是IKEv2的基础：

- 密钥生成协议Oakley[RFC 2412]。
- 安全密钥交换机制（Secure Key Exchange Mechanism，SKEME）：用于密钥交换的协议。它利用公钥加密来实现密钥交换协议中的实体鉴别。
- 因特网安全关联和密钥管理协议（Internet Secure Association and Key Management Protocol，ISAKMP）：用于实现IKE中定义的密钥交换，使IKE的交换能够以标准化、格式化的报文创建SA。

有关IKE的深入介绍可参看相关建议标准[RFC 4945，RFC7427]。

7.7.4 运输层安全实例：SSL/TLS

为了基于因特网进行网上购物，必须要为顾客实现以下安全服务：

（1）要确保顾客所访问的服务器确实属于销售商，而不是属于冒充者，也就是顾客需要对销售商进行鉴别。同理，销售商也可能需要对顾客进行鉴别。

（2）要确保顾客与销售商之间的报文（例如购物清单和账单）在传输过程中没有被篡改。

（3）要确保顾客与销售商之间的敏感信息（例如顾客的信用卡号）不被冒充者窃听。

要实现上述这些安全服务，就需要使用运输层的安全协议。现在广泛使用的运输层安全协议有以下两个：

- 安全套接字层（Secure Socket Layer，SSL）。
- 运输层安全（Transport Layer Security，TLS）。

SSL协议是网景公司（Netscape）于1994年开发的安全协议。SSL作用于端系统应用层中的HTTP和运输层中的TCP之间，在TCP连接之上建立起一个安全通道，为通过TCP连接传输的应用层报文提供安全服务。

1995年，SSL由因特网工程任务组（IETF）进行了标准化。IETF在SSL 3.0的基础上设计了TLS协议，为所有基于TCP连接的网络应用提供安全数据传输服务。现在使用最多的运输层安全协议是TLS 1.0。为了应对网络安全的变化，IETF经常对TLS进行升级，目前的新版本是2008年8月公布的TLS 1.2[RFC 5246，RFC5746，RFC5878]。

现在很多浏览器都已使用了SSL和TLS。如图7-29所示，在IE浏览器中，依次选择“工具”→“Internet选项”→“高级”，在“安全”组中可以看见“使用SSL 3.0”“使用TLS 1.0”“使用TLS 1.1”“使用TLS 1.2”的选项。

SSL/TLS作用于TCP/IP体系结构的应用层与运输层之间，如图7-30所示。在应用层中使用SSL/TLS最多的协议是HTTP（但不限于HTTP，IMAP也可使用）。

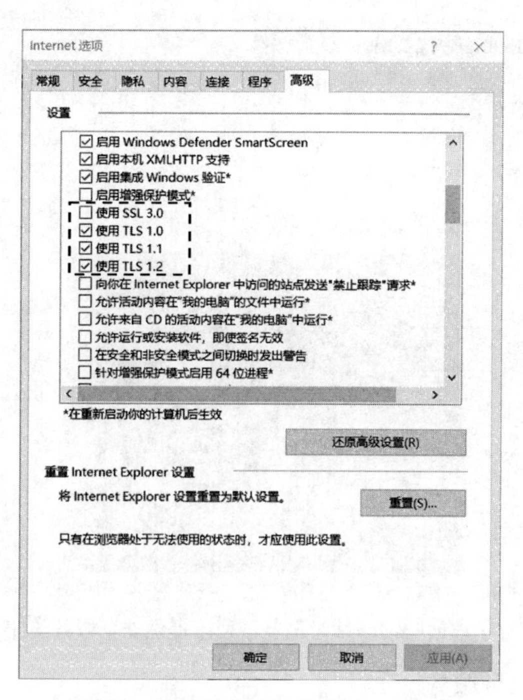

图7-29　在IE浏览器中使用SSL和TLS

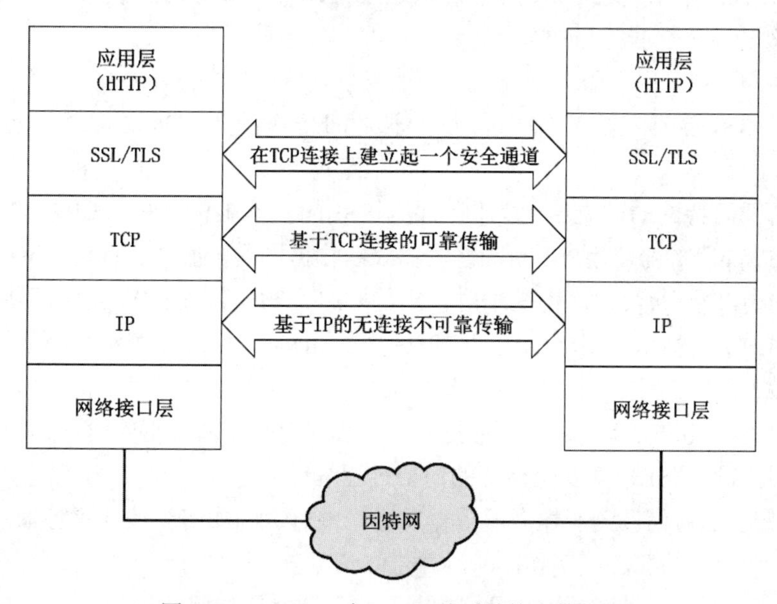

图7-30　SSL/TLS在TCP/IP体系结构中的位置

为了简单起见，在下面的介绍中，用SSL简单表示SSL/TLS。

当使用浏览器查看普通网站的网页时，HTTP直接使用TCP连接，这时SSL不起作用。但使用浏览器进行网上购物时，支持SSL的购物网站的Web服务器，会提供使用SSL的安全网页，浏览器访问这种网页时就需要使用SSL协议。这时，HTTP会调用SSL对整个网页进行加密。在浏览器地址栏原来显示http的地方，现在变成了https，表明现在使用的是提供安全服务的HTTPS，如图7-31所示。

图7-31　访问购物网站时浏览器使用提供安全服务的HTTPS

SSL提供以下三种安全服务：

- SSL服务器鉴别：支持SSL的客户端通过验证来自服务器的证书，来鉴别服务器的真实身份并获得服务器的公钥。
- SSL客户鉴别：用于服务器证实客户的身份，这是SSL的可选安全服务。
- 加密的SSL会话：加密客户和服务器之间传送的所有报文，并检测报文是否被篡改。

下面以基于因特网的网上购物为例，说明SSL的基本工作过程。如图7-32所示，假设某购物网站的Web服务器使用SSL为顾客的在线购物提供安全服务。此时，Web服务器使用HTTPS的TCP端口号为443，而不是平时使用的端口号80，并且在Web服务器所提供的安全网页的URL中的协议标识，用https代替平时使用的http。当用户在浏览器地址栏中输入该网站的域名并按下回车键后，浏览器会与Web服务器建立TCP连接，然后基于TCP连接进行浏览器和服务器之间的SSL握手协议，完成加密算法的协商和会话密钥的传递，之后就可进行安全的数据传输。SSL建立安全会话的简要过程解释如下。

（1）加密算法协商。浏览器向服务器发送一些可选的加密算法，服务器从这些加密算法中选定自己所支持的算法（例如RSA）并告知浏览器。

（2）服务器鉴别。服务器向浏览器发送一个包含其公钥（例如RSA公钥）的数字证书。浏览器使用该证书的认证中心公开发布的公钥对该证书进行验证。

（3）产生会话密钥。浏览器产生一个随机的秘密数。用服务器的公钥进行加密后发送给服务器。双方根据之前协商好的加密算法产生共享的对称会话密钥。

（4）安全数据传输。双方用会话密钥加密和解密它们之间传送的数据并验证其完整性。

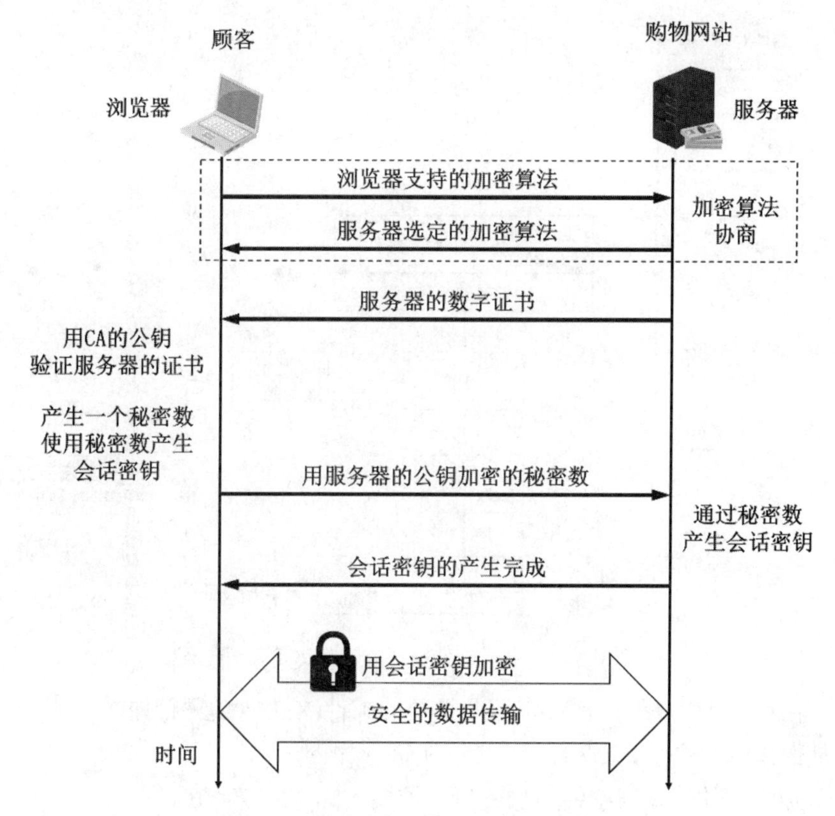

图7-32　SSL建立安全会话的简要过程

7.7.5　应用层安全实例：PGP

相较于计算机网络体系结构的其他各层，在应用层实现安全服务相对简单。TCP/IP应用层中包含大量协议，限于篇幅，本节仅介绍有关电子邮件的安全协议。

PGP（Pretty Good Privacy）是已被广泛应用的，为电子邮件提供加密、鉴别、电子签名和压缩等技术的电子邮件安全软件包，它是Zimmermann于1995年开发的。PGP为电子邮件用户提供保密性、完整性、发件人鉴别和不可否认性四种安全服务。PGP并没有使用什么新的概念，它使用对称密钥和公钥的组合进行加密，为电子邮件提供保密性，通过报文摘要和数字签名技术为电子邮件提供完整性和不可否认性。需要说明的是，尽管PGP已被广泛使用（电子邮件的事实上的标准），但PGP并不是因特网的正式标准。

下面举例说明PGP的基本工作原理。

假设用户A给B发送电子邮件的明文为X，要使用PGP来确保该邮件的安全。用户A有三个密钥：用户A自己的私钥、用户A自己生成的一次性密钥以及用户B的公钥。用户B有两个密钥，分别是用户B自己的私钥和用户A的公钥。

用户A（邮件发送方）的PGP处理过程如图7-33所示，具体解释如下。

（1）用散列函数（例如MD5运算）得到明文邮件X的报文摘要H。用A自己的私钥对H进行数字签名，得出报文鉴别码（MAC）。将MAC拼接在X后面，得到扩展的邮件(X，MAC)。

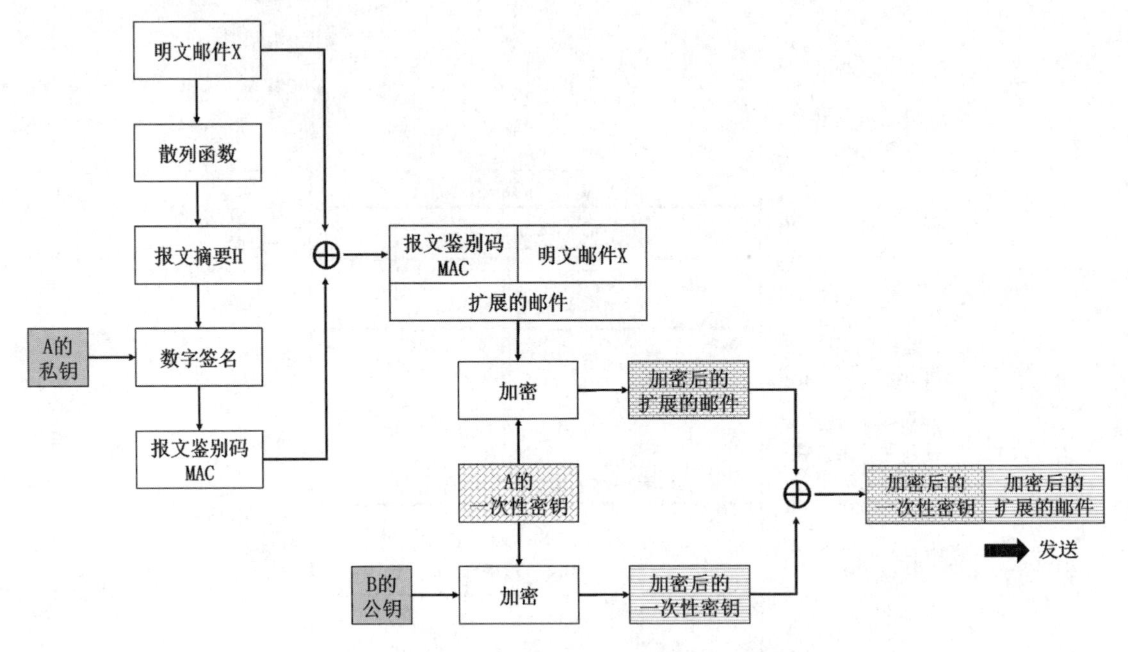

图7-33　用户A（邮件发送方）的PGP处理过程

（2）使用A自己生成的一次性密钥对扩展的邮件(X, MAC)进行加密。

（3）使用B的公钥对A生成的一次性密钥进行加密。

（4）把加密后的一次性密钥和加密后的扩展的邮件发送给B。

用户B（邮件接收方）收到A发来的、加密后的一次性密钥，以及加密后的扩展的邮件后，PGP处理过程如图7-34所示，具体解释如下。

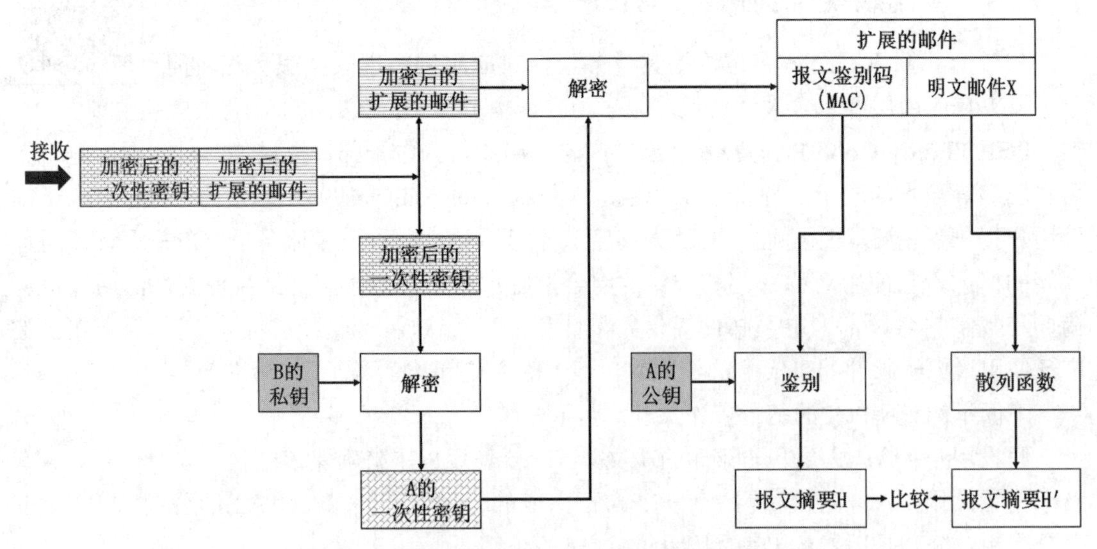

图7-34　用户B（邮件接收方）的PGP处理过程

（1）将加密后的一次性密钥与加密后的扩展的邮件分开。

（2）用B自己的私钥解密出A生成的一次性密钥。

（3）用一次性密钥对扩展的邮件进行解密，并从解密后的结果(X, MAC)中分离出邮件明文X和报文鉴别码（MAC）。

（4）用A的公钥对MAC进行鉴别（即签名核实），得出报文摘要H。该报文摘要就是A原先用明文邮件X通过散列函数生成的那个报文摘要。

（5）用散列函数对分离出的明文邮件X生成另一个报文摘要H′，将H'与之前得出的H进行比较。若相同，则对邮件的发送方的鉴别就通过了，并且邮件的完整性也得到肯定。

读者可能会有这样的疑问：邮件的收发双方如何获得对方的公钥呢？最安全的办法是双方面对面直接交换公钥，但在大多数情况下这并不现实。一般的做法是通过认证中心（CA）签发的证书来验证公钥持有者的合法身份。然而，PGP并没有要求使用CA，而允许使用一种第三方签署的方式来解决该问题。例如，用户A和B分别和第三方C已经互相确认对方拥有的公钥属实，则C可以用其私钥分别对A和B的公钥进行签名，也就是为这两个公钥进行担保。当A得到一个经C签名的B的公钥时，可以用已确认的C的公钥对B的公钥进行鉴别。

需要说明的是，用户发布其公钥的最常见方式，还是通过电子邮件进行分发或把公钥发布在他们的个人网页上。具体采用哪种方式发布自己的公钥，取决于用户对安全性的要求。

7.8　防火墙访问控制与入侵检测系统

尽管之前几节介绍的网络各层面的安全机制，可为网络提供保密性、报文完整性、实体鉴别和不可否认性等基本的安全服务，但仍无法应对以下安全问题：

- 非法用户利用系统漏洞进行未授权登录。
- 授权用户非法获取更高级别的权限。
- 通过网络传播病毒、蠕虫和特洛伊木马。
- 阻止合法用户正常使用服务的拒绝服务攻击。

为了降低上述安全威胁所带来的安全风险，可以使用防火墙来严格控制出入网络边界的分组，禁止任何不必要的通信，从而减少入侵的发生。由于防火墙不可能阻止所有入侵行为，可使用入侵检测系统作为第二道防线，通过对进入网络的分组进行检测与深度分析，来发现疑似入侵行为的网络活动，并进行报警以便进一步采取相应措施。

7.8.1　防火墙

1. 防火墙的相关基本概念

防火墙（Firewall）属于一种访问控制技术，具体实现为一种可编程的特殊路由器，它把一个单位（机构或公司）的内部网络与其他网络（一般为因特网）进行安全隔离。根据防火墙中配置的访问控制策略，某些分组允许通过防火墙，而某些分组则被禁止通过。访问控制策略由使用防火墙的单位根据自己的安全需要自行制定。

图7-35指出了防火墙的位置：位于因特网和内部网络之间。防火墙的外面为因特网，防火墙的里面为内部网络。一般把防火墙里面的网络称为“可信网络”（Trusted Network），而把防火墙外面的网络称为“不可信网络”（Untrusted Network）。

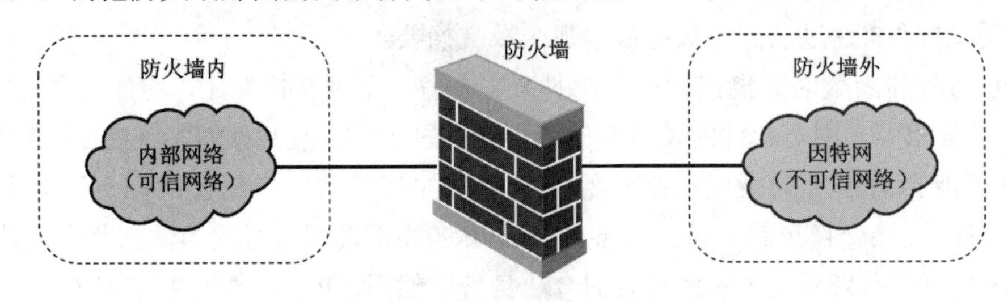

图7-35　防火墙的位置

2. 防火墙设备

实现防火墙技术的设备一般有两种：分组过滤路由器和应用网关。

1）分组过滤路由器

分组过滤路由器是一种具有分组过滤功能的路由器，它根据所配置的分组过滤规则对出入内部网络的分组执行转发或丢弃（即分组过滤）。分组过滤规则所采用的各参数来自分组的网际层和/或运输层首部中的某些字段的值，例如，网际层的源IP地址和目的IP地址、运输层的源端口和目的端口以及协议类型（TCP或UDP）等。我们知道，TCP/IP应用层中的FTP使用运输层TCP的端口号为21（用于控制连接），TELNET使用TCP的端口号为23。如果在分组过滤规则中配置一条“将目的端口号为21的出分组（Outgoing Packet）进行阻拦”的规则，则本单位可信网络中的用户将无法从不可信的因特网中的所有FTP服务器下载文件。同理，如果在分组过滤规则中配置一条“将目的端口号为23的入分组（Incoming Packet）进行阻拦”的规则，则外单位用户就不能使用TELNET登录到本单位内部可信网络中的主机上。

通常，分组过滤规则以访问控制列表（Access Control List，ACL）的形式存储在分组过滤路由器中，网络管理人员可以通过命令行或图形界面来配置ACL中的规则。图7-36给出了一个简单的ACL例子，规则1和2使得内网中的主机可以访问因特网中的各种Web服务器；规则3和4使得因特网中的主机可以访问内网中IP地址为192.168.1.252的电子邮件服务器；规则5则禁止因特网中IP地址为211.67.230.1的主机访问内网中的任何主机。

编号	方向	源IP地址	目的IP地址	协议	源端口	目的端口	处理方法
1	出	内网地址	因特网地址	TCP	大于1023	80	允许通过
2	入	因特网地址	内网地址	TCP	80	大于1023	允许通过
3	出	192.168.1.252	因特网地址	TCP	25	大于1023	允许通过
4	入	因特网地址	192.168.1.252	TCP	大于1023	25	允许通过
5	入	211.67.230.1	内网地址	任意	任意	任意	拒绝通过

图7-36　某个简单的ACL

图7-36所示的某个简单的ACL所进行的分组过滤是无状态的，也就是独立地处理每一

个分组。功能更强的分组过滤路由器还支持有状态的分组过滤，也就是要跟踪每个连接或会话的通信状态，并根据这些状态信息来决定是否转发分组。例如，一个目的端口为某个客户动态分配端口的进入分组，由于该端口是客户动态分配的，网络管理员无法预先将其配置在规则中，因此针对这种情况，可为其配置的规则是，若该分组是针对由该端口发出合法请求的一个响应，则允许通过。这样的规则只能通过有状态的检查来实现。

从以上介绍可以看出，分组过滤路由器简单高效，对用户是透明的（用户感觉不到分组过滤路由器的存在）。然而，分组过滤路由器不能对应用层数据进行过滤。例如，不能禁止某个用户对某个特定网络应用进行某个特定的操作，也不支持应用层用户鉴别等。这些功能需要使用应用网关来实现。

2）应用网关

应用网关又称为代理服务器（Proxy Server），它可以实现应用层数据的过滤和高层用户的鉴别。所有出入网络的应用报文都必须通过应用网关。当用户通过应用网关访问内网或外网资源时，应用网关可以要求用户进行身份鉴别，然后根据用户身份对用户做出相应的访问控制。

当某个网络应用的客户进程向服务器发送一个请求报文时，该报文会被首先传送给应用网关，应用网关解析该报文，根据该报文中的应用层用户标识或其他应用层信息来判断该请求是否满足安全要求。如果满足安全要求，则应用网关会以客户进程的身份将该请求报文转发给服务器。如果不满足安全要求，则应用网关会丢弃该请求报文。例如，某种邮件网关在收到邮件时，除了检查邮件地址，还会检查其内容是否包含有禁用的敏感词，最终决定该邮件是否能通过邮件网关。

应用网关也有一些局限：

- 每种网络应用都需要一个专用的应用网关。当然，多个不同的应用网关可以运行在同一台主机上。
- 在应用层处理和转发报文，处理负担较重。
- 应用网关对应用程序是不透明的，用户需要在应用程序客户端指明应用网关的地址。

通常可将分组过滤路由器和应用网关这两种防火墙技术结合使用。如图7-37所示，图中包括一个应用网关和两个分组过滤路由器，它们通过两个局域网连接起来。

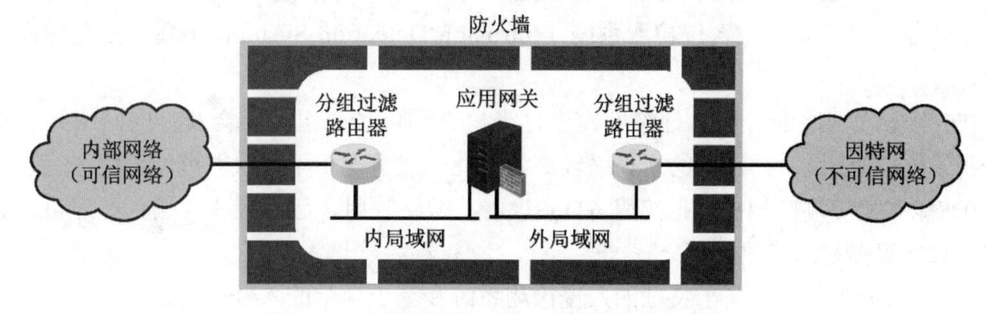

图7-37　分组过滤路由器与应用网关结合使用

3. 个人防火墙

之前介绍的防火墙又称为网络防火墙，其任务是保护内部网络的安全，主要由网络管理员进行配置和使用，普通的网络用户较少接触。对于普通网络用户，使用更多的是个人防火墙（一般操作系统都自带功能较弱的防火墙）。

个人防火墙是一种安装在用户计算机中的应用程序，它对用户计算机的网络通信行为进行监控。很显然，个人防火墙不同于网络防火墙，个人防火墙仅保护单台计算机，并且由用户为其配置分组过滤规则，由于比较简单，一般无须网络管理员配置。个人防火墙根据用户配置的分组过滤规则，允许或拒绝网络通信。

需要说明的是，个人防火墙的结构和实现都比网络防火墙简单，在网络安全领域研究更多的是网络防火墙。

4. 防火墙的局限性

尽管防火墙提高了内部网络的安全防护程度，但是它并不能解决所有的网络安全问题，主要有以下局限：

（1）对防火墙的配置是否正确和完善，在很大程度上决定了防火墙可以发挥的安全防护作用。

（2）防火墙对恶意代码（病毒、木马等）的查杀能力非常有限，因此不能有效地防止恶意代码通过网络的传播。这是因为查杀恶意代码的计算开销非常大，若提高防火墙的查杀力度，则会降低防火墙的处理速度，进而降低用户的网络带宽。

（3）防火墙对于一些利用系统漏洞或网络协议漏洞进行的攻击是无法防范的。攻击者通过分组过滤规则中允许的端口对某个服务器的漏洞进行攻击，这对于一般的分组过滤路由器是无法防护的，即使使用应用网关，也必须具有能够识别该特定漏洞的应用网关才能阻断攻击。

（4）防火墙技术自身存在不足。例如，分组过滤路由器不能防止IP地址和端口号欺骗，而应用软件自身也可能有软件漏洞而存在被渗透攻击的风险。

7.8.2 入侵检测系统

通过之前的介绍可知，防火墙并不能阻止所有的入侵行为。那么在入侵已经开始但还未造成危害或在造成更大危害之前，及时检测到入侵并尽快阻止入侵，尽量把危害降到最小，就是非常有必要的。入侵检测系统（Intrusion Detection System，IDS）正是这样一种技术。

IDS对出入网络的分组执行深度检查，当检查到可疑分组时，会及时向网络管理员发出警报或进行阻断。由于IDS的误报率较高，因此一般情况下不建议对可疑分组进行自动阻断。IDS能够检测端口扫描、拒绝服务DoS攻击、网络映射、恶意代码（蠕虫和病毒）、系统漏洞攻击等多种网络攻击。

IDS一般分为两种：基于特征的入侵检测系统和基于异常的入侵检测系统。

1）基于特征的入侵检测系统

基于特征的入侵检测系统需要维护一个已知各类攻击的标志性特征的数据库。每个标志性特征就是一个与某种入侵活动相关联的行为模式或规则集，这些规则可能基于单个分组的首部字段值或数据载荷中特定的比特串，又或者与一系列分组有关。当IDS检测到与某种攻击特征匹配的分组或分组序列时，就判断可能出现了某种入侵行为。被用于入侵检测的标志性特征必须具有很好的区分度，也就是说这种标志性特征只出现在攻击活动中，而在系统正常运行的过程中通常不会出现。因此，这些标志性特征一般由网络安全专家提供，由单位的网络管理员定制并将其加入到数据库中。

很显然，基于特征的IDS只能检测已知攻击，对于未知攻击则无法防范。

2）基于异常的入侵检测系统

基于异常的入侵检测系统通过观察正常运行的网络流量来学习正常网络流量的统计特性和规律。当IDS检测到网络流量的某种统计规律不符合正常情况时，则判断可能发生了入侵行为。然而，区分正常流量和统计异常流量是非常困难的。现在很多研究致力于将机器学习方法应用于入侵检测，让机器自动学习某种网络攻击的特征或正常流量的模式。这种智能的方法可以大大减小对网络安全专家的依赖。

目前，大多数部署的IDS主要是基于特征的，有些IDS中也包含了某些基于异常的特征。

漏报率和误报率是衡量IDS效能的重要依据。如果漏报率比较高，则只能检测到少量入侵，给人以安全的假象。对于特定的IDS，可以通过调整某些参数或阈值来降低漏报率，然而这同时会增大误报率。误报率太大会导致大量的虚假警报，网络管理员需要花费大量时间分析警报信息，甚至会因为虚假警报太多而对警报“视而不见”，使IDS形同虚设。

7.9　常见的网络攻击及其防范

在介绍了各种网络安全机制（加密、报文鉴别、实体鉴别、密钥分发、访问控制、防火墙和入侵检测系统）后，本节介绍几种常见的网络攻击，以及如何利用各种网络安全机制进行防范。需要说明的是，在本节中多数情况下，“攻击者”是指攻击程序，有时也指发起网络攻击的人。

7.9.1　网络扫描

1. 网络扫描的四种主要类型

网络扫描是获取攻击目标信息的一种重要技术。攻击目标信息包括目的主机的IP地址、操作系统类型、运行的程序及存在的漏洞等。在进行网络攻击之前，对攻击目标的信息掌握得越全面和具体，就越能有效合理地制定出攻击策略和攻击方法，进而提高网络攻击的成功率。

网络扫描主要有四种类型：主机发现、端口扫描、操作系统检测和漏洞扫描。

1）主机发现

主机发现是指搜索要攻击的主机，这是对其进行攻击的前提。搜索要攻击的主机，实际上是要确定该目标主机的IP地址。

进行主机发现的主要方法是利用网际控制报文协议（ICMP）。我们知道，运行TCP/IP协议栈的每台主机（和路由器）都运行了ICMP。攻击者向主机发送ICMP查询报文，则主机会用ICMP应答报文进行响应，这样攻击者就知道了该主机正在运行。攻击者可以利用ping命令（应用层直接利用网际层ICMP实现的连通性测试工具）对某个IP地址范围内的所有IP地址进行连通性测试，来发现正在运行的目标主机。

为了防范ping扫描，可以配置防火墙不允许通过ICMP查询报文，也可以配置主机（或服务器或路由器）对ICMP查询报文不进行响应。例如，图7-38（a）是在某台主机上使用浏览器可以正常访问湖南科技大学官方网站的情况，而图7-38（b）是在该主机的Windows命令行中使用ping命令测试该主机与湖南科技大学官方网站的连通性，测试结果为“不通”，这可能是主机使用ping命令发送的ICMP查询报文被湖南科技大学的防火墙阻断了，也有可能是网站服务器被设置成了不对ICMP查询报文进行响应。

（a）使用浏览器正常访问湖南科技大学官方网站

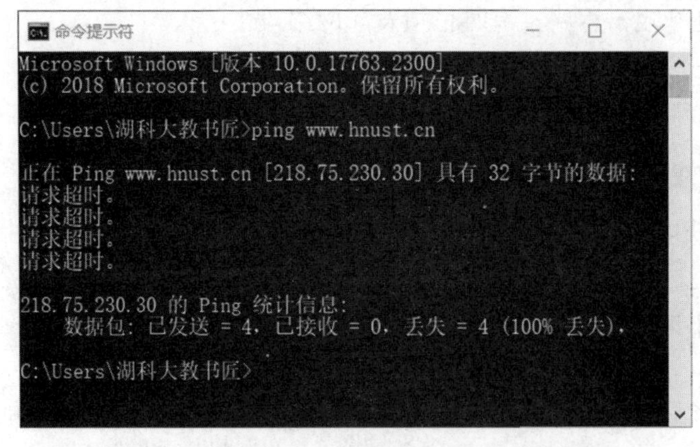

（b）在Windows命令行中使用ping命令测试连通性

图7-38　主机发现举例

针对防火墙对ICMP查询报文进行阻断的情况，攻击者可能会向目标主机故意发送首部有错误的IP数据报，当目标主机收到这种IP数据报时会向攻击者发送ICMP差错报告报文。一般情况下，防火墙不会阻断ICMP差错报告报文，否则目标主机将失去进行ICMP差错报告的功能，而影响正常的网络通信。

2）端口扫描

在进行主机发现确定了要攻击的目标主机后，攻击者可以进一步通过端口扫描来获取目标主机上所有端口的工作状态，进而得出目标主机上开放了哪些网络服务。例如HTTP服务使用TCP的80端口，而DNS服务使用UDP的51端口。

由于活跃的TCP端口会对收到的TCP连接请求报文进行响应，因此攻击者可以通过尝试与某个目的端口建立TCP连接，来检测该TCP端口是否处于工作状态。

对于无连接的UDP，攻击者向某个目的端口发送UDP用户数据报，如果该目的端口处于工作状态，则会收到该UDP用户数据报，由于该UDP用户数据报是攻击者发送的，其内容一般不可能满足接收方的要求，因此接收方不会做出任何响应。但如果该目的端口处于关闭状态，则目标主机会给攻击者发送“端口不可达”的ICMP差错报告报文，攻击者收到ICMP差错报告报文后就可推断出该UDP端口处于关闭状态。

3）操作系统检测

不同的操作系统所存在的安全漏洞可能有很多不同。要利用这些安全漏洞进行攻击，首先必须检测远程目标主机所使用的操作系统类型，通常有三种方法：

- 获取操作系统旗标（Banner）信息：在客户机与服务器建立连接的过程中，服务器往往会返回各种独特的欢迎信息。攻击者可根据这些信息来推断出服务器的操作系统类型。
- 获取主机端口状态信息：操作系统通常会默认开启一些常用的网络服务，这些服务会打开各自特定的端口进行网络监听。而不同操作系统默认开启的网络服务可能不同，因此可对目标主机进行端口扫描，根据端口扫描结果来推断目标主机的操作系统类型。
- 分析TCP/IP协议栈指纹：尽管RFC文档严格规定了各种协议的三要素（语法、语义和同步），但RFC并没有规定各种协议的具体实现。同一个协议在不同操作系统中的实现细节可能会有所不同，下面举例说明。

例1：不同操作系统发送IP数据报时，给IP数据报首部中的生存时间TTL字段设置的默认值可能不同，表7-1给出了常见操作系统所使用的默认TTL值。

表7-1 常见操作系统所使用的默认TTL值

操作系统	默认TTL值
Linux（2.4 kernel）	255
Windows 10	128
MacOS X(10.5.6)	64

例2：TCP标准并没有规定初始窗口的大小，在不同操作系统的TCP实现中，TCP初始窗口的默认值并不相同，表7-2给出了几种操作系统的TCP窗口默认初始值。

表7-2 几种操作系统的TCP窗口默认初始值

操作系统	TCP窗口默认初始值
Windows	8KB
Solaris	52KB
FreeBSD	发送=32KB，接收=56KB

通过分析协议数据单元或协议交互过程中的这些细节，可以推断出目标主机的操作系统类型。

4）漏洞扫描

利用操作系统检测和端口扫描，可以获知目标主机上运行的操作系统类型和网络应用服务。根据操作系统类型和网络应用服务，可在网络安全机构提供的漏洞库中查找匹配的漏洞，然后根据不同漏洞的具体细节向目标主机发送探测分组，并从返回的结果进一步判断目标主机是否存在可利用的漏洞。上述过程属于攻击者基于网络的漏洞扫描，而用户自己可以进行基于主机的漏洞扫描，以便及时修补漏洞。显然，漏洞扫描对于用户和攻击者都有重要意义。

2. 网络扫描的防范

为了防范上述各种类型的网络扫描，可以采取以下主要措施：

- 仅打开确实需要使用的端口，关闭闲置和危险端口。
- 限制因特网（不可信网络）中的主机主动与内部网络（可信网络）中的主机进行通信。
- 设置防火墙，根据安全要求设置分组过滤策略（例如过滤不必要的ICMP报文）。
- 使用入侵检测系统及时发现网络扫描行为和攻击者IP地址，配置防火墙对来自该地址的分组进行阻断。

网络扫描的行为特征是比较明显的，例如，在短时间内对某一IP地址范围内的每个地址和端口发起连接等。目前，大部分防火墙都具有识别简单的网络扫描行为的功能。然而，很多攻击者也在研究如何隐蔽自己的网络攻击行为，例如，利用虚假源地址、减缓扫描速度、动态调整扫描顺序、分布式扫描等。这些对防火墙和IDS都提出了更高的要求。

网络管理员（或个人用户）可利用网络扫描工具对系统（或个人计算机）进行定期检查，以便及时关闭危险端口，发现漏洞并安装相应的安全漏洞补丁。网络扫描工具实际上是网络安全的“双刃剑”。网络管理员可以使用它们来检测自己系统的安全漏洞，然而网络攻击者可以使用它们来发现攻击目标。有兴趣的读者可从因特网下载各种网络扫描工具，例如SuperScan、Nmap、Queso等。图7-39给出了某主机使用Nmap网络扫描工具软件对自身进行快速扫描的情况。

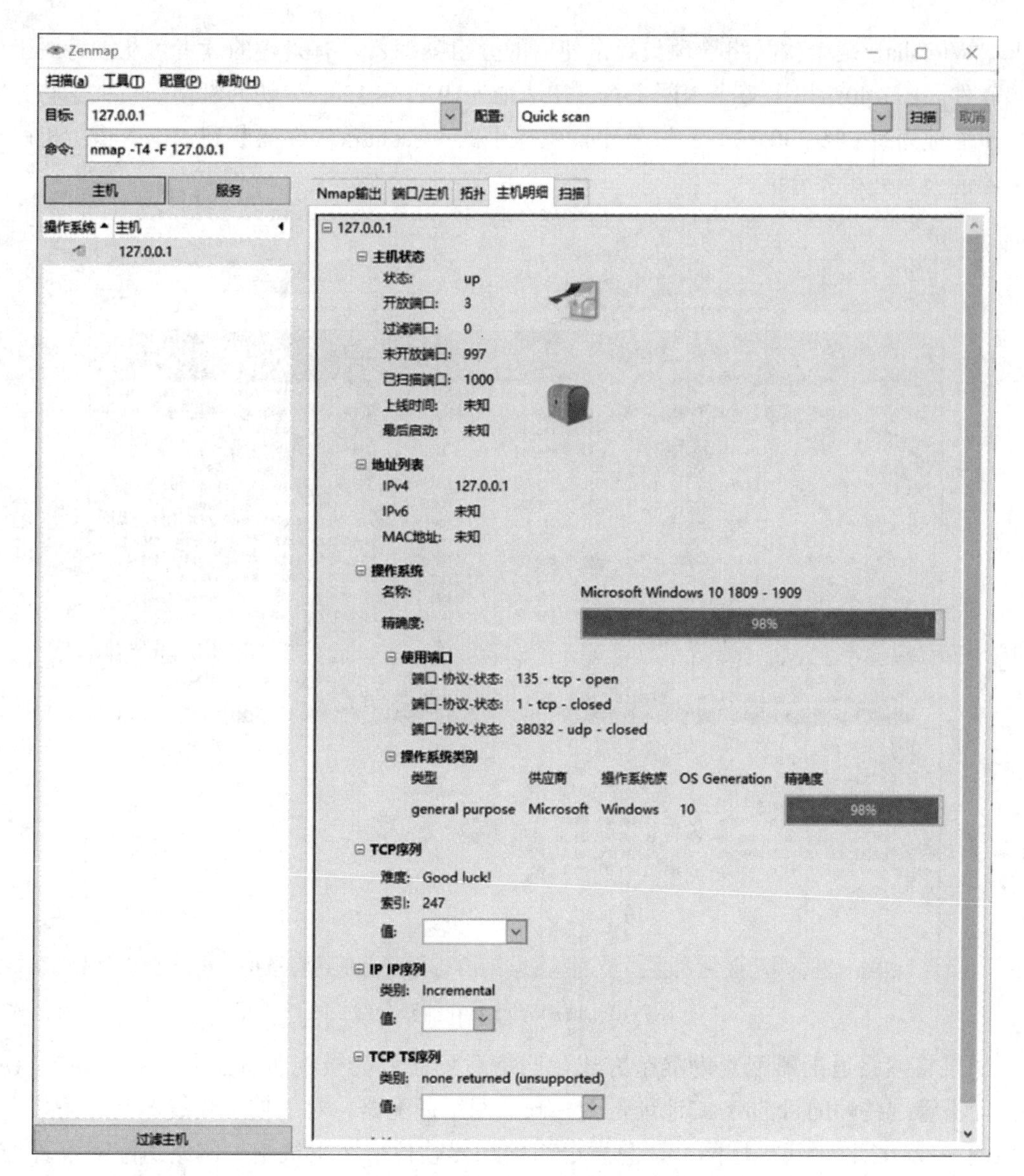

图7-39　使用Nmap对主机自身进行快速扫描的情况

7.9.2　网络监听

1. 网络监听的常见类型

网络中传输的数据大部分都是明文形式。如果攻击者对网络进行监听并截获了包含有大量明文信息的一系列分组，则可从这些分组中直接分析出账号、密码等敏感信息。

常见的网络监听类型有：分组嗅探器、交换机毒化攻击和ARP欺骗。

1）分组嗅探器

这里介绍的分组嗅探器（Packet Sniffer）是一种网络监听工具软件，它运行在网络中的某台主机上，被动接收所有出入该主机的网络适配器（网卡）的数据链路层协议单元（即帧）。Wireshark是一款网络管理员经常使用的分组嗅探器，有兴趣的读者可从因特网上下载该软件。图7-40给出了某个内网主机（IP地址为192.168.124.2）访问湖南科技大学官方网站（IP地址为218.75.230.30）的过程中，主机中的Wireshark软件捕获到的出入该主机网络适配器的一系列相关分组。

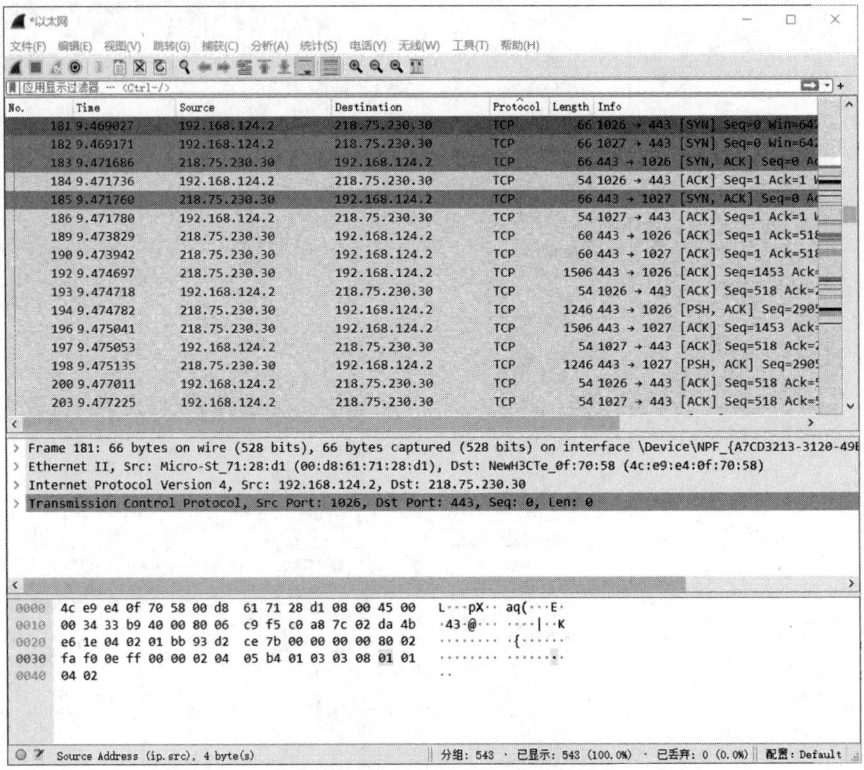

```
*以太网
文件(F) 编辑(E) 视图(V) 跳转(G) 捕获(C) 分析(A) 统计(S) 电话(Y) 无线(W) 工具(T) 帮助(H)
应用显示过滤器 … <Ctrl-/>
No.  Time      Source          Destination     Protocol Length Info
181 9.469027  192.168.124.2   218.75.230.30   TCP      66 1026 → 443 [SYN] Seq=0 Win=64
182 9.469171  192.168.124.2   218.75.230.30   TCP      66 1027 → 443 [SYN] Seq=0 Win=64
183 9.471686  218.75.230.30   192.168.124.2   TCP      66 443 → 1026 [SYN, ACK] Seq=0 Ac
184 9.471736  192.168.124.2   218.75.230.30   TCP      54 1026 → 443 [ACK] Seq=1 Ack=1 W
185 9.471760  218.75.230.30   192.168.124.2   TCP      66 443 → 1027 [SYN, ACK] Seq=0 Ac
186 9.471780  192.168.124.2   218.75.230.30   TCP      54 1027 → 443 [ACK] Seq=1 Ack=1 W
189 9.473829  218.75.230.30   192.168.124.2   TCP      60 443 → 1026 [ACK] Seq=1 Ack=51
190 9.473942  218.75.230.30   192.168.124.2   TCP      60 443 → 1027 [ACK] Seq=1 Ack=51
192 9.474697  218.75.230.30   192.168.124.2   TCP    1506 443 → 1026 [ACK] Seq=1453 Ack=
193 9.474718  192.168.124.2   218.75.230.30   TCP      54 1026 → 443 [ACK] Seq=518 Ack=
194 9.474782  218.75.230.30   192.168.124.2   TCP    1246 443 → 1026 [PSH, ACK] Seq=290
196 9.475041  218.75.230.30   192.168.124.2   TCP    1506 443 → 1027 [ACK] Seq=1453 Ack=
197 9.475053  192.168.124.2   218.75.230.30   TCP      54 1027 → 443 [ACK] Seq=518 Ack=
198 9.475135  218.75.230.30   192.168.124.2   TCP    1246 443 → 1027 [PSH, ACK] Seq=290
200 9.477011  192.168.124.2   218.75.230.30   TCP      54 1026 → 443 [ACK] Seq=518 Ack=
203 9.477225  192.168.124.2   218.75.230.30   TCP      54 1027 → 443 [ACK] Seq=518 Ack=

> Frame 181: 66 bytes on wire (528 bits), 66 bytes captured (528 bits) on interface \Device\NPF_{A7CD3213-3120-49
> Ethernet II, Src: Micro-St_71:28:d1 (00:d8:61:71:28:d1), Dst: NewH3CTe_0f:70:58 (4c:e9:e4:0f:70:58)
> Internet Protocol Version 4, Src: 192.168.124.2, Dst: 218.75.230.30
> Transmission Control Protocol, Src Port: 1026, Dst Port: 443, Seq: 0, Len: 0

0000  4c e9 e4 0f 70 58 00 d8  61 71 28 d1 08 00 45 00   L···pX·· aq(···E·
0010  00 34 33 b9 40 00 80 06  c9 f5 c0 a8 7c 02 da 4b   ·43·@··· ····|··K
0020  e6 1e 04 02 01 bb 93 d2  ce 7b 00 00 00 00 80 02   ········ ·{······
0030  fa f0 0e ff 00 00 02 04  05 b4 01 03 03 08 01 01   ········ ········
0040  04 02                                              ··

Source Address (ip.src), 4 byte(s) | 分组: 543 · 已显示: 543 (100.0%) · 已丢弃: 0 (0.0%) | 配置: Default
```

图7-40　使用Wireshark捕获分组

如果将网络适配器配置为混杂方式，网络适配器就会接收所有进入自己接口的MAC帧，而不管这些帧的目的MAC地址是否指向该网络适配器。对于使用集线器互连的共享式局域网（或802.11无线局域网），只要分组嗅探器软件所在主机中的网络适配器设置为混杂方式，就可以监听到网络中的所有分组。然而，现在的局域网基本上都是采用交换机互连而成的交换式以太网，如果网络中的以太网交换机已经通过被动自学习知道了网络中各主机与交换机自身各接口的对应关系，则各主机通常只能接收到发送给自己的单播帧或广播帧。这样该网络中某主机中的分组嗅探器就只能收到发送给该主机的分组，而无法收到其他分组。为了能够捕获到网络中的其他分组就必须采用一些特殊手段，例如交换机毒化攻击和ARP欺骗。

2）交换机毒化攻击

在使用以太网交换机的交换式以太网中，攻击者向以太网交换机发送大量的伪造不同源MAC地址的帧。以太网交换机收到这样的帧进行自学习，就把帧首部中伪造的源MAC地址写入自己的转发表中。由于这种伪造源MAC帧的数量巨大，因此很快就会使以太网交换机的转发表填满，使得真正需要保存的MAC地址被更新淘汰。此时，如果交换机收到正常的单播帧，由于在交换机的转发表中找不到这些单播帧的目的MAC地址，交换机就不得不广播这些单播帧。这样，网络中某主机中的分组嗅探器就能监听到网络中其他主机间的通信了。

3）ARP欺骗

4.2.5节曾介绍过地址解析协议（ARP）的基本工作原理。从ARP的工作原理可知，ARP存在ARP欺骗的问题。

借助图7-41所示的例子理解ARP欺骗。

（1）攻击者C希望监听主机A和B之间的通信。于是C向A发送ARP报文，声称自己是B；而同时又向B发送ARP报文，声称自己是A。

（2）主机A和B就都被攻击者C欺骗了，A误认为C就是B，B误认为C就是A。

（3）主机A发送给B的分组就会发送给攻击者C，C收到后再转发给B。

（4）主机B发送给A的分组也会发送给攻击者C，C收到后再转发给A。

（5）主机A和B之间的通信完全被攻击者C监听，而A和B却不知道C的存在。

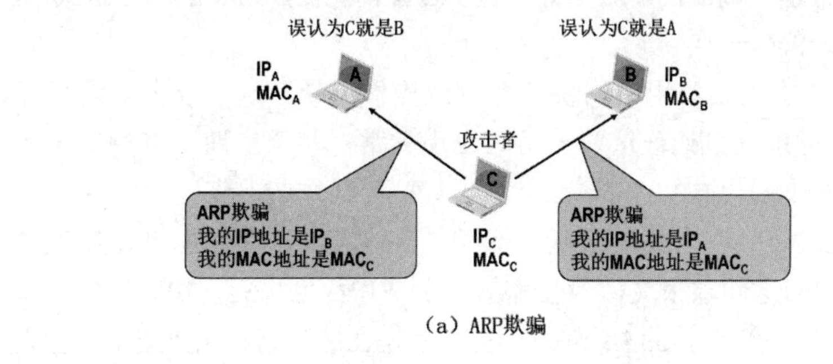

（a）ARP欺骗

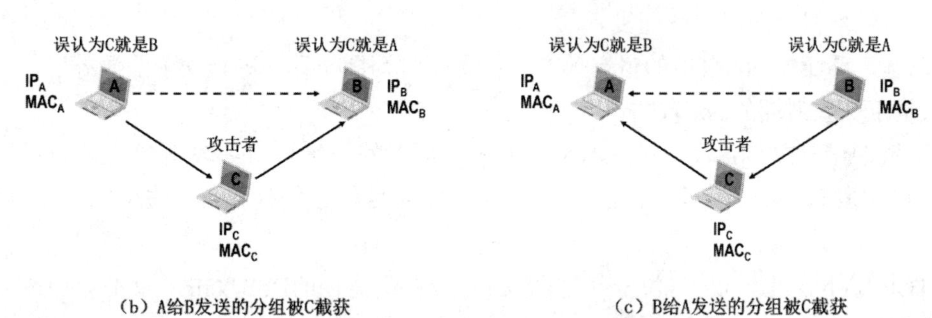

（b）A给B发送的分组被C截获　　（c）B给A发送的分组被C截获

图7-41　ARP欺骗及其过程

实际上，ARP欺骗是之前曾介绍过的中间人攻击。设想一下，如果网络中的所有主机都被攻击者进行了ARP欺骗，则攻击者就将自己伪装成了路由器，从而可以监听到网络中的所有通信，这对网络安全造成了极大的危害。

2. 网络监听的防范

为了防范上述各种类型的网络监听，可以采取以下主要措施：

（1）使用交换机替代集线器，这不但可以提高网络性能，还能使攻击者在交换机环境中更难实施监听。目前，大多数交换机都具备一些安全功能。例如防止交换机毒化攻击。

（2）禁用交换机的自学习功能，将IP地址、MAC地址与交换机的接口进行静态绑定，这样可以限制非法主机的接入，使攻击者无法实施交换机毒化攻击，也使ARP欺骗难以实施。

（3）对于ARP欺骗，主机或路由器可以仅使用静态ARP表，而不再依据ARP请求报文或响应报文动态更新。

（4）划分VLAN以限制攻击者的监听范围，因为分组嗅探只能在单个局域网范围内进行。

（5）防范网络监听的最有效的方法是进行数据加密和实体鉴别技术。

7.9.3 拒绝服务攻击

1. 拒绝服务攻击的常见类型

之前曾介绍过拒绝服务（DoS）攻击，它是最容易实现却又最难防范的攻击手段。常见的DoS攻击类型有：基于漏洞的DoS攻击、基于资源消耗的DoS攻击和分布式DoS攻击。

1）基于漏洞的DoS攻击

基于漏洞的DoS攻击主要利用网络协议漏洞或操作系统漏洞。攻击者向目标系统发送一些特殊分组，使目标系统在处理这些分组时出现异常，甚至崩溃。这种攻击又称为剧毒包或杀手包（Killer Packet）攻击。

著名的“死亡之ping”攻击就属于基于漏洞的DoS攻击，其基本原理是攻击者向目标系统发送超长的ICMP回送请求报文，致使将其封装成IP数据报后，IP数据报的长度超过了RFC标准中规定的最大长度（65 535字节），目标系统在接收这种IP数据报时会发生内存分配错误，导致堆栈崩溃，系统死机。

防范基于漏洞的DoS攻击的最有效方法就是及时为操作系统更新安全漏洞补丁。

2）基于资源消耗的DoS攻击

基于资源消耗的DoS攻击是DoS攻击中采用最多的一种攻击。攻击者通过向目标系统发送大量的分组，从而耗尽目标系统的资源，致使目标系统崩溃而无法向正常用户提供服务。

“TCP SYN洪泛”攻击就是一种典型的基于资源消耗的DoS攻击。攻击者伪造大量不同的IP地址，并以这些IP地址向目标TCP服务器发送大量的TCP连接请求报文（即TCP SYN报文）。目标TCP服务器不能区分正常的TCP连接请求报文和恶意的TCP连接请求报文，只能为每个TCP连接请求建立TCP连接，为其分配缓存等相关资源，并向这些伪造的IP地址发送TCP连接请求确认报文段（即TCP SYN+ACK报文段）进行响应。然而，攻击者并不会对TCP连接请求确认报文段发送普通的确认报文段（即TCP ACK报文段）进行响应，这样就无法完成TCP建立连接的“三报文握手”过程。其结果就是导致TCP服务器维护大量未完成的TCP连接，当这些半连接的数量超过了系统允许的上限时，系统就不会再接受任何TCP连接请求。这将导致TCP服务器无法为正常客户提供服务。

与“TCP SYN洪泛”攻击思想类似的另一种攻击方法，就是向目标主机发送大量的属于不同IP数据报的分片，但是不会发送完构成任何一个IP数据报的所有分片。这将导致目标主机一直缓存已收到的部分分片，并一直等待收齐一个IP数据报的所有分片。很显然，这将耗费目标主机越来越多的系统缓存，直到系统崩溃。

还有一种被称为反射攻击的间接攻击方法，例如Smurf攻击。Smurf攻击是一种病毒攻击，以最初发动这种攻击的程序“Smurf”来命名。攻击主机向其所在网络发送大量ICMP回送请求报文，封装该请求报文的IP数据报的目的IP地址为该网络的广播地址，而源地址被伪造成被攻击的目标主机的IP地址，这将导致该网络中的所有主机作为反射节点，将ICMP回送回答报文作为响应都发往被攻击的目标主机。这可能会引起网络拥塞或导致目标主机崩溃而无法对外提供服务。很显然，反射攻击具有放大攻击流量的功能，因为攻击者发送的一个分组经网络中所有其他主机的反射后将变成多个分组，网络中的主机越多，这种放大效果越好。

3）分布式DoS攻击

我们知道，基于资源消耗的DoS攻击需要攻击者向目标主机发送大量的分组，然而单靠一个攻击源一般很难到达效果。在分布式DoS（DDoS）攻击中，攻击者会首先通过嗅探口令、漏洞渗透、木马等非法入侵手段来控制因特网上的大量主机，然后在每个被控制的主机中安装并运行一个恶意从属程序，该恶意从属程序静默等待攻击者的主控程序的指令。当被控主机达到一定数量后，攻击者就通过主控程序向这些被控主机中的恶意从属程序发出攻击指令，指示这些恶意从属程序同时向目标系统发起DoS攻击。这种DDoS攻击往往能产生巨大的流量来耗尽目标系统的网络带宽，或导致目标系统资源耗尽而崩溃。另外，很多DDoS攻击还会结合反射攻击技术进一步将攻击流量进行放大。

2. DoS攻击的防范

到目前为止，还没有一种能够完全有效防范DoS攻击的技术和方法，尤其是利用大规模流量进行攻击的DDoS攻击更难以防范。

目前防范DoS攻击的主要方法有以下几种：

（1）利用防火墙对恶意分组进行过滤。例如，将防火墙配置为过滤掉所有ICMP回送请求报文可以防范Smurf攻击。然而对于像“TCP SYN洪泛”这类攻击，一般很难区分哪些TCP连接请求报文是恶意的。某些防火墙可以动态检测到指定TCP服务器上半连接的数量，当该数量超过预设的阈值时，防火墙将丢弃向该TCP服务器发送的TCP连接请求报文。

（2）使用支持源端过滤的路由器。通常参与DoS攻击的分组的源IP地址都是伪造的，如果能够防止IP地址伪造，就能够防止此类的DoS攻击。使用支持源端过滤的路由器可以尽量减少IP地址伪造的现象。这种路由器会检查来自其直连网络的分组的源IP地址，如果源IP地址与该网络的网络前缀不匹配，则路由器丢弃该分组。然而这种简单的源端过滤并不能彻底消除IP地址伪造现象，因为攻击者仍然可以冒充因特网服务提供者的网络中的任何一台主机。因此，如果要通过源端过滤来防范DoS攻击，则必须使因特网上所有的路由器都具有源端过滤的功能。然而目前源端过滤并不是路由器的强制功能，支持源端过滤的路由器还是少数。

（3）追溯DoS攻击源。路由器对通过自己的IP数据报的首部进行标记，通过该标记可以追溯到DoS攻击源。一旦确定了参与攻击的源主机，就把它隔离起来。然而，这个过程通常很慢，并且需要人工干预，因此目前主要用于事后追查以及为采取相应的法律手段提供依据。

（4）进行DoS攻击检测。入侵检测系统可以通过分析分组首部特征和流量特征来检测正在发生的DoS攻击并发出警报。及时检测到DoS攻击可将攻击所造成的危害降到最低。

请读者注意，上述措施并不能彻底防范DoS攻击，DoS攻击是目前最容易实现却又最难防范的攻击手段。

本章知识点思维导图请扫码获取：